KB102262

가스기사실기

서상희 저

일진사

책머리에 ...

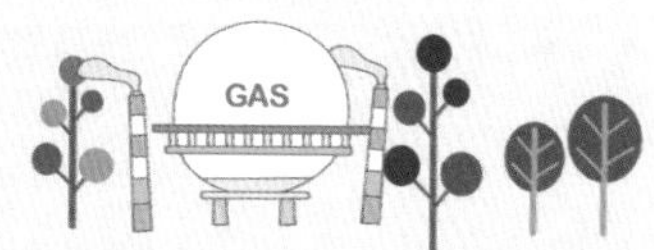

우리나라는 첨단산업 및 중화학 공업의 발전과 더불어 가스분야 산업이 획기적으로 발전을 하고 있으며 우리의 일상생활에서 전기, 수도, 통신과 함께 가스는 없어서는 안 될 필수 불가결한 분야가 되었습니다.

이에 따라 가스기사 자격증을 취득하려는 수험생이 증가하는 추세에 있고, 2014년 배관작업형 시험이 폐지되고 필답형 시험의 비중이 높아지면서 과년도 문제의 중요성이 커지게 되었습니다.

이에 저자는 현장 실무와 강의 경험을 토대로 가스기사 실기시험을 준비하는 수험생에게 과년도 출제문제 위주로 정리한 교재를 내놓게 되었습니다.

이 책은 수험생이 공부하기 쉽도록 다음과 같은 부분에 중점을 두었습니다.

첫째 한국산업인력공단의 출제기준에 맞추어 필답형과 동영상 시험으로 분리하였습니다.

둘째 필답형 시험은 2002년부터 2023년까지 년도별 모의고사를 자세한 해설과 함께 수록했습니다.

셋째 동영상 시험은 대부분 반복 출제되는 경향이 크기 때문에 2010년부터 2023년까지 년도별 모의고사를 수록했습니다.

넷째 동영상 과년도 출제문제를 적게 수록하는 대신 동영상 문제를 쉽게 익히고 학습할 수 있도록 분야별로 예상문제와 함께 자세한 해설을 수록하였습니다.

다섯째 계산문제와 관련된 가스관련 공식 100선을 부록으로 수록하였습니다.

끝으로 저자는 이 책으로 공부하는 수험생 여러분이 가스기사 자격증에 합격하는 영광이 있기를 기원하며, 책이 출판될 때까지 많은 도움을 주신 분들과 도서출판 **일진사** 임직원 여러분께 깊은 감사를 드립니다.

저자 씀

가스기사 출제기준(실기)

직무 분야	안전관리	자격 종목	가스기사	적용 기간	2024. 1. 1 ~ 2027. 12. 31

■ 직무 내용 : 가스 및 용기 제조의 공정 관리, 가스의 사용 방법 및 취급 요령 등을 위해 예방을 위한 지도 및 감독 업무와 저장, 판매, 공급 등의 과정에서 안전관리를 위한 지도 및 감독 업무를 수행하는 직무이다.

■ 수행 준거 : 1. 가스 제조에 대한 고도의 전문적인 지식 및 기능을 가지고 각종 가스를 제조할 수 있다.
2. 가스 설비, 운전, 저장 및 공급에 대한 설비 및 취급과 가스 장치의 고장 진단 및 유지 관리를 할 수 있다.
3. 가스 기기 및 설비에 대한 검사 업무 및 가스 안전관리에 관한 업무를 수행할 수 있다.

실기 검정 방법	복합형	시험 시간	• 필답형 : 1시간 30분 • 작업형 : 1시간 30분 정도

실기 과목명	주요 항목	세부 항목	세세 항목
가스 실무	1. 가스 설비 실무	1. 가스 설비 설치하기	1. 고압가스 설비를 설계·설치 관리할 수 있다. 2. 액화석유가스 설비를 설계·설치 관리할 수 있다. 3. 도시가스 설비를 설계·설치 관리할 수 있다. 4. 수소 설비를 설계·설치 관리할 수 있다.
		2. 가스 설비 유지 관리하기	1. 고압가스 설비를 안전하게 유지관리할 수 있다. 2. 액화석유가스 설비를 안전하게 유지 관리할 수 있다. 3. 도시가스 설비를 안전하게 유지관리할 수 있다. 4. 수소 설비를 안전하게 유지 관리할 수 있다.
	2. 안전관리 실무	1. 가스 안전 관리하기	1. 용기, 가스 용품, 저장탱크 등 가스 설비 및 기기의 취급 운반에 대한 안전 대책을 수립할 수 있다. 2. 가스 폭발 방지를 위한 대책을 수립하고, 사고발생 시 신속히 대응할 수 있다. 3. 가스 시설의 평가, 진단 및 검사를 할 수 있다.
		2. 가스 안전 검사 수행하기	1. 가스 관련 안전인증대상 기계·기구와 자율안전 확인 대상 기계·기구 등을 구분할 수 있다.

실기 과목명	주요 항목	세부 항목	세세 항목
			2. 가스 관련 의무안전인증 대상 기계·기구와 자율안전확인 대상 기계·기구 등에 따른 위험성의 세부적인 종류, 규격, 형식의 위험성을 적용할 수 있다. 3. 가스 관련 안전인증 대상 기계·기구와 자율안전 대상 기계·기구 등에 따른 기계·기구에 대하여 측정 장비를 이용하여 정기적인 시험을 실시할 수 있도록 관리계획을 작성할 수 있다. 4. 가스 관련 안전인증 대상 기계·기구와 자율안전 대상 기계·기구 등에 따른 기계·기구 설치 방법 및 종류에 의한 장단점을 조사할 수 있다. 5. 공정 진행에 의한 가스 관련 안전인증 대상 기계·기구와 자율안전확인 대상 기계·기구 등에 따른 기계 기구의 설치, 해체, 변경 계획을 작성할 수 있다.
		3. 가스 안전조치 실행하기	1. 가스 설비의 설치 중 위험성의 목적을 조사하고 계획을 수립할 수 있다. 2. 가스 설비의 가동 전 사전 점검하고 위험성이 없음을 확인하고 가동할 수 있다. 3. 가스 설비의 변경 시 주의 사항의 기본 개념을 조사하고 계획을 수립할 수 있다. 4. 가스 설비의 정기, 수시, 특별 안전점검의 목적을 확인하고 계획을 수립할 수 있다. 5. 점검 이후 지적사항에 대한 개선방안을 검토하고 권고할 수 있다.

실기시험 수험자 유의사항

◆ 일반사항

1. 시험문제를 받은 즉시 응시하고자 하는 종목의 문제지가 맞는지 여부를 확인하여야 합니다.
2. 시험문제지의 총면수, 문제번호 순서, 인쇄 상태 등을 확인하고(**확인 이후 시험문제지 교체 불가**), 수험번호 및 성명을 답안지에 기재하여야 합니다.
3. 부정 또는 불공정한 방법(시험문제 내용과 관련된 메모지 사용 등)으로 시험을 치른 자는 부정행위자로 처리되어 당해 시험을 중지 또는 무효로 하고, 3년간 국가기술자격검정의 응시자격이 정지됩니다.
4. 저장 용량이 큰 전자계산기 및 유사 전자제품 사용 시에는 반드시 저장된 메모리를 초기화한 후 사용하여야 하며, 시험위원이 초기화 여부를 확인할 시 협조하여야 합니다. 초기화되지 않은 전자계산기 및 유사 전자제품을 사용하여 적발 시에는 부정행위로 간주합니다.
5. 시험 중에는 통신기기 및 전자기기(휴대용 전화기 및 스마트워치 등)를 지참하거나 사용할 수 없습니다.
6. 문제 및 답안(지), 채점기준은 공개하지 않습니다.
7. 복합형 시험의 경우 시험의 전 과정(필답형, 작업형)을 응시하지 않은 경우 채점 대상에서 제외합니다.

◆ 채점사항

1. 수검자 인적사항 및 계산식을 포함한 답안작성은 **흑색 필기구만 사용해야 하며**, 그 외 연필류, 빨간색, 청색 등 필기구 및 수정테이프(액)를 사용해 작성한 답항은 0점 처리되오니 불이익을 당하지 않도록 유의해 주시기 바랍니다.
2. 답란에는 문제와 관련 없는 불필요한 낙서나 특이한 기록사항 등을 기재하여서는 안 되며, 답안지의 인적사항 기재란 외의 부분에 답안과 관련 없는 **특수한 표시를 하거나 특정인임을 암시하는 경우 답안지 전체를 0점 처리합니다.**
3. 계산문제는 반드시 「계산과정」과 「답」란에 기재하여야 하며, **계산과정이 틀리거나 없는 경우 0점 처리됩니다.**
4. 계산문제는 최종 결과 값(답)에서 소수 셋째자리에서 반올림하여 둘째자리까지 구하여야 하나 개별문제에서 소수 처리에 대한 요구사항이 있을 경우 그 요구사항에 따라야 합니다.
5. 답에 단위가 없으면 오답으로 처리됩니다. (단, 문제의 요구사항에 단위가 주어졌을 경우는 생략되어도 무방합니다.)
6. 문제에서 요구한 가지 수(항 수) 이상을 답란에 표기한 경우에는 답란기재 순으로 요구한 가지 수(항수)만 채점하고 한 항에 여러 가지를 기재하더라도 한 가지로 보며 그 중 정답과 오답이 함께 기재되어 있을 경우 오답으로 처리됩니다.
7. 답안 정정 시에는 정정하고자 하는 단어에 두 줄(=)을 긋고 다시 작성하시기 바랍니다.

☞ 수험자 유의사항 미준수로 인한 채점상의 불이익은 수험자 본인에게 책임이 있습니다.

차례

Part 1 가스 설비 실무 필답형 핵심 이론 정리

제1장 고압가스의 제조 ········· 10
제2장 LPG 및 도시가스 설비 ········· 21
제3장 압축기 및 펌프 ········· 35
제4장 가스 장치 및 설비 일반 ········· 44
제5장 계측 기기 ········· 59
제6장 연소 및 폭발 ········· 64
제7장 안전관리 일반 ········· 70

Part 2 가스 설비 실무 필답형 모의고사

■ 2002년도 가스기사 모의고사 ········· 90
■ 2003년도 가스기사 모의고사 ········· 100
■ 2004년도 가스기사 모의고사 ········· 109
■ 2005년도 가스기사 모의고사 ········· 122
■ 2006년도 가스기사 모의고사 ········· 132
■ 2007년도 가스기사 모의고사 ········· 140
■ 2008년도 가스기사 모의고사 ········· 149
■ 2009년도 가스기사 모의고사 ········· 157
■ 2010년도 가스기사 모의고사 ········· 165
■ 2011년도 가스기사 모의고사 ········· 173
■ 2012년도 가스기사 모의고사 ········· 181
■ 2013년도 가스기사 모의고사 ········· 189
■ 2014년도 가스기사 모의고사 ········· 197
■ 2015년도 가스기사 모의고사 ········· 207
■ 2016년도 가스기사 모의고사 ········· 218
■ 2017년도 가스기사 모의고사 ········· 230
■ 2018년도 가스기사 모의고사 ········· 240
■ 2019년도 가스기사 모의고사 ········· 253
■ 2020년도 가스기사 모의고사 ········· 268
■ 2021년도 가스기사 모의고사 ········· 285
■ 2022년도 가스기사 모의고사 ········· 300
■ 2023년도 가스기사 모의고사 ········· 317

Part 3 안전관리 실무 동영상 예상문제

1. 충전용기 ········· 334
2. 계측기기 ········· 346
3. 초저온, 액화산소 ········· 347
4. 압축기, 펌프 ········· 348
5. 배관 부속 ········· 352
6. 가스보일러 ········· 355
7. LPG ········· 358
8. 가스 사용시설 ········· 372
9. 가스미터 ········· 374
10. 도시가스 배관 ········· 377
11. 도시가스 시설 ········· 389
12. CNG ········· 399
13. 폭발 및 방폭 ········· 401

Part 4 안전관리 실무 동영상 모의고사

■ 2010년도 가스기사 모의고사 ········· 408
■ 2011년도 가스기사 모의고사 ········· 416
■ 2012년도 가스기사 모의고사 ········· 425
■ 2013년도 가스기사 모의고사 ········· 434
■ 2014년도 가스기사 모의고사 ········· 442
■ 2015년도 가스기사 모의고사 ········· 451
■ 2016년도 가스기사 모의고사 ········· 460
■ 2017년도 가스기사 모의고사 ········· 469
■ 2018년도 가스기사 모의고사 ········· 478
■ 2019년도 가스기사 모의고사 ········· 487
■ 2020년도 가스기사 모의고사 ········· 498
■ 2021년도 가스기사 모의고사 ········· 512
■ 2022년도 가스기사 모의고사 ········· 522
■ 2023년도 가스기사 모의고사 ········· 533

부록

■ **단위환산 및 자주하는 질문** ········· 548
■ **가스 관련 공식 100선(選)** ········· 559

Engineer Gas

Part 1

가스 설비 실무 필답형 핵심 이론 정리

제1장 고압가스의 제조
제2장 LPG 및 도시가스 설비
제3장 압축기 및 펌프
제4장 가스 장치 및 설비 일반
제5장 계측 기기
제6장 연소 및 폭발
제7장 안전관리 일반

제 1 장 고압가스의 제조

1 열역학 기초

1-1 압력 (pressure)

(1) **표준대기압 (atmospheric) :** 0℃, 위도 45° 해수면을 기준으로 지구중력이 $9.8\ m/s^2$ 일 때 수은주 760 mmHg로 표시될 때의 압력으로 1 atm으로 표시한다.

※ 1atm = 760 mmHg = 76 cmHg = 0.76 mHg = 29.9 inHg = 760 torr
= 10332 kgf/m^2 = 1.0332 kgf/cm^2 = 10.332 mH_2O = 10332 mmH_2O
= 101325 N/m^2 = 101325 Pa = 101.325 kPa = 0.101325 MPa
= 1.01325 bar = 1013.25 mbar = 14.7 lb/in^2 = 14.7 psi

(2) **게이지압력 :** 대기압을 기준으로 대기압 이상의 압력으로 압력계에 지시된 압력

(3) **진공압력 :** 대기압을 기준으로 대기압 이하의 압력

(4) **절대압력 :** 절대진공(완전진공)을 기준으로 그 이상 형성된 압력
※ 절대압력 = 대기압 + 게이지압력 = 대기압 − 진공압력

(5) **압력 환산**

$$\text{환산 압력} = \frac{\text{주어진 압력}}{\text{주어진 압력의 표준대기압}} \times \text{구하려 하는 표준대기압}$$

참고 SI단위와 공학단위의 관계

① 1 MPa = 10.1968 kgf/cm^2 ≒ 10 kgf/cm^2
② 1 kPa = 101.968 mmH_2O ≒ 100 mmH_2O

1-2 동력

① 1 PS = 75 kgf · m/s = 632.2 kcal/h = 0.735 kW
② 1 kW = 102 kgf · m/s = 860 kcal/h = 1.36 PS = 3600 kJ/h
③ 1 HP = 76 kgf · m/s = 640.75 kcal/h

1-3 비열 및 비열비

(1) **비열 :** 물질 1 kg의 온도를 1℃ 상승시키는 데 소요되는 열량으로 정압비열과 정적비열이 있다.

(2) **비열비 :** 정압비열과 정적비열의 비

$$k = \frac{C_p}{C_v} > 1 (C_p > C_v \text{이므로 } k > 1\text{이 되어야 한다.})$$

$$C_p - C_v = R \qquad C_p = \frac{k}{k-1}R \qquad C_v = \frac{1}{k-1}R$$

여기서, C_p : 정압비열(kJ/kg·K) C_v : 정적비열(kJ/kg·K)

R : 기체상수$\left(\frac{8.314}{M}\ \text{kJ/kg}\cdot\text{K}\right)$

[공학단위]

$$C_p - C_v = AR \qquad C_p = \frac{k}{k-1}AR \qquad C_v = \frac{1}{k-1}AR$$

여기서, k : 비열비

C_p : 정압비열(kcal/kgf·K)

C_v : 정적비열(kcal/kgf·K)

A : 일의 열당량$\left(\frac{1}{427}\text{kcal/kgf}\cdot\text{m}\right)$

R : 기체상수$\left(\frac{848}{M}\text{kgf}\cdot\text{m/kg}\cdot\text{K}\right)$

1-4 현열과 잠열

(1) **현열(감열) :** 상태변화는 없이 온도변화에 총 소요된 열량

$$Q = G \cdot C \cdot \Delta t$$

여기서, Q : 현열(kcal)

G : 물체의 중량(kgf)

C : 비열(kcal/kgf·℃)

Δt : 온도변화(℃)

(2) **잠열 :** 온도변화는 없이 상태변화에 총 소요된 열량

$$Q = G \cdot \gamma$$

여기서, Q : 잠열(kcal)

G : 물체의 중량(kgf)

γ : 잠열량(kcal/kgf)

① 물의 증발잠열 : 539 kcal/kgf

② 얼음의 융해잠열 : 79.68 kcal/kgf

1-5 열에너지

(1) **내부에너지 :** 모든 물체는 그 물체 자신이 외부와 관계없이 감열과 잠열로 열을 비축하고 있는데 이를 내부에너지라 한다.

(2) **엔탈피 :** 어떤 물체가 갖는 단위중량당 열량으로 내부에너지와 외부에너지의 합이다.

$h = U + A \cdot P \cdot v$

여기서, h : 엔탈피(kcal/kgf)　　U : 내부에너지(kcal/kgf)
A : 일의 열당량$\left(\frac{1}{427}\text{kcal/kgf} \cdot \text{m}\right)$　　P : 압력(kgf/m^2)
v : 비체적($\text{m}^3\text{/kgf}$)

[SI 단위]

$h = U + P \cdot v$

여기서, h : 엔탈피(kJ/kg)　　U : 내부에너지(kJ/kg)
P : 압력(kPa)　　v : 비체적($\text{m}^3\text{/kg}$)

1-6 열역학 법칙

(1) **열역학 제0법칙 :** 열평형의 법칙

$$t_m = \frac{G_1 \cdot C_1 \cdot t_1 + G_2 \cdot C_2 \cdot t_2}{G_1 \cdot C_1 + G_2 \cdot C_2}$$

여기서, t_m : 평균온도(℃)　　G_1, G_2 : 각 물질의 중량(kgf)
C_1, C_2 : 각 물질의 비열(kcal/kgf·℃)　　t_1, t_2 : 각 물질의 온도(℃)

(2) **열역학 제1법칙 :** 에너지보존의 법칙

$Q = A \cdot W$　　$W = J \cdot Q$

여기서, Q : 열량(kcal)
W : 일량(kgf·m)
A : 일의 열당량$\left(\frac{1}{427}\text{kcal / kgf} \cdot \text{m}\right)$
J : 열의 일당량(427 kgf·m/kcal)

[SI 단위]

$Q = W$

여기서, Q : 열량(kJ)　　W : 일량(kJ)

※ SI 단위에서는 열과 일은 같은 단위(kJ)를 사용한다.

(3) **열역학 제2법칙 :** 방향성의 법칙

(4) **열역학 제3법칙 :** 절대온도 0도(−273℃)를 이룰 수 없다.

1-7 비중, 밀도, 비체적

(1) 비중

① 가스 비중 $= \dfrac{\text{기체 분자량(질량)}}{\text{공기의 평균 분자량(29)}}$

② 액체 비중 $= \dfrac{t℃ \text{ 물질의 밀도}}{4℃ \text{ 물의 밀도}}$

(2) 가스 밀도(g/L, kg/m³) $= \dfrac{\text{분자량}}{22.4}$

(3) 가스 비체적(L/g, m³/kg) $= \dfrac{22.4}{\text{분자량}} = \dfrac{1}{\text{밀도}}$

1-8 가스의 기초 법칙

(1) **보일의 법칙 :** 일정온도 하에서 일정량의 기체가 차지하는 부피는 압력에 반비례한다.

(2) **샤를의 법칙 :** 일정압력 하에서 일정량의 기체가 차지하는 부피는 절대온도에 비례한다.

(3) **보일-샤를의 법칙 :** 일정량의 기체가 차지하는 부피는 압력에 반비례하고, 절대온도에 비례한다.

$$\frac{P_1 \cdot V_1}{T_1} = \frac{P_2 \cdot V_2}{T_2}$$

여기서, P_1 : 변하기 전의 절대압력 P_2 : 변한 후의 절대압력
V_1 : 변하기 전의 부피 V_2 : 변한 후의 부피
T_1 : 변하기 전의 절대온도(K) T_2 : 변한 후의 절대온도(K)

(4) 이상기체 상태 방정식

① 이상기체의 성질

(가) 보일-샤를의 법칙을 만족한다.

(나) 아보가드로의 법칙에 따른다.

(다) 내부에너지는 체적에 무관하며, 온도에 의해서만 결정된다.

(라) 비열비는 온도에 관계없이 일정하다.

(마) 기체의 분자력과 크기도 무시되며 분자간의 충돌은 완전 탄성체이다.

(바) 줄의 법칙이 성립한다.

② 이상기체 상태 방정식

(가) $PV = nRT \qquad PV = \frac{W}{M}RT \qquad PV = Z\frac{W}{M}RT$

여기서, P : 압력(atm)
V : 체적(L)
n : 몰(mol)수
R : 기체상수(0.082 L·atm/mol·K)
M : 분자량(g)
W : 질량(g)
T : 절대온도(K)
Z : 압축계수

(나) $PV = GRT$

여기서, P : 압력(kgf/m^2·a)
V : 체적(m^3)
G : 중량(kgf)
T : 절대온도(K)
R : 기체상수$\left(\frac{848}{M}\text{kgf} \cdot \text{m} / \text{kg} \cdot \text{K}\right)$

(다) SI 단위

$PV = GRT$

여기서, P : 압력(kPa·a)
V : 체적(m^3)
G : 질량(kg)
T : 절대온도(K)
R : 기체상수$\left(\frac{8.314}{M}\text{kJ} / \text{kg} \cdot \text{K}\right)$

(5) 실제기체 상태 방정식(Van der Waals 식)

① 실제기체가 1mol의 경우 : $\left(P + \frac{a}{V^2}\right)(V - b) = RT$

② 실제기체가 $n$mol의 경우 : $\left(P + \frac{n^2 \cdot a}{V^2}\right) \cdot (V - n \cdot b) = nRT$

여기서, a : 기체분자 간의 인력(atm·L^2/mol^2)
b : 기체분자 자신이 차지하는 부피(L/mol)

1-9 혼합가스의 성질

(1) 돌턴의 분압법칙 : 혼합기체가 나타내는 전압은 각 성분기체의 분압의 총합과 같다.

(2) 아메가의 분적법칙 : 혼합가스가 나타내는 전부피는 같은 온도, 같은 압력하에 있는 각 성분기체의 부피의 합과 같다.

(3) 전압

$$P = \frac{P_1 V_1 + P_2 V_2 + P_3 V_3 + \cdots + P_n V_n}{V}$$

여기서, P : 전압
V : 전부피
P_1, P_2, P_3, P_n : 각 성분기체의 분압
V_1, V_2, V_3, V_n : 각 성분기체의 부피

(4) 분압

$$분압 = 전압 \times \frac{성분몰수}{전몰수} = 전압 \times \frac{성분부피}{전부피} = 전압 \times \frac{성분분자수}{전분자수}$$

(5) 혼합가스의 확산속도 (그레이엄의 법칙) : 일정한 온도에서 기체의 확산속도는 기체의 분자량(또는 밀도)의 평방근(제곱근)에 반비례한다.

$$\frac{U_2}{U_1} = \sqrt{\frac{M_1}{M_2}} = \frac{t_1}{t_2}$$

여기서, U_1, U_2 : 1번 및 2번 기체의 확산속도 M_1, M_2 : 1번 및 2번 기체의 분자량
t_1, t_2 : 1번 및 2번 기체의 확산시간

(6) 르샤틀리에의 법칙 (폭발한계 계산) : 폭발성 혼합가스의 폭발한계를 계산할 때 이용한다.

$$\frac{100}{L} = \frac{V_1}{L_1} + \frac{V_2}{L_2} + \frac{V_3}{L_3} + \frac{V_4}{L_4} + \cdots \text{에서}$$

$$L = \frac{100}{\frac{V_1}{L_1} + \frac{V_2}{L_2} + \frac{V_3}{L_3} + \frac{V_4}{L_4}} \text{이다.}$$

여기서, L : 혼합가스의 폭발한계치
V_1, V_2, V_3, V_4 : 각 성분 체적(%)
L_1, L_2, L_3, L_4 : 각 성분 단독의 폭발한계치

2 고압가스의 분류 및 성질

2-1 고압가스의 분류

(1) 상태에 따른 분류

① 압축가스 : 일정한 압력에 의하여 압축되어 있는 것

② 액화가스 : 가압, 냉각에 의하여 액체 상태로 되어 있는 것으로서 대기압에서 비점이 40℃ 이하 또는 상용의 온도 이하인 것

③ 용해가스 : 용제 속에 가스를 용해시켜 취급되는 것으로 아세틸렌(C_2H_2)이 해당

(2) 연소성에 의한 분류

① 가연성 가스 : 폭발한계 하한이 10% 이하이거나 폭발한계 상한과 하한의 차가 20% 이상의 것

② 조연성 가스 : 다른 가연성 가스의 연소를 도와주거나(촉진) 지속시켜 주는 것

③ 불연성 가스 : 가스 자신이 연소하지도 않고 다른 물질도 연소시키지 않는 것

(3) 독성에 의한 분류

① 독성 가스 : 허용농도가 100만분의 5000 이하인 가스

② 비독성 가스 : 독성 가스 이외의 독성이 없는 가스

2-2 가스의 성질

(1) 수소 (H_2)

① 무색, 무취, 무미의 가스이다.

② 고온에서 강재, 금속재료를 쉽게 투과한다.

③ 확산속도(1.8 km/s)가 대단히 크다.

④ 열전달률이 대단히 크고, 열에 대해 안정하다.

⑤ 폭발범위가 넓다 : 공기 중 폭발범위 4 ~75 v%, 산소 중 폭발범위 4 ~ 94 v%

⑥ 폭굉속도는 1400~3500 m/s에 달한다.

⑦ 산소와 수소의 혼합가스를 연소시키면 2000℃ 이상의 고온도를 발생시킬 수 있다.

⑧ 수소폭명기 : 공기 중 산소와 체적비 2 : 1로 반응하여 물을 생성한다.

⑨ 염소폭명기 : 수소와 염소의 혼합가스는 빛(직사광선)과 접촉하면 심하게 반응한다.

⑩ 수소취성 : 고온, 고압 하에서 강재 중의 탄소와 반응하여 탈탄작용을 일으킨다.

※ 수소취성 방지원소 : 텅스텐(W), 바나듐(V), 몰리브덴(Mo), 티타늄(Ti), 크롬(Cr)

(2) 산소 (O_2)

① 상온, 상압에서 무색, 무취이며 물에는 약간 녹는다.

② 공기 중에 약 21 % 함유하고 있다.

③ 강력한 조연성 가스이나 그 자신은 연소하지 않는다.

④ 액화산소는 담청색을 나타낸다.

⑤ 화학적으로 활발한 원소로 모든 원소와 직접 화합하여(할로겐 원소, 백금, 금 등 제외) 산화물을 만든다.

⑥ 철, 구리, 알루미늄선 또는 분말을 반응시키면 빛을 내면서 연소한다.

⑦ 산소 + 수소 불꽃은 2000~2500℃, 산소+아세틸렌 불꽃은 3500~3800℃까지 오른다.

⑧ 산소 또는 공기 중에서 무성방전을 행하면 오존(O_3)이 된다.

⑨ 비점 −183℃, 임계압력 50.1 atm, 임계온도 −118.4℃

참고 공기액화 분리장치의 폭발원인 및 대책

폭발원인	폭발방지 대책
① 공기 취입구로부터 아세틸렌의 혼입 ② 압축기용 윤활유 분해에 따른 탄화수소의 생성 ③ 공기 중 질소화합물(NO, NO_2)의 혼입 ④ 액체공기 중에 오존(O_3)의 혼입	① 장치 내에 여과기를 설치한다. ② 아세틸렌이 흡입되지 않는 장소에 공기 흡입구를 설치한다. ③ 양질의 압축기 윤활유를 사용한다. ④ 장치는 1년에 1회 정도 내부를 사염화탄소(CCl_4)를 사용하여 세척한다.

(3) 일산화탄소 (CO)

① 무색, 무취의 가연성 가스이다.

② 독성이 강하고(TLV－TWA 50 ppm), 불완전연소에 의한 중독사고가 발생될 위험이 있다.

③ 철족의 금속(Fe, Co, Ni)과 반응하여 금속카르보닐을 생성한다.

④ 상온에서 염소와 반응하여 포스겐($COCl_2$)을 생성한다 (촉매 : 활성탄).

⑤ 압력 증가 시 폭발범위가 좁아지며, 공기 중 질소를 아르곤, 헬륨으로 치환하면 폭발범위는 압력과 더불어 증대된다.

(4) 이산화탄소 (CO_2)

① 건조한 공기 중에 약 0.03 % 존재한다.

② 액화가스로 취급되며, 드라이아이스(고체 탄산)를 만들 수 있다.

③ 무색, 무취, 무미의 불연성 가스이다.

④ 독성(TLV－TWA 5000 ppm)이 없으나 88 % 이상인 곳에서는 질식의 위험이 있다.

⑤ 수분이 존재하면 탄산을 생성하여 강재를 부식시킨다.

⑥ 지구온난화의 원인가스이다.

(5) 염소 (Cl_2)

① 상온에서 황록색의 심한 자극성이 있다.

② 비점(－34.05℃)이 높아 액화가 쉽고, 액화가스는 갈색이다(충전용기 도색 : 갈색).

③ 조연성, 독성(TLV－TWA 1 ppm) 가스이다.

④ 수분과 작용하면 염산(HCl)이 생성되고 철을 심하게 부식시킨다.

⑤ 수소와 접촉 시 폭발한다(염소폭명기).

⑥ 메탄과 작용하면 염소치환제를 만든다.

(6) 암모니아 (NH_3)

① 가연성 가스 (폭발범위 : 15 ~ 28 %)이며, 독성 가스(TLV－TWA 25 ppm)이다.
② 물에 잘 녹는다(상온, 상압에서 물 1 cc에 대하여 800 cc가 용해).
③ 액화가 쉽고(비점 : －33.3℃), 증발잠열(301.8 kcal/kg)이 커서 냉동기 냉매로 사용된다.
④ 동과 접촉 시 부식의 우려가 있다(동 함유량 62 % 미만 사용 가능).
⑤ 액체암모니아는 할로겐, 강산과 접촉하면 심하게 반응하여 폭발, 비산하는 경우가 있다.
⑥ 염소(Cl_2), 염화수소(HCl), 황화수소(H_2S)와 반응하면 백색연기가 발생한다.
⑦ 동, 동합금, 알루미늄 합금에 심한 부식성이 있으므로 장치나 계기에는 동이나 황동 등을 사용할 수 없다(동 함유량 62 % 미만 사용 가능).

참고 암모니아 합성공정의 분류 : 하버 – 보시법

구 분	반응 압력	종 류
고압 합성	600~1000 kgf/cm^2	클라우드법, 카자레법
중압 합성	300 kgf/cm^2	IG법, 뉴파우더법, 뉴데법, 동공시법, JCI법, 케미크법
저압 합성	150 kgf/cm^2	켈로그법, 구데법

(7) 아세틸렌 (C_2H_2)

① 무색의 기체이고 불순물로 인한 특유의 냄새가 있다.
② 폭발범위가 가연성 가스 중 가장 넓다 : 공기 중 2.5~81 %, 산소 중 2.5~93 %
③ 액체 아세틸렌은 불안정하나, 고체 아세틸렌은 비교적 안정하다.
④ 15℃에서 물 1 L에 1.1 L, 아세톤 1 L에 25 L 녹는다.
⑤ 동(Cu), 은(Ag), 수은(Hg) 등의 금속과 접촉 반응하여 폭발성 아세틸드가 생성된다.
⑥ 아세틸렌을 접촉적으로 수소화하면 에틸렌(C_2H_4), 에탄(C_2H_6)이 생성된다.
⑦ 아세틸렌의 폭발성
  (가) 산화폭발 : 공기 중 산소와 반응하여 일으키는 폭발
  (나) 분해폭발 : 가압, 충격에 의하여 탄소와 수소로 분해되면서 일으키는 폭발
  (다) 화합폭발 : 동(Cu), 은(Ag), 수은(Hg) 등과 접촉할 때 아세틸드가 생성되어 일으키는 폭발
⑧ 제조방법
  (가) 카바이드(CaC_2)를 이용한 제조 : 카바이드(CaC_2)와 물(H_2O)을 접촉시켜 제조하는 방법

$$CaC_2 + 2H_2O \rightarrow Ca(OH)_2 + C_2H_2$$

(나) 탄화수소에서 제조 : 메탄, 나프타를 열분해 시 얻어진다.

⑨ 아세틸렌 충전작업

(가) 용제 : 아세톤[$(CH_3)_2CO$], DMF(디메틸포름아미드)

(나) 다공물질의 종류 : 규조토, 석면, 목탄, 석회, 산화철, 탄산마그네슘, 다공성 플라스틱 등

(다) 다공도 기준 : 75~92 % 미만

⑩ 충전 작업 시 주의사항

(가) 충전 중 압력은 2.5 MPa 이하로 할 것

(나) 충전 후 24시간 정치할 것

(다) 충전 후 압력은 15℃에서 1.5 MPa 이하로 할 것

(라) 충전은 서서히 2~3회에 걸쳐 충전할 것

(마) 충전 전 빈 용기는 음향검사를 실시할 것

(바) 아세틸렌이 접촉하는 부분에는 동 또는 동 함유량 62 %를 초과하는 동합금 사용을 금지한다.

(사) 충전용 지관에는 탄소 함유량 0.1 % 이하인 강을 사용한다.

(8) 메탄 (CH_4)

① 파라핀계 탄화수소의 안정된 가스이다.

② 천연가스(NG)의 주성분이다.

③ 무색, 무취, 무미의 가연성 기체이다(폭발범위 : 5~15 %).

④ 유기물의 부패나 분해 시 발생한다.

⑤ 공기 중에서 연소가 쉽고 화염은 담청색의 빛을 발한다.

⑥ 염소와 반응하면 염소화합물이 생성된다.

(9) 시안화수소 (HCN)

① 독성 가스(TLV-TWA 10 ppm)이며, 가연성 가스(6~41 %)이다.

② 액체는 무색(투명)이나 감, 복숭아 냄새가 난다.

③ 액화가 용이하다(비점 : 25.7℃).

④ 중합폭발을 일으킬 염려가 있다.

※ 안정제 사용 : 황산, 동, 동망, 염화칼슘, 인산, 오산화인, 아황산가스

⑤ 알칼리성 물질(암모니아, 소다)을 함유하면 중합이 촉진된다.

(10) 포스겐 ($COCl_2$)

① 맹독성 가스(TLV-TWA 0.1 ppm)로 자극적인 냄새(푸른 풀 냄새)가 난다.

② 사염화탄소(CCl_4)에 잘 녹는다.

③ 가수분해하여 이산화탄소와 염산이 생성된다.

④ 건조한 상태에서는 금속에 대하여 부식성이 없으나 수분이 존재하면 금속을 부식시킨다.
⑤ 건조제로 진한 황산을 사용한다.
⑥ TLV－TWA가 50 ppm 이상 존재하는 공기를 흡입하면 30분 이내에 사망한다.

(11) 산화에틸렌 (C_2H_4O)

① 무색의 가연성 가스이다(폭발범위 : 3~80 %).
② 독성 가스이며, 자극성의 냄새가 있다(TLV－TWA 50 ppm).
③ 물, 알코올, 에테르에 용해된다.
④ 산, 알칼리, 산화철, 산화알루미늄 등에 의해 중합폭발한다.
⑤ 액체 산화에틸렌은 연소하기 쉬우나 폭약과 같은 폭발은 없다.

제 2 장 LPG 및 도시가스 설비

1 LPG 설비

1-1 LPG(액화석유가스)

(1) LP가스의 정의 : Liquefied Petroleum Gas의 약자이다.

(2) LP가스의 조성 : 석유계 저급탄화수소의 혼합물로 탄소 수가 3개에서 5개 이하인 것으로 프로판(C_3H_8), 부탄(C_4H_{10}), 프로필렌(C_3H_6), 부틸렌(C_4H_8), 부타디엔(C_4H_6) 등이 포함되어 있다.

(3) 제조법

① 습성천연가스 및 원유에서 회수 : 압축냉각법, 흡수유에 의한 흡수법, 활성탄에 의한 흡착법

② 제유소 가스(원유 정제공정)에서 회수

③ 나프타 분해 생성물에서 회수

④ 나프타의 수소화 분해

1-2 LP가스의 특징

(1) 일반적인 특징

① LP가스는 공기보다 무겁다.

② 액상의 LP가스는 물보다 가볍다.

③ 액화, 기화가 쉽다.

④ 기화하면 체적이 커진다.

⑤ 기화열(증발잠열)이 크다.

⑥ 무색, 무미, 무취하다.

⑦ 용해성이 있다.

(2) 연소 특징

① 타 연료와 비교하여 발열량이 크다.

② 연소 시 공기량이 많이 필요하다.

③ 폭발범위(연소범위)가 좁다.

④ 연소속도가 느리다.

⑤ 발화온도가 높다.

1-3 LP가스의 충전설비

(1) 차압에 의한 방법 : 펌프 등을 사용하지 않고 압력 차를 이용하는 방법(탱크로리 > 저장탱크)

(2) 액펌프에 의한 방법

① 분류 : 기상부에 균압관이 없는 경우, 기상부에 균압관이 있는 경우

② 특징

(가) 재액화 현상이 없다.
(나) 드레인 현상이 없다.
(다) 충전시간이 길다.
(라) 잔가스 회수가 불가능하다.
(마) 베이퍼 로크 현상이 발생한다.

(3) 압축기에 의한 방법

① 특징

(가) 펌프에 비해 이송시간이 짧다.
(나) 잔가스 회수가 가능하다.
(다) 베이퍼 로크 현상이 없다.
(라) 부탄의 경우 재액화 현상이 일어난다.
(마) 압축기 오일로 인한 드레인의 원인이 된다.

② 부속기기 : 액트랩(액분리기), 자동정지 장치, 사방밸브(4-way valve), 유분리기

(4) 충전(이송) 작업 중 작업을 중단해야 하는 경우

① 과충전이 되는 경우
② 충전작업 중 주변에서 화재 발생 시
③ 탱크로리와 저장탱크를 연결한 호스 등에서 누설이 되는 경우
④ 압축기 사용 시 워터해머(액 압축)가 발생하는 경우
⑤ 펌프 사용 시 액 배관 내에서 베이퍼 로크가 심한 경우

1-4 LP가스 저장설비

(1) 횡형 원통형 저장탱크에 의한 방법

① 내용적 계산식

$$V = \frac{\pi}{4} D_1^2 \cdot L_1 + \frac{\pi}{12} D_1^2 \cdot L_2 \times 2$$

② 표면적 계산식 : 경판을 평판으로 가정하여 계산

$$A = \pi \cdot D_2 \cdot L_1 + \frac{\pi}{4} D_2^{\ 2} \times 2$$

여기서, V : 저장탱크 내용적(m^3)　　A : 저장탱크 표면적(m^2)
D_1 : 저장탱크 안지름(m)　　D_2 : 저장탱크 바깥지름(m)
L_1 : 원통부의 길이(m)　　L_2 : 경판의 길이(m)

(2) 구형(球形) 저장탱크에 의한 저장

① 내용적 계산식

$$V = \frac{4}{3}\pi \cdot r^3 = \frac{\pi}{6}D^3$$

여기서, V : 구형 저장탱크의 내용적(m^3)　　r : 구형 저장탱크의 반지름(m)
D : 구형 저장탱크의 안지름(m)

② 특징

㈎ 표면적이 작고, 강도가 높다

㈏ 기초가 간단하여 건설비가 적게 소요된다.

㈐ 외관 모양이 안정적이다.

1-5 LP가스 공급설비

(1) 기화방식 분류

① 자연 기화방식

㈎ 부하 변동이 비교적 적을 경우

㈏ 연간 온도 차이가 크지 않을 경우

㈐ 용기 설치 장소를 용이하게 확보할 수 있을 경우

② 강제 기화방식

㈎ 선정 목적(이유)

㉮ 부하 변동이 비교적 심한 경우

㉯ 한랭지에서 사용하는 경우

㉰ 용기 설치 장소를 확보하지 못하는 경우

㈏ 공급방법 : 생가스 공급방식, 공기혼합가스 공급방식, 변성가스 공급방식

참고 공기혼합가스의 공급 목적

① 발열량 조절　　② 연소효율 증대
③ 누설 시 손실 감소　　④ 재액화 방지

(2) 기화기(vaporizer)

① 기능 : 액상의 LP가스를 열교환기에서 열매체와 열교환하여 가스화 시키는 장치이다.

② 구성 3요소 : 기화부, 제어부, 조압부

③ 기화기 사용 시 장점

㈎ 한랭시에도 연속적으로 가스 공급이 가능하다.

㈏ 공급가스의 조성이 일정하다.

㈐ 설치 면적이 작아진다.

㈐ 기화량을 가감할 수 있다.

㈒ 설비비, 인건비가 절약된다.

(3) 집합공급설비 용기 수 계산

① 피크 시 평균 가스소비량(kg/h)

=1일 1호당 평균 가스소비량(kg/day)×세대 수×피크 시의 평균 가스 소비율

② 필요 최저 용기 수

$$= \frac{\text{피크 시 평균 가스소비량(kg/h)}}{\text{피크 시 용기 가스발생능력(kg/h)}}$$

③ 2일분 용기 수

$$= \frac{\text{1일 1호당 평균 가스소비량(kg/day)} \times \text{2일} \times \text{세대 수}}{\text{용기의 질량(크기)}}$$

④ 표준 용기 설치 수=필요 최저 용기 수+2일분 용기 수

⑤ 2열 합계 용기 수=표준용기 수×2

(4) 영업장의 용기 수 계산 : 발생되는 소수는 무조건 용기 1개로 계산

$$\text{용기 수} = \frac{\text{최대소비수량(kg/h)}}{\text{표준가스 발생능력(kg/h)}}$$

(5) 용기 교환주기 계산 : 발생되는 소수는 무조건 버린다.

$$\text{용기 교환주기} = \frac{\text{가스 총량}}{\text{1일 가스소비량}}$$

1-6 LP가스 사용설비

(1) 충전용기

① 탄소강으로 제작하며 용접용기이다.

② 용기 재질은 사용 중 견딜 수 있는 연성, 전성, 강도가 있어야 한다.

③ 내식성, 내마모성이 있어야 한다.

④ 안전밸브는 스프링식을 부착한다.

(2) 조정기(調整器 : Regulator)

① 기능 : 유출압력 조절로 안정된 연소를 도모하고, 소비가 중단되면 가스를 차단한다.

② 조정기의 분류

㈎ 1단 감압식 조정기 : 저압 조정기와 준저압 조정기로 구분

㈏ 2단 감압식 조정기 : 1차 조정기와 2차 조정기를 사용하여 가스를 공급한다.

㈐ 자동교체식 조정기 : 분리형과 일체형으로 구분

㈑ 자동교체식 일체형 준저압 조정기 및 그 밖의 압력 조정기

(3) 가스 미터(gas meter)의 종류 및 특징

구분	막식(diaphragm type) 가스 미터	습식 가스 미터	Roots형 가스 미터
장점	① 가격이 저렴하다. ② 유지관리에 시간을 요하지 않는다.	① 계량이 정확하다. ② 사용 중에 오차의 변동이 적다.	① 대유량의 가스 측정에 적합하다. ② 중압가스의 계량이 가능하다. ③ 설치면적이 작다.
단점	① 대용량의 것은 설치면적이 크다.	① 사용 중에 수위조정 등의 관리가 필요하다. ② 설치면적이 크다.	① 여과기의 설치 및 설치 후의 유지관리가 필요하다. ② 적은 유량(0.5 m^3/h)의 것은 부동(不動)의 우려가 있다.
용도	일반 수용가	기준용, 실험실용	대량 수용가
용량 범위	1.5~200 m^3/h	0.2~3000 m^3/h	100~5000 m^3/h

1-7 배관설비

(1) 배관 내의 압력손실

① 마찰저항에 의한 압력손실

㈎ 유속의 2승에 비례한다(유속이 2배이면 압력손실은 4배이다).

㈏ 관의 길이에 비례한다(길이가 2배이면 압력손실은 2배이다).

㈐ 관 안지름의 5승에 반비례한다(관 안지름이 1/2로 작아지면 압력손실은 32배이다).

㈑ 관 내벽의 상태와 관련 있다(내면에 요철부가 있으면 압력손실이 커진다).

㈒ 유체의 점도와 관련 있다(유체의 점성이 크면 압력손실이 커진다).

㈓ 압력과는 관계가 없다.

② 입상배관에 의한 압력손실

$$H = 1.293(S-1)h$$

여기서, H : 입상배관에 의한 압력손실(mmH_2O)

S : 가스의 비중

h : 입상높이(m)

※ 가스 비중이 공기보다 작은 경우 "−" 값이 나오면 압력이 상승되는 것이다.

(2) 배관 지름의 결정

① 저압 배관의 유량 결정

$$Q = K\sqrt{\frac{D^5 \cdot H}{S \cdot L}} \qquad D = \sqrt[5]{\frac{Q^2 \cdot S \cdot L}{K^2 \cdot H}} \qquad H = \frac{Q^2 \cdot S \cdot L}{K^2 \cdot D^5}$$

여기서, Q : 가스의 유량(m^3/h)　　D : 관 안지름(cm)
H : 압력손실(mmH_2O)　　S : 가스의 비중
L : 관의 길이(m)　　K : 유량계수(폴의 상수 : 0.707)

② 중 · 고압배관의 유량 결정

$$Q = K\sqrt{\frac{D^5 \cdot (P_1^2 - P_2^2)}{S \cdot L}} \qquad D = \sqrt[5]{\frac{Q^2 \cdot S \cdot L}{K^2 \cdot (P_1^2 - P_2^2)}}$$

여기서, Q : 가스의 유량(m^3/h)　　D : 관 안지름(cm)
P_1 : 초압($kgf/cm^2 \cdot a$)　　P_2 : 종압($kgf/cm^2 \cdot a$)
S : 가스의 비중　　L : 관의 길이(m)
K : 유량계수(코크스의 상수 : 52.31)

1-8 연소기구

(1) 연소방식의 분류 및 특징

① 적화(赤化)식 : 연소에 필요한 공기를 2차 공기로 취하는 방식
(가) 역화의 위험성이 없다.
(나) 자동온도 조절장치 사용이 용이하다.
(다) 가스압이 낮은 곳에서도 사용할 수 있다.
(라) 불꽃의 온도가 낮아 국부적인 과열현상이 없다.
(마) 버너 내압이 높으면 선화현상이 발생한다.
(바) 고온을 얻기 어렵다.
(사) 연소실이 작으면 불완전연소의 우려가 있다.

② 분젠식 : 가스를 노즐로부터 분출시켜 주위의 공기를 1차 공기로 흡입하는 방식
(가) 불꽃은 내염, 외염을 형성한다.
(나) 연소속도가 크고, 불꽃길이가 짧다.
(다) 연소온도가 높고 연소실이 작아도 된다.
(라) 선화현상이 일어나기 쉽다.
(마) 소화음, 연소음이 발생한다.
(바) 공기조절기 조정이 필요하다.

③ 세미분젠식 : 적화식과 분젠식의 혼합형(1차 공기량 40% 미만 취함)
(가) 역화의 위험이 적다.
(나) 불꽃의 온도가 1000℃ 정도이다.
(다) 고온을 요하는 곳에는 적당하지 않다.

④ 전1차 공기식 : 송풍기로 공기를 압입하여 연소용 공기를 1차 공기로 하여 연소하는 방식
(가) 버너를 어떤 방향으로도 설치할 수 있다.
(나) 가스가 갖는 에너지의 70% 정도를 적외선으로 전환할 수 있다.
(다) 고온의 노(爐) 내부에 버너를 설치할 수 없다.
(라) 구조가 복잡하고 가격이 비싸다.
(마) 압력조정기(governor)의 설치가 필요하다.

(2) 염공(炎孔) 및 노즐

① 염공(炎孔)이 갖추어야 할 조건
(가) 모든 염공에 빠르게 불이 옮겨서 완전히 점화될 것
(나) 불꽃이 염공 위에 안정하게 형성될 것
(다) 가열 불에 대하여 배열이 적정할 것
(라) 먼지 등이 막히지 않고 청소가 용이할 것
(마) 버너의 용도에 따라 여러 가지 염공이 사용될 수 있을 것

※ 염공부하(kcal/mm^2·h) : 가스가 완전히 연소할 수 있는 염공의 단위면적에 대한 가스의 In-put이다.

② 노즐
(가) 가스 분출량 계산

$$Q = 0.011 K \cdot D^2 \sqrt{\frac{P}{d}} = 0.009 D^2 \sqrt{\frac{P}{d}}$$

여기서, Q : 분출가스량(m^3/h)　　K : 유출계수(0.8)
D : 노즐의 지름(mm)　　P : 노즐 직전의 가스압력(mmH_2O)
d : 가스 비중

(나) 노즐 조정

$$\frac{D_2}{D_1} = \frac{\sqrt{WI_1 \sqrt{P_1}}}{\sqrt{WI_2 \sqrt{P_2}}}$$

여기서, D_1 : 변경 전 노즐 지름(mm)　　D_2 : 변경 후 노즐 지름(mm)
WI_1 : 변경 전 가스의 웨버지수　　WI_2 : 변경 후 가스의 웨버지수
P_1 : 변경 전 가스의 압력(mmH_2O)　　P_2 : 변경 후 가스의 압력(mmH_2O)

※ 웨버지수 $WI = \frac{H_g}{\sqrt{d}}$

여기서, H_g : 도시가스의 발열량(kcal/m^3)　　d : 도시가스의 비중

(3) 연소기구에서 발생하는 이상 현상

① 역화 : 연소속도가 가스 유출속도보다 클 때 불꽃이 노즐 선단에서 연소하는 현상

② 선화 : 가스의 유출속도가 연소속도보다 클 때 염공을 떠나 공간에서 연소하는 현상

역화의 원인	선화의 원인
① 염공이 크게 되었을 때 ② 노즐의 구멍이 너무 크게 된 경우 ③ 콕이 충분히 개방되지 않은 경우 ④ 가스의 공급압력이 저하되었을 때 ⑤ 버너가 과열된 경우	① 염공이 작아졌을 때 ② 공급압력이 지나치게 높을 경우 ③ 배기 또는 환기가 불충분할 때 (2차 공기량 부족) ④ 공기 조절장치를 지나치게 개방하였을 때 (1차 공기량 과다)

③ 블로오프(blowoff) : 불꽃 주변 기류에 의하여 불꽃이 염공에서 떨어져 연소하다 꺼져버리는 현상

④ 옐로 팁(yellow tip) : 불꽃의 끝이 적황색으로 되어 연소하는 현상으로 연소반응이 충분한 속도로 진행되지 않을 때, 1차 공기량이 부족하여 불완전연소가 될 때 발생한다.

⑤ 불완전연소의 원인

㈎ 공기 공급량 부족

㈏ 배기 불충분

㈐ 환기 불충분

㈑ 가스 조성의 불량

㈒ 연소기구의 부적합

㈓ 프레임의 냉각

(4) 연소기구가 갖추어야 할 조건

① 가스를 완전연소시킬 수 있을 것

② 연소열을 유효하게 이용할 수 있을 것

③ 취급이 쉽고 안전성이 높을 것

2 도시가스 설비

2-1 도시가스의 원료

(1) **천연가스(NG : Natural Gas)** : 지하에서 생산되는 탄화수소를 주성분으로 하는 가연성 가스
① 도시가스 원료 : C/H 비가 3이므로 그대로 도시가스로 공급할 수 있다.
② 정제 : 제진, 탈유, 탈탄산, 탈황, 탈습 등 전처리 공정에 해당하는 정제설비 필요
③ 공해 : 사전에 불순물이 제거된 상태이기 때문에 환경문제 영향이 적다.
④ 저장 : 천연가스는 상온에서 기체이므로 가스홀더 등에 저장하여야 한다.

(2) **액화천연가스(LNG : Liquefaction Natural Gas)** : 지하에서 생산된 천연가스를 −161.5℃ 까지 냉각, 액화한 것이다.
① 불순물이 제거된 청정연료로 환경문제가 없다.
② LNG 수입기지에 저온 저장설비 및 기화장치가 필요하다.
③ 불순물을 제거하기 위한 정제설비는 필요하지 않다.
④ 초저온 액체로 설비재료의 선택과 취급에 주의를 요한다.
⑤ 냉열 이용이 가능하다.

(3) **정유가스(Off gas)** : 석유정제 또는 석유화학 계열공장에서 부산물로 생산되는 가스

(4) **나프타(Naphtha : 납사)** : 원유를 상압에서 증류할 때 얻어지는 비점이 200℃ 이하인 유분(액체성분)으로 경질의 것을 라이트 나프타, 중질의 것을 헤비 나프타라 부른다.

(5) **LPG(액화석유가스)** : 도시가스로 공급하는 방법으로 직접 혼입방식, 공기 혼합방식, 변성 혼입방식으로 구분

참고 LNG에서 발생되는 현상

① Roll over 현상 : LNG 저장탱크에서 상이한 액체 밀도로 인하여 층상화된 액체의 불안정한 상태가 바로 잡힐 때 생기는 LNG의 급격한 물질 혼입 현상으로 상당한 양의 증발가스(BOG)가 발생하는 현상이다. 발생 원인으로는 외부에서 열량 침투 시, 탱크 벽면을 통한 열전도 등이다.
② BOG(boil off gas) : LNG 저장시설에서 자연 입열에 의하여 기화된 가스로 증발가스라 한다. 처리방법에는 발전에 사용, 탱커의 기관(압축기 가동)에 사용, 대기로 방출하여 연소하는 방법이 있다.

2-2 가스의 제조

(1) 가스화 방식에 의한 분류

① 열분해 공정(thermal craking process) : 고온 하에서 탄화수소를 가열하여 수소(H_2), 메탄(CH_4), 에탄(C_2H_6), 에틸렌(C_2H_4), 프로판(C_3H_8) 등의 가스상의 탄화수소와 벤젠, 톨루엔 등의 조경유 및 타르 나프탈렌 등으로 분해하고, 고열량 가스(10000 kcal/Nm^3)를 제조하는 방법이다.

② 접촉분해 공정(steam reforming process) : 촉매를 사용해서 반응온도 400~800℃에서 탄화수소와 수증기를 반응시켜 메탄(CH_4), 수소(H_2), 일산화탄소(CO), 이산화탄소(CO_2)로 변환하는 공정이다.

③ 부분연소 공정(partical combustion process) : 탄화수소의 분해에 필요한 열을 노(爐) 내에 산소 또는 공기를 흡입시킴으로써 원료의 일부를 연소시켜 연속적으로 가스를 만드는 공정이다.

④ 수첨분해 공정(hydrogenation cracking process) : 고온, 고압 하에서 탄화수소를 수소 기류 중에서 열분해 또는 접촉분해하여 메탄(CH_4)을 주성분으로 하는 고열량의 가스를 제조하는 공정이다.

⑤ 대체천연가스 공정(substitute natural process) : 수분, 산소, 수소를 원료 탄화수소와 반응시켜 수증기 개질, 부분연소, 수첨분해 등에 의해 가스화하고, 메탄합성, 탈산소 등의 공정과 병용해서 천연가스의 성상과 거의 일치하게끔 가스를 제조하는 공정으로 제조된 가스를 대체천연가스(SNG)라 한다.

(2) 원료의 송입법에 의한 분류

① 연속식 : 원료가 연속적으로 송입되며 가스의 발생도 연속으로 된다.

② 배치(batch)식 : 일정량의 원료를 가스화 실에 넣어 가스화하는 방법이다.

③ 사이클릭(cyclic)식 : 연속식과 배치식의 중간적인 방법이다.

(3) 가열방식에 의한 분류

① 외열식 : 원료가 들어 있는 용기를 외부에서 가열하는 방법이다.

② 축열식 : 반응기 내에서 연료를 연소시켜 충분히 가열한 후 원료를 송입하여 가스화하는 방법이다.

③ 부분 연소식 : 원료에 소량의 공기와 산소를 혼합하여 반응기에 넣어 원료의 일부를 연소시켜 그 열을 이용하여 원료를 가스화 열원으로 한다.

④ 자열식 : 가스화에 필요한 열을 발열반응에 의해 가스를 발생시키는 방식이다.

2-3 부취제(付臭製)

(1) 부취제의 종류

① TBM(tertiary butyl mercaptan) : 양파 썩는 냄새가 나며 내산화성이 우수하고 토양투과성이 우수하며 토양에 흡착되기 어렵다.

② THT(tetra hydro thiophen) : 석탄가스 냄새가 나며 산화, 중합이 일어나지 않는 안정된 화합물이다. 토양의 투과성이 보통이며, 토양에 흡착되기 쉽다.

③ DMS(dimethyl sulfide) : 마늘 냄새가 나며 안정된 화합물이다. 내산화성이 우수하며 토양의 투과성이 우수하고 토양에 흡착되기 어렵다.

(2) 부취제의 구비조건

① 화학적으로 안정하고 독성이 없을 것

② 보통 존재하는 냄새(생활취)와 명확하게 식별될 것

③ 극히 낮은 농도에서도 냄새가 확인될 수 있을 것

④ 가스관이나 가스 미터 등에 흡착되지 않을 것

⑤ 배관을 부식시키지 않을 것

⑥ 물에 잘 녹지 않고 토양에 대하여 투과성이 클 것

⑦ 완전연소가 가능하고 연소 후 냄새나 유해한 성질이 남지 않을 것

(3) 부취제의 주입방법

① 액체 주입식 : 부취제를 액상 그대로 가스흐름에 주입하는 방법으로 펌프 주입방식, 적하 주입방식, 미터 연결 바이패스 방식으로 분류

② 증발식 : 부취제의 증기를 가스흐름에 혼합하는 방법으로 바이패스 증발식, 위크 증발식으로 분류

(4) 냄새 측정방법

① 오더미터법(냄새측정기법) : 공기와 시험가스의 유량 조절이 가능한 장비를 이용하여 시료기체를 만들어 감지희석배수를 구하는 방법

② 주사기법 : 채취용 주사기로 채취한 일정량의 시험가스를 희석용 주사기에 옮기는 방법으로 시료기체를 만들어 감지희석배수를 구하는 방법

③ 냄새주머니법 : 일정한 양의 깨끗한 공기가 들어 있는 주머니에 시험가스를 주사기로 첨가하여 시료기체를 만들어 감지희석배수를 구하는 방법

④ 무취실법

(5) 희석배수 : 500배, 1000배, 2000배, 4000배

(6) 착취농도 : 1/1000의 농도(0.1 %)

(7) 부취제 누설 시 제거방법

① 활성탄에 의한 흡착 : 소량 누설 시 적합하다.

② 화학적 산화처리 : 대량으로 누설 시 차아염소산나트륨을 사용하여 분해 처리한다.

③ 연소법 : 부취제 용기, 배관을 기름으로 닦고 그 기름을 연소하는 방법이다.

2-4 도시가스 공급설비

(1) 공급방식의 분류

① 저압 공급방식 : 0.1 MPa 미만

② 중압 공급방식 : 0.1~1 MPa 미만

③ 고압 공급방식 : 1 MPa 이상

(2) LNG 기화장치

① 오픈랙(open rack) 기화법 : 베이스로드용으로 바닷물을 열원으로 사용하므로 초기시설비가 많으나 운전비용이 저렴하다.

② 중간매체법 : 베이스로드용으로 프로판(C_3H_8), 펜탄(C_5H_{12}) 등을 사용한다.

③ 서브머지드(submerged)법 : 피크로드용으로 액중 버너를 사용한다. 초기시설비가 적으나 운전비용이 많이 소요된다.

(3) 가스홀더(gas holder)

① 기능

㈎ 가스수요의 시간적 변동에 대하여 공급가스량을 확보한다.

㈏ 공급설비의 일시적 중단에 대하여 어느 정도 공급량을 확보한다.

㈐ 공급가스의 성분, 열량, 연소성 등의 성질을 균일화 한다.

㈑ 소비지역 근처에 설치하여 피크 시의 공급, 수송효과를 얻는다.

② 종류 : 유수식, 무수식, 구형 가스홀더

③ 가스홀더의 활동량(Nm^3) 계산

$$\Delta V = V \times \frac{(P_1 - P_2)}{P_0} \times \frac{T_0}{T_1}$$

여기서, ΔV : 가스홀더의 활동량(Nm^3)

V : 가스홀더의 내용적(m^3)

P_0 : 표준대기압(1.0332 kgf/cm^2)

P_1 : 가스홀더의 최고사용압력($kgf/cm^2 \cdot a$)

P_2 : 가스홀더의 최저사용압력($kgf/cm^2 \cdot a$)

T_0 : 표준상태의 절대온도(273 K)

T_1 : 가동상태의 절대온도(K)

※ 가스홀더의 내용적 : $V = \frac{4}{3}\pi \cdot r^3 = \frac{\pi}{6}D^3$

④ 가스홀더의 용량 결정식

$S \times a = \frac{t}{24} \times M + \Delta H$에서 1일의 최대 필요 제조능력 $M = (S \times a - \Delta H) \times \frac{24}{t}$ 가 된다.

여기서, M : 1일의 최대 필요 제조능력 S : 1일의 최대 공급량
a : 17시~22시 공급률 ΔH : 가스홀더 활동량
t : 시간당 공급량이 제조능력보다도 많은 시간(피크사용시간)

2-5 정압기(governor)

(1) 정압기의 기능(역할)

① 감압기능 : 도시가스 압력을 사용처에 맞게 낮추는 기능
② 정압기능 : 2차측의 압력을 허용범위 내의 압력으로 유지하는 기능
③ 폐쇄기능 : 가스의 흐름이 없을 때는 밸브를 완전히 폐쇄하여 압력 상승을 방지하는 기능

(2) 정압기의 특성

① 정특성 : 유량과 2차 압력의 관계
(가) 로크업(lock up) : 유량이 0으로 되었을 때 끝맺은 압력과 기준압력(P_s)과의 차이
(나) 오프셋(offset) : 유량이 변화했을 때 2차 압력과 기준압력(P_s)과의 차이
(다) 시프트(shift) : 1차 압력의 변화에 의하여 정압곡선이 전체적으로 어긋나는 것
② 동특성(動特性) : 부하 변동에 대한 응답의 신속성과 안정성이 요구됨
(가) 응답속도가 빠르면 안정성은 떨어진다.
(나) 응답속도가 늦으면 안정성은 좋아진다.
③ 유량특성 : 메인밸브의 열림과 유량의 관계
(가) 직선형 : 메인밸브의 개구부 모양이 장방향의 슬릿(slit)으로 되어 있으며 열림으로부터 유량을 파악하는 데 편리하다.
(나) 2차형 : 개구부의 모양이 삼각형(V자형)의 메인밸브로 되어 있으며 천천히 유량을 증가하는 형식으로 안정적이다.
(다) 평방근형 : 접시형의 메인밸브로 신속하게 열(開) 필요가 있을 경우에 사용하며 다른 것에 비하여 안정성이 좋지 않다.
④ 사용 최대 차압 : 메인밸브에 1차와 2차 압력이 작용하여 최대로 되었을 때 차압
⑤ 작동 최소 차압 : 정압기가 작동할 수 있는 최소 차압

2-6 웨버지수와 연소속도지수

(1) 웨버지수

$$WI = \frac{H_g}{\sqrt{d}}$$

여기서, H_g : 도시가스의 발열량(kcal/m³)
d : 도시가스의 비중

(2) 연소속도지수

$$C_p = K\frac{1.0\mathrm{H_2} + 0.6(\mathrm{CO} + \mathrm{C}_m\mathrm{H}_n) + 0.3\mathrm{CH_4}}{\sqrt{d}}$$

여기서, C_p : 연소속도지수
H_2 : 가스 중의 수소함량(vol %)
CO : 가스 중의 일산화탄소 함량(vol %)
C_mH_n : 가스 중의 탄화수소의 함량(vol %)
d : 가스의 비중
K : 가스 중의 산소 함량에 따른 정수

(3) 유해성분 측정

① 측정주기 및 장소 : 매주 1회씩 가스홀더 출구에서 검사
② 유해성분의 양 : 0℃, 101325 Pa의 압력에서 건조한 도시가스 1 m^3당 황전량 0.5 g 이하, 황화수소 0.02 g 이하, 암모니아 0.2 g 이하

(4) 도시가스 성분 중 일산화탄소 함유율 측정

① 도시가스(천연가스 또는 액화석유가스에 공기를 혼합한 것은 제외)의 성분 중 일산화탄소는 매주 1회씩 가스홀더의 출구(가스홀더가 없는 경우에는 정압기의 출구)에서 KS M ISO 2718(가스 크로마토그래피에 의한 화학분석방법 표준 구성)에 따른 분석방법으로 검사하고 일산화탄소 성분검사 기록표를 작성하여야 한다.
② 측정한 도시가스성분 중 일산화탄소의 함유율은 7부피 %를 초과하지 아니하여야 한다.

제 3 장 압축기 및 펌프

1 압축기(compressor)

1-1 용적형 압축기

(1) 왕복동식 압축기

① 특징

(가) 용적형으로 고압이 쉽게 형성된다.

(나) 급유식(윤활유식) 또는 무급유식이다.

(다) 배출가스 중 오일이 혼입될 우려가 있다.

(라) 압축이 단속적이므로 맥동현상이 발생한다(소음 및 진동 발생).

(마) 형태가 크고 설치면적이 크다.

(바) 접촉부가 많아서 고장 시 수리가 어렵다.

(사) 용량조절범위가 넓고(0~100 %), 압축효율이 높다.

(아) 반드시 흡입밸브, 토출밸브가 필요하다.

② 피스톤 압출량 계산

(가) 이론적 피스톤 압출량

$$V = \frac{\pi}{4}D^2 \times L \times n \times N \times 60$$

(나) 실제적 피스톤 압출량

$$V' = \frac{\pi}{4}D^2 \times L \times n \times N \times \eta_v \times 60$$

여기서, V : 이론적인 피스톤 압출량(m^3/h)
V' : 실제적인 피스톤 압출량(m^3/h)
D : 피스톤의 지름(m)
L : 행정거리(m)
n : 기통수
N : 분당 회전수(rpm)
η_v : 체적효율

③ 압축기 효율

(가) 체적효율(η_v) : $\eta_v = \dfrac{\text{실제적 피스톤 압출량}}{\text{이론적 피스톤 압출량}} \times 100$

(나) 압축효율(η_c) : $\eta_c = \dfrac{\text{이론 동력}}{\text{실제 소요동력(지시동력)}} \times 100$

(다) 기계효율(η_m) : $\eta_m = \dfrac{\text{실제 소요동력(지시동력)}}{\text{축동력}} \times 100$

④ 용량 제어법

(가) 연속적인 용량 제어법

㉮ 흡입 주 밸브를 폐쇄하는 방법

㉯ 타임드 밸브 제어에 의한 방법

㉰ 회전수를 변경하는 방법

㉱ 바이패스 밸브에 의해 압축가스를 흡입측에 복귀시키는 방법

(나) 단계적인 용량 제어법

㉮ 클리어런스 밸브에 의한 방법

㉯ 흡입밸브 개방에 의한 방법

⑤ 다단 압축의 목적

(가) 1단 단열압축과 비교한 일량의 절약

(나) 이용효율의 증가

(다) 힘의 평형이 양호해진다.

(라) 온도상승을 피할 수 있다.

⑥ 압축비(a)

(가) 1단 압축비

$$a = \frac{P_2}{P_1}$$

여기서, a : 압축비

P_1 : 흡입 절대압력

(나) 다단 압축비

$$a = \sqrt[n]{\frac{P_2}{P_1}}$$

n : 단수

P_2 : 최종 절대압력

⑦ 윤활유

(가) 구비조건

㉮ 화학반응을 일으키지 않을 것

㉯ 인화점은 높고 응고점은 낮을 것

㉰ 점도가 적당하고 항유화성이 클 것

㉱ 불순물이 적을 것

㉲ 잔류탄소의 양이 적을 것

㉳ 열에 대한 안정성이 있을 것

(나) 각종 가스 압축기의 윤활유

㉮ 산소압축기 : 물 또는 묽은 글리세린수(10 % 정도)

㉯ 공기압축기, 수소압축기, 아세틸렌 압축기 : 양질의 광유(디젤 엔진유)

㉰ 염소압축기 : 진한 황산

㉱ LP가스 압축기 : 식물성유

㉲ 이산화황(아황산가스) 압축기 : 화이트유, 정제된 용제 터빈유

㉳ 염화메탄(메틸 클로라이드) 압축기 : 화이트유

(2) 회전식 압축기

① 용적형이며, 오일 윤활방식(급유식)으로 소용량에 사용된다.
② 압축이 연속적으로 이루어져 맥동현상이 없다.
③ 왕복압축기와 비교하여 구조가 간단하며, 동작이 단순하다.
④ 고진공을 얻을 수 있다.
⑤ 직결 구동이 용이하고, 고압축비를 얻을 수 있다.
⑥ 종류 : 고정익형과 회전익형이 있다.

(3) 나사 압축기(screw compressor)

① 용적형이며 무급유식 또는 급유식이다.
② 흡입, 압축, 토출의 3행정을 가지고 있다.
③ 압축이 연속적으로 이루어져 맥동현상이 없다.
④ 용량조정이 어렵고(70~100 %), 효율이 낮다.
⑤ 소음방지 장치가 필요하다.
⑥ 토출압력 변화에 의한 용량변화가 적다.
⑦ 고속회전이므로 형태가 작고, 경량이다.
⑧ 두 개의 암(female), 수(male)의 치형을 가진 로터의 맞물림에 의해 압축한다.

1-2 터보(turbo)형 압축기

(1) 원심식 압축기

① 특징
㈎ 원심형 무급유식이다.
㈏ 연속토출로 맥동이 적다.
㈐ 고속회전이 가능하므로 모터와 직결사용이 가능하다.
㈑ 형태가 적고 경량이어서 기초면적, 설치면적이 작게 차지한다.
㈒ 용량조정범위가 좁고(70~100 %), 어렵다.
㈓ 압축비가 적고 효율이 나쁘다.
㈔ 운전 중 서징(surging) 현상에 주의하여야 한다.
㈕ 다단식은 압축비를 높일 수 있으나 설비비가 많이 소요된다.
㈖ 토출압력 변화에 의해 용량변화가 크다.

② 용량 제어법
㈎ 속도 제어에 의한 방법
㈏ 토출밸브 조정에 의한 방법
㈐ 흡입밸브 조정에 의한 방법

㈑ 바이패스에 의한 방법

③ 상사의 법칙

㈎ 풍량 $Q_2 = Q_1 \times \left(\frac{N_2}{N_1}\right) \times \left(\frac{D_2}{D_1}\right)^3$

㈏ 풍압 $P_2 = P_1 \times \left(\frac{N_2}{N_1}\right)^2 \times \left(\frac{D_2}{D_1}\right)^2$

㈐ 동력 $L_2 = L_1 \times \left(\frac{N_2}{N_1}\right)^3 \times \left(\frac{D_2}{D_1}\right)^5$

여기서, Q_1, Q_2 : 변경 전, 후 풍량
P_1, P_2 : 변경 전, 후 풍압
L_1, L_2 : 변경 전, 후 동력
N_1, N_2 : 변경 전, 후 임펠러 회전수
D_1, D_2 : 변경 전, 후 임펠러 지름

④ 서징(surging) 현상 : 토출측 저항이 커지면 유량이 감소하고 맥동과 진동이 발생하며 불안전운전이 되는 현상으로 방지법은 다음과 같다.

㈎ 우상(右上)이 없는 특성으로 하는 방법

㈏ 방출밸브에 의한 방법

㈐ 베인 컨트롤에 의한 방법

㈑ 회전수를 변화시키는 방법

㈒ 교축밸브를 기계에 가까이 설치하는 방법

(2) 축류 압축기

① 특징

㈎ 동익식인 경우 날개의 각도 조절에 의하여 축동력을 일정하게 한다.

㈏ 효율이 좋지 않다.

㈐ 압축비가 작아서 공기조화설비에 사용된다.

② 베인의 배열

㈎ 후치 정익형 : 반동도 80~100 %

㈏ 전치 정익형 : 반동도 100~120 %

㈐ 전후치 정익형 : 반동도 40~60 %

2 펌프(pump)

2-1 터보(turbo)식 펌프

(1) 원심펌프

① 특징

(가) 원심력에 의하여 유체를 압송한다.

(나) 용량에 비하여 소형이고 설치면적이 작다.

(다) 흡입밸브, 토출밸브가 없고 액의 맥동이 없다.

(라) 기동 시 펌프 내부에 유체를 충분히 채워야 한다.

(마) 고양정에 적합하다.

(바) 서징 현상, 캐비테이션 현상이 발생하기 쉽다.

② 종류

(가) 벌류트 펌프 : 임펠러에 안내 베인이 없는 펌프

(나) 터빈 펌프 : 임펠러에 안내 베인이 있는 펌프

③ 터보 펌프의 구조 및 특징

(가) 특성곡선 : 횡축에 토출량(Q)을, 종축에 양정(H), 축동력(L), 효율(η)을 취하여 표시한 것으로 펌프의 성능을 나타낸다.

㉮ $H-Q$ 곡선 : 양정곡선

㉯ $L-Q$ 곡선 : 축동력곡선

㉰ $\eta-Q$ 곡선 : 효율곡선

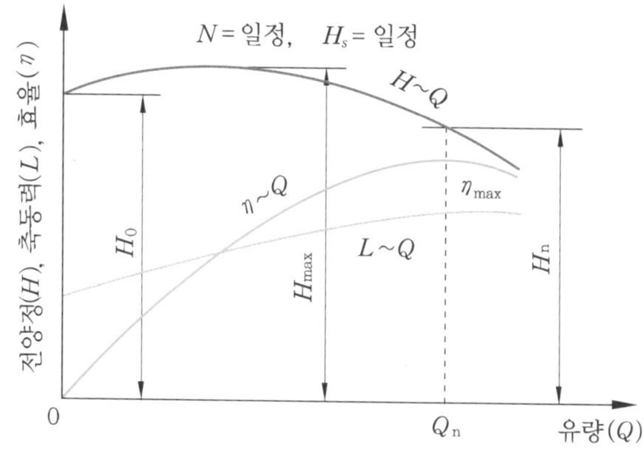

원심펌프의 특성곡선

(나) 축봉장치 : 축이 케이싱을 관통하여 회전하는 부분에 설치하여 액의 누설을 방지하는 것이다.

㉮ 그랜드 패킹 : 내부의 액이 누설되어도 무방한 경우에 사용

㉯ 메커니컬 실 : 내부의 액이 누설되는 것이 허용되지 않는 가연성, 독성 등의 액체 이송 시 사용한다.

(2) **사류 펌프** : 액체의 흐름이 축에 대하여 비스듬히 토출되는 형식이다.

(3) **축류 펌프** : 축 방향으로 흡입하여 축 방향으로 토출되는 형식이다.

2-2 용적식 펌프

(1) **왕복 펌프** : 실린더 내의 피스톤 또는 플런저를 왕복시켜 액체를 흡입하여 압출하는 형식이다.

① 특징

㈎ 소형으로 고압, 고점도 유체에 적당하다.

㈏ 회전수가 변하여도 토출압력의 변화가 적다.

㈐ 토출량이 일정하여 정량토출이 가능하고 수송량을 가감할 수 있다.

㈑ 송출이 단속적이라 맥동이 일어나기 쉽고 진동이 있다.

㈒ 고압으로 액의 성질이 변할 수 있고, 밸브의 그랜드패킹 고장이 많다.

② 종류

㈎ 피스톤 펌프 : 용량이 크고, 압력이 낮은 경우에 사용

㈏ 플런저 펌프 : 용량이 적고, 압력이 높은 경우에 사용

㈐ 다이어프램 펌프 : 특수약액, 불순물이 많은 유체를 이송할 수 있고 그랜드패킹이 없어 누설을 방지할 수 있다.

(2) **회전 펌프** : 회전자의 회전에 의해 생기는 원심력을 이용하여 유체를 이송한다.

① 특징

㈎ 왕복펌프와 같은 흡입밸브, 토출밸브가 없다.

㈏ 연속으로 송출하므로 맥동현상이 없다.

㈐ 점성이 있는 유체의 이송에 적합하다.

㈑ 고압 유압펌프로 사용된다(안전밸브를 반드시 부착한다).

② 종류 : 기어펌프, 나사펌프, 베인펌프 등

2-3 특수 펌프

(1) **제트 펌프** : 노즐에서 고속으로 분출된 유체에 의하여 주위의 유체를 흡입하여 토출하는 펌프로 2종류의 유체를 혼합하여 토출하므로 에너지손실이 크고 효율(약 30% 정도)이 낮으나 구조가 간단하고 고장이 적은 이점이 있다.

(2) 기포 펌프 : 압축공기를 이용하여 유체를 이송한다.

(3) 수격 펌프 : 유체의 위치에너지를 이용한다.

2-4 펌프의 성능

(1) 펌프의 효율

① 체적효율(η_v) : $\eta_v = \dfrac{\text{실제적 흡출량}}{\text{이론적 흡출량}} \times 100$

② 수력효율(η_h) : $\eta_h = \dfrac{\text{최종 압력 증가량}}{\text{평균 유효압력}} \times 100$

③ 기계효율(η_m) : $\eta_m = \dfrac{\text{실제적 소요동력(지시동력)}}{\text{축동력}} \times 100$

④ 펌프의 전효율(η) : $\eta = \dfrac{L_w}{L_s} = \eta_v \times \eta_h \times \eta_m$

여기서, η : 펌프의 전효율　L_w : 수동력　L_s : 축동력
η_v : 체적효율　η_h : 수력효율　η_m : 기계효율

(2) 축동력

① PS

$$\text{PS} = \frac{\gamma \cdot Q \cdot H}{75 \cdot \eta}$$

② kW

$$\text{kW} = \frac{\gamma \cdot Q \cdot H}{102 \cdot \eta}$$

여기서, γ : 액체의 비중량(kgf/m^3)　Q : 유량(m^3/s)
H : 전양정(m)　η : 효율

참고 압축기의 축동력

① $\text{PS} = \dfrac{P \cdot Q}{75 \cdot \eta}$　② $\text{kW} = \dfrac{P \cdot Q}{102 \cdot \eta}$

여기서, P : 압축기의 토출압력(kgf/m^2)　Q : 유량(m^3/s)　η : 효율

(3) 원심펌프의 상사법칙

① 유량 $Q_2 = Q_1 \times \left(\dfrac{N_2}{N_1}\right) \times \left(\dfrac{D_2}{D_1}\right)^3$

② 양정 $H_2 = H_1 \times \left(\dfrac{N_2}{N_1}\right)^2 \times \left(\dfrac{D_2}{D_1}\right)^2$

③ 동력 $L_2 = L_1 \times \left(\dfrac{N_2}{N_1}\right)^3 \times \left(\dfrac{D_2}{D_1}\right)^5$

여기서, Q_1, Q_2 : 변경 전, 후 유량 H_1, H_2 : 변경 전, 후 양정
L_1, L_2 : 변경 전, 후 동력 N_1, N_2 : 변경 전, 후 임펠러 회전수
D_1, D_2 : 변경 전, 후 임펠러 지름

(4) 원심펌프의 운전 특성

① 직렬 운전 : 양정 증가, 유량 일정
② 병렬 운전 : 양정 일정, 유량 증가

2-5 펌프에서 발생되는 현상

(1) 캐비테이션(cavitation) 현상 : 유수 중에 그 수온의 증기압력보다 낮은 부분이 생기면 물이 증발을 일으키고 기포를 다수 발생하는 현상

① 발생조건
(가) 흡입양정이 지나치게 클 경우
(나) 흡입관의 저항이 증대될 경우
(다) 과속으로 유량이 증대될 경우
(라) 관로 내의 온도가 상승될 경우

② 일어나는 현상
(가) 소음과 진동이 발생
(나) 깃(임펠러)의 침식
(다) 특성곡선, 양정곡선의 저하
(라) 양수 불능

③ 방지법
(가) 펌프의 위치를 낮춘다(흡입양정을 짧게 한다).
(나) 수직축 펌프를 사용한다.
(다) 회전차를 수중에 완전히 잠기게 한다.
(라) 펌프의 회전수를 낮춘다.
(마) 양흡입 펌프를 사용한다.
(바) 두 대 이상의 펌프를 사용한다.

(2) 수격작용(water hammering) : 펌프에서 물을 압송하고 있을 때 정전 등으로 펌프가 급히 멈춘 경우 관내의 유속이 급변하면 물에 심한 압력변화가 생기는 현상이다.

① 발생원인
(가) 밸브의 급격한 개폐
(나) 펌프의 급격한 정지

(다) 유속이 급변할 때

② 방지법

(가) 배관 내부의 유속을 낮춘다(관지름이 큰 배관을 사용한다).

(나) 배관에 조압수조(調壓水槽 : surge tank)를 설치한다.

(다) 펌프에 플라이휠(flywheel)을 설치한다.

(라) 밸브를 송출구 가까이 설치하고 적당히 제어한다.

(3) 서징(surging) 현상 : 맥동현상이라 하며 펌프를 운전 중 주기적으로 운동, 양정, 토출량이 규칙 바르게 변동하는 현상이다.

① 발생원인

(가) 양정곡선이 산형 곡선이고 곡선의 최상부에서 운전했을 때

(나) 유량조절 밸브가 탱크 뒤쪽에 있을 때

(다) 배관 중에 물탱크나 공기탱크가 있을 때

② 방지법

(가) 임펠러, 가이드 베인의 형상 및 치수를 변경하여 특성을 변화시킨다.

(나) 방출밸브를 사용하여 서징 현상이 발생할 때의 양수량 이상으로 유량을 증가시킨다.

(다) 임펠러의 회전수를 변경시킨다.

(라) 배관 중에 있는 불필요한 공기탱크를 제거한다.

(4) 베이퍼 로크(vapor lock) 현상 : 저비점 액체 등을 이송 시 펌프의 입구에서 발생하는 현상으로 액의 끓음에 의한 동요를 말한다.

① 발생원인

(가) 흡입관 지름이 작을 때

(나) 펌프의 설치위치가 높을 때

(다) 외부에서 열량 침투 시

(라) 배관 내 온도 상승 시

② 방지법

(가) 실린더 라이너 외부를 냉각

(나) 흡입배관을 크게 하고 단열처리

(다) 펌프의 설치위치를 낮춘다.

(라) 흡입관로의 청소

제 4 장 가스 장치 및 설비 일반

1 저온장치

1-1 가스 액화의 원리

(1) 단열팽창 방법 : 줄-톰슨 효과에 의한 방법(단열팽창 사용)

(2) 팽창기에 의한 방법

① 린데(Linde) 액화 사이클 : 단열팽창(줄-톰슨효과)을 이용

② 클라우드(Claude) 액화 사이클 : 피스톤 팽창기에 의한 단열교축 팽창 이용

③ 캐피자(Kapitsa) 액화 사이클 : 터보 팽창기, 열교환기에 축랭기 사용, 공기압축 압력 7 atm

④ 필립스(Philips) 액화 사이클 : 실린더에 피스톤과 보조피스톤 사용, 냉매는 수소, 헬륨 사용

⑤ 캐스케이드 액화 사이클 : 다원 액화 사이클이라 하며 암모니아, 에틸렌, 메탄을 냉매로 사용

(3) 액화 분리장치 구성

① 한랭 발생장치 : 가스액화 분리장치의 열 제거를 돕고 액화가스에 필요한 한랭을 공급

② 정류(분축, 흡수)장치 : 원료가스를 저온에서 분리, 정제하는 장치

③ 불순물 제거장치 : 원료가스 중의 수분, 탄산가스 등을 제거하기 위한 장치

1-2 저온 단열법

(1) 상압 단열법 : 단열공간에 분말, 섬유 등의 단열재 충전

(2) 진공 단열법

① 고진공 단열법 : 단열공간을 진공으로 처리

② 분말 진공 단열법 : 샌다셀, 펄라이트, 규조토, 알루미늄 분말 사용

③ 다층 진공 단열법 : 고진공 단열법에 알루미늄 박판과 섬유를 이용하여 단열 처리

2 금속재료

2-1 응력(stress)

(1) 원주방향 응력

$$\sigma_A = \frac{PD}{2t}$$

(2) 축방향 응력

$$\sigma_B = \frac{PD}{4t}$$

여기서, σ_A : 원주방향 응력(kgf/cm^2)
σ_B : 축방향 응력(kgf/cm^2)
P : 사용압력(kgf/cm^2)
D : 안지름(mm)
t : 두께(mm)

참고

원주방향 응력, 축방향 응력 단위를 kgf/mm^{2}으로 계산하면 공식은 다음과 같다.

① 원주방향 응력 : $\sigma_A = \dfrac{PD}{200t}$ ② 축방향 응력 : $\sigma_B = \dfrac{PD}{400t}$

2-2 저온장치용 금속재료

(1) 저온취성 : 철강재료는 온도가 내려감에 따라 인장강도, 항복응력, 경도가 증대하지만 연신율, 수축률, 충격치가 온도 강하와 함께 감소하고, 어느 온도(탄소강의 경우 −70℃) 이하가 되면 0으로 되어 소성변형을 일으키는 성질이 없어지게 되는 현상을 말한다.

(2) 저온장치용 재료

① 응력이 극히 적은 부분 : 동 및 동합금, 알루미늄, 니켈, 모넬메탈 등

② 어느 정도 응력이 생기는 부분

㈎ 상온보다 약간 낮은 온도 : 탄소강을 적당하게 열처리한 것 사용

㈏ −80℃까지 : 저합금강을 적당하게 열처리한 것 사용

㈐ 극저온 : 오스테나이트계 스테인리스강(18−8 STS) 사용

2-3 열처리의 종류

(1) **담금질(quenching)** : 강도, 경도 증가

(2) **불림(normalizing)** : 결정조직의 미세화

(3) **풀림(annealing)** : 내부응력 제거, 조직의 연화

(4) **뜨임(tempering)** : 연성, 인장강도 부여, 내부응력 제거

2-4 금속재료의 부식(腐蝕)

(1) **부식의 정의** : 금속이 전해질 속에 있을 때 「양극 → 전해질 → 음극」이란 전류가 형성되어 양극부위에서 금속이온이 용출되는 현상으로서 일종의 전기화학적인 반응이다. 즉 금속이 전해질과 접하여 금속표면에서 전해질 중으로 전류가 유출하는 양극반응이다. 양극반응이 진행되어 부식이 발생되는 것이다.

(2) **습식** : 철이 수분의 존재 하에 일어나는 것으로 국부전지에 의한 것이다.

① 부식의 원인

㈎ 이종 금속의 접촉

㈏ 금속재료의 조성, 조직의 불균일

㈐ 금속재료의 표면상태의 불균일

㈑ 금속재료의 응력상태, 표면온도의 불균일

㈒ 부식액의 조성, 유동상태의 불균일

② 부식의 형태

㈎ 전면부식 : 전면이 균일하게 부식되므로 부식량은 크나 쉽게 발견하여 대처하므로 피해는 적다.

㈏ 국부부식 : 특정부분에 부식이 집중되는 현상으로 부식속도가 빠르고, 위험성이 높다. 공식(孔蝕), 극간부식(隙間腐蝕), 구식(溝蝕) 등이 있다.

㈐ 선택부식 : 합금의 특정부문만 선택적으로 부식되는 현상으로 주철의 흑연화 부식, 황동의 탈아연 부식, 알루미늄 청동의 탈알루미늄 부식 등이 있다.

㈑ 입계부식 : 결정입자가 선택적으로 부식되는 현상으로 스테인리스강에서 발생한다.

(3) **건식**

① 고온가스 부식 : 고온가스와 접촉한 경우 금속의 산화, 황화, 할로겐 등의 반응이 일어난다.

② 용융금속에 의한 부식 : 금속재료가 용융금속 중 불순물과 반응하여 일어나는 부식이다.

(4) 가스에 의한 고온부식의 종류

① 산화 : 산소 및 탄산가스
② 황화 : 황화수소(H_2S)
③ 질화 : 암모니아(NH_3)
④ 침탄 및 카르보닐화 : 일산화탄소(CO)가 많은 환원가스
⑤ 바나듐 어택 : 오산화바나듐(V_2O_5)
⑥ 탈탄작용 : 수소(H_2)

2-5 방식(防蝕) 방법

(1) 부식을 억제하는 방법

① 부식환경의 처리에 의한 방식법
② 부식억제제(인히비터)에 의한 방식법
③ 피복에 의한 방식법
④ 전기방식법

(2) 전기방식법 : 매설배관의 부식을 억제 또는 방지하기 위하여 배관에 직류전기를 공급해 주거나 배관보다 저전위 금속(배관보다 쉽게 부식되는 금속)을 배관에 연결하여 철의 전기 화학적인 양극반응을 억제시켜 매설배관을 음극화하는 방법이다.

① 종류

㈎ 희생양극법(유전양극법, 전기양극법, 전류양극법) : 양극(anode)과 매설배관(cathode : 음극)을 전선으로 접속하고 양극금속과 배관 사이의 전지작용(고유 전위차)에 의해서 방식전류를 얻는 방법이다. 양극재료로는 마그네슘(Mg), 아연(Zn)이 사용되며 토양에 매설되는 배관에는 마그네슘이 사용되고 있다.

㉮ 시공이 간편하다.
㉯ 단거리 배관에 경제적이다.
㉰ 다른 매설 금속체로의 장해가 없다.
㉱ 과방식의 우려가 없다.
㉲ 효과 범위가 비교적 좁다.
㉳ 장거리 배관에는 비용이 많이 소요된다.
㉴ 전류 조절이 어렵다.
㉵ 관리장소가 많게 된다.
㉶ 강한 전식에는 효과가 없다.

(나) 외부전원법 : 외부의 직류전원장치(정류기)로부터 양극(anode)은 매설배관이 설치되어 있는 토양에 설치한 외부전원용 전극(불용성 양극)에 접속하고, 음극(cathode)은 매설배관에 접속시켜 부식을 방지하는 방법으로 직류전원장치(정류기), 양극, 부속배선으로 구성된다.

㉮ 효과 범위가 넓다.
㉯ 평상시의 관리가 용이하다.
㉰ 전압, 전류의 조성이 일정하다.
㉱ 전식에 대해서도 방식이 가능하다.
㉲ 초기 설비비가 많이 소요된다.
㉳ 장거리 배관에는 전원 장치 수가 적어도 된다.
㉴ 과방식의 우려가 있다.
㉵ 전원을 필요로 한다.
㉶ 다른 매설금속체로의 장해에 대해 검토가 필요하다.

(다) 배류법(선택배류법) : 직류 전기철도의 레일에서 유입된 누설전류를 전기적인 경로를 따라 철도레일로 되돌려 보내서 부식을 방지하는 방법으로 전철이 가까이 있는 곳에 설치하며 배류기를 설치하여야 한다.

㉮ 유지관리비가 적게 소요된다.
㉯ 전철과의 관계 위치에 따라 효과적이다.
㉰ 설치비가 저렴하다.
㉰ 전철 운행 시에는 자연부식의 방지효과도 있다.
㉲ 다른 매설 금속체로의 장해에 대해 검토가 필요하다.
㉳ 전철 휴지기간에는 전기방식의 역할을 못한다.
㉴ 과방식의 우려가 있다.

② 전기방식 유지관리 기준

(가) 전기방식 전류가 흐르는 상태에서 토양 중에 있는 배관 등의 방식전위는 포화황산동 기준전극으로 −0.85 V 이하(황산염 환원 박테리아가 번식하는 토양에서는 −0.95 V 이하)이어야 하고, 방식전위 하한값은 전기철도 등의 간섭 영향을 받는 곳을 제외하고는 포화황산동 기준전극으로 −2.5 V 이상이 되도록 한다.

(나) 전기방식 전류가 흐르는 상태에서 자연전위와의 전위변화가 최소한 −300 mV 이하일 것

(다) 배관에 대한 전위측정은 가능한 한 가까운 위치에서 기준전극으로 실시한다.

③ 전기방식시설의 설치기준

(가) 전위측정용 터미널(TB) 설치 거리

㉮ 희생 양극법, 배류법 : 300 m 간격

㉯ 외부 전원법 : 500 m 간격

㈏ 절연이음매를 사용하여야 할 장소

㉮ 교량횡단 배관 양단

㉯ 배관 등과 철근콘크리트 구조물 사이

㉰ 배관과 강재 보호관 사이

㉱ 지하에 매설된 배관 부분과 지상에 설치된 부분의 경계

㉲ 타 시설물과 접근 교차지점 ㉳ 배관과 배관지지물 사이

㉴ 저장탱크와 배관 사이 ㉵ 기타 절연이 필요한 장소

㈐ 전기방식시설의 점검

㉮ 관대지전위(管對地電位) 점검 : 1년에 1회 이상

㉯ 외부 전원법 전기방식시설 점검 : 3개월에 1회 이상

㉰ 배류법 전기방식시설 점검 : 3개월에 1회 이상

㉱ 절연부속품, 역 전류방지장치, 결선(bond), 보호절연체 점검 : 6개월에 1회 이상

2-6 비파괴검사

(1) **육안검사**(VT : Visual Test)

(2) **음향검사** : 간단한 공구를 이용하여 음향에 의해 결함 유무를 판단하는 방법

(3) **침투탐상검사**(PT : Penetrant Test) : 표면의 미세한 균열, 작은 구멍, 슬러그 등을 검출하는 방법

(4) **자분탐상검사**(MT : Magnetic Particle Test) : 자분검사라고 하며 피검사물의 자화한 상태에서 표면 또는 표면에 가까운 손상에 의해 생기는 누설 자속을 사용하여 검출하는 방법

(5) **방사선 투과검사**(RT : Radiographic Test) : X선이나 γ선으로 투과한 후 필름에 의해 내부결함의 모양, 크기 등을 관찰하는 방법. 검사 결과의 기록이 가능

(6) **초음파탐상검사**(UT : Ultrasonic Test) : 초음파를 피검사물의 내부에 침입시켜 반사파를 이용하여 내부의 결함과 불균일층의 존재 여부를 검사하는 방법

(7) **와류검사** : 교류전원을 이용하여 금속의 표면이나 표면에 가까운 내부의 결함이나 조직의 부정, 성분의 변화 등의 검출에 적용되며 비자성 금속재료인 동합금, 18-8 STS의 검사에 사용

(8) **전위차법** : 결함이 있는 부분에의 전위차를 측정하여 균열의 깊이를 조사하는 방법

3 가스배관 설비

3-1 강관

(1) 특징

① 인장강도가 크고, 내충격성이 크다. ② 배관작업이 용이하다.
③ 비철금속관에 비하여 경제적이다. ④ 부식으로 인한 배관 수명이 짧다.

(2) 스케줄 번호(schedule number) : 배관 두께의 체계를 표시하는 것으로 번호가 클수록 두께가 두껍다.

$$\text{Sch No} = 10 \times \frac{P}{S}$$

여기서, P : 사용압력(kgf/cm^2)
S : 재료의 허용응력(kgf/mm^2)$\left(S = \dfrac{\text{인장강도}(\text{kgf/mm}^2)}{\text{안전율}(4)}\right)$

3-2 밸브의 종류 및 특징

(1) 고압밸브의 특징

① 주조품보다 단조품을 이용하여 제조한다.
② 밸브시트는 내식성과 경도가 높은 재료를 사용한다.
③ 밸브시트는 교체할 수 있도록 한다.
④ 기밀 유지를 위하여 스핀들에 패킹이 사용된다.

(2) 밸브의 종류

① 글로브 밸브(glove valve) : 스톱 밸브라 하며 유량 조정에 사용된다.
② 슬루스 밸브(sluice valve) : 게이트 밸브라 하며 유로의 개폐에 사용된다.
③ 체크 밸브(check valve) : 유체의 역류를 방지하기 위하여 사용하는 밸브이다.

(3) 안전밸브(safety valve) : 가스설비의 내부압력 상승 시 파열사고를 방지할 목적으로 사용된다.

① 스프링식 : 기상부에 설치하며 일반적으로 가장 많이 사용된다.
② 파열판식 : 구조가 간단하며 취급, 점검이 용이하다.
③ 가용전식 : 일정온도 이상이 되면 용전이 녹아 가스를 배출하는 것으로 구리(Cu), 주석(Sn), 납(Pb), 안티몬(Sb) 등이 사용된다.
④ 릴리프 밸브(relief valve) : 액체 배관에 설치하여 액체를 저장탱크나 펌프의 흡입측으로 되돌려 보낸다.

3-3 신축 조인트

(1) 종류

① 루프형 : 곡관의 형태로 만들어진 것으로 구조가 간단하다.

② 슬리브형 : 이중관으로 만들어진 것으로 누설의 우려가 있어 가스관에는 부적합하다.

③ 벨로스형 : 주름통형으로 만들어진 것으로 설치장소의 제약이 없다.

④ 스위블형 : 2개 이상의 엘보를 이용한 것으로 누설의 우려가 있어 가스관에는 부적합하다.

⑤ 상온 스프링(cold spring) : 배관의 자유팽창량을 미리 계산하여 자유팽창량의 1/2 만큼 짧게 절단하여 강제배관을 함으로써 열팽창을 흡수하는 장치이다.

⑥ 볼 조인트(ball joint) : 볼 조인트와 오프셋 배관을 이용해서 신축을 흡수하는 방법으로 설치공간이 적고, 평면상의 변위뿐만 아니라 입체적인 변위까지도 안전하게 흡수하므로 어떤 현상에 의한 신축에도 배관이 안전한 신축이음장치이다.

(2) 열팽창에 의한 신축길이 계산

$\Delta L = L \cdot \alpha \cdot \Delta t$

여기서, ΔL : 관의 신축길이(mm)

L : 관의 길이(mm)

α : 선팽창계수(강관 : 1.2×10^{-5}/℃)

Δt : 온도차(℃)

4 압력용기 및 충전용기

4-1 압력용기(저장탱크)

(1) 고압 원통형 저장탱크 구조

① 동체(동판)와 경판으로 구성되며 수평형(횡형)과 수직형(종형)으로 나눈다.

② 경판의 종류 : 접시형, 타원형, 반구형

③ 부속기기 : 안전밸브, 유체 입출구, 드레인밸브, 액면계, 온도계, 압력계 등

④ 동일용량, 동일압력의 구형저장탱크에 비하여 철판두께가 두껍다(표면적이 크다).

⑤ 수평형이 강도, 설치 및 안전성이 수직형에 비해 우수하며, 수직형은 바람, 지진 등의 영향을 받기 때문에 철판두께를 두껍게 하여야 한다.

(2) 구형(球形) 저장탱크 구조

① 원통형 저장탱크에 비해 표면적이 작고, 강도가 높다.

② 기초가 간단하고 외관 모양이 안정적이다.

③ 부속기기 : 상하 맨홀, 유체의 입출구, 안전밸브, 압력계, 온도계 등

④ 단열성이 높아 −50℃ 이하의 액화가스를 저장하는 데 적합하다.

(3) 구면 지붕형 저장탱크 : 액화산소, 액화질소, LPG, LNG 등의 액화가스를 대량으로 저장할 때 사용한다.

(4) LNG 저장설비의 방호(containment) 종류 및 분류

① 단일 방호(single containment)식 저장탱크 : 내부탱크와 단열재를 시공한 외부벽으로 이루어진 것으로 저장탱크에서 LNG의 유출이 발생할 때 이를 저장하기 위한 낮은 방류둑으로 둘러싸여 있는 형식이다.

② 이중 방호(double containment)식 저장탱크 : 내부탱크와 외부탱크가 각각 별도로 초저온의 LNG를 저장할 수 있도록 설계, 시공된 것으로 유출되는 LNG의 액이 형성하는 액면을 최소한으로 줄이기 위해 외부탱크는 내부탱크에서 6 m 이내의 거리에 설치하여 내부탱크에서 유출되는 액을 저장하도록 되어 있는 형식이다.

③ 완전 방호(full containment)식 저장탱크 : 내부탱크와 외부탱크가 모두 독립적으로 초저온의 액을 저장할 수 있도록 설계, 시공된 것으로 외부탱크 또는 벽은 내부탱크에서 1~2 m 사이에 위치하여 내부탱크의 사고 발생 시 초저온의 액을 저장할 수 있으며 누출된 액에서 발생된 BOG를 제어하여 벤트(vent)시킬 수 있도록 되어 있는 형식이다.

4-2 충전용기

(1) 용기 재료의 구비조건

① 내식성, 내마모성을 가질 것

② 가볍고 충분한 강도를 가질 것

③ 저온 및 사용 중 충격에 견디는 연성, 전성을 가질 것

④ 가공성, 용접성이 좋고 가공 중 결함이 생기지 않을 것

(2) 용기의 종류

① 이음매 없는 용기(무계목[無繼目] 용기, 심리스 용기)

㈎ 압축가스 또는 액화 이산화탄소 등을 충전

㈏ 제조 방법 : 만네스만식, 에르하트식, 디프 드로잉식

② 용접용기(계목[繼目]용기, 웰딩용기)

㈎ 액화가스 및 아세틸렌 등을 충전

㈏ 제조 방법 : 심교용기, 종계용기

이음매 없는 용기 특징	용접용기 특징
① 고압에 견디기 쉬운 구조이다. ② 내압에 대한 응력분포가 균일하다. ③ 제작비가 비싸다. ④ 두께가 균일하지 못할 수 있다.	① 강판을 사용하므로 제작비가 저렴하다. ② 이음매 없는 용기에 비해 두께가 균일하다. ③ 용기의 형태, 치수 선택이 자유롭다.

③ 초저온 용기

㈎ 정의 : −50℃ 이하인 액화가스를 충전하기 위하여 단열재로 용기를 씌우거나 냉동설비로 냉각시키는 등의 방법으로 용기 내의 가스 온도가 상용의 온도를 초과하지 아니하도록 조치를 한 용기이다.

㈏ 재료 : 알루미늄 합금, 오스테나이트계 스테인리스강(18−8 STS강)

④ 화학 성분비 제한

구 분	탄소(C)	인(P)	황(S)
이음매 없는 용기	0.55% 이하	0.04% 이하	0.05% 이하
용접용기	0.33% 이하	0.04% 이하	0.05% 이하

(3) 용기 밸브

① 충전구 형식에 의한 분류

㈎ A형 : 충전구가 수나사

㈏ B형 : 충전구가 암나사

㈐ C형 : 충전구에 나사가 없는 것

② 충전구 나사형식에 의한 분류

㈎ 왼나사 : 가연성 가스 용기(단, 액화암모니아, 액화브롬화메탄은 오른나사)

㈏ 오른나사 : 가연성 가스 외의 용기

(4) 충전용기 안전장치

① LPG 용기 : 스프링식 안전밸브

② 염소, 아세틸렌, 산화에틸렌 용기 : 가용전식 안전밸브

③ 산소, 수소, 질소, 액화이산화탄소 용기 : 파열판식 안전밸브

④ 초저온 용기 : 스프링식과 파열판식의 2중 안전밸브

4-3 저장능력 산정식

(1) 압축가스의 저장탱크 및 용기

$Q = (10P+1)\cdot V_1$

(2) 액화가스 저장탱크

$$W = 0.9\,d \cdot V_2$$

(3) 액화가스 용기(충전용기, 탱크로리)

$$W = \frac{V_2}{C}$$

여기서, Q : 압축가스 저장능력(m^3)
P : 35℃에서 최고충전압력(MPa)
V_1 : 내용적(m^3)
W : 액화가스 저장능력(kg)
V_2 : 내용적(L)
d : 액화가스의 비중
C : 액화가스 충전상수(C_3H_8 : 2.35, C_4H_{10} : 2.05, NH_3 : 1.86)

(4) 안전공간

$$Q = \frac{V - E}{V} \times 100$$

여기서, Q : 안전공간(%)
V : 저장시설의 내용적
E : 액화가스의 부피

4-4 두께 산출식

(1) 용접용기 동판 두께 산출식

$$t = \frac{P \cdot D}{2S \cdot \eta - 1.2P} + C$$

여기서, t : 동판의 두께(mm)
P : 최고충전압력(MPa)
D : 안지름(mm)
S : 허용응력(N/mm^2)
η : 용접효율
C : 부식여유수치(mm)

(2) 산소용기 두께 산출식

$$t = \frac{P \cdot D}{2S \cdot E}$$

여기서, t : 두께(mm)
P : 최고충전압력(MPa)
D : 바깥지름(mm)
S : 인장강도(N/mm^2)
E : 안전율

(3) 구형 가스홀더 두께 산출식

$$t = \frac{P \cdot D}{4f \cdot \eta - 0.4P} + C$$

여기서, t : 동판의 두께(mm)
P : 최고충전압력(MPa)
D : 안지름(mm)
f : 허용응력(N/mm^2)
η : 용접효율
C : 부식여유수치(mm)

4-5 용기의 검사

(1) 신규검사 항목

① 강으로 제조한 이음매 없는 용기 : 외관검사, 인장시험, 충격시험(Al용기 제외), 파열시험(Al용기 제외), 내압시험, 기밀시험, 압궤시험

② 강으로 제조한 용접용기 : 외관검사, 인장시험, 충격시험(Al용기 제외), 용접부 검사, 내압시험, 기밀시험, 압궤시험

③ 초저온 용기 : 외관검사, 인장시험, 용접부 검사, 내압시험, 기밀시험, 압궤시험, 단열성능시험

④ 납붙임 접합용기 : 외관검사, 기밀시험, 고압가압시험

※ 파열시험을 한 용기는 인장시험, 압궤시험을 생략할 수 있다.

(2) 재검사

① 재검사를 받아야 할 용기

㈎ 일정한 기간이 경과된 용기

㈏ 합격표시가 훼손된 용기

㈐ 손상이 발생된 용기

㈑ 충전가스 명칭을 변경할 용기

㈒ 유통 중 열영향을 받은 용기

② 재검사 주기

구 분		15년 미만	15년 이상~20년 미만	20년 이상
용접용기(LPG용 용접용기 제외)	500 L 이상	5년	2년	1년
	500 L 미만	3년	2년	1년
LPG용 용접용기	500 L 이상	5년	2년	1년
	500 L 미만	5년		2년
이음매 없는 용기	500 L 이상	5년		
	500 L 미만	신규검사 후 경과 연수가 10년 이하인 것은 5년, 10년을 초과한 것은 3년마다.		

(3) 내압시험

① 수조식 내압시험 : 용기를 수조에 넣고 내압시험에 해당하는 압력을 가했다가 대기압상태로 압력을 제거하면 원래 용기의 크기보다 약간 늘어난 상태로 복귀한다. 이때의 체적변화를 측정하여 영구증가량을 계산하여 합격, 불합격을 판정한다.

② 비수조식 내압시험 : 저장탱크와 같이 고정설치된 경우에 펌프로 가압한 물의 양을 측정해 팽창량을 계산한다.

$$\Delta V = (A - B) - \{(A - B) + V\} \times P \times \beta$$

여기서, ΔV : 전증가량(cm^3)
A : 내압시험압력 P에서의 압입수량(수량계의 물 강하량) (cm^3)
B : 내압시험압력 P에서의 수압펌프에서 용기까지의 연결관에 압입된 수량(용기 이외의 압입수량) (cm^3)
V : 용기 내용적(cm^3)
P : 내압시험압력(MPa)
β : 내압시험 시 물의 온도에서의 압축계수
t : 내압시험 시 물의 온도(℃)

※ t[℃]에서의 압축계수 계산

$$\beta_t = (5.11 - 3.8981t \times 10^{-2} + 1.0751t^2 \times 10^{-3} - 1.3043t^3 \times 10^{-5} - 6.8P \times 10^{-3}) \times 10^{-4}$$

③ 항구(영구)증가율(%) 계산

$$\text{항구(영구)증가율(\%)} = \frac{\text{항구증가량}}{\text{전증가량}} \times 100$$

④ 합격기준

㈎ 신규검사 : 항구증가율 10% 이하

㈏ 재검사

㉮ 질량검사 95% 이상 : 항구증가율 10% 이하

㉯ 질량검사 90% 이상 95% 미만 : 항구증가율 6% 이하

(4) 초저온 용기의 단열성능시험

① 침입열량 계산식

$$Q = \frac{W \cdot q}{H \cdot \Delta t \cdot V}$$

여기서, Q : 침입열량(J/h·℃·L)
W : 측정중의 기화가스량(kg)
q : 시험용 액화가스의 기화잠열(J/kg)
H : 측정시간(h)
Δt : 시험용 액화가스의 비점과 외기와의 온도차(℃)
V : 용기 내용적(L)

② 합격기준

내용적	침입열량(kcal/h · ℃ · L)
1000 L 미만	0.0005 이하 (2.09 J/h·℃·L 이하)
1000 L 이상	0.002 이하 (8.37 J/h·℃·L 이하)

③ 시험용 액화가스의 종류 : 액화질소, 액화산소, 액화아르곤

(5) 충전용기의 시험압력

구 분	최고충전압력(FP)	기밀시험압력(AP)	내압시험압력(TP)	안전밸브 작동압력
압축가스 용기	35℃, 최고충전압력	최고충전압력	$FP\times\frac{5}{3}$배	$TP\times0.8$배 이하
아세틸렌 용기	15℃에서 최고압력	$FP\times1.8$배	$FP\times3$배	가용전식(105±5℃)
초저온, 저온 용기	상용압력 중 최고압력	$FP\times1.1$배	$FP\times\frac{5}{3}$배	$TP\times0.8$배 이하
액화가스 용기	$TP\times\frac{3}{5}$배	최고충전압력	액화가스 종류별로 규정	$TP\times0.8$배 이하

4-6 합격용기의 각인

(1) 신규검사에 합격된 용기

① 용기 제조업자의 명칭 또는 약호
② 충전하는 가스의 명칭
③ 용기의 번호
④ V : 내용적(L)
⑤ W : 초저온 용기 외의 용기는 밸브 및 부속품을 포함하지 않은 용기의 질량(kg)
⑥ TW : 아세틸렌가스 충전용기는 ⑤의 질량에 다공물질, 용제, 밸브의 질량을 합한 질량(kg)
⑦ 내압시험에 합격한 연월
⑧ TP : 내압시험압력(MPa)
⑨ FP : 압축가스를 충전하는 용기는 최고충전압력(MPa)
⑩ t : 동판의 두께(mm) → 내용적 500 L 초과하는 용기만 해당
⑪ 충전량(g) → 납붙임 또는 접합용기만 해당

(2) 용기종류별 부속품 기호

① AG : 아세틸렌가스를 충전하는 용기의 부속품
② PG : 압축가스를 충전하는 용기의 부속품
③ LG : 액화석유가스 외의 액화가스를 충전하는 용기의 부속품
④ LPG : 액화석유가스를 충전하는 용기의 부속품
⑤ LT : 초저온용기 및 저온용기의 부속품

(3) 용기의 도색 및 표시

가스 종류	용기의 도색		글자의 색깔		띠의 색상 (의료용)
	공업용	의료용	공업용	의료용	
산소(O_2)	녹 색	백 색	백 색	녹 색	녹 색
수소(H_2)	주황색	–	백 색	–	–
액화탄산가스(CO_2)	청 색	회 색	백 색	백 색	백 색
액화석유가스	밝은 회색	–	적 색	–	–
아세틸렌(C_2H_2)	황 색	–	흑 색	–	–
암모니아(NH_3)	백 색	–	흑 색	–	–
액화염소(Cl_2)	갈 색	–	백 색	–	–
질소(N_2)	회 색	흑 색	백 색	백 색	백 색
아산화질소(N_2O)	회 색	청 색	백 색	백 색	백 색
헬륨(He)	회 색	갈 색	백 색	백 색	백 색
에틸렌(C_2H_4)	회 색	자 색	백 색	백 색	백 색
사이클로 프로판	회 색	주황색	백 색	백 색	백 색
기타의 가스	회 색	–	백 색	백 색	백 색

[비고] ① 스테인리스강 등 내식성 재료를 사용한 용기 : 용기 동체의 외면 상단에 10 cm 이상의 폭으로 충전가스에 해당하는 색으로 도색
② 가연성 가스 : "연"자, 독성 가스 : "독"자 표시
③ 선박용 액화석유가스 용기 : 용기 상단부에 2 cm의 백색 띠 두 줄, 백색 글씨로 선박용 표시

제 5 장 계측기기

1 가스 검지법 및 분석기

1-1 가스 검지법

(1) 시험지법

검지가스	시험지	반응	비 고
암모니아(NH_3)	적색리트머스지	청 색	산성, 염기성가스도 검지 가능
염소(Cl_2)	KI-전분지	청갈색	할로겐가스, NO_2도 검지 가능
포스겐($COCl_2$)	해리슨 시약지	유자색	
시안화수소(HCN)	초산벤지딘지	청 색	
일산화탄소(CO)	염화팔라듐지	흑 색	
황화수소(H_2S)	연당지	회흑색	초산납시험지라 불린다.
아세틸렌(C_2H_2)	염화제1구리착염지	적갈색	

(2) **검지관법** : 발색시약을 충전한 검지관에 시료가스를 넣은 후 표준표와 비색 측정을 하는 것

(3) **가연성 가스 검출기** : 안전등형, 간섭계형, 열선형, 반도체식 검지기

1-2 가스 분석기

(1) 가스 분석의 구분

① 화학적 가스 분석계 : 가스의 연소열을 이용한 것, 용액 흡수제를 이용한 것, 고체 흡수제를 이용한 것

② 물리적 가스 분석계 : 가스의 열전도율을 이용한 것, 가스의 밀도, 점도차를 이용한 것, 빛의 간섭을 이용한 것, 전기전도도를 이용한 것, 가스의 자기적 성질을 이용한 것, 가스의 반응성을 이용한 것, 적외선 흡수를 이용한 것

(2) 흡수 분석법

① 오르사트(Orsat)법

(가) CO_2 : KOH 30 % 수용액

(나) O_2 : 알칼리성 피로갈롤 용액

(다) CO : 암모니아성 염화제1구리용액

(라) N_2 : 나머지 양으로 계산

② 헴펠(Hempel)법

(가) CO_2 : 수산화칼륨(KOH) 30 % 수용액

(나) C_mH_n : 무수황산을 25 % 포함한 발연황산

(다) O_2 : 알칼리성 피로갈롤 용액

(라) CO : 암모니아성 염화제1구리($CuCl_2$) 용액

③ 게겔(Gockel)법

(가) CO_2 : 33 % KOH 수용액

(나) 아세틸렌 : 요오드수은(옥소수은) 칼륨 용액

(다) 프로필렌, n-C_4H_8 : 87 % H_2SO_4

(라) 에틸렌 : 취화수소(HBr) 수용액

(마) O_2 : 알칼리성 피로갈롤 용액

(바) CO : 암모니아성 염화제1구리 용액

(3) 가스 크로마토그래피

① 특징

(가) 여러 종류의 가스 분석이 가능하다.

(나) 선택성이 좋고 고감도로 측정한다.

(다) 미량성분의 분석이 가능하다.

(라) 응답속도가 늦으나 분리능력이 좋다.

(마) 동일가스의 연속측정이 불가능하다.

② 구성 : 분리관(칼럼), 검출기, 기록계

③ 캐리어 가스 : 수소(H_2), 헬륨(He), 아르곤(Ar), 질소(N_2)

④ 검출기(Detector)의 종류

(가) 열전도형 검출기(TCD) : 유기 및 무기화학종에 감응하며 일반적으로 사용

(나) 수소염 이온화 검출기(FID) : 탄화수소에서 감도가 최고

(다) 전자포획 이온화 검출기(ECD) : 할로겐 및 산소 화합물 감도 최고

(라) 염광 광도형 검출기(FPD) : 인, 유황 화합물 검출

(마) 알칼리성 이온화 검출기(FTD) : 유기질소 화합물 및 유기인 화합물 검출

2 가스 계측기기

2-1 온도계

(1) 접촉식 온도계

① 유리제 봉입식 온도계, 알코올 유리온도계, 베크만 온도계, 유점 온도계
② 바이메탈 온도계 : 열팽창률이 서로 다른 2종의 얇은 금속판을 밀착시킨 것
③ 압력식 온도계 : 액체나 기체의 체적 팽창을 이용
④ 전기식 온도계
　㈎ 저항 온도계 : 백금 측온 저항체, 니켈 측온 저항체, 동 측온 저항체
　㈏ 서미스터(thermistor) : 반도체를 이용하여 온도 측정
⑤ 열전대 온도계
　㈎ 원리 : 제베크(Seebeck) 효과
　㈏ 종류 : 백금-백금로듐(P-R), 크로멜-알루멜(C-A), 철-콘스탄트(I-C), 동-콘스탄트(C-C)
⑥ 제게르 콘(Seger cone) : 벽돌의 내화도 측정에 사용
⑦ 서모컬러(thermo color) : 온도 변화에 따른 색이 변하는 성질 이용

(2) 비접촉식 온도계

① 광고온도계 : 측정대상물체의 빛과 전구 빛을 같게 하여 저항을 측정
② 광전관식 온도계 : 광전지 또는 광전관을 사용하여 자동으로 측정
③ 방사 온도계 : 스테판-볼츠만 법칙 이용
④ 색 온도계 : 물체에서 발생하는 빛의 밝고 어두움을 이용

2-2 압력계

(1) 1차 압력계

① 액주식 압력계(manometer) : 단관식 압력계, U자관식 압력계, 경사관식 압력계 등
② 침종식 압력계 : 아르키메데스의 원리 이용, 단종식과 복종식으로 구분
③ 자유 피스톤형 압력계 : 부르동관 압력계의 교정용으로 사용

(2) 2차 압력계

① 탄성 압력계 : 부르동관 압력계, 벨로스식 압력계, 다이어프램 압력계, 캡슐식
② 전기식 압력계 : 전기저항 압력계, 피에조 전기 압력계, 스트레인 게이지

2-3 유량계

(1) 유량의 측정 방법

① 직접법 : 유체의 부피나 질량을 직접 측정하는 방법

② 간접법 : 유속을 측정하여 유량을 계산하는 방법으로 베르누이 정리를 응용한 것이다.

(가) 체적 유량 : $Q = A \cdot V$

(나) 질량 유량 : $M = \rho \cdot A \cdot V$

(다) 중량 유량 : $G = \gamma \cdot A \cdot V$

여기서, Q : 체적 유량(m^3/s)　M : 질량 유량(kg/s)　G : 중량 유량(kgf/s)
ρ : 밀도(kg/m^3)　γ : 비중량(kgf/m^3)　A : 단면적(m^2)
V : 유속(m/s)

(2) 직접식 유량계

① 종류 : 오벌 기어식, 루츠식, 로터리 피스톤식, 로터리 베인식, 습식 가스 미터, 왕복 피스톤식

② 특징

(가) 정도가 높아 상거래에 사용된다.

(나) 고점도 유체나 점도 변화가 있는 유체의 측정에 적합하다.

(다) 맥동의 영향을 적게 받는다.

(라) 이물질의 유입을 차단하기 위하여 입구측에 여과기를 설치한다.

(마) 회전자의 재질로 포금, 주철, 스테인리스강이 사용된다.

(3) 간접식 유량계

① 차압식 유량계(조리개 기구식)

(가) 측정 원리 : 베르누이 정리(베르누이 방정식)

(나) 종류 : 오리피스미터, 플로어노즐, 벤투리미터

(다) 유량 계산식

$$Q = CA\sqrt{\frac{2g}{1-m^4} \times \frac{P_1 - P_2}{\gamma}} = CA\sqrt{\frac{2gh}{1-m^4} \times \frac{\gamma_m - \gamma}{\gamma}}$$

여기서, Q : 유량(m^3/s)
C : 유량계수
g : 중력가속도($9.8 m/s^2$)
A : 교축부 단면적(m^2)
m : 교축비$\left(\frac{D_2^2}{D_1^2}\right)$
h : 액주계 높이 차(m)
P_1 : 교축기구 입구측 압력(kgf/m^2)
P_2 : 교축기구 출구측 압력(kgf/m^2)

γ_m : 액주계 액체 비중량(kgf/m^3)
γ : 유체 비중량(kgf/m^3)

② 면적식 유량계 : 부자식(플로트식), 로터미터
③ 유속식 유량계 : 임펠러식 유량계, 피토관 유량계, 열선식 유량계

㈎ 피토관 유속 계산식

$$V = C\sqrt{2g \times \frac{P_t - P_s}{\gamma}} = \sqrt{2gh \times \frac{\gamma_m - \gamma}{\gamma}}$$

여기서, V : 유속(m/s)
C : 피토관 계수
g : 중력가속도(9.8m/s^2)
P_t : 전압(kgf/m^2, mmH_2O)
P_s : 정압(kgf/m^2, mmH_2O
h : 액주계 높이차(m)
γ_m : 액주계(미노미터) 액체 비중량(kgf/m^3)
γ : 유체 비중량(kgf/m^3)

④ 전자식 유량계 : 패러데이의 전자유도법칙을 이용
⑤ 와류식 유량계 : 소용돌이(와류)의 주파수 특성이 유속과 비례관계를 유지하는 것을 이용
⑥ 초음파 유량계 : 도플러 효과 이용

2-4 액면계

(1) 직접식 액면계의 종류

① 유리관식 액면계
② 부자식 액면계(플로트식 액면계)
③ 검척식 액면계

(2) 간접식 액면계의 종류

① 압력식 액면계
② 저항 전극식 액면계
③ 초음파 액면계
④ 정전 용량식 액면계
⑤ 방사선 액면계
⑥ 차압식 액면계(햄프슨식 액면계)
⑦ 다이어프램식 액면계
⑧ 편위식 액면계
⑨ 기포식 액면계
⑩ 슬립 튜브식 액면계

Engineer Gas

제 6 장 연소 및 폭발

1 가스의 연소

1-1 연소(燃燒)

(1) **연소의 정의** : 가연성 물질이 산소와 반응하여 빛과 열을 수반하는 화학반응

(2) **연소의 3요소**
① 가연성 물질 : 연료
② 산소 공급원 : 공기
③ 점화원 : 전기불꽃, 정전기, 단열압축, 마찰 및 충격불꽃 등

(3) **연소의 분류**
① 표면연소 : 목탄 및 코크스 등과 같이 열분해 없이 표면에서 산소와 반응, 연소하는 것
② 분해연소 : 일반적인 고체연료의 연소
③ 증발연소 : 액체연료의 연소
④ 확산연소 : 기체연료의 연소
⑤ 자기연소 : 산소 공급 없이도 연소가 가능한 것으로 제5류 위험물로 분류

1-2 인화점 및 발화점

(1) **인화점** : 가연성 가스가 공기 중에서 점화원에 의해 연소할 수 있는 최저의 온도

(2) **발화점(착화점, 발화온도)** : 가연성 가스가 공기 중에서 점화원 없이 스스로 연소를 개시할 수 있는 최저의 온도

2 가스 폭발 및 폭굉

2-1 폭발의 종류

(1) 물리적 폭발

① 증기(蒸氣)폭발 : 보일러 폭발 등

② 금속선(金屬線)폭발 : Al 전선에 과전류가 흐를 때 발생

③ 고체상(固體相) 전이(轉移) 폭발 : 무정형 안티몬이 결정형 안티몬으로 고상 전이할 때 발생

④ 압력폭발 : 고압가스 용기의 폭발

(2) 화학적 폭발

① 산화(酸化)폭발 : 가연성 물질이 산화제와 산화반응에 의해 폭발하는 것

② 분해(分解)폭발 : 압력이 일정압력 이상으로 가했을 때 분해에 의한 단일가스의 폭발로 아세틸렌(C_2H_2), 산화에틸렌(C_2H_4O), 오존(O_3), 히드라진(N_2H_4) 등의 폭발

③ 중합(重合)폭발 : 시안화수소(HCN), 염화비닐(C_2H_3Cl), 산화에틸렌(C_2H_4O), 부타디엔(C_4H_6) 등이 중합반응으로 인한 중합열에 의한 폭발

④ 촉매폭발 : 염소폭명기에서 직사광선이 촉매로 작용하여 일어나는 폭발

⑤ 분진폭발 : 가연성 고체의 미분(微分) 또는 가연성 액체가 공기 중 일정농도로 존재할 때 혼합기체와 같은 폭발을 일으키는 것

㈎ 폭연성 분진 : 금속분(Mg, Al, Fe분 등)

㈏ 가연성 분진 : 소맥분, 전분, 합성수지류, 황, 코코아, 리그린, 석탄분, 고무분말 등

2-2 가스 폭발

(1) 가연성 혼합기체의 폭발범위 : 르샤틀리에 법칙

$$\frac{100}{L} = \frac{V_1}{L_1} + \frac{V_2}{L_2} + \frac{V_3}{L_3} + \frac{V_4}{L_4} + \cdots$$

여기서, L : 혼합가스의 폭발한계치

V_1, V_2, V_3, V_4 : 각 성분 체적(%)

L_1, L_2, L_3, L_4 : 각 성분 단독의 폭발한계치

(2) 위험도 : 폭발범위 상한과 하한의 차를 폭발범위 하한값으로 나눈 것으로 H로 표시한다.

$$H = \frac{U - L}{L}$$

여기서, H : 위험도　　U : 폭발범위 상한값　　L : 폭발범위 하한값

① 위험도는 폭발범위에 비례하고 하한값에는 반비례한다.

② 위험도 값이 클수록 위험성이 크다.

(3) 안전간격 : 8 L 정도의 구형 용기 안에 폭발성 혼합가스를 채우고 착화시켜 가스가 발화될 때 화염이 용기 외부의 폭발성 혼합가스에 전달되는가 여부를 보아 화염을 전달시킬 수 없는 한계의 틈을 말한다(안전간격이 작은 가스일수록 위험하다).

폭발등급	안전간격	대상 가스의 종류
1등급	0.6 mm 이상	일산화탄소, 에탄, 프로판, 암모니아, 아세톤, 에틸에테르, 가솔린, 벤젠 등
2등급	0.4~0.6 mm	석탄가스, 에틸렌 등
3등급	0.4 mm 미만	아세틸렌, 이황화탄소, 수소, 수성가스 등

(4) 블레이브 및 증기운 폭발

① BLEVE(Boiling Liquid Expanding Vapor Explosion : 비등액체팽창증기폭발) : 가연성 액체 저장탱크 주변에서 화재가 발생하여 기상부의 탱크가 국부적으로 가열되면 그 부분이 강도가 약해져 탱크가 파열된다. 이때 내부의 액화가스가 급격히 유출, 팽창되어 화구(fire ball)를 형성하여 폭발하는 형태이다.

② 증기운 폭발(UVCE : Unconfined Vapor Cloud Explosive) : 대기 중에 대량의 가연성 가스나 인화성 액체가 유출 시 다량의 증기가 대기 중의 공기와 혼합하여 폭발성 증기운(vapor cloud)을 형성하고 이때 착화원에 의해 화구(fire ball)를 형성하여 폭발하는 형태이다.

2-3 폭굉(detonation)

(1) 폭굉의 정의 : 가스 중의 음속보다도 화염 전파속도가 큰 경우로서 가스의 경우 1000~3500 m/s 정도에 달하여 파면선단에 충격파라고 하는 압력파가 생겨 격렬한 파괴작용을 일으키는 현상으로 폭굉범위는 폭발범위 내에 존재한다.

(2) 폭굉유도거리(DID) : 최초의 완만한 연소가 격렬한 폭굉으로 발전할 때까지의 거리

① 폭굉유도거리가 짧아질 수 있는 조건

㈎ 정상 연소속도가 큰 혼합가스일수록

㈏ 관속에 방해물이 있거나 지름이 작을수록

㈐ 압력이 높을수록
㈑ 점화원의 에너지가 클수록
② 폭굉유도거리가 짧은 가연성 가스일수록 위험성이 큰 가스이다.

2-4 전기기기의 방폭구조

(1) 방폭구조의 종류

① 내압(耐壓) 방폭구조(d) : 방폭 전기기기의 용기(이하 "용기"라 함) 내부에서 가연성 가스의 폭발이 발생할 경우 그 용기가 폭발압력에 견디고, 접합면, 개구부 등을 통하여 외부의 가연성 가스에 인화되지 아니하도록 한 구조

② 유입(油入) 방폭구조(o) : 용기 내부에 절연유를 주입하여 불꽃, 아크 또는 고온 발생부분이 기름 속에 잠기게 함으로써 기름면 위에 존재하는 가연성 가스에 인화되지 아니하도록 한 구조

③ 압력(壓力) 방폭구조(p) : 용기 내부에 보호가스(신선한 공기 또는 불활성 가스)를 압입하여 내부압력을 유지함으로써 가연성 가스가 용기 내부로 유입되지 아니하도록 한 구조

④ 안전증 방폭구조(e) : 정상운전 중에 가연성 가스의 점화원이 될 전기불꽃, 아크 또는 고온부분 등의 발생을 방지하기 위하여 기계적, 전기적 구조상 또는 온도 상승에 대하여 특히 안전도를 증가시킨 구조

⑤ 본질안전 방폭구조(ia, ib) : 정상 시 및 사고(단선, 단락, 지락 등) 시에 발생하는 전기불꽃, 아크 또는 고온부에 의하여 가연성 가스가 점화되지 아니하는 것이 점화시험, 기타 방법에 의하여 확인된 구조

⑥ 특수 방폭구조(s) : ①번에서부터 ⑤번까지에서 규정한 구조 이외의 방폭구조로서 가연성 가스에 점화를 방지할 수 있다는 것이 시험, 기타 방법에 의하여 확인된 구조

(2) 가연성 가스의 폭발등급과 발화도(위험등급)

① 내압 방폭구조의 폭발등급 분류

최대 안전틈새 범위(mm)	0.9 이상	0.5 초과 0.9 미만	0.5 이하
가연성 가스의 폭발등급	A	B	C
방폭 전기기기의 폭발등급	ⅡA	ⅡB	ⅡC
[비고] 최대 안전틈새는 내용적이 8 L이고 틈새 깊이가 25 mm인 표준용기 내에서 가스가 폭발할 때 발생한 화염이 용기 밖으로 전파하여 가연성 가스에 점화되지 아니하는 최댓값			

② 본질안전 방폭구조의 폭발등급 분류

최소 점화전류비의 범위(mm)	0.8 초과	0.45 이상 0.8 이하	0.45 미만
가연성 가스의 폭발등급	A	B	C
방폭 전기기기의 폭발등급	ⅡA	ⅡB	ⅡC
[비고] 최소 점화전류비는 메탄가스의 최소 점화전류를 기준으로 나타낸다.			

(3) 가연성 가스의 발화도 범위에 따른 방폭 전기기기의 온도등급

가연성 가스의 발화도(℃) 범위	방폭 전기기기의 온도등급
450 초과	T1
300 초과 450 이하	T2
200 초과 300 이하	T3
135 초과 200 이하	T4
100 초과 135 이하	T5
85 초과 100 이하	T6

2-5 위험성 평가기법

(1) 정성적 평가기법

① 체크리스트(checklist) 기법 : 공정 및 설비의 오류, 결함상태, 위험상황 등을 목록화한 형태로 작성하여 경험적으로 비교함으로써 위험성을 파악하는 것이다.

② 사고예상 질문 분석(WHAT-IF) 기법 : 공정에 잠재하고 있으면서 원하지 않은 나쁜 결과를 초래할 수 있는 사고에 대하여 예상 질문을 통해 사전에 확인함으로써 그 위험과 결과 및 위험을 줄이는 방법을 제시하는 것이다.

③ 위험과 운전 분석(hazard and operability studies : HAZOP) 기법 : 공정에 존재하는 위험 요소들과 공정의 효율을 떨어뜨릴 수 있는 운전상의 문제점을 찾아내어 그 원인을 제거하는 것이다.

(2) 정량적 평가기법

① 작업자 실수 분석(human error analysis) 기법 : 설비의 운전원, 정비 보수원, 기술자 등의 작업에 영향을 미칠만한 요소를 평가하여 그 실수의 원인을 파악하고 추적하여 실수의 상대적 순위를 결정하는 것이다.

② 결함수 분석(fault tree analysis : FTA) 기법 : 사고를 일으키는 장치의 이상이나 운전자 실수의 조합을 연역적으로 분석하는 것이다.

③ 사건수 분석(event tree analysis : ETA) 기법 : 초기사건으로 알려진 특정한

장치의 이상이나 운전자의 실수로부터 발생되는 잠재적인 사고결과를 평가하는 것이다.

④ 원인 결과 분석(cause-consequence analysis : CCA) 기법 : 잠재된 사고의 결과와 이러한 사고의 근본적인 원인을 찾아내고 사고 결과와 원인의 상호관계를 예측, 평가하는 것이다.

(3) 기타

① 상대 위험순위 결정(dow and mond indices) 기법 : 설비에 존재하는 위험에 대하여 수치적으로 상대 위험순위를 지표화하여 그 피해정도를 나타내는 상대적 위험순위를 정하는 것이다.

② 이상 위험도 분석(failure modes effect and criticality analysis : FMECA) 기법 : 공정 및 설비의 고장의 형태 및 영향, 고장 형태별 위험도 순위를 결정하는 것이다.

Engineer Gas

제 7 장 안전관리 일반

1 고압가스 안전관리

1-1 저장능력 및 냉동능력 계산식

(1) 저장능력 산정기준 계산식

① 압축가스 저장탱크 및 용기

$Q=(10P+1)\cdot V_1$

② 액화가스

(가) 저장탱크 : $W=0.9d\cdot V_2$

(나) 용기(충전용기, 탱크로리) : $W=\dfrac{V_2}{C}$

여기서, Q : 압축가스 저장능력(m^3)
V_1 : 내용적(m^3)
V_2 : 내용적(L)
C : 액화가스 충전상수
P : 35℃에서 최고충전압력(MPa)
W : 액화가스 저장능력(kg)
d : 상용온도에서의 액화가스의 비중(kg/L)

(2) 1일 냉동능력(톤) 계산

① 원심식 압축기 : 원동기 정격출력 1.2 kW

② 흡수식 냉동설비 : 발생기를 가열하는 입열량 6640 kcal/h

1-2 보호시설

(1) 1종 보호시설

① 학교, 유치원, 어린이집, 놀이방, 어린이놀이터, 학원, 병원(의원을 포함), 도서관, 청소년수련시설, 경로당, 시장, 공중목욕탕, 호텔, 여관, 극장, 교회 및 공회당(公會堂)

② 사람을 수용하는 건축물로서 사실상 독립된 부분의 연면적이 1000 m^2 이상인 것

③ 예식장, 장례식장 및 전시장, 그 밖에 이와 유사한 시설로서 300명 이상 수용할 수 있는 건축물
④ 아동복지시설 또는 장애인복지시설로서 20명 이상 수용할 수 있는 건축물
⑤ 「문화재보호법」에 따라 지정문화재로 지정된 건축물

(2) 2종 보호시설

① 주택
② 사람을 수용하는 건축물로서 사실상 독립된 부분의 연면적이 100 m^2 이상 1000 m^2 미만인 것

1-3 저장설비

(1) 가스방출장치 설치 : 5 m^3 이상

(2) 저장탱크 사이 거리 : 저장탱크 최대지름을 더한 길이의 4분의 1 이상의 거리 유지(1 m 미만인 경우 1 m 유지)

(3) 저장탱크 설치기준

① 지하 설치기준
㈎ 천장, 벽, 바닥의 두께 : 30 cm 이상의 철근콘크리트
㈏ 저장탱크의 주위 : 마른 모래를 채울 것
㈐ 매설깊이 : 60 cm 이상
㈑ 2개 이상 설치 시 : 상호간 1 m 이상 유지
㈒ 지상에 경계표지 설치
㈓ 안전밸브 방출관 설치(방출구 높이 : 지면에서 5 m 이상)

② 실내 설치기준
㈎ 저장탱크실과 처리설비실은 구분 설치하고 강제통풍시설을 갖출 것
㈏ 천장, 벽, 바닥의 두께 : 30 cm 이상의 철근콘크리트
㈐ 가연성 가스 또는 독성 가스의 경우 : 가스누출검지 경보장치 설치
㈑ 저장탱크 정상부와 천장과의 거리 : 60 cm 이상
㈒ 2개 이상 설치 시 : 저장탱크실을 구분하여 설치
㈓ 저장탱크실 및 처리설비실의 출입문 : 각각 따로 설치(자물쇠 채움 등의 조치)
㈔ 주위에 경계표지 설치
㈕ 안전밸브 방출관 설치(방출구 높이 : 지상에서 5 m 이상)

③ 저장탱크의 부압파괴 방지 조치
㈎ 압력계, 압력경보설비, 진공안전밸브

(나) 다른 저장탱크 또는 시설로부터의 가스도입배관(균압관)

(다) 압력과 연동하는 긴급차단장치를 설치한 냉동 제어설비

(라) 압력과 연동하는 긴급차단장치를 설치한 송액설비

④ 과충전 방지 조치 : 내용적의 90 % 초과 금지

1-4 사고예방설비 및 피해저감설비 기준

(1) 사고예방설비

① 가스누출 검지 경보장치 설치 : 독성 가스 및 공기보다 무거운 가연성 가스

(가) 종류 : 접촉연소 방식(가연성 가스), 격막 갈바닉 전지방식(산소), 반도체 방식(가연성, 독성)

(나) 경보농도(검지농도)

㉮ 가연성 가스 : 폭발하한계의 1/4 이하

㉯ 독성 가스 : TLV-TWA 기준농도 이하

㉰ 암모니아(NH_3)를 실내에서 사용하는 경우 : 50 ppm

(다) 경보기의 정밀도 : 가연성(±25 % 이하), 독성 가스(±30 % 이하)

(라) 검지에서 발신까지 걸리는 시간 : 경보농도의 1.6배 농도에서 30초 이내 (단, 암모니아, 일산화탄소의 경우는 1분 이내)

② 긴급차단장치 설치

(가) 동력원 : 액압, 기압, 전기, 스프링

(나) 조작위치 : 당해 저장탱크로부터 5 m 이상 떨어진 곳(특정제조의 경우에는 10 m 이상)

③ 역류방지장치(밸브) 설치

(가) 가연성 가스를 압축하는 압축기와 충전용 주관과의 사이 배관

(나) 아세틸렌을 압축하는 압축기의 유분리기와 고압건조기와의 사이 배관

(다) 암모니아 또는 메탄올의 합성탑 및 정제탑과 압축기와의 사이 배관

④ 역화방지장치 설치

(가) 가연성 가스를 압축하는 압축기와 오토클레이브와의 사이 배관

(나) 아세틸렌의 고압건조기와 충전용 교체밸브 사이 배관

(다) 아세틸렌 충전용 지관

⑤ 정전기 제거설비 설치 : 가연성 가스 제조설비

(가) 탑류, 저장탱크, 열교환기, 회전기계, 벤트스택 등은 단독으로 접지

(나) 접지 접속선 단면적 : 5.5 mm^2 이상

(다) 접지 저항값 총합 : 100 Ω 이하(피뢰설비 설치한 것 : 10 Ω 이하)

(2) 피해저감설비

① 방류둑 설치

㈎ 구조

㉮ 방류둑의 재료 : 철근콘크리트, 철골·철근콘크리트, 금속, 흙 또는 이들을 혼합

㉯ 성토 기울기 : 45° 이하, 성토 윗부분 폭 : 30 cm 이상

㉰ 출입구 : 둘레 50m마다 1개 이상 분산 설치(둘레가 50 m 미만 : 2개 이상 설치)

㉱ 집합 방류둑 내 가연성 가스와 조연성 가스, 독성 가스의 혼합 배치 금지

㉲ 방류둑은 액밀한 구조 및 액두압에 견디고, 액의 표면적은 작게 한다.

㉳ 방류둑에 고인 물을 외부로 배출할 수 있는 조치를 할 것(배수조치는 방류둑 밖에서 하고 배수할 때 이외에는 반드시 닫아 둔다.)

㉴ 집합 방류둑에는 가연성 가스와 조연성 가스, 가연성 가스와 독성 가스의 혼합 배치 금지

㈏ 방류둑 용량 : 저장능력 상당용적

㉮ 액화산소 저장탱크 : 저장능력 상당용적의 60 %

㉯ 집합 방류둑 내 : 최대저장탱크의 상당용적 + 잔여 저장탱크 총 용적의 10 %

㉰ 냉동설비 방류둑 : 수액기 내용적의 90 % 이상

② 방호벽 설치 : 아세틸렌가스 또는 9.8 MPa 이상인 압축가스를 용기에 충전하는 경우

㈎ 압축기와 충전장소 사이

㈏ 압축기와 가스충전용기 보관장소 사이

㈐ 충전장소와 가스충전용기 보관장소 사이

㈑ 충전장소와 충전용 주관밸브 조작밸브 사이

③ 독성 가스 확산 방지 및 제독제 구비

㈎ 대상 : 포스겐, 황화수소, 시안화수소, 아황산가스, 산화에틸렌, 암모니아, 염소, 염화메탄

㈏ 제독제 종류

㉮ 물을 사용할 수 없는 것 : 염소, 포스겐, 황화수소, 시안화수소

㉯ 물을 사용할 수 있는 것 : 아황산가스, 암모니아, 산화에틸렌, 염화메탄

㉰ 소석회를 사용하는 것 : 염소, 포스겐

④ 벤트스택(vent stack) : 가연성 가스, 독성 가스설비의 내용물을 대기 중으로 방출하는 시설

㈎ 높이

㉮ 가연성 가스 : 착지농도가 폭발하한계값 미만

㉯ 독성 가스 : TLV-TWA 기준농도값 미만(제독조치 후 방출)

㈏ 방출구 위치 : 작업원이 정상작업 장소 및 항시 통행하는 장소로부터 긴급용은 10 m 이상, 그 밖의 것은 5 m 이상 유지

⑤ 플레어스택(flare stack) : 긴급이송설비로 이송되는 가스를 연소에 의하여 처리하는 시설

㈎ 위치 및 높이 : 지표면에 미치는 복사열이 4000 kcal/m^2·h 이하 되도록

㈏ 역화 및 공기와 혼합폭발을 방지하기 위한 시설

㉮ liquid seal 설치

㉯ flame arrestor 설치

㉰ vapor seal 설치

㉱ purge gas(N_2, off gas 등) 의 지속적인 주입

㉲ molecular seal 설치

(3) 고압가스 설비의 내압시험 및 기밀시험

① 내압시험 : 수압에 의하여 실시

㈎ 내압시험압력 : 상용압력의 1.5배 이상

㈏ 공기 등에 의한 방법 : 상용압력의 50 %까지 승압하고, 10 %씩 단계적으로 승압

② 기밀시험

㈎ 공기, 위험성이 없는 기체의 압력에 의하여 실시(산소 사용 금지)

㈏ 기밀시험압력 : 상용압력 이상

1-5 제조 및 충전기준

(1) 가스설비 및 배관 : 상용압력의 2배 이상의 압력에서 항복을 일으키지 아니하는 두께

(2) 충전용 밸브, 충전용 지관 가열 : 열습포 또는 40℃ 이하의 물 사용

(3) 제조 및 충전작업

① 시안화수소 충전

㈎ 순도 98 % 이상, 아황산가스, 황산 등의 안정제 첨가

㈏ 충전 후 24시간 정치, 1일 1회 이상 질산구리벤젠지로 누출검사 실시

㈐ 충전용기에 충전연월일을 명기한 표지 부착

㈑ 충전 후 60일이 경과되기 전에 다른 용기에 옮겨 충전할 것(단, 순도가 98% 이상으로서 착색되지 않은 것은 제외)

② 아세틸렌 충전

㈎ 아세틸렌용 재료의 제한 : 동 함유량 62%를 초과하는 동합금 사용 금지, 충전용 지관에는 탄소 함유량 0.1% 이하인 강을 사용

㈏ 2.5 MPa 압력으로 압축 시 희석제 첨가 : 질소, 메탄, 일산화탄소, 에틸렌 등

㈐ 습식 아세틸렌 발생기 표면은 70℃ 이하 유지, 부근에서 불꽃이 튀는 작업 금지

㈑ 다공도 : 75% 이상 92% 미만, 용제 : 아세톤, 디메틸포름아미드

㈒ 충전 중 압력 2.5 MPa 이하, 충전 후에는 15℃에서 1.5 MPa 이하

③ 산소 또는 천연메탄 충전

㈎ 밸브, 용기 내부의 석유류 또는 유지류 제거

㈏ 용기와 밸브 사이에는 가연성 패킹 사용 금지

㈐ 산소 또는 천연메탄을 용기에 충전 시 압축기와 충전용 지관 사이에 수취기 설치

㈑ 밀폐형 수전해조에는 액면계와 자동급수장치를 할 것

④ 산화에틸렌 충전

㈎ 저장탱크 내부에 질소, 탄산가스로 치환하고 5℃ 이하로 유지

㈏ 저장탱크 또는 용기에 충전 시 질소, 탄산가스로 바꾼 후 산, 알칼리를 함유하지 않는 상태

㈐ 저장탱크 및 충전용기에는 45℃에서 압력이 0.4 MPa 이상이 되도록 질소, 탄산가스 충전

(4) 압축 및 불순물 유입 금지

① 고압가스 제조 시 압축 금지

㈎ 가연성 가스(C_2H_2, C_2H_4, H_2 제외) 중 산소용량이 전용량의 4% 이상의 것

㈏ 산소 중 가연성 가스(C_2H_2, C_2H_4, H_2 제외) 용량이 전용량의 4% 이상의 것

㈐ C_2H_2, C_2H_4, H_2 중의 산소용량이 전용량의 2% 이상의 것

㈑ 산소 중 C_2H_2, C_2H_4, H_2의 용량 합계가 전용량의 2% 이상의 것

② 분석 및 불순물 유입금지

㈎ 가연성 가스, 물을 전기분해하여 산소를 제조할 때 1일 1회 이상 분석

㈏ 공기액화 분리기에 설치된 액화산소통 안의 액화산소 5 L 중 아세틸렌 질량이 5 mg, 탄화수소의 탄소의 질량이 500 mg을 넘을 때에는 운전을 중지하고 액화산소를 방출시킬 것

1-6 점검 및 치환농도 기준

(1) 점검기준

① 압력계 점검기준 : 표준이 되는 압력계로 기능 검사
(가) 충전용 주관(主管)의 압력계 : 매월 1회 이상
(나) 그 밖의 압력계 : 3개월에 1회 이상
(다) 압력계의 최고눈금 범위 : 상용압력의 1.5배 이상 2배 이하

② 안전밸브
(가) 압축기 최종단에 설치한 것 : 1년에 1회 이상
(나) 그 밖의 안전밸브 : 2년에 1회 이상
(다) 저장탱크 방출구 : 지면으로부터 5 m 또는 저장탱크 정상부로부터 2 m 중 높은 위치

(2) 치환농도

① 가연성 가스의 가스설비 : 폭발범위하한계의 1/4 이하
② 독성 가스의 가스설비 : TLV-TWA 기준농도 이하
③ 산소가스설비 : 산소농도 22 % 이하
④ 가스설비 내 작업원 작업 : 산소농도 18~22 %를 유지

1-7 특정설비 및 특정고압가스

(1) **특정설비 종류** : 안전밸브, 긴급차단장치, 기화장치, 독성 가스 배관용 밸브, 자동차용 가스 자동주입기, 역화방지기, 압력용기, 특정고압가스용 실린더 캐비닛, 압축천연가스 완속 충전설비, 액화석유가스용 용기 잔류가스 회수장치

(2) 특정고압가스 종류

① 법에서 정한 것(법 20조) : 수소, 산소, 액화암모니아, 아세틸렌, 액화염소, 천연가스, 압축모노실란, 압축디보란, 액화알긴, 그 밖에 대통령령이 정하는 고압가스
② 대통령령이 정한 것 : 포스핀, 셀렌화수소, 게르만, 디실란, 오불화비소, 오불화인, 삼불화인, 삼불화질소, 삼불화붕소, 사불화유황, 사불화규소
③ 특수고압가스 : 압축모노실란, 압축디보란, 액화알긴, 포스핀, 셀렌화수소, 게르만, 디실란 그 밖에 반도체의 세정 등 산업통상자원부 장관이 인정하는 특수한 용도에 사용하는 고압가스

1-8 고압가스 저장 및 용기 안전 점검기준

(1) 고압가스 저장

① 화기와의 거리

㈎ 가스설비, 저장설비 : 2 m 이상

㈏ 가연성 가스설비, 산소의 가스설비, 저장설비 : 8 m 이상

② 용기 보관장소 기준

㈎ 충전용기와 잔가스용기는 각각 구분하여 놓을 것

㈏ 가연성 가스, 독성 가스 및 산소의 용기는 각각 구분하여 놓을 것

㈐ 용기 보관장소에는 계량기 등 작업에 필요한 물건 외에는 두지 않을 것

㈑ 용기 보관장소 2 m 이내에는 화기, 인화성, 발화성 물질을 두지 않을 것

㈒ 충전용기는 40℃ 이하로 유지하고, 직사광선을 받지 않도록 조치

㈓ 가연성 가스 용기 보관장소에는 방폭형 휴대용 손전등 외의 등화 휴대 금지

㈔ 밸브가 돌출한 용기(내용적 5 L 미만 용기 제외)의 넘어짐 및 밸브 손상 방지조치

(2) 용기의 안전 점검기준 : 고압가스 제조자, 고압가스 판매자가 실시

① 용기의 내, 외면에 위험한 부식, 금, 주름이 있는지 확인 할 것

② 용기는 도색 및 표시가 되어 있는지 확인할 것

③ 용기의 스커트에 찌그러짐이 있는지 확인할 것

④ 유통 중 열영향을 받았는지 점검하고, 열영향을 받은 용기는 재검사를 받아야 한다.

⑤ 용기 캡이 씌워져 있거나 프로텍터가 부착되어 있는지 확인할 것

⑥ 재검사기간의 도래 여부를 확인할 것

⑦ 용기 아랫부분의 부식상태를 확인할 것

⑧ 밸브의 몸통, 충전구나사, 안전밸브에 흠, 주름, 스프링의 부식 등이 있는지 확인할 것

⑨ 밸브의 그랜드너트가 고정핀에 의한 이탈 방지 조치가 있는지 여부를 확인할 것

⑩ 밸브의 개폐조작이 쉬운 핸들이 부착되어 있는지 확인할 것

⑪ 충전가스의 종류에 맞는 용기부속품이 부착되어 있는지 확인할 것

1-9 고압가스의 운반

(1) 차량의 경계표지

① 경계표지 : "위험 고압가스" 차량 앞뒤에 부착, 운전석 외부에 적색삼각기

게시

② 가로치수 : 차체 폭의 30% 이상

③ 세로치수 : 가로치수의 20% 이상

④ 정사각형 : 600 cm^2 이상

(2) 혼합 적재 금지

① 염소와 아세틸렌, 암모니아, 수소

② 가연성 가스와 산소는 충전용기 밸브가 마주보지 않도록 적재하면 운반 가능

③ 충전용기와 소방기본법이 정하는 위험물

④ 독성 가스 중 가연성 가스와 조연성 가스

(3) 차량에 고정된 탱크

① 내용적 제한

(가) 가연성 가스(LPG 제외), 산소 : 18000 L 초과 금지

(나) 독성 가스(액화암모니아 제외) : 12000 L 초과 금지

② 액면요동 방지조치 : 방파판 설치

③ 탱크 및 부속품 보호 : 뒷범퍼와 수평거리

(가) 후부 취출식 탱크 : 40 cm 이상

(나) 후부 취출식 탱크 외 : 30 cm 이상

(다) 조작상자 : 20 cm 이상

2 액화석유가스 안전관리

2-1 용기 및 자동차 용기 충전

(1) 용기 충전

① 저장설비 기준

(가) 냉각살수장치 설치

㉮ 방사량 : 저장탱크 표면적 1 m^2 당 5 L/min 이상의 비율

㉯ 준내화구조 저장탱크 : 2.5 L/min · m^2 이상

㉰ 조작위치 : 5 m 이상 떨어진 위치

(나) 저장탱크 지하 설치

㉮ 저장탱크실 재료 규격 : 레디믹스 콘크리트(ready-mixed concrete)

항 목	규 격	항 목	규 격
굵은 골재의 최대치수	25 mm	공기량	4 % 이하
설계강도	21 MPa 이상	물-결합재비	50 % 이하
슬럼프(slump)	120~150 mm	그 밖의 사항	KS F 4009에 따름

㉯ 저장탱크실 바닥은 침입한 물 또는 생성된 물이 모이도록 구배를 갖도록 하고, 집수구를 설치하여 고인 물을 배수할 수 있도록 조치

ⓐ 집수구 크기 : 가로 30 cm, 세로 30 cm, 깊이 30 cm 이상

ⓑ 집수관 : 80 A 이상

ⓒ 집수구 및 집수관 주변 : 자갈 등으로 조치, 펌프로 배수

ⓓ 검지관 : 40 A 이상으로 4개소 이상 설치

㉰ 저장탱크 설치거리

ⓐ 내벽 이격거리 : 바닥면과 저장탱크 하부와 60 cm 이상, 측벽과 45 cm 이상, 저장탱크 상부와 상부 내측벽과 30 cm 이상 이격

ⓑ 저장탱크실의 상부 윗면은 주위 지면보다 최소 5 cm, 최대 30 cm까지 높게 설치

㉱ 점검구 설치

ⓐ 설치 수 : 저장능력이 20톤 이하인 경우 1개소, 20톤 초과인 경우 2개소

ⓑ 위치 : 저장탱크 측면 상부의 지상에 맨홀 형태로 설치

ⓒ 크기 : 사각형 0.8 m×1 m 이상, 원형은 지름 0.8 m 이상의 크기

(다) 폭발방지장치 설치

㉮ 설치대상 : 주거지역, 상업지역에 설치하는 10톤 이상의 저장탱크, LPG 탱크로리

㉯ 열전달 매체 : 다공성 벌집형 알루미늄 박판

(라) 방류둑 설치 : 저장능력 1000톤 이상

(마) 지하에 설치하는 저장탱크 : 과충전 경보장치 설치

② 과압안전장치 작동압력

(가) 스프링식 안전밸브는 상용의 온도에서 액화가스의 상용의 체적이 해당 가스설비 등 안의 내용적의 98 %까지 팽창하게 되는 온도에 대응하는 압력에서 작동하는 것으로 한다.

(나) 프로판용 및 부탄용 가스설비 안전밸브 설정압력 : 1.8 MPa (단, 부탄용 저장설비의 경우에는 1.08 MPa로 한다.)

③ 환기설비 설치

(가) 자연환기설비 설치

㉮ 환기구는 바닥면에 접하고, 외기에 면하게 설치
㉯ 통풍 가능 면적 : 바닥면적 1 m^2 마다 300 cm^2의 비율(1개의 면적 2400 cm^2 이하)
㉰ 사방을 방호벽 등으로 설치한 경우 2방향 이상으로 분산 설치

(나) 강제환기설비 설치
㉮ 통풍능력 : 바닥면적 1 m^2 마다 0.5 m^3/min 이상
㉯ 흡입구 : 바닥면 가까이에 설치
㉰ 배기가스 방출구 높이 : 지면에서 5 m 이상

④ 냄새나는 물질의 첨가

(가) 냄새측정방법 : 오더(order) 미터법(냄새측정기법), 주사기법, 냄새주머니법, 무취실법

(나) 용어의 정의
㉮ 패널(panel) : 미리 선정한 정상적인 후각을 가진 사람으로서 냄새를 판정하는 자
㉯ 시험자 : 냄새 농도 측정에 있어서 희석조작을 하여 냄새농도를 측정하는 자
㉰ 시험가스 : 냄새를 측정할 수 있도록 액화석유가스를 기화시킨 가스
㉱ 시료기체 : 시험가스를 청정한 공기로 희석한 판정용 기체
㉲ 희석배수 : 시료기체의 양을 시험가스의 양으로 나눈 값

(다) 시료기체 희석배수 : 500배, 1000배, 2000배, 4000배

(2) 자동차 용기 충전

① 고정충전설비(dispenser : 충전기) 설치

(가) 충전기 상부에는 닫집 모양의 차양(캐노피)을 설치, 면적은 공지면적의 1/2 이하

(나) 충전기 주위에 가스누출검지 경보장치 설치

(다) 충전호스 길이는 5 m 이내, 끝에는 정전기 제거장치 설치

(라) 충전호스에 부착하는 가스주입기 : 원터치형

(마) 충전기 보호대 설치
㉮ 재질 : 두께 12 cm 이상의 철근콘크리트, 100 A 이상의 강관
㉯ 높이 : 80 cm 이상
㉰ 철근콘크리트제 보호대는 콘크리트 기초에 25 cm 이상의 깊이로 묻는다.
㉱ 강관제 보호대는 콘크리트 기초에 25 cm 이상의 깊이로 묻거나 앵커볼트로 고정

(바) 세이프티 커플링(safety coupling) : 충전기와 가스주입기가 분리될 수 있는 안전장치

㉮ 분리성능 : 커플링은 연결된 상태에서 압력을 가하여 2.7~3.3 MPa에서 분리될 것

㉯ 당김성능 : 커플링은 연결된 상태에서 30±10 mm/min의 속도로 당겼을 때 490.4~588.4 N에서 분리되는 것

② 충전소에 설치할 수 있는 건축물, 시설

(가) 충전을 하기 위한 작업장

(나) 충전소의 업무를 행하기 위한 사무실과 회의실

(다) 충전소의 관계자가 근무하는 대기실

(라) 액화석유가스 충전사업자가 운영하고 있는 용기를 재검사하기 위한 시설

(마) 충전소 종사자의 숙소

(바) 충전소의 종사자가 이용하기 위한 연면적 100 m^2 이하의 식당

(사) 비상발전기 또는 공구 등을 보관하기 위한 연면적 100 m^2 이하의 창고

(아) 자동차의 세정을 위한 세차시설

(자) 충전소에 출입하는 사람을 대상으로 한 자동판매기와 현금자동지급기

(차) 자동차 등의 점검 및 간이정비(용접, 판금 등 화기를 사용하는 작업 및 도장작업을 제외)를 하기 위한 작업장

(카) 충전소에 출입하는 사람을 대상으로 한 소매점 및 자동차 전시장, 자동차 영업소

(타) (나), (다), (바), (사), (차), (카)의 용도에 제공하는 부분의 연면적의 합은 500 m^2를 초과할 수 없다.

(파) 허용된 건축물 또는 시설은 저장설비, 가스설비 및 탱크로리 이입, 충전장소의 외면과 직선거리 8 m 이상의 거리를 유지할 것

③ 식별표지 및 위험표지

(가) 충전 중 엔진 정지 : 황색 바탕에 흑색 글씨

(나) 화기엄금 : 백색 바탕에 적색 글씨

2-2 소형저장탱크 설치

(1) 이격거리

충전질량(kg)	가스충전구로부터 토지경계선에 대한 수평거리(m)	탱크간 거리(m)	가스충전구로부터 건축물 개구부에 대한 거리(m)
1000 kg 미만	0.5 이상	0.3 이상	0.5 이상
1000~2000 kg 미만	3.0 이상	0.5 이상	3.0 이상
2000 kg 이상	5.5 이상	0.5 이상	3.5 이상

(2) 설치방법

① 동일장소에 설치하는 소형저장탱크 수는 6기 이하, 충전질량 합계는 5000 kg 미만
② 기초가 지면보다 5 cm 이상 높게 설치된 콘크리트 등에 설치
③ 안전밸브 방출구 : 수직상방으로 분출하는 구조
④ 경계책 설치 : 높이 1 m 이상 (충전질량 1000 kg 이상만 해당)
⑤ 소형저장탱크와 기화장치와의 우회거리 : 3 m 이상
⑥ 충전량 : 내용적의 85 % 이하

2-3 용기에 의한 사용시설

(1) 화기와의 거리

① 저장설비, 감압설비 및 배관과 화기와의 거리 : 주거용 시설은 2 m 이상

저장능력	화기와의 우회거리
1톤 미만	2 m 이상
1톤 이상 3톤 미만	5 m 이상
3톤 이상	8 m 이상

② 저장설비 등과 화기를 취급하는 장소와의 사이에 높이 2 m 이상의 내화성 벽을 설치

(2) 저장설비 설치

① 100 kg 이하 : 용기, 용기밸브, 압력조정기가 직사광선, 눈, 빗물에 노출되지 않도록 조치
② 100 kg 초과 : 용기보관실 설치
③ 250 kg 이상(자동절체기 사용 시 500 kg 이상) : 고압부에 과압안전장치 설치
④ 500 kg 초과 : 저장탱크, 소형저장탱크 설치
⑤ 사이펀 용기 : 기화장치가 설치되어 있는 시설에서만 사용

(3) 가스설비 설치

① 중간밸브 설치 : 연소기 각각에 대하여 퓨즈 콕, 상자 콕 설치
② 호스설치 : 호스길이 3 m 이내, T형으로 연결하지 않을 것
③ 가스설비 성능
(가) 내압시험압력 : 상용압력의 1.5배 이상(공기, 질소 등의 기체 1.25배 이상)
(나) 압력조정기 출구에서 연소기 입구까지의 기밀시험압력 : 8.4 kPa 이상

3 도시가스 안전관리

3-1 가스도매사업 제조소 및 공급소

(1) 다른 설비와의 거리

① 고압인 가스공급시설의 안전구역 면적 : 20000 m^2 미만

② 안전구역안의 고압인 가스공급시설과의 거리 : 30 m 이상

③ 둘 이상의 제조소가 인접하여 있는 경우 다른 제조소 경계까지 : 20 m 이상

④ 액화천연가스의 저장탱크와 처리능력이 20만m^3 이상인 압축기와의 거리 : 30 m 이상

⑤ 저장탱크와의 거리 : 두 저장탱크의 최대지름을 합산한 길이의 1/4 이상에 해당하는 거리 유지(1 m 미만인 경우 1 m 이상의 거리 유지) → 물분무장치 설치 시 제외

(2) 사업소 경계와의 거리 : 액화천연가스의 저장설비 및 처리설비

$$L = C \times \sqrt[3]{143000\,W}$$

여기서, L : 유지하여야 하는 거리(m) (단, 거리가 50 m 미만의 경우에는 50 m)
C : 상수(저압 지하식 탱크 : 0.240, 그 밖의 가스저장설비 및 처리설비 : 0.576)
W : 저압 지하식 저장탱크는 저장능력(톤)의 제곱근, 그 밖의 것은 그 시설 안의 액화천연가스의 질량(톤)

(3) 방류둑 설치 저장탱크 : 저장능력 500톤 이상

3-2 일반 도시가스사업 제조소 및 공급소

(1) 배치기준

① 가스혼합기, 가스정제설비, 배송기, 압송기, 가스공급시설의 부대설비(배관제외)와 사업장 경계까지 : 3 m 이상(고압인 경우 20 m 이상, 제1종 보호시설과 30 m 이상)

② 화기와의 거리 : 8 m 이상의 우회거리

③ 사업소 경계와의 거리 : 가스발생기 및 가스홀더

㈎ 최고사용압력이 고압 : 20 m 이상

㈏ 최고사용압력이 중압 : 10 m 이상

㈐ 최고사용압력이 저압 : 5 m 이상

(2) 환기설비 설치

① 통풍구조

(가) 공기보다 무거운 가스 : 바닥면에 접하고

(나) 공기보다 가벼운 가스 : 천장 또는 벽면 상부에서 30 cm 이내에 설치

(다) 환기구 통풍가능 면적 : 바닥면적 1 m^2 당 300 cm^2 비율(1개 환기구면적 2400 cm^2 이하)

(라) 사방을 방호벽 등으로 설치할 경우 : 환기구를 2방향 이상으로 분산 설치

② 기계환기설비의 설치기준

(가) 통풍능력 : 바닥면적 1 m^2마다 0.5 m^3/분 이상

(나) 배기구는 바닥면(공기보다 가벼운 경우에는 천장면) 가까이 설치

(다) 배기가스 방출구 높이 : 지면에서 5 m 이상 (공기보다 가벼운 경우 3 m 이상)

③ 공기보다 가벼운 공급시설이 지하에 설치된 경우의 통풍구조

(가) 통풍구조 : 환기구를 2방향 이상 분산 설치

(나) 배기구 : 천장면으로부터 30 cm 이내 설치

(다) 흡입구 및 배기구 관지름 : 100 mm 이상

(라) 배기가스 방출구 높이 : 지면에서 3 m 이상

(3) 가스설비의 시험

① 내압시험

(가) 시험압력 : 최고사용압력의 1.5배 이상(기체일 경우 최고사용압력의 1.25배 이상)

(나) 내압시험을 기체에 의하여 하는 경우 : 상용압력의 50 %까지 승압하고 그 후에는 상용압력의 10 %씩 단계적으로 승압

② 기밀시험 : 최고사용압력의 1.1배 이상

3-3 일반 도시가스사업 제조소 및 공급소 밖의 배관

(1) 공동주택 등에 설치하는 압력조정기

① 중압 이상 : 전체 세대수 150세대 미만

② 저압 : 전체 세대수 250세대 미만

(2) 배관 설비기준

① 굴착 및 되메우기 방법

(가) 기초재료(foundation) : 모래 또는 19 mm 이상의 큰 입자가 포함되지 않은 양질의 흙

(나) 침상재료(bedding) : 배관에 작용하는 하중을 수직방향 및 횡방향에서 지

지하고 하중을 기초 아래로 분산시키기 위하여 배관 하단에서 배관 상단 30 cm까지 포설하는 재료

㈐ 되메움재료 : 배관에 작용하는 하중을 분산시켜 주고 도로의 침하 등을 방지하기 위하여 침상재료 상단에서 도로 노면까지에 암편이나 굵은 돌이 포함하지 아니하는 양질의 흙

㈑ 도로가 평탄한 경우 배관의 기울기 : 1/500~1/1000

② 배관설비 표시

㈎ 배관외부 표시사항 : 사용가스명, 최고사용압력, 가스의 흐름방향

㈏ 라인마크 설치기준 : 배관 길이 50 m마다 1개 이상, 주요 분기점 구부러진 지점 및 그 주위 50 m 이내 설치

㈐ 표지판 설치 간격 : 200 m 간격으로 1개 이상

③ 지하매설배관의 설치(매설깊이)

㈎ 공동주택 등의 부지 내 : 0.6 m 이상

㈏ 폭 8 m 이상의 도로 : 1.2 m 이상

㈐ 폭 4 m 이상 8 m 미만인 도로 : 1 m 이상

3-4 일반 도시가스사업 정압기

(1) 정압기실 시설 및 설비

① 과압안전장치 설치

㈎ 분출부 크기

정압기 입구 압력		배관크기
0.5 MPa 이상		50 A 이상
0.5 MPa 미만	설계유량 1000 Nm^3/h 이상	50 A 이상
	설계유량 1000 Nm^3/h 미만	25 A 이상

㈏ 설정압력

구 분		상용압력 2.5 kPa	그 밖의 경우
이상압력통보설비	상한값	3.2 kPa 이하	상용압력의 1.1배 이하
	하한값	1.2 kPa 이상	상용압력의 0.7배 이상
주정압기에 설치하는 긴급차단장치		3.6 kPa 이하	상용압력의 1.2배 이하
안전밸브		4.0 kPa 이하	상용압력의 1.4배 이하
예비정압기에 설치하는 긴급차단장치		4.4 kPa 이하	상용압력의 1.5배 이하

㈐ 가스방출관 설치 : 지면으로부터 5 m 이상(전기시설물과 접촉우려가 있는 곳은 3 m 이상)

② 가스누출검지 통보설비 설치
(가) 검지부 : 바닥면 둘레 20 m에 대하여 1개 이상의 비율
(나) 작동상황 점검 : 1주일에 1회 이상
③ 위험감시 및 제어장치 설치
(가) 경보장치 : 정압기 출구 배관에 설치하고 가스압력이 비정상적으로 상승할 경우 안전관리자가 상주하는 곳에 통보
(나) 출입문 및 긴급차단장치 개폐통보장치
④ 수분 및 불순물 제거장치 설치 : 정압기 입구에 설치
⑤ 동결 방지 조치 : 가스에 포함된 수분의 동결에 의해 정압기능이 저해할 우려가 있는 정압기
⑥ 가스공급 차단장치 설치
(가) 가스차단장치 : 정압기 입구 및 출구에 설치
(나) 지하에 설치되는 정압기 : 정압기실 외부의 가까운 곳에 추가 설치
⑦ 부대설비 설치
(가) 비상전력설비
(나) 압력기록장치 : 정압기 출구의 압력을 측정, 기록
(다) 조명설비 설치 : 조명도 150룩스
(라) 외부인 출입감시장치 설치
⑧ 경계표지 : 정압기실 주변의 보기 쉬운 곳에 게시. 시설명, 공급자, 연락처 등을 표기
⑨ 경계책 높이 : 1.5 m 이상의 철책, 철망

(2) 점검기준

① 정압기 : 2년에 1회 이상 분해 점검
② 필터 : 가스 공급 개시 후 1개월 이내 및 매년 1회 이상 분해 점검
③ 작동상황 점검 : 1주일에 1회 이상

3-5 사용시설

(1) 가스 계량기

① 화기와 2 m 이상 우회거리 유지
② 설치 높이 : 1.6~2 m 이내(보호상자 내에 설치 시 바닥으로부터 2 m 이내 설치한다.)
③ 유지거리
(가) 전기계량기, 전기개폐기 : 60 cm 이상
(나) 단열조치를 하지 않은 굴뚝, 전기점멸기, 전기접속기 : 30 cm 이상

㈐ 절연조치를 하지 않은 전선 : 15 cm 이상

(2) 배관설비

① 배관이음부와 유지거리(용접이음매 제외)
㈎ 전기계량기, 전기개폐기 : 60 cm 이상
㈏ 전기점멸기, 전기접속기 : 15 cm 이상
㈐ 절연조치를 하지 않은 전선, 단열조치를 하지 않은 굴뚝 : 15 cm 이상
㈑ 절연전선 : 10 cm 이상

② 배관 고정장치 : 배관과 고정장치 사이에는 절연조치를 할 것
㈎ 호칭지름 13 mm 미만 : 1 m마다
㈏ 호칭지름 13 mm 이상 33 mm 미만 : 2 m마다
㈐ 호칭지름 33 mm 이상 : 3 m마다
㈑ 호칭지름 100 mm 이상의 것은 3 m를 초과하여 설치할 수 있음

호칭지름	지지간격(m)	호칭지름	지지간격(m)
100 A	8	400 A	19
150 A	10	500 A	22
200 A	12	600 A	25
300 A	16	–	–

③ 배관 도색 및 표시
㈎ 배관 외부에 표시 사항 : 사용가스명, 최고사용압력, 가스흐름방향(매설관 제외)
㈏ 지상 배관 : 황색
㈐ 지하 매설배관 : 중압 이상 – 붉은색, 저압 – 황색
㈑ 건축물 내·외벽에 노출된 배관 : 바닥에서 1 m 높이에 폭 3 cm의 황색 띠를 2중으로 표시한 경우 황색으로 하지 아니할 수 있음

(3) 점검기준

① 가스사용시설에 설치된 압력조정기 : 1년에 1회 이상(필터 청소 : 3년에 1회 이상)
② 정압기와 필터 분해점검 : 설치 후 3년까지는 1회 이상, 그 이후에는 4년에 1회 이상

(4) 내압시험 및 기밀시험

① 내압시험(중압 이상 배관) : 최고사용압력의 1.5배 이상
② 기밀시험 : 최고사용압력의 1.1배 또는 8.4 kPa 중 높은 압력 이상

(5) 연소기

① 호스 길이 : 3 m 이내, “T”형으로 연결 금지

② 연소기의 설치 방법

㈎ 개방형 연소기 : 환풍기, 환기구 설치

㈏ 반밀폐형 연소기 : 급기구, 배기통 설치

㈐ 배기통 재료 : 스테인리스강, 내열 및 내식성 재료

(4) 월사용예정량 산정 기준

$$Q = \frac{(A \times 240) + (B \times 90)}{11000}$$

여기서, Q : 월사용예정량(m^3)

A : 산업용으로 사용하는 연소기의 명판에 기재된 가스소비량의 합계(kcal/h)

B : 산업용이 아닌 연소기의 명판에 기재된 가스소비량의 합계(kcal/h)

① 가스소비량 합계에서 가정용으로 사용하는 연소기의 가스소비량은 합산 대상에서 제외한다.

② 연소기의 용도로서 산업용과 비산업용의 구분 : 당해 가스를 이용하여 직접 제품을 생산, 판매(일반적인 유통방법에 의한 판매를 말한다.)하는 경우는 '산업용'으로, 그 밖의 경우는 '비산업용'으로 계산하며, 그 예는 다음과 같다.

㈎ 공장 등 산업체의 식당에서 취사용으로 사용하는 경우는 산업체에서 사용하는 경우라도 제품을 직접 생산 판매하는 용도가 아니므로 '비산업용'으로 계산한다.

㈏ 학교 실습실에 설치된 도자기로 등은 제품을 생산하나 판매가 수반되지 아니하므로 '비산업용'으로 계산한다.

㈐ 제과공장에서 빵을 만드는 데 사용하는 연소기는 제품의 생산과 판매가 수반되므로 '산업용'으로 계산한다. 다만, 제과점의 연소기는 일반적인 유통방법에 의한 판매가 이루어지지 않으므로 '비산업용'으로 계산한다.

㈑ 세탁공장은 넓은 의미에서 산업의 일환인 서비스업으로 볼 수 있고, 상시적이고 고정적인 기업 활동이 이루어지므로 이곳의 연소기는 '산업용'으로 계산한다.

㈒ 세탁소, 방앗간 등은 상시적이고 고정적인 기업 활동으로 보기 어려우므로 이곳의 연소기는 '비산업용'으로 계산한다.

㈓ 자동차 정비업체의 도장부스에 사용하는 연소기는 제품 수리에 사용하므로 이곳의 연소기는 '비산업용'으로 계산한다.

Engineer Gas

가스 설비 실무 필답형 모의고사

2002년도 가스기사 모의고사

제1회 ∘ 가스기사 필답형

01 염소는 건조한 상태에서는 강재에 대하여 부식성이 없으나, 수분이 존재하면 철을 심하게 부식시킨다. 수분 존재 시 철을 부식시키는 이유를 화학반응식을 쓰고 설명하시오.

해답 ① 화학반응식

$Cl_2 + H_2O \rightarrow HCl + HClO$

$Fe + 2HCl \rightarrow FeCl_2 + H_2$

② 부식 이유 : 염소가 수분과 접촉 시 염산(HCl)이 생성하여 이것이 철과 반응하여 염화제1철($FeCl_2$)을 생성하면서 부식이 발생한다.

02 배관의 총 연장길이가 300 m인 가스관에 150 m^3/h의 LP가스를 공급할 때 다음 표를 이용하여 배관 안지름을 설계하시오. (단, 최초 압력과 최종 압력의 압력차는 20 mmH_2O, 가스 비중은 0.6이다.)

관 호칭(A)	바깥지름(mm)	두께(mm)	안지름(mm)	D^5
100	114.3	4.5	105.3	129463
125	139.8	4.5	130.8	382956
150	165.2	5.0	155.2	900475
175	190.7	5.3	180.1	1894842

풀이 저압 배관의 유량식 $Q = K \cdot \sqrt{\dfrac{D^5 \cdot H}{S \cdot L}}$ 에서 D^5값을 구하여 표에서 선택한다.

$$D^5 = \frac{Q^2 \cdot S \cdot L}{K^2 \cdot H} = \frac{150^2 \times 0.6 \times 300}{0.707^2 \times 20} = 405122.346$$

∴ 표에서 D^5값은 382956(125 A) < 405122.346 < 900475(150 A)이므로 큰 값에 해당하는 150 A 배관을 선택한다.

해답 150 A

03 고압가스를 충전할 때 폭발을 방지하기 위하여 첨가하는 물질에 대한 물음에 답하시오.

(1) 아세틸렌 충전 시 첨가하는 희석제의 종류 4가지를 쓰시오.

(2) 시안화수소 충전 시 첨가하는 안정제의 종류 2가지를 쓰시오.

(3) 산화에틸렌 충전 시 저장탱크 및 용기에 45℃에서 압력이 0.4 MPa 이상이 되도록 충전하는 것 2가지를 쓰시오.

해답 (1) ① 질소 ② 메탄 ③ 일산화탄소 ④ 에틸렌
(2) ① 황산 ② 아황산가스
(3) ① 질소 ② 탄산가스

04 **내용적이 25000 L인 차량에 고정된 탱크에 프로판을 충전하여 운반할 때 최대 저장량은 몇 kg인지 계산하시오. (단, 프로판의 충전상수는 2.35이다.)**

풀이 $W=\frac{V}{C}=\frac{25000}{2.35}=10638.297 \fallingdotseq 10638.30\,\text{kg}$

해답 10638.3 kg

05 **발열량이 6000 kcal/Nm^3, 비중이 0.6, 공급 표준압력이 100 mmH$_2$O인 가스에서 발열량 10500 kcal/Nm^3, 비중 0.66, 공급 표준압력이 200 mmH$_2$O인 LNG로 변경할 경우 노즐 변경률은 얼마인가?**

풀이 $\frac{D_2}{D_1}=\sqrt{\frac{WI_1\sqrt{P_1}}{WI_2\sqrt{P_2}}}=\sqrt{\frac{\frac{6000}{\sqrt{0.6}}\times\sqrt{100}}{\frac{10500}{\sqrt{0.66}}\times\sqrt{200}}}=0.650 \fallingdotseq 0.65$

해답 0.65

[별해] 변경 전후의 웨버지수(WI)를 구하여 노즐 변경률을 구하는 방법

① 변경 전 웨버지수 계산

$$WI_1=\frac{H_{g_1}}{\sqrt{d_1}}=\frac{6000}{\sqrt{0.6}}=7745.966 \fallingdotseq 7745.97$$

② 변경 후 웨버지수 계산

$$WI_2=\frac{H_{g_2}}{\sqrt{d_2}}=\frac{10500}{\sqrt{0.66}}=12924.606 \fallingdotseq 12924.61$$

③ 노즐 지름 변경률 계산

$$\frac{D_2}{D_1}=\sqrt{\frac{WI_1\sqrt{P_1}}{WI_2\sqrt{P_2}}}=\sqrt{\frac{7745.97\sqrt{100}}{12924.61\sqrt{200}}}=0.650 \fallingdotseq 0.65$$

해설 ① 웨버지수는 단위가 없는 무차원수이다.
② 계산하는 방법에 따라 최종값에서 오차가 발생할 수 있으며, 득점에는 영향이 없으니 선택하여 답안을 작성하길 바랍니다.

06 **액화산소용기에 액화산소가 50 kg 충전되어 있다. 이때 용기 외부에서 액화산소에 대하여 5 kcal/h의 열량이 주어진다면 액화산소량이 반으로 감소되는데 걸리는 시간은? (단, 산소의 증발잠열은 1600 cal/mol이다.)**

풀이 ① 산소의 증발잠열을 'kcal/kg' 단위로 계산 : 산소의 분자량은 32 g/mol이다.

$$\therefore \text{증발잠열}=\frac{1600\,\text{cal/mol}}{32\,\text{g/mol}}=50\,\text{cal/g}=50\,\text{kcal/kg}$$

② 걸리는 시간 계산 : 충전된 산소 50 kg이 반으로 감소되는 데 필요한 열량은 잠열량에 해당되며, 잠열량은 물질량(G)에 증발잠열(γ)의 곱으로 구할 수 있다.

필답형 모의고사

$$\therefore \text{ 시간} = \frac{\text{필요열량}}{\text{시간당 공급열량}} = \frac{\text{잠열량}}{\text{시간당 공급열량}} = \frac{\left(50 \times \frac{1}{2}\right) \times 50}{5} = 250\text{시간}$$

해답 250시간

07

정압기실에서 안전관리자가 상주하는 곳에 통보할 수 있는 감시장치의 종류 3가지를 쓰고 기능을 설명하시오.

해답 ① 이상압력 통보 설비 : 정압기 출구측 압력이 설정압력보다 상승하거나, 낮아지는 경우에 이상유무를 상황실에서 알 수 있도록 경보음(70 dB 이상) 등으로 알려주는 설비이다.
② 가스누출검지 통보 설비 : 누출된 가스를 검지하여 이를 안전관리자가 상주하는 곳에 통보할 수 있는 설비이다.
③ 긴급차단장치 개폐 여부 : 정압기의 이상 발생 등으로 출구측의 압력이 설정압력보다 이상 상승하는 경우 입구측으로 유입되는 가스를 자동차단하는 장치를 말한다.
④ 출입문 개폐 통보 장치 : 출입문 개폐 여부를 안전관리자가 상주하는 곳에 통보할 수 있는 설비이다.

08

[보기]의 조건에서 운전되는 원심펌프의 필요한 축동력(kW)을 계산하시오.

보기

- 송수량 : 0.96 m^3/min
- 펌프에서 수면까지 높이 : 5 m
- 펌프에서 필요 높이 : 14 m
- 감쇠높이 : 2 m
- 펌프의 효율 : 80 %

풀이 $\text{kW} = \frac{\gamma \cdot Q \cdot H}{102\eta} = \frac{1000 \times 0.96 \times (5+14+2)}{102 \times 0.8 \times 60} = 4.117 \fallingdotseq 4.12\text{ kW}$

해답 4.12 kW

해설 ① 물의 비중량(γ)은 별도의 언급이 없으면 1000 kgf/m^3을 적용한다.
② 축동력 계산식에서 유량(Q)의 단위는 'm^3/s'이므로, 문제에서 주어진 분당 유량(m^3/min)을 60으로 나눠준다.

09

[보기]와 같은 조건일 때 용접용기 동판 두께(mm)를 계산하시오.

보기

- 상용압력 : 10 kg/cm^2
- 안지름 : 35 cm
- 허용응력 : 30 kg/mm^2
- 용접효율 : 85 %
- 부식여유 : 1 mm

풀이 $t = \frac{P \cdot D}{200S \cdot \eta - 1.2P} + C = \frac{10 \times 35 \times 10}{200 \times 30 \times 0.85 - 1.2 \times 10} + 1 = 1.687 \fallingdotseq 1.69\text{ mm}$

해답 1.69 mm

해설 ① SI 단위일 때 동판 두께 계산식 : 사용압력(P)의 단위 MPa, 허용응력(S)의 단위 'N/mm^2'이다.

$$\therefore t = \frac{P \cdot D}{2S \cdot \eta - 1.2P} + C$$

② 허용응력 대신에 '인장강도'로 주어지면 안전율 4로 나눠준다.

$$\therefore \text{허용응력} = \frac{\text{인장강도}}{\text{안전율}}$$

10 콕에 대한 물음에 답하시오.

(1) 콕의 종류 3가지를 쓰시오.
(2) 콕의 몸통 및 덮개의 재료 2가지를 쓰시오.
(3) 과류 차단 안전기구가 부착된 콕의 작동 유량은 입구압이 1±0.1 kPa인 상태에서 측정하였을 때 표시 유량의 얼마 이내인 것으로 하여야 하는가?

해답 (1) ① 퓨즈콕 ② 상자콕
③ 주물연소기용 노즐콕 ④ 업무용 대형 연소기용 노즐콕
(2) ① 단조용 황동봉 ② 쾌삭 황동봉
(3) ±10 %

제2회 가스기사 필답형

01 LPG의 혼합비(체적비)가 부탄 70 %, 메탄 30 %일 때 공기에 대한 비중은 얼마인가?

풀이 ① 혼합가스의 평균 분자량(M) 계산 : 성분가스의 고유 분자량에 체적비를 곱한 값을 합산한 것이 혼합가스의 평균 분자량이며, 부탄(C_4H_{10}) 및 메탄(CH_4)의 분자량은 각각 58, 16이다.

$\therefore M = (58 \times 0.7) + (16 \times 0.3) = 45.4$

② 혼합가스의 비중 계산 : 혼합가스의 평균 분자량(M)을 공기의 평균 분자량 29로 나눈 값이다.

$$\therefore S = \frac{M}{29} = \frac{45.4}{29} = 1.565 \fallingdotseq 1.57$$

해답 1.57

해설 ① 분자량의 단위는 'g/mol', 'kg/kmol'이지만 일반적으로 생략하여 사용한다.
② 비중은 단위가 없는 무차원수이다.

02 가스누출검지 경보장치에서 경보농도(검지농도) 2가지를 쓰시오.

해답 ① 가연성가스 : 폭발하한계의 $\frac{1}{4}$ 이하
② 독성가스 : TLV-TWA 기준농도 이하
③ 암모니아(NH_3)를 실내에서 사용하는 경우 : 50 ppm

03 다음과 같은 조성을 가지는 부탄증열 제조가스의 진발열량(kcal/m^3)을 계산하시오. (단, 수증기의 응축잠열은 0.6 kcal/g이다.)

조성	H_2	O_2	N_2	CO	CO_2	CH_4	C_4H_{10}
mol(%)	37	1	35	5	6	6	10
발열량(kcal/m^3)	3050	–	–	3030	–	9540	32000

풀이 ① 총발열량(kcal/m^3) 계산 : 제조가스의 성분(조성) 중 가연성에 해당하는 가스의 발열량에 체적비(몰 비율)를 곱한 값을 합산한다.

$\therefore\ H_L = (3050\times0.37)+(3030\times0.05)+(9540\times0.06)+(32000\times0.1)$

$= 5052.4\ \text{kcal/m}^3$

② 가연성분의 연소반응식

- 수소(H_2) : $H_2+\frac{1}{2}O_2 \rightarrow H_2O$
- 일산화탄소(CO) : $CO+\frac{1}{2}O_2 \rightarrow CO_2$
- 메탄(CH_4) : $CH_4+2O_2 \rightarrow CO_2+2H_2O$
- 부탄(C_4H_{10}) : $C_4H_{10}+6.5O_2 \rightarrow 4CO_2+5H_2O$

③ 수증기의 응축잠열을 진발열량 단위와 같은 'kcal/m^3'로 계산 : 공급가스 중 가연성분이 연소 시 생성되는 수증기(H_2O) mol수는 연소반응식에서 H_2 1 mol, CH_4 2 mol, C_4H_{10} 5 mol이고 각각의 mol 비율만큼 생성되며, 수증기의 응축잠열 0.6 kcal/g = 600 cal/g과 같다.

$\therefore\ \frac{600\,\text{cal/g}\times18\,\text{g/mol}}{22.4\,\text{L/mol}}\times\{(1\times0.37)+(2\times0.06)+(5\times0.1)\}$

$= 477.321\ \text{cal/L} = 477.321\ \text{kcal/m}^3 \fallingdotseq 477.32\ \text{kcal/m}^3$

④ 진발열량(kcal/m^3) 계산

$\therefore$ 진발열량 = 총발열량 − 수증기 응축잠열 = 5052.4 − 477.32 = 4575.08 kcal/m^3

해답 4575.08 kcal/m^3

04 원심펌프에서 발생하는 이상현상 중 캐비테이션(cavitation) 현상을 설명하시오.

해답 유수 중에 그 수온의 증기압보다 낮은 부분이 생기면 물이 증발을 일으키고 기포를 다수 발생하는 현상이다.

해설 **공동(cavitation) 현상**

(1) 발생조건

① 흡입양정이 지나치게 클 경우
② 흡입관의 저항이 증대될 경우
③ 과속으로 유량이 증대될 경우
④ 관로 내의 온도가 상승될 경우

(2) 일어나는 현상

① 소음과 진동이 발생
② 깃(임펠러)의 침식
③ 특성곡선, 양정곡선의 저하
④ 양수 불능

(3) 방지법

① 펌프의 위치를 낮춘다(흡입양정을 짧게 한다).
② 수직축 펌프를 사용하여 회전차를 수중에 완전히 잠기게 한다.
③ 양흡입 펌프를 사용한다.
④ 펌프의 회전수를 낮춘다.
⑤ 두 대 이상의 펌프를 사용한다.

05 프로판(C_3H_8)의 공기 중에서의 폭발범위 하한값은 2.1 %이다. 이때의 산소농도는 몇 %인가?

풀이 가연성가스의 폭발범위는 공기 중에서 가연성가스가 차지하는 체적 비율이므로 프로판의 폭발범위 하한값 2.1 %에서 공기가 차지하는 비율은 97.9 %이며, 공기 중에서 산소가 차지하는 체적 비율은 21 %가 된다.

$$\therefore \text{ 산소의 농도(\%)} = \frac{\text{산소량}}{\text{혼합가스량(공기+프로판)}} \times 100$$

$$= \frac{1 \times 0.979 \times 0.21}{1} \times 100 = 20.559 \fallingdotseq 20.56\,\%$$

해답 20.56 %

해설 문제에서 공기와 프로판의 혼합가스량이 구체적으로 언급이 없어 임의로 1 m^3를 적용한 것이고, 혼합가스량이 제시되면 분모, 분자에 그 값을 적용하여 계산한다.

06 **실린더 안지름이 100 mm, 행정거리가 150 mm이고 회전수가 600 rpm, 체적효율이 85 %인 2기통 왕복압축기의 송출유량(m^3/min)은 얼마인가?**

풀이 $V = \frac{\pi}{4} \times D^2 \times L \times n \times N \times \eta_v = \frac{\pi}{4} \times 0.1^2 \times 0.15 \times 2 \times 600 \times 0.85 = 1.201 \fallingdotseq 1.20\ m^3/min$

해답 1.2 m^3/min

해설 실린더 단면적$\left(A = \frac{\pi}{4} \times D^2\right)$을 계산할 때 파이($\pi$)와 3.14를 적용할 때 최종값이 다르게 도출되므로 계산과정에 명확히 기록하고 계산하기 바랍니다.

07 **길이 20 m의 400 A 강관을 겨울철(관 표면온도 −10℃인 상태)에 설치하였다. 이 강관이 여름에 직사광선을 받아 표면온도가 50℃로 되었을 때 이 강관에 생기는 응력을 계산하시오. (단, 관의 선팽창계수 $\alpha = 1.2 \times 10^{-5}$/℃, 영률 $\varepsilon = 2.1 \times 10^5$ kgf/cm^2이다.)**

풀이 ① 온도변화에 따른 신축길이(cm) 계산 : 신축길이 단위가 'cm'이므로 배관길이(L) 단위도 'cm'로 맞춰야 한다.

$\therefore\ \Delta L = L \cdot \alpha \cdot \Delta t = (20 \times 100) \times 1.2 \times 10^{-5} \times \{50 - (-10)\} = 1.44\ cm$

② 응력(kgf/cm^2) 계산

$\therefore\ \sigma = \frac{\varepsilon \times \Delta L}{L} = \frac{2.1 \times 10^5 \times 1.44}{20 \times 100} = 151.2\ kgf/cm^2$

해답 151.2 kgf/cm^2

08 **지름이 20 m인 구형 가스홀더에 1 MPa · g의 압력으로 도시가스가 저장되어 있다. 이 가스를 압력이 0.4 MPa로 될 때까지 공급하였을 때 공급된 가스량(Nm^3)을 계산하시오. (단, 가스공급 시 온도는 20℃로 일정하다.)**

풀이 ① 구형 가스홀더의 내용적(m^3) 계산

$V = \frac{\pi}{6} \times D^3 = \frac{\pi}{6} \times 20^3 = 4188.790 \fallingdotseq 4188.79\ m^3$

② 공급된 가스량(Nm^3) 계산 : 20℃에서 공급된 가스량을 표준상태(0℃, 1기압)의 가스량으로 변환하여 계산하는 것이다.

$$\therefore\ \Delta V = V \times \frac{P_1 - P_2}{P_0} \times \frac{T_0}{T_1} = 4188.79 \times \frac{(1+0.1) - (0.4+0.1)}{0.1} \times \frac{273}{273+20}$$

$$= 23417.194 \fallingdotseq 23417.19\ Nm^3$$

해답 23417.19 Nm^3

[별해] 구형 가스홀더의 내용적을 공급된 가스량을 구하는 공식에 적용하여 하나의 식으로 계산

$$\therefore \Delta V = V \times \frac{P_1 - P_2}{P_0} \times \frac{T_0}{T_1} = \left(\frac{\pi}{6} \times 20^3\right) \times \frac{(1+0.1)-(0.4+0.1)}{0.1} \times \frac{273}{273+20}$$

$$= 23417.195 ≒ 23417.20 \, Nm^3$$

해설 ① 문제에서 대기압과 관련하여 별도의 언급이 없어 0.1 MPa로 계산하였지만, 별도로 대기압이 주어지면(예 : 0.101325 MPa, 101.325 kPa 등) 주어진 대기압을 대입하여 계산하여야 한다.

② Nm^3는 표준상태의 체적을 의미하는 것으로 온도는 0℃, 압력은 대기압을 의미하며, Sm^3로 주어질 수도 있다.

③ 계산하는 과정 및 공식에 따라 최종값에서 오차는 발생할 수 있으며, 득점에는 영향이 없다.

④ 구형 가스홀더 내용적을 계산할 때 '파이(π)'와 '3.14'를 적용하느냐에 따라 오차가 발생하며, 풀이 과정에 그 내용을 기록하면 득점에는 영향이 없다.

제3회 가스기사 필답형

01 가스 크로마토그래피 분석장치에서 사용되는 검출기의 종류 4가지를 쓰시오.

해답 ① 열전도도 검출기(TCD)
② 수소불꽃 이온화 검출기(FID)
③ 전자포획 이온화 검출기(ECD)
④ 염광광도형 검출기(FPD)
⑤ 알칼리성 이온화 검출기(FTD)
⑥ 방사선 이온화 검출기(RID)

해설 수소불꽃 이온화 검출기(FID)를 수소염 이온화 검출기라고도 한다.

02 산소(O_2)에 대한 물음에 답하시오.

(1) 대기압 상태에서 비점은 몇 ℃인가?
(2) 임계압력과 임계온도는 얼마인가?

해답 (1) −183℃
(2) ① 임계압력 : 50.1 atm
② 임계온도 : −118.4℃

03 단면적 600 mm^2에 700 kgf의 힘이 작용할 때 허용응력(kgf/cm^2)과 안전율을 계산하시오. (단, 이 재료의 인장강도는 400 kgf/cm^2이다.)

풀이 ① 허용응력 계산 : 1 cm = 10 mm이므로 1 cm^2 = 100 mm^2이다.

$$\therefore S = \frac{F}{A} = \frac{700}{600} \times 100 = 116.666 ≒ 116.67 \, kgf/cm^2$$

② 안전율 계산

$$안전율 = \frac{인장강도}{허용응력} = \frac{400}{116.67} = 3.428 ≒ 3.43$$

해답 ① 허용응력 : 116.67 kgf/cm^2

② 3.43

04 LPG 사용시설에서 자동 교체식 조정기를 사용할 때 장점 4가지를 쓰시오.

해답 ① 전체 용기 수량이 수동 교체식의 경우보다 적어도 된다.

② 잔액이 거의 없어질 때까지 소비된다.

③ 용기 교환주기의 폭을 넓힐 수 있다.

④ 분리형을 사용하면 배관의 압력손실을 크게 해도 된다.

해설 자동 교체식 조정기를 자동 절체식 조정기, 자동 절환식 조정기라고도 한다.

05 50 L의 물이 들어 있는 욕조에 온수기를 사용하여 온수를 넣은 결과 17분 후에 욕조의 온도가 42℃, 온수량이 150 L가 되었다. 이때의 온수기 효율(%)을 계산하시오. (단, 사용가스의 발열량은 5000 kcal/m^3, 온수기의 가스 소비량은 5 m^3/h, 물의 비열은 1 kcal/kg · ℃, 수도의 수온 및 욕조의 초기 수온은 5℃로 한다.)

해설 ① 온수기에서 나오는 온수 온도(℃) 계산

$t_m = \frac{G_1C_1t_1 + G_2C_2t_2}{G_1C_1 + G_2C_2}$에서 $G_1C_1t_1 + G_2C_2t_2 = t_m(G_1C_1 + G_2C_2)$이고,

$G_2C_2t_2 = \{t_m(G_1C_1 + G_2C_2)\} - G_1C_1t_1$이다.

$$\therefore\ t_2 = \frac{\{t_m(G_1C_1 + G_2C_2)\} - G_1C_1t_1}{G_2C_2}$$

$$= \frac{\{42 \times (50 \times 1 + 100 \times 1)\} - (50 \times 1 \times 5)}{100 \times 1} = 60.5℃$$

② 온수기 효율(%) 계산 : 가스 소비량은 1시간 동안 소비량으로 주어졌고, 온수기를 사용한 시간은 17분이므로 온수기 사용시간을 시간 단위로 맞춰 주어야 한다.

$$\therefore\ \eta = \frac{G \cdot C \cdot \Delta t}{G_f \cdot H_l} \times 100 = \frac{(150-50) \times 1 \times (60.5-5)}{5 \times 5000 \times \left(\frac{17}{60}\right)} \times 100 = 78.352 ≒ 78.35\%$$

해답 78.35 %

06 LPG 배관공사[지름(D) 7.6 cm, 배관길이(L) 20 m]를 완성하고 공기압으로 수주 1000 mm에서 기밀시험을 하였다. 이후 7분이 경과한 후 압력이 수주 700 mm로 강하하였다. 이때의 누설량(cm^3)은 표준상태에서 얼마인가?

풀이 ① 배관의 내용적(cm^3) 계산 : 배관 내용적은 단면적(A)에 길이(L)의 곱으로 구한다.

$$\therefore\ V = \frac{\pi}{4} \times D^2 \times L = \frac{\pi}{4} \times 7.6^2 \times 20 \times 100 = 90729.195 ≒ 90729.20\ \text{cm}^3$$

② 기밀시험을 할 때의 체적을 STP 상태의 체적으로 환산 : 온도는 언급이 없으므로 0℃ 상태로 보고 생략한다.

필답형 모의고사

$P_0 V_0 = P_1 V_1$에서

$$V_0 = \frac{P_1 V_1}{P_0} = \frac{(1000 + 10332) \times 90729.2}{10332} = 99510.578 ≒ 99510.58 \text{ cm}^3$$

③ 7분 후 상태의 체적을 STP 상태의 체적으로 환산

$P_0' V_0' = P_2 V_2$ 에서

$$V_0' = \frac{P_2 V_2}{P_0'} = \frac{(700 + 10332) \times 90729.2}{10332} = 96876.164 ≒ 96876.16 \text{ cm}^3$$

④ 누설량 계산

누설량 $= V_0 - V_0' = 99510.58 - 96876.16 = 2634.42 \text{ cm}^3$

해답 2634.42 cm^3

해설 ① 기밀시험 전후의 공기량은 일정 압력에 의해 배관 내용적에 해당하는 양이 들어 있는 상태이고 시작할 때와 7분 경과 후 압력이 각각 다르므로 동일한 조건인 표준상태(STP)로 환산하여 누설량을 계산한 것이다.

② 기밀시험 압력은 압력계에 지시된 압력이므로 게이지압력으로 판단하여야 하며, 보일-샤를의 법칙에서 압력은 절대압력이다.

③ 표준대기압(1 atm) = 760 mmHg = 76 cmHg = 0.76 mHg = 29.9 inHg = 760 torr
= 10332 kgf/m^2 = 1.0332 kgf/cm^2 = 10.332 mH_2O(mAq) = 10332 mmH_2O(mmAq)
= 101325 N/m^2 = 101325 Pa = 101.325 kPa = 0.101325 MPa
= 1.01325 bar = 1013.25 mbar = 14.7 lb/in^2 = 14.7 psi

07 공기액화 분리장치의 폭발원인 4가지를 쓰시오.

해답 ① 공기 취입구로부터 아세틸렌의 혼입
② 압축기용 윤활유 분해에 따른 탄화수소의 생성
③ 공기 중 질소화합물의 혼입
④ 액체공기 중에 오존(O_3)의 혼입

해설 질소화합물과 질소산화물은 동일한 의미이므로 득점에는 영향이 없다.

08 에틸렌(C_2H_4) 10 kg 연소 시 공기가 150 kg 소비되었다. 이때 과잉공기량은 몇 kg인가?

풀이 ① 에틸렌(C_2H_4)의 완전연소 반응식에서 이론공기량 계산 : 에틸렌의 분자량은 28이다.

$C_2H_4 + 3O_2 \rightarrow 2CO_2 + 2H_2O$

28 kg : 3×32 kg = 10 kg : $x(O_0)$ kg

$$\therefore A_0 = \frac{O_0}{0.232} = \frac{10 \times 3 \times 32}{28 \times 0.232} = 147.783 ≒ 147.78 \text{ kg}$$

② 과잉공기량 계산 : 문제에서 제시된 공기 150 kg이 실제공기량이다.

∴ 과잉공기량(B) = 실제공기량(A) − 이론공기량(A_0) = 150 − 147.78 = 2.22 kg

해답 2.22 kg

공기비 계산 : $m = \frac{A}{A_0} = \frac{150}{147.78} = 1.015 ≒ 1.02$

09 **액화산소용기에 액화산소 50 kg이 충전되어 있다. 이때 용기 외부에서 액화산소에 대하여 5 kcal/h의 열량이 주어진다면 액화산소가 증발하여 그 양이 반으로 감소되는 데 걸리는 시간은?(단, 산소의 증발잠열은 1.6 kcal/mol이다.)**

풀이 ① 산소의 증발잠열을 'kcal/kg' 단위로 계산 : 산소의 증발잠열(γ) 1.6 kcal/mol = 1600 cal/mol이고, 산소의 분자량은 32 g/mol이다.

$$\therefore \text{증발잠열} = \frac{1600\,\text{cal/mol}}{32\,\text{g/mol}} = 50\,\text{cal/g} = 50\,\text{kcal/kg}$$

② 걸리는 시간 계산 : 충전된 산소 50 kg이 반으로 감소되는 데 필요한 열량은 잠열량에 해당되며, 잠열량은 물질량(G)에 증발잠열(γ)의 곱으로 구할 수 있다.

$$\therefore \text{시간} = \frac{\text{필요열량}}{\text{시간당 공급열량}} = \frac{\text{잠열량}}{\text{시간당 공급열량}} = \frac{\left(50 \times \frac{1}{2}\right) \times 50}{5} = 250\,\text{시간}$$

해답 250시간

10 **암모니아 제조 장치에 동(Cu)을 사용할 수 없는 이유를 설명하시오.**

해답 암모니아는 동 및 동합금과 접촉 시 부식이 발생하기 때문에

해설 동 및 동합금에서 동 함유량이 62 % 미만일 경우 사용이 가능하다.

2003년도 가스기사 모의고사

제1회 가스기사 필답형

01 **다음 물음에 답하시오.**

(1) 26℉를 섭씨온도로 환산하시오.

(2) 3400 PSI를 kgf/cm^2 단위로 환산하시오.

(3) 내용적 47 L 용기에 산소가 35℃에서 100 kgf/cm^{2}으로 충전되어 있다. 이 산소를 용기 1개당 충전량이 3 kg인 용기에 옮겨 충전한다면 필요한 용기 수는 몇 개인가? (단, 압축계수 Z는 0.87이다.)

(4) 충전용기에 질소가스가 35℃에서 최고충전압력 150 kgf/cm^{2}로 충전되어 있다. 온도가 상승하여 안전밸브가 작동하였을 때 온도는 몇 ℃인가?(단, 안전밸브의 작동은 정상이다.)

풀이 (1) $℃ = \frac{5}{9}(°F - 32) = \frac{5}{9} \times (26 - 32) = -3.333 ≒ -3.33℃$

(2) $\text{환산압력} = \frac{\text{주어진 압력}}{\text{주어진 압력단위의 표준대기압}} \times \text{구하려는 단위의 표준대기압}$

$$= \frac{3400}{14.7} \times 1.0332 = 238.971 ≒ 238.97\ \text{kgf/cm}^2$$

(3) ① 충전된 산소량 계산 : 충전된 산소압력은 게이지압력이고, $PV = Z\frac{W}{M}RT$에서 압력 P의 단위 'atm'은 절대압력 단위이고, 충전된 산소의 질량 W의 단위는 'g'이므로 'kg'으로 변환해 주어야 한다.

$$\therefore\ W = \frac{PVM}{ZRT} = \frac{\left(\frac{100 + 1.0332}{1.0332}\right) \times 47 \times 32}{0.87 \times 0.082 \times (273 + 35) \times 1000} = 6.693 ≒ 6.69\ \text{kg}$$

② 충전용기 수 계산

$$\text{용기 수} = \frac{\text{산소량}}{\text{용기 1개당 충전량}} = \frac{6.69}{3} = 2.23 = 3\text{개}$$

(4) ① 안전밸브 작동압력 계산 : 압축가스 용기의 내압시험압력은 최고충전압력의 $\frac{5}{3}$배이다.

$$\therefore\ \text{안전밸브 작동압력} = \text{내압시험압력} \times \frac{8}{10} = \left(\text{최고 충전압력} \times \frac{5}{3}\right) \times \frac{8}{10}$$

$$= \left(150 \times \frac{5}{3}\right) \times \frac{8}{10} = 200\ \text{kgf/cm}^2 \cdot \text{g}$$

② 안전밸브가 작동된 상태의 온도 계산

$\frac{P_1 V_1}{T_1} = \frac{P_2 V_2}{T_2}$ 에서 충전용기의 체적변화는 없으므로 $V_1 = V_2$이다.

$$\therefore\ T_2 = \frac{T_1 P_2}{P_1} = \frac{(273+35)\times(200+1.0332)}{150+1.0332} = 409.964\,\text{K} - 273 = 136.964 \fallingdotseq 136.96\,℃$$

해답 (1) −3.33℃ (2) 238.97 kgf/cm^2 (3) 3개 (4) 136.96℃

해설 ① (3)에서 계산되는 충전용기수에서 최종값에서 발생되는 소수는 무조건 1개로 계산하여야 한다.

② (4)에서 내압시험압력 기준은 충전용기와 배관, 설비 등과는 구별하여야 한다.

02 도시가스의 발열량이 12000 kcal/m^3, 가스 비중이 1.7일 때 웨버지수(WI)를 계산하시오.

풀이 $WI = \frac{H_g}{\sqrt{d}} = \frac{12000}{\sqrt{1.7}} = 9203.579 \fallingdotseq 9203.58$

해답 9203.58

해설 웨버지수는 단위가 없는 무차원수이다.

03 [보기]는 배관을 시공할 때 온도변화에 의한 열팽창량(신축길이)을 계산하는 공식을 나타낸 것이다. ( ) 안에 알맞은 용어를 쓰시오.

> **보기**
>
> 열팽창량(신축길이) = 배관길이(m) × 선팽창계수 × ( )

해답 온도차

04 도시가스의 공급압력(MPa)에 따른 분류 3가지를 쓰시오.

해답 ① 저압 공급방식 : 0.1 MPa 미만

② 중압 공급방식 : 0.1 MPa 이상 1 MPa 미만(또는 0.1~1 MPa 미만)

③ 고압 공급방식 : 1 MPa 이상

05 도시가스 정압기 중 피셔(fisher)식 정압기의 2차 압력 이상 상승 원인 4가지를 쓰시오.

해답 ① 메인밸브에 먼지류가 끼어들어 완전차단(cut-off) 불량

② 센터 스템(center stem)과 메인밸브의 접속 불량

③ 파일럿 공급밸브(pilot supply valve)의 누설

④ 메인밸브의 밸브 폐쇄 무

⑤ 바이패스 밸브의 누설

⑥ 가스 중 수분의 동결

06 냉동능력 산정 기준식 중 $R = \frac{V}{C}$ 에서 "V"를 계산하는 공식을 쓰고 설명하시오.

해답 ① 다단압축방식, 다원냉동방식 : $VH + 0.08\,VL$

② 회전피스톤형 압축기 : $60 \times 0.785\,tn(D^2 - d^2)$

③ 스크루형 압축기 : $K^2 \times D^3 \times \frac{L}{D} \times n \times 60$

필답형 모의고사

④ 왕복동형 압축기 : $0.785 \times D^2 \times L \times N \times n \times 60$

위의 산식에서 VH, VL, t, n, D, d, K, L 및 N은 각각 다음의 수치를 표시한다.

VH : 압축기의 표준회전속도에 있어서 최종단 또는 최종원 기통의 1시간의 피스톤 압출량(단위 : m^3)

VL : 압축기의 표준회전속도에 있어서 최종단 또는 최종원 앞의 기통의 1시간의 피스톤 압출량(단위 : m^3)

t : 회전피스톤의 가스 압축 부분의 두께(단위 : m)

n : 회전피스톤의 1분간의 표준회전수(스크루형의 것은 로터의 회전수)

D : 기통의 안지름(스크루형은 로터의 지름) (단위 : m)

d : 회전피스톤의 바깥지름(단위 : m)

K : 치형의 종류에 따른 계수

L : 로터의 압축에 유효한 부분의 길이 또는 피스톤의 행정(단위 : m)

N : 실린더 수

C : 냉매가스의 종류에 따른 수치

해설 **냉동능력 산정기준(고법 시행규칙 별표3)** : 원심식 압축기를 사용하는 냉동설비는 그 압축기의 원동기 정격출력 1.2 kW를 1일의 냉동능력 1톤으로 보고, 흡수식 냉동설비는 발생기를 가열하는 1시간의 입열량 6640 kcal를 1일의 냉동능력 1톤으로 보며, 그 밖의 것은 다음 산식에 의한다.

$$R = \frac{V}{C}$$

여기서, R : 1일의 냉동능력(단위 : 톤)

C : 냉매가스의 종류에 따른 수치

V : 압축기의 표준회전속도에 있어서의 1시간의 피스톤 압축량(단위 : m^3)

07 **고압가스 배관에 안전밸브를 설치하고자 한다. 배관의 최대지름이 100 mm일 때 안전밸브 분출지름(mm)은 얼마인가?**

풀이 배관에 설치하는 안전밸브 분출면적(A_1)은 배관 최대지름부 단면적(A_2)의 $\frac{1}{10}$ 이므로

$A_1 = A_2 \times \frac{1}{10}$ 과 같다.

$$\therefore \frac{\pi}{4} \times D_1^2 = \left(\frac{\pi}{4} \times D_2^2\right) \times \frac{1}{10}$$

$$\therefore D_1 = \sqrt{D_2^2 \times \frac{1}{10}} = \sqrt{100^2 \times \frac{1}{10}} = 31.622 \fallingdotseq 31.62 \text{ mm}$$

해답 31.62 mm

해설 배관에 설치하는 안전밸브 분출면적(A_1)은 배관 최대지름부 단면적(A_2)의 $\frac{1}{10}$ 이라는 규정은 삭제된 사항이다.

08 **도시가스 제조 프로세스에서 가스화 촉매에 요구되는 성질 4가지를 쓰시오.**

해답 ① 활성이 높을 것

② 수명이 길 것

③ 가격이 저렴할 것(경제적일 것)

④ 유황 등의 피독물에 대해서 강할 것

⑤ 열, 마찰, 석출 카본 등에 대한 강도가 강할 것

제2회 가스기사 필답형

01 **가연성가스 검출기 중 접촉연소방식의 원리를 설명하시오.**

해답 열선(필라멘트)으로 검지된 가스를 연소시켜 생기는 온도변화에 전기저항의 변화가 비례하는 것을 이용한 것이다.

02 **내용적 20 m³인 저장탱크에 공기압축기로 1.8 MPa·g의 압력으로 기밀시험을 한다. 토출량이 600 L/min인 압축기를 사용할 때 기밀시험압력까지 상승시키는 데 몇 시간이 소요되는가? (단, 온도변화, 압축기의 체적효율은 무시한다.)**

풀이 ① 기밀시험에 해당하는 공기량(가압하는 공기량) 계산

$Q = (10P+1)\times V = (10\times 1.8+1)\times 20 = 380\ \text{m}^3$

② 압축에 걸리는 시간 계산

$$t = \frac{\text{가압하는 공기량}(\text{m}^3)}{\text{압축기 능력}(\text{m}^3/\text{h})} = \frac{380}{0.6\times 60} = 10.555 \fallingdotseq 10.56\text{시간}$$

해답 10.56시간

해설 ① 기밀시험에 해당하는 공기량은 압축가스 저장능력 산정식을 적용한 것이며, SI단위일 때와 공학단위일 때 산정식을 구분하기 바란다.

㉮ SI단위 : $Q = (10P+1)V$ → 압력 P의 단위가 'MPa'이다.

㉯ 공학단위 : $Q = (P+1)V$ → 압력 P의 단위가 'kgf/cm²'이다.

② 압축기 토출량 600 L는 0.6 m³에 해당되고, 시간당 토출량(m³/h)으로 단위를 변환해 주어야 한다.

③ 기밀시험을 하기 전에 저장탱크에는 대기압 상태의 공기가 들어있는 것으로 생각할 수 있지만 제시된 조건에서는 이것에 대하여 별도로 언급이 없기 때문에 무시하고 계산한 것이다.

03 **[보기]에 설명된 내용으로 원심펌프의 상사법칙을 유량, 양정, 동력에 대한 공식으로 각각 완성하시오.**

보기

- Q_1 : 회전수 변경 전 유량
- H_1 : 회전수 변경 전 양정
- L_1 : 회전수 변경 전 동력
- N_1 : 처음의 임펠러 회전수
- D_1 : 처음의 임펠러 지름
- Q_2 : 회전수 변경 후 유량
- H_2 : 회전수 변경 후 양정
- L_2 : 회전수 변경 후 동력
- N_2 : 변경된 임펠러 회전수
- D_2 : 변경된 임펠러 지름

해답 ① 유량 : $Q_2 = Q_1\times\left(\frac{N_2}{N_1}\right)\times\left(\frac{D_2}{D_1}\right)^3$

② 양정 : $H_2 = H_1\times\left(\frac{N_2}{N_1}\right)^2\times\left(\frac{D_2}{D_1}\right)^2$

③ 동력 : $L_2 = L_1\times\left(\frac{N_2}{N_1}\right)^3\times\left(\frac{D_2}{D_1}\right)^5$

해설 **원심펌프의 상사법칙**

① 유량은 회전수 변화에 비례하고, 임펠러 지름 변화의 3제곱에 비례한다.
② 양정은 회전수 변화의 제곱에 비례하고, 임펠러 지름 변화의 제곱에 비례한다.
③ 동력은 회전수 변화의 3제곱에 비례하고, 임펠러 지름 변화의 5제곱에 비례한다.

04 **왕복동 압축기의 실린더 안지름이 200 mm, 행정거리가 200 mm, 실린더 수가 2, 회전수가 450 rpm, 체적효율이 80 %일 때 실제적 피스톤 압출량(m^3/h)을 계산하시오.**

풀이 $V = \frac{\pi}{4} \times D^2 \times L \times n \times N \times 60 \times \eta_v$

$= \frac{\pi}{4} \times 0.2^2 \times 0.2 \times 2 \times 450 \times 60 \times 0.8 = 271.433 \fallingdotseq 271.43\ m^3/h$

해답 $271.43\ m^3/h$

05 **LPG 배관공사(관호칭 1 B, 배관길이 30 m)를 완성하고 공기압으로 수주 1000 mm에서 기밀시험을 하였다. 이후 5분이 경과한 후 압력이 수주 650 mm로 강하하였다. 이때의 누설량(cm^3)은 표준상태에서 얼마인가 계산하시오. (단, 공기의 온도변화는 없으며 관호칭 1 B의 안지름은 2.76 cm, 대기압은 1.0332 kgf/cm^2이다.)**

풀이 ① 배관의 내용적 계산

$V = \frac{\pi}{4} \times D^2 \times L = \frac{\pi}{4} \times 2.76^2 \times (30 \times 10^2) = 17948.547 \fallingdotseq 17948.55\ cm^3$

② 처음상태(기밀시험)의 체적 → STP 상태의 체적으로 환산

$V_0 = \frac{P_1 V_1}{P_0} = \frac{(0.1 + 1.0332) \times 17948.55}{1.0332} = 19685.730 \fallingdotseq 19685.73\ cm^3$

③ 5분 후 상태의 체적 → STP 상태의 체적으로 환산

$V_0' = \frac{P_2 V_2}{P_0'} = \frac{(0.065 + 1.0332) \times 17948.55}{1.0332} = 19077.717 \fallingdotseq 19077.72\ cm^3$

④ 누설량(cm^3) = $V_0 - V_0' = 19685.73 - 19077.72 = 608.01\ cm^3$

해답 $608.01\ cm^3$

해설 ① 1 atm = 10332 kgf/m^2 = 1.0332 kgf/cm^2 = 10332 mmH_2O이므로 '수주 1000 mm'(1000 mmH_2O)는 1000 kgf/m^2 = 0.1 kgf/cm^2이다.
② 배관 내용적 계산할 때 '파이(π)' 와 '3.14'를 적용하느냐에 따라 오차가 발생하니 2가지 중에서 하나를 선택하여 답안을 작성하길 바랍니다.

06 **LP가스 저압배관의 유량 계산식을 쓰고 설명하시오.**

해답 $Q = K\sqrt{\frac{D^5 \cdot H}{S \cdot L}}$

여기서, Q : 가스의 유량(m^3/h)
D : 관 안지름(cm)
H : 압력손실(mmH_2O)
S : 가스의 비중
L : 관의 길이(m)
K : 유량계수(폴의 상수 : 0.707)

참고 중 · 고압배관의 유량 결정식

$$Q=K\sqrt{\frac{D^5\cdot(P_1^2-P_2^2)}{S\cdot L}}$$

여기서, Q : 가스의 유량(m^3/h)
D : 관 안지름(cm)
P_1 : 초압($kgf/cm^2 \cdot a$)
P_2 : 종압($kgf/cm^2 \cdot a$)
S : 가스의 비중
L : 관의 길이(m)
K : 유량계수(코크스의 상수 : 52.31)

07 배관호칭 1 B, 길이 30 m의 저압배관에 프로판(C_3H_8) 가스를 10 m^3/h로 공급할 때 압력손실이 14 mmH_2O이다. 이 배관에 부탄(C_4H_{10}) 가스를 6 m^3/h로 공급하면 압력손실은 얼마인가? (단, 프로판(C_3H_8) 및 부탄(C_4H_{10})의 비중은 각각 1.5, 2.0이다.)

풀이 $H=\frac{Q^2\cdot S\cdot L}{K^2\cdot D^5}$에서 유량계수($K$), 관길이($L$), 배관 안지름($D$)은 변화가 없다.

$\therefore H_1=Q_1^2\times S_1$, $H_2=Q_2^2\times S_2$가 된다.

$$\frac{H_2}{H_1}=\frac{Q_2^2\times S_2}{Q_1^2\times S_1}$$

$$H_2=\frac{H_1\times Q_2^2\times S_2}{Q_1^2\times S_1}=\frac{14\times 6^2\times 2.0}{10^2\times 1.5}=6.72\ mmH_2O$$

해답 6.72 mmH_2O

[별해] ① 프로판(C_3H_8)이 공급될 때 배관 안지름 계산

$$D=\sqrt[5]{\frac{Q^2\cdot S\cdot L}{K^2\cdot H}}=\sqrt[5]{\frac{10^2\times 1.5\times 30}{0.707^2\times 14}}=3.644 ≒ 3.64\ cm$$

② 부탄(C_4H_{10})이 공급될 때 압력손실 계산

$$H=\frac{Q^2\cdot S\cdot L}{K^2\cdot D^5}=\frac{6^2\times 2\times 30}{0.707^2\times 3.64^5}=6.762 ≒ 6.76\ mmH_2O$$

08 초저온 용기의 재료 2가지를 쓰시오.

해답 ① 오스테나이트계 스테인리스강(또는 18-8 스테인리스강)
② 알루미늄합금

09 비파괴검사법 중 내부의 결함을 검출할 수 있는 방법 2가지를 쓰시오.

해답 ① 방사선투과검사　② 초음파탐상검사

10 공기의 유속을 피토관(pitot tube)으로 측정하여 차압 15 mmAq를 얻었다. 공기의 비중량이 1.2 kgf/m^3이고, 피토계수가 1일 때 유속(m/s)은 얼마인가?

풀이 $V=C\cdot\sqrt{2\cdot g\cdot h\times\frac{\gamma_m-\gamma}{\gamma}}=1\times\sqrt{2\times 9.8\times 0.015\times\frac{1000-1.2}{1.2}}=15.643\fallingdotseq 15.64\text{ m/s}$

해답 15.64 m/s

해설 ① 차압 15 mmAq(15 mmH_2O)를 얻었다는 것은 피토관 액주계에 물(H_2O)이 들어 있고 높이 차가 15 mm 발생하였다는 것이고, 높이 차 15 mm는 0.015 m이다.
② 물의 비중량(γ_m)은 별도의 언급이 없으면 1000 kgf/m^3을 적용한다.
※ 수은(Hg)은 비중이 13.6이므로 비중량은 13600 kgf/m^3을 적용한다.

제3회 가스기사 필답형

01 **내용적 20000 L인 자동차에 고정된 탱크에 최고충전압력 21 kgf/cm^{2}으로 충전시킬 때 최고충전량(kg)은 얼마인가?(단, 충전상수는 2.35이다.)**

풀이 $W=\frac{V}{C}=\frac{20000}{2.35}=8510.638\fallingdotseq 8510.64\text{ kg}$

해답 8510.64 kg

02 **액화천연가스 저장설비 및 처리설비에서 그 외면으로부터 사업소 경계까지 유지하여야 하는 거리 구하는 식을 쓰고 설명하시오.**

해답 $L=C\times\sqrt[3]{143000\,W}$

여기서, L : 유지하여야 하는 거리(m)
C : 저압 지하식 저장탱크는 0.240, 그 밖의 가스저장설비 및 처리설비는 0.576
W : 저장탱크는 저장능력(톤)의 제곱근, 그 밖의 것은 그 시설 안의 액화천연가스의 질량(톤)

해설 **사업소 경계와의 거리 기준(KGS FP451)** : 액화천연가스(기화된 천연가스는 포함한다)의 저장설비와 처리설비(1일 처리능력이 52500 m^3 이하인 펌프, 압축기, 응축기, 기화장치는 제외한다)는 그 외면으로부터 사업소 경계까지 다음 계산식에서 얻은 거리(그 거리가 50 m 미만인 경우에는 50 m) 이상을 유지한다.

$L=C\times\sqrt[3]{143000\,W}$

03 **독성가스 배관에서 2중관으로 해야 되는 가스의 종류 4가지를 쓰시오.**

해답

① 포스겐 ② 황화수소
③ 시안화수소 ④ 아황산가스
⑤ 산화에틸렌 ⑥ 암모니아
⑦ 염소 ⑧ 염화메틸

해설 암기법 : 가스명칭의 머리글자를 이용하여 암기 → **포황시 아산암**에서 **염소**가 **염메**한다.

04 **조건이 같은 상태에서 수소를 대기 중으로 확산하는 데 4분이 소요되었고, 이름 모를 어떤 가스를 확산하는 데 20분이 소요되었다. 이 가스의 분자량은 얼마인가?(단, 수소의 분자량은 2이다.)**

풀이 $\frac{U_2}{U_1} = \sqrt{\frac{M_1}{M_2}} = \frac{t_1}{t_2}$ 에서

$$M_1 = \left(\frac{t_1}{t_2}\right)^2 \times M_2 = \left(\frac{20}{4}\right)^2 \times 2 = 50$$

해답 50

05 **프로판(C_3H_8) 60 vol%, 부탄(C_4H_{10}) 40 vol%의 혼합 LPG를 시간당 1 kg씩 사용하는 어떤 음식점이 있다. 이 음식점의 저압배관을 통과하는 LPG의 시간당 체적(L/h)을 계산하시오. (단, 저압배관을 통과하는 가스의 평균압력은 수주 290 mm, 온도는 27℃이며 1기압은 수주 10330 mm로 한다.)**

풀이 ① 혼합가스의 평균분자량 계산

$M = (44 \times 0.6) + (58 \times 0.4) = 49.6$

② 혼합 LPG 1kg이 표준상태(STP)에서 차지하는 체적 계산

49.6 g : 22.4 L = 1000 g : x[L]

$\therefore\ x = \frac{22.4 \times 1000}{49.6} = 451.612 \fallingdotseq 451.61\text{ L}$

③ 혼합 LPG가 수주 290 mm, 27℃ 상태의 체적 계산

$\frac{P_1 V_1}{T_1} = \frac{P_2 V_2}{T_2}$ 에서

$$V_2 = \frac{P_1 V_1 T_2}{P_2 T_1} = \frac{10330 \times 451.61 \times (273 + 27)}{(290 + 10330) \times 273} = 482.722 \fallingdotseq 482.72\text{ L/h}$$

해답 482.72 L/h

[별해] ① 혼합가스의 평균분자량 계산

$M = (44 \times 0.6) + (58 \times 0.4) = 49.6$

② 혼합 LPG 1 kg을 수주 290 mm, 27℃에서의 체적으로 계산

$PV = \frac{W}{M} RT$ 에서

$$V = \frac{WRT}{PM} = \frac{1000 \times 0.082 \times (273 + 27)}{\frac{290 + 10330}{10330} \times 49.6} = 482.333 \fallingdotseq 482.33\text{ L/h}$$

※ 최종 결과값에서 오차가 발생하지만 계산식과 계산과정이 다르므로 득점에는 영향이 없으니 선택하여 답안을 작성하길 바랍니다.

06 **[보기]와 같이 탱크에 물이 채워져 있을 때 구멍을 통과하는 유체의 속도를 계산하시오. (단, ΔH = 12 cm, 중력가속도는 9.8 m/s^{2}이다.)**

보기

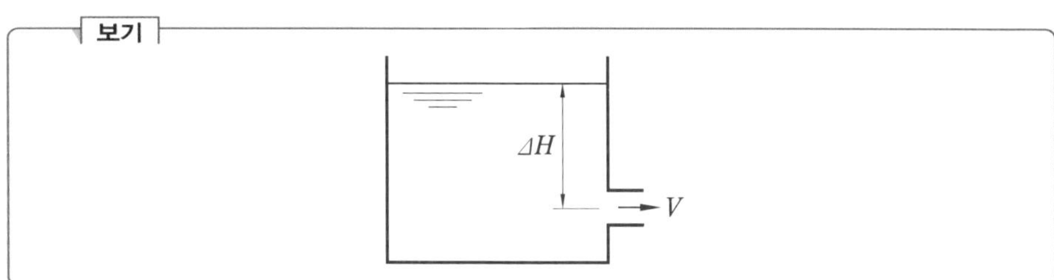

풀이 $V = \sqrt{2gh} = \sqrt{2 \times 9.8 \times 0.12} = 1.533 \fallingdotseq 1.53\,\text{m/s}$

해답 1.53 m/s

07 방폭전기기기의 구조별 표시 방법을 쓰시오.

(1) 내압 방폭구조 : (2) 유입 방폭구조 :
(3) 압력 방폭구조 : (4) 안전증 방폭구조 :
(5) 본질안전 방폭구조 : (6) 특수 방폭구조 :

해답 (1) d (2) o
(3) p (4) e
(5) ia, ib (6) s

08 가스 충전시설에 철근콘크리트제 방호벽을 설치할 때 기초 기준에 대하여 쓰시오.

해답 ① 일체로 된 철근콘크리트 기초로 한다.
② 높이는 350 mm 이상, 되메우기 깊이는 300 mm 이상으로 한다.
③ 기초의 두께는 방호벽 최하부 두께의 120 % 이상으로 한다.

해설 **철근콘크리트제 방호벽 구조** : 직경 9 mm 이상의 철근을 가로·세로 400 mm 이하의 간격으로 배근하고 모서리 부분의 철근을 확실히 결속한 두께 120 mm 이상, 높이 2000 mm 이상으로 한다.

09 도시가스 가스화 프로세스에서 발생되는 일산화탄소(CO)는 독성에 의한 중독 등 피해가 발생되는 것을 방지하기 위해 일산화탄소를 변성을 해서 함유량을 저감시키고 있다. 제조가스 중에 포함되어 있는 일산화탄소를 이산화탄소(CO_2)로 변성시키는 일산화탄소 변성반응에 대하여 설명하시오.

해답 ① 일산화탄소 변성 반응식 : $CO + H_2O \rightleftarrows CO_2 + H_2$
② 반응온도 : 400℃ 전후(일산화탄소를 감소시키기 위해 반응온도를 낮추면 반응속도가 심하게 감소하므로 400℃ 전후에서 철-크롬($Fe_2O_3-Cr_2O_3$)계 촉매를 사용하여 반응시킨다.)
③ 반응압력 : CO의 변성반응은 반응 전후의 mol수가 같은 반응이기 때문에 반응 전후에 체적변화가 일어나지 않으므로 압력의 영향은 없다.
④ 수증기비 : 수증기량이 증가하면 수증기 분압이 상승하기 때문에 CO변성이 진행된다.
⑤ 카본(C)의 생성 : 일산화탄소 분해에 의하여 카본(C)의 생성 가능성이 있다(반응식 : $2CO \rightleftarrows CO_2 + C$). 카본 생성을 방지하기 위하여 반응온도는 고온, 반응압력은 저압으로 유지하여야 한다.

2004년도 가스기사 모의고사

제1회 가스기사 필답형

01 **저장탱크의 침하상태에 따른 조치방법에 관한 물음에 답하시오.**

(1) 저장탱크의 침하상태 측정주기는 얼마인가?
(2) 저장탱크의 침하상태 측정방법에 대하여 4가지를 쓰시오.
(3) 저장탱크의 침하량$\left(\dfrac{h}{l}\right)$이 1%를 초과한 경우 조치사항 3가지를 쓰시오.

해답 (1) 1년에 1회 이상

(2) ① 벤치마크(bench mark : 수준점)는 지진, 사태(沙汰), 침하 기타 외력에 의해 변형이 일어나지 않는 구조로 한다.
② 벤치마크는 해당 사업소 내의 면적 50만 m^2당 1개소 이상 설치한다.
③ 차량의 통행 등에 의하여 파손되지 않은 위치이고 관측하기 쉬운 위치에 설치한다.
④ 해당 저장탱크의 기초를 관측하기 쉬운 곳에는 레벨차를 측정할 수 있도록 레벨측정기를 설치한다.
⑤ 측정의 결과에 따라 저장탱크의 기초면 또는 밑판의 침하로 인한 기울기가 최대로 되는 기초면 또는 밑판에 2점을 정하고 그 2점간의 레벨차(단위 : mm, 기호 : h) 및 그 2점간의 수평거리(단위 : mm, 기호 : l)를 측정한다.

(3) ① 저장탱크 사용을 중지하고 저장탱크의 형상, 구조, 용량 및 제조 후의 경과연수 등에 따라 다음 중 어느 하나의 조치 또는 이에 준하는 유효한 조치를 한다.
㉮ 앵커볼트를 분리한 후 저장탱크에 무리한 하중이 걸리지 아니하도록 지지하면서 저장탱크를 기초로부터 들어 올리고 해당 기초의 경사 또는 침하량에 따라 필요한 두께의 라이너를 삽입하거나 무수축 콘크리트를 충전한다.
㉯ 저장탱크를 들어 올리고 침하되지 않은 쪽 아래의 토사를 수평이 될 때까지 깎아낸다.
㉰ 저장탱크를 들어 올려 밑판을 떼어내고 기초면을 수평으로 한 후 밑판을 설치한다.
② 기초를 수정한 경우에는 저장탱크를 들어 올릴 때 특별히 응력이 발생한 것으로 추정되는 부분에 대하여 다음의 방법 중 적절한 방법으로 시험을 하고 균열 등의 유해한 결함이 없음을 확인한다. 다만, 저온 및 초저온 저장탱크는 시험을 하지 아니할 수 있고, 균열 등의 유해한 결함이 없음을 확인하지 아니할 수 있다.
㉮ 자분탐상시험
㉯ 침투탐상시험
㉰ 초음파탐상시험
㉱ 방사선투과시험

③ 기초를 수정한 경우에는 저장탱크에 대한 외관검사 및 충수(充水)시험에 병행하여 기초의 침하상태를 측정하여 이상이 없고 기초의 침하량이 설정치 이하인 것을 확인한다.

④ 기초를 수정한 후에는 적어도 3개월에 2회, 그 후에는 6개월마다 1회씩 부등침하량을 측정하고 이상이 없음을 확인한다.

참고 **침하량(h/l)이 0.5 %를 초과한 경우 조치사항**

① 침하량을 1년 동안 매월 측정하여 기록한다.

② 측정 결과 침하가 진행되고 있는 경우로서 다음 1년 동안의 침하량이 1 %를 초과할 것으로 판단되는 경우에는 측정을 계속할 것

02 **도시가스 정압기실의 설치기준 4가지를 쓰시오.**

해답 ① 정압기실의 재료는 정압기에 위해를 미치지 않도록 철근콘크리트 등 불연재료로 한다.

② 정압기실 내부 공간의 크기는 정압기를 조작하는 데 필요한 크기 이상으로 한다.

③ 정압기실에는 가스공급시설 외의 시설물을 설치하지 아니한다.

④ 침수위험이 있는 지하에 설치하는 정압기에는 침수방지조치를 한다.

⑤ 지상에 설치하는 정압기실의 기초 및 벽은 정압기에 위해를 미치지 않도록 다음 기준에 따른다.

㉮ 벽은 두께 120 mm 이상으로 하되, 직경 9 mm 이상의 철근을 가로・세로 400 mm 이하의 간격으로 배근하고, 모서리 부분의 철근을 확실히 결속한다.

㉯ 정압기실의 기초는 바닥 전체가 일체로 된 철근콘크리트 구조로 하되, 그 두께는 300 mm 이상으로 한다.

⑥ 정압기의 분해점검 및 고장에 대비하여 예비정압기를 설치하고, 이상압력 발생 시에는 자동으로 기능이 전환되는 구조로 한다. 다만, 단독사용자에게 가스를 공급하는 경우에는 예비정압기를 설치하지 아니할 수 있다.

⑦ 정압기에 바이패스관을 설치하는 경우에는 밸브를 설치하고 그 밸브에 시건조치를 한다.

⑧ 정압기는 도시가스를 안전하게 수송할 수 있도록 하기 위하여 정압기의 입구측은 최고사용압력의 1.1배, 출구측은 최고사용압력의 1.1배 또는 8.4 kPa 중 높은 압력 이상에서 기밀성능을 가지는 것으로 한다.

해설 **정압기실 설치기준** : KGS FS552 일반도시가스사업 정압기의 시설, 기술, 검사기준

03 **어느 음식점에서 0.4 kg/h의 LP가스를 연소시키는 버너를 10대 설치하고 1일 평균 4시간씩 사용하는 경우에 대한 물음에 답하시오. (단, 사용 시 최저온도는 0℃이고, 용기는 50 kg 용기이며 잔액이 20 %일 때 교환하고 용기의 가스 발생능력은 850 g/h이다.)**

(1) 필요 최저 용기 수는 몇 개인가?

(2) 용기의 교환주기는 며칠인가?

풀이 (1) 필요 최저 용기 수 $= \dfrac{\text{최대소비수량(kg/h)}}{\text{용기의 가스발생능력(kg/h)}} = \dfrac{0.4 \times 10}{0.85} = 4.705 = 5\text{개}$

(2) 용기 교환주기 $= \dfrac{\text{총가스량}}{\text{1일 소비량}} = \dfrac{50\,\text{kg} \times 5\text{개} \times 0.8}{0.4\,\text{kg/h} \times 10\,\text{대} \times 4\,\text{h/d}} = 12.5 = 12\,\text{일}$

해답 (1) 5개 (2) 12일

해설 ① 용기 잔액이 20%일 때 교환하는 것은 용기 내의 LP가스를 80% 소비하고 교환한다는 것이다.
② 필요 최저 용기 수만을 구하므로 소수로 발생되는 수치는 무조건 1로 계산하여야 하고, 용기 교환주기에서는 소수로 발생되는 수치는 무조건 버려야 한다.

04 **일반용 액화석유가스용 압력조정기에 대한 물음에 답하시오.**

(1) 압력조정기에 표시할 사항 3가지를 쓰시오.
(2) 권장사용기간을 표시하는 압력조정기의 용량은 얼마인가?

해답 (1) ① 품명
② 제조자명이나 그 약호
③ 제조번호나 로트번호
④ 제조연월
⑤ 품질보증기간
⑥ 입구압력(기호 : P, 단위 : MPa)
⑦ 용량(기호 : Q, 단위 : kg/h)
⑧ 조정압력(기호 : R, 단위 : kPa 또는 MPa)
⑨ 가스 흐름 방향
⑩ 핸들의 조임 및 풀림 방향(핸들연결식만을 말한다.)
⑪ 권장사용 기간 : 6년
⑫ 제조국
(2) 10 kg/h 이하

해설 KGS AA434 일반용 액화석유가스 압력조정기 제조의 시설, 기술, 검사기준

05 **최고충전압력 120 kgf/cm^2, 내용적 40 L인 질소 충전용기 150개를 보관할 때 저장능력(m^3)을 계산하시오.**

풀이 질소가 충전되는 상태는 기체로 압축가스 저장능력 산정식을 적용하며, 용기 1개에 충전되는 가스량에 전체 용기 수를 곱하면 전체 가스량(저장능력)이 되고, 용기 내용적(V)의 단위는 'm^3'를 적용한다.

$\therefore\ Q=(P+1)V=\{(120+1)\times0.04\}\times150=726\ \text{m}^3$

해답 726 m^3

해설 압축가스 저장능력 산정식 구분

구분	산정식(공식)	압력(P) 단위
SI단위	$Q=(10P+1)V$	MPa
공학단위	$Q=(P+1)V$	kgf/cm^2

06 **사용압력이 100 kgf/cm^{2}인 배관의 인장강도가 40 kgf/mm^{2}일 때 스케줄 번호(Sch No)를 계산하시오. (단, 안전율은 4이다.)**

풀이 $\text{Sch No}=10\times\dfrac{P}{S}=10\times\dfrac{100}{\dfrac{40}{4}}=100$

해답 100번

해설 ① 허용응력(kgf/mm^2)은 인장강도(kgf/mm^2)를 안전율로 나눈 값이다.

$\therefore$ 허용응력$(S) = \dfrac{\text{인장강도}}{\text{안전율}}$

② 안전율에 대하여 별도로 언급이 없으면 '4'를 적용한다.

07 **관지름이 20 mm인 저압배관의 길이가 30 m이다. 이 배관에서 압력강하가 0.04 kgf/cm² 발생할 때 가스유량(m³/h)을 계산하시오. (단, 가스 비중은 1.6, 폴의 정수 K는 0.707이다.)**

풀이 $Q = K\sqrt{\dfrac{D^5 \cdot H}{S \cdot L}} = 0.707 \times \sqrt{\dfrac{2^5 \times 400}{1.6 \times 30}} = 11.545 \fallingdotseq 11.55\ \text{m}^3/\text{h}$

해답 11.55 m^3/h

해설 저압배관의 유량 계산식에서 압력강하(H)의 단위는 mmH_2O인데 문제에서 주어진 압력강하는 0.04kgf/cm²이므로 이것을 mmH_2O단위로 환산하면 400 mmH_2O가 된다.

$\because$ 1 atm = 10332 kgf/m² = 1.0332 kgf/cm² = 10.332 mH_2O(mAq)

= 10332 mmH_2O(mmAq)

(※ kgf/cm² 단위를 mmH_2O 단위로 환산하려면 1만을 곱하면 되기 때문이다.)

08 **전기설비의 방폭구조에서 위험장소의 분류 3가지를 쓰시오.**

해답 ① 1종 장소 ② 2종 장소 ③ 0종 장소

09 **[보기]의 LPG 소비 설비의 설계 조건을 이용하여 물음에 답하시오.**

보기

[설계 조건]

- 1일 1호당 평균가스 소비량 : 1.35 kg/day
- 세대 수 : 50호
- 평균가스 소비율 : 20 %
- 사용 용기 질량 : 50 kg
- 용기의 가스발생능력 : 1.10 kg/h
- 외기온도 : 0℃

(1) 피크 시 평균가스 소비량(kg/h)을 계산하시오.

(2) 필요 최저 용기 수를 계산하시오.

풀이 (1) 피크 시 평균가스 소비량(kg/h) = 1일 1호당 평균가스 소비량×세대 수×평균가스 소비율

= 1.35×50×0.2 = 13.5 kg/h

(2) 필요 최저 용기 수 $= \dfrac{\text{피크 시 평균가스 소비량(kg/h)}}{\text{용기의 가스발생능력(kg/h)}} = \dfrac{13.5}{1.10} = 12.27 = 13$개

해답 (1) 13.5 kg/h (2) 13개

해설 ① 1일 1호당 평균가스 소비량 단위 'kg/day'에서 피크 시 평균가스 소비량 단위 'kg/h'로 변환되는 이유는 평균가스 소비율 때문이다. LPG 소비 설비에서는 1일 24시간 동안 연속으로 가스를 소비하는 것이 아니고, 24시간 중 소비율에 해당하는 시간 만큼만 가스를 소비하는 것이다. (평균가스 소비량 계산할 때 24시간으로 나눠 주는 것이 아니다)

② 문제에서 2계열 용기 수가 아닌 필요 최저 용기 수만을 질문한 것이므로 소수는 무조건 1개로 계산하여야 한다.

10 **LPG 저장탱크를 비수조식 내압시험장치에서 [보기]와 같은 조건으로 시험 시 전증가량(cc) 및 영구증가율(%)을 계산하시오.**

보기

- P기압에 있어서 압입된 물의 양 : 125000 cc
- 저장탱크의 내용적 : 17500 L
- 내압시험압력 : 30 atm
- 15℃에서 물의 압축계수 : 0.0000474/atm
- 영구증가량 : 2500 cc

풀이 ① 내압시험압력에서 물의 부피 변화량 계산

$\Delta V = V_0 \times \beta \times \Delta P = (17500 \times 1000 + 125000) \times 0.0000474 \times 30 = 25062.75$ cc

② 전증가량 계산

전증가량 = 압입된 물의 양 − 내압시험에서 물의 부피 감소량

= 125000 − 25062.75 = 99937.25 cc

③ 영구증가율(%) 계산

$\therefore$ 영구증가율(%) $= \dfrac{\text{영구증가량}}{\text{전증가량}} \times 100 = \dfrac{2500}{99937.25} \times 100 = 2.501 ≒ 2.50\,\%$

해답 2.5 %

해설 ① 내압시험에서 사용된 물의 양(V_0)은 저장탱크 내용적에 내압시험에 해당하는 압력까지 압입된 물의 양의 합계량이다.

② 물의 압축계수 의미는 압력이 1 atm 상승하면 물 1 cc에 대하여 0.0000474 cc만큼 체적이 감소되는 것이다(또는 압력 1 atm 상승하면 물 1 L에 대하여 0.0000474 L 만큼 체적이 감소되는 것이다).

제2회 가스기사 필답형

01 **저장탱크에 폭발방지장치를 설치할 때 후프 링(hoop ring)과 저장탱크 동체의 접촉 압력 계산식을 쓰고 설명하시오.**

해답 $P = \dfrac{0.01\,Wh}{D \times b} \times C$

여기서, P : 접촉압력(MPa)

Wh : 폭발방지제의 중량+지지봉의 중량+후프 링의 자중(단위 : N)

D : 동체의 안지름(cm)

b : 후프 링의 접촉폭(cm)

C : 안전율로서 4로 한다.

해설 **폭발방지장치 설치기준**

(1) 설치 대상

① 주거지역이나 상업지역에 설치하는 저장능력 10톤 이상의 액화석유가스 저장탱크

② 액화석유가스용 차량에 고정된 탱크

(2) 폭발방지장치 재료

① 폭발방지장치의 열전달 매체인 다공성 알루미늄박판(이하 "폭발방지제"라 한다.)은 알루미늄합금박판에 일정 간격으로 슬릿(slit)을 내고 이것을 팽창시켜 다공성 벌집형으로 한 것으로 한다.

② 폭발방지제 지지구조물의 후프 링의 재질은 기존 저장탱크의 재질과 같은 것 또는 이와 같은 수준 이상의 것으로서 액화석유가스에 대하여 내식성을 가지며 열적 성질이 탱크동체의 재질과 유사한 것으로 한다.

③ 폭발방지제 지지구조물의 지지봉은 KS D 3507(배관용 탄소강관)에 적합한 것(최저 인장강도 294 N/mm^2)으로 한다.

④ 그 밖의 폭발방지제 지지구조물의 부품 재질은 안전을 확보하기 위하여 충분한 기계적 강도 및 액화석유가스에 대한 내식성을 가지는 것으로 한다.

(3) 폭발방지제 설치 방법

① 폭발방지제의 두께는 114 mm 이상으로 하고 설치하는 경우에는 2~3 % 압축하여 설치한다.

② 수압시험을 하거나 저장탱크가 가열될 경우 저장탱크 동체의 변형에 대응할 수 있도록 후프 링과 팽창 볼트 사이에 접시 스프링을 설치한다. 다만, 후프 링을 용접으로 저장탱크에 부착하는 경우에는 후프 링과 팽창 볼트 사이에 접시 스프링을 설치하지 아니할 수 있다.

③ 폭발방지제와 연결봉 및 지지봉 사이에는 폭발방지제의 압축변위를 일정하게 유지할 수 있도록 탄성이 큰 강선 등을 이용하여 만든 철망을 설치한다.

④ 폭발방지장치를 설치하는 경우에는 저장탱크의 제작 공차를 고려한다.

⑤ 폭발방지장치의 지지구조물에 대하여는 필요에 따라 부식방지조치를 한다.

⑥ 저장탱크가 충격을 받은 경우에는 폭발방지장치의 안전성에 대하여 검토한다.

(4) 폭발방지장치 표시 : 폭발방지장치를 설치한 저장탱크 외부의 가스명 밑에는 가스명 크기의 $\frac{1}{2}$ 이상이 되도록 폭발방지장치를 설치하였음을 표시한다.

02 도시가스 월사용 예정량 계산식을 쓰고 기호를 설명하시오.

해답 $Q=\dfrac{\{(A\times 240)+(B\times 90)\}}{11000}$

여기서, Q : 월사용 예정량(단위 : m^3)

A : 산업용으로 사용하는 연소기의 명판에 기재된 가스소비량의 합계 (단위 : kcal/h)

B : 산업용이 아닌 연소기의 명판에 기재된 가스소비량의 합계(단위 : kcal/h)

해설 **월사용예정량 산정 기준** : KGS FU551 도시가스 사용시설 기준

(1) 월사용예정량은 다음 식에 의하여 산출한다.

$Q=\dfrac{(A\times 240)+(B\times 90)}{11000}$

여기서, Q : 월사용예정량(단위 : m^3)

A : 산업용으로 사용하는 연소기의 명판에 기재된 가스소비량의 합계 (단위 : kcal/h)

B : 산업용이 아닌 연소기의 명판에 기재된 가스소비량의 합계 (단위 : kcal/h)

(2) (1)에서 "가스소비량의 합계"는 다음 방법에 따른다. 다만, 가정용으로 사용하는 연소기의 가스소비량은 합산대상에서 제외한다.

① 소유주가 1명인 단위건물의 경우에는 그 단위건물 내에 설치된 모든 연소기의 가스소비량 합계로 한다.
② 단위건물이 분양으로 소유주가 2명 이상인 경우에는 각 소유주가 구분하여 소유하는 건물 내에 설치된 모든 연소기의 가스소비량 합계로 한다. 다만, 같은 실내에서 2명 이상의 소유주가 가스를 사용하는 경우에는 그 실내에 설치된 모든 연소기의 가스소비량 합계로 한다.
③ 가스보일러 본체에 표시된 소비량과 버너에 표시된 소비량이 다를 경우에는 보일러 본체에 표시된 소비량으로 한다.

(3) (1)에서 "연소기"의 용도로서 산업용과 비산업용의 구분은 다음 방법에 따른다.〈신설 11.1.3〉
① 해당 가스를 이용하여 직접 제품을 생산, 판매(일반적인 유통방법에 의한 판매를 말한다. 이하 같다)하는 경우는 "산업용"으로, 그 밖의 경우는 "비산업용"으로 계산하며, 그 예는 다음과 같다.
㉮ 공장 등 산업체의 식당에서 취사용으로 사용하는 경우는 산업체에서 사용하는 경우라도 제품을 직접 생산 판매하는 용도가 아니므로 '비산업용'으로 계산한다.
㉯ 학교 실습실에 설치된 도자기로 등은 제품을 생산하나 판매가 수반되지 아니하므로 '비산업용'으로 계산한다.
㉰ 제과 공장에서 빵을 만드는데 사용하는 연소기는 제품의 생산과 판매가 수반되므로 '산업용'으로 계산한다. 다만, 제과점의 연소기는 일반적인 유통방법에 의한 판매가 이루어지지 않으므로 '비산업용'으로 계산한다.
㉱ 세탁공장은 넓은 의미에서 산업의 일환인 서비스업으로 볼 수 있고, 상시적이고 고정적인 기업활동이 이루어지므로 이곳의 연소기는 '산업용'으로 계산한다.
㉲ 세탁소, 방앗간 등은 상시적이고 고정적인 기업 활동으로 보기 어려우므로 이곳의 연소기는 '비산업용'으로 계산한다.
㉳ 자동차 정비업체의 도장 부스에 사용하는 연소기는 제품 수리에 사용하므로 이곳의 연소기는 '비산업용'으로 계산한다.

(4) (2)에서 "가정용으로 사용하는 연소기"라 함은 원칙적으로 일반 가정집의 취사 및 냉난방용 연소기를 의미하는 것으로 보며 그 예는 다음과 같다. 다만, 가정집 외의 건물에 거주하는 자가 취사 및 냉난방용 등 개인의 일상생활 영위를 위하여 사용하는 연소기도 그 사용 목적상 "가정용 연소기"로 분류한다.〈신설 11.1.3〉
① 가정용 연소기의 예는 다음과 같다.
㉮ 여관 종업원의 취사 및 냉·난방용 연소기
㉯ 종업원 비상대기실의 취사 및 냉·난방용 연소기
㉰ 고시원의 개별 취사 및 개별 냉·난방용 연소기
㉱ 건축법 시행령에 따른 생활숙박시설의 개별 취사 및 개별 냉·난방용 연소기
② 비가정용 연소기의 예는 다음과 같다.
㉮ 공동주택 등에서 공동으로 사용하는 중앙난방용 연소기
㉯ 경로당 및 관리실의 취사 및 냉·난방용 연소기
㉰ 아파트 공동 샤워장용 연소기
㉱ 여관 등에서 고객의 취사 및 냉·난방용 연소기
㉲ 고시원의 공동 취사 및 공동 냉·난방용 연소기〈신설 20. 3. 18〉
㉳ 건축법 시행령에 따른 생활숙박시설의 공동 취사 및 공동 냉·난방용 연소기〈신설 20. 3. 18〉

(5) 기술검토 당시 연소기가 설치되지 않았거나 일부만 설치할 계획인 경우에는 다음 기준에 따라 월사용예정량을 산정한다.〈신설 11.1.3〉

① 가스계량기가 설치되는 경우에는 '가스계량기 최대유량×0.8배'로 산정한다.
② 가스계량기가 설치되지 않는 경우에는 추후 설치 예정인 연소기의 가스소비량으로 산정한다.

03 **냉동기용 압력용기의 길이 200 mm, 용기 바깥지름 100 mm일 때 안전밸브 최소지름을 계산하시오. (단, 냉매의 가스정수 C는 7.14이다.)**

풀이 $d = C\sqrt{\left(\dfrac{D}{1000}\right)\times\left(\dfrac{L}{1000}\right)} = 7.14\times\sqrt{\left(\dfrac{100}{1000}\right)\times\left(\dfrac{200}{1000}\right)} = 1.009 ≒ 1.01\ \text{mm}$

해답 1.01 mm

04 **소형저장탱크 설치기준 중 ( ) 안에 알맞은 내용을 쓰시오.**

> "소형저장탱크를 동일 장소에 설치할 때는 (①)기 이하로 하고, 충전질량은 (②)kg 미만으로 한다."

해답 ① 6 ② 5000

해설 소형저장탱크 설치기준 : KGS FU432 소형저장탱크에 의한 액화석유가스 사용시설 기준

(1) 이격거리

충전질량(kg)	가스충전구로부터 토지경계선에 대한 수평거리(m)	탱크간 거리(m)	가스충전구로부터 건축물 개구부에 대한 거리(m)
1000 kg 미만	0.5 이상	0.3 이상	0.5 이상
1000~2000 kg 미만	3.0 이상	0.5 이상	3.0 이상
2000 kg 이상	5.5 이상	0.5 이상	3.5 이상

① 토지경계선이 바다, 호수, 하천, 도로 등과 접하는 경우에는 그 반대편 끝을 토지경계선으로 보며, 이 경우 토지경계와의 거리는 탱크 외면으로부터 최소 0.5 m 이상의 안전공지를 유지한다.
② 충전질량 1000 kg 이상인 경우로서 가스충전구와 토지경계선 및 건축물 개구부 사이에 이격거리를 유지할 수 있다. 이 경우 방호벽의 높이는 소형저장탱크 정상부보다 0.5 m 이상 높게 한다.
③ 다중이용시설 또는 가연성의 건조물과 소형저장탱크 바깥 면과의 사이에는 가스충전구로부터 건축물 개구부에 대한 거리의 2배 이상의 직선거리를 유지해야 한다. <신설 20. 9. 4>

(2) 설치장소
① 옥외에 지상설치식으로 설치한다.
② 습기가 적은 장소에 설치한다.
③ 액화석유가스가 누출한 경우 체류하지 아니하도록 통풍이 좋은 장소에 설치한다.
④ 기초의 침하, 산사태, 홍수 등에 의한 피해의 우려가 없는 장소에 설치한다.
⑤ 수평한 장소에 설치한다.
⑥ 부등침하가 발생할 우려가 없는 장소에 설치한다.
⑦ 건축물이나 사람이 통행하는 구조물의 하부에 설치하지 아니한다.

(3) 설치방법
① 동일장소에 설치하는 소형저장탱크 수는 6기 이하, 충전질량 합계는 5000 kg 미만이 되도록 한다.

② 지진, 바람 등으로 이동되지 아니하도록 설치한다.
③ 지면보다 5 cm 이상 높게 설치된 일체형 콘크리트 기초에 설치한다.
④ 일체형 기초는 소형저장탱크의 수평투영면적보다 넓게 설치한다.
⑤ 기초에 고정하는 방식은 화재 등의 경우 쉽게 분리될 수 있는 것으로 한다.
⑥ 손상을 받을 우려가 있는 경우 보호대 등의 방호조치를 한다.
㉮ 보호대는 다음 중 어느 하나를 만족하는 것으로 한다.〈개정 19. 5. 21〉
ⓐ 두께 12 cm 이상의 철근 콘크리트
ⓑ 호칭지름 100 A 이상의 배관용 탄소강관 또는 이와 동등 이상의 기계적 강도를 가지는 강관
㉯ 보호대의 높이는 80 cm 이상으로 한다.〈개정 19. 5. 21〉
㉰ 보호대는 차량의 충돌로부터 소형저장탱크를 보호할 수 있는 형태로 한다. 다만, 말뚝형태일 경우 말뚝은 2개 이상 설치하고, 그 간격은 1.5 m 이하로 한다.〈신설 19. 5. 21〉
㉱ 보호대의 기초는 다음 중 어느 하나를 만족하는 것으로 한다.〈개정 19. 5. 21〉
ⓐ 철근 콘크리트제 보호대는 콘크리트 기초에 25 cm 이상의 깊이로 묻고, 보호대를 바닥과 일체가 되도록 콘크리트를 타설한다.
ⓑ 강관제 보호대는 ⓐ번과 같이 기초에 묻거나, 앵커볼트를 사용하여 고정한다.
⑦ 안전밸브 방출구는 수직상방으로 분출하는 구조로 한다.
⑧ 용기와 소형저장탱크는 혼용 설치할 수 없다.

05 **5℃ 물 250 L를 수조에 담아 30분만에 40℃로 상승시켰다. 연소기의 효율이 65 %, 가스발열량은 25000kcal/m³일 때 시간당 연료소비량(m³)은 얼마인가?**

풀이 $G_f = \dfrac{G \cdot C \cdot \Delta t}{H_l \cdot \eta} = \dfrac{250 \times 1 \times (40-5)}{25000 \times 0.65 \times \left(\dfrac{30}{60}\right)} = 1.076 \fallingdotseq 1.08\ \text{m}^3/\text{h}$

해답 $1.08\ \text{m}^3/\text{h}$

해설 문제에서 40℃까지 상승시키는 데 소요된 시간은 30분인데 연료소비량은 1시간 동안 사용한 연료량이므로, 시간 단위를 맞추기 위하여 분모에 $\dfrac{30}{60}$을 적용한 것이다.

06 **수소 제조 장치에서 CO_2 제거법 중 알킬아민법의 반응식을 쓰시오.**

해답 $2C_2H_4OH \cdot NH_2 + H_2O + CO_2 \rightarrow (C_2H_4OH \cdot NH_2)_2 \cdot H_2CO_3$

07 **소비자 1일 1호당 평균가스 소비량 1.4 kg/day, 소비호수 5호, 자동절체식 조정기 사용 시 예비용기를 포함한 용기 수는? (단, 용기는 50 kg이며 가스발생능력은 1.10 kg/h, 소비율은 40 %이다.)**

풀이 ① 필요 최저 용기 수 계산

$$\text{용기 수} = \frac{\text{피크 시 평균가스 소비량}}{\text{용기의 가스발생능력}} = \frac{1.4 \times 5 \times 0.4}{1.10} = 2.545 = 3\text{개}$$

② 예비용기 포함 용기 수 계산

예비용기 포함 용기 수 = 필요 최저용기 수 × 2 = 3 × 2 = 6개

해답 6개

해설 문제에서 항목별로 용기 수를 질문한 것이 아니고 곧바로 예비용기 포함 용기 수(2계열 용기 수)를 질문한 것이어서 필요 최저 용기 수에서 발생한 소수를 1개로 계산한 것이다.

08 **[보기]와 같은 조건의 초저온 용기의 단열성능시험에서 침입열량을 계산하고 합격, 불합격을 판정하시오. (단, 소수점 5째 자리에서 반올림하여 4째 자리까지 구하시오.)**

보기

- 기화 가스량 : 20 kg
- 측정시간 : 4시간
- 산소의 비점 : −183℃
- 시험용 액화가스의 기화잠열 : 51 kcal/kg
- 외기온도 : 20℃
- 용기 내용적 : 1000 L

풀이 ① 침입열량 계산

$$Q = \frac{W \cdot q}{H \cdot \Delta t \cdot V} = \frac{20 \times 51}{4 \times \{20 - (-183)\} \times 1000} = 0.00125 \fallingdotseq 0.0013 \text{ kcal/h} \cdot ℃ \cdot \text{L}$$

② 판정 : 침입열량이 0.002 kcal/h · ℃ · L를 초과하지 않으므로 합격이다.

해답 ① 침입열량 : 0.0013 kcal/h · ℃ · L

② 판정 : 합격

해설 초저온 용기 단열성능 시험 합격 기준

내용적	침입열량	
	kcal/h · ℃ · L	J/h · ℃ · L
1000 L 미만	0.0005 이하	2.09 이하
1000 L 이상	0.002 이하	8.37 이하

09 **연소기의 제품검사항목 4가지를 쓰시오.**

해답 ① 구조검사

② 치수검사

③ 기밀시험

④ 안전장치

⑤ 연소상태시험

⑥ 전기점화성능시험

⑦ 절연저항시험 및 표시의 적부(명판, 취급방법표시 및 취급설명서)

해설 액법 시행규칙 별표11(가스용품의 검사기준 및 검사방법)에 규정된 내용이었지만 2008년 법령이 개정되면서 삭제된 사항이다.

제3회 ∘ 가스기사 필답형

01 **도시가스 제조 중 가스의 열량 조정 방식 3가지를 쓰시오.**

해답 ① 유량비율 제어방식

② 캐스케이드 방식

③ 서멀라이저 방식

02 [보기]의 조건을 이용하여 구형 가스홀더의 두께를 계산하시오.

보기
- 압력 : 50 kgf/cm²
- 인장강도 : 60 kgf/mm²
- 부식 여유치 : 2 mm
- 용접효율 : 60 %
- 안지름 : 1000 mm

풀이 $t=\dfrac{PD}{400f\eta-0.4P}+C=\dfrac{50\times1000}{400\times\left(60\times\dfrac{1}{4}\right)\times0.6-0.4\times50}+2=15.966\fallingdotseq15.97\text{ mm}$

해답 15.97 mm

해설 (1) 구형 가스홀더의 두께 계산식

① 공학단위 : $t=\dfrac{PD}{400f\eta-0.4P}+C$

여기서, t : 동판의 두께(mm), P : 최고충전압력(kgf/cm²)
D : 안지름(mm), S : 허용응력(kgf/mm²)
η : 용접효율, C : 부식여유수치(mm)

② SI단위 : $t=\dfrac{PD}{4f\eta-0.4P}+C$

여기서, t : 동판의 두께(mm), P : 최고충전압력(MPa)
D : 안지름(mm), S : 허용응력(N/mm²)
η : 용접효율, C : 부식여유수치(mm)

(2) 허용응력(kgf/mm², N/mm²) $=\dfrac{\text{인장강도(kgf/mm}^2\text{, N/mm}^2)}{\text{안전율}}$이고 안전율은 주어지지 않으면 4를 적용하기 때문에 문제 풀이에서 인장강도 60에 $\dfrac{1}{4}$을 곱하여 허용응력을 계산한 것이다.

03 액화석유가스 저장탱크의 외벽이 화염에 의하여 국부적으로 가열될 경우 그 저장탱크 벽면의 열을 신속히 흡수, 분산시킴으로써 탱크 벽면의 국부적인 온도 상승에 의한 탱크의 파열을 방지하기 위하여 탱크 내벽에 설치하는 장치의 명칭은 무엇인가?

해답 폭발방지장치

04 원심압축기에서 풍량이 460 m³/h에서 520 m³/h로 변경되었을 때 임펠러 회전수와 동력은 어떻게 변하는가?(단, 다른 조건은 변함이 없다.)

풀이 ① 임펠러 회전수 변화 계산

원심압축기의 상사법칙 $Q_2=Q_1\times\left(\dfrac{N_2}{N_1}\right)$에서

$\dfrac{N_2}{N_1}=\dfrac{Q_2}{Q_1}=\dfrac{520}{460}=1.130\fallingdotseq1.13$배

② 변화된 동력 계산

$L_2=L_1\times\left(\dfrac{N_2}{N_1}\right)^3=L_1\times(1.13)^3=1.442L_1\fallingdotseq1.44L_1$

해답 ① 임펠러 회전수 변화 : 1.13배 증가
② 변화된 동력 : 1.44배 증가

필답형 모의고사

해설 원심압축기의 상사법칙

① 풍량 $Q_2 = Q_1 \times \left(\frac{N_2}{N_1}\right) \times \left(\frac{D_2}{D_1}\right)^3$

② 풍압 $P_2 = P_1 \times \left(\frac{N_2}{N_1}\right)^2 \times \left(\frac{D_2}{D_1}\right)^2$

③ 동력 $L_2 = L_1 \times \left(\frac{N_2}{N_1}\right)^3 \times \left(\frac{D_2}{D_1}\right)^5$

여기서, Q_1, Q_2 : 변경 전, 후 풍량　　P_1, P_2 : 변경 전, 후 풍압

L_1, L_2 : 변경 전, 후 동력　　N_1, N_2 : 변경 전, 후 임펠러 회전수

D_1, D_2 : 변경 전, 후 임펠러 지름

05 **진발열량 4500 kcal/m³을 3500 kcal/h의 발열량으로 공급하려고 할 때 노즐의 크기(mm)는 얼마로 하면 되는가? (단, 가스의 공급압력은 180 mmH₂O, 유량계수(K)는 0.8, 가스의 비중은 0.66이다.)**

풀이 ① 노즐에서 분출 가스량(m³/h) 계산 : 문제에서 주어진 진발열량(kcal/m³)과 시간당 사용열량(kcal/h)을 이용하여 계산한다.

$$\therefore \text{노즐에서 분출 가스량} = \frac{\text{시간당 사용열량(kcal/h)}}{\text{진발열량(kcal/m}^3\text{)}} = \frac{3500}{4500} = 0.777 \fallingdotseq 0.78\,\text{m}^3/\text{h}$$

② 노즐 지름 계산 : 노즐에서 가스 분출량 계산식 $Q = 0.011KD^2\sqrt{\frac{P}{d}}$ 에서 노즐 지름 D를 계산한다.

$$\therefore D = \sqrt{\frac{Q}{0.011K\sqrt{\frac{P}{d}}}} = \sqrt{\frac{0.78}{0.011 \times 0.8 \times \sqrt{\frac{180}{0.66}}}} = 2.316 \fallingdotseq 2.32\,\text{mm}$$

해답 2.32 mm

[별해] 노즐에서 가스 분출량을 계산하는 것을 직접 대입하여 하나의 식으로 계산한다.

$$\therefore D = \sqrt{\frac{Q}{0.011K\sqrt{\frac{P}{d}}}} = \sqrt{\frac{\frac{3500}{4500}}{0.011 \times 0.8 \times \sqrt{\frac{180}{0.66}}}} = 2.313 \fallingdotseq 2.31\,\text{mm}$$

※ 최종값에서 오차가 발생하는 것은 계산 과정에 의한 것이므로 득점에는 영향이 없으니 2가지 중에 하나를 선택하여 답안을 작성하길 바랍니다.

06 **[보기]의 반응식을 이용하여 메탄(CH_4)의 생성열을 계산하시오.**

보기

① $C + O_2 \rightarrow CO_2$　$\Delta H = -97.2$ kcal/mol

② $H_2 + \frac{1}{2}O_2 \rightarrow H_2O$　$\Delta H = -57.6$ kcal/mol

③ $CH_4 + 2O_2 \rightarrow CO_2 + 2H_2O$　$\Delta H = -194.4$ kcal/mol

풀이 ① [보기]에서 주어진 탄소(C), 수소(H_2), 메탄(CH_4)의 ΔH는 생성열이다.

② 메탄의 완전연소 반응식을 이용하여 발생열을 계산한다.

$$CH_4 + 2O_2 \rightarrow CO_2 + 2H_2O + Q$$

$$-194.4 = -97.2 - (57.6 \times 2) + Q$$

$\therefore Q = 97.2 + (57.6 \times 2) - 194.4 = 18$ kcal/mol

③ 생성열과 발생열은 절댓값이 갖고 부호가 반대이다.

∴ 메탄(CH_4)의 생성열(ΔH)은 −18 kcal/mol이다.

해답 −18 kcal/mol

07

고압가스 저장설비에서 안전밸브를 스프링식과 파열판식을 동시에 사용하는 이유를 설명하시오.

해답 부식성 가스에 의한 스프링식 안전밸브의 스프링이 영향을 받아 압력상승 시 안전밸브가 작동되지 않는 경우가 발생되지 않도록 하기 위하여 스프링식 안전밸브 앞(前)에 파열판을 설치한다.

08

차량에 고정된 탱크에 의하여 산소 운반 시 비치하여야 할 소화설비와 소화기 능력단위에 대하여 쓰시오.

해답 ① 소화설비(소화약제) : 분말소화제(차량 좌우에 각각 1개 이상 비치)

② 능력단위 : BC용 B−8 이상 또는 ABC용 B−10 이상

해설 가연성 가스 운반 시

① 소화약제 : 분말소화제(차량 좌우 각각 1개 이상 비치)

② 능력단위 : BC용 B−10 이상 또는 ABC용 B−12 이상

09

도시가스 공급시설에서 공사계획의 승인 대상이 되는 사항 3가지를 쓰시오. (단, 사업소 외의 가스공급시설 배관에 한한다.)

해답 ① 본관 또는 최고사용압력이 중압 이상인 공급관을 20 m 이상 설치하는 공사

② 본관 또는 최고사용압력이 중압 이상인 공급관을 20 m 이상 변경하는 공사

③ 최고사용압력의 변경을 수반하는 공사로서 공사 후의 최고사용압력이 고압 또는 중압이 되는 공사

해설 공사계획의 승인대상은 도시가스사업법 시행규칙 별표2에 규정된 사항이다.

10

안지름 10 cm인 LPG 배관에서 1일간 공급되는 유량이 5000 m^3일 때 100 m 지점에서의 유출되는 압력(mmH_2O)은 얼마인가? (단, 배관 입구에서의 공급압력은 1000 mmH_2O, 가스 비중은 1.52이다.)

풀이 ① 100 m에 해당하는 배관에서 압력손실 계산 : 저압배관 유량식 $Q = K\sqrt{\frac{D^5 \cdot H}{S \cdot L}}$ 에서 압력손실 H를 구하며, 공급 가스량(Q)이 1일간 공급된 양이므로 시간당 공급량으로 변환하여 적용한다.

$$\therefore H = \frac{Q^2 \times S \times L}{K^2 \times D^5} = \frac{\left(\frac{5000}{24}\right)^2 \times 1.52 \times 100}{0.707^2 \times 10^5} = 131.984 \fallingdotseq 131.98 \text{ mmH}_2\text{O}$$

② 유출압력 계산

유출압력 = 공급압력 − 압력손실 = 1000 − 131.98 = 868.02 mmH_2O

해답 868.02 mmH_2O

2005년도 가스기사 모의고사

제1회 가스기사 필답형

01 가스 배관의 호칭이 50 A, 배관길이가 100 m일 때 최초 "A" 성분 가스(체적비로 프로판 60 %, 부탄 40 %)에서 압력손실이 수주로 280 mm일 때 이 배관에 "B" 성분 가스(체적비로 프로판 95 %, 부탄 5 %)로 바뀌었을 때 압력손실은 수주로 몇 mm인가?(단, 유량은 동일하며, 기체상태의 비중은 프로판이 1.6, 부탄은 2.0이다.)

풀이 ① 혼합가스의 비중 계산

㉮ A 성분 비중 : $S_1 = (1.6\times0.6)+(2.0\times0.4) = 1.76$

㉯ B 성분 비중 : $S_2 = (1.6\times0.95)+(2.0\times0.05) = 1.62$

② 압력손실 계산 : 주어진 조건이 충족되지 않으므로(배관 안지름이 정확하지 않음) "A" 성분일 때와 "B"성분일 때의 압력손실을 계산하는 식을 이용하여 계산하여야 한다.

㉮ A 성분의 압력손실 $H_1 = \dfrac{Q_1^2\times S_1\times L_1}{K_1^2\times D_1^5}$

㉯ B 성분의 압력손실 $H_2 = \dfrac{Q_2^2\times S_2\times L_2}{K_2^2\times D_2^5}$

여기서, $Q_1 = Q_2$, $L_1 = L_2$, $D_1 = D_2$, $K_1 = K_2$이므로

$\dfrac{H_2}{H_1} = \dfrac{S_2}{S_1}$이 된다.

$$\therefore\ H_2 = \frac{H_1\times S_2}{S_1} = \frac{280\times1.62}{1.76} = 257.727 ≒ 257.73\ \text{mmH}_2\text{O}$$

해답 $257.73\ \text{mmH}_2\text{O}$

02 체적비로 CH_4 50 %, H_2 30 %, CO 20 %의 혼합기체의 폭발범위 상한값과 하한값을 각각 계산하시오.(단, 공기 중 폭발범위는 CH_4 : 5~15 %, H_2 : 4~75 %, CO : 12.5~74 %이다.)

풀이 $\dfrac{100}{L} = \dfrac{V_1}{L_1}+\dfrac{V_2}{L_2}+\dfrac{V_3}{L_3}$에서 $L = \dfrac{100}{\dfrac{V_1}{L_1}+\dfrac{V_2}{L_2}+\dfrac{V_3}{L_3}}$이다.

① 폭발범위 상한값 계산

$$L = \frac{100}{\dfrac{50}{15}+\dfrac{30}{75}+\dfrac{20}{74}} = 24.977 ≒ 24.98\,\%$$

② 폭발범위 하한값 계산

$$L = \frac{100}{\frac{50}{5} + \frac{30}{4} + \frac{20}{12.5}} = 5.235 ≒ 5.24\%$$

해답 ① 폭발범위 상한값 : 24.98 %

② 폭발범위 하한값 : 5.24 %

03 **도시가스 배관 시공 시 옥내로 인입관을 설치할 경우 주의사항 5가지를 쓰시오.**

해답 ① 가능한 한 배관은 노출할 것

② 가능한 한 온도변화가 적을 것

③ 가능한 한 경사배관을 피할 것

④ 벽관통부에서의 접합은 피할 것

⑤ 굴곡부분이 적고, 최단거리로 할 것

04 **암모니아 1 kg을 내용적 5 L 용기에 50 atm으로 충전하여 온도를 60℃로 상승시켰다면 암모니아의 부피는 몇 L인가? (단, 60℃, 50 atm에서 압축계수는 0.82이다.)**

풀이 $PV = Z\frac{W}{M}RT$에서

$$V = \frac{ZWRT}{PM} = \frac{0.82 \times 1000 \times 0.082 \times (273 + 60)}{50 \times 17} = 26.342 ≒ 26.34\,L$$

해답 26.34 L

05 **안전확보에 필요한 강도를 갖는 플랜지(flange)의 계산에 사용되는 설계압력 공식을 쓰고 기호에 대하여 설명하시오.**

해답 $P_d = P + P_{eq}$

여기서, P : 배관의 설계내압(MPa)

P_{eq} : 상당압력(MPa)으로 다음 식에 의하여 구할 것

$$P_{eq} = \frac{0.16M}{\pi G^3} + \frac{0.04F}{\pi G^2}$$

M : 주하중(主荷重) 등에 의하여 생기는 합성굽힘 모멘트(N · cm)

F : 주하중 등에 의하여 생기는 축방향의 힘(N). 다만, 인장력을 양(+)으로 한다.

G : 개스킷 반력이 걸리는 위치를 통과하는 원의 지름(cm)

06 **배관에서 가스 누설을 검사하는 방법 3가지를 쓰시오.**

해답 ① 발포법(비눗물 또는 누설검지액 사용)

② 할로겐 디텍터법

③ 검지기법

④ 검사지법

07 **[보기]는 재검사에 합격한 용기에 각인 사항이다. 각각 무엇을 나타내는지 쓰시오.**

보기

① [KC 마크] ② ☆ ③ 2011 ④ 3

해답 ① 합격표시　② 검사기관 약호
③ 검사년　④ 검사월

08 단열압축에서 10℃의 공기 1 m³를 흡입압력 10 kgf/cm², 토출압력 20 kgf/cm²까지 압축할 때 1단 압축일 경우와 2단 압축일 경우 토출가스온도를 각각 계산하시오. (단, 정적비열(C_v)은 3, 정압비열(C_p)은 5, 2단으로 압축할 때 1단의 토출압력은 15 kgf/cm²이며 압력은 절대압력이다.)

풀이 ① 단열압축에서 온도, 체적, 압력의 관계식

$$\frac{T_2}{T_1}=\left(\frac{v_1}{v_2}\right)^{k-1}=\left(\frac{P_2}{P_1}\right)^{\frac{k-1}{k}}$$

② 비열비(k) 계산

$$k=\frac{C_p}{C_v}=\frac{5}{3}=1.666 \fallingdotseq 1.67$$

③ 1단 압축일 때 토출가스 온도 계산

$$T_2=T_1\times\left(\frac{P_2}{P_1}\right)^{\frac{k-1}{k}}=(273+10)\times\left(\frac{20}{10}\right)^{\frac{1.67-1}{1.67}}$$

$$=373.730\text{ K}-273=100.730 \fallingdotseq 100.73℃$$

④ 2단 압축일 때 1단 토출가스 온도 계산

$$T_2=T_1\times\left(\frac{P_2}{P_1}\right)^{\frac{k-1}{k}}=(273+10)\times\left(\frac{15}{10}\right)^{\frac{1.67-1}{1.67}}$$

$$=332.991\text{ K}-273=59.992 \fallingdotseq 59.99℃$$

해답 ① 1단 압축 : 100.73℃
② 2단 압축의 1단 : 59.99℃

해설 2단 압축일 때 최종 토출가스 온도로 계산

① 2단 압축일 때 1단 토출가스 온도 계산

$$T_{0_1}=T_1\times\left(\frac{P_{0_1}}{P_1}\right)^{\frac{k-1}{k}}=(273+10)\times\left(\frac{15}{10}\right)^{\frac{1.67-1}{1.67}}$$

$$=332.992\text{ K}-273=59.992 \fallingdotseq 59.99℃$$

② 2단 최종 토출가스 온도 계산

$$T_2=T_{0_1}\times\left(\frac{P_2}{P_{0_1}}\right)^{\frac{k-1}{k}}=(273+59.99)\times\left(\frac{20}{15}\right)^{\frac{1.67-1}{1.67}}$$

$$=373.728\text{ K}-273=100.728 \fallingdotseq 100.73℃$$

09 가스 연소기 사용 중 블로 오프(blow off)로 인하여 불꽃이 꺼졌을 때 연소기 내부에서 가스공급을 차단하는 장치의 명칭을 쓰시오.

해답 소화안전장치

해설 **소화안전장치** : 연소기구 사용 중에 가스공급이 중단 또는 불꽃 검지부에 고장이 생겼을 때 자동으로 가스 밸브를 닫히게 하여 생가스가 유출되는 것을 방지하는 안전장치로 열전대식, 광전관식, 플레임 로드(flame rod)식이 있다.

10 **라인마크(line-mark)는 도시가스 지하매설 배관이 지나는 곳에 표시하는 것으로 설치거리는 얼마이며, 주요 분기점 및 구부러진 지점에는 그 주위 얼마 거리 이내에 표시하여야 하는가?**

해답 ① 설치거리 : 배관길이 50 m마다 1개 이상
② 주요 분기점 및 구부러진 지점 : 그 주위 50 m 이내

제2회 가스기사 필답형

01 **메탄(CH_4)의 위험도를 계산하시오. (단, 공기 중에서 메탄의 폭발범위는 5~15 %이다.)**

풀이 $H=\frac{U-L}{L}=\frac{15-5}{5}=2$

해답 2

02 **발열량 5000 kcal/Nm^3, 비중 0.61, 공급표준압력 100 mmH$_2$O인 가스에서 발열량 11000 kcal/Nm^3, 비중 0.66, 공급표준압력 200 mmH$_2$O인 LNG로 가스를 변경할 경우의 노즐지름 변경률을 계산하시오.**

풀이 $$\frac{D_2}{D_1}=\sqrt{\frac{WI_1\sqrt{P_1}}{WI_2\sqrt{P_2}}}=\sqrt{\frac{\frac{5000}{\sqrt{0.61}}\times\sqrt{100}}{\frac{11000}{\sqrt{0.66}}\times\sqrt{200}}}=0.578 \fallingdotseq 0.58$$

해답 0.58

[별해] 변경 전후의 웨버지수를 구하여 노즐 변경률을 구하는 방법

① 변경 전 웨버지수 계산

$$WI_1=\frac{H_{g_1}}{\sqrt{d_1}}=\frac{5000}{\sqrt{0.6}}=6454.972 \fallingdotseq 6454.97$$

② 변경 후 웨버지수 계산

$$WI_2=\frac{H_{g_2}}{\sqrt{d_2}}=\frac{11000}{\sqrt{0.66}}=13540.064 \fallingdotseq 13540.06$$

③ 노즐 지름 변경률 계산

$$\frac{D_2}{D_1}=\sqrt{\frac{WI_1\sqrt{P_1}}{WI_2\sqrt{P_2}}}=\sqrt{\frac{6454.97\sqrt{100}}{13540.06\sqrt{200}}}=0.580 \fallingdotseq 0.58$$

해설 ① 웨버지수는 단위가 없는 무차원수이다.
② 계산하는 방법에 따라 최종값에서 오차가 발생할 수 있으며, 득점에는 영향이 없으니 선택하여 답안을 작성하길 바랍니다.

03 산소 충전용기 바깥지름이 235 mm, 재료의 인장강도 700 N/mm^2, 안전율 0.37, 용기의 최고충전압력 16 MPa일 때 용기재료의 두께는 얼마인가?

풀이 $t=\frac{PD}{2SE}=\frac{16\times 235}{2\times 700\times 0.37}=7.258 \fallingdotseq 7.26\text{ mm}$

해답 7.26 mm

04 유전지대에서 채취되는 습성 천연가스(NG) 및 원유에서 LPG를 회수하는 프로세스 3가지를 쓰시오.

해답 ① 압축냉각법
② 흡수유에 의한 흡수법
③ 활성탄에 의한 흡착법

05 자연배기식 반밀폐형 가스보일러에 설치된 역풍방지구(또는 역풍방지 도피구)의 역할 3가지를 쓰시오.

해답 ① 배기가스의 역류를 방지한다.
② 배기통의 연돌효과가 지나쳐 과도한 공기가 흡입되는 것을 억제한다.
③ 안정된 연소로 연소기구의 열효율 저하를 방지한다.
④ 기구설치실 내의 공기를 적당히 흡입해서 환기를 실시한다.

06 [보기]와 같은 조건으로 공동 · 반밀폐식 · 강제 배기식 가스보일러를 설치할 경우 연돌의 유효단면적(mm^2)을 구하시오.

보기
- 가스보일러 가스 소비량 합계 : 160000 kcal/h
- 형상계수 : 1
- 가스보일러 동시 사용률 : 0.81
- 배기통의 수평투영면적 : 24000 mm^2

풀이 $A=Q\times 0.6\times K\times F+P=160000\times 0.6\times 1\times 0.81+24000=101760\text{ mm}^2$

해답 101760 mm^2

07 어느 식당에서 가스 소비량 0.4 kg/h 8대, 0.14 kg/h 2대, 0.85 kg/h 1대를 1일 평균 3시간 사용하는데 자동절체식 조정기를 사용하여 LPG 20 kg 용기를 설치할 경우 최소한 몇 개가 필요한가? (단, LPG 용기 1개의 가스발생능력은 외기온도 5℃에서 1.5 kg/h로 한다.)

풀이 ① 필요 최저 용기 수 계산

$$\text{용기 수}=\frac{\text{최대 소비수량(kg/h)}}{\text{용기의 가스발생능력(kg/h)}}=\frac{(0.4\times 8)+(0.14\times 2)+(0.85\times 1)}{1.5}=2.89 \fallingdotseq 3\text{개}$$

② 최소 용기 수 계산

최소 용기 수 = 필요 용기 수 × 2 = 3 × 2 = 6개

해답 6개

해설 문제에서 자동절체식 조정기를 사용한다고 하였으므로 용기 설치 개수는 사용측과 예비측을 포함한 용기(2계열 용기 수)를 계산하여야 하고, 2계열 용기 수를 질문하였기 때문에 필요 최저 용기 수에서 발생한 소수는 무조건 1개로 계산하여야 한다.

08 **가스를 액화시키는 방법에서 온도는 (①) 이하로 하고, 압력은 (②) 이상으로 한다. (   ) 안에 알맞은 용어를 넣으시오.**

해답 ① 임계온도
② 임계압력

해설 **액화의 조건** : 임계온도 이하, 임계압력 이상

09 **기체, 증기의 압력상승 방지에는 안전밸브를 사용한다. 다음에 해당하는 안전장치의 명칭을 쓰시오.**

(1) 급격한 압력상승, 독성가스 유출, 유체의 부식성 또는 반응생성물의 성상 등에 따라 안전밸브를 설치하는 것이 부적절한 경우 설치 : (①)
(2) 펌프 및 배관에 있어서 액체의 압력을 방지하기 위해 설치 : (②) 밸브 또는 (③) 밸브

해답 ① 파열판
② 릴리프
③ 스프링식 안전

해설 **과압안전장치 설치기준 : KGS FP112 고압가스 일반제조의 기준**

(1) 과압안전장치 설치 : 고압가스설비에는 그 고압가스설비 내의 압력이 상용의 압력을 초과하는 경우 즉시 상용의 압력 이하로 되돌릴 수 있도록 하기 위하여 다음 기준에 따라 과압안전장치를 설치한다.
(2) 과압안전장치 선정 : 가스설비 등에서의 압력상승 특성에 따라 다음 기준에 따라 과압안전장치를 선정한다.
① 기체 및 증기의 압력상승을 방지하기 위하여 설치하는 안전밸브
② 급격한 압력상승, 독성가스의 누출, 유체의 부식성 또는 반응생성물의 성상 등에 따라 안전밸브를 설치하는 것이 부적당한 경우에 설치하는 파열판
③ 펌프 및 배관에서 액체의 압력상승을 방지하기 위하여 설치하는 릴리프밸브 또는 안전밸브
④ ①부터 ③까지의 안전장치와 병행 설치할 수 있는 자동압력제어장치(고압가스설비 등의 내압이 상용의 압력을 초과한 경우 그 고압가스설비 등으로의 가스유입량을 감소시키는 방법 등으로 그 고압가스설비 등 안의 압력을 자동적으로 제어하는 장치)

10 **고압가스시설에서 가연성가스 저장탱크 주위에 방류둑을 설치했을 경우와 설치하지 않았을 경우에 온도상승 방지조치를 하여야 하는 범위는 얼마인가?**

해답 ① 방류둑을 설치했을 경우 : 방류둑 외면으로부터 10 m 이내
② 방류둑을 설치하지 않았을 경우 : 저장탱크 외면으로부터 20 m 이내

해설 **온도상승방지설비 설치** : KGS FP112 고압가스 일반제조의 기준

(1) 온도상승방지설비 설치범위 : 온도상승방지장치를 설치하여야 하는 저장탱크(지주를 포함한다.)는 가연성가스 및 독성가스의 저장탱크와 그 밖의 저장탱크로서 가연성가스 저장탱크 또는 가연성 물질을 취급하는 설비와 ①부터 ③까지의 거리 이내에 있는 저장탱크로 한다.
① 방류둑을 설치한 가연성가스 저장탱크의 경우 해당 방류둑 외면으로부터 10 m 이내
② 방류둑을 설치하지 아니한 가연성가스 저장탱크의 경우 해당 저장탱크 외면으로부터 20 m 이내
③ 가연성물질을 취급하는 설비의 경우 그 외면으로부터 20 m 이내

(2) 액화가스 저장탱크 온도상승방지설비 설치 : 저장탱크 표면적 1 m^2당 5 L/분 이상의 비율로 계산된 수량을 저장탱크 전 표면에 분무[살수(撒水)를 포함]할 수 있도록 고정된 장치를 설치한다. 이 경우 저장탱크가 암면두께 25 mm 이상 또는 이와 동등 이상의 내화성능을 가지는 단열재로 피복되고 그 외측을 두께 0.35 mm 이상의 KS D 3506(~~용융~~ 아연도금 강판 및 강대) SBHG2 또는 이와 동등 이상의 강도 및 내화성능을 가지는 재료로 피복한 것(이하 준내화구조 저장탱크라 한다.)에는 그 표면적 1 m^2당 2.5 L/분 이상의 비율로 계산된 수량을 분무시킬 수 있는 고정된 장치를 설치한다.

제3회 가스기사 필답형

01 염소의 공업적 제조법에서 전기분해에 의하여 염소를 얻는 방법 2가지를 쓰시오.

해답 ① 수은법에 의한 소금물의 전기분해법
② 격막법에 의한 소금물의 전기분해법
③ 염산의 전기분해법

02 도시가스 사용시설에서 가스누출 자동차단장치의 검지부의 설치방법은 다음과 같은 경우 어떻게 되는지 쓰시오.

(1) 공기보다 무거운 가스인 경우 :
(2) 공기보다 가벼운 가스인 경우 :

해답 (1) 바닥면으로부터 검지부 상단까지 30 cm 이하
(2) 천장으로부터 검지부 하단까지 30 cm 이하

해설 (1) 검지부 설치 제외 장소
① 출입구의 부근 등으로서 외부의 기류가 통하는 곳
② 환기구 등 공기가 들어오는 곳으로부터 1.5 m 이내의 곳
③ 연소기의 폐가스에 접촉하기 쉬운 곳
(2) 검지부의 설치개수 : 연소기(가스누출 자동차단기의 경우에는 소화안전장치가 부착되지 않은 연소기에 한한다.)버너의 중심부분으로부터 다음의 수평거리에 대하여 검지부 1개 이상이 되도록 설치한다.
① 공기보다 가벼운 가스 : 수평거리 8 m 이내
② 공기보다 무거운 가스 : 수평거리 4 m 이내

참고 가스누출 자동차단기 등을 설치하여도 설치목적을 달성할 수 없는 시설

① 개방된 공장의 국부난방시설
② 개방된 작업장에 설치된 용접 또는 절단시설
③ 체육관, 수영장, 농수산시장 등 상가와 유사한 가스사용시설
④ 경기장의 성화대
⑤ 상 · 하방향, 전 · 후방향, 좌 · 우방향 중에 3방향 이상이 외기에 개방된 가스사용시설

03 **분젠식 연소장치의 특징 4가지를 쓰시오.**

해답 ① 불꽃은 내염, 외염을 형성한다.
② 연소속도가 크고, 불꽃길이가 짧다.
③ 소화음, 연소음이 발생한다.
④ 선화현상이 일어나기 쉽다.
⑤ 연소온도가 높고, 연소실이 작아도 된다.

04 **철근콘크리트제 방호벽을 설치할 경우 기초 기준에 대한 ( ) 안에 적당한 숫자를 넣으시오.**

(1) 기초의 높이는 ( ) mm 이상으로 한다.
(2) 되메우기 깊이는 ( ) mm 이상으로 한다.
(3) 기초의 두께는 방호벽 최하부 두께의 ( ) % 이상으로 한다.

해답 (1) 350
(2) 300
(3) 120

05 **[보기]의 생가스에 공기를 혼합하여 발열량이 5000 kcal/Nm³인 혼합가스를 제조할 때 물음에 답하시오.**

보기
- A 기체 : 비중 0.4, 가스소비량 130000 Nm^3/h, 발열량 4000 $kcal/Nm^3$
- B 기체 : 비중 0.6, 가스소비량 120000 Nm^3/h, 발열량 8000 $kcal/Nm^3$

(1) 공기 혼합가스의 합계량(Nm^3/h)을 계산하시오.
(2) 공기량(Nm^3/h)을 계산하시오.
(3) 혼합가스의 비중을 계산하시오.

풀이 (1) 공기 혼합가스량(V) 계산

$$V[Nm^3/h] = \frac{\text{사용열량}(kcal/h)}{\text{공급열량}(kcal/m^3)}$$

$$= \frac{(130000 \times 4000) + (120000 \times 8000)}{5000} = 296000\ Nm^3/h$$

(2) 공기량 계산

$$\text{공기량}(Nm^3/h) = \text{혼합가스량}(Nm^3/h) - (\text{A 기체} + \text{B 기체})$$

$$= 296000 - (130000 + 120000) = 46000\ Nm^3/h$$

(3) 혼합가스(가연성 가스+공기) 비중 계산

d= 각 기체 고유비중×체적비율

$$=\left(0.4\times\frac{130000}{296000}\right)+\left(0.6\times\frac{120000}{296000}\right)+\left(1\times\frac{46000}{296000}\right)$$

$$=\frac{(0.4\times130000)+(0.6\times120000)+(1\times46000)}{296000}=0.574\fallingdotseq0.57$$

해답 (1) 296000 Nm^3/h

(2) 46000 Nm^3/h

(3) 0.57

해설 (3)번에서 질문한 혼합가스의 비중은 A 기체와 B 기체의 혼합가스 비중을 질문한 것이 아니고, A, B 기체와 공기가 혼합되어 발열량 5000 kcal/Nm^3인 혼합기체의 비중을 질문한 것이다.(문제에서 발열량 5000 kcal/Nm^3인 혼합가스에 대한 물음이라 하였기 때문이다.)

06 AFV식 정압기 작동에 대한 내용에서 (   ) 안에 알맞은 용어를 쓰시오.

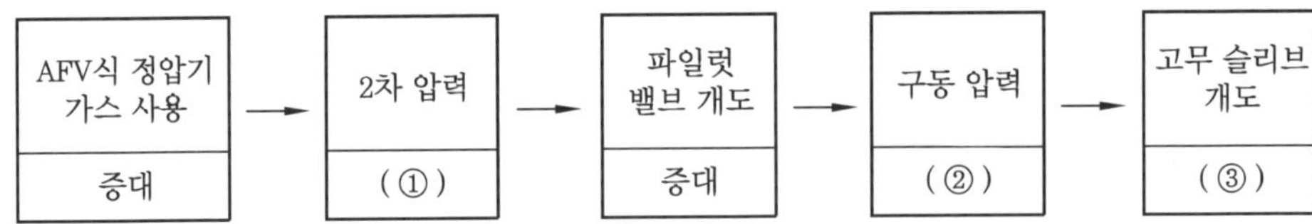

해답 ① 저하

② 저하

③ 증대

07 발열량 24230 kcal/Nm^3, 비중 1.55, 공급 표준압력 280 mmH_2O인 LP가스에서 발열량 5000 kcal/Nm^3, 비중 0.65, 공급 표준압력 100 mmH_2O인 LNG로 가스를 변경한 경우 노즐지름 변경률을 계산하시오.

풀이 $$\frac{D_2}{D_1}=\sqrt{\frac{WI_1\sqrt{P_1}}{WI_2\sqrt{P_2}}}=\sqrt{\frac{\frac{24230}{\sqrt{1.55}}\times\sqrt{280}}{\frac{5000}{\sqrt{0.65}}\times\sqrt{100}}}=2.291\fallingdotseq2.29$$

해답 2.29

08 신축흡수장치에 대한 설명에서 (   ) 안에 알맞은 용어 또는 숫자를 넣으시오.

> (①)은 배관의 (②)을 먼저 계산하여 배관의 절단길이를 (③)% 정도 짧게 강제 시공하여 배관의 신축을 흡수하는 장치이다.

해답 ① 상온스프링

② 자유팽창량

③ 50

09 배관길이 30 m인 LPG 배관(관지름 1 B)의 공사를 완성하고 공기를 이용하여 15℃에서 기밀시험압력을 수주 1000 mm로 유지했다. 이후 온도가 상승하여 30℃가 되었을 때 배관 내의 공기압력은 수주로 몇 mm가 되겠는가?(단, 배관 1 B의 안지름은 2.76 cm이며, 누설은 없는 것으로 한다.)

풀이 $\frac{P_1V_1}{T_1}=\frac{P_2V_2}{T_2}$에서 배관 내용적은 변화가 없으므로 $V_1=V_2$이다.

$$\therefore\ P_2=\frac{P_1T_2}{T_1}=\frac{(1000+10332)\times(273+30)}{273+15}$$

$$=11922.208\ \text{mmH}_2\text{O}\cdot\text{a}-10332=1590.208 \fallingdotseq 1590.21\ \text{mmH}_2\text{O}$$

해답 1590.21 mmH_2O

해설 1 atm = 10332 kgf/m^2 = 1.0332 kgf/cm^2 = 10.332 mH_2O = 10332 mmH_2O

10 처음 상태의 공기 체적비율이 산소 21 %, 질소 79 %인 상태에서 산소의 농도를 증가시켜 산소 23 %, 질소 77 %로 변경시켜 가연성가스를 연소시켜 배기가스 중 질소의 온도를 1500℃까지 상승시켰을 때 이론 연소온도는 몇 ℃인가?(단, 공기의 평균비열은 0.42 $kcal/Nm^3\cdot$℃, 1500℃ 배기가스 중 질소의 평균비열은 0.45 $kcal/Nm^3\cdot$℃, 이론공기량은 11.0 Nm^3/kg, 이론 연소가스량은 12.0 Nm^3/kg이다.)

풀이 ① 이론 연소온도 계산식 $t=\frac{H_l}{G_f\cdot C}$으로부터 가연성가스의 저위발열량(kcal/kg) 계산

$$H_l=G_f\times C\times t=12\times0.45\times1500=8100\ \text{kcal/kg}$$

② 산소가 21%인 상태에서 이론산소량(O_0)을 계산

$$O_0=A_0\times\text{공기 중 산소의 비율}=11\times0.21=2.31\ \text{Nm}^3/\text{kg}$$

③ 산소가 23 %인 상태에서 이론공기량(A_0)을 계산

$$A_0=\frac{O_0}{\text{공기 중 산소비율}}=\frac{2.31}{0.23}=10.043 \fallingdotseq 10.04\ \text{Nm}^3/\text{kg}$$

④ 산소농도를 23 %로 변경시켰을 때 이론연소온도 계산

$$t=\frac{H_l}{G\times C}=\frac{8100}{10.04\times0.42}=1920.887 \fallingdotseq 1920.89\ ℃$$

해답 1920.89℃

해설 문제에서 주어진 조건이 불명확하여 산소농도를 23 %로 변경시켰을 때 이론연소온도 계산은 이론공기량으로부터 계산한 것이다.

필답형 모의고사

2006년도 가스기사 모의고사

제1회 가스기사 필답형

01 탄소강에서 전성강도가 증가하고, 고온가공을 쉽게 하며 강도, 경도, 인성을 증가시키고 연신율 감소를 억제시키며 주조성과 담금질효과를 향상시키는 원소의 명칭을 쓰시오.

해답 망간(Mn)

02 고압가스 설비에 표시하는 기호이다. 각각 무엇을 나타내는지 쓰시오.

(1) TP :
(2) DP :

해답 (1) 내압시험압력(단위 : MPa)
(2) 설계압력(단위 : MPa)

해설 설비 종류에 따른 "DP" 표시기호의 의미
① 냉동기 : 최고사용압력(MPa)
② 저장탱크, 압력용기 : 설계압력(MPa)
③ 고압가스용 기화장치 : 최고사용압력(MPa)

03 고압가스용 기화장치의 성능에 대한 물음에 답하시오.

(1) 온수가열방식의 과열방지 성능은 온수의 온도가 몇 ℃ 이하인가?
(2) 증기가열방식의 과열방지 성능은 증기의 온도가 몇 ℃ 이하인가?
(3) 안전장치의 작동 성능은 내압시험압력의 얼마에서 작동하는 것이어야 하는가?

해답 (1) 80℃
(2) 120℃
(3) $\frac{8}{10}$ 이하

04 안지름 200 mm, 오리피스의 지름 100 mm, 차압 350 mmHg일 때 유량(m^3/h)을 계산하시오. (단, 유량계수 C는 0.624, 물의 비중은 1, 수은의 비중은 13.6이다.)

풀이 ① 교축비 계산

$$m = \frac{D_2^2}{D_1^2} = \frac{100^2}{200^2} = 0.25$$

② 유량 계산

$$Q = C \cdot A\sqrt{\frac{2gh}{1-m^4} \times \frac{\gamma_m - \gamma}{\gamma}}$$

$$= \left\{0.624 \times \frac{\pi}{4} \times 0.1^2 \times \sqrt{\frac{2 \times 9.8 \times 0.35}{1-0.25^4} \times \frac{(13.6 \times 1000) - 1000}{1000}}\right\} \times 3600$$

$$= 164.351 \fallingdotseq 164.35\,\text{m}^3/\text{h}$$

해답 $164.35\,\text{m}^3/\text{h}$

해설 차압식 유량계의 유량식 단위는 'm^3/s'이므로 시간당 유량으로 변환하기 위해 3600을 곱한 것이다.

05 **최고사용압력이 5kgf/cm^2·g인 가스설비에서 현재의 온도가 20℃, 압력이 3kgf/cm^2·g인 가스를 몇 ℃까지 온도를 올리면 최고사용압력에 도달할 수 있는지 계산하시오.**

풀이 $\frac{P_1 V_1}{T_1} = \frac{P_2 V_2}{T_2}$ 에서 가스설비의 내용적은 변함이 없으므로 $V_1 = V_2$이다.

$$\therefore\ T_2 = \frac{P_2 T_1}{P_1} = \frac{(5+1.0332) \times (273+20)}{(3+1.0332)} = 438.294\,\text{K} - 273 = 165.294 \fallingdotseq 165.29\,℃$$

해답 165.29℃

06 **가스 유출속도가 연소속도보다 빨라 불꽃이 염공을 이탈하여 공간에서 연소하는 현상을 무엇이라 하는가?**

해답 선화(lifting)

07 **도로를 굴착할 때 가스안전 영향평가를 하여야 하는 건설공사(굴착공사) 대상 4가지를 쓰시오.**

해답 ① 도시철도(지하에 설치하는 것만 해당)　② 지하보도
③ 지하차도　④ 지하상가

해설 **가스안전 영향평가**

① 도법 시행령 제18조 : 법 제30조의 4 제1항에 따라 가스안전 영향평가를 하여야 하는 자는 산업통상자원부령으로 정하는 도시가스배관이 통과하는 지점에서 도시철도(지하에 설치하는 것만 해당한다.)·지하보도·지하차도 또는 지하상가의 건설공사를 하려는 자로 한다.

② 도법 시행규칙 제53조(도시가스 배관이 통과하는 지점) : 영 제18조에서 "산업통상자원부령으로 정하는 도시가스배관이 통과하는 지점"이란 다음 각 호의 지점을 말한다.

㉮ 해당 건설공사와 관련된 굴착공사로 인하여 도시가스배관이 노출될 것으로 예상되는 부분

㉯ 해당 건설공사에 의한 굴착바닥면의 양끝으로부터 굴착심도(掘鑿深度)의 0.6배 이내의 수평거리에 도시가스배관이 매설된 부분

㉰ 해당 공사로 건설될 지하시설물 바닥의 바로 아랫부분에 최고사용압력이 중압 이상인 도시가스배관이 통과하는 경우 그 건설공사에 해당하는 부분

08 노즐 지름이 1 mm인 곳에서 가스의 압력이 280 mmH_2O이고, 가스 비중이 1.6일 때 노즐에서의 가스분출량(m^3/day)을 [보기]의 공식을 사용하여 계산하시오. (단, K는 0.009이다.)

보기

$$Q = KD^2\sqrt{\frac{P}{d}}$$

풀이 $Q = KD^2\sqrt{\frac{P}{d}} = \left(0.009 \times 1^2 \times \sqrt{\frac{280}{1.6}}\right) \times 24 = 2.857 \fallingdotseq 2.86\ \mathrm{m^3/day}$

해답 2.86 m^3/day

해설 [보기]에서 제시된 노즐에서 가스분출량의 단위는 'm^3/h'이기 때문에 '24'를 곱해서 1일 분출량(m^3/day)으로 계산한 것이다.

09 내용적 50 L 용기에 LPG 20 kg을 충전하면 용기 내의 공간은 몇 %인가? (단, LPG의 비중은 0.5이다.)

풀이 ① LPG 20kg을 체적(E)으로 계산

$$E = \frac{\text{액화가스 질량(kg)}}{\text{액화가스 비중(kg/L)}} = \frac{20}{0.5} = 40\ \mathrm{L}$$

② 용기 내의 공간(안전공간) 계산

$$\text{안전공간} = \frac{V-E}{V} \times 100 = \frac{50-40}{50} \times 100 = 20\ \%$$

해답 20 %

10 대통령령으로 정하는 특정고압가스의 종류 4가지를 쓰시오.

해답 포스핀, 셀렌화수소, 게르만, 디실란, 오불화비소, 오불화인, 삼불화인, 삼불화질소, 삼불화붕소, 사불화유황, 사불화규소

해설 **특정고압가스의 종류**

① 법에서 정한 것(법 20조) : 수소, 산소, 액화암모니아, 아세틸렌, 액화염소, 천연가스, 압축모노실란, 압축디보란, 액화알진, 그밖에 대통령령이 정하는 고압가스

② 대통령령이 정한 것(시행령 16조) : 포스핀, 셀렌화수소, 게르만, 디실란, 오불화비소, 오불화인, 삼불화인, 삼불화질소, 삼불화붕소, 사불화유황, 사불화규소

③ 특수고압가스(시행규칙 제2조) : 압축모노실란, 압축디보란, 액화알진, 포스핀, 셀렌화수소, 게르만, 디실란 그밖에 반도체의 세정 등 산업통상자원부 장관이 인정하는 특수한 용도에 사용하는 고압가스

제2회 가스기사 필답형

01 정압기의 특성 중 shift를 설명하시오.

해답 1차 압력의 변화에 의하여 정압곡선이 전체적으로 어긋나는 것

해설 **정압기 정특성** : 정상상태에 있어서 유량과 2차 압력과의 관계

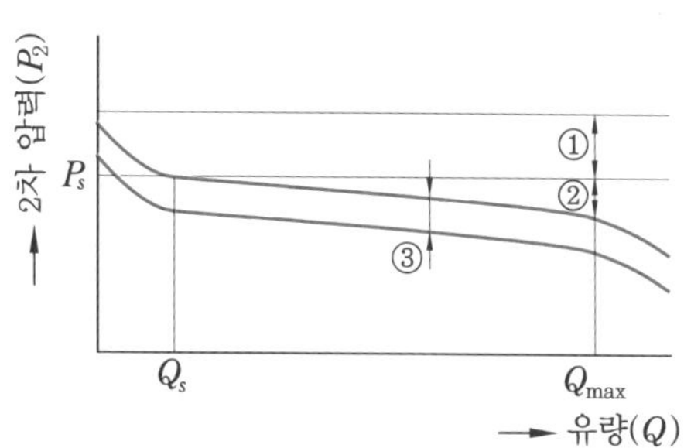

① 로크업(lock up) : 유량이 0으로 되었을 때 끝맺은 압력과 기준압력(P_s)과의 차이
② 오프셋(off set) : 유량이 변화했을 때 2차 압력과 기준압력(P_s)과의 차이
③ 시프트(shift) : 1차 압력의 변화에 의하여 정압곡선이 전체적으로 어긋나는 것

02 도시가스 제조 프로세스에서 원료의 송입법에 의한 분류 3가지를 설명하시오.

해답 ① 연속식 : 원료가 연속적으로 송입되고, 가스 발생도 연속으로 이루어진다.
② 배치(batch)식 : 일정량의 원료를 가스화 실에 넣어 가스화하는 방법이다.
③ 사이클릭(cyclic)식 : 연속식과 배치식의 중간적인 방법이다.

03 폭발방지장치의 후프 링(hoop ring) 접촉압력 계산식을 [보기] 조건을 이용하여 완성하시오.

보기
- P : 접촉압력(MPa)
- C : 안전율
- D : 동체의 안지름(cm)
- b : 후프 링의 접촉폭(cm)
- Wh : 폭발방지제의 중량+지지봉의 중량+후프 링의 자중(N)

해답 $P=\dfrac{0.01\,Wh}{D\times b}\times C$

04 연소기의 제품검사항목 4가지를 쓰시오.

해답 ① 구조검사
② 치수검사
③ 기밀시험
④ 안전장치
⑤ 연소상태시험
⑥ 전기점화성능시험
⑦ 절연저항시험 및 표시의 적부(명판, 취급방법표시 및 취급설명서)

해설 액법 시행규칙 별표11(가스용품의 검사기준 및 검사방법)에 규정된 내용이었지만 2008년 법령이 개정되면서 삭제된 사항이니 참고만 하길 바랍니다.

05 공기액화 분리장치의 액화산소 5 L 중에 메탄(CH_4)이 420 mg, 에틸렌(C_2H_4)이 10 mg 함유하고 있다면 공기액화 분리장치의 운전이 가능한지 판정하시오.

풀이 ① 탄화수소 중 탄소질량 계산

$$\text{탄소질량} = \frac{\text{탄화수소 중 탄소질량}}{\text{탄화수소의 분자량}} \times \text{탄화수소량}$$

$$= \left(\frac{12}{16} \times 420\right) + \left(\frac{24}{28} \times 10\right) = 323.571 ≒ 323.57 \text{ mg}$$

② 판정 : 500 mg이 넘지 않으므로 운전이 가능하다.

해답 ① 탄소질량 : 323.57 mg

② 판정 : 500 mg이 넘지 않으므로 운전이 가능하다.

해설 **공기액화 분리기의 불순물 유입금지** : 공기액화 분리기(1시간의 공기 압축량이 1000 m^3 이하의 것은 제외한다)에 설치된 액화산소통 안의 액화산소 5 L 중 아세틸렌의 질량이 5 mg 또는 탄화수소의 탄소의 질량이 500 mg을 넘을 때에는 그 공기액화 분리기의 운전을 중지하고 액화산소를 방출한다.

06 **다음에 가장 적합한 안전장치를 쓰시오.**

(1) 이상압력이 발생할 수 있는 중합반응장치 :

(2) 온도상승에 의한 급격한 압력상승이 예측될 때 :

해답 (1) 스프링식 안전밸브

(2) 파열판식 안전밸브

해설 **과압안전장치 선정** : 가스설비 등에서의 압력상승 특성에 따라 다음 기준에 따라 과압안전장치를 선정한다.

① 기체 및 증기의 압력상승을 방지하기 위하여 설치하는 안전밸브

② 급격한 압력상승, 독성가스의 누출, 유체의 부식성 또는 반응생성물의 성상 등에 따라 안전밸브를 설치하는 것이 부적당한 경우에 설치하는 파열판

③ 펌프 및 배관에서 액체의 압력상승을 방지하기 위하여 설치하는 릴리프밸브 또는 안전밸브

④ ①부터 ③까지의 안전장치와 병행 설치할 수 있는 자동압력제어장치(고압가스설비 등의 내압이 상용의 압력을 초과한 경우 그 고압가스설비 등으로의 가스유입량을 감소시키는 방법 등으로 그 고압가스설비 등 안의 압력을 자동적으로 제어하는 장치)

07 **LPG 저압배관에서 배관지름이 25 cm에서 50 cm로 변경되었을 때 압력손실은 어떻게 변화되는지 설명하시오.**

풀이 저압배관 유량식 $Q = K\sqrt{\frac{D^5 \cdot H}{S \cdot L}}$ 에서 압력손실 $H = \frac{Q^2 \times S \times L}{K^2 \times D^5}$ 이고 지름 25 cm를 1, 50 cm를 2로 구분하여 식을 세우면 다음과 같다.

$$\frac{H_2}{H_1} = \frac{\dfrac{Q_2^2 \times S_2 \times L_2}{K_2^2 \times D_2^5}}{\dfrac{Q_1^2 \times S_1 \times L_1}{K_1^2 \times D_1^5}}$$

에서 유량(Q), 가스비중(S), 배관길이(L), 유량계수(K)는 변함이 없으므로 생략하고 계산할 수 있다.

$$\therefore \frac{H_2}{H_1} = \frac{D_1^5}{D_2^5} = \frac{25^5}{50^5} = \frac{1}{32}$$

해답 압력손실은 $\frac{1}{32}$ 배로 변화된다.

08 **매설된 배관에 macro cell 부식이 되는 경우 2가지를 쓰시오.**

해답 ① 국부전지에 의한 부식
② 이종금속 접촉에 의한 부식
③ 농염전지 작용에 의한 부식

해설 **매크로 셀(macro cell) 부식** : 금속표면에서 양극(+), 음극(-)의 부위가 각각 변화하여 양극과 음극의 위치가 확정적이지 않아 전면부식이 발생하는 현상이다.

09 **내용적 500 L의 초저온 용기에 액화산소 250 kg을 넣고 단열성능시험을 하였다. 24시간이 경과한 후 초저온 용기에 남아 있는 액화산소가 200 kg일 때 이 용기의 합격여부를 계산에 의하여 판정하시오. (단, 시험용 액화산소의 기화잠열은 213526 J/kg, 비점은 −183℃, 외기온도는 20℃이다.)**

풀이 ① 침입열량 계산

$$Q=\frac{W\cdot q}{H\cdot \Delta t\cdot V}=\frac{(250-200)\times 213526}{24\times\{20-(-183)\}\times 500}=4.382 \fallingdotseq 4.38\ \text{J/h}\cdot℃\cdot\text{L}$$

② 판정 : 침입열량 합격 기준인 2.09 J/h・℃・L를 초과하므로 불합격이다.

해답 ① 침입열량 : 4.38 J/h・℃・L
② 판정 : 불합격

해설 **초저온 용기 단열성능 시험 합격 기준**

내용적	침입열량	
	kcal/h・℃・L	J/h・℃・L
1000 L 미만	0.0005 이하	2.09 이하
1000 L 이상	0.002 이하	8.37 이하

제3회 가스기사 필답형

01 **메탄(CH_4) 1 kg을 공기비 1.1로 완전연소시킬 때 실제공기량(Nm^3)을 계산하시오.**

풀이 ① 메탄(CH_4)의 완전연소 반응식

$CH_4+2O_2 \rightarrow CO_2+2H_2O$

② 실제공기량(A) 계산

$$A=m\cdot A_0=m\times\frac{O_0}{0.21}=1.1\times\left(\frac{2\times 22.4\times 1}{16\times 0.21}\right)=14.666\fallingdotseq 14.67\ \text{Nm}^3$$

해답 14.67 Nm^3

해설 메탄(CH_4) 1 kg을 완전연소시킬 때 이론 산소량 계산 : 메탄의 분자량은 16이다.

16 kg : 2×22.4 Nm^3 = 1 kg : $x(O_0)$ [Nm^3]

$$\therefore\ x(O_0)=\frac{2\times 22.4\times 1}{16}\ [\text{Nm}^3]$$

02 특정설비 중 고압가스용 안전밸브 제조자가 갖추어야 할 검사설비 종류 4가지를 쓰시오.

해답 ① 초음파 두께 측정기, 나사게이지, 버니어 캘리퍼스 등 두께 측정기
② 내압시험설비
③ 기밀시험설비
④ 표준이 되는 압력계
⑤ 표준이 되는 온도계
⑥ 그 밖에 검사에 필요한 설비 및 기구

03 철근 콘크리트 방호벽은 9 mm 이상의 철근을 400×400 mm 이하의 간격으로 배근 결속하여 설치한다. 이때 철근 콘크리트 방호벽의 높이와 두께는 얼마인가?

해답 ① 높이 : 2 m 이상
② 두께 : 12 cm 이상

04 LPG 또는 도시가스 사용시설에 설치하는 가스누출 자동차단장치의 구성 3요소를 쓰시오.

해답 ① 검지부
② 차단부
③ 제어부

05 양정 40 m, 송수량 2000 L/min인 원심펌프의 효율이 70 %일 때 물음에 답하시오.

(1) 축동력은 몇 kW인가?
(2) 펌프의 회전수가 2배로 변화하였을 때 유량, 양정, 축동력은 어떻게 변화되는지 계산하시오.

풀이 (1) $\text{kW} = \dfrac{\gamma \cdot Q \cdot H}{102\eta} = \dfrac{1000 \times 2 \times 40}{102 \times 0.7 \times 60} = 18.674 ≒ 18.67\ \text{kW}$

(2) ① 유량의 변화 계산

$$Q_2 = Q_1 \times \left(\frac{N_2}{N_1}\right) = 2000 \times \left(\frac{2}{1}\right) = 4000\ \text{L/min}$$

② 양정의 변화 계산

$$H_2 = H_1 \times \left(\frac{N_2}{N_1}\right) = 40 \times \left(\frac{2}{1}\right)^2 = 160\ \text{m}$$

③ 축동력의 변화 계산

$$L_2 = L_1 \times \left(\frac{N_2}{N_1}\right) = 18.67 \times \left(\frac{2}{1}\right)^3 = 149.36\ \text{kW}$$

해답 (1) 18.67 kW
(2) ① 유량 : 4000 L/min
② 양정 : 160 m
③ 축동력 : 149.36 kW

해설 ① 물의 비중량(γ)은 1000 kgf/m^{3}을 적용한다.
② 송수량 2000 L은 2 m^{3}이며, 축동력 공식에서 유량(Q)의 단위는 'm^3/s'이므로 단위시간을 맞추기 위해 분모에 60을 적용한 것이다.

06 **고압가스 제조시설에 설치하는 내부반응 감시장치의 종류 3가지를 쓰시오.**

해답 ① 온도감시장치
② 압력감시장치
③ 유량감시장치
④ 가스의 밀도·조성 등의 감시장치

07 **강제기화방식을 사용한 LP가스 공급방식 중 공기혼합방식을 사용하는 목적 2가지를 쓰시오.**

해답 ① 발열량 조절
② 재액화 방지
③ 누설 시 손실 감소
④ 연소효율 증대

08 **이동식 부탄연소기의 용기 연결방법 3가지를 쓰시오.**

해답 ① 카세트식
② 직결식
③ 분리식

해설 **용기의 연결방법** : KGS AB336
① 카세트식 : 거버너가 부착된 연소기 안에 용기를 수평으로 장착시키는 구조
② 직결식 : 연소기에 1 L 이하의 접합용기를 직접연결하는 구조 〈개정 15. 11. 4〉
③ 분리식 : 연소기에 1 L 이하의 접합용기를 호스 등으로 연결하는 구조 〈개정 15. 11. 4〉

09 **LPG 저장탱크의 내부압력이 외부의 압력보다 낮아져 저장탱크가 파괴되는 것을 방지하기 위해 설치하는 설비 5가지를 쓰시오.**

해답 ① 압력계
② 압력경보설비
③ 진공안전밸브
④ 다른 저장탱크 또는 시설로부터의 가스도입배관(균압관)
⑤ 압력과 연동하는 긴급차단장치를 설치한 냉동제어설비
⑥ 압력과 연동하는 긴급차단장치를 설치한 송액설비

10 **프로판, 에틸렌, 메탄 등 비점이 점차 낮은 고순도 냉매를 사용하여 저비점의 기체를 냉각, 액화하는 사이클의 명칭은 무엇인가?**

해답 캐스케이드 액화 사이클(또는 다원액화 사이클)

2007년도 가스기사 모의고사

제1회 가스기사 필답형

01 **산화에틸렌을 저장탱크 및 충전용기에 충전할 때 넣어야 하는 것 2가지를 쓰시오.**

해답 ① 질소가스
② 탄산가스

해설 산화에틸렌(C_2H_4O) 충전 기준
① 산화에틸렌의 저장탱크는 그 내부의 질소, 탄산가스 및 산화에틸렌가스의 분위기가스를 질소가스 또는 탄산가스로 치환하고 5℃ 이하로 유지한다.
② 산화에틸렌을 저장탱크 또는 용기에 충전하는 때에는 미리 그 내부가스를 질소가스 또는 탄산가스로 바꾼 후에 산 또는 알칼리를 함유하지 아니하는 상태로 충전한다.
③ 산화에틸렌의 저장탱크 및 충전용기에는 45℃에서 그 내부가스의 압력이 0.4 MPa 이상이 되도록 질소가스 또는 탄산가스를 충전한다.

02 **가스용 폴리에틸렌관의 사용압력 범위에 따른 SDR값을 3가지로 구분하여 기술하시오.**

SDR	사용압력 범위
(1)	0.4 MPa 이하
(2)	0.25 MPa 이하
(3)	0.2 MPa 이하

해답 (1) 11 이하
(2) 17 이하
(3) 21 이하

03 **내용적 118 L의 LPG 충전용기에 프로판(C_3H_8)이 50 kg 충전되어 있다. 이 프로판을 2시간 소비한 후 용기 내 잔압을 측정하니 27℃에서 0.5 MPa이었다면 소비한 프로판은 몇 kg인가?**

풀이 ① 잔량 계산 : 이상기체 상태방정식 $PV=GRT$에서 질량 G를 구하며, 프로판(C_3H_8)의 분자량 44이고, 대기압은 0.1 MPa을 적용한다.

$$\therefore \ G=\frac{PV}{RT}=\frac{\{(0.5+0.1)\times10^3\}\times(118\times10^{-3})}{\frac{8.314}{44}\times(273+27)}=1.248 \fallingdotseq 1.25\,\text{kg}$$

② 소비량 계산
소비량 = 충전량 − 잔량 = 50 − 1.25 = 48.75 kg

해답 48.75 kg

04 스프링식 안전밸브 성능에 대한 물음에 답하시오.

(1) 분출개시압력의 허용차는 설정압력이 0.7 MPa 이하인 경우 얼마인가?
(2) 기밀성능에서 밀폐형은 입구 쪽 및 출구 쪽을 밀폐시키고 밸브 내부에 얼마의 압력을 가했을 때 누출이 없어야 하는가?

해답 (1) 설정압력 ±0.02 MPa
(2) 0.6 MPa 이상

해설 **안전밸브의 성능 : KGS AA319**

① 내압 성능 : 밸브 몸통의 내부는 밸브 디스크 시트의 접촉면을 경계로 하여 호칭압력의 1.5배의 압력, 밀폐형 안전밸브에서 배기유체에 접하는 부분은 플랜지 호칭압력의 1.5배의 수압을 가했을 때 변형, 누설 등이 없는 것으로 한다.

밸브 몸통의 내압시험 시간

공칭 밸브 크기	최소시험 유지시간(초)
50 A 이하	15
65 A 이상 200 A 이하	60
250 A 이상	180

② 기밀 성능 : 분출개시압력의 측정을 시행한 후 안전밸브 입구 쪽에 설정압력의 90 % 이상의 압력을 가했을 때 누출이 없는 것으로 한다. 밀폐형에 대해서는 출구 쪽으로부터 밸브 내부에 0.6 MPa 이상의 압력을 가해서, 입구 쪽 및 출구 쪽을 밀폐시켰을 때 몸체 기타의 각부에 누출이 없는 것으로 한다.

③ 작동 성능 : 분출개시압력의 허용차는 설정압력이 0.7 MPa 이하인 것은 설정압력의 ±0.02 MPa, 0.7 MPa를 초과하는 것은 설정압력의 ±3 %인 것으로 한다. 밸브 몸체를 밸브 시트에서 들어 올리는 장치는 3회 이상 측정하여 설정압력의 75 % 이상에서 작동되는 것으로 한다.

05 아세틸렌 충전용기의 다공물질의 용적이 150 L이고, 아세톤의 침윤 잔용적이 40 L일 때 다공도를 계산하시오.

풀이 다공도 $= \frac{V-E}{V} \times 100 = \frac{150-40}{150} \times 100 = 73.333 \fallingdotseq 73.33\,\%$

해답 73.33 %

06 도시가스 제조소 및 공급소에서 가스발생설비, 가스정제설비 등 가스공급시설에 갖추어야 할 안전장치의 종류 4가지를 쓰시오.

해답 ① 계측장치 ② 안전밸브
③ 차단장치 ④ 가스누출검지 통보설비
⑤ 경보장치 ⑥ 인터로크 기구

07 공기 혼합가스(air direct gas) 공급방식의 목적 3가지를 쓰시오.

해답 ① 발열량 조절 ② 재액화 방지
③ 누설 시 손실감소 ④ 연소효율 증대

08 **도시가스 특정가스 사용시설의 월사용 예정량 산정 공식을 쓰고 기호를 설명하시오.**

해답 $Q = \dfrac{\{(A\times 240)+(B\times 90)\}}{11000}$

여기서, Q : 월사용 예정량(단위 : m^3)

A : 산업용으로 사용하는 연소기의 명판에 기재된 가스소비량의 합계(단위 : kcal/h)

B : 산업용이 아닌 연소기의 명판에 기재된 가스소비량의 합계(단위 : kcal/h)

09 **지중 또는 수중에 설치된 양극금속과 매설배관을 전선으로 연결해 양극금속과 매설배관 사이의 전지작용에 의한 전기적 방식 방법은 무엇인가?**

해답 희생양극법(또는 유전양극법, 전류양극법, 전기양극법)

10 **가연성 액화가스 및 독성 액화가스의 저장탱크를 지상에 설치할 때 방류둑을 설치하여야 하는 저장능력은 얼마인가?**

해답 ① 가연성 : 1000톤 이상(단, 고압가스 특정제조의 경우 500톤 이상)

② 독성 : 5톤 이상

제2회 가스기사 필답형

01 **[보기]에서 주어진 조건을 이용하여 비수조식 내압시험장치에서 전증가량 계산식을 완성하시오.**

보기

- ΔV : 전증가량(cm^3)
- V : 용기 내용적(cm^3)
- P : 내압시험압력(MPa)
- A : 내압시험압력 P에서의 압입수량(수량계의 물 강하량)(cm^3)
- B : 내압시험압력 P에서의 수압펌프에서 용기까지의 연결관에 압입된 수량(용기 이외의 압입수량)(cm^3)
- β : 내압시험 시 물의 온도에서 압축계수
- t : 내압시험 시 물의 온도(℃)

해답 $\Delta V = (A-B) - \{(A-B)+V\}\times P\times\beta$

해설 ① t[℃] 에서의 압축계수 계산

$\beta_t = (5.11 - 3.8981t\times 10^{-2} + 1.0751t^2\times 10^{-3} - 1.3043t^3\times 10^{-5} - 6.8P\times 10^{-3})\times 10^{-4}$

② 전증가량 및 내용적, 압입수량의 단위 'cm^3'는 'cc'의 단위와 같다.

02 **저장탱크에 폭발방지장치를 설치할 때 후프 링(hoop ring)과 저장탱크 동체의 접촉압력 계산식을 쓰고 설명하시오.**

해답 $P=\frac{0.01\,Wh}{D\times b}\times C$

여기서, P : 접촉압력(MPa)

Wh : 폭발방지제의 중량+지지봉의 중량+후프 링의 자중(단위 : N)

D : 동체의 안지름(cm)

b : 후프 링의 접촉폭(cm)

C : 안전율로서 4로 한다.

03 송수량이 50 m^3/h이고, 전양정이 50 m인 원심펌프의 동력(HP)을 계산하시오. (단, 펌프의 효율은 65 %이다.)

풀이 $\mathrm{HP}=\frac{\gamma\cdot Q\cdot H}{76\eta}=\frac{1000\times 50\times 50}{76\times 0.65\times 3600}=14.057 ≒ 14.06\,\mathrm{HP}$

해답 14.06 HP

해설 (1) 물의 비중량(γ)은 별도의 언급이 없으면 '1000 kgf/m^3'을 적용한다.

(2) 펌프의 축동력 계산식

① $\mathrm{PS}=\frac{\gamma\cdot Q\cdot H}{75\eta}$

② $\mathrm{kW}=\frac{\gamma\cdot Q\cdot H}{102\eta}$

③ $\mathrm{HP}=\frac{\gamma\cdot Q\cdot H}{76\eta}$

여기서, γ : 비중량(kgf/m^3)

Q : 유량(m^3/s)

H : 전양정(m)

η : 효율

04 액화석유가스 사용시설에 설치된 소형저장탱크의 안전밸브 방출구 구조에 대하여 설명하시오.

해답 수직상방으로 분출되는 구조

05 산소압축기 내부윤활제로 사용할 수 없는 것 3가지를 쓰시오.

해답 ① 석유류

② 유지류

③ 글리세린

해설 **산소압축기 내부윤활제** : 물 또는 10 % 이하의 묽은 글리세린수

06 가연성가스가 폭발할 위험이 있는 농도에 도달할 우려가 있는 장소 및 방폭전기기기의 등급에서 위험장소의 종류 3가지를 쓰시오.

해답 ① 1종 장소

② 2종 장소

③ 0종 장소

07 고압가스설비의 내진구조에서 지진하중 작용 시 기능수행수준 및 붕괴방지수준의 내진성능수준을 만족해야 한다. 다음 내진 등급별 내진설계구조물의 기능수행수준의 재현기간은 얼마인가?

(1) 내진 특등급 :

(2) 내진 1등급 :

(3) 내진 2등급 :

해답 (1) 200년

(2) 100년

(3) 50년

08 배관의 총 연장길이가 300 m인 가스관에 150 m^3/h의 LP가스를 공급할 때 다음 표를 이용하여 배관 안지름을 설계하시오. (단, 최초압력과 최종압력의 압력차는 20 mmH_2O, 가스비중은 0.6이다.)

관 호칭(A)	바깥지름(mm)	두께(mm)	안지름(mm)	D^5
100	114.3	4.5	105.3	129463
125	139.8	4.5	130.8	382956
150	165.2	5.0	155.2	900475
175	190.7	5.3	180.1	1894842

풀이 $D^5 = \dfrac{Q^2 \cdot S \cdot L}{K^2 \cdot H} = \dfrac{150^2 \times 0.6 \times 300}{0.707^2 \times 20} = 405122.346$

∴ D^5값은 표에서 382956(125 A) < 405122.346 < 900475(150 A)이므로 배관은 150 A를 선택하여야 한다.

해답 150 A

09 다음과 같은 조성을 가지는 부탄증열 제조가스의 진발열량(kcal/m^3)을 계산하시오. (단, 수증기의 응축잠열은 0.6 kcal/g이다.)

조성	H_2	O_2	N_2	CO	CO_2	CH_4	C_4H_{10}
mol(%)	37	1	35	5	6	6	10
발열량(kcal/m^3)	3050	–	–	3030	–	9540	32000

풀이 ① 총발열량(kcal/m^3) 계산 : 제조가스의 성분(조성) 중 가연성에 해당하는 가스의 발열량에 체적비(몰 비율)를 곱한 값을 합산한다.

∴ $H_L = (3050 \times 0.37) + (3030 \times 0.05) + (9540 \times 0.06) + (32000 \times 0.1)$

$= 5052.4$ kcal/m^3

② 가연성분의 연소반응식

- 수소(H_2) : $H_2 + \frac{1}{2}O_2 \rightarrow H_2O$
- 일산화탄소(CO) : $CO + \frac{1}{2}O_2 \rightarrow CO_2$
- 메탄(CH_4) : $CH_4 + 2O_2 \rightarrow CO_2 + 2H_2O$
- 부탄(C_4H_{10}) : $C_4H_{10} + 6.5O_2 \rightarrow 4CO_2 + 5H_2O$

③ 수증기의 응축잠열을 진발열량 단위와 같은 'kcal/m³'로 계산 : 공급가스 중 가연성분이 연소 시 생성되는 수증기(H_2O) mol수는 연소반응식에서 H_2 1 mol, CH_4 2 mol, C_4H_{10} 5 mol이고 각각의 mol 비율만큼 생성되며, 수증기의 응축잠열 0.6 kcal/g = 600 cal/g과 같다.

$$\therefore \frac{600\,\text{cal/g} \times 18\,\text{g/mol}}{22.4\,\text{L/mol}} \times \{(1\times0.37)+(2\times0.06)+(5\times0.1)\}$$

$$= 477.321\,\text{cal/L} = 477.321\,\text{kcal/m}^3 \fallingdotseq 477.32\,\text{kcal/m}^3$$

④ 진발열량(kcal/m^3) 계산

진발열량 = 총발열량 − 수증기 응축잠열

$$= 5052.4 - 477.32 = 4575.08\,\text{kcal/m}^3$$

해답 $4575.08\,\text{kcal/m}^3$

10 내용적 500 L의 액화산소 탱크에 액화산소를 충전 후 방출밸브를 개방하여 12시간 방치하였더니 탱크 내의 액화산소가 4.8 kg 방출되었다. 2시간 동안 침입된 열량(kcal)은 얼마인가? (단, 충전된 액화산소의 증발잠열은 50 kcal/kg이다.)

풀이 $2\text{시간 동안 침입열량} = \frac{\text{증발잠열량}}{\text{방치시간}} \times 2\text{시간} = \frac{4.8\times50}{12}\times2 = 40\,\text{kcal}$

해답 40 kcal

제3회 가스기사 필답형

01 단면적이 2 m²인 관에 공기가 유속 200 cm/s, 압력 30 mmHg로 송출될 때 송풍기의 축동력(kW)을 계산하시오. (단, 송풍기 효율은 60 %이며, 여유율 10 %를 포함한다.)

풀이 $$\text{kW} = \frac{P\cdot Q}{102\eta} = \frac{\left(\frac{30}{760}\times10332\right)\times(2\times2)}{102\times0.6}\times1.1 = 29.321 \fallingdotseq 29.32\,\text{kW}$$

해답 29.32 kW

해설 ① 여유율 10 %는 송풍기 축동력에서 10 % 만큼 용량을 더 확보해 주는 것이므로 축동력에 1.1배를 해주어야 한다.

② 공기 유량 Q는 관의 단면적(A)에 유속(V)을 곱한 값이고, 유속 200 cm/s는 2 m/s이다.

02 LPG 저압배관에서 가스유량이 2배로 증가될 때 압력손실은 어떻게 변화되는가?

해답 4배로 증가

해설 $H = \frac{Q^2\cdot S\cdot L}{K^2\cdot D^5}$에서 압력손실($H$)은 유량($Q$)의 제곱에 비례한다.

03 시안화수소(HCN)의 제조법 2가지를 제조반응식과 반응온도, 촉매에 관해서 설명하시오.

해답 (1) 앤드루소(Andrussow)법

① 반응식 : $CH_4+NH_3+\frac{3}{2}O_2 \rightarrow HCN+3H_2O+11.3\text{ kcal}$

② 반응온도 : 1000~1100℃

③ 촉매 : 로듐을 함유한 백금

(2) 포름아미드법

① 반응식 : $CO+NH_3 \rightarrow HCONH_2 \rightarrow HCN+H_2O$

② 반응온도 : 400~600℃

③ 촉매 : 아연, 망간, 알루미나 제올라이트

04 굴착공사 시 누출사고 방지를 위하여 도시가스 지하매설배관의 위치를 확인할 수 있도록 설치하는 것 2가지를 쓰시오.

해답 ① 라인마크

② 보호포

05 플레어스택의 높이는 지표면에 미치는 복사열이 얼마 이하가 되도록 설치하는가?

해답 $4000\text{ kcal/h}\cdot\text{m}^2$

06 가스용 폴리에틸렌관의 사용압력 범위에 따른 SDR값을 3가지로 구분하여 기술하시오.

SDR	(1)	(2)	(3)
사용압력 범위	0.4 MPa 이하	0.25 MPa 이하	0.2 MPa 이하

해답 (1) 11 이하

(2) 17 이하

(3) 21 이하

07 내용적 20 L의 LPG 배관공사를 마치고 나서 8.8 kPa의 압력으로 공기를 넣어 기밀시험을 실시한다. 기밀시험 시간 12분을 유지한 후 배관에 설치된 자기압력계를 확인해보니 6.4 kPa의 압력을 지시하고 있었다. 이 경우 기밀시험 개시 시 약 몇 %의 공기가 누설되었는가? (단, 기밀시험 중 온도변화는 없는 것으로 한다.)

풀이 ① 처음 상태(기밀시험)의 체적 → STP 상태의 체적으로 환산

$$V_0=\frac{P_1V_1}{P_0}=\frac{(8.8+101.325)\times 20}{101.325}=21.736 \fallingdotseq 21.74\text{ L}$$

② 12분 후 상태의 체적 → STP 상태의 체적으로 환산

$$V_0'=\frac{P_2V_2}{P_0'}=\frac{(6.4+101.325)\times 20}{101.325}=21.263 \fallingdotseq 21.26\text{ L}$$

③ 누설량(%) 계산

$$\text{누설량}=\frac{V_0-V_0'}{V}\times 100=\frac{21.74-21.26}{20}\times 100=2.4\,\%$$

해답 2.4%

해설 ① 기밀시험압력은 게이지압력이므로 STP 상태의 체적을 구할 때에는 절대압력으로 변환하여 적용한다(절대압력을 적용하는 이유는 샤를의 법칙을 적용하기 때문이다).

② 1 atm = 760 mmHg = 10332 kgf/m^2 = 1.0332 kgf/cm^2 = 101.325 kPa = 0.101325 MPa이다.

③ 배관 내부에 공기를 가압하여 기밀시험을 하는 것이기 때문에 누설량(%) 기준은 배관 내용적이 되는 것이다.

08 방폭구조의 종류 4가지와 그 기호를 각각 쓰시오.

해답 ① 내압 방폭구조 : d

② 유입 방폭구조 : o

③ 압력 방폭구조 : p

④ 안전증 방폭구조 : e

⑤ 본질안전 방폭구조 : ia 또는 ib

⑥ 특수 방폭구조 : s

09 내용적 117.5 L 용기에 프로판(C_3H_8)을 충전하여 사용한 후 잔압이 20℃에서 0.5 MPa이었다. 사용한 프로판은 처음 충전량의 몇 wt%에 해당하는가?(단, C_3H_8의 충전상수는 2.35이고, 20℃에서 C_3H_8의 포화증기압은 0.75 MPa이며, 대기압은 101.3 kPa이다.)

풀이 ① 충전량(kg) 계산

$$W=\frac{V}{C}=\frac{117.5}{2.35}=50\,\text{kg}$$

② 소비한 후 잔량(kg) 계산 : 이상기체 상태방정식 $PV=GRT$에서 질량 G를 구한다.

$$G=\frac{PV}{RT}=\frac{(0.5\times10^3+101.3)\times(117.5\times10^{-3})}{\left(\frac{8.314}{44}\right)\times(273+20)}=1.276 \fallingdotseq 1.28\,\text{kg}$$

③ 사용량(%) 계산

$$\text{사용량}=\frac{\text{소비량}}{\text{충전량}}\times100=\frac{\text{충전량}-\text{잔량}}{\text{충전량}}\times100=\frac{50-1.28}{50}\times100=97.44\,\%$$

해답 97.44%

해설 SI단위 이상기체 상태방정식에서 압력 P의 단위는 절대압력 'kPa', 체적 V의 단위는 'm^3'이다.

10 내진설계에서 위험도계수에 대하여 설명하시오.

해답 평균재현주기 500년 지진지반운동수준에 대한 평균재현주기별 지반운동수준의 비

해설 **내진설계 용어의 정의**

(1) 가스시설 및 지상가스배관 내진설계 기준 : KGS GC203

① 내진설계비 : 내진설계 적용대상인 저장탱크, 가스홀더, 응축기, 수액기(이하 저장탱크라 한다.), 탑류 및 그 지지구조물과 압축기, 펌프, 기화기, 열교환기, 냉동설비, 가열설비, 계량설비, 정압설비(이하 처리설비라 한다.)의 지지구조물을 말한다.

② 내진설계 구조물 : 내진설계설비, 내진설계설비의 기초 또는 내진설계설비와 배관 등

의 연결부를 말한다.

③ 설계지반운동 : 내진설계를 위해 정의된 지반운동으로서 구조물이 건설되기 전에 부지 정지작업이 완료된 지면에서의 지반운동을 말한다. 〈개정 18. 1. 11〉

④ 위험도계수 : 평균재현주기 500년 지진지반운동수준에 대한 평균재현주기별 지반운동수준의 비를 말한다.

⑤ 기능수행수준 : 설계지진 하중 작용 시 내진설계구조물이 본래의 기능을 정상적으로 수행할 수 있는 수준을 말한다.

⑥ 붕괴방지수준 : 설계지진하중 작용 시 내진설계구조물의 구조부재에 취성파괴, 좌굴 및 구조적 손상이 발생하여 저장된 가스가 통제 불가능할 정도로 대량 유출되거나 가스유출로 인하여 대형폭발이나 화재와 같은 재해가 초래되지 않는 수준을 말한다.

⑦ 활성단층 : 현재 활동 중이거나 과거 5만년 이내에 지표면 전단파괴를 일으킨 흔적이 있다고 입증된 단층을 말한다.

⑧ 내진 특등급 : 그 설비의 손상이나 기능상실이 사업소 경계밖에 있는 공공의 생명과 재산에 막대한 피해를 초래할 수 있을 뿐만 아니라 사회의 정상적인 기능 유지에 심각한 지장을 가져올 수 있는 것을 말한다.

⑨ 내진 Ⅰ등급 : 그 설비의 손상이나 기능상실이 사업소 경계 밖에 있는 공공의 생명과 재산에 상당한 피해를 초래할 수 있는 것을 말한다.

⑩ 내진 Ⅱ등급 : 그 설비의 손상이나 기능상실이 사업소 경계 밖에 있는 공공의 생명과 재산에 경미한 피해를 초래할 수 있는 것을 말한다.

⑪ 제1종 독성가스 : 독성가스 중 염소, 시안화수소, 이산화질소, 불소 및 포스겐과 그 밖에 허용농도(TLV-TWA)가 1 ppm 이하인 것을 말한다.

⑫ 제2종 독성가스 : 독성가스 중 염화수소, 삼불화붕소, 이산화유황, 불화수소, 브롬화메틸 및 황화수소와 그 밖에 허용농도(TLV-TWA)가 1 ppm 초과 10 ppm 이하인 것을 말한다.

⑬ 제3종 독성가스 : 독성가스 중 제1종 및 제2종 독성가스 이외의 것을 말한다.

(2) 매설 가스배관 내진설계 기준 : KGS GC204

① 내진 특등급 : 배관의 손상이나 기능상실로 인해 공공의 생명과 재산에 막대한 피해를 초래할 뿐만 아니라 사회 정상적인 기능 유지에 심각한 지장을 가져올 수 있는 것을 말한다. 〈개정 18. 1. 11〉

② 내진 Ⅰ등급 : 배관의 손상이나 기능 상실이 공공의 생명과 재산에 상당한 피해를 초래할 수 있는 것을 말한다.

③ 내진 Ⅱ등급 : 배관의 손상이나 기능 상실이 공공의 생명과 재산에 경미한 피해를 초래할 수 있다고 판단되는 배관으로서 내진 특등급 및 내진 Ⅰ등급 이외의 배관을 말한다.

④ 핵심시설 : 지진 피해 시 수급차질이 심각하게 우려되는 시설, 대형 사고 위험시설, 주거지에 인접한 대형시설 등으로서 내진 특등급, 재현주기 4800년 지진에 대해 누출방지수준의 내진성능을 확보하도록 관리하는 시설을 말한다. 〈신설 18. 1. 11〉

⑤ 중요시설 : 지진 피해 시 국지적으로 수급차질이 우려되는 시설, 주거지에 인접한 소형시설, 배관 차단 기능시설 등으로서 내진 특등급, 재현주기 2400년 지진에 대해 누출방지수준의 내진성능을 확보하도록 관리하는 시설을 말한다. 〈신설 18. 1. 11〉

⑥ 설계지반운동 : 내진설계를 위해 정의된 지반운동으로서 구조물이 건설되기 전에 부지 정지작업이 완료된 지면에서의 지반운동을 말한다. 〈개성 18. 1. 11〉

⑦ 위험도계수 : 평균재현주기 500년 지진지반운동수준에 대한 평균재현주기별 지반운동수준의 비를 말한다.

2008년도 가스기사 모의고사

제1회 가스기사 필답형

01 금속재료에 인장응력이 작용하면 균열이 발생하고 부식이 발생한다. 이와 같이 금속재료에 발생하는 응력부식의 방지대책 4가지를 쓰시오.

해답 ① 잔류응력을 제거한다.
② 합금조성을 변화시킨다.
③ 재료의 두께를 크게 한다.
④ 환경의 유해성분을 제거한다.

02 비점이 −160℃인 LNG(액비중 0.49, 메탄 90 %, 에탄 10 %)를 10℃에서 기화시키면 체적은 몇 배 증가하는가?

풀이 ① 평균분자량 계산 : 메탄(CH_4)의 분자량 16, 에탄(C_2H_6)의 분자량 30이고, 각 성분의 분자량에 체적비를 곱한 값을 합산한다.
$\therefore\ M=(16\times0.9)+(30\times0.1)=17.4$
② LNG 1L가 10℃에서 기화하였을 때 기체 체적(L) 계산 : LNG의 액비중 0.49는 액체 1 L의 무게는 0.49 kg = 490 g이고, 현재의 압력은 별도로 언급이 없으므로 대기압(1atm)을 적용한다.

$$PV=\frac{W}{M}RT\text{에서}$$

$$V=\frac{WRT}{PM}=\frac{490\times0.082\times(273+10)}{1\times17.4}=653.502\fallingdotseq653.50\,\text{L}$$

해답 653.5배 증가

03 전양정 25 m, 유량이 1.5 m^3/min인 펌프로 물을 이송하는 경우 이 펌프의 축동력(kW)을 계산하시오. (단, 펌프의 효율은 75 %이다.)

풀이 $\text{kW}=\dfrac{\gamma\cdot Q\cdot H}{102\eta}=\dfrac{1000\times1.5\times25}{102\times0.75\times60}=8.169\fallingdotseq8.17\,\text{kW}$

해답 8.17 kW

해설 물의 비중량(γ)은 1000 kgf/m^{3}이며, 축동력 계산식에서 유량(Q)의 단위는 'm^3/s'이다.

04 가연성 가스의 정의를 폭발범위를 기준으로 설명하시오.

해답 폭발범위 하한이 10 % 이하인 것과 폭발범위 상한과 하한의 차가 20 % 이상인 것

05 **차량에 고정된 탱크의 내용적이 20000 L이다. 최고충전압력이 20 kgf/cm^{2}일 때 최대저장량(kg)은 얼마인가?(단, 20kgf/cm^{2}의 상태에서의 충전상수는 2.35이다.)**

풀이 $W = \frac{V}{C} = \frac{20000}{2.35} = 8510.638 \fallingdotseq 8510.64\ \text{kg}$

해답 8510.64 kg

06 **고압가스 제조설비에서 누출된 가스의 확산을 방지하는 조치 중 저장탱크를 건축물로 덮는 등의 조치를 취하여야 할 독성가스 종류 2가지를 쓰시오.**

해답 ① 염소
② 포스겐

해설 **확산방지 조치 기준** : KGS FP112 고압가스 일반제조 기준

(1) 아황산가스, 암모니아, 염소, 염화메틸, 산화에틸렌, 시안화수소, 포스겐, 황화수소 등의 독성가스가 누출된 때에 확산을 방지하는 조치를 한다. 다만, 염소 또는 포스겐의 저장탱크에는 건축물로 덮는 등의 조치를 한다.

(2) 확산방지 가스 중 불연성 가스의 제조설비 등에 건축물로 덮는 등의 조치 기준
① 누출된 액화가스가 쉽게 외부에 누출되지 아니하는 구조로서 건축물 안의 가스를 흡인하여 제독하는 설비와 연결한다.
② 건축물을 방류둑과 조합하는 경우에는 건축물과 방류둑 사이로 가스가 누출되지 아니하는 구조로 한다.
③ 건축물은 밸브 조작 등의 작업에 필요한 충분한 공간을 확보한다.
④ 건축물 출입구는 불연성 문으로 하고 또한 밀폐구조로 한다. 다만, 건축물 내부의 가스를 흡인하여 제독하는 연동장치를 설치한 경우에는 밀폐구조로 하지 아니할 수 있다.

07 **U자관 마노미터를 사용하여 오리피스에 걸리는 압력차를 측정하였다. 마노미터 속의 유체는 비중 13.6인 수은이며, 오리피스를 통하여 흐르는 유체는 비중이 1인 물이다. 마노미터의 읽음이 50 cm일 때 오리피스에 걸리는 압력차는 몇 gf/cm^{2}인가?**

풀이 $\Delta P = (\gamma_2 - \gamma_1) \cdot h = (13.6 \times 1000 - 1 \times 1000) \times 0.5$
$= 6300\ \text{kgf/m}^2 \times 10^3\ \text{gf/kgf} \times 10^{-4}\ \text{m}^2/\text{cm}^2 = 630\ \text{gf/cm}^2$

해답 630 gf/cm^2

[별해] 수은과 물의 비중(s)을 적용하여 계산 : 비중은 단위가 없는 무차원수이지만 단위 환산을 할 때에는 'kgf/L'을 적용하며 이것은 'gf/cm^3'와 같다.
$\therefore\ \Delta P = (s_2 - s_1) \cdot h = (13.6 - 1) \times 50 = 630\ \text{gf/cm}^2$

08 **액화가스 저장탱크의 저장능력 산정 기준 공식을 완성하시오.**

해답 $W = 0.9\,d\,V$

여기서, W : 저장능력(kg)
d : 상용온도에서의 액화가스 비중(kg/L)
V : 내용적(L)

09 지름이 50 m인 구형 가스홀더에 10 kgf/cm² · g의 압력으로 도시가스가 저장되어 있다. 이 가스를 압력이 1.8 kgf/cm² · g로 될 때까지 공급하였을 때 공급된 가스량(Nm^3)을 계산하시오. (단, 가스공급 시 온도는 24℃로 일정하다.)

풀이 ① 구형 가스홀더의 내용적(m^3) 계산

$$V = \frac{\pi}{6} \times D^3 = \frac{\pi}{6} \times 50^3 = 65449.846 \fallingdotseq 65449.85\ m^3$$

② 공급된 가스량(Nm^3) 계산

$$\Delta V = V \times \frac{(P_1 - P_2)}{P_0} \times \frac{T_0}{T_1}$$

$$= 65449.85 \times \frac{(10 + 1.0332) - (1.8 + 1.0332)}{1.0332} \times \frac{273}{273 + 24}$$

$$= 477468.041 = 477468.04\ Nm^3$$

해답 477468.04 Nm^3

[별해] 구형 가스홀더의 내용적을 공급된 가스량을 구하는 공식에 적용하여 하나의 식으로 계산

$$\Delta V = V \times \frac{P_1 - P_2}{P_0} \times \frac{T_0}{T_1}$$

$$= \left(\frac{\pi}{6} \times 50^3\right) \times \frac{(10 + 1.0332) - (1.8 + 1.0332)}{1.0332} \times \frac{273}{273 + 24}$$

$$= 477468.019 \fallingdotseq 477468.02\ Nm^3$$

해설 ① 문제에서 별도로 대기압이 주어지면(예 : 1.033 kgf/cm², 0.101325 MPa, 101.325 kPa 등) 주어진 대기압을 대입하여 계산하여야 한다.

② Nm^3는 표준상태의 체적을 의미하는 것으로 온도는 0℃, 압력은 대기압을 의미하며, Sm^3로 주어질 수도 있다.

③ 계산하는 과정 및 공식에 따라 최종값에서 오차는 발생할 수 있으며, 득점에는 영향이 없다.

④ 구형 가스홀더 내용적 계산할 때 '파이(π)'와 '3.14'를 적용하느냐에 따라 오차가 발생하며, 풀이 과정에 그 내용을 기록하면 득점에는 영향이 없다.

10 정압기를 평가 선정할 때 고려사항 4가지를 쓰시오.

해답 ① 정특성

② 동특성

③ 유량특성

④ 사용 최대차압

⑤ 작동 최소차압

11 LPG 사용시설에서 공기 희석가스를 공급할 때의 장점 2가지를 쓰시오.

해답 ① 발열량 조절

② 재액화 방지

③ 누설 시 손실 감소

④ 연소효율 증대

제2회 가스기사 필답형

01 가연성가스 제조설비 등에서 정전기 제거장치를 단독으로 설치해야 하는 설비 종류 3가지를 쓰시오.

해답 ① 탑류 ② 저장탱크
③ 열교환기 ④ 회전기계
⑤ 벤트스택

해설 가연성가스 제조설비 등에서 발생하는 정전기를 제거하는 조치의 기준
① 탑류, 저장탱크, 열교환기, 회진기계, 벤트스택 등은 단독으로 되어 있어야 한다. 다만, 기계가 복잡하게 연결되어 있는 경우 및 배관 등으로 연속되어 있는 경우에는 본딩용 접속선으로 접속하여 접지하여야 한다.
② 본딩용 접속선 및 접지접속선은 단면적 5.5 mm^2 이상의 것(단선은 제외한다)을 사용하고 경납붙임, 용접, 접속금구 등을 사용하여 확실히 접속하여야 한다.
③ 접지 저항치는 총합 100 Ω(피뢰설비를 설치한 것은 총합 10 Ω) 이하로 하여야 한다.

02 1기압 25℃에서 수소 30 g, 질소 30 g으로 된 혼합기체가 있다. 이 혼합기체가 차지하는 체적은 몇 L인가?

풀이 ① 혼합기체의 mol 수 계산

$$n = \frac{30}{2} + \frac{30}{28} = 16.071 ≒ 16.07 \text{ mol}$$

② 혼합기체의 체적 계산 : 이상기체 상태방정식 $PV=nRT$에서 체적 V를 구한다.

$$V = \frac{n \cdot R \cdot T}{P} = \frac{16.07 \times 0.082 \times (273+25)}{1} = 392.686 ≒ 392.69 \text{ L}$$

해답 392.69 L

03 발열량 11000 kcal/Nm^3, 비중 0.55인 도시가스(LNG)의 웨버지수를 계산하시오.

풀이 $$WI = \frac{H_g}{\sqrt{d}} = \frac{11000}{\sqrt{0.55}} = 14832.396 ≒ 14832.40$$

해답 14832.4

해설 웨버지수는 단위가 없는 무차원수이다.

04 고압가스설비 내의 압력이 상용압력을 초과하는 경우 즉시 그 압력을 상용압력 이하로 되돌려 보낼 수 있는 안전장치의 종류 3가지를 쓰시오.

해답 ① 스프링식 안전밸브
② 파열판
③ 릴리프 밸브
④ 자동 압력제어장치

05 길이 1 m인 배관에 인장하중이 작용했을 때 길이방향으로 0.1 mm 늘어났다. 영률이 2.1×10^5일 때 응력(kgf/cm^2)은 얼마인가?

풀이 배관길이(L), 늘어난 길이(ΔL)는 응력 단위에서 길이의 차원인 'cm'와 같도록 적용한다.

$$\therefore\ \sigma = \frac{\varepsilon \times \Delta L}{L} = \frac{(2.1\times 10^5)\times(0.1\times 10^{-1})}{1\times 100} = 21\ \text{kgf/cm}^2$$

해답 21 kgf/cm^2

06 **고압가스 제조설비에서 가연성가스를 처리하는 시설 중 플레어 스택은 지표면에 미치는 복사열이 얼마가 되도록 설치하여야 하는가?**

해답 4000 kcal/m^2·h 이하

07 **LNG 490 kg을 20℃에서 기화시키면 부피는 몇 m^{3}인가? (단, LNG는 체적비로 CH_4 90%, C_2H_6 10 %이고 액비중은 0.49이다.)**

풀이 ① 혼합가스의 평균분자량 계산 : 메탄(CH_4)의 분자량 16, 에탄(C_2H_6)의 분자량 30이고, 각 성분의 분자량에 체적비를 곱한 값을 합산한다.

$\therefore\ M = (16\times 0.9) + (30\times 0.1) = 17.4$

② 20℃에서 부피 계산 : 이상기체 상태방정식 $PV = GRT$에서 부피(V)를 구하며, 액비중 0.49는 액체 1 L의 무게가 0.49 kg이므로 액체 1 m^{3}의 무게는 490 kg에 해당되고, 현재의 압력은 별도로 언급이 없으므로 대기압 상태로 적용한다.

$$\therefore\ V = \frac{GRT}{P} = \frac{490\times\frac{848}{17.4}\times(273+20)}{10332} = 677.213 \fallingdotseq 677.21\ \text{m}^3$$

해답 677.21 m^3

[별해] 아보가드로 법칙과 보일-샤를의 법칙을 이용하여 계산

$$V_2 = \frac{490\times 22.4}{17.4}\times\frac{273+20}{273} = 677.017 \fallingdotseq 677.02\ \text{m}^3$$

08 **내용적 1000 m^{3}인 저장탱크에 액화가스를 충전할 때 충전량은 몇 톤인가 계산하시오. (단, 액화가스의 비중은 0.6이다.)**

풀이 $W = 0.9\,d\cdot V = 0.9\times 0.6\times 1000 = 540$톤

해답 540톤

해설 액화가스 저장탱크 저장능력 계산식에 내용적의 단위를 'L'을 적용하면 충전량은 'kg'으로 계산되고, 내용적의 단위를 'm^3'를 적용하면 충전량은 '톤(t)'으로 계산된다.

09 **1일 처리능력이 80톤인 가연성가스 저온 저장탱크와 제1종 보호시설과 안전거리는 얼마인가?**

풀이 안전거리 $= \frac{3}{25}\times\sqrt{X+10000} = \frac{3}{25}\times\sqrt{80000+10000} = 36\ \text{m}$

해답 36 m

해설 가연성가스 저온 저장탱크와 보호시설과의 안전거리(m)

저장능력(kg), 처리능력(m^3)	제1종 보호시설	제2종 보호시설
5만 초과 99만 이하	$\frac{3}{25}\times\sqrt{X+10000}$	$\frac{2}{25}\times\sqrt{X+10000}$
99만 초과	120	80

10 도시가스를 사용하는 시설에서 가스누출 검지경보장치의 경보농도는 얼마인가?

해답 폭발하한계의 $\frac{1}{4}$ 이하

11 간단한 공구를 이용하여 충전용기를 두드려 소리를 듣고 결함 유무를 판단하는 비파괴검사의 명칭은 무엇인가?

해답 음향검사

제3회 가스기사 필답형

01 A 기체가 10 atm, 1 mol, B 기체가 30 atm, 1 mol로 있을 때 물음에 답하시오.

(1) 두 기체를 혼합하였을 때 혼합가스의 전압력(atm)은 얼마인가?
(2) 각 가스의 몰(mol)비는 얼마인가?

풀이 (1) $P=\left(P_A\times\frac{\text{A성분 몰수}}{\text{전 몰수}}\right)+\left(P_B\times\frac{\text{B성분 몰수}}{\text{전 몰수}}\right)$

$=\left(10\times\frac{1}{1+1}\right)+\left(30\times\frac{1}{1+1}\right)=20\,\text{atm}$

(2) 1 : 1

해답 (1) 20 atm (2) 1 : 1

02 가스누출검지 경보장치에서 검지기 경보농도를 쓰시오.

(1) 가연성가스 :
(2) 독성가스 :

해답 (1) 폭발하한계의 $\frac{1}{4}$ 이하
(2) TLV-TWA 기준농도 이하

03 차량에 고정된 탱크에는 상온에서 탱크에 충전하는 해당 가스의 최고액면을 정확히 측정할 수 있도록 원칙적으로 어떤 액면계를 사용하여야 하는가?

해답 ① 슬립 튜브식 ② 차입식

04 아세틸렌을 2.5 MPa 압력으로 압축할 때 첨가하는 희석제의 종류 4가지를 쓰시오.

해답 ① 질소 ② 메탄 ③ 일산화탄소 ④ 에틸렌

05 **정압기의 정특성 곡선은 유량과 2차 압력과의 관계를 나타내는 것으로 오프셋(off set)을 설명하시오.**

해답 유량이 변화했을 때 2차 압력과 기준압력(P_s)과의 차이

해설 **정압기 정특성 곡선의 명칭**

① 로크 업(lock up) : 유량이 0으로 되었을 때 끝맺은 압력과 기준압력(P_s)과의 차이

② 오프셋(off set) : 유량이 변화했을 때 2차 압력과 기준압력(P_s)과의 차이

③ 시프트(shift) : 1차 압력의 변화에 의하여 정압곡선이 전체적으로 어긋나는 것

06 **단열압축에서 1 atm, 20℃ 공기를 3 kgf/cm^2 · g 압력까지 압축할 때 토출가스 온도는 몇 K인가? (단, 비열비는 1.4이다.)**

풀이 ① 압축압력(P_2)을 흡입압력과 같은 'atm' 단위로 변환 : 'atm'은 절대압력 단위이므로 대기압을 더해서 변환한다.

$$\therefore\ P_2 = \frac{3+1.0332}{1.0332} = 3.903 \fallingdotseq 3.9\,\text{atm}$$

② 토출가스 온도 계산 : $\frac{T_2}{T_1} = \left(\frac{P_2}{P_1}\right)^{\frac{k-1}{k}}$ 에서 T_2를 구한다.

$$\therefore\ T_2 = T_1 \times \left(\frac{P_2}{P_1}\right)^{\frac{k-1}{k}} = (273+20) \times \left(\frac{3.9}{1}\right)^{\frac{1.4-1}{1.4}} = 432.258 \fallingdotseq 432.26\,\text{K}$$

해답 432.26 K

07 **부취제의 냄새측정 방법 3가지를 쓰시오.**

해답 ① 오더 미터법(냄새측정 기법)

② 주사기법

③ 냄새주머니법

④ 무취실법

08 **불활성화 작업에 대하여 설명하시오.**

해답 가연성 혼합가스에 불활성가스를 주입하여 산소의 농도를 최소산소농도(MOC) 이하로 낮추는 작업으로 이너팅(inerting) 또는 퍼지(purge)작업이라 한다.

해설 (1) 불활성화(inerting) 작업의 종류

① 진공 퍼지(vacumm purge) : 용기를 진공시킨 후 불활성가스를 주입시켜 원하는 최소산소농도에 이를 때까지 실시

② 압력 퍼지(pressure purge) : 불활성가스로 용기를 가압한 후 대기 중으로 방출하는 작업을 반복하여 원하는 최소산소농도에 이를 때까지 실시

③ 스위프 퍼지(sweep-through purge) : 한쪽으로는 불활성가스를 주입하고 반대쪽에서는 가스를 방출하는 작업을 반복하는 것으로 저장탱크 등에 사용

④ 사이펀 퍼지(siphon purge) : 용기에 물을 충만시킨 다음 용기로부터 물을 배출시킴과 동시에 불활성가스를 주입하여 원하는 최소산소농도를 만드는 작업

(2) 최소산소농도(MOC) : minimum oxygen for combustion

09 **그림과 같은 조건으로 큰 배관과 작은 배관이 연결되어 있을 때 큰 배관의 지름(mm)을 계산하시오.**

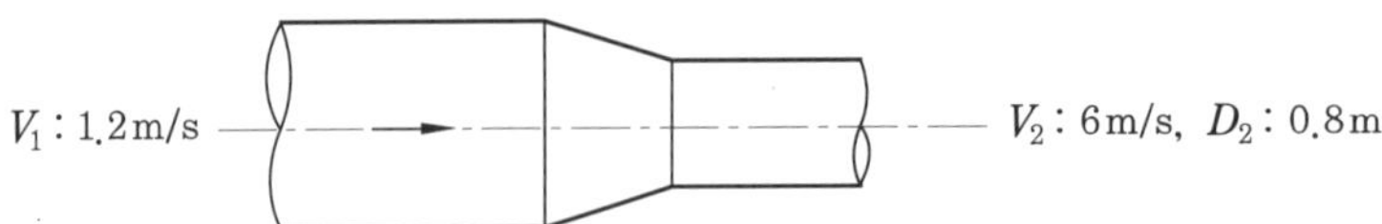

풀이 $Q = A \cdot V$이고 $Q_1 = Q_2$이므로

$\frac{\pi}{4} \cdot D_1^2 \cdot V_1 = \frac{\pi}{4} \cdot D_2^2 \cdot V_2$가 되고 $\frac{\pi}{4}$는 같으므로 생략하면

$$D_1 = \sqrt{\frac{D_2^2 \cdot V_2}{V_1}} = \sqrt{\frac{0.8^2 \times 6}{1.2}} \times 1000 = 1788.854 \fallingdotseq 1788.85\,\text{mm}$$

해답 1788.85 mm

10 **도시가스 정압기 중 피셔(fisher)식 정압기의 2차 압력 이상 상승 원인 4가지를 쓰시오.**

해답 ① 메인 밸브에 먼지류가 끼어들어 완전차단(cut off) 불량
② 센터 스템(center stem)과 메인 밸브의 접속 불량
③ pilot supply valve에서의 누설
④ 메인 밸브의 밸브 폐쇄 무
⑤ 바이패스 밸브류의 누설
⑥ 가스 중 수분의 동결

2009년도 가스기사 모의고사

제1회 가스기사 필답형

01 LPG 사용시설의 기밀성능에 대한 내용에서 ( ) 안에 알맞은 숫자를 넣으시오.

> 압력조정기 출구에서 연소기 입구까지의 배관은 ( ) kPa 이상의 압력으로 기밀시험을 실시하여 누출이 없도록 한다.

해답 8.4

해설 **저압부분 기밀시험압력**

① LPG 사용시설 : 8.4 kPa 이상

② 도시가스 사용시설 : 최고사용압력의 1.1배 또는 8.4 kPa 중 높은 압력 이상의 압력

02 C_mH_n를 증기로 접촉개질 반응할 때 반응식을 쓰시오.

해답 $A(C_mH_n) + B(H_2O) \rightarrow C(H_2) + D(CO) + E(CO_2) + F(CH_4) + G(C) + H(H_2O)$

해설 **접촉분해 공정** : 촉매를 사용해서 반응온도 400~800℃에서 탄화수소와 수증기를 반응시켜 메탄(CH_4), 수소(H_2), 일산화탄소(CO), 이산화탄소(CO_2)로 변환하는 공정이다.

03 찜질방에서 방사체를 가열하기 위한 연소기에 LPG를 사용할 때 용기설치수량 계산식을 쓰시오.

해답 ① 자연기화방식의 경우 설치수량

$$\text{용기 최소 설치수량(개)} = \frac{\text{최대 가스소비량(kg/h)}}{\text{용기 1개당 가스발생능력}} \times 2(\text{예비용기})$$

② 강제기화방식의 경우 설치수량

용기 최소 설치수량(개)

$$= \frac{\text{최대 가스소비량(kg/h)} \times \text{1일 평균사용시간(h)}}{\text{용기 1개당 저장능력(kg/개)}} \times 2(\text{예비용기})$$

04 냉각수 순환펌프의 총 필요양정이 2 m이고, 순환 냉각수량은 5400 m^3/h이다. 펌프의 효율이 20 %라면 축동력(PS)은 얼마인가 계산하시오.

풀이 $PS = \frac{\gamma \cdot Q \cdot H}{75\eta} = \frac{1000 \times 5400 \times 2}{75 \times 0.2 \times 3600} = 200\text{ PS}$

해답 200 PS

해설 물의 비중량(γ)은 1000 kgf/m^3을 적용하고, 냉각수량 시간(h)당 단위를 초(s)당 단위로 변환하기 위해 분모에 3600을 적용한 것이다.

05 **내진설계 시 지진기록 측정 장비 종류 2가지를 쓰시오.**

해답 ① 가속도계
② 속도계

06 **용기에 충전하는 시안화수소(HCN)에 첨가하는 안정제 종류 2가지를 쓰시오.**

해답 ① 아황산가스
② 황산

해설 **시안화수소(HCN) 충전작업 기준** : 용기에 충전하는 시안화수소는 순도가 98 % 이상이고 아황산가스 또는 황산 등의 안정제를 첨가한 것으로 한다. 시안화수소를 충전한 용기는 충전 후 24시간 정치하고, 그 후 1일 1회 이상 질산구리벤젠 등의 시험지로 가스의 누출검사를 하며, 용기에 충전 연월일을 명기한 표지를 붙이고, 충전한 후 60일이 경과되기 전에 다른 용기에 옮겨 충전한다. 다만, 순도가 98 % 이상으로서 착색되지 아니한 것은 다른 용기에 옮겨 충전하지 아니할 수 있다.

07 **배관 호칭 1 B(안지름 2.76 cm), 관 길이 20 m의 배관에 압력손실이 45 mmH_2O일 때 유량(kg/h)은 얼마인가? (단, 온도는 15℃이며, 이 온도에서의 가스 비중은 1.58이고, 밀도는 2.5 kg/m^3, 유량계수는 0.707이다.)**

풀이 저압배관의 유량식에서 계산된 유량은 체적유량(m^3/h)이므로 여기에 밀도(ρ)를 곱하여 질량유량(kg/h)으로 계산한다.

$$\therefore\ Q = K\sqrt{\frac{D^5 \cdot H}{S \cdot L}}\ [\text{m}^3/\text{h}] = \rho \cdot K\sqrt{\frac{D^5 \cdot H}{S \cdot L}}\ [\text{kg/h}]$$

$$= 2.5 \times 0.707 \times \sqrt{\frac{2.76^5 \times 45}{1.58 \times 20}} = 26.692 \fallingdotseq 26.69\ \text{kg/h}$$

해답 26.69 kg/h

08 **200 A 강관에 내압 10 kgf/cm^{2}을 받을 경우 관에 생기는 원주방향 응력(kgf/cm^2)과 축방향 응력(kgf/cm^2)을 각각 계산하시오. (단, 200 A 강관의 바깥지름(D)은 216.3 mm, 두께(t)는 5.8 mm이다.)**

풀이 ① 원주방향 응력 계산

$$\sigma_A = \frac{PD}{2t} = \frac{10 \times (216.3 - 2 \times 5.8)}{2 \times 5.8} = 176.465 \fallingdotseq 176.47\ \text{kgf/cm}^2$$

② 축방향 응력 계산

$$\sigma_A = \frac{PD}{4t} = \frac{10 \times (216.3 - 2 \times 5.8)}{4 \times 5.8} = 88.232 \fallingdotseq 88.23\ \text{kgf/cm}^2$$

해답 ① 원주방향 응력 : 176.47 kgf/cm^2
② 축방향 응력 : 88.23 kgf/cm^2

해설 ① 응력의 단위가 'kgf/cm^2'일 때와 'kgf/mm^2'일 때 계산식을 구분하여야 한다.

※ 단위가 'kgf/mm^2'일 때 $\sigma_A = \frac{PD}{200t}$, $\sigma_B = \frac{PD}{400t}$를 적용하여야 한다.

② 응력 계산식에서 지름 D는 안지름을 의미하므로 문제에서 주어진 바깥지름에서 안지름을 계산하기 위해서는 좌·우에 있는 두께 2개소를 제외시켜야 안지름이 계산된다는 것을 이해하고 있어야 한다.

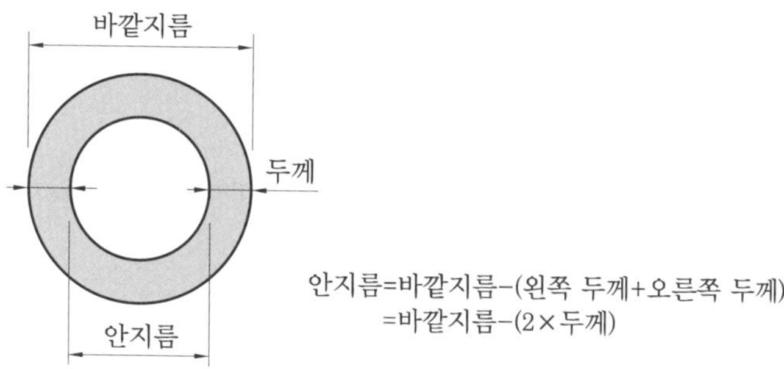

③ 안지름과 두께의 단위는 'cm'가 되어야 하지만 분모, 분자에 동일한 단위를 적용하면 약분되어 최종값에는 변화가 없기 때문에 'mm' 단위를 적용해도 이상이 없는 사항이다.

09 [보기]와 같은 조건일 때 초저온 용기의 침입열량을 계산하시오. (단, 소수점 5째 자리에서 반올림하여 4째 자리까지 계산하시오.)

보기

- 기화 가스량 : 20 kg
- 시험용 액화가스 기화잠열 : 51 kcal/kg
- 측정시간 : 4시간
- 외기온도 : 20℃
- 산소의 비점 : −183℃
- 용기 내용적 : 1000 L

풀이 $Q = \dfrac{W \cdot q}{H \cdot \Delta t \cdot V} = \dfrac{20 \times 51}{4 \times \{20-(-183)\} \times 1000} = 0.00125 \fallingdotseq 0.0013\ \text{kcal/h} \cdot ℃ \cdot \text{L}$

해답 0.0013 kcal/h · ℃ · L

해설 초저온 용기 단열성능 시험 합격 기준

내용적	침입열량	
	kcal/h · ℃ · L	J/h · ℃ · L
1000 L 미만	0.0005 이하	2.09 이하
1000 L 이상	0.002 이하	8.37 이하

10 200 L의 물을 1시간 동안 가열하여 5℃에서 50℃까지 상승시킬 때 연료사용량(kg/h)을 계산하시오. (단, 연료의 발열량은 5470 kcal/kg이다.)

풀이 연소기의 효율(η)은 언급이 없으므로 100 %를 적용하여 계산한다.

$$\therefore G_f = \frac{G \cdot C \cdot \Delta t}{Hl \cdot \eta} = \frac{200 \times 1 \times (50-5)}{5470 \times 1} = 1.645 \fallingdotseq 1.65\ \text{kg/h}$$

해답 1.65 kg/h

해설 ① 물 비중은 1이기 때문에 200 L은 200 kg에 해당되어 단위 환산을 생략해도 무방하다.
② 물의 비열(C)은 언급이 없으며 1 kcal/kg · ℃를 적용한다.

제2회 가스기사 필답형

01 용접부의 균열 발생 부분을 검사하는 비파괴 검사법의 종류 4가지를 쓰시오.

해답 ① 음향검사 ② 침투탐상검사
③ 자분탐상검사 ④ 방사선투과검사
⑤ 초음파탐상검사 ⑥ 와류검사

02 공급압력이 수주 180 mmH_2O인 가스를 100 m 높이의 건물에 30 m^3/h로 공급할 때 다음 표를 이용하여 배관을 선택하시오. (단, 가스의 비중은 0.6이고, 배관길이는 건물의 높이와 같은 것으로 한다.)

관 호칭(A)	바깥지름(mm)	두께(mm)	안지름(mm)	D^5
25	34	3.2	27.6	160
32	42.7	3.5	35.7	580
40	48.6	3.5	41.6	1245
50	60.5	3.8	52.9	4142
65	76.3	4.2	67.9	14431

풀이 ① 입상관에 의한 압력손실(압력변화) 계산

$H = 1.293(S-1)h = 1.293 \times (0.6-1) \times 100 = -51.72$ mmH_2O

("−" 값은 압력이 상승되는 것을 나타내고, 입상관에서의 압력손실은 1층과 25층의 공급압력차와 같은 것이므로 51.72 mmH_2O를 관지름 계산할 때 압력손실 값에 적용하면 된다.)

② D^5값 계산 : 저압배관 유량식 $Q = K\sqrt{\dfrac{D^5 \cdot H}{S \cdot L}}$ 에서 D^5값을 구한다.

$$\therefore\ D^5 = \frac{Q^2 \times S \times L}{K^2 \times H} = \frac{30^2 \times 0.6 \times 100}{0.707^2 \times 51.72} = 2088.797 \fallingdotseq 2088.80$$

표에서 40 A($D^5 = 1245$) < 2088.8 < 50 A($D^5 = 4142$)이므로 배관은 50 A를 선택한다.

해답 50 A

03 시안화수소(HCN)의 제조법 2가지를 제조반응식과 반응온도, 촉매에 관해서 설명하시오.

해답 (1) 앤드루소(Andrussow)법

① 반응식 : $CH_4 + NH_3 + \frac{3}{2}O_2 \rightarrow HCN + 3H_2O + 11.3$ kcal

② 반응온도 : 1000~1100℃

③ 촉매 : 로듐을 함유한 백금

(2) 포름아미드법

① 반응식 : $CO + NH_3 \rightarrow HCONH_2 \rightarrow HCN + H_2O$

② 반응온도 : 400~600℃

③ 촉매 : 아연, 망간, 알루미나 제올라이트

04 압축천연가스에 대하여 설명하시오.

해답 압축천연가스는 CNG(Compressed Natural Gas)라 하며 천연가스(NG) 또는 LNG를 기화시킨 기체상태의 것을 배관을 통하여 공급받아 왕복동형 다단 압축기를 이용하여 충전용기에 압축 저장한 것으로 버스 등 대형차량의 연료로 사용되고 있다. 메탄(CH_4)이 주성분으로 무색, 무취하며 공기보다 가벼워 누출되어도 대기 중으로 쉽게 확산되고 가솔린, 경유 및 LPG에 비교해 가격이 저렴하다.

05 액화석유가스(LPG) 변성가스 공급방식을 설명하시오.

해답 부탄을 고온의 촉매로서 분해하여 메탄, 수소, 일산화탄소 등의 연질가스로 변성시켜 공급하는 방법으로 재액화 방지 외에 특수한 용도에 사용하기 위하여 변성한다.

06 가스용 폴리에틸렌관을 온도가 40℃ 이상인 곳에 설치 가능한 기준에 대하여 설명하시오.

해답 파이프 슬리브를 이용하여 단열조치를 한다.

07 폭굉유도거리가 짧아질 수 있는 조건 4가지를 쓰시오.

해답 ① 정상 연소속도가 큰 혼합가스일수록
② 관 속에 방해물이 있거나 관지름이 가늘수록
③ 압력이 높을수록
④ 점화원의 에너지가 클수록

08 도시가스 정압기 중 피셔(fisher)식 정압기의 2차압 이상 상승 원인 4가지를 쓰시오.

해답 ① 메인밸브에 먼지류가 끼어들어 완전차단(cut-off) 불량
② 센터 스템(center stem)과 메인밸브의 접속 불량
③ 파일럿 공급밸브(pilot supply valve)의 누설
④ 메인밸브의 밸브 폐쇄 무
⑤ 바이패스 밸브의 누설
⑥ 가스 중 수분의 동결

09 A 기체를 대기 중으로 확산하는 데 20분이 소요되었다. 같은 조건에서 수소의 확산시간은 4분이 소요되었다면 A 기체의 분자량은?

풀이 $\frac{U_2}{U_1} = \sqrt{\frac{M_1}{M_2}} = \frac{t_1}{t_2}$에서 $\sqrt{\frac{M_A}{M_{H_2}}} = \frac{t_A}{t_{H_2}}$가 된다.

$$\therefore\ M_A = \left(\frac{t_A}{t_{H_2}}\right)^2 \times M_{H_2} = \left(\frac{20}{4}\right)^2 \times 2 = 50$$

해답 50

필답형 기출문제

10 프로판 60 v%, 부탄 40 v%의 혼합 LPG를 시간당 1 kg씩 사용하는 어떤 음식점이 있다. 이 음식점에서 저압배관을 통과하는 LPG의 시간당 용적은 몇 L인가?(단, 저압배관을 통과하는 가스의 평균압력은 수주 280 mm, 온도는 27℃이다.)

풀이 ① 혼합가스 평균 분자량 계산

$M = (44 \times 0.6) + (58 \times 0.4) = 49.6$

② 시간당 통과하는 체적 계산 : 이상기체 상태방정식 $PV = \frac{W}{M}RT$에서 체적 V를 구한다.

$$V = \frac{WRT}{PM} = \frac{1000 \times 0.082 \times (273+27)}{\frac{280+10332}{10332} \times 49.6} = 482.881 ≒ 482.88 \text{ L/h}$$

해답 482.88 L/h

제3회 가스기사 필답형

01 프로판 가스 1 Nm^3을 연소시켰을 때 실제 건연소 가스량(Nm^3)은 얼마인가?(단, 공기비는 1.1이다.)

풀이 ① 실제 공기량에 의한 프로판(C_3H_8)의 완전연소 반응식

$C_3H_8 + 5O_2 + (N_2) + B \rightarrow 3CO_2 + 4H_2O + (N_2) + B$

② 실제 건연소 가스량 계산

실제 건연소 가스량 = 이론 건연소 가스량 + 과잉공기량

$$= \{3 + (5 \times 3.76)\} + \left\{(1.1 - 1) \times \frac{5}{0.21}\right\} = 24.18 \text{ Nm}^3$$

해답 24.18 Nm^3

해설 과잉공기량(Nm^3) $= (m-1) \times A_0 = (m-1) \times \frac{O_0}{0.21}$

02 고압가스 제조시설에 설치하는 플레어스택의 구조에서 역화 및 공기 등과의 혼합폭발을 방지하기 위하여 갖추어야 할 시설 4가지를 쓰시오.

해답 ① liquid seal의 설치

② flame arrestor(화염방지기)의 설치

③ vapor seal의 설치

④ purge gas(N_2, off gas 등)의 지속적인 주입

⑤ molecular seal의 설치

03 360 kg의 LNG(액비중 0.6, 메탄 90 %, 에탄 10 %)를 1기압 20℃에서 기화시키면 부피는 몇 m^3가 되겠는가?

풀이 ① 혼합기체의 평균분자량 계산 : 메탄(CH_4)의 분자량 16, 에탄(C_2H_6)의 분자량 30이다.

$\therefore M = (16 \times 0.9) + (30 \times 0.1) = 17.4$

② 혼합기체의 부피(m^3) 계산 : 이상기체 상태방정식 $PV = GRT$에서 체적 V를 구한다.

$$\therefore V = \frac{GRT}{P} = \frac{360 \times \frac{848}{17.4} \times (273+20)}{10332} = 497.544 \fallingdotseq 497.54\,m^3$$

해답 497.54 m^3

04 폭굉유도거리(DID)에 대하여 설명하시오.

해답 최초의 완만한 연소가 격렬한 폭굉으로 발전될 때까지의 거리

해설 **폭굉유도거리가 짧아지는 조건**

① 정상 연소속도가 큰 혼합가스일수록
② 관 속에 방해물이 있거나 관지름이 가늘수록
③ 압력이 높을수록
④ 점화원의 에너지가 클수록

05 정압기 특성 중에서 정특성에 대하여 설명하시오.

해답 정상상태에서의 유량과 2차 압력과의 관계를 뜻한다.

해설 **정압기 정특성 곡선의 명칭**

① 로크 업(lock up) : 유량이 0으로 되었을 때 끝맺은 압력과 기준압력(P_s)과의 차이
② 오프셋(off set) : 유량이 변화했을 때 2차 압력과 기준압력(P_s)과의 차이
③ 시프트(shift) : 1차 압력의 변화에 의하여 정압곡선이 전체적으로 어긋나는 것

06 아세틸렌을 제조 및 충전에 대한 다음 물음에 답하시오.

(1) 습식 발생기의 표면온도는 얼마인가?
(2) 온도에 불구하고 충전 중 압력(MPa)은 얼마인가?
(3) 충전 후의 온도와 압력(MPa)은 얼마인가?

해답 (1) 70℃ 이하
(2) 2.5 MPa 이하
(3) 15℃에서 1.5 MPa 이하

07 최근 차세대 대체연료로 주목받고 있으며, 극지방과 심해저 등에서 저온 · 고압하에서 수소결합을 하는 고체의 격자 속에 가스가 조립된 결합체로 존재하는 얼음과 같은 고체상태의 가스연료를 무엇이라 하는가?

해답 메탄 하이드레이트(hydrate)

08 **가스용 연료전지의 제조소에 갖추어야 할 검사설비 종류 2가지를 쓰시오.**

해답 ① 가스소비량 측정설비 및 연소성 시험설비
② 기밀시험설비
③ 절연저항 측정기 및 내전압시험기
④ 전기출력 측정설비
⑤ 전압측정기
⑥ 전류측정기
⑦ 그 밖에 검사에 필요한 설비 및 기구

09 **반밀폐식 온수보일러에서 반드시 필요한 장치 2가지를 쓰시오.**

해답 ① 급기구
② 배기통

10 **액화석유가스 저장탱크의 외벽에 화염에 의하여 국부적으로 가열될 경우 탱크의 파열을 방지하기 위한 폭발방지제의 열전달 매체 재료로서 가장 적당한 것은?**

해답 알루미늄합금박판

2010년도 가스기사 모의고사

제1회 가스기사 필답형

01 무색인 독성 가스로 마늘냄새가 나며 납산 배터리 및 전자 화합물 재료 등으로 쓰이는 액화가스는?

해답 아르신(AsH_3)

해설 아르신(Arsine)의 특징

① 분자식 : AsH_3, 분자량 : 77.95, 비점 : −62℃
② 허용농도 : TLV−TWA 0.05 ppm, LC50 20 ppm
③ 무색의 독성 가스, 극인화성 압축액화가스로 마늘 냄새가 난다.
④ 열에 불안정하고, 물리적 충격에 민감하게 작용한다.
⑤ 산화제, 산, 할로겐, 암모니아 혼합물 등과 격렬히 반응하며, 빛에 노출 시 비소로 분해한다.
⑥ 전자 화합물, 유기물합성, 납산 배터리 등 제조에 이용

02 석유정제시설에서 장치를 부식시키는 황화합물 명칭을 쓰시오.

해답 황화수소(H_2S)

03 고압냉매가스를 사용하는 냉동장치에서 이상압력 상승 시 상용압력(허용압력) 이하로 되돌릴 수 있는 안전장치의 종류 3가지를 쓰시오.

해답 ① 고압차단장치 ② 안전밸브
③ 파열판 ④ 용전 및 압력 릴리프장치

04 탄화수소(C_mH_n) 1 Nm^3가 완전연소할 때 이론공기량(Nm^3/Nm^3)을 구하는 식을 완성하시오.

풀이 ① 탄화수소(C_mH_n)의 완전연소반응식

$$C_mH_n+\left(m+\frac{n}{4}\right)O_2\rightarrow mCO_2+\frac{n}{2}H_2O$$

② 이론공기량(Nm^3/Nm^3) 계산식

$$A_0[Nm^3/Nm^3]=\frac{O_0}{0.21}=\frac{m+\frac{n}{4}}{0.21}=4.761m+1.190n\fallingdotseq 4.76m+1.19n$$

해답 $4.76m+1.19n$

05 최초의 완만한 연소가 격렬한 폭굉으로 발전할 때의 거리를 무엇이라 하는가?

해답 폭굉유도거리

06 부유 피스톤형 압력계에 있어서 실린더 지름이 4 cm, 추와 피스톤의 무게 합계가 100 kgf일 때 이 압력계에 접속된 부르동관 압력계의 읽음이 10 kgf/cm²일 때 부르동관 압력계의 오차(%)는 얼마인가?

풀이 ① 참값 계산

$$참값 = \frac{W + W'}{A} = \frac{100}{\frac{\pi}{4} \times 4^2} = 7.957 \fallingdotseq 7.96\,\text{kgf/cm}^2$$

② 오차(%) 계산

$$오차(\%) = \frac{측정값 - 참값}{측정값} \times 100 = \frac{10 - 7.96}{10} \times 100 = 20.4\,\%$$

[별해] $$오차(\%) = \frac{측정값 - 참값}{참값} \times 100 = \frac{10 - 7.96}{7.96} \times 100 = 25.628 \fallingdotseq 25.63\,\%$$

해답 20.4 %

07 [보기]는 배관을 시공할 때 온도변화에 의한 열팽창길이를 계산하는 공식을 나타낸 것이다. ( ) 안에 알맞은 용어를 쓰시오.

> **보기**
> 열팽창길이 = 선팽창계수 × ( ) × 배관 길이

해답 온도차

08 어느 이상기체가 압력 10 kgf/cm² · a에서 체적이 0.1 m³이었다. 등온팽창과정을 통해 체적이 3배로 될 때 기체가 외부로부터 받은 열량은 몇 kcal인가?

풀이 $$Q = APV_1 \ln \frac{V_2}{V_1} = \frac{1}{427} \times 10 \times 10^4 \times 0.1 \times \ln \frac{0.3}{0.1} = 25.728 \fallingdotseq 25.73\,\text{kcal}$$

해답 25.73 kcal

09 20℃의 상태에서 지름 20 m인 구형 저장탱크에 최고충전압력 2 kgf/cm² · g의 압력으로 가스를 저장할 때 저장능력은 몇 톤(ton)인가 계산하시오. (단, 대기압은 1.0332 kgf/cm²이다.)

풀이 ① 구형 저장탱크 내용적(m³) 계산

$$V = \frac{\pi}{6} \times D^3 = \frac{\pi}{6} \times 20^3 = 4188.790 \fallingdotseq 4188.79\,\text{m}^3$$

② 충전압력상태의 저장량(m³) 계산

$$Q = (P+1)\,V = (2+1) \times 4188.79 = 12566.37\,\text{m}^3$$

③ 저장능력(톤) 계산

$$W = 12566.37 \times 10 \times 10^{-3} = 125.663 \fallingdotseq 125.66\,톤$$

해답 125.66톤

해설 문제에서 주어진 조건이 불명확하고, 충족되지 않아 고압가스 안전관리법 시행규칙 [별표1] 저장능력 산정기준 2항 "액화가스와 압축가스가 섞여 있는 경우에는 액화가스 10 kg을 압축가스 1 m^{3}로 본다." 기준을 적용하여 계산하였음

10 200 A 강관(바깥지름 216.3 mm, 두께 5.8 mm)이 깊이 1.2 m의 위치에 매설되어 있다. 이때의 토압(土壓)하중 및 바퀴하중에 의해서 생기는 관의 최대굽힘응력(kgf/cm^2)을 계산하시오. (단, 흙의 단위체적당 중량은 2.0×10^{-3} kgf/cm^3, 뒷바퀴 차량하중은 8000 kgf, 차량이 2대 동시 주행 시 뒷바퀴 간격은 100 cm, 충격계수는 0.5, 강관의 재질 및 형상, 지지조건에 따른 정수 K_f는 0.033, K_t는 0.019이다.)

풀이 ① 토압하중 계산

$$W_f=\gamma\cdot H=2\times10^{-3}\times120=0.24\,\text{kgf/cm}^2$$

② 바퀴하중 계산

$$W_t=\frac{3Q(1+i)}{2\pi H^2}\times\left\{1+\left(\frac{H}{\sqrt{H^2+X^2}}\right)^5\right\}$$

$$=\frac{3\times8000\times(1+0.5)}{2\times\pi\times120^2}\times\left\{1+\left(\frac{120}{\sqrt{120^2+100^2}}\right)^5\right\}=0.504\fallingdotseq0.50\,\text{kgf/cm}^2$$

③ 최대굽힘응력 계산

$$\sigma=\frac{M_f+M_t}{Z}=\frac{6(M_f+M_t)}{t^2}=\frac{6(K_f\cdot\ W_f+\ K_t\cdot\ W_t)}{t^2}\times D^2$$

$$=\frac{6\times\{(0.033\times0.24)+(0.019\times0.5)\}}{0.58^2}\times21.63^2=145.363\fallingdotseq145.36\,\text{kgf/cm}^2$$

해답 145.36 kgf/cm^2

참고 각 계산식 설명

① 토압하중 계산식

$$W_f=\gamma\cdot H$$

여기서, W_f : 되메우는 흙에 의한 하중(kgf/cm^2) γ : 흙의 단위체적당 중량(kgf/cm^3)
H : 매설깊이(cm)

② 자동차 바퀴에 의한 하중 계산식

$$W_t=\frac{3Q(1+i)}{2\pi H^2}\times\left\{1+\left(\frac{H}{\sqrt{H^2+X^2}}\right)^5\right\}$$

여기서, W_t : 자동차 바퀴에 의한 하중(kgf/cm^2) Q : 차량 하중(kgf)
i : 충격계수 H : 매설깊이(cm)
X : 차량이 2대 동시 주행시 뒷바퀴 간격(cm)

③ 최대굽힘응력 계산식

$$\sigma=\frac{M_f+M_t}{Z}=\frac{6(M_f+M_t)}{t^2}=\frac{6(K_f\cdot W_f+K_t\cdot W_t)}{t^2}\times D^2$$

여기서, M_f, M_t : 되메우는 흙의 압력 및 바퀴하중에 따른 토압에 의한 굽힘모멘트
K_f, K_t : 관의 재질 및 형상, 지지조건에 따른 정수
Z : 관의 단면계수$\left(Z=\frac{t^2}{6}\right)$ t : 관두께(cm) D : 관의 바깥지름(cm)

제2회 가스기사 필답형

01 **공기보다 비중이 가벼운 도시가스의 공급시설로서 공급시설이 지하에 설치된 경우의 통풍구조 기준 4가지를 쓰시오.**

해답 ① 통풍구조는 환기구를 2방향 이상으로 분산하여 설치한다.
② 배기구는 천장면으로부터 30 cm 이내에 설치한다.
③ 흡입구 및 배기구의 관지름은 100 mm 이상으로 하되, 통풍이 양호하도록 한다.
④ 배기가스 방출구는 지면에서 3 m 이상의 높이에 설치하되, 화기가 없는 안전한 장소에 설치한다.

02 **아세틸렌 제조설비 중 아세틸렌이 접촉하는 부분에 사용하는 재료는 구리 함유량이 62 %를 초과하는 것을 사용해서는 안 되는 이유에 대해 반응식을 쓰고 설명하시오.**

해답 ① 반응식 : $C_2H_2 + 2Cu \rightarrow Cu_2C_2 + H_2$
② 이유 : 구리와 접촉 반응하여 폭발성의 동 아세틸드(Cu_2C_2)를 생성하여 폭발의 위험성이 있기 때문에

03 **0℃에서 100℃까지 산소의 평균 몰(mol) 열용량(C_p)은 6.987 cal/mol·K이다. 온도가 0℃부터 시작하여 몇 K가 되면 정압하에서 산소의 엔트로피가 1 cal/mol·K 만큼 증가하는가? (단, 산소는 이상기체 상태이다.)**

풀이 정압과정의 엔트로피 변화량 $\Delta S = C_p \ln \frac{T_2}{T_1}$에서

$$\ln \frac{T_2}{T_1} = \frac{\Delta S}{C_p} = \frac{1}{6.987} = 0.143$$

$$\frac{T_2}{T_1} = e^{0.143}$$

$$\therefore T_2 = T_1 \times e^{0.143} = 273 \times e^{0.143} = 314.968 = 314.97\,\text{K}$$

해답 314.97 K

04 **내용적 18 L의 LP가스 배관공사를 끝내고 나서 수주 880 mm의 압력으로 공기를 넣어 기밀시험을 실시했다. 기밀시험 소요시간 12분이 경과한 후 배관에 부착된 자기압력계를 보니 수주 640 mm의 압력을 나타내었다. 이 경우 기밀시험 개시 시의 약 몇 %의 공기가 누설되었나? (단, 기밀시험 실시 중 온도변화는 무시하고 1기압은 1.033 kgf/cm^{2}이다.)**

풀이 ① 처음상태(기밀시험)의 공기체적을 표준상태(STP)의 체적으로 환산

$$V_0 = \frac{P_1 V_1}{P_0} = \frac{(0.088 + 1.033) \times 18}{1.033} = 19.533 ≒ 19.53\,\text{L}$$

② 12분 후 공기체적을 표준상태(STP)의 체적으로 환산

$$V_0' = \frac{P_2 V_2}{P_0'} = \frac{(0.064 + 1.033) \times 18}{1.033} = 19.115 \fallingdotseq 19.12 \text{ L}$$

③ 누설량(%) 계산

$$\therefore \text{누설량}(\%) = \frac{V_0 - V_0'}{V} \times 100 = \frac{19.53 - 19.12}{18} \times 100 = 2.277 \fallingdotseq 2.28\,\%$$

해답 2.28 %

05 고압가스 일반제조시설에서 가연성 가스를 압축하는 압축기와 충전용 주관과의 사이, 아세틸렌을 압축하는 압축기의 유분리기와 고압건조기와의 사이, 암모니아 또는 메탄올 합성탑 및 정제탑과 압축기와의 사이의 배관에 설치하는 장치를 쓰시오.

해답 역류방지밸브

06 암모니아 공업적 제법 2가지를 쓰시오.

해답 ① 석회질소법 ② 하버 보시법

07 독성, 불연성의 부식성이 있는 액화압축가스로서 수분이 있는 금속, 알칼리, 고무 등과 격렬히 반응하고 염료제조공정, 이소시아네이트 유기물합성, 살충제 등의 원료로 사용되는 가스는?

해답 포스겐($COCl_2$)

08 용기 바깥지름 50 mm, 내압시험에서 동체 재료의 허용응력 300 N/mm^{2}이며 내압시험압력이 20 MPa인 이음매 없는 용기이다. 이 때 최고충전압력의 1.7배 압력에서 항복을 일으키지 않는 이음매 없는 용기 두께는?

풀이 $t = \frac{D}{2}\left(1 - \sqrt{\frac{S - 1.3P}{S + 0.4P}}\right) = \frac{50}{2} \times \left(1 - \sqrt{\frac{300 - 1.3 \times 20}{300 + 0.4 \times 20}}\right) = 1.420 \fallingdotseq 1.42 \text{ mm}$

해답 1.42 mm

참고 이음매 없는 용기 두께 계산식

$$t = \frac{D}{2}\left(1 - \sqrt{\frac{S - 1.3P}{S + 0.4P}}\right)$$

여기서, t : 동체 두께(mm)
D : 바깥지름(mm)
S : 내압시험압력에서의 동체재료의 허용응력(N/mm^2)
P : 내압시험압력(MPa)

09 밀도 1.030 g/cm^3 액체가 들어 있는 개방형 탱크의 액면에서 1.0 m 아래 지점의 절대압(atm)은?

풀이 절대압력(atm) = 대기압 + 게이지압력 $= 1 + \left(\frac{1.030 \times 10^3 \times 9.8 \times 1}{101325}\right) = 1.099 \fallingdotseq 1.10 \text{atm}$

해답 1.1 atm

참고

① 밀도 $1.030\ g/cm^3 = 1.030\ kg/L = 1.030 \times 10^3\ kg/m^3$
② 압력 $P = \gamma \times h = (\rho \times g) \times h\,[N/m^2 = Pa]$
③ 비중량(γ)의 절대단위($kg/m^2 \cdot s^2$), $\gamma = \rho \times g$

10 **액화석유가스의 부취제 냄새측정방법 4가지를 쓰시오.**

해답 ① 오더(odor) 미터법(냄새측정기법)
② 주사기법
③ 냄새주머니법
④ 무취실법

제3회 가스기사 필답형

01 **배관의 흐름이 그림과 같이 변화하였다. 2번 지점의 단면적이 6 m², 유속이 0.8 m/s일 때 1번 지점의 유속은 1.2 m/s이다. 이 때 1번 지점의 관지름은 몇 mm인가?**

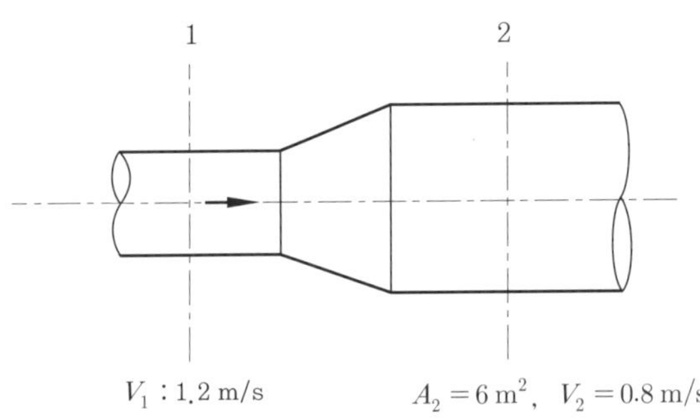

풀이 $Q = A \cdot V$이고 $Q_1 = Q_2$이므로

$\frac{\pi}{4} \cdot D_1^2 \cdot V_1 = A_2 \cdot V_2$가 된다.

$$\therefore D_1 = \sqrt{\frac{4A_2 \cdot V_2}{\pi \cdot V_1}} = \sqrt{\frac{4 \times 6 \times 0.8}{\pi \times 1.2}} \times 1000 = 2256.758 \fallingdotseq 2256.76\ mm$$

해답 2256.76 mm

02 **내조와 외조로 구성된 2중 단열 액화가스 저장탱크의 공간부분은 진공작업 후 단열재를 이용하여 단열을 실시한다. 이 때 단열재로 사용하는 재료는?**

해답 ① 펄라이트
② 경질폴리우레탄폼
③ 폴리염화비닐폼

03 액화석유가스 설비의 재검사에 대한 내압시험 시 압력을 유지해야 하는 표준시간은?

해답 5~20분

04 기화기의 구조별 형식에 따른 분류를 4가지 쓰시오.

해답 ① 다관식 기화기
② 단관식 기화기
③ 사관식 기화기
④ 열판식 기화기

05 연소기구에 접속된 고무관이 노후 되어 지름 0.5 mm의 구멍이 뚫려 수주 280 mm의 압력으로 LP가스가 15시간 누출하였을 경우 LP가스 분출량은 몇 m^3인가? (단, LP가스의 분출압력 280 mmH_2O에서 비중은 1.7로 한다.)

풀이 $Q = 0.009\,D^2\sqrt{\frac{P}{d}} = 0.009 \times 0.5^2 \times \sqrt{\frac{280}{1.7}} \times 15 = 0.433 \fallingdotseq 0.43\,m^3$

해답 $0.43\,m^3$

06 도시가스 배관이 수직으로 20 m 입상 시에 압력손실은 몇 mmH_2O인가? (단, 가스 비중은 1.5이다.)

풀이 $H = 1.293(S-1)h = 1.293 \times (1.5-1) \times 20 = 12.93\,mmH_2O$

해답 12.93 mmH_2O

07 급수관로의 지름이 0.0158 m인 수평배관이 500 m 있다. 유속이 10 m/s라면, 파이프 양 끝단에 걸리는 압력 차이는 몇 N/m^2인가? (단, Fanning의 마찰계수는 0.0065 이다.)

풀이 ① 마찰손실수두를 패닝(Fanning)의 방정식으로 계산하면

$$h_f = 4f\frac{L}{D} \cdot \frac{V^2}{2g}$$

$$= 4 \times 0.0065 \times \frac{500}{0.0158} \times \frac{10^2}{2 \times 9.8} = 4197.881 = 4197.88\,mH_2O$$

② 압력 차이를 N/m^2으로 계산

$4197.88\,mH_2O = 4197.88 \times 10^3\,mmH_2O = 4197.88 \times 10^3\,kgf/m^2$와 같다.

$$\therefore 4197.88 \times 10^3\,kg/m^2 \times 9.8\,m/s^2 = 4197.88 \times 10^3 \times 9.8\,kg \cdot m/m^2 \cdot S^2$$

$$= 41139224\,N/m^2$$

해답 41139224 N/m^2

[별해] SI단위 적용계산 : 패닝의 방정식에서 중력가속도(g : 9.8 m/s^2)를 적용하지 않으면 SI 단위인 "kPa"로 계산되며 1 kPa = 1000 Pa = 1000 N/m^2이다.

$$\therefore h_f = 4f\frac{L}{D} \cdot \frac{V^2}{2}$$

$$= 4 \times 0.0065 \times \frac{500}{0.0158} \times \frac{10^2}{2} \times 1000 = 41139240.51\,Pa = 41139240.51\,N/m^2$$

08 **송수펌프가 유량 2000 L/min으로 양정 60 m로 펌핑하고자 한다. 필요한 동력은 몇 HP인가? (단, 펌프의 효율은 65 %이다.)**

풀이 $HP = \frac{\gamma \cdot Q \cdot H}{76\eta} = \frac{1000 \times 2000 \times 10^{-3} \times 60}{76 \times 0.65 \times 60} = 40.485 ≒ 40.49\,HP$

해답 40.49 HP

해설 **동력의 단위**

① 1 PS(Perde Starke) = 75 kgf·m/s = 632.2 kcal/h = 0.735 kW

② 1 kW = 102 kgf·m/s = 860 kcal/h = 1.36 PS

③ 1 HP(horse power : 영국마력) = 76 kgf·m/s = 640.75 kcal/h = 0.745 kW

09 **NH_3의 특징적인 위험성에 대하여 4가지를 쓰시오.**

해답 ① 폭발범위가 15~28 %인 가연성 가스이다.

② 허용농도가 TLV-TWA 25 ppm으로 독성 가스이다.

③ 동 및 동합금에 대하여 부식성을 나타낸다.

④ 액체 암모니아가 피부에 노출되면 동상, 염증의 위험성이 있다.

10 **공동배기구를 사용한 배기 시 배기구 넓이를 구하는 공식을 쓰고 단위를 포함하여 각 인자에 대하여 설명하시오.**

해답 $A = Q \times 0.6 \times K \times F + P$

여기서, A : 공동 배기구 유효단면적(mm^2)

Q : 보일러의 가스소비량 합계(kcal/h)

K : 형상계수

F : 보일러의 동시사용률

P : 배기통의 수평투영면적(mm^2)

2011년도 가스기사 모의고사

제1회 가스기사 필답형

01 A 기체를 대기 중으로 확산하는데 20분이 소요되었다. 같은 조건에서 수소의 확산시간은 4분이 소요되었다면 A 기체의 분자량은?

풀이 $\frac{U_2}{U_1}=\sqrt{\frac{M_1}{M_2}}=\frac{t_1}{t_2}$에서 $\sqrt{\frac{M_A}{M_{H_2}}}=\frac{t_A}{t_{H_2}}$ 가 된다.

$\therefore M_A=\left(\frac{t_A}{t_{H_2}}\right)^2\times M_{H_2}=\left(\frac{20}{4}\right)^2\times 2=50$

해답 50

02 [보기]에서 주어진 조건을 이용하여 비수조식 내압시험장치에서 전증가량 계산식을 완성하시오.

보기
- ΔV : 전증가량(cm^3)
- V : 용기 내용적(cm^3)
- P : 내압시험압력(MPa)
- A : 내압시험압력 P에서의 압입수량(수량계의 물 강하량) (cm^3)
- B : 내압시험압력 P에서의 수압펌프에서 용기까지의 연결관에 압입된 수량(용기이외의 압입수량) (cm^3)
- β : 내압시험 시 물의 온도에서 압축계수
- t : 내압시험 시 물의 온도(℃)

해답 $\Delta V=(A-B)-\{(A-B)+V\}\times P\times\beta$

해설 ① t℃ 에서의 압축계수 계산

$\beta_t=(5.11-3.8981t\times 10^{-2}+1.0751t^2\times 10^{-3}-1.3043t^3\times 10^{-5}-6.8P\times 10^{-3})\times 10^{-4}$

② 전증가량 및 내용적, 압입수량의 단위 cm^3는 cc의 단위와 같다.

03 가스 비중이 0.5인 도시가스가 수직으로 100 m 상승한 곳에 공급될 때 배관 내의 압력손실은 수주로 몇 mm인가?

풀이 $H=1.293(S-1)\cdot h=1.293\times(0.5-1)\times 100=-64.65\ mmH_2O$

해답 $-64.65\ mmH_20$

해설 "−" 값은 가스가 공기보다 가볍기 때문에 압력이 상승되는 것을 의미함

04 **고압가스 제조시설에서 건축물 내에 가스가 누출하기 쉬운 고압가스 설비가 설치되어 있는 경우 바닥면 둘레가 45 m일 때 가스누출 검지 경보장치 검출부 설치 수는 몇 개인가?**

해답 5개

해설 건축물 내에 설치되어 있는 압축기, 펌프, 반응설비, 저장탱크 등 가스가 누출하기 쉬운 고압가스설비 등이 설치되어 있는 장소 주위에는 가스가 체류하기 쉬운 곳에 이들 설비군의 바닥면 둘레 10 m에 대하여 1개 이상의 비율로 계산한 수의 가스누출 검지 경보장치 검출부를 설치하여야 한다.

05 **접촉분해공정에서 수증기비가 일정할 때 온도를 저온에서 고온으로 상승 시 CO_2, CO, H_2, CH_4의 생성량 변화를 설명하시오.**

해답 CH_4과 CO_2가 감소하고, H_2와 CO가 증가한다.

해설 **접촉분해법공정에서의 온도, 압력, 수증기비의 영향**

① 압력과 온도의 영향

구분		CH_4, CO_2	H_2, CO
압력	상승	증가	감소
	하강	감소	증가
온도	상승	감소	증가
	하강	증가	감소

② 수증기비의 영향 : 일정온도, 압력하에서 수증기비를 증가시키면 CH_4, CO가 적고, CO_2, H_2가 많은 가스가 생성된다.

06 **방폭전기기기에서 최대안전틈새 범위란 무엇인가 설명하시오.**

해답 최대안전틈새 범위는 내용적이 8 L이고 틈새깊이가 25 mm인 표준용기 내에서 가스가 폭발할 때 발생한 화염이 용기 밖으로 전파하여 가연성 가스에 점화되지 아니하는 최댓값을 말한다.

07 **U자관 마노미터를 사용하여 오리피스에 걸리는 압력차를 측정하였다. 마노미터 속의 유체는 비중 13.6인 수은이며, 오리피스를 통하여 흐르는 유체는 비중이 1인 물이다. 마노미터의 읽음이 50 cm일 때 오리피스에 걸리는 압력차는 몇 gf/cm²인가?**

풀이 $\Delta P = (\gamma_2 - \gamma_1) \cdot h$

$= (13.6 \times 1000 - 1 \times 1000) \times 0.5 = 6300\ \text{kgf/m}^2 \times 10^3\ \text{gf/kgf} \times 10^{-4}\ \text{m}^2/\text{cm}^2$

$= 630\ \text{gf/cm}^2$

[별해] $\Delta P = (s_2 - s_1) \cdot h = (13.6 - 1) \times 50 = 630\ \text{gf/cm}^2$

해답 $630\ \text{gf/cm}^2$

08 **독성 가스의 허용농도는 LC 50으로 표시하고 있다. 이 때 독성 가스의 기준을 설명하시오.**

해답 허용농도 100만분의 5000 이하

해설 ① 독성 가스의 정의(고법 시행규칙 제2조) : 공기 중에 일정량 이상 존재하는 경우 인체에 유해한 독성을 가진 가스로서 허용농도가 100만분의 5000 이하인 것을 말한다.
→ LC50(치사농도[致死濃度] 50 : Lethal concentration 50)으로 표시
② 허용농도 : 해당 가스를 성숙한 흰쥐 집단에게 대기 중에서 1시간 동안 계속하여 노출시킨 경우 14일 이내에 그 흰쥐의 2분의 1 이상이 죽게 되는 가스의 농도를 말한다.

09 **충전시설에는 자동차에 고정된 탱크에서 LPG를 저장탱크로 이입할 수 있도록 건축물 외부에 설치하여야 할 것은 무엇인가?**

해답 로딩암

해설 로딩암 설치(액화석유가스 충전시설 기준 KGS FP333) : 충전시설에는 자동차에 고정된 탱크에서 가스를 이입할 수 있도록 건축물 외부에 로딩암을 설치한다. 다만, 로딩암을 건축물 내부에 설치하는 경우에는 건축물의 바닥면에 접하여 환기구를 2방향 이상 설치하고, 환기구 면적의 합계는 바닥면적의 6% 이상으로 한다.

10 **[보기]에서 주어진 조건을 이용하여 구형 탱크의 두께를 계산하시오.**

보기
- 최고사용압력 : 5 MPa
- 안지름 : 1000 mm
- 항복응력 : 600 kgf/mm^2
- 용접효율 : 60%
- 부식 여유치 : 2 mm

풀이 1 MPa은 약 10 kgf/cm^2에 해당된다.

$$t = \frac{PD}{400f\eta - 0.4P} + C = \frac{(5\times10)\times1000}{400\times600\times\frac{1}{4}\times0.6 - 0.4\times(5\times10)} + 2 = 3.389 ≒ 3.39 \text{ mm}$$

해답 3.39 mm

[별해] SI단위 적용 계산 : 항복응력 kgf/mm^2에 중력가속도 9.8 m/s^2을 곱하면 N/mm^2으로 변환된다.

$$t = \frac{PD}{4f\eta - 0.4P} + C = \frac{5\times1000}{4\times(600\times9.8)\times\frac{1}{4}\times0.6 - 0.4\times5} + 2 = 3.418 ≒ 3.42 \text{ mm}$$

제2회 가스기사 필답형

01 **도시가스 공급시설의 내관의 내용적을 계산하였더니 100 L이었다. 내관에 공기 또는 불활성 가스를 가압한 후 기밀시험압력 유지시간은 몇 분인가?**

해답 24분

해설 내관의 내용적에 따른 기밀시험압력 유지시간

내용적	시험압력 유지시간
10 L 이하	5분
10 L 초과 50 L 이하	10분
50 L 초과	24분

02 **액화가스 저장탱크의 저장능력 산정식을 쓰고 각 인자에 대하여 설명하시오.**

해답 $W = 0.9dV$

여기서, W : 저장능력(kg)

d : 상용온도에서의 액화가스의 비중(kg/L)

V : 내용적(L)

03 **다음 물음에 답하시오.**

(1) 내용적 1.5 m³ 용기에 산소가 35℃에서 최고충전압력 15 MPa로 충전되어 있고, 외부온도 상승에 의하여 내부압력이 증가되어 용기의 내압시험압력에서 파손되었다면 이때의 온도는 몇 ℃인가? (단, 용기의 내용적 변화는 없다.)

(2) 대기온도가 27℃인 상태에서 용기가 파손될 때 팽창되는 산소는 가역단열팽창과정이고 팽창된 후 파손된 산소는 대기압 상태이고 온도는 대기온도와 같을 때 팽창 시 행하여진 일량은 몇 kJ인지 계산하시오. (단, 산소의 비열비는 1.4이다.)

풀이 (1) ① 내압시험압력 계산

$$\text{내압시험압력} = \text{최고충전압력} \times \frac{5}{3} = 15 \times \frac{5}{3} = 25\,\text{MPa}$$

② 용기가 파손될 때의 온도 계산

$\frac{P_1 V_1}{T_1} = \frac{P_2 V_2}{T_2}$에서 $V_1 = V_2$이므로

$$T_2 = \frac{T_1 P_2}{P_1} = \frac{(273+35) \times (25+0.101325)}{15+0.101325} = 511.955\,\text{K} - 273$$

$$= 238.955 ≒ 238.96\,℃$$

(2) ① 충전된 산소 질량 계산

$PV = GRT$에서

$$\therefore G = \frac{PV}{RT} = \frac{(15 \times 10^3 + 101.325) \times 1.5}{\frac{8.314}{32} \times (273+35)} = 283.071 ≒ 283.07\,\text{kg}$$

② 팽창일 계산 : 처음 상태가 파열 직전의 상태가 되고(압력 25 MPa, 온도 238.96℃), 나중 상태가 파열 후 대기 중으로 산소가 팽창된 것이고(압력 대기압, 온도 27℃) 가역단열팽창이므로 팽창일은 다음과 같다.

$$W = \frac{1}{k-1} \cdot G \cdot R \cdot T_1 \cdot \left(1 - \frac{T_2}{T_1}\right)$$

$$= \frac{1}{1.4-1} \times 283.07 \times \frac{8.314}{32} \times (273+238.96) \times \left(1 - \frac{273+27}{273+238.96}\right)$$

$$= 38971.561 ≒ 38971.56\,\text{kJ}$$

해답 (1) 238.96℃

(2) 38971.56 kJ

04 **정압기 정특성 중 시프트(shift)에 대하여 설명하시오.**

해답 1차 압력의 변화에 의하여 정압곡선이 전체적으로 어긋나는 것

05 가스용 폴리에틸렌관을 온도가 40℃ 이상인 곳에 설치 가능한 기준은?

해답 파이프 슬리브를 이용하여 단열조치를 한다.

06 웨버지수 계산식을 쓰고 각 인자에 대하여 설명하시오.

해답 $WI = \frac{H_g}{\sqrt{d}}$

여기서, WI : 웨버지수

H_g : 도시가스의 총발열량(kcal/m^3)

d : 도시가스의 공기에 대한 비중

07 전기방식법 중 강제배류법의 장점 4가지를 쓰시오.

해답 ① 효과범위가 넓다.
② 전압, 전류의 조정이 용이하다.
③ 전식에 대해서도 방식이 가능하다.
④ 외부전원법에 비해 경제적이다.
⑤ 전철의 휴지기간에도 방식이 가능하다.
⑥ 양극효과에 의한 간섭이 없다.

해설 강제배류법의 단점
① 다른 매설금속체로의 장해에 대해 검토가 있어야 한다.
② 전철에의 신호장해에 대해 검토가 있어야 한다.
③ 전원을 필요로 한다.

08 가연성 가스 충전용기의 충전구 나사가 오른나사인 것 2가지를 쓰시오.

해답 ① 암모니아 ② 브롬화메탄

09 LPG 사용시설에서 2단 감압방식을 사용할 때 장점 4가지를 쓰시오.

해답 ① 입상배관에 의한 압력손실을 보정할 수 있다.
② 가스배관이 길어도 공급압력이 안정된다.
③ 각 연소기구에 알맞은 압력으로 공급이 가능하다.
④ 중간 배관의 지름이 작아도 된다.

해설 2단 감압방식의 단점
① 설비가 복잡하고, 검사방법이 복잡하다.
② 조정기 수가 많아서 점검부분이 많다.
③ 부탄의 경우 재액화의 우려가 있다.
④ 시설의 압력이 높아서 이음방식에 주의하여야 한다.

10 10℃ 공기의 정압비열이 0.240 kcal/kg·℃이고, 정적비열은 0.171 kcal/kg·℃인 1 m^{3}를 압축기에서 흡입압력 10 kgf/cm^2, 토출압력 20 kgf/cm^{2}의 압력까지 단열압축 할 때 물음에 답하시오. (단, 압축기 흡입압력, 토출압력은 절대압력이다.)

(1) 비열비를 계산하시오.
(2) 1단 압축의 경우 압축 후 토출가스 온도는 몇 ℃인가?
(3) 2단 압축하는 경우 1단에서 15 kgf/cm²까지 압축한다면 토출가스 온도는 몇 ℃인가?

풀이 (1) 공기의 비열비 계산

$$\therefore k = \frac{C_p}{C_v} = \frac{0.240}{0.171} = 1.403 ≒ 1.40$$

(2) 1단 압축의 토출가스 온도 계산

$$\frac{T_2}{T_1} = \left(\frac{P_2}{P_1}\right)^{\frac{k-1}{k}}$$ 에서

$$\therefore T_2 = T_1 \times \left(\frac{P_2}{P_1}\right)^{\frac{k-1}{k}} = (273+10) \times \left(\frac{20}{10}\right)^{\frac{1.4-1}{1.4}}$$

$$= 344.980\,K - 273 = 71.980 ≒ 71.98 ℃$$

(3) 2단 압축의 1단 토출가스 온도 계산

$$\therefore T_2 = T_1 \times \left(\frac{P_2}{P_1}\right)^{\frac{k-1}{k}} = (273+10) \times \left(\frac{15}{10}\right)^{\frac{1.4-1}{1.4}}$$

$$= 317.759\,K - 273 = 44.759 ≒ 44.76 ℃$$

해답 (1) 1.4 (2) 71.98℃ (3) 44.76℃

제3회 가스기사 필답형

01 도시가스 성분을 분석하였더니 그 성분이 프로판(C_3H_8) 60 vol %, 매탄(CH_4) 40 vol % 일 때 혼합가스의 폭발하한계값을 구하시오. (단, 공기 중에서 폭발범위 하한계값은 프로판 2.1 vol %, 메탄 5 vol %이다.)

풀이 $\frac{100}{L} = \frac{V_1}{L_1} + \frac{V_2}{L_2}$ 에서

$$L = \frac{100}{\frac{V_1}{L_1} + \frac{V_2}{L_2}} = \frac{100}{\frac{60}{2.1} + \frac{40}{5}} = 2.734 ≒ 2.73 \text{ vol}\%$$

해답 2.73 vol %

02 단독 · 반밀폐식 · 강제 배기식 가스보일러 설치기준이다. ( )에 알맞은 숫자를 넣으시오.

(1) 배기통 및 연돌의 터미널에는 새, 쥐 등이 들어가지 않도록 지름 ( ) mm 이상의 물체가 들어가지 아니하는 내식성의 구조물을 설치하여야 한다.
(2) 터미널의 상 · 하 · 주위 ( ) cm 이내에 가연성 구조물이 없도록 한다.

(3) 터미널 개구부로부터 ( )cm 이내에 배기가스가 실내로 유입할 우려가 있는 개구부가 없어야 한다.

해답 (1) 16 (2) 60 (3) 60

03 특정설비제조자가 저장소 탱크에서 수리할 수 있는 범위 3가지를 쓰시오.

해답 ① 저장탱크 몸체의 용접
② 저장탱크의 부속품(그 부품을 포함)의 교체 및 가공
③ 단열재 교체

04 저압 지하식 LNG 저장탱크 외면으로부터 사업소 경계까지 유지하여야 할 거리를 구하는 식을 쓰고 각 인자에 대하여 설명하시오.

해답 $L = C \times \sqrt[3]{143000\,W}$
여기서, L : 유지하여야 하는 거리(m)
C : 상수(저압 지하식 저장탱크 0.240, 그 밖의 가스저장설비 및 처리설비 0.576)
W : 저장탱크 저장능력(톤)의 제곱근, 그 밖의 것은 그 시설 안의 액화천연가스 질량(톤)

05 카르노 사이클에서 순환과정 4가지를 쓰시오.

해답 ① 정온(등온)팽창 ② 단열팽창 ③ 정온(등온)압축 ④ 단열압축

06 200 A 강관(바깥지름 220 mm, 두께 5 mm)에 내부 압력이 10 kgf/cm^2 작용할 때 원주방향 응력(kgf/cm^2)을 계산하시오.

풀이 $\sigma_A = \dfrac{PD}{2t} = \dfrac{10 \times (220 - 2 \times 5)}{2 \times 5} = 210\,\text{kgf/cm}^2$

해답 210 kgf/cm^2

07 LNG 또는 석유로부터 수소를 제조하는 방법 2가지를 쓰시오.

해답 ① 수증기 개질법
② 부분 산화법

08 발열량이 5000 kcal/Nm^3, 비중이 0.61, 공급표준압력이 100 mmH_2O인 가스에서 발열량 11000 kcal/Nm^3, 비중 0.66, 공급표준압력이 200 mmH_2O인 LNG로 가스를 변경할 경우 노즐 지름 변경률을 계산하시오.

풀이 $\dfrac{D_2}{D_1} = \sqrt{\dfrac{WI_1\sqrt{P_1}}{WI_2\sqrt{P_2}}} = \sqrt{\dfrac{\dfrac{5000}{\sqrt{0.61}} \times \sqrt{100}}{\dfrac{11000}{\sqrt{0.66}} \times \sqrt{200}}} = 0.578 \fallingdotseq 0.58$

해답 0.58

필답형 모의고사

09 **도시가스 공급소의 신규 설치공사를 할 경우 공사계획 승인대상에 해당하는 설비의 설치공사 2가지를 쓰시오.**

해답 ① 가스홀더 ② 압송기 ③ 정압기
④ 배관(최고사용압력이 중압 또는 고압인 배관으로서 호칭 지름이 150 mm 이상인 것만을 말한다.)

참고 **도시가스 제조소의 신규 설치공사의 공사계획 승인대상 설비의 설치공사**

① 가스발생설비 또는 가스정제설비
② 가스홀더
③ 배송기 또는 압송기
④ 저장탱크 또는 액화가스용 펌프
⑤ 최고사용압력이 고압인 열교환기
⑥ 가스압축기, 공기압축기 또는 송풍기
⑦ 냉동설비(유분리기, 응축기 및 수액기만을 말한다.)
⑧ 배관(최고사용압력이 중압 또는 고압인 배관으로서 호칭 지름이 150 mm 이상이고, 그 길이가 20 m 이상인 것만을 말한다.)

10 **프로판 1 mol을 이론공기량으로 완전연소시킬 때 혼합기체 중 프로판의 화학양론농도(x_0)와 폭발범위 하한값(x_1)을 계산하시오.**

풀이 ① 프로판의 화학양론농도(x_0) 계산

이론공기량에 의한 프로판(C_3H_8)의 완전연소 반응식

$C_3H_8 + 5O_2 + (N_2) \rightarrow 3CO_2 + 4H_2O + (N_2)$

$$x_0 = \frac{1}{1+\frac{n}{0.21}} \times 100 = \frac{0.21}{0.21+n} \times 100 = \frac{0.21}{0.21+5} \times 100 = 4.030 ≒ 4.03\ \%$$

② 폭발범위 하한값(x_1) 계산

$x_1 = 0.55 \cdot x_0 = 0.55 \times 4.03 = 2.216 ≒ 2.22\ \%$

해답 ① 4.03 % ② 2.22 %

2012년도 가스기사 모의고사

제1회 가스기사 필답형

01 1단 감압식 저압조정기의 입구압력과 조정압력을 쓰시오.

해답 ① 입구압력 : 0.07~1.56 MPa ② 조정압력 : 2.3~3.3 kPa

02 공기액화 분리장치의 폭발원인 4가지를 쓰시오.

해답 ① 공기 취입구로부터 아세틸렌의 혼입
② 압축기용 윤활유 분해에 따른 탄화수소의 생성
③ 액체 공기 중에 오존의 혼입
④ 공기 중 질소화합물의 혼입

03 지름이 30 m인 구형 가스홀더에 0.7 MPa·g의 압력으로 도시가스가 저장되어 있는 것을 압력이 0.25 MPa·g로 될 때까지 가스를 공급하였을 때 공급된 가스량(Sm^3)을 계산하시오. (단, 공급 시 온도는 20℃로 변함이 없고, 표준대기압은 0.1 MPa이다.)

풀이 ① 구형 가스홀더의 내용적(m^3) 계산

$$V = \frac{\pi}{6} \times D^3 = \frac{\pi}{6} \times 30^3 = 14137.166 ≒ 14137.17\ m^3$$

② 공급된 가스량(Sm^3) 계산

$$\Delta V = V \times \frac{P_1 - P_2}{P_0} \times \frac{T_0}{T_1}$$

$$= 14137.17 \times \frac{(0.7+0.1) - (0.25+0.1)}{0.1} \times \frac{273}{273+20}$$

$$= 59274.789 ≒ 59274.79\ Sm^3$$

해답 59274.79 Sm^3

04 [보기]와 같은 조건일 때 용접용기의 동판 두께를 계산하시오.

보기
- 최고사용압력 : 3 MPa
- 안지름 : 60 cm
- 항복응력 : 600 N/mm^2
- 용접효율 : 75 %
- 부식여유치 : 1 mm

풀이 $t = \frac{PD}{2S\eta - 1.2P} + C = \frac{3 \times 600}{2 \times 600 \times \frac{1}{4} \times 0.75 - 1.2 \times 3} + 1 = 9.130 ≒ 9.13\,mm$

해답 9.13 mm

05 **저장탱크나 압력용기(액화천연가스 제외) 맞대기 용접부의 기계적 시험방법 3가지를 쓰시오.**

해답 ① 이음매 인장시험 ② 충격시험 ③ 표면굽힘시험 ④ 측면굽힘시험 ⑤ 이면굽힘시험

06 **가스배관 등 가스설비를 시공한 후에 용접부에 비파괴검사를 할 때 가장 신뢰성이 있는 검사법은 무엇인가?**

해답 방사선투과검사

07 **어느 식당에서 가스소비량이 0.4 kg/h인 것 8대, 0.14 kg/h인 것 2대, 0.85 kg/h인 것 1대를 1일 평균 3시간 사용하는데 자동절체식 조정기를 사용하여 LPG 20 kg 용기를 설치할 경우 최소한 몇 개가 필요한가? (단, LPG 용기 1개의 가스발생능력은 외기온도 5℃에서 1.5 kg/h로 한다.)**

풀이 ① 용기 수 $= \dfrac{\text{최대소비수량(kg/h)}}{\text{용기의 가스발생능력(kg/h)}}$

$$= \frac{(0.4\times 8)+(0.14\times 2)+(0.85\times 1)}{1.5} = 2.886 \fallingdotseq 3\text{개}$$

② 최소 용기 수 계산 : 자동절체식 조정기를 사용하므로 예비측 용기까지 계산하여야 한다.

∴ 최소 용기 수 $= 3\times 2 = 6$개

해답 6개

08 **가스압축용 압축기 토출라인 및 흡인라인에 공통으로 설치하여 배관에 전달되는 진동과 관의 신축을 흡수하는 역할을 하는 설비(부품) 명칭을 쓰시오.**

해답 플렉시블 조인트(flexible joint)

09 **도시가스 공급방식 중 공급압력에 따른 종류 3가지를 쓰시오.**

해답 ① 저압 공급방식 : 0.1 MPa 미만
② 중압 공급방식 : 0.1 MPa 이상 1 MPa 미만
③ 고압 공급방식 : 1 MPa 이상

10 **안전관리자 대행업에서 가스안전관리가 필요한 지역에 20만 가구가 있다. 이 중 11만 가구는 공동주택이고, 그중 3만 가구에는 다기능 가스안전계량기를 설치하였다. 이 지역의 안전관리를 하기 위해서 채용해야 하는 안전관리 점검원 수는 몇 명인가?**

풀이 ① 일반수요자 : 20만−11만=9만 가구

점검원$= \dfrac{90000}{3000} = 30$명

② 공동주택 : 11만−3만=8만 가구

점검원$=\dfrac{80000}{4000}=20$명

③ 다기능 가스계량기 설치 가구 : 3만 가구

점검원$=\dfrac{30000}{6000}=5$명

④ 사용시설 점검원 수$=30+20+5=55$명

해답 55명

참고

가스사용시설 안전관리업무 대행자의 자격(도법 시행규칙 제47조) : 법 제28조제1항에서 "산업통상자원부령으로 정하는 자격을 갖춘 자"란 다음 각 호의 요건을 모두 갖춘 자를 말한다. 이 경우 다음 각 호에 따른 안전관리 책임자, 사용시설점검원, 제1종 또는 제2종 가스시설시공업 등록을 위한 자격소지자를 각각 갖추어야 한다.

1. 안전관리 책임자[「국가기술자격법」에 따른 가스기능사 이상의 기술자격을 소지하거나 별표14 제4호 다목 1)의 교육을 이수한 자를 말한다]가 1명 이상일 것
2. 사용시설점검원[별표14 제4호 나목 2) 또는 같은 호 다목 2)의 교육을 이수한 자를 말한다]이 가스사용시설 안전관리 수요자 3천 가구 또는 사업체마다 1명 이상일 것. 다만, 다음 각 목의 어느 하나에 해당하는 경우에는 그 가구 또는 사업체를 기준으로 할 수 있다.
   가. 공동주택 등인 경우에는 가스사용시설 안전관리 수요자 4천 가구 또는 사업체
   나. 다기능 가스안전계량기(원격 가스차단, 원격 일산화탄소 검지·차단 및 지진 감지·차단 등의 안전기능이 되어 있는 계량기를 말한다)가 설치된 경우에는 가스사용시설 안전관리 수요자 6천 가구 또는 사업체
3. 「건설산업기본법 시행령」 제13조에 따른 제1종 또는 제2종 가스시설 시공업에 등록한 자일 것

제2회 가스기사 필답형

01 액화석유가스를 사용할 때 자연기화방식과 강제기화방식을 선정하는 이유(목적)를 각각 2가지씩 설명하시오.

해답 (1) 자연기화방식

① 부하변동이 비교적 적을 경우
② 연간 온도 차이가 크지 않을 경우
③ 용기설치 장소를 용이하게 확보할 수 있을 경우

(2) 강제기화방식

① 부하변동이 비교적 심한 경우
② 한랭지에서 사용하는 경우
③ 용기설치 장소를 확보하지 못하는 경우

02 **용기에 산소 32 kg이 들어 있을 때 120℃에서의 절대압력이 0.7 MPa이었다면 용기의 내용적은 몇 m^3인가? (단, 산소의 가스정수는 26.5 kgf·m/kg·K이다.)**

풀이 $PV = GRT$ 에서

$$V = \frac{GRT}{P} = \frac{32 \times 26.5 \times (273+120)}{\frac{0.7}{0.101325} \times 10332} = 4.668 = 4.67\ m^3$$

해답 4.67 m^3

03 **지진으로부터 가스설비를 보호하기 위하여 내진설계를 하는 시설 중 도시가스 사업법 적용을 받는 대상시설을 설명하시오.**

해답 저장능력이 3톤(압축가스 300 m^3) 이상인 저장탱크(지하에 매설하는 것 제외) 또는 가스홀더, 지지구조물 및 기초와 이들의 연결부

① 고법 적용대상시설

㉮ 고법의 적용을 받는 5톤(비가연성 가스나 비독성의 경우 10톤) 또는 500 m^3(비가연성 가스나 비독성 가스의 경우 1000 m^3) 이상의 저장탱크(지하에 매설하는 것 제외) 및 압력용기(반응, 분리, 정제, 증류 등을 행하는 탑류로서 동체부의 높이가 5 m 이상인 것만 적용, 이하 "탑류"라 함), 지지구조물 및 기초와 이들의 연결부

㉯ 고법의 적용을 받는 세로방향으로 설치한 동체의 길이가 5 m 이상인 원통형 응축기 및 내용적 5000 L 이상인 수액기, 지지구조물 및 기초와 이들의 연결부

② 액법 적용대상시설 : 3톤 이상의 액화석유가스 저장탱크(지하에 매설하는 것 제외), 지지구조물 및 기초와 이들의 연결부

04 **체적비로 CH_4 50 %, H_2 20 %, C_3H_8 20 %, C_4H_{10} 10 %의 혼합기체의 공기 중에서의 폭발범위 하한값(%)과 상한값(%)을 각각 계산하시오. (단, CH_4, H_2, C_3H_8, C_4H_{10}의 폭발범위는 각각 5~15 %, 4~75 %, 2.2~9.5 %, 1.9~8.5 %이다.)**

풀이 $\frac{100}{L} = \frac{V_1}{L_1} + \frac{V_2}{L_2} + \frac{V_3}{L_3} + \frac{V_4}{L_4}$ 에서 $L = \frac{100}{\frac{V_1}{L_1} + \frac{V_2}{L_2} + \frac{V_3}{L_3} + \frac{V_4}{L_4}}$ 이므로

① 폭발범위 하한값 계산

$$L_l = \frac{100}{\frac{50}{5} + \frac{20}{4} + \frac{20}{2.2} + \frac{10}{1.9}} = 3.406 \fallingdotseq 3.41\ \%$$

② 폭발범위 상한값 계산

$$L_h = \frac{100}{\frac{50}{15} + \frac{20}{75} + \frac{20}{9.5} + \frac{10}{8.5}} = 14.531 \fallingdotseq 14.53\ \%$$

해답 3.41~14.53 %

05 가연성 가스 제조설비 등에서 발생하는 정전기를 제거할 때 단독으로 접지하는 설비 종류 4가지를 쓰시오.

해답 ① 탑류 ② 저장탱크 ③ 열교환기 ④ 회전기계 ⑤ 벤트스택

06 아세틸렌의 폭발성 종류 3가지에 대하여 설명하시오.

해답 ① 산화폭발 : 산소와 혼합하여 점화하면 폭발을 일으킨다.
② 분해폭발 : 가압, 충격에 의하여 탄소와 수소로 분해되면서 폭발을 일으킨다.
③ 화합폭발 : 동(Cu), 은(Ag), 수은(Hg) 등의 금속과 화합 시 폭발성의 아세틸드를 생성하여 폭발한다.

07 단면적이 2 m^2인 관에 공기가 유속 200 cm/s, 압력 30 mmHg로 송출될 때 송풍기의 축동력(kW)을 계산하시오. (단, 송풍기 효율은 60 %이며, 여유율 10 %를 포함한다.)

풀이 $\text{kW} = \frac{P \cdot Q}{102\eta} = \frac{\left(\frac{30}{760} \times 10332\right) \times (2 \times 2)}{102 \times 0.6} \times 1.1 = 29.321 ≒ 29.32\ \text{kW}$

해답 29.32 kW

08 액비중이 0.52인 프로판 1 L을 완전연소하기 위한 이론공기량은 몇 Sm^3인가 계산하시오. (단, 공기 중 산소는 21 vol %이다.)

풀이 ① 프로판의 완전연소 반응식 : $C_3H_8 + 5O_2 \rightarrow 3CO_2 + 4H_2O$
② 이론 공기량 계산 : 프로판의 액비중 0.52는 액체 1 L의 무게가 0.52 kg에 해당되는 것이고, 액체의 무게와 기체의 무게는 질량보존의 법칙에 의하여 같다.
$44\ \text{kg} : 5 \times 22.4\ \text{Sm}^3 = 0.52\ \text{kg} : x(O_0)\ \text{Sm}^3$

$$\therefore A_0 = \frac{O_0}{0.21} = \frac{5 \times 22.4 \times 0.52}{44 \times 0.21} = 6.303 ≒ 6.30\ \text{Sm}^3$$

해답 6.3 Sm^3

09 공급압력이 수주 180 mmH_2O 인 가스를 높이 100m 높이의 건물에 30 m^3/h로 공급할 때 다음 표를 이용하여 배관을 선택하시오. (단, 가스의 비중은 0.6이고, 배관 길이는 건물의 높이와 같은 것으로 한다.)

관 호칭(A)	바깥지름(mm)	두께(mm)	안지름(mm)	D^5
25	34	3.2	27.6	160
32	42.7	3.5	35.7	580
40	48.6	3.5	41.6	1245
50	60.5	3.8	52.9	4142
65	76.3	4.2	67.9	14431

풀이 ① 입상관에 의한 압력손실(압력변화) 계산
$H = 1.293(S-1)h = 1.293 \times (0.6-1) \times 100 = -51.72\ mmH_2O$
("−" 값은 압력이 상승되는 것을 나타내고, 입상관에서의 압력손실은 100 m 높이의

공급압력차와 같은 것이므로 51.72 mmH_2O를 관지름 계산할 때 압력손실 값에 적용하면 된다.)

② D^5 값 계산

$$Q = K\sqrt{\frac{D^5 \cdot H}{S \cdot L}} \text{ 에서}$$

$$\therefore D^5 = \frac{Q^2 \times S \times L}{K^2 \times H} = \frac{30^2 \times 0.6 \times 100}{0.707^2 \times 51.72} = 2088.797 \fallingdotseq 2088.80$$

∴ 표에서 40 A(D^5 = 1245) < 2088.8 < 50 A(D^5 = 4142)이므로 배관은 50 A를 선택하여야 한다.

해답 50 A

10 **초저온 용기의 단열성능시험이 [보기]와 같은 조건일 때 침입열량(kcal/h·℃·L)을 계산하고 단열성능시험의 합격 여부를 판정하시오. (단, 소수점 5째 자리에서 반올림하여 4째 자리까지 계산하시오.)**

보기

- 기화 가스량 : 20 kg
- 시험용 액화가스 기화잠열 : 51 kcal/kg
- 측정시간 : 4시간
- 외기온도 : 20℃
- 산소의 비점 : −183℃
- 용기 내용적 : 1000 L

풀이 ① 침입열량 계산

$$Q = \frac{W \cdot q}{H \cdot \Delta t \cdot V} = \frac{20 \times 51}{4 \times (20 + 183) \times 1000} = 0.00125 \fallingdotseq 0.0013 \text{ kcal/h·℃·L}$$

② 판정 : 침입열량 합격기준인 0.002 kcal/h·℃·L를 초과하지 않으므로 합격이다.

해답 ① 침입열량 : 0.0013 kcal/h·℃·L ② 판정 : 합격

제3회 가스기사 필답형

01 **도시가스 특정가스 사용시설의 월사용예정량 산정 공식을 쓰고 설명하시오.**

해답 $Q = \frac{(A \times 240) + (B \times 90)}{11000}$

여기서, Q : 월사용예정량(m^3)

A : 산업용으로 사용하는 연소기의 명판에 기재된 가스소비량의 합계(kcal/h)

B : 산업용이 아닌 연소기의 명판에 기재된 가스소비량의 합계(kcal/h)

02 **1일 처리능력이 80톤인 가연성 가스 저온저장탱크와 제1종 보호시설과의 안전거리는 얼마인가?**

풀이 안전거리 $= \frac{3}{25} \times \sqrt{X + 10000} = \frac{3}{25} \times \sqrt{80000 + 10000} = 36\,\mathrm{m}$

해답 36 m

03 원심펌프에서 발생하는 캐비테이션 현상과 방지법 4가지를 각각 설명하시오.

해답 (1) 캐비테이션 현상 : 유수 중에 그 수온의 증기압력보다 낮은 부분이 생기면 물이 증발을 일으키고 기포를 다수 발생하는 현상

(2) 방지법

① 펌프의 위치를 낮춰 흡입양정을 짧게 한다.

② 수직축 펌프를 사용하여 회전차를 수중에 완전히 잠기게 한다.

③ 양흡입 펌프를 사용한다.

④ 펌프의 회전수를 낮춘다.

⑤ 두 대 이상의 펌프를 사용한다.

04 소형저장탱크의 안전밸브 방출구조에 대하여 설명하시오.

해답 수직방향으로 분출되는 구조

05 지상에 설치된 액화석유가스 저장탱크 외벽이 화염에 의하여 국부적으로 가열될 경우 탱크의 파열을 방지하기 위한 폭발방지장치의 열전달 매체인 알루미늄박판("폭발방지제"라 함)은 알루미늄합금박판에 일정 간격으로 슬릿(slit)을 내고 이것을 팽창시켜 어떤 모양으로 한 것인가?

해답 다공성 벌집형

06 정전기 제거설비를 정상상태로 유지하기 위하여 확인하여야 할 사항 3가지를 쓰시오.

해답 ① 지상에서 접지 저항치

② 지상에서의 접속부의 접속 상태

③ 지상에서의 절선 그 밖에 손상부분의 유무

07 부식은 주위 환경과의 사이에 발생되는 전기 화학적 반응으로 강관을 부식시킨다. 이러한 반응을 일으키는 원인 4가지를 쓰시오.

해답 ① 이종 금속의 접촉

② 금속재료의 조성, 조직의 불균일

③ 금속재료의 표면상태의 불균일

④ 금속재료의 응력상태, 표면온도의 불균일

⑤ 부식액의 조성, 유동상태의 불균일

08 왕복동 다단압축기에서 대기압 상태의 20℃ 공기를 흡입하여 최종단에서 토출압력 30 kgf/cm^2·g, 온도 40℃의 압축공기 30 m^3/h를 토출하면 체적효율(%)은 얼마인가?(단, 1단 압축기의 이론적 흡입체적은 1000 m^3/h이고, 대기압은 1.033kgf/cm^{2}이다.)

풀이 ① 실제적 피스톤 압출량 계산 : 최종단의 토출가스량을 1단의 압력, 온도와 같은 조건으로 환산

$$\frac{P_1 V_1}{T_1} = \frac{P_2 V_2}{T_2} \text{에서}$$

$$V_1 = \frac{P_2 V_2 T_1}{P_1 T_2} = \frac{(30 + 1.033) \times 30 \times (273 + 20)}{1.033 \times (273 + 40)} = 843.661 = ≒ 843.66 \text{ m}^3/\text{h}$$

② 체적효율 계산

$$\eta_v = \frac{\text{실제적 피스톤 압출량}}{\text{이론적 피스톤 압출량}} \times 100 = \frac{843.66}{1000} \times 100 = 84.366 ≒ 84.37\%$$

해답 84.37 %

09 [보기]와 같은 조건으로 공동·반밀폐식·강제 배기식 가스보일러를 설치할 경우 연돌의 유효단면적(mm^2)을 구하시오.

보기
- 가스보일러 가스소비량 합계 : 160000 kcal/h
- 공동배기구의 형상계수 : 1
- 배기통 수평투영면적 : 24000 mm^2
- 가스보일러 동시사용률 : 0.81

풀이 $A = Q \times 0.6 \times K \times F + P = 160000 \times 0.6 \times 1 \times 0.81 + 24000 = 101760 \text{mm}^2$

해답 101760 mm^2

10 용기내장형 가스난방기에서 세라믹 버너를 사용하는 경우 갖추어야 할 장치는?

해답 거버너

참고 용기내장형 가스난방기의 구조 및 장치 기준 : KGS AB232

(1) 난방기의 버너는 적외선방식(세라믹 버너) 또는 촉매연소방식의 버너를 사용한다.
(2) 장치
① 정전안전장치 : 교류전원으로 가스통로를 개폐하는 난방기는 정전이 되었을 때에 가스통로를 차단하고, 다시 통전되었을 때에 자동으로 가스통로가 열리지 아니하거나 재점화되는 정전안전장치를 갖춘다. 다만, 정전 시에 파일럿 버너의 불꽃이 꺼지지 아니하는 난방기는 그러하지 아니하다.
② 소화안전장치 : 난방기에는 소화안전장치를 부착한 것으로 한다.
③ 그 밖의 장치
㉮ 거버너(세라믹 버너를 사용하는 난방기만을 말한다.)
㉯ 불완전연소 방지장치 또는 산소결핍 안전장치(가스소비량이 11.6 kW[10000 kcal/h] 이하인 가정용 및 업무용의 개방형 난방기만을 말한다.)
㉰ 전도안전장치

2013년도 가스기사 모의고사

제1회 가스기사 필답형

01 지상에 설치된 LPG 저장탱크 및 자동차에 고정된 탱크 이입·충전장소에 설치하는 냉각살수장치는 탱크 표면적 1 m^2 당 물분무능력은 얼마인가?(단, 준내화구조의 저장탱크는 제외한다.)

해답 5 L/min 이상

02 이음매 없는 강관을 절단해 적당한 온도로 가열해 열이 흡수된 후 이 부분을 알루미늄합금으로 이루어진 금형으로 드로잉하여 하부와 상부를 곡선으로 성형한 후에 열처리하여 캡부착용 및 밸브 나사부를 만들어 이음매 없는 용기를 제조하는 방법 명칭은 무엇인가?

해답 만네스만식

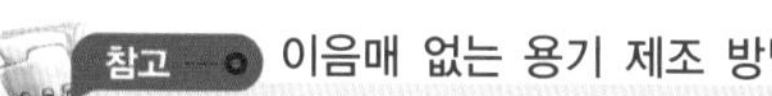

이음매 없는 용기 제조 방법

① 만네스만식 : 이음매 없는 강관을 재료로 하는 방법
② 에르하트식 : 사각 강편을 재료로 하여 프레스로 제조하는 방법
③ 디프 드로잉식 : 두께가 두꺼운 철판을 재료로 하여 프레스로 제조하는 방법

03 배관은 온도변화에 따라 신축하고 관의 양단이 고정되어 있을 때 온도상승에 의한 압축력이, 온도강하에 의한 인장력이 생기며 이 때문에 관이 파괴되는 경우가 있으므로 관의 신축에 따른 무리를 흡수, 완화시키기 위해 배관에 설치하는 것의 명칭을 쓰시오.

해답 신축흡수장치(또는 신축조인트, 신축이음장치, 신축이음쇠, 익스펜션 조인트(expansion joint))

신축흡수장치의 종류 : 루프형, 슬리브형, 벨로스형, 스위블형, 상온스프링

04 가연성 가스 저온저장탱크에는 내부압력이 외부압력보다 낮아짐에 따라 그 저장탱크가 파괴되는 것을 방지하기 위하여 갖추어야 할 설비 4가지를 쓰시오.

해답 ① 압력계

② 압력경보설비
③ 진공안전밸브
④ 다른 저장탱크 또는 시설로부터의 가스도입배관(균압관)
⑤ 압력과 연동하는 긴급차단장치를 설치한 냉동제어설비
⑥ 압력과 연동하는 긴급차단장치를 설치한 송액설비

05 **공기와 혼합된 아세틸렌의 폭발하한계는 2.5 %이다. 표준상태에서 혼합기체 1 m^3 중 아세틸렌의 폭발하한계에 해당하는 질량은 몇 kg인가?**

풀이 ① 공기와 아세틸렌의 혼합기체 중 아세틸렌의 부피(m^3) 계산

$V = 1\,m^3 \times 0.025 = 0.025\,m^3$

② 표준상태(0℃, 1기압)에서의 아세틸렌(C_2H_2)의 질량 계산

$22.4\,m^3 : 26\,kg = 0.025\,m^3 : x[kg]$

$x = \frac{26 \times 0.025}{22.4} = 0.029 \fallingdotseq 0.03\,kg$

해답 0.03 kg

06 **고압가스용 안전밸브의 재검사 항목 3가지를 쓰시오.**

해답 ① 구조 및 치수검사 ② 기밀검사 ③ 작동성능검사

07 **A기체 0.5 L의 압력이 10 atm이고, B기체 1 L의 압력이 5 atm이다. 2가지 기체를 내용적 10 L에 용기에 넣어 혼합하였다면 전압은 몇 atm인가?**

풀이 $P = \frac{P_A V_A + P_B V_B}{V} = \frac{(10 \times 0.5) + (5 \times 1)}{10} = 1\,atm$

해답 1 atm

08 **고압가스설비 중에서 반응기 또는 이와 유사한 설비로서 현저한 발열반응 또는 부차적으로 발생되는 2차 반응에 의하여 폭발 등의 위해가 발생할 가능성이 큰 반응설비 4가지를 쓰시오.**

해답 ① 암모니아 2차 개질로
② 에틸렌제조시설의 아세틸렌수첨탑
③ 산화에틸렌제조시설의 에틸렌과 산소 또는 공기와의 반응기
④ 사이클로헥산제조시설의 벤젠수첨반응기
⑤ 석유정제에 있어서 중유직접수첨탈황반응기 및 수소화분해반응기
⑥ 저밀도폴리에틸렌중합기
⑦ 메탄올합성반응탑

09 **원심식 송풍기에서 송풍량이 420 m^3/h에서 500 m^3/h로 변경될 때 다음의 물음에 답하시오.**

(1) 회전수 변경률을 구하시오.

(2) 축동력 변경률을 구하시오.

풀이 (1) 송풍량 변경에서 회전수 변화율 계산

$Q_2 = Q_1 \times \left(\frac{N_2}{N_1}\right)$에서

$\frac{N_2}{N_1} = \frac{Q_2}{Q_1} = \frac{500}{420} = 1.190 = 1.19$

(2) $L_2 = L_1 \times \left(\frac{N_2}{N_1}\right)^3 = L_1 \times 1.19^3 = 1.685\,L_1 \fallingdotseq 1.69\,L_1$

해답 (1) 1.19배 (2) 1.69배

10 정적비열이 0.17 kcal/kg·℃인 이상기체 50 kg이 온도가 25℃에서 250℃로 될 때의 내부에너지(kcal) 변화량을 계산하시오.

풀이 $\Delta U = GC_v \Delta t = 50 \times 0.17 \times (250 - 25) = 1912.5\ \text{kcal}$

해답 1912.5 kcal

제2회 가스기사 필답형

01 20℃ 상태에서 공기의 엔탈피 변화량이 4000 kcal/kg일 때 엔트로피의 변화량(kcal/kg·K)은 얼마인가?

풀이 $\Delta S = \frac{dQ}{T} = \frac{4000}{273 + 20} = 13.651 \fallingdotseq 13.65\ \text{kcal/kg}\cdot\text{K}$

해답 13.65 kcal/kg·K

02 기밀시험압력 5 MPa, 안지름 10 cm인 스테인리스제 초저온 용접용기의 동판 두께는 몇 mm인가? (단, 재료의 인장강도 600 N/mm^2, 용접효율 60 %, 부식여유는 3 mm 이다.)

풀이 ① 초저온 용기 최고충전압력 계산 : 초저온 용기의 기밀시험압력(AP)은 최고충전압력(FP)의 1.1배이다.

AP=FP×1.1

$\therefore \text{FP} = \frac{\text{AP}}{1.1} = \frac{5}{1.1} = 4.545 \fallingdotseq 4.55\ \text{MPa}$

② 동판 두께 계산

$t = \frac{P \cdot D}{2S \cdot \eta - 1.2P} + C = \frac{4.55 \times 10 \times 10}{2 \times 600 \times \frac{1}{3.5} \times 0.6 - 1.2 \times 4.55} + 3 = 5.272 \fallingdotseq 5.27\ \text{mm}$

해답 5.27 mm

해설 스테인리스강의 허용응력 수치는 2016년 제1회 가스기사 13번 해설을 참고 바랍니다.

03 **탄소강의 일종으로 제조공정 중에 재료에 녹아 있는 산소를 제거(탈산)한 것으로 저온인성이 우수하고 장비의 설계온도가 482℃를 넘을 경우에 사용하는 재료 명칭은?**

해답 킬드강

해설 강괴의 제조

① 킬드강 : 평로, 전기로에서 제조된 강을 강력한 탈산제 페로실리콘(Fe-Si), 알루미늄(Al) 등으로 완전히 탈산한 강으로 고탄소강, 합금강 제조에 이용된다.

② 림드강 : 평로, 전로에서 제조된 강을 페로망간(Fe-Mn)으로 약하게 탈산시킨 강으로 산소와 반응하여 기공, 편석이 생기며 품질이 떨어진다. 저탄소강 제조에 사용된다.

③ 세미킬드강 : 킬드강과 림드강의 중간 정도의 탈산을 한 것으로 기포나 편석이 없으며 일반적으로 용접 구조물 등에 사용된다.

04 **[보기]와 같은 조건을 가진 구형 가스홀더의 내용적(m^3)과 가스홀더의 지름(m)을 구하시오.**

보기

① 가스홀더의 활동량 : 100000 Nm^3 ② 온도변화는 없음

③ 최고사용압력 : 10 $kgf/cm^2 \cdot g$ ④ 최저사용압력 : 5 $kgf/cm^2 \cdot g$

풀이 ① 가스홀더의 내용적(m^3)

$$\Delta V = V \times \frac{(P_1 - P_2)}{P_0} \text{ 에서}$$

$$V = \frac{P_0 \cdot \Delta V}{P_1 - P_2} = \frac{1.0332 \times 100000}{(10 + 1.0332) - (5 + 1.0332)} = 20664 \text{ m}^3$$

② 가스홀더의 지름(m)

$$V = \frac{\pi}{6} D^3 \text{에서}$$

$$D = \sqrt[3]{\frac{6V}{\pi}} = \sqrt[3]{\frac{6 \times 20664}{\pi}} = 34.046 ≒ 34.05 \text{ m}$$

해답 ① 가스홀더 내용적 : 20664 m^3 ② 가스홀더 지름 : 34.05 m

05 **고정식 압축도시가스 자동차충전시설의 충전호스에 설치하는 긴급분리장치는 수평방향으로 당길 때 분리되는 힘은 몇 N인가?**

해답 666.4 N 미만

06 **[보기]에서 주어진 프로판의 완전연소 반응식을 이용하여 프로판 1 kg당 발열량(kcal)을 계산하시오.**

보기

$C_3H_8 + 5O_2 \rightarrow 3CO_2 + 4H_2O + 530 \text{ kcal}$

풀이 프로판(C_3H_8) 1 mol 당 530 kcal이고 프로판 1 mol은 44 g, 1 kmol은 44 kg이다.

44 kg : 530 × 1000 kcal = 1 kg : x[kcal]

$$\therefore\ x = \frac{530 \times 1000 \times 1}{44} = 12045.454 \fallingdotseq 12045.45\ \text{kcal}$$

해답 12045.45 kcal

07 오프가스(off gas)는 석유정제 오프가스와 석유화학 오프가스 2가지로 분류되는데 각각의 제조공정에 대하여 설명하시오.

해답 ① 석유정제 오프가스 : 원유의 상압증류, 감압증류 및 가솔린 생산을 위한 접촉개질공정에서 발생하는 가스이다.
② 석유화학 오프가스 : 나프타 분해에 의한 에틸렌 등을 제조하는 공정에서 발생하는 가스이다.

08 가스용 염화비닐호스 종류 3가지의 안지름(mm)과 허용차(mm)를 쓰시오.

(1) 1종 : (2) 2종 : (3) 3종 : (4) 허용차 :

해답 (1) 6.3 mm (2) 9.5 mm (3) 12.7 mm (4) ±0.7 mm

09 LPG 저압 배관의 설계요소 4가지를 쓰시오.

해답 ① 최대가스유량 ② 압력손실 ③ 관지름 ④ 관길이

10 호칭지름 50 mm 긴급차단장치의 차단 성능에서 질소가스 차압이 0.5~0.6 MPa일 때 허용되는 분당 누설량은 몇 mL인가?

풀이 누설량 $= 50(\text{mL}) \times \dfrac{\text{호칭지름(mm)}}{25(\text{mm})} = 50 \times \dfrac{50}{25} = 100\,\text{mL}$

해답 100 mL

해설 **긴급차단장치 차단조작기구 및 기능** : 제조자 또는 수리자가 긴급차단장치를 제조 또는 수리하였을 경우 긴급차단장치는 KS B 2304(밸브검사 통칙)에서 정하는 기준에 따라 수압시험 방법으로 밸브시트의 누출검사를 하여 누출되지 아니하는 것으로 한다. 다만, 수압 대신에 공기 또는 질소 등의 기압을 사용하여 누출검사를 하는 경우에는 차압 0.5~0.6 MPa에서 분당 누출량이 $50\,\text{mL} \times \dfrac{\text{호칭지름(mm)}}{25(\text{mm})}$ (330 mL를 초과하는 경우에는 330 mL)를 초과하지 아니하는 것으로 한다.

제3회 가스기사 필답형

01 강관이 부식으로 인하여 안지름이 2% 감소되었을 때 유량감소율(%)은 얼마인가? (단, 압력, 마찰손실은 변화가 없다.)

풀이 ① 유량변화율 계산

처음의 유량 $Q_1 = \frac{\pi}{4} \times D_1^2 \times V_1$, 나중의 유량 $Q_2 = \frac{\pi}{4} \times D_2^2 \times V_2$이고, $V_1 = V_2$이라 하면 처음 상태의 배관지름을 1, 나중의 배관지름을 0.98을 적용하면 된다.

$$\therefore \frac{Q_2}{Q_1} = \frac{\frac{\pi}{4} \times D_2^2 \times V_2}{\frac{\pi}{4} \times D_1^2 \times V_1} \times 100 = \frac{\frac{\pi}{4} \times 0.98^2 \times V_2}{\frac{\pi}{4} \times 1^2 \times V_1} \times 100 = 96.04\ \%$$

② 유량감소율(%) 계산

유량감소율 = 100 − 유량변화율 = 100 − 96.04 = 3.96 %

해답 3.96 %

02

가스 비중이 0.6인 도시가스를 200 mmH_2O로 공급할 때 수직으로 80 m인 곳에서의 압력은 얼마인가?

풀이 ① 입상관에서의 압력손실 계산

$$\therefore H = 1.293 \times (S-1) \times h = 1.293 \times (0.6-1) \times 80$$
$$= -41.376 ≒ -41.38\ mmH_2O$$

② 80 m 지점에서의 압력 계산

80 m 지점 압력 = 공급압력 − 압력손실 = 200 − (−41.38) = 241.38 mmH_2O

해답 241.38 mmH_2O

03

도시가스 배관을 매설할 때 배관에 작용하는 하중을 분산시켜 주고 도로의 침하 등을 방지하기 위하여 도로노면까지 포설하는 재료의 명칭은 무엇인가?

해답 되메움 재료

① 기초재료 : 배관의 침하를 방지하기 위해 배관 하부에는 모래 또는 19 mm 이상의 큰 입자가 포함되지 않은 재료를 10 cm 이상 포설하는 것. 다만, 현장 여건상 기초재료를 포설하기 곤란한 경우에는 배관 하부에서 두께가 10 cm 이상인 모래주머니를 2~3 m 간격으로 설치하되 PE관 융착부 밑에는 반드시 모래주머니를 설치한다.

② 침상재료 : 배관에 작용하는 하중을 수직방향 및 횡방향에서 지지하고 하중을 기초 아래로 분산시키기 위하여 배관 하단에서 배관 상단 30 cm(가스용 폴리에틸렌관의 경우 10 cm)까지에 포설하는 재료

04

안지름 10 cm의 배관을 플랜지 이음을 하였다. 이 배관에 40 kgf/cm^2의 압력이 작용할 때 볼트 1개에 걸리는 힘을 400 kgf으로 한다면 필요한 볼트 수는 최소한 몇 개가 있어야 하는가?

풀이 볼트 수 $= \frac{\text{전체에 걸리는 힘}(P \cdot A)}{\text{볼트 1개당 걸리는 힘}} = \frac{40 \times \frac{\pi}{4} \times 10^2}{400} = 7.853 ≒ 8$개

해답 8개

05 왕복동 압축기의 실린더 안지름이 100 mm, 행정거리가 180 mm, 실린더 수가 4개, 회전수가 700 rpm, 체적효율이 85 %일 때 피스톤 압출량(m^3/h)을 계산하시오.

풀이 $V = \frac{\pi}{4} \times D^2 \times L \times n \times N \times \eta_v \times 60$

$= \frac{\pi}{4} \times 0.1^2 \times 0.18 \times 4 \times 700 \times 0.85 \times 60 = 201.878 \fallingdotseq 201.88\,m^3/h$

해답 $201.88\,m^3/h$

06 충전용기를 수조식 내압시험 장치에서 내압시험을 한 결과 영구증가량이 0.04 L, 전 증가량이 0.5 L일 때 영구증가율(%)을 계산하여 합격, 불합격을 판정하고 그 이유를 설명하시오.

풀이 $\text{영구증가율}(\%) = \frac{\text{영구증가량}}{\text{전증가량}} \times 100 = \frac{0.04}{0.5} \times 100 = 8\,\%$

해답 ① 영구증가율 : 8 %
② 판정 : 합격
③ 이유 : 신규검사 및 재검사 시 영구증가율이 10 % 이하가 합격이 되기 때문에

07 이동식 부탄연소기의 작동성능 항목 4가지를 쓰시오

해답 ① 전기점화 성능 ② 연소상태 성능 ③ 소화 성능
④ 온도상승 성능 ⑤ 가스소비량 성능 ⑥ 소화안전장치 밸브 열림 및 닫힘 시간

참고 작동성능 기준

① 전기점화 성능 : 전기점화장치는 10회 작동하였을 때에 8회 이상 점화되고 연속하여 2회 이상 점화불량이 없는 것으로 한다.
② 연소상태 성능 : 정상적인 사용 상태에서 연소상태 시험항목에 대한 성능기준에 적합한 것으로 한다.
③ 소화 성능 : 연소기는 콕을 닫은 후 4초 이내에 염공의 불이 모두 꺼지는 것으로 한다.
④ 온도상승 성능 : 조리용 카세트식 연소기는 호칭크기 320 mm의 냄비를 올려놓고 1시간 이상 연속 사용한 후 용기의 표면온도가 40℃ 이하인 것으로 한다.
⑤ 가스소비량 성능 : 표시치의 ±10 % 이내
⑥ 소화안전장치 밸브 열림 시간은 10초 이하, 닫힘 시간은 60초 이하

08 아세틸렌 제조 및 충전에 대한 물음에 답하시오.

(1) 습식 발생기의 표면온도는 얼마인가?
(2) 온도에 불구하고 충전 중 압력은 몇 MPa을 유지하여야 하는가?
(3) 충전 후 온도와 압력은 얼마인가?

해답 (1) 70℃ 이하
(2) 2.5 MPa 이하
(3) 15℃에서 1.5 MPa 이하

09 **용기에 의한 독성 가스를 운반하는 차량의 적재함에 리프트를 설치하지 않아도 되는 경우 2가지를 쓰시오.**

해답 ① 가스를 공급받는 업소의 용기보관실 바닥이 운반차량 적재함 최저 높이로 설치되어 있거나, 컨베이어벨트 등 상・하차 설비가 설치된 업소에 가스를 공급하는 차량
② 적재능력 1.2톤 이하의 차량

10 **단열압축에서 1 atm, 20℃ 공기를 3 kgf/cm²·g 압력까지 압축할 때 토출가스 온도는 몇 K인가? (단, 비열비는 1.4이다.)**

풀이 ① 압축 후 압력을 절대압력으로 계산

$$P_2 = \frac{3+1.0332}{1.0332} = 3.903 \fallingdotseq 3.9\,\text{atm}$$

② 토출가스온도(K) 계산

$$\frac{T_2}{T_1} = \left(\frac{P_2}{P_1}\right)^{\frac{k-1}{k}} \text{에서}$$

$$T_2 = T_1 \times \left(\frac{P_2}{P_1}\right)^{\frac{k-1}{k}} = (273+20) \times \left(\frac{3.9}{1}\right)^{\frac{1.4-1}{1.4}} = 432.258 \fallingdotseq 432.26\,\text{K}$$

해답 432.26 K

2014년도 가스기사 모의고사

제1회 가스기사 필답형

01 표면장력이 적고 침투력이 강한 액을 표면에 도포하여 균열 등의 부분에 액을 침투시킨 다음, 표면의 투과액을 씻어내고 현상액을 사용하여 균열 등에 남아 있는 침투액을 표면에 출현시키는 방법으로 표면의 미소한 균열, 작은 구멍, 슬러그 등을 검출하며 자기검사가 어려운 비자성 재료에 많이 사용되는 비파괴 검사의 명칭을 쓰시오.

해답 침투탐상검사(PT : penetrant test)

02 에탄 15 mol%, 프로판 65 mol%, 부탄 20 mol%로 혼합되어 있을 때 질량비율을 계산하시오.

풀이 각 기체 1 mol에 해당하는 질량은 분자량에 해당되며, 분자량은 에탄(C_2H_6) 30 g, 프로판(C_3H_8) 44 g, 부탄(C_4H_{10}) 58 g이고, 질량비(%)$=\frac{성분질량}{전체질량}\times 100$에 해당된다.

① 에탄의 질량비 계산

$$\therefore C_2H_6(\%) = \frac{15\times 30}{(15\times 30)+(65\times 44)+(20\times 58)}\times 100 = 10.067 \fallingdotseq 10.07\%$$

② 프로판의 질량비 계산

$$\therefore C_3H_8(\%) = \frac{65\times 44}{(15\times 30)+(65\times 44)+(20\times 58)}\times 100 = 63.982 \fallingdotseq 63.98\%$$

③ 부탄의 질량비 계산

$$\therefore C_4H_{10}(\%) = \frac{20\times 58}{(15\times 30)+(65\times 44)+(20\times 58)}\times 100 = 25.950 \fallingdotseq 25.95\%$$

해답 에탄 : 프로판 : 부탄 = 10.07 % : 63.98 % : 25.95 %

03 내진설계 시 적용되는 독성 가스 중 제2종 독성 가스의 농도 범위는 얼마인가?

해답 허용농도 1 ppm 초과 10 ppm 이하

해설 내진설계 기준에 정한 독성 가스의 분류

① 제1종 독성 가스 : 독성 가스 중 염소, 시안화수소, 이산화질소, 불소 및 포스겐과 그 밖에 허용농도(TLV-TWA)가 1ppm 이하인 것을 말한다.

② 제2종 독성 가스 : 독성 가스 중 염화수소, 삼불화붕소, 이산화유황, 불화수소, 브롬화메틸 및 황화수소와 그 밖에 허용농도(TLV-TWA)가 1 ppm 초과 10 ppm 이하인 것을 말한다.

③ 제3종 독성 가스 : 독성 가스 중 제1종 및 제2종 독성 가스 이외의 것을 말한다.

04 산화에틸렌의 저장탱크 및 충전용기에 질소 및 탄산가스를 충전하는 온도와 압력 기준을 쓰시오.

해답 45℃에서 0.4 MPa 이상이 되도록 충전

05 황화수소를 흡광광도법으로 분석할 때 사용하는 흡수 용액은 무엇인가?

해답 아연아민착염용액

06 세이프티 커플링은 그 커플링의 안전성, 편리성 및 호환성을 확보하기 위하여 암커플링은 호스가 분리되었을 경우 (①)에, 숫커플링은 (②)에 설치할 수 있는 구조로 한다. ( ) 안에 알맞은 위치를 쓰시오.

해답 ① 자동차 충전구쪽
② 충전기쪽

07 독성 가스 냉매를 사용하는 냉동톤 50RT인 냉동기가 바닥면적 $500m^2$인 곳에 설치되어 있다.

(1) 통풍구 면적(m^2)은 얼마인가?
(2) 통풍구를 충분히 확보할 수 없어 강제통풍시설을 설치할 때 환기능력(m^3/min)은 얼마인가?

풀이 (1) 통풍구 크기는 냉동능력 1톤당 $0.05\,m^2$ 이상의 면적을 갖추어야 한다.
$\therefore$ 통풍구 크기 $= 50 \times 0.05 = 2.5\,m^2$ 이상
(2) 강제통풍장치의 통풍능력은 냉동능력 1톤당 $2\,m^3/min$ 이상의 환기능력을 갖추어야 한다.
$\therefore$ 통풍 능력 $= 50 \times 2 = 100\,m^3/min$ 이상

해답 (1) $2.5\,m^2$ 이상
(2) $100\,m^3/min$ 이상

08 도시가스 배관을 지하에 매설할 때 지하구조물, 암반, 그 밖의 특수한 사정으로 매설깊이를 확보할 수 없을 경우 설치하는 것의 명칭과 설치 위치는 어떻게 되는가?

해답 ① 명칭 : 보호관 또는 보호판
② 설치 위치 : 지면 또는 노면으로부터 보호관이나 보호판 외면까지 0.3 m 이상의 깊이를 유지한다.

09 독성 가스 배관을 2중관으로 설치할 때에 대한 물음에 답하시오.

(1) 바깥층관 안지름은 안층관 바깥지름의 몇 배 이상인가?
(2) 내관과 외관 사이에 설치하는 것은 무엇인가?

해답 (1) 1.2배 이상
(2) 가스누출검지 경보장치

10 회전 피스톤의 가스 압축 부분의 두께 150 mm, 회전수 360 rpm, 실린더의 안지름 200 mm, 회전 피스톤의 바깥지름 80 mm인 회전식 압축기의 압출량(m^3/h)은 얼마인가?

풀이 $Q = 0.785(D^2 - d^2) \times t \times N \times 60$
$= 0.785 \times (0.2^2 - 0.08^2) \times 0.15 \times 360 \times 60 = 85.458 \fallingdotseq 85.46\,m^3/h$

해답 85.46 m^3/h

해설 회전식 압축기 압출량 계산식

$Q = 0.785 \times (D^2 - d^2) \times t \times N \times 60$

Q : 피스톤 압출량(m^3/h) D : 실린더 안지름(m) d : 회전 피스톤 바깥지름(m)
t : 회전 피스톤의 가스 압축부분 두께(m) N : 회전 피스톤의 분당 회전수(rpm)

11 차량에 고정된 탱크로 산소를 운반할 때 휴대하여야 할 소화기의 능력 단위와 비치 개수에 대하여 설명하시오.

해답 ① 능력 단위 : BC용 B-8 이상 또는 ABC용 B-10 이상
② 비치 개수 : 차량 좌우에 각각 1개 이상

12 정적과정 1개, 정압과정 1개, 단열과정 2개로 이루어진 가스 터빈(외연기관)의 이상 사이클 명칭은 무엇인가?

해답 아트킨슨 사이클

13 다음 밸브에 대한 물음에 답하시오.

(1) 명칭을 쓰시오.

(2) 특징 2가지를 쓰시오.

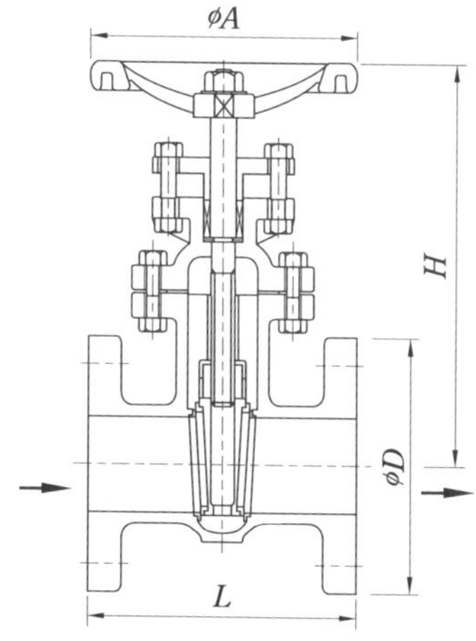

해답 (1) 게이트 밸브(또는 슬루스 밸브, 사절 밸브)
(2) ① 유로의 개폐용으로 사용한다.
② 밸브를 완전히 열면 밸브 본체 속에 관로의 단면적과 거의 같게 된다.

③ 쐐기형의 밸브 본체가 밸브 시트 안을 눌러 기밀을 유지한다.
④ 리프트가 커서 개폐에 시간이 걸린다.
⑤ 밸브를 절반 정도 열고 사용하면 와류가 생겨 유체의 저항이 커지기 때문에 유량조절에는 적합하지 않다.

14 **액화석유가스 집단공급사업의 허가대상은 공동주택단지의 전체 가구 수는 얼마 이상의 수용자에게 공급하는 경우에 해당되는가?**

해답 70가구 이상

해설 액법 시행규칙 제5조

15 **다기능 가스안전계량기의 유량 차단 성능에서 합계유량 차단 값과 증가유량 차단 값은 각각 얼마인가?**

해답 ① 합계유량 차단 값 = 연소기구 소비량 총합 × 1.13
② 증가유량 차단 값 = 연소기구 중 최대소비량 × 1.13

제2회 가스기사 필답형

01 **충전용기 부속품 기호 중 충전하는 가스 종류를 쓰시오.**

(1) AG : (2) PG : (3) LG :

해답 (1) 아세틸렌 (2) 압축가스 (3) 액화석유가스 외의 액화가스

02 **정압기 정특성 중 오프셋(offset)에 대하여 설명하시오.**

해답 유량이 변화했을 때 2차 압력과 기준압력(P_s)과의 차이

03 **고압가스 충전용기 보관 장소의 안전유지 기준 4가지를 쓰시오.**

해답 ① 충전용기와 잔가스용기는 각각 구분하여 용기 보관 장소에 놓을 것
② 가연성 가스, 독성 가스 및 산소용기는 각각 구분하여 용기 보관 장소에 놓을 것
③ 용기 보관 장소에는 계량기 등 작업에 필요한 물건 외에는 두지 말 것
④ 충전용기는 40℃ 이하로 유지하고, 직사광선을 받지 않도록 조치할 것
⑤ 용기 보관 장소 주위 2 m 이내에는 화기, 인화성 물질, 발화성 물질을 두지 말 것
⑥ 충전용기에는 넘어짐 등에 의한 충격 및 밸브의 손상을 방지하는 조치를 할 것

04 **전기방식법으로 가스시설의 부식을 방지할 때 전위 측정용 터미널(TB)을 설치할 장소 4가지를 쓰시오.**

해답 ① 직류전철 횡단부 주위
② 지중에 매설되어 있는 배관 절연부의 양측
③ 강재보호관 부분의 배관과 강재보호관
④ 다른 금속 구조물과 근접 교차 부분
⑤ 교량 및 횡단 배관의 양단부

05 **프로판(C_3H_8) 10kg을 완전연소시켰을 때 이론 습연소 가스량(Nm^3)을 계산하시오.**

풀이 ① 이론공기량에 의한 프로판(C_3H_8)의 완전연소 반응식
$C_3H_8+5O_2+(N_2) \rightarrow 3CO_2+4H_2O+(N_2)$
② 이론습연소가스량 계산 : 이론공기량으로 연소 시 연소가스 중 H_2O가 포함된 가스량이고, 질소량은 산소량의 3.76배이다.
C_3H_8 : $3CO_2$: $4H_2O$: (N_2)
44kg : $3\times22.4Nm^3$: $4\times22.4Nm^3$: $5\times22.4\times3.76Nm^3$
10kg : CO_2Nm^3 : H_2ONm^3 : $(N_2)Nm^3$

$$\therefore G_{0w} = CO_2 + H_2O + N_2$$
$$= \frac{(10\times3\times22.4)+(10\times4\times22.4)+(10\times5\times22.4\times3.76)}{44}$$
$$= 131.345 \fallingdotseq 131.35\,Nm^3$$

해답 $131.35Nm^3$

06 **길이 1.5m인 배관에 인장하중이 작용하여 길이방향으로 0.048mm 늘어났다. 영률이 $3.1\times10^6kgf/cm^2$일 때 응력(kgf/cm^2)은 얼마인가?**

풀이 $\sigma = \frac{\epsilon\times\Delta L}{L} = \frac{3.1\times10^6\times0.048\times10^{-1}}{1.5\times100} = 99.2kgf/cm^2$

해답 $99.2kgf/cm^2$

07 **도시가스 사용시설에서 건축물 내에 매설할 수 있는 배관 종류 3가지를 쓰시오.**

해답 ① 동관
② 스테인리스강관
③ 가스용 금속플렉시블호스

08 **다기능 가스안전계량기에서 신호를 송신 또는 송수신하는 조건 4가지를 쓰시오.**

해답 ① 합계증가 차단한 경우
② 연속사용시간 차단한 경우
③ 미소누출 검지한 경우
④ 전지전압 저압 시
⑤ 공급압력 저하 차단 시
⑥ 자동검침기능 작동 시
⑦ 센터 차단 시(차단 기능이 있는 경우에만 적용한다.)

09 **동일한 온도에서 내용적 8 L의 용기에 20 MPa의 기체가 충전되어 있고, 내용적 18 L의 용기에 8 MPa의 같은 기체가 충전되어 있다. 이 충전용기를 연결하여 양쪽 기체가 서로 혼합되어 평형에 도달하였을 때의 기체의 압력은 몇 MPa인가?**

풀이 $P=\frac{P_1V_1+P_2V_2}{V_1+V_2}=\frac{(20\times8)+(8\times18)}{8+18}=11.692 \fallingdotseq 11.69\,\text{MPa}$

해답 11.69MPa

10 가스시설 내진설계 기준에서 내진설계 구조물의 중요도는 그 기능의 중요성과 지진에 따른 손상이 초래될 수 있는 재해의 규모와 범위를 고려하여 분류하는 내진설계 등급 3가지를 쓰시오.

해답 ① 내진 특등급 ② 내진 1등급 ③ 내진 2등급

11 지하매설 배관의 피복이 벗겨지는 등 손상이 발생하였을 때 피복 손상부를 조사하는 방법 중 직류에 의한 방법과 교류에 의한 방법 종류를 각각 2가지를 쓰시오.

해답 ① 직류에 의한 방법 : 직류전압 구배법(DCVG), 짧은 간격 전위법(CIPS)
② 교류에 의한 방법 : 피어슨법, 우드베리법, PCM법

12 염소, 염화수소, 포스겐, 아황산가스 등 액화 독성 가스를 1500 kg 운반할 때 응급조치에 필요한 제독제 명칭과 휴대하여야 하는 최소량은 얼마인가?

해답 ① 명칭 : 소석회 ② 휴대하는 양 : 40 kg

해설 액화 독성 가스 운반 시 휴대하여야 할 제독제

품명	운반하는 액화 독성 가스의 양		비 고
	1000 kg 미만	1000 kg 이상	
소석회	20 kg 이상	40 kg 이상	염소, 염화수소, 포스겐, 아황산가스 등 효과가 있는 액화가스에 적용

13 저온 용기 및 압축가스를 충전하는 용기의 최고충전압력 기준에 대하여 쓰시오.

해답 ① 저온 용기 : 상용압력 중 최고압력
② 압축가스 용기 : 35℃의 온도에서 그 용기에 충전할 수 있는 가스의 압력 중 최고압력

해설 충전용기 최고충전압력 기준
① 아세틸렌 용기 : 15℃에서 용기에 충전할 수 있는 가스의 압력 중 최고압력
② 저온 용기 외의 용기로서 액화가스를 충전하는 것 : 내압시험압력의 $\frac{3}{5}$배의 압력

14 바깥지름이 406.40 mm이고 두께가 7.9 mm인 도시가스 배관을 맞대기 용접이음할 때 평행한 용접이음매의 간격은 몇 mm로 하여야 하는가?

풀이 ① 배관의 두께 중심까지의 반지름(R_m) 계산

$$\therefore R_m=\frac{\text{바깥지름}-\text{두께}}{2}=\frac{406.40-7.90}{2}=199.25\,\text{mm}$$

② 용접이음매 간격 계산

$$\therefore D=2.5\sqrt{R_m\times t}=2.5\times\sqrt{199.25\times7.90}=99.186 \fallingdotseq 99.19\,\text{mm}$$

해답 99.19 mm 이상

15 독성 가스 누출 시 이 농도 이상에 노출될 경우 즉각적으로 생명에 위험이 될 수 있는 농도로서 노출 즉시 30분 이내에 대피하여야 건강피해에서 벗어날 수 있는 기준으로 미국 산업안전보건연구원(NIOSH)에서 근로자의 건강보호를 위하여 규정하는 농도를 무엇이라 하는가?

해답 IDLH

해설 IDLH : Immediately Dangerous to Life and Health Concentrations의 약자로 "생명에 즉시 위험한 농도"를 의미함

제3회 가스기사 필답형

01 50 kg LPG 충전용기를 차량에 적재하여 운반할 때 운반책임자가 동승하여야 하는 용기는 최소 몇 개인가?

풀이 액화가스 가연성 가스일 경우 운반책임자가 동승하여야 하는 적재량 기준은 3000 kg 이상이다.

$$\therefore \text{용기 수} = \frac{\text{기준량}}{\text{충전용기 충전량}} = \frac{3000}{50} = 60\text{ 개}$$

해답 60개

해설 운반책임자 동승기준

① 비독성 고압가스

가스의 종류		기 준
압축가스	가연성	300 m^3 이상
	조연성	600 m^3 이상
액화가스	가연성	3000 kg 이상 (에어졸 용기 : 2000 kg 이상)
	조연성	6000 kg 이상

② 독성 고압가스

가스의 종류	허용농도	기 준
압축가스	100만분의 200 이하	10 m^3 이상
	100만분의 200 초과 100만분의 5000 이하	100 m^3 이상
액화가스	100만분의 200 이하	100 kg 이상
	100만분의 200 초과 100만분의 5000 이하	1000 kg 이상

02 탄소(C)와 수증기(H_2O)를 반응시켜 수소(H_2)를 제조하는 방법에서 고온과 저온을 구분하여 반응식을 쓰시오.

해답 ① 고온 : $C+H_2O \rightarrow CO+H_2-29.6\text{ kcal}$

② 저온 : $C+\frac{1}{2}O_2 \rightarrow CO+26.4\text{ kcal}$

필답형 모의고사

해설 수소의 공업적 제조법 중 수성가스법

① 수성가스란 적열된 코크스(C)에 수증기(H_2O)를 작용시켜 수소(H_2)와 일산화탄소(CO)의 혼합가스를 생성한 것을 말한다.

반응식 : $C+H_2O \rightarrow CO+H_2-31.4\,\text{kcal}$

② 발생로 중에서 1400℃ 정도로 가열된 코크스에 수증기를 통해서 제조되며, 반응이 시작되면 온도가 저하하므로 코크스의 온도가 약 1000℃로 내려가면 수증기를 멈추고 대신 공기를 보내서 코크스의 연소를 일으켜서 다시 온도를 1400℃ 정도로 상승시킨 후 공기와 수증기를 전환시켜 수성가스를 발생시킨다.

고온 : $C+H_2O \rightarrow CO+H_2-29.6\,\text{kcal}$

저온 : $C+\frac{1}{2}O_2 \rightarrow CO+26.4\,\text{kcal}$

03 양정 200 m, 유량 1.5 m^3/min, 회전수 3000 rpm인 4단 원심펌프의 비교회전도는 얼마인가?

풀이 $N_s = \dfrac{N \times \sqrt{Q}}{\left(\dfrac{H}{n}\right)^{\frac{3}{4}}} = \dfrac{3000 \times \sqrt{1.5}}{\left(\dfrac{200}{4}\right)^{\frac{3}{4}}} = 195.406 ≒ 195.41\,\text{rpm} \cdot \text{m}^3/\text{min} \cdot \text{m}$

해답 195.41 rpm · m^3/min · m

04 30℃에서 충전용기에 산소를 120 kgf/cm^2으로 충전한 후 온도를 점차 상승시켰더니 안전밸브에서 가스가 분출되었다. 이때의 온도는 몇 ℃가 되겠는가?

풀이 ① 내압시험압력 계산 : 압축가스 충전용기 내압시험압력(TP)은 최고충전압력(FP)의 $\frac{5}{3}$배이다.

$\therefore TP = FP \times \frac{5}{3} = 120 \times \frac{5}{3} = 200\,\text{kgf/cm}^2$

② 안전밸브 작동압력 계산 : 안전밸브 작동압력은 내압시험압력(TP)의 $\frac{8}{10}$배 이하이다.

$\therefore$ 안전밸브 작동압력 $= TP \times \frac{8}{10} = 200 \times \frac{8}{10} = 160\,\text{kgf/cm}^2$

③ 분출될 때의 온도계산

$\frac{P_1 \cdot V_1}{T_1} = \frac{P_2 \cdot V_2}{T_2}$ 에서 $V_1 = V_2$이므로

$\therefore T_2 = \dfrac{T_1 \cdot P_2}{P_1} = \dfrac{(273+30) \times (160+1.0332)}{120+1.0332} = 403.137\,K - 273 = 130.137 ≒ 130.14\,℃$

해답 130.14℃

05 다기능 가스안전계량기의 제조기준에서 입출구간 거리는 90 mm, 100 mm, 130 mm 등 3가지로 구별될 수 있다. 이때 입출구간 거리 허용오차와 나사규격에 대하여 각각 쓰시오.

해답 ① 입출구간 거리 허용오차 : ±0.5 mm ② 나사규격 : M34×1.5

06 산소를 압축하는 왕복동 압축기의 안전밸브 유효분출면적(cm^2)을 계산할 때 필요한 인자 4가지를 쓰시오.

해답 ① 시간당 분출가스량(kg/h) ② 분출압력($kgf/cm^2 \cdot a$)
③ 가스 분자량 ④ 분출직전 가스의 절대온도(K)

해설 산소 압축기용 안전밸브 분출면적 계산식

$$\therefore a = \frac{W}{230P\sqrt{\frac{M}{T}}}$$

a : 분출부 유효면적(cm^2) W : 시간당 분출가스량(kg/h)
P : 분출압력($kgf/cm^2 \cdot a$) M : 가스 분자량
T : 분출 직전 가스의 절대온도(K)

07 지름이 28.4 m인 구형 가스홀더에 0.7 MPa·a의 압력으로 도시가스가 저장되어 있는 것을 압력이 0.2 MPa·a로 될 때까지 가스를 공급하였을 때 공급된 가스량(Sm^3)을 계산하시오. (단, 공급 시 온도는 20℃로 변함이 없고, 표준대기압은 0.1 MPa이다.)

해설 ① 구형 가스홀더의 내용적(m^3) 계산

$$\therefore V = \frac{\pi}{6} \times D^3 = \frac{\pi}{6} \times 28.4^3 = 11993.712 \fallingdotseq 11993.71 m^3$$

② 공급된 가스량(Sm^3) 계산

$$\therefore \Delta V = V \times \frac{P_1 - P_2}{P_0} \times \frac{T_0}{T_1} = 11993.71 \times \frac{0.7 - 0.2}{0.1} \times \frac{273}{273 + 20}$$

$$= 55875.133 \fallingdotseq 55875.13 Sm^3$$

해답 55875.13 Sm^3

08 LPG 사용시설에서 2단 감압방식을 사용할 때 특징 3가지를 쓰시오.

해답 ① 입상배관에 의한 압력손실을 보정할 수 있다.
② 가스배관이 길어도 공급압력이 안정된다.
③ 각 연소기구에 알맞은 압력으로 공급이 가능하다.
④ 중간 배관의 지름이 작아도 된다.
⑤ 설비가 복잡하고, 검사방법이 복잡하다.
⑥ 조정기 수가 많아서 점검부분이 많다.
⑦ 부탄의 경우 재액화의 우려가 있다.
⑧ 시설의 압력이 높아서 이음방식에 주의하여야 한다.

09 입상높이 20m인 곳에 프로판(C_3H_8)을 공급할 때 압력손실은 몇 Pa인가? (단, C_3H_8의 비중은 1.65이다.)

해설 ① 수주 단위로 압력손실 계산

$$\therefore H = 1.293(S-1)h = 1.293 \times (1.65 - 1) \times 20 = 16.809 = 16.81 mmH_2O$$

② Pa 단위로 압력손실 계산 : 1 atm = 10332 mmH_2O = 101325 Pa이므로

$$\therefore H' = \frac{16.81}{10332} \times 101325 = 164.854 \fallingdotseq 164.85 Pa$$

해답 164.85 Pa

10 펌프에서 발생하는 서징(surging) 현상 방지법 4가지를 쓰시오.

해답 ① 임펠러, 가이드 베인의 형상 및 치수를 변경하여 특성을 변화시킨다.
② 방출밸브를 사용하여 서징 현상이 발생할 때의 양수량 이상으로 유량을 증가시킨다.
③ 임펠러의 회전수를 변경시킨다.
④ 배관 중에 있는 불필요한 공기탱크를 제거한다.

11 폭굉유도거리가 짧아질 수 있는 조건 4가지를 쓰시오.

해답 ① 정상 연소속도가 큰 혼합가스일수록
② 관 속에 방해물이 있거나 관 지름이 작을수록
③ 압력이 높을수록
④ 점화원의 에너지가 클수록

12 연소기구에서 발생하는 선화(lifting)와 황염(yellow tip)의 원인 3가지를 각각 설명하시오.

해답 (1) 선화(lifting)의 원인
① 염공이 작아졌을 때
② 가스의 공급압력이 높을 때
③ 배기 또는 환기가 불충분할 때(2차 공기량 부족)
④ 공기 조절장치를 지나치게 개방하였을 때(1차 공기량 과다)
(2) 황염(yellow tip)의 원인
① 연소반응이 충분한 속도로 진행되지 않을 때
② 1차 공기량이 부족하여 불완전연소가 발생할 때
③ 불꽃이 저온의 물체에 접촉하였을 때

13 독성 가스 중 2중관으로 하여야 하는 독성 가스 종류 4가지를 쓰시오.

해답 ① 포스겐 ② 황화수소 ③ 시안화수소 ④ 아황산가스 ⑤ 산화에틸렌
⑥ 암모니아 ⑦ 염소 ⑧ 염화메탄

14 가스제조시설에 설치되는 철근 콘크리트제 방호벽 설치기준에 대한 내용 중 ( ) 안에 알맞은 숫자를 넣으시오.

> 지름 (①)mm 이상의 철근을 가로·세로 (②)mm 이하의 간격으로 배근하고 모서리 부분의 철근을 확실히 결속한 두께 (③)mm 이상, 높이 (④)mm 이상으로 한다.

해답 ① 9 ② 400 ③ 120 ④ 2000

15 LPG 기화기를 작동원리에 따라 분류할 때 "감압가열 기화방식"에 대하여 설명하시오.

해답 액체 상태의 LP가스를 액체 조정기 또는 팽창밸브를 통하여 감압하여 온도를 내려서 열교환기에 보내 대기 또는 온수 등으로 가열하여 기화시키는 방식

2015년도 가스기사 모의고사

제1회 가스기사 필답형

01 포스겐에 대한 물음에 답하시오.

(1) 포스겐의 분자기호를 쓰시오.
(2) 포스겐의 제조법과 반응식을 쓰시오.

해답 (1) $COCl_2$
(2) ① 제조법 : 일산화탄소(CO)와 염소(Cl_2)를 활성탄 촉매로 하여 제조
② 반응식 : $CO + Cl_2 \rightarrow COCl_2$

02 압축기에서 압축비가 증가할 때의 영향 3가지를 쓰시오.

해답 ① 소요동력이 증대한다.
② 실린더 내의 온도가 상승한다.
③ 체적효율이 저하한다.
④ 토출가스량이 감소한다.

03 전기방식법 중 강제배류법의 장점 4가지를 쓰시오.

해답 ① 효과범위가 넓다.
② 전압, 전류의 조정이 용이하다.
③ 전식에 대해서도 방식이 가능하다.
④ 외부 전원법에 비해 경제적이다.
⑤ 전철의 휴지기간에도 방식이 가능하다.
⑥ 양극효과에 의한 간섭이 없다.

해설 **강제배류법의 단점**
① 다른 매설금속체로의 장해에 대해 검토가 있어야 한다.
② 전철에의 신호장해에 대해 검토가 있어야 한다.
③ 전원을 필요로 한다.

04 가연성가스가 폭발할 위험이 있는 장소에 전기설비를 할 경우 위험의 정도에 따라 위험장소를 분류하는 등급 3가지를 쓰시오.

해답 ① 1종 장소
② 2종 장소
③ 0종 장소

05 **고압가스 냉동제조 기준 중 냉매가스 종류에 따라 제한하고 있는 금속재료를 쓰시오.**

(1) 염화메탄 : (2) 프레온 :

해답 (1) 알루미늄합금 (2) 2%를 넘는 마그네슘을 함유한 알루미늄합금

해설 **냉매가스 종류에 따른 사용금속 제한**

① 암모니아(NH_3) : 동 및 동합금 (단, 동함유량 62% 미만일 때 사용 가능)

② 염화메탄(CH_3Cl) : 알루미늄합금

③ 프레온 : 2%를 넘는 마그네슘을 함유한 알루미늄합금

06 **운반하는 액화독성가스의 질량이 1000 kg인 경우 갖추어야 할 보호구 3가지를 쓰시오.**

해답 ① 방독마스크 ② 공기호흡기 ③ 보호의 ④ 보호장갑 ⑤ 보호장화

해설 **독성가스를 운반하는 때에 휴대하는 보호구**

품 명	운반하는 독성가스의 양	
	압축가스 100 m^3, 액화가스 1000 kg	
	미만인 경우	이상인 경우
방독마스크	○	○
공기호흡기	-	○
보호의	○	○
보호장갑	○	○
보호장화	○	○

07 **지상에 설치된 액화석유가스의 저장탱크 외벽이 화염에 의하여 국부적으로 가열될 경우 탱크의 파열을 방지하기 위한 폭발방지장치의 열전달 매체인 알루미늄박판("폭발방지제"라 함)은 알루미늄합금 박판에 일정간격으로 슬릿(slit)을 내고 이것을 팽창시켜 어떤 모양으로 한 것인가?**

해답 다공성 벌집형

08 **유체가 누설되거나 이물질이 유입되는 것을 방지하기 위하여 기계설비에 사용되는 부품으로 고정부와 고정부 사이의 밀봉에 이용되는 것을 (①)이라 하며, 고정부와 운동부 사이의 밀봉에 이용되는 것을 (②)이라고 한다. 괄호 안에 알맞은 용어를 쓰시오.**

해답 ① 개스킷 ② 글랜드 패킹

09 **액화석유가스 소형저장탱크의 내용적이 3000 L일 때 저장능력은 얼마인가? (단, 액화석유가스의 비중은 0.47이다.)**

풀이 $W = 0.85dV = 0.85 \times 0.47 \times 3000 = 1198.5$ kg

해답 1198.5 kg

해설 액화가스 저장탱크 저장능력 산정식은 $W = 0.9dV$ 이지만 소형저장탱크의 충전량은 내용적의 85% 이하이므로 0.85를 적용하여 계산하였음

10 가연성 및 독성가스 제조시설에 설치하는 가스누출검지 경보장치의 경보농도와 정밀도에 대하여 쓰시오.

해답 ① 가연성가스 – 경보농도 : 폭발하한계의 1/4 이하, 정밀도 : ±25 % 이하
② 독성가스 – 경보농도 : TLV-TWA 기준농도 이하, 정밀도 : ±30 % 이하

11 도시가스용 반밀폐식 보일러를 설치할 때 자연배기식 단독배기통 방식의 배기통 높이를 계산하는 공식을 적고 각 인자에 대하여 설명하시오.

해답 $h = \dfrac{0.5 + 0.4n + 0.1l}{\left(\dfrac{1000A_v}{6Q}\right)^2}$

여기서, h : 배기통의 높이(m)
n : 배기통의 굴곡수
l : 역풍방지장치 개구부 하단으로부터 배기통 끝의 개구부까지의 전길이(m)
A_v : 배기통의 유효단면적(cm^2)
Q : 가스소비량 (kcal/h)

12 비중이 0.5인 가스를 중압으로 길이 1 km인 배관에 초압 1.7 kgf/cm², 종압 1.5 kgf/cm²으로 시간당 1500 m³로 공급하고 있을 때 배관 안지름 (cm)을 계산하시오.

풀이 $Q = K\sqrt{\dfrac{D^5 \cdot (P_1^2 - P_2^2)}{S \cdot L}}$ 에서

$$D = \sqrt[5]{\frac{Q^2SL}{K^2(P_1^2 - P_2^2)}}$$

$$= \sqrt[5]{\frac{1500^2 \times 0.5 \times 1000}{52.31^2 \times \{(1.7 + 1.0332)^2 - (1.5 + 1.0332)^2\}}} = 13.130 ≒ 13.13 \text{ cm}$$

해답 13.13 cm

13 도시가스 시설에 설치되는 정압기(governer)의 기능 3가지를 쓰시오.

해답 ① 도시가스 압력을 사용처에 맞게 낮추는 감압 기능
② 2차측의 압력을 허용범위 내의 압력으로 유지하는 정압 기능
③ 가스의 흐름이 없을 때는 밸브를 완전히 폐쇄하여 압력상승을 방지하는 폐쇄 기능

14 액화산소용기에 액화산소가 60 kg 충전되어 있다. 이때 용기 외부에서 액화산소에 대하여 50 kcal/h의 열량이 주어진다면 남아 있는 액화산소량이 $\frac{1}{3}$로 되는데 걸리는 시간은? (단, 산소의 증발잠열은 1600 cal/mol이다.)

풀이 ① 산소의 증발잠열을 kcal/kg으로 계산

∴ 증발잠열 $= \dfrac{1600 \text{ cal/mol}}{32 \text{ g/mol}} = 50 \text{ cal/g}$

$= 50 \text{ kcal/kg}$

② 걸리는 시간 계산 : 남아 있는 액화산소량이 $\frac{1}{3}$이므로 60 kg의 $\frac{2}{3}$가 기화된 것이다.

$$\therefore \text{ 시간} = \frac{\text{기화에 필요한 열량}}{\text{시간당 공급열량}} = \frac{\left(60 \times \frac{2}{3}\right) \times 50}{50} = 40\text{시간}$$

해답 40시간

15 **염소의 공업적 제조법 2가지를 반응식과 함께 쓰시오.**

해답 ① 수은법에 의한 식염의 전기분해 : $2NaCl + (Hg) \rightarrow Cl_2 + 2Na(Hg)$

② 격막법에 의한 식염의 전기분해 : $NaCl \rightarrow Na^+ + Cl^-$

제2회 가스기사 필답형

01 **고압가스설비에 설치하는 사고예방설비와 피해저감설비의 종류 4가지를 각각 쓰시오.**

해답 ① 사고예방설비 : 과압안전장치, 가스누출경보 및 자동차단장치, 긴급차단장치, 역류방지장치, 역화방지장치, 전기방폭설비, 환기설비, 부식방지설비, 정전기제거설비

② 피해저감설비 : 방류둑, 방호벽, 살수장치, 제독설비, 중화·이송설비, 온도상승방지설비

02 **[보기]에서 설명하는 공기액화 사이클의 명칭을 쓰시오.**

보기
- 여러 대의 압축기를 이용하여 각 단에서 비점이 점차 낮은 냉매를 사용하여 공기를 액화시킨다.
- 암모니아, 에틸렌, 메탄을 냉매로 사용한다.

해답 캐스케이드 액화 사이클

03 **가스누출 검지 경보장치의 종류와 경보농도를 가연성가스와 독성가스로 구분하여 답하시오.**

해답 (1) 가연성가스

① 종류 : 접촉연소방식

② 경보농도 : 폭발하한계의 1/4 이하

(2) 독성가스

① 종류 : 반도체방식

② 경보농도 : TLV-TWA 기준농도 이하

04 **LPG 기화기를 작동원리에 따라 분류할 때 "감압가열 기화방식"에 대하여 설명하시오.**

해답 액체 상태의 LP가스를 액체 조정기 또는 팽창밸브를 통하여 감압하여 온도를 내려서 열교환기에 보내 대기 또는 온수 등으로 가열하여 기화시키는 방식

05 **공기액화 분리장치의 원료공기 취입구에 설치하는 여과기의 기능을 설명하시오.**

해답 원료 공기 중에 함유된 먼지, 매연, 질소화합물 등의 불순물을 제거하여 압축기 실린더가 오손되는 것을 방지한다.

06 **체적비로 메탄 60 % (폭발범위 : 5~15 %), 수소 40 % (폭발범위 : 4~75 %)의 혼합가스의 공기 중에서의 폭발범위 하한값 (%)과 상한값 (%)을 각각 계산하시오.**

풀이 $\frac{100}{L} = \frac{V_1}{L_1} + \frac{V_2}{L_2}$ 에서 $L = \frac{100}{\frac{V_1}{L_1} + \frac{V_2}{L_2}}$ 이므로

① 폭발범위 하한값 계산

$$L_l = \frac{100}{\frac{60}{5} + \frac{40}{4}} = 4.545 \fallingdotseq 4.55\ \%$$

② 폭발범위 상한값 계산

$$L_h = \frac{100}{\frac{60}{15} + \frac{40}{75}} = 22.058 \fallingdotseq 22.06\ \%$$

해답 4.55~22.06 %

07 **도시가스 제조소의 신규 설치공사를 할 경우 공사계획 승인대상에 해당하는 설비의 설치공사 4가지를 쓰시오.**

해답 ① 가스발생설비 또는 가스정제설비
② 가스홀더
③ 배송기 또는 압송기
④ 저장탱크 또는 액화가스용 펌프
⑤ 최고사용압력이 고압인 열교환기
⑥ 가스압축기, 공기압축기 또는 송풍기
⑦ 냉동설비(유분리기, 응축기 및 수액기만을 말한다.)
⑧ 배관 (최고사용압력이 중압 또는 고압인 배관으로서 호칭지름이 150 mm 이상이고, 그 길이가 20 m 이상인 것만을 말한다.)

08 **탄화수소를 원료로 도시가스를 제조하는 수증기 개질법에서 탄화수소와 수증기간의 반응식과 카본의 생성을 방지하는 방법을 쓰시오.**

해답 ① 반응식 : A (C_mH_n) + B (H_2O) → C (H_2) + D (CO) + E (CO_2) + F (CH_4) + G (C) + H (H_2O)
② 카본 생성 방지 방법

반응식 : $CH_4 \rightleftarrows 2H_2 + C$ (카본) → 반응온도를 낮게, 반응압력을 높게 유지

$2CO \rightleftarrows CO_2 + C$ (카본) → 반응온도를 높게, 반응압력을 낮게 유지

09 **가스설비가 설치되는 곳의 1차 지반조사 결과 그 장소가 습윤한 토지, 매립지로서 지반이 연약한 토지, 급경사지로서 붕괴의 우려가 있는 토지, 그밖에 사태(沙汰), 부등침하 등이 일어나기 쉬운 토지인 경우에 강구하여야 할 조치 2가지를 쓰시오.**

해답 ① 성토 ② 지반개량 ③ 옹벽설치

10 **고압가스용 역화방지장치의 구조는 안전성, 편리성 및 작동성을 확보하기 위하여 구비하여야 할 것 2가지를 쓰시오.**

해답 ① 소염소자 ② 역류방지장치 ③ 방출장치

11 **도시가스 원료 중 나프타의 특징 4가지를 쓰시오.**

해답 ① 가스화가 용이하기 때문에 높은 가스화 효율을 얻을 수 있다.
② 타르, 카본 등 부산물이 거의 생성되지 않는다.
③ 가스 중에는 불순물이 적어서 정제설비를 필요로 하지 않는 경우가 많다.
④ 대기오염, 수질오염의 환경문제가 적다.
⑤ 취급과 저장이 모두 용이하다.

12 **연소장치를 개방형, 반밀폐형, 밀폐형으로 구분할 때 연소용 공기를 취하는 방법과 연소 폐가스를 처리하는 방법을 각각 설명하시오.**

해답 ① 개방형 : 연소용 공기는 실내서 취하고, 연소 폐가스는 실내로 배출
② 반밀폐형 : 연소용 공기는 실내서 취하고, 연소 폐가스는 연소기 배기통을 이용하여 실외로 배출
③ 밀폐식 : 연소용 공기는 2중 구조로 된 배기통을 이용하여 실외에서 취하고, 연소 폐가스는 연소기 배기통을 이용하여 실외로 배출

13 **반지름이 25 m인 구형 가스홀더에 절대압력 5 MPa 상태로 가스가 저장되어 있을 때 저장능력은 몇 m^3에 해당되는지 계산하시오.**

풀이 ① 구형 가스홀더의 내용적 계산

$$V=\frac{\pi}{6}D^3=\frac{\pi}{6}\times(2\times25)^3=65449.846 ≒ 65449.85\ m^3$$

② 저장능력 계산 : 압축가스 저장능력 산정식을 이용하여 계산하는데 충전압력이 절대압력으로 주어졌으므로 계산식 중 "+1"은 포함시키지 않는다.

$$\therefore\ Q=(10P+1)\times V=(10\times5)\times65449.85=3272492.5\ m^3$$

해답 3272492.5 m^3

14 **액화석유가스용 압력 조정기에서 "폐쇄압력"을 설명하시오.**

해답 액화석유가스의 사용이 중단되었을 때 용기의 가스유출을 압력 조정기에서 완전 차단할 때의 압력

15 그림과 같이 A지점에서 B지점으로 공급되는 기존의 중압배관에서 D지점에 신규로 가스를 공급하기 위하여 C지점에서 분기하여 C→D 배관을 증설할 때 관지름(cm)을 계산하시오. (단, C→D 배관이 증설된 후 A→C→B 배관의 관지름, B지점의 유출압력 및 유량은 변동이 없으며, 대기압은 0.1 MPa, 가스 비중은 0.5이다.)

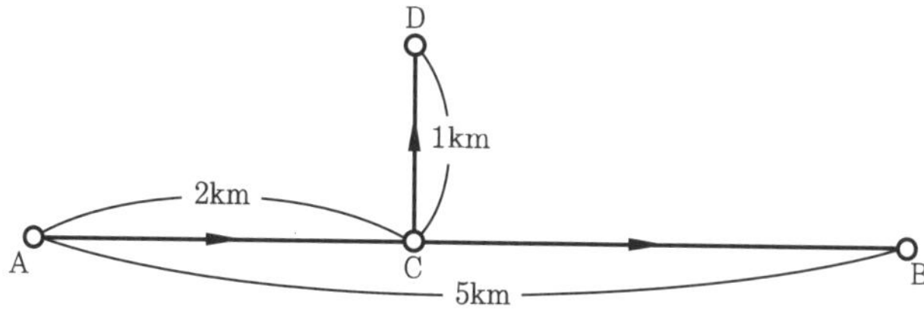

각 지점의 압력 및 유량

지점	압력	유량
A	0.5 MPa	–
B	0.13 MPa	5000 m³/h
D	0.1 MPa	1500 m³/h

풀이 ① "A→C→B" 관지름 계산 : 1 MPa = 10 kgf/cm²으로 계산

$Q = K\sqrt{\dfrac{D^5(P_A^2 - P_B^2)}{SL}}$ 에서

$D = \sqrt[5]{\dfrac{Q^2SL}{K^2(P_A^2 - P_B^2)}}$

$= \sqrt[5]{\dfrac{5000^2 \times 0.5 \times 5000}{52.31^2 \times [\{(0.5+0.1)\times 10\}^2 - \{(0.13+0.1)\times 10\}^2]}} = 14.937 ≒ 14.94\text{ cm}$

② "C"지점의 압력 계산

$Q = K\sqrt{\dfrac{D^5(P_A^2 - P_C^2)}{SL}}$ 에서 $P_A^2 - P_C^2 = \dfrac{Q^2SL}{K^2D^5}$ 이다.

$\therefore\ P_C = \sqrt{P_A^2 - \dfrac{Q^2SL}{K^2D^5}} = \sqrt{\{(0.5+0.1)\times 10\}^2 - \dfrac{5000^2 \times 0.5 \times 2000}{52.31^2 \times 14.94^5}}$

$= 4.870\text{ kgf/cm}^2 \cdot \text{a} = 0.487\text{ MPa} \cdot \text{a} - 0.1 = 0.387 ≒ 0.39\text{ MPa} \cdot \text{g}$

③ "C→D" 관지름 계산

$D = \sqrt[5]{\dfrac{Q^2SL}{K^2(P_C^2 - P_D^2)}}$

$= \sqrt[5]{\dfrac{1500^2 \times 0.5 \times 1000}{52.31^2 \times [\{(0.39+0.1)\times 10\}^2 - \{(0.1+0.1)\times 10\}^2]}} = 7.286 ≒ 7.29\text{ cm}$

해답 7.29 cm

참고

"C→D" 배관이 증설된 후 "A"지점의 유량은 6500 m³/h로 공급되어야 하며, 이때 "A"지점의 공급 압력은 다음과 같이 증가되어야 한다.

$\therefore\ P_A = \sqrt{\dfrac{Q^2SL}{K^2D^5} + P_C^2}$

$= \sqrt{\dfrac{(5000+1500)^2 \times 0.5 \times 2000}{52.31^2 \times 14.94^5} + \{(0.39+0.1)\times 10\}^2}$

$= 6.689\text{ kgf/cm}^2 \cdot \text{a} = 0.6689\text{ MPa} \cdot \text{a} - 0.1 = 0.5689 ≒ 0.57\text{ MPa} \cdot \text{g}$

제3회 가스기사 필답형

01 **정압기 특성 중에서 정특성에 대하여 설명하시오.**

해답 정상상태에서의 유량과 2차 압력과의 관계를 뜻한다.

해설 정특성의 종류

① 로크업(lock up) : 유량이 0으로 되었을 때 끝맺은 압력과 기준압력(P_s)과의 차이
② 오프셋(off set) : 유량이 변화했을 때 2차 압력과 기준압력(P_s)과의 차이
③ 시프트(shift) : 1차 압력의 변화에 의하여 정압곡선이 전체적으로 어긋나는 것

02 **고압가스 제조시설에서 이상사태가 발생하는 경우 확대를 방지하기 위하여 설치하는 설비 명칭을 쓰시오.**

(1) 가연성 또는 독성 가스설비에서 이상상태가 발생한 경우 당해 설비 내의 내용물을 설비 밖으로 긴급하고 안전하게 이송하는 설비
(2) 긴급이송설비에 의하여 이송되는 가연성 가스를 대기 중에 분출할 때 공기와 혼합하여 폭발성 혼합기체가 형성되지 않도록 연소에 의하여 처리하는 설비

해답 (1) 벤트스택(vent stack)
(2) 플레어스택(flare stack)

03 **전기방식법 중 희생양극법에 대하여 설명하시오.**

해답 지중 또는 수중에 설치된 양극(anode)금속과 매설배관(cathode) 등을 전선으로 연결해 양극금속과 매설배관 사이의 전지작용에 의하여 전기적 부식을 방지하는 방법이다.

04 **콕의 종류 중 퓨즈콕에 대하여 설명하시오.**

해답 가스 유로를 볼로 개폐하고, 과류 차단 안전기구가 부착된 것으로서 배관과 호스, 호스와 호스, 배관과 배관 또는 배관과 커플러를 연결하는 가스용품이다.

05 **LPG 저장탱크에 내용적의 70 %만 충전되어 있다. 15℃에 있어서 증기압이 5.2 kgf/cm² 일 때 이 혼합 LPG액 중 프로판과 부탄의 몰(%)은 각각 얼마인가? (단, 15℃에 있어서 증기압은 프로판 6.3 kgf/cm², 부탄 0.7 kgf/cm²이다.)**

풀이 혼합 LPG 중 액화 프로판의 몰비율을 x라 하면 부탄의 몰비율은 $(1-x)$가 된다.

∴ 전압(P) = 프로판의 분압×몰비율 + 부탄의 분압×몰비율 $= (P_a \times x) + \{P_b \times (1-x)\}$

① 프로판의 몰(%) 계산

$$5.2 = (6.3 \times x) + \{0.7 \times (1-x)\}$$
$$5.2 = 6.3x + 0.7 - 0.7x$$
$$5.2 - 0.7 = x(6.3 - 0.7)$$
$$\therefore x = \frac{5.2 - 0.7}{6.3 - 0.7} = 0.80357 = 80.357\,\% \fallingdotseq 80.36\,\%$$

② 부탄의 몰(%) 계산

∴ 부탄의 몰(%) = 전체 몰(%) − 프로판 몰(%) = 100 − 80.36 = 19.64 %

해답 ① 프로판 80.36 %　② 부탄 19.64 %

06 **공동·반밀폐식·강제 배기식 가스보일러를 설치할 때 연돌의 유효단면적을 구하는 공식을 쓰고 단위를 포함하여 각 인자에 대하여 설명하시오.**

해답 $A = Q \times 0.6 \times K \times F + P$

여기서, A : 연돌의 유효단면적(mm²)
Q : 가스보일러의 가스소비량 합계(kcal/h)
K : 형상계수
F : 가스보일러의 동시 사용률
P : 배기통의 수평투영면적(mm²)

07 **역풍방지장치가 없는 반밀폐형 강제배기식 가스보일러에 갖추어야 할 장치는 무엇인지 쓰시오.**

해답 과대풍압 안전장치

08 **단면적 600 mm²에 700 kgf의 힘이 작용할 때 안전율을 계산하시오. (단, 인장강도는 400 kgf/cm²이다.)**

풀이 ① 허용응력 계산

$$\therefore \sigma = \frac{F}{A} = \frac{700}{600} \times 10^2 = 116.666 \fallingdotseq 116.67 \text{ kgf/cm}^2$$

② 안전율 계산

$$\therefore \text{안전율} = \frac{\text{인장강도}}{\text{허용응력}} = \frac{400}{116.67} = 3.428 \fallingdotseq 3.43$$

해답 3.43

09 **LPG 자동차 충전소의 충전기 보호대에 대한 물음에 답하시오.**

(1) 재질에 대하여 쓰시오.
(2) 설치기준 3가지를 쓰시오.

해답 (1) 철근콘크리트 또는 강관제

(2) ① 두께 12 cm 이상의 철근콘크리트, 호칭지름 100 A 이상의 강관으로 한다.
② 보호대 높이는 80 cm 이상으로 한다.
③ 보호대는 차량의 충돌로부터 충전기를 보호할 수 있는 형태로 한다. 다만, 말뚝형태일 경우 말뚝은 2개 이상을 설치하고 간격은 1.5 m 이하로 한다.
④ 철근콘크리트제 보호대는 콘크리트 기초에 25 cm 이상의 깊이로 묻고, 바닥과 일체가 되도록 콘크리트를 타설한다.
⑤ 강관제 보호대는 콘크리트 기초에 25 cm 이상의 깊이로 묻거나, 앵커볼트를 사용

하여 고정한다.

⑥ 보호대의 외면에는 야간 식별이 가능하도록 야광페인트로 도색하거나 야광테이프 또는 반사지 등으로 표시한다.

※ 보호대 설치기준은 2019. 8. 14 개정되었음

10 **가정용 소비시설에서 압력조정기 출구에서 연소기 입구까지의 배관 기밀시험압력은 얼마인가?**

해답 8.4 kPa 이상

해설 가정용 소비시설에서 압력조정기로 주어졌으므로 LPG 사용시설에 해당된다. 도시가스 사용시설에서는 압력조정기가 필요하지 않기 때문이다.

11 **가연성가스가 폭발할 위험이 있는 농도에 도달할 우려가 있는 장소를 위험장소라 한다. 위험장소 중 0종 장소를 설명하시오.**

해답 상용의 상태에서 가연성가스의 농도가 연속해서 폭발하한계 이상으로 되는 장소(폭발상한계를 넘는 경우에는 폭발한계 이내로 들어갈 우려가 있는 경우를 포함한다.)

12 **LPG 수송 방법 중 용기에 의한 방법과 탱크로리에 의한 방법의 특징(장단점)을 각각 쓰시오.**

해답 (1) 용기에 의한 방법

① 용기 자체가 저장설비로 이용될 수 있다.

② 소량 수송의 경우 편리하다.

③ 수송비가 많이 소요된다.

④ 용기 취급 부주의로 인한 사고의 위험이 있다.

(2) 탱크로리에 의한 방법

① 기동성이 있어 장거리, 단거리 어느 쪽에도 적합하다.

② 철도 전용선과 같은 특별한 설비가 필요하지 않다.

③ 용기와 비교하여 다량 수송이 가능하다.

④ 자동차에 고정된 탱크가 설치되어야 한다.

13 **가스미터에 표기되어 있는 내용을 설명하시오.**

(1) 0.5 L/rev :

(2) MAX 1.5 m^3/h :

(3) 병용 :

(4) 18/11 :

해답 (1) 계량실 1주기 체적이 0.5 L이다.

(2) 사용최대유량은 시간당 1.5 m^3이다.

(3) LPG와 도시가스에 구별 없이 사용할 수 있는 계량기

(4) 검정유효기간이 2018년 11월까지이다.

14 **저장탱크를 기초에 고정하는 방법 2가지를 쓰시오.**

해답 ① 앵커 볼트(anchor bolt)
② 앵커 스트랩(anchor strap)

15 **가스누설검지기에서 오보 대책에 대한 다음 내용을 설명하시오.**

(1) 경보지연 :
(2) 반시한 경보 :

해답 (1) 일정시간 연속해서 가스를 검지한 후에 경보하는 형식
(2) 가스 농도에 따라서 경보까지의 시간을 변경하는 형식

해설 **가스누설검지기의 오보 대책**

① 즉시경보형 : 가스농도가 설정값 이상이 되면 즉시 경보하는 형식으로, 일반적으로 접촉연소식일 경우에 적용한다.
② 지연경보형 : 일정시간 연속해서 가스를 검지한 후에 경보하는 형식으로, 즉시경보형보다 경보는 늦지만 가스레인지에서 점화가 되지 않았을 경우, 조리 시에 일시적으로 에틸알코올 농도가 증가하는 경우에서는 경보를 하지 않는 장점이 있다.
③ 반시한 경보형 : 가스 농도에 따라서 경보까지의 시간을 변경하는 형식으로, 가스농도가 급격히 증가하면 즉시 경보하고, 농도 증가가 느리면 지연경보하는 경우이다.

2016년도 가스기사 모의고사

제1회 가스기사 필답형

01 NH_3의 특징적인 위험성에 대하여 4가지를 쓰시오.

해답 ① 폭발범위가 15~28 %인 가연성 가스이다.
② 허용농도가 TLV-TWA 25 ppm으로 독성 가스이다.
③ 동 및 동합금에 대하여 부식성을 나타낸다.
④ 액체 암모니아가 피부에 노출되면 동상, 염증의 위험성이 있다.

02 도시가스 정압기 중 피셔(fisher)식 정압기의 2차 압력 이상 상승 원인 4가지를 쓰시오.

해답 ① 메인 밸브에 먼지류가 끼어들어 완전차단(cut off) 불량
② 센터 스템(center stem)과 메인 밸브의 접속 불량
③ 파일럿 서플라이 밸브(pilot supply valve)에서의 누설
④ 메인 밸브의 밸브 폐쇄 무
⑤ 바이패스 밸브류의 누설
⑥ 가스 중 수분의 동결

03 탄화수소(C_mH_n) 1 Nm^3가 완전연소할 때 이론공기량(Nm^3/Nm^3)을 구하는 식을 완성하시오.

풀이 ① 탄화수소(C_mH_n)의 완전연소 반응식

$$C_mH_n + \left(m + \frac{n}{4}\right)O_2 \rightarrow mCO_2 + \frac{n}{2}H_2O$$

② 이론공기량(Nm^3/Nm^3) 계산식

$$A_0[Nm^3/Nm^3] = \frac{O_0}{0.21} = \frac{m + \frac{n}{4}}{0.21} = 4.761m + 1.190n \fallingdotseq 4.76m + 1.19n$$

해답 $4.76m + 1.19n$

04 LPG 공급방식에서 공기 혼합가스(air direct gas)의 목적 3가지를 쓰시오.

해답 ① 발열량 조절
② 재액화 방지
③ 누설 시 손실 감소
④ 연소효율 증대

05 **아세틸렌, 프로판, 메탄, 수소의 위험도를 구하고, 위험도가 큰 것부터 작은 순으로 쓰시오.**

풀이 위험도 계산

① 아세틸렌 : $H=\frac{81-2.5}{2.5}=31.4$

② 프로판 : $H=\frac{9.5-2.2}{2.2}=3.318 \fallingdotseq 3.32$

③ 메탄 : $H=\frac{15-5}{5}=2$

④ 수소 : $H=\frac{75-4}{4}=17.75$

해답 ① 위험도 → 아세틸렌 : 31.4, 프로판 : 3.32, 메탄 : 2, 수소 : 17.75
② 순서 : 아세틸렌 → 수소 → 프로판 → 메탄

해설 ① 위험도(H) 계산식

$$H=\frac{U-L}{L}$$

여기서, U : 폭발범위 상한값 L : 폭발범위 하한값

② 각 가스의 공기 중 폭발범위

가스 명칭	공기 중 폭발범위
수소(H_2)	4~75 vol %
메탄(CH_4)	5~15 vol %
프로판(C_3H_8)	2.2~9.5 vol %
아세틸렌(C_2H_2)	2.5~81 vol %

06 **프로판 1 mol을 이론공기량으로 완전연소시킬 때 혼합기체 중 프로판의 화학양론농도(x_0)와 폭발범위 하한값(x_1)을 계산하시오.**

풀이 ① 프로판의 화학양론농도(x_0) 계산

이론공기량에 의한 프로판(C_3H_8)의 완전연소 반응식

$C_3H_8+5O_2+(N_2) \rightarrow 3CO_2+4H_2O+(N_2)$

$$x_0=\frac{1}{1+\frac{n}{0.21}}\times 100=\frac{0.21}{0.21+n}\times 100=\frac{0.21}{0.21+5}\times 100=4.030 \fallingdotseq 4.03\,\%$$

② 폭발범위 하한값(x_1) 계산

$x_1=0.55 \cdot x_0=0.55\times 4.03=2.216 \fallingdotseq 2.22\,\%$

해답 ① 4.03 % ② 2.22 %

07 **도시가스용 지상배관 중 건축물의 내 · 외벽에 노출된 것으로 표면색상을 황색으로 하지 아니할 수 있는 경우를 설명하시오.**

해답 바닥(2층 이상의 건물의 경우에는 각 층의 바닥)으로부터 1 m 높이에 폭 3 cm의 황색띠를 2중으로 표시한 경우

08 **공기액화 분리장치에서 CO_2를 제거하여야 하는 이유를 설명하시오.**

해답 장치 내에서 탄산가스는 고형의 드라이아이스가 되어 밸브 및 배관을 폐쇄하여 장애를 발생시키므로 제거하여야 한다.

09 **0℃에서 100℃까지 산소의 평균 몰(mol) 열용량(C_p)은 6.987 cal/mol · K이다. 온도가 0℃부터 시작하여 몇 K가 되면 정압하에서 산소의 엔트로피가 1 cal/mol · K 만큼 증가하는가?(단, 산소는 이상기체 상태이다.)**

풀이 정압과정의 엔트로피 변화량 $\Delta S = C_p \ln \frac{T_2}{T_1}$ 에서

$$\ln \frac{T_2}{T_1} = \frac{\Delta S}{C_p} = \frac{1}{6.987} = 0.143$$

$$\frac{T_2}{T_1} = e^{0.143}$$

$$\therefore T_2 = T_1 \times e^{0.143} = 273 \times e^{0.143} = 314.968 = 314.97\,\text{K}$$

해답 314.97 K

 정용과정에서의 계산 : 정용과정은 정적(등적)과정에 해당된다.

① 정적비열(C_v) 계산 : $C_p - C_v = R$에서 $C_v = C_p - R$이고 $R = 1.987$ cal/mol · K이다.

$\therefore C_v = C_p - R = 6.987 - 1.987 = 5$ cal/mol · K

② 온도 계산

$\Delta S = C_v \ln \frac{T_2}{T_1}$ 에서

$$\ln \frac{T_2}{T_1} = \frac{\Delta S}{C_v} = \frac{1}{5} = 0.2$$

$$\frac{T_2}{T_1} = e^{0.2}$$

$$\therefore T_2 = T_1 \times e^{0.2} = 273 \times e^{0.2} = 333.442 ≒ 333.44\,\text{K}$$

10 **도시가스 제조 중 가스의 열량 조정방식 3가지를 쓰시오.**

해답 ① 유량비율 제어방식
② 캐스케이드 방식
③ 서멀라이저 방식

해설 **제조 가스의 열량 조정방식**

① 유량비율 제어방식 : 제조가스의 열량이 일정한 경우에 사용되는 방식으로 단순히 유량비율을 제어하는 방식이다.

② 캐스케이드 방식 : 고열량 가스나 발열량이 변동할 경우에 사용하는 방식으로 열량계로부터 신호에 의해 자동적으로 열량을 제어한다.

③ 서멀라이저 방식 : 공기식, 전류식, 전압식 등이 있으며 여러 종류의 가스를 제조하고 열량을 조정할 때 사용하는 방식이다.

11 **도시가스 시설에 설치되는 정압기(governer)의 기능 3가지를 쓰시오.**

해답 ① 도시가스 압력을 사용처에 맞게 낮추는 감압 기능
② 2차 측의 압력을 허용범위 내의 압력으로 유지하는 정압 기능
③ 가스의 흐름이 없을 때는 밸브를 완전히 폐쇄하여 압력 상승을 방지하는 폐쇄 기능

12 **도시가스를 사용하는 온수보일러에서 난방수는 온도 변화에 따라 그 체적이 증감하게 되며, 이로 인하여 보일러 내의 압력 변화가 발생된다. 이와 같이 체적 변화에 따라 팽창된 물의 체적을 흡수하여 장치의 파손을 방지하는 역할을 하는 설비 명칭을 쓰시오.**

해답 팽창탱크

13 **기밀시험압력 5 MPa, 안지름 50 cm, 인장강도 500 N/mm^{2}인 스테인리스강을 사용한 초저온 용기의 동판 두께는 몇 mm인가?(단, 용접효율 60 %, 부식여유 3 mm이며, 허용응력은 인장강도의 3.5분의 1을 적용한다.)**

풀이 ① 초저온 용기 최고충전압력 계산 : 초저온 용기의 기밀시험압력(AP)은 최고충전압력(FP)의 1.1배이다.

$$AP = FP \times 1.1$$

$$\therefore \; FP = \frac{AP}{1.1} = \frac{5}{1.1} = 4.545 \fallingdotseq 4.55\,\text{MPa}$$

② 동판 두께 계산

$$t = \frac{P \cdot D}{2S \cdot \eta - 1.2P} + C = \frac{4.55 \times 50 \times 10}{2 \times 500 \times \dfrac{1}{3.5} \times 0.6 - 1.2 \times 4.55} + 3 = 16.707 \fallingdotseq 16.71\,\text{mm}$$

해답 16.71 mm

해설 고압가스용 용접용기 동판 두께 계산식 중 재료의 구분에 따른 허용응력(N/mm^2) 수치

<table>
<tr><th colspan="2">재료의 구분</th><th>허용응력 수치</th></tr>
<tr><td colspan="2">스테인리스강</td><td>인장강도의 3.5분의 1의 수치</td></tr>
<tr><td rowspan="2">스테인리스강 외의 강</td><td>열처리를 하여 제조된 저합금강으로서 인장강도가 392 N/mm^2 이상의 것 또는 그 용기의 상용 온도에서 취성파괴를 일으키지 아니하는 성질을 가지는 것</td><td>항복점에 다음 산식에 따라 얻은 수치를 곱하여 얻은 수치 또는 인장강도의 4분의 1의 수치
$\frac{1.7-\gamma}{2}$
위 식에서 γ는 그 재료의 항복점과 인장강도의 비(0.7 미만인 때에는 0.7)를 표시한다.</td></tr>
<tr><td>그 밖의 것</td><td>항복점의 0.4배의 수치 또는 인장강도의 4분의 1의 수치</td></tr>
<tr><td colspan="2">알루미늄합금</td><td>재료의 인장강도와 내력의 합의 5분의 1의 수치 또는 내력의 3분의 2의 수치 중 작은 것</td></tr>
</table>

필답형 모의고사

14 **도시가스 배관은 누출을 방지하기 위하여 용접 시공방법에 따라 접합을 하는 것이 원칙이지만, 용접 접합을 실시하기 곤란한 경우 대신 접합할 수 있는 방법 3가지를 쓰시오.**

해답 ① 플랜지 접합 ② 기계적 접합 ③ 나사 접합

해설 **플랜지 접합, 기계적 접합 또는 나사 접합으로 할 수 있는 경우**

① 용접 접합을 실시하기가 매우 곤란한 경우

② 최고사용압력이 저압으로서 호칭지름 50A 미만의 노출 배관을 건축물 외부에 설치하는 경우

③ 공동주택 등의 가스계량기를 집단으로 설치하기 위하여 가스계량기로 분기하는 T연결부와 그 후단 연결부의 경우

④ 공동주택 입상관의 드레인 캡 마감부의 경우

15 **LPG 저장탱크 정상부에서 탱크 밑면까지 지름이 작은 스테인리스관을 부착하여 이 관을 상하로 움직여 관내에서 분출하는 가스 상태와 액체 상태의 경계면을 찾아 액면을 측정하는 액면계 명칭을 쓰시오.**

해답 슬립튜브식 액면계

제2회 가스기사 필답형

01 **두 피스톤의 지름이 10 cm와 5 cm이다. 큰 피스톤에 2000 N의 힘이 걸리도록 하려면 작은 피스톤에는 얼마의 힘(kgf)을 가해야 하는가?**

풀이 ① 작은 피스톤에 가해지는 힘(N) 계산

$\frac{F_1}{A_1} = \frac{F_2}{A_2}$ 에서

$$\therefore F_1 = \frac{A_1}{A_2} \times F_2 = \left(\frac{D_1}{D_2}\right)^2 \times F_2 = \left(\frac{5}{10}\right)^2 \times 2000 = 500\ \text{N}$$

② 공학단위 힘(kgf) 계산

$$\therefore F = \frac{\text{SI단위 힘}}{g} = \frac{500}{9.8} = 51.020 \fallingdotseq 51.02\ \text{kgf}$$

해답 51.02 kgf

해설 **파스칼(Pascal)의 원리** : 밀폐된 용기 속에 있는 정지 유체의 일부에 가한 압력은 유체 중의 모든 방향에 같은 크기로 전달된다.

02 **충전시설에는 자동차에 고정된 탱크에서 LPG를 저장탱크로 이입할 수 있도록 건축물 외부에 로딩암을 설치하여야 하는데 로딩암을 건축물 내부에 설치할 수 있는 조건 2가지를 쓰시오.**

해답 ① 건축물의 바닥면에 접하여 환기구를 2방향 이상 설치한다.

② 환기구 면적의 합계는 바닥면적의 6% 이상으로 한다.

03 **원료 나프타를 이용하여 SNG를 제조하는 저온 수증기 개질 프로세스에서 수증기비(수증기/납사)는 얼마인가?**

해답 1.8 kg/kg 전후

해설 **SNG 프로세스** : 원유, 나프타, LPG 등 각종 탄화수소 원료로부터 천연가스의 물리적 성질, 화학적 성질(조성, 발열량, 연소성 등)과 거의 일치하는 가스를 제조하는 프로세스로 저온 수증기 개질 프로세스를 기본으로 한다.

(1) 공정 분류 : 탈황 공정, 저온 수증기 개질 공정, 수첨분해 공정, 메탄합성 공정, 탈탄산 공정, 열회수 및 냉각 공정

(2) 조업 조건과 가스화 성적

① 원료 : LPG, 나프타를 사용

② 반응압력 : 20 kgf/cm^2 전후

③ 반응온도

구분	입구	출구
수증기 개질 공정	450℃	500℃
수첨분해 공정	350℃	460℃
메탄합성 공정	280℃	330℃

④ 수증기비 : $\frac{\text{수증기}}{\text{나프타}}$의 비는 1.8 kg/kg 전후이고, 전체로는 1.1 kg/kg 전후이다.

⑤ 촉매 : 수증기 개질 공정, 수첨분해 공정, 메탄합성 공정 모두 니켈계 촉매가 사용된다.

04 **고압가스 냉동제조 기준 중 냉매가스 종류에 따라 제한하고 있는 금속재료를 쓰시오.**

(1) 염화메탄 : (2) 프레온 :

해답 (1) 알루미늄합금

(2) 2%를 넘는 마그네슘을 함유한 알루미늄합금

해설 **냉매가스 종류에 따른 사용금속 제한**

① 암모니아(NH_3) : 동 및 동합금(단, 동함유량 62% 미만일 때 사용 가능)

② 염화메탄(CH_3Cl) : 알루미늄합금

③ 프레온 : 2%를 넘는 마그네슘을 함유한 알루미늄합금

05 **가스용 염화비닐호스 종류 3가지의 안지름(mm)과 허용차(mm)를 쓰시오.**

(1) 1종 : (2) 2종 :

(3) 3종 : (4) 허용차 :

해답 (1) 6.3 mm (2) 9.5 mm

(3) 12.7 mm (4) ±0.7 mm

06 **증기운 폭발(UVCE : Unconfined Vapor Cloud Explosion)에 대하여 설명하시오.**

해답 대기 중에 대량의 가연성가스나 인화성 액체가 유출 시 다량의 증기가 대기 중의 공기와 혼합하여 폭발성의 증기운(vapor cloud)을 형성하고 이때 착화원에 의해 화구(fire ball)를 형성하여 폭발하는 형태를 말한다.

07 **퍼지 종류 중 가장 많이 사용하는 진공 퍼지에 관하여 순서를 3가지로 쓰시오.**

해답 ① 용기를 진공시킨다.
② 불활성가스를 주입시킨다.
③ 최소산소농도를 유지시킨다.

08 **굴착공사로 인하여 일어날 수 있는 도시가스배관의 파손사고를 예방하기 위한 정보제공, 홍보 등에 필요한 굴착공사 지원 정보망의 구축 운영, 그 밖에 매설배관 확인에 대한 정보지원 업무를 효율적으로 수행하기 위하여 한국가스안전공사와 연계하여 운영하는 시스템을 무엇이라 하는가?**

해답 굴착공사 정보지원센터

해설 **굴착공사 정보지원센터의 설치(도시가스사업법 제30조의2)** : 구멍 뚫기, 말뚝 박기, 터파기, 그 밖의 토지의 굴착공사(이하 '굴착공사'라 한다)로 인하여 일어날 수 있는 도시가스배관의 파손사고를 예방하기 위한 정보제공, 홍보 등에 필요한 굴착공사 지원정보망의 구축운영, 그 밖에 매설배관 확인에 대한 정보지원업무를 효율적으로 수행하기 위하여 한국가스안전공사에 굴착공사 정보지원센터(이하 '정보지원센터'라 한다)를 둔다.

09 **도시가스 사용시설의 배관 중 매립(埋立)배관과 은폐(隱蔽)배관을 비교 설명하시오.**

해답 매립배관은 건축물의 천장, 벽, 바닥 속에 설치되는 배관으로서, 배관 주위에 콘크리트, 흙 등이 채워져 배관의 점검·교체가 불가능한 배관을 말하며, 은폐배관은 건축물 내 천장, 벽체, 바닥 등의 공간에 외부에서 배관이 보이지 않게 설치된 배관으로서, 배관의 점검·교체 등이 가능한 배관을 말한다.

해설 **매립(埋立)배관과 은폐(隱蔽)배관 : KGS FU551 도시가스 사용시설의 기준**
① 매립배관 : 건축물의 천장, 벽, 바닥 속에 설치되는 배관으로서, 배관 주위에 콘크리트, 흙 등이 채워져 배관의 점검·교체가 불가능한 배관을 말한다. 다만, 천장, 벽체 등을 관통하기 위해 이음부 없이 설치되는 배관은 매립배관으로 보지 않는다.
② 은폐배관 : 건축물 내 천장, 벽체, 바닥 등의 공간에 외부에서 배관이 보이지 않게 설치된 배관으로서, 배관의 점검·교체 등이 가능한 배관을 말한다. 다만, 상자콕 설치를 위해 은폐배관 중 일부가 매립되는 경우 배관 전체를 매립배관으로 본다.

10 **저장탱크나 압력용기(액화천연가스 제외) 맞대기 용접부의 기계적 시험방법 3가지를 쓰시오.**

해답 ① 이음매 인장시험 ② 충격시험
③ 표면굽힘시험 ④ 측면굽힘시험
⑤ 이면굽힘시험

11 **방폭전기기기의 방폭구조에 대한 물음에 답하시오.**

(1) 가연성가스의 폭발등급 및 이에 대응하는 내압방폭구조의 폭발등급은 "최대안전틈새범위"를 기준으로 등급을 3가지로 분류하는데 본질안전방폭구조는 무엇을 기준으로 등급을 3가지로 분류하는가?
(2) (1)번 답의 기준이 되는 가스의 명칭을 쓰시오.

해답 (1) 최소점화전류비의 범위(mm)
(2) 메탄

12 [보기]에서 주어진 조건을 이용하여 비수조식 내압시험장치에서 전증가량 계산식을 완성하시오.

보기
- ΔV : 전증가량 (cm^3)
- V : 용기 내용적(cm^3)
- P : 내압시험압력(MPa)
- A : 내압시험압력 P에서의 압입수량 (수량계의 물 강하량) (cm^3)
- B : 내압시험압력 P에서의 수압펌프에서 용기까지의 연결관에 압입된 수량 (용기이외의 압입수량) (cm^3)
- β : 내압시험 시 물의 온도에서 압축계수
- t : 내압시험 시 물의 온도 (℃)

해답 $\Delta V = (A - B) - \{(A - B) + V\} \times P \times \beta$

해설 ① t[℃]에서의 압축계수 계산

$$\beta_t = (5.11 - 3.8981\,t \times 10^{-2} + 1.0751\,t^2 \times 10^{-3} - 1.3043\,t^3 \times 10^{-5} - 6.8\,P \times 10^{-3}) \times 10^{-4}$$

② 전증가량 및 내용적, 압입수량의 단위 cm^3는 cc의 단위와 같다.

13 길이 60 m의 저압배관에 프로판 (C_3H_8) 가스를 10 m^3/h로 공급할 때 압력손실이 5.8 mmH_2O이다. 이 배관에 부탄 (C_4H_{10}) 가스를 10 m^3/h로 공급하면 압력손실은 얼마인가? (단, 프로판 및 부탄의 비중은 각각 1.5, 2.0이다.)

풀이 $H = \dfrac{Q^2 \cdot S \cdot L}{K^2 \cdot D^5}$에서 유량계수 ($K$), 관길이($L$), 배관 안지름 ($D$)은 변화가 없다.

$\therefore\ H_1 = Q_1^2 \times S_1,\ H_2 = Q_2^2 \times S_2$가 된다.

$\therefore\ \dfrac{H_2}{H_1} = \dfrac{Q_2^2 \times S_2}{Q_1^2 \times S_1}$에서

$$\therefore\ H_2 = \frac{H_1 \times Q_2^2 \times S_2}{Q_1^2 \times S_1} = \frac{5.8 \times 10^2 \times 2.0}{10^2 \times 1.5}$$

$$= 7.733 \fallingdotseq 7.73\ mmH_2O$$

해답 7.73 mmH_2O

14 LPG를 사용하는 연소기구의 노즐이 0.5 mm이고, 노즐에서 수주 280 mm의 압력으로 LP가스가 15시간 유출하였을 경우 가스분출량 (m^3)은 얼마인가? (단, 분출압력 280 mmH_2O에서 LP가스의 비중은 1.75이다.)

풀이 $Q = 0.009 D^2 \times \sqrt{\dfrac{P}{d}} = 0.009 \times 0.5^2 \times \sqrt{\dfrac{280}{1.75}} \times 15$

$= 0.426 \fallingdotseq 0.43\ m^3$

해답 0.43 m^3

15 **공기액화 분리장치의 폭발 원인 4가지를 쓰시오.**

해답 ① 공기 취입구로부터 아세틸렌(C_2H_2)의 혼입
② 압축기용 윤활유 분해에 따른 탄화수소의 생성
③ 공기 중 질소화합물(NO, NO_2)의 혼입
④ 액체공기 중에 오존(O_3)의 혼입

제3회 가스기사 필답형

01 **지진으로부터 가스설비를 보호하기 위하여 내진설계를 하여야 하는 도법 적용대상시설을 쓰시오.**

해답 저장능력이 3톤(압축가스의 경우에는 300 m^3) 이상인 저장탱크(지하에 매설하는 것은 제외한다) 또는 가스홀더, 지지구조물 및 기초와 이들의 연결부

해설 **내진설계 적용대상**

(1) 고법 적용대상시설

① 고법의 적용을 받는 5톤(비가연성가스나 비독성가스의 경우에는 10톤) 또는 500 m^3 (비가연성가스나 비독성가스의 경우는 1000 m^3) 이상의 저장탱크(지하에 매설하는 것은 제외한다) 및 압력용기(반응, 분리, 정제, 증류 등을 행하는 탑류로서 동체부의 높이가 5 m 이상인 것만 적용한다), 지지구조물 및 기초와 이들의 연결부

② 고법의 적용을 받는 세로방향으로 설치한 동체의 길이가 5 m 이상인 원통형 응축기 및 내용적 5000 L 이상인 수액기, 지지구조물 및 기초와 이들의 연결부

(2) 액법 적용대상시설 : 3톤 이상의 액화석유가스 저장탱크(지하에 매설하는 것은 제외한다), 지지구조물 및 기초와 이들의 연결부

02 **발열량이 5000 kcal/Nm^3, 비중이 0.61, 공급 표준압력이 100 mmH$_2$O인 가스에서 발열량 11000 kcal/Nm^3, 비중 0.66, 공급 표준압력이 200 mmH$_2$O인 LNG로 가스를 변경할 경우 노즐 지름 변경률을 계산하시오.**

풀이 $$\frac{D_2}{D_1} = \sqrt{\frac{WI_1\sqrt{P_1}}{WI_2\sqrt{P_2}}} = \sqrt{\frac{\frac{5000}{\sqrt{0.61}} \times \sqrt{100}}{\frac{11000}{\sqrt{0.66}} \times \sqrt{200}}} = 0.578 \fallingdotseq 0.58$$

해답 0.58

03 **조정압력이 3.3 kPa 이하인 일반용 액화석유가스용 압력조정기의 안전장치에 대한 물음에 답하시오.**

(1) 작동표준압력은 얼마인가?
(2) 작동개시압력은 얼마인가?
(3) 작동정지압력은 얼마인가?

(4) 노즐지름이 3.2 mm 이하일 때 분출용량은 얼마인가?

해답 (1) 7.0 kPa　(2) 5.6~8.4 kPa
(3) 5.04~8.4 kPa　(4) 140 L/h 이상

04 도시가스 제조 및 공급시설 중 가스홀더의 기능에 대하여 4가지를 쓰시오.

해답 ① 가스수요의 시간적 변동에 대하여 공급 가스량을 확보한다.
② 공급설비의 일시적 중단에 대하여 어느 정도 공급량을 확보한다.
③ 공급가스의 성분, 열량, 연소성 등의 성질을 균일화한다.
④ 소비지역 근처에 설치하여 피크 시의 공급, 수송효과를 얻는다.

05 가스용 연료전지를 제조하려는 자가 갖추어야 할 제조설비 2가지를 쓰시오.

해답 ① 단위셀 및 스택 제작설비
② 연료개질기 제작설비
③ 그 밖에 제조에 필요한 가공설비

06 폭굉(detonation)의 정의를 쓰시오.

해답 가스 중의 음속보다도 화염 전파속도가 큰 경우로서 가스의 경우 1000~3500 m/s 정도에 달하여 파면선단에 충격파라고 하는 압력파가 생겨 격렬한 파괴작용을 일으키는 현상을 말한다.

07 독성가스 중 2중관으로 하여야 하는 독성 가스 종류 8가지를 쓰시오.

해답 ① 포스겐　② 황화수소　③ 시안화수소
④ 아황산가스　⑤ 산화에틸렌　⑥ 암모니아
⑦ 염소　⑧ 염화메탄

08 내용적 5 L의 고압용기에 에탄 1650 g을 충전하여 용기의 온도가 100℃일 때 압력이 210 atm을 지시하고 있다. 이때 에탄의 압축계수는 얼마인가?

풀이 $PV = Z\dfrac{W}{M}RT$에서

$$\therefore\ Z = \frac{PVM}{WRT} = \frac{210 \times 5 \times 30}{1650 \times 0.082 \times (273+100)} = 0.624 \fallingdotseq 0.62$$

해답 0.62

09 내용적 50 L인 아세틸렌 충전용기에 다공성물질이 채워져 있다. 이 용기에 내용적의 48 %만큼 아세톤이 충전되어 있을 때 다공도가 85 %이었다면 이 용기에 충전된 아세톤의 무게(kg)를 계산하시오. (단, 아세톤의 비중은 0.79이다.)

풀이 아세톤이 차지하는 비율이 내용적의 48 %이다.

$\therefore$ W = (내용적×아세톤 비율)×아세톤 액비중
= (50×0.48)×0.79 = 18.96 kg

해답 18.96 kg

10 **펌프에서 발생하는 이상소음 및 진동의 원인 4가지를 쓰시오.**

해답 ① 캐비테이션이 발생되었을 때
② 공기가 흡입되었을 때
③ 서징 현상이 발생되었을 때
④ 임펠러에 이물질이 끼었을 때

11 **입상배관에 의한 압력손실을 구하는 공식을 쓰고 각 인자에 대하여 단위까지 포함하여 설명하시오.**

해답 $H = 1.293(S-1) \times h$

여기서, H : 가스의 압력손실(mmH_2O)
S : 가스의 비중
h : 입상높이(m)

12 **배관 지름 80 mm, 길이 100 m의 저압 배관에 "A"성분 가스(프로판 60 v%, 부탄 40 v%)를 공급할 때 압력손실이 수주로 100 mm이다. 이 배관에 "B"성분 가스(프로판 95 v%, 부탄 5 v%)를 동일한 유량으로 공급할 때 압력손실은 수주로 몇 mm인가? (단, 프로판 및 부탄의 비중은 각각 1.6, 2.0이며, 다른 조건은 변함이 없다.)**

풀이 ① "A"성분 가스 비중(S_1), "B"성분 가스 비중(S_2) 계산

$\therefore S_1 = (1.6 \times 0.6) + (2.0 \times 0.4) = 1.76$

$\therefore S_2 = (1.6 \times 0.95) + (2.0 \times 0.05) = 1.62$

② 압력손실 계산

$H = \dfrac{Q^2 \cdot S \cdot L}{K^2 \cdot D^5}$ 에서

$\therefore H_1 = \dfrac{Q_1^2 \times S_1 \times L_1}{K_1^2 \times D_1^5}$, $H_2 = \dfrac{Q_2^2 \times S_2 \times L_2}{K_2^2 \times D_2^5}$ 에서 공급되는 가스량(Q), 유량계수(K), 관길이(L), 배관 안지름(D)은 변화가 없는 것이므로 압력손실은 공급되는 가스의 비중에 비례한다.

$$\frac{H_2}{H_1} = \frac{\dfrac{Q_2^2 \times S_2 \times L_2}{K_2^2 \times D_2^5}}{\dfrac{Q_1^2 \times S_1 \times L_1}{K_1^2 \times D_1^5}} = \frac{S_2}{S_1} \text{ 이다.}$$

$$\therefore H_2 = \frac{H_1 \times S_2}{S_1} = \frac{100 \times 1.62}{1.76} = 92.045 \fallingdotseq 92.05\ mmH_2O$$

해답 $92.05\ mmH_2O$

13 **고압장치의 설비 및 배관 등에 대한 기밀시험 시 불합격되었을 때 누출개소를 확인하는 방법 4가지를 쓰시오.**

해답 ① 발포법 ② 할로겐 디텍터법
③ 검지기법 ④ 검사지법

14 300 A 배관의 길이가 400 m, 최고사용압력이 중압인 도시가스배관을 자기압력기록계를 이용하여 기밀시험 시 기밀유지시간은 몇 분인가?

풀이 ① 배관 내용적 계산 : 300 A 배관의 안지름을 300 mm로 계산

$\therefore\ V=\frac{\pi}{4}\times D^2\times L=\frac{\pi}{4}\times 0.3^2\times 400=28.274 \fallingdotseq 28.27\ m^3$

② 기밀유지시간 계산 : 저압 및 중압배관의 내용적이 10 m^3 이상 300 m^3 미만의 경우에 자기압력계를 이용한 기밀시험시간은 내용적(V)에 24를 곱한 시간 (단위 : 분)으로 계산한다.

$\therefore\ T=24\times V=24\times 28.27=678.48$ 분

해답 678.48분

해설 압력계 및 자기압력기록계를 이용한 기밀유지시간

구분	내용적	기밀유지시간
저압, 중압	1 m^3 미만	24분
	1 m^3 이상 10 m^3 미만	240분
	10 m^3 이상 300 m^3 미만	24× V분(단, 1440분을 초과한 경우는 1440분으로 할 수 있다.)
고압	1 m^3 미만	48분
	1 m^3 이상 10 m^3 미만	480분
	10 m^3 이상 300 m^3 미만	48× V분(단, 2880분을 초과한 경우는 2880분으로 할 수 있다.)

※ V는 피시험부분의 내용적(m^3)

15 가스누출검지 경보장치에서 검지기 경보농도를 쓰시오.

(1) 가연성 가스 :

(2) 독성가스 :

해답 (1) 폭발하한계의 1/4 이하

(2) TLV-TWA 기준농도 이하

2017년도 가스기사 모의고사

제1회 가스기사 필답형

01 **정압기를 평가 선정할 경우 각 특성이 사용조건에 적합하도록 정압기를 선정하여야 한다. 이때 정압기를 선정할 때 고려하여야 할 사항 4가지를 쓰시오.**

해답 ① 정특성 ② 동특성
③ 유량특성 ④ 사용 최대 차압
⑤ 작동 최소 차압

02 **일반 도시가스사업 제조소 및 공급소의 가스발생설비 또는 가스정제설비를 자동으로 제어하는 장치, 비상용 조명설비 등에는 정전 등에 의하여 그 설비의 기능이 상실되지 않도록 설치하는 비상전력설비의 종류 4가지를 쓰시오.**

해답 ① 타처 공급전력 ② 자가발전
③ 축전지 장치 ④ 엔진 구동발전
⑤ 스팀터빈 구동발전

03 **실내에 설치되는 반밀폐식 보일러를 급배기 방식에 따라 2가지로 구분하시오.**

해답 ① 자연 배기식(또는 CF 방식)
② 강제 배기식(또는 FE 방식)

해설 **반밀폐식 연소기구(보일러)의 분류**
① 자연 배기식(또는 CF 방식) : 연소용 공기를 실내에서 취하고, 연소 배기가스를 배기통을 사용하여 자연 통풍력에 의해 실외로 배출하는 방식
② 강제 배기식(또는 FE 방식) : 연소용 공기를 실내에서 취하고, 연소 배기가스를 배기팬을 사용하여 강제적으로 실외로 배출하는 방식

04 **폭굉유도거리(DID)에 대하여 설명하시오.**

해답 최초의 완만한 연소가 격렬한 폭굉으로 발전될 때까지의 거리

해설 **폭굉유도거리가 짧아지는 조건**
① 정상 연소속도가 큰 혼합가스일수록
② 관 속에 방해물이 있거나 관 지름이 가늘수록
③ 압력이 높을수록
④ 점화원의 에너지가 클수록

05 **도시가스 도매사업자의 제조소 및 공급소 밖의 배관에 긴급차단장치를 설치하는 규정에서 지역구분별 긴급차단장치 간 거리의 밀도지수에 대하여 설명하시오.**

해답 배관의 임의의 지점에서 길이 방향으로 1.6 km, 배관 중심으로부터 좌우로 각각 폭 0.2 km의 범위에 있는 가옥 수(아파트 등 복합건축물의 가옥 숫자는 건축물 안의 독립된 가구 수로 한다)를 말한다.

06 **배관 호칭이 $\frac{3}{4}$ B(안지름 2.2 cm), 관 길이가 10 m인 배관에 압력손실이 17 mmH$_2$O일 때 유량(kg/h)은 얼마인가? (단, 온도는 15℃이며, 이 온도에서의 가스 비중은 0.46이고, 밀도는 0.71 kg/m^3, 유량계수는 0.707이다.)**

풀이 질량유량(kg/h)은 체적유량(m^3/h)에 유체의 밀도(ρ : kg/m^3)를 곱한다.

$$Q = K\sqrt{\frac{D^5 \cdot H}{S \cdot L}}\ [\text{m}^3/\text{h}] = \rho \cdot K\sqrt{\frac{D^5 \cdot H}{S \cdot L}}\ [\text{kg/h}]$$

$$= 0.71 \times 0.707 \times \sqrt{\frac{2.2^5 \times 17}{0.46 \times 10}} = 6.927 ≒ 6.93\ \text{kg/h}$$

해답 6.93 kg/h

07 **LPG 저장설비의 종류 3가지를 쓰시오.**

해답 ① 저장탱크 ② 마운드형 저장탱크
③ 소형 저장탱크 ④ 용기

해설 용어의 정의(KGS FP332) : 저장설비란 액화석유가스를 저장하기 위한 설비로서 저장탱크, 마운드형 저장탱크, 소형 저장탱크 및 용기(용기집합설비와 충전용기보관실을 포함한다)를 말한다.

08 **가연성 가스 검출기 중 접촉연소방식의 원리를 설명하시오.**

해답 열선(필라멘트)으로 검지된 가스를 연소시켜 생기는 온도변화에 전기저항의 변화가 비례하는 것을 이용한 것이다.

09 **LPG 기화기를 작동원리에 따라 분류할 때 "감압가열 기화방식"에 대하여 설명하시오.**

해답 액체 상태의 LP가스를 액체 조정기 또는 팽창밸브를 통하여 감압하여 온도를 내려서 열교환기에 보내 대기 또는 온수 등으로 가열하여 기화시키는 방식

10 **다음에 설명하는 부식 명칭을 쓰시오.**

(1) 결정입자가 선택적으로 부식되는 것으로 오스테나이트계 스테인리스강을 450~900℃로 가열하면 결정입계로 크롬탄화물이 석출되는 현상이다. 스테인리스강 용접부에 열 영향을 받는 경우에 잘 나타난다.

(2) 중유 및 연료유의 회분 중에 포함되어 있는 바나듐이 산소와 반응하여 오산화바나듐(V_2O_5)이 만들어지고, 이것이 고온 전열면에 부착되어 고온부식을 일으키는 현상이다.

(3) 배관 및 밴드 등의 굴곡부, 펌프의 회전차 등 유속이 큰 부분이 부식성 환경에서 마모가 현저하게 되는 현상으로 황산의 이송배관에서 주로 발생된다.

해답 (1) 입계부식
(2) 바나듐어택
(3) 이로전(erosion)

11 가연성 및 독성 가스 제조시설에 설치하는 가스누출검지 경보장치의 경보농도와 정밀도에 대하여 쓰시오.

해답 ① 가연성 가스 – 경보농도 : 폭발하한계의 1/4 이하, 정밀도 : ±25% 이하
② 독성 가스 – 경보농도 : TLV–TWA 기준농도 이하, 정밀도 : ±30% 이하

12 35℃의 상태에서 메탄이 내용적 40 L의 용기에 15 MPa 상태로 충전되었을 때 질량을 계산하시오.

풀이 $PV = GRT$에서 1 atm = 0.1 MPa로 계산

$$\therefore G = \frac{PV}{RT} = \frac{(15+0.1)\times 1000 \times 0.04}{\frac{8.314}{16}\times(273+35)} = 3.773 ≒ 3.77\text{ kg}$$

해답 3.77 kg

13 용접부의 균열 발생부분을 검사하는 비파괴 검사법의 종류 4가지를 쓰시오.

해답 ① 음향검사 ② 침투탐상검사
③ 자분탐상검사 ④ 방사선투과검사
⑤ 초음파탐상검사 ⑥ 와류검사

14 다음 물음에 답하시오.

(1) 프로판의 완전연소 반응식을 쓰시오.
(2) 프로판(C_3H_8) 10 kg을 완전연소할 때 이론공기량(Nm^3)을 계산하시오. (단, 공기 중 산소 농도는 21%이다.)

풀이 (1) 프로판(C_3H_8)의 완전연소 반응식 : $C_3H_8 + 5O_2 \rightarrow 3CO_2 + 4H_2O$
(2) 이론공기량(Nm^3) 계산
$44\text{ kg} : 5\times 22.4\text{ Nm}^3 = 10\text{ kg} : x(O_0)\text{Nm}^3$

$$\therefore A_0 = \frac{O_0}{0.21} = \frac{5\times 22.4\times 10}{44\times 0.21} = 121.212 ≒ 121.21\text{ Nm}^3$$

해답 (1) $C_3H_8 + 5O_2 \rightarrow 3CO_2 + 4H_2O$
(2) 121.21 Nm^3

15 고압가스 제조시설에 설치하는 내부반응 감시장치의 종류를 3가지 쓰시오.

해답 ① 온도감시장치 ② 압력감시장치
③ 유량감시장치 ④ 가스의 밀도·조성 등의 감시 장치

제2회 가스기사 필답형

01 독성 가스가 충전된 용기를 차량에 적재하여 운반할 때 갖추어야 할 보호구 4가지를 쓰시오.

해답 ① 방독마스크
② 보호의
③ 보호장갑
④ 보호장화

해설 **독성 가스를 운반하는 때에 휴대하는 보호구**

품명	운반하는 독성가스의 양	
	압축가스 100 m^3	액화가스 1000 kg
	미만인 경우	이상인 경우
방독마스크	○	○
공기호흡기	–	○
보호의	○	○
보호장갑	○	○
보호장화	○	○

02 산소 충전용기에 대한 물음에 답하시오.

(1) 공업용 용기의 도색 :
(2) 의료용 용기의 도색 :
(3) 안전밸브의 종류 :

해답 (1) 녹색
(2) 백색
(3) 파열판식

03 다음 설명 중 ( ) 안에 알맞은 공통적인 용어를 쓰시오.

지하에 매설된 가스배관을 도복장으로 부식을 방지하려고 할 때 다른 금속체와 접촉되어 ( )을[를] 형성하는 경우가 있다. 이와 같은 가능성이 있는 장소에서는 방식테이프를 감거나 절연 피복한 재료를 사용하거나 해서 다른 금속체와의 접촉을 피하는 것이 좋다. ( )은[는] 주로 환경의 차에 의해서 일어나고, 긴 관로의 경우 전위차도 크게 되는 경향이 있으므로 관로를 적당히 절연시켜 ( )의[이] 형성을 방지하여 방식효과를 높일 수 있다.

해답 매크로셀

해설 **매크로셀(macro cell) 부식** : 금속표면에서 양극(+), 음극(-)의 부위가 각각 변화하므로 양극과 음극의 위치가 확정적이지 않아서 전면부식이 발생하는 현상이다. 이때 구성하는 전지를 매크로셀(macro cell)이라 한다.

04 독성가스의 허용농도는 해당 가스를 성숙한 흰쥐 집단에게 대기 중에서 1시간 동안 계속하여 노출시킨 경우 14일 이내에 그 흰쥐의 2분의 1 이상이 죽게 되는 반치사 농도로 100만분의 5000 이하를 독성가스로 분류하는 이것의 명칭을 영문 약자로 쓰시오.

해답 LC50

해설 LC50(Lethal concentration 50) : 치사농도[致死濃度] 50

05 무색인 독성가스로 마늘 냄새가 나며 납산 배터리 및 전자 화합물 재료 등으로 쓰이는 액화가스는?

해답 아르신(AsH_3)

06 연소기구에서 발생하는 블로 오프(blow off)에 대하여 설명하시오.

해답 불꽃 주변의 기류에 의하여 불꽃이 염공에서 떨어져 연소하다 꺼져버리는 현상

07 가연성 가스의 연소범위(폭발범위)를 설명하시오.

해답 공기에 대한 가연성 가스의 혼합농도의 백분율(체적%)로서 폭발하는 최고농도를 폭발상한계, 최저농도를 폭발하한계라 하며, 그 차이를 폭발범위라 한다.

08 과류 차단 안전기구가 부착된 콕의 종류 2가지를 쓰시오.

해답 ① 퓨즈 콕 ② 상자 콕

09 카바이드를 물과 반응시켜 아세틸렌을 제조하는 발생기의 종류 3가지를 쓰시오.

해답 ① 주수식 ② 침지식 ③ 투입식

10 LPG 제조, 저장, 사용시설에 사용하는 배관재료의 구비조건 4가지를 쓰시오.

해답 ① 관내의 가스유통이 원활한 것일 것
② 내부의 가스압력과 외부로부터의 하중 및 충격하중에 견디는 강도를 가질 것
③ 토양, 지하수 등에 대하여 내식성을 가지는 것일 것
④ 관의 접합이 용이하고, 가스의 누설을 방지할 수 있는 것일 것
⑤ 절단가공이 용이한 것일 것

11 입상 높이 20 m인 곳에 프로판(C_3H_8)을 공급할 때 압력손실은 몇 Pa인가? (단, C_3H_8의 비중은 1.65이다.)

풀이 ① 수주 단위로 압력손실 계산

$$H = 1.293(S-1)h = 1.293 \times (1.65-1) \times 20 = 16.809 = 16.81 \text{ mmH}_2\text{O}$$

② Pa 단위로 압력손실 계산

$$1 \text{ atm} = 10332 \text{ mmH}_2\text{O} = 101325 \text{ Pa}$$

$$\therefore H' = \frac{16.81}{10332} \times 101325 = 164.854 \fallingdotseq 164.85 \text{ Pa}$$

해답 164.85 Pa

『별해』 입상관에서의 압력손실 단위 mmH_2O는 단위 환산 없이 kgf/m^2으로 변환이 가능하고, kgf/m^2에 중력가속도 9.8 m/s^2을 곱하면 N/m^2이 되며, 이것은 Pa 단위와 같다.

$\therefore\ H = 1.293 \times (S-1) \times h \times g = 1.293 \times (1.65-1) \times 20 \times 9.8 = 164.728 \fallingdotseq 164.73\ \text{Pa}$

12 **액비중이 0.52인 프로판 $1m^3$를 완전연소하기 위한 이론공기량은 몇 Sm^3인가 계산하시오. (단, 공기 중 산소는 21 vol%이다.)**

풀이 ① 프로판의 완전연소 반응식 : $C_3H_8 + 5O_2 \rightarrow 3CO_2 + 4H_2O$

② 이론 공기량 계산 : 프로판의 액비중 0.52는 액체 1 L의 무게가 0.52 kg에 해당되는 것이므로 액체 $1m^3$는 520 kg에 해당된다. 질량보존의 법칙에 의하여 액체의 무게와 기체의 무게는 같다.

$44\ \text{kg} : 5 \times 22.4\ \text{Sm}^3 = 520\ \text{kg} : x(O_0)\ \text{Sm}^3$

$$\therefore\ A_0 = \frac{O_0}{0.21} = \frac{5 \times 22.4 \times 520}{44 \times 0.21} = 6303.030 \fallingdotseq 6303.03\ \text{Sm}^3$$

해답 $6303.03\ \text{Sm}^3$

13 **다음 물음에 답하시오.**

(1) 액봉현상을 설명하시오.

(2) 방지법을 설명하시오.

해답 (1) 액화가스 배관을 사용하지 않을 때 액화가스가 충만한 상태로 밸브를 폐쇄해 놓은 경우 주변의 온도상승에 의하여 액화가스 팽창으로 인한 압력상승으로 배관이 파열되는 현상

(2) ① 드레인 밸브를 설치하여 액화가스 배관을 사용하지 않을 때 내부의 액화가스를 배출시킨다.

② 액화가스 배관에 릴리프 밸브를 설치하여 압력 상승 시 내부 액체를 다른 시설로 유도시킨다.

14 **LPG 저장설비실 및 가스설비실에는 누출된 가스가 머물지 아니하도록 자연환기설비를 설치할 때 외기에 면하여 설치된 환기구의 통풍가능면적의 합계는 바닥면적 1 m^2 마다 (　　) cm^2 이상 확보하여야 한다. (　　) 안에 알맞은 숫자를 넣으시오.**

해답 300

15 **회전수가 비교적 늦기 때문에 200 m^3/h 이하의 소용량에 적합하고, 도시가스를 저압으로 사용하는 일반 수용가에서 주로 사용하며 가격이 저렴하고 유지관리가 비교적 쉽지만 대용량의 것을 설치 면적이 크게 필요로 하는 가스계량기 형식을 쓰시오.**

해답 막식 가스 미터(또는 다이어프램식 가스 미터)

제3회 가스기사 필답형

01 U자관 마노미터를 사용하여 오리피스에 걸리는 압력차를 측정하였다. 마노미터 속의 유체는 비중 13.6인 수은이며, 오리피스를 통하여 흐르는 유체는 비중이 1인 물이다. 마노미터의 읽음이 50 cm일 때 오리피스에 걸리는 압력차는 몇 gf/cm²인가?

풀이 $\Delta P = (\gamma_2 - \gamma_1) \cdot h$

$= (13.6 \times 1000 - 1 \times 1000) \times 0.5 = 6300\ \text{kgf/m}^2 \times 10^3\ \text{gf/kgf} \times 10^{-4}\ \text{m}^2/\text{cm}^2$

$= 630\ \text{gf/cm}^2$

『별해』 $\Delta P = (s_2 - s_1) \cdot h = (13.6 - 1) \times 50 = 630\ \text{gf/cm}^2$

해답 $630\ \text{gf/cm}^2$

02 도시가스 시설에 적용되는 제1종 보호시설에 대한 설명 중에서 ( ) 안에 알맞은 숫자를 넣으시오.

(1) 사람을 수용하는 건축물(가설건축물은 제외)로서 사실상 독립된 부분의 연면적이 ( ) m^2 이상인 것

(2) 예식장, 장례식장 및 전시장, 그 밖에 이와 유사한 시설로서 ( )명 이상을 수용할 수 있는 건축물

(3) 아동, 노인, 모자, 장애인 그 밖에 사회복지사업을 위한 시설로서 ( )명 이상을 수용할 수 있는 건축물

해답 (1) 1000 (2) 300 (3) 20

03 아세틸렌 제조설비 중 아세틸렌이 접촉하는 부분에 사용하는 재료는 구리 함유량이 62 %를 초과하는 것을 사용해서는 안 되는 이유에 대해 반응식을 쓰고 설명하시오.

해설 ① 반응식 : $C_2H_2 + 2Cu \rightarrow Cu_2C_2 + H_2$

② 이유 : 구리와 접촉 반응하여 폭발성의 동 아세틸드(Cu_2C_2)를 생성하여 폭발의 위험성이 있기 때문에

04 20℃ 상태에서 공기의 엔탈피 변화량이 4000 kcal/kg일 때 엔트로피 변화량(kcal/kg·K)은 얼마인가?

풀이 $\Delta S = \frac{dQ}{T} = \frac{4000}{273 + 20} = 13.651 \fallingdotseq 13.65\ \text{kcal/kg} \cdot \text{K}$

해답 13.65 kcal/kg·K

05 고압가스 일반제조시설에서 가연성가스를 압축하는 압축기와 충전용 주관과의 사이, 아세틸렌을 압축하는 압축기의 유분리기와 고압건조기와의 사이, 암모니아 또는 메탄올 합성탑 및 정제탑과 압축기와의 사이의 배관에 설치하는 장치를 쓰시오.

해답 역류방지밸브

06 아크용접부에 발생하는 결함의 종류 4가지를 쓰시오.

해답 ① 오버랩(overlap)
② 슬래그 섞임(slag inclusion)
③ 기공(blow hole)
④ 언더컷(undercut)
⑤ 피트(pit)
⑥ 스패터(spatter)
⑦ 용입불량

07 비파괴 검사법 중 방사선 투과 검사(RT)의 특징 4가지를 쓰시오.

해답 ① 내부결함 검출이 가능하다.
② 기록 결과가 유지된다.
③ 장치의 가격이 고가이다.
④ 방호에 주의하여야 한다.
⑤ 고온부, 두께가 큰 곳은 부적당하다.
⑥ 선에 평행한 크랙 등은 검출이 불가능하다.

08 원심식 송풍기에서 송풍량이 420 m^3/h에서 500 m^3/h로 변경될 때 다음의 물음에 답하시오.

(1) 회전수 변경률을 구하시오.
(2) 축동력 변경률을 구하시오.

풀이 (1) 송풍량 변경에서 회전수 변화율 계산

$Q_2 = Q_1 \times \left(\frac{N_2}{N_1}\right)$에서

$$\therefore \frac{N_2}{N_1} = \frac{Q_2}{Q_1} = \frac{500}{420} = 1.190 = 1.19$$

(2) $L_2 = L_1 \times \left(\frac{N_2}{N_1}\right)^3 = L_1 \times 1.19^3 = 1.685\,L_1 \fallingdotseq 1.69\,L_1$

해답 (1) 1.19배 (2) 1.69배

09 다음 가스가 누설되었을 때 사용하는 시험지와 반응(변색)에 대하여 쓰시오.

가스 명칭	시험지	반응색
포스겐($COCl_2$)	①	②
시안화수소(HCN)	③	④
일산화탄소(CO)	⑤	⑥
아세틸렌(C_2H_2)	⑦	⑧

해답 ① 해리슨 시약지 ② 유자색
③ 초산벤지딘지 ④ 청색
⑤ 염화팔라듐지 ⑥ 흑색
⑦ 염화제1구리착염지 ⑧ 적갈색

10 **조정압력이 3.3 kPa 이하인 일반용 액화석유가스용 압력조정기의 안전장치에 대한 물음에 답하시오.**

(1) 작동표준압력은 얼마인가?
(2) 작동개시압력은 얼마인가?
(3) 작동정지압력은 얼마인가?
(4) 노즐지름이 3.2 mm 이하일 때 분출용량은 얼마인가?

해답 (1) 7.0 kPa
(2) 5.6~8.4 kPa
(3) 5.04~8.4 kPa
(4) 140 L/h 이상

11 **연소에 필요한 공기를 송풍기로 압입하여 연소하는 전1차 공기식 연소방식의 특징 2가지를 쓰시오.**

해답 ① 버너를 어떤 방향으로도 설치할 수 있다.
② 가스가 갖는 에너지의 70 % 정도를 적외선으로 전환할 수 있다.
③ 고온의 노 내부에 버너를 설치할 수 없다.
④ 구조가 복잡하고 가격이 비싸다.
⑤ 압력조정기의 설치가 필요하다.

12 **직동식 정압기에서 2차 압력이 설정압력보다 낮을 때 작동 원리에 대하여 설명하시오.**

해답 정압기 스프링 힘이 다이어프램을 받치고 있는 힘보다 커서 다이어프램에 연결된 메인밸브를 열리게 하여 가스의 유량이 증가하게 되며 2차 압력을 설정압력으로 유지되도록 작동한다.

해설 **직동식 정압기의 작동 원리**
① 설정압력이 유지될 때 : 다이어프램에 걸려 있는 2차 압력과 스프링의 힘이 평형 상태를 유지하면서 메인밸브는 움직이지 않고 일정량의 가스가 메인밸브를 경유하여 2차측으로 가스를 공급한다.
② 2차측 압력이 설정압력보다 높을 때 : 2차측 가스 사용량이 감소하여 2차측 압력이 설정압력 이상으로 상승하며 이때 다이어프램을 들어 올리는 힘이 증가하여 스프링의 힘에 이기고 다이어프램에 연결된 메인밸브를 닫히게 하여 가스의 유량을 제한하므로 2차 압력을 설정압력으로 유지되도록 작동한다.

13 **LP가스의 연소 특징 4가지를 쓰시오.**

해답 ① 타 연료와 비교하여 발열량이 크다.
② 연소 시 공기량이 많이 필요하다.
③ 폭발범위(연소한계)가 좁다.
④ 연소속도가 느리다.
⑤ 발화온도가 높다.

14 **지름이 동일한 배관을 직선으로 연결할 때 사용하는 이음재의 종류 4가지를 쓰시오.**

해답 ① 소켓(socket)
② 니플(nipple)
③ 유니언(union)
④ 플랜지(flange)

해설 **사용 용도에 의한 강관 이음재의 분류**
① 배관의 방향을 전환할 때 : 엘보(elbow), 벤드(bend)
② 관을 도중에 분기할 때 : 티(tee), 와이(Y), 크로스(cross)
③ 동일 지름의 관을 직선으로 연결할 때 : 소켓(socket), 니플(nipple), 유니언(union), 플랜지(flange)
④ 지름이 다른 관(이경관)을 연결할 때 : 리듀서(reducer), 부싱(bushing), 이경 엘보, 이경 티
⑤ 관 끝을 막을 때 : 플러그(plug), 캡(cap)
⑥ 관을 분해(분리)할 때 : 유니언(union), 플랜지(flange)

15 **터보형 압축기에서 맥동과 진동이 발생하여 불안전 운전이 되는 서징(surging) 현상의 발생원인 2가지를 쓰시오.**

해답 ① 토출측 저항이 증가하였을 때
② 사용측의 부하(사용량)가 급격히 감소되었을 때

해설 **서징 현상 방지법**
① 우상(右上)이 없는 특성으로 하는 방법
② 방출밸브에 의한 방법
③ 베인 컨트롤에 의한 방법
④ 회전수를 변화시키는 방법
⑤ 교축밸브를 기계에 가까이 설치하는 방법

2018년도 가스기사 모의고사

제1회 가스기사 필답형

01 **액화석유가스를 저장하기 위하여 지상에 설치된 원통형 탱크에 흙과 모래를 사용하여 덮은 저장탱크의 명칭을 쓰시오.**

해답 마운드형 저장탱크

해설 **마운드형 저장탱크 설치 기준 : KGS FP333**

① 마운드형 저장탱크는 높이 1 m 이상의 견고하게 다져진 모래기반 위에 설치한다.
② 마운드형 저장탱크의 모래기반 주위에는 지하수 침입 등으로 인한 붕괴의 위험이 없도록 높이 50 cm 이상의 철근콘크리트 옹벽을 설치한다.
③ 마운드형 저장탱크는 그 주위를 20 cm 이상 모래로 덮은 후 두께 1 m 이상의 흙으로 채운다.
④ 마운드형 저장탱크는 덮은 흙의 유실을 막기 위해 적절한 사면 경사각을 유지하고 그 표면에 잔디를 심는다.
⑤ 마운드형 저장탱크 주위에 물의 침입 및 동결에 대비하여 배수공을 설치하고 바닥은 물이 빠지도록 적절한 구배를 둔다.
⑥ 마운드형 저장탱크 주위에는 해당 저장탱크로부터 누출하는 가스를 검지할 수 있는 관을 바닥면 둘레 20 m에 대하여 1개 이상 설치하고, 그 관끝은 빗물 등이 침입하지 아니하도록 뚜껑을 설치한다.

02 **차량에 고정된 탱크로 산소를 운반할 때 휴대하여야 할 소화기의 능력 단위와 비치 개수에 대하여 설명하시오.**

해답 ① 능력 단위 : BC용 B-8 이상 또는 ABC용 B-10 이상
② 비치 개수 : 차량 좌우에 각각 1개 이상

03 **가연성가스의 제조설비, 저장설비의 전기설비는 방폭성능을 가지는 것을 설치하여야 한다. 방폭전기 기기의 종류 4가지를 쓰시오.**

해답 ① 내압방폭구조
② 유입방폭구조
③ 압력방폭구조
④ 안전증방폭구조
⑤ 본질안전방폭구조
⑥ 특수방폭구조

04 **전기방식 설계를 위해 시설물에 대한 전위 측정 결과 구조물(배관)의 자연전위 −550 mV, 가전극에서 방식하였을 때 전위는 −600 mV, 가전극에서 흐른 전류는 20 mA, 완전방식 전위는 −850 mV로 하였을 때 Mg anode의 수량은?(단, Mg 양극 접지 저항치는 50Ω, Fe과 Mg의 전위차는 0.8 V이다.)**

풀이 ① 완전방식을 위한 전위 변화값 계산

$\therefore$ 전위 변화값 = 완전방식 전위값 − 자연 전위값

$= 850 - 550 = 300\ \text{mV}$

② 방식에 필요한 전류(x) 계산 : 시험에서 20 mA의 전류로 자연전위와 가전극 방식 전위값의 차이 50 mV의 전위 변화를 얻었으므로, 완전방식에 필요한 전위 변화값 300 mV일 때 전류값을 계산한다.

$\therefore\ 20\ \text{mA} : 50\ \text{mV} = x[\text{mA}] : 300\ \text{mV}$

$$\therefore\ x = \frac{20\,\text{mA} \times 300\,\text{mV}}{50\,\text{mV}} = 120\ \text{mA}$$

③ 구조물의 접지 저항 계산

$$\therefore\ R = \frac{E}{I} = \frac{50\,\text{mV}}{20\,\text{mA}} = 2.5\ \Omega$$

④ 1개의 Mg이 발생시키는 전류는 Fe과 Mg의 전위차를 0.8 V로 해서 계산한다.

$$\therefore\ I = \frac{E}{R} = \frac{0.8\ \text{V}}{2.5\ \Omega + 50\ \Omega} = 0.0152\ \text{A} = 15.2\ \text{mA}$$

⑤ 필요한 Mg의 수량 계산

$$\therefore\ n = \frac{120\,\text{mA}}{15.2\,\text{mA}} = 7.894 \fallingdotseq 8\text{개}$$

해답 8개

05 **도시가스 정압기 중 피셔(fisher)식 정압기의 2차 압력 이상 저하의 원인 4가지를 쓰시오.**

해답 ① 정압기의 능력 부족
② 필터의 먼지류의 막힘
③ 파일럿의 오리피스의 녹 막힘
④ 센터 스템의 작동 불량
⑤ 스트로크 조정 불량
⑥ 주 다이어프램 파손

해설 **피셔(fisher)식 정압기의 2차 압력 이상 상승 원인**
① 메인 밸브에 먼지류가 끼어들어 완전차단(cut off) 불량
② 센터 스템(center stem)과 메인 밸브의 접속 불량
③ pilot supply valve에서의 누설
④ 메인 밸브의 밸브 폐쇄 무
⑤ 바이패스 밸브류의 누설
⑥ 가스 중 수분의 동결

06 **산소를 압축하는 왕복동 압축기의 안전밸브 유효분출면적(cm^2)을 계산할 때 필요한 인자 4가지를 쓰시오.**

해답 ① 시간당 분출가스량(kg/h)
② 분출압력(kgf/cm^2 · a)
③ 가스분자량
④ 분출 직전 가스의 절대온도(K)

해설 산소 압축기용 안전밸브 분출면적 계산식

$$\therefore\ a = \frac{W}{230P\sqrt{\frac{M}{T}}}$$

여기서, a : 분출부 유효면적(cm^2) W : 시간당 분출가스량(kg/h)
P : 분출압력(kgf/cm^2 · a) M : 가스분자량
T : 분출 직전 가스의 절대온도(K)

07 **부유 피스톤형 압력계에 있어서 실린더 지름이 4 cm, 추와 피스톤의 무게 합계가 100 kgf일 때 이 압력계에 접속된 부르동관 압력계의 읽음이 10 kgf/cm²일 때 부르동관 압력계의 오차(%)는 얼마인가?**

풀이 ① 참값 계산

$$\therefore\ 참값 = \frac{W+W'}{A} = \frac{100}{\frac{\pi}{4}\times 4^2} = 7.957 ≒ 7.96\ kgf/cm^2$$

② 오차(%) 계산

$$\therefore\ 오차(\%) = \frac{측정값 - 참값}{측정값}\times 100 = \frac{10-7.96}{10}\times 100 = 20.4\ \%$$

해답 20.4 %

『별해』 $오차(\%) = \frac{측정값 - 참값}{참값}\times 100 = \frac{10-7.96}{7.96}\times 100 = 25.628 ≒ 25.63\ \%$

08 **액화석유가스(LPG) 변성가스 공급방식을 설명하시오.**

해답 부탄을 고온의 촉매로서 분해하여 메탄, 수소, 일산화탄소 등의 연질가스로 변성시켜 공급하는 방법으로 재액화 방지 외에 특수한 용도에 사용하기 위하여 변성한다.

09 **고압가스설비 중에서 반응기 또는 이와 유사한 설비로서 현저한 발열반응 또는 부차적으로 발생되는 2차 반응에 의하여 폭발 등의 위해가 발생할 가능성이 큰 반응설비 4가지를 쓰시오.**

해답 ① 암모니아 2차 개질로
② 에틸렌제조시설의 아세틸렌수첨탑
③ 산화에틸렌제조시설의 에틸렌과 산소 또는 공기와의 반응기
④ 사이클로헥산제조시설의 벤젠수첨반응기
⑤ 석유정제에 있어서 중유직접수첨탈황반응기 및 수소화분해반응기
⑥ 저밀도폴리에틸렌중합기
⑦ 메탄올합성반응탑

10 **액화석유가스 및 도시가스를 사용하는 연소기에서 발생하는 이상 현상 중 리프팅(lifting)에 대한 물음에 답하시오.**

(1) 리프팅 현상을 설명하시오.

(2) 리프팅이 발생할 때 가스의 분출속도와 연소속도의 관계에 대하여 설명하시오.

해답 (1) 불꽃이 염공에 접하여 연소하지 않고 염공을 떠나 공간에서 연소하는 현상

(2) 가스의 분출속도가 연소속도보다 클 때 발생한다.

11 **동일한 온도에서 13 L의 용기 2개 중 하나는 수소가 53 atm · g, 나머지 하나에는 질소가 63 atm · g의 압력으로 충전되어 있다. 2개의 용기를 호스로 연결한 후 밸브를 개방하여 수소와 질소가 평형에 도달하였을 때 수소의 용적 비율(%)은 얼마인가 계산하시오.**

풀이 몰(mol) 비율(%)이 용적 비율(%)과 같고,

$PV=nRT$에서 수소의 몰(mol)수 $n_1=\frac{P_1V_1}{R_1T_1}$, 질소의 몰(mol)수 $n_2=\frac{P_2V_2}{R_2T_2}$이다.

① 수소의 몰(mol)수 계산

$$\therefore\ n_1=\frac{P_1V_1}{R_1T_1}=\frac{(53+1)\times 13}{R_1\times T_1}=\frac{702}{R_1\times T_1}$$

② 질소의 몰(mol)수 계산

$$\therefore\ n_2=\frac{P_2V_2}{R_2T_2}=\frac{(63+1)\times 13}{R_2\times T_2}=\frac{832}{R_2\times T_2}$$

③ 수소의 용적 비율(%) 계산 : $T_1=T_2$이므로 T로, $R_1=R_2$이므로 R로 표시한다.

$$\therefore\ \text{수소의 용적 비율(\%)}=\frac{n_1}{n_1+n_2}\times 100=\frac{\frac{702}{RT}}{\frac{702}{RT}+\frac{832}{RT}}\times 100=\frac{\frac{702}{RT}}{\frac{702+832}{RT}}\times 100$$

$$=45.762 ≒ 45.76\,\%$$

해답 45.76 %

12 **배관의 자유팽창량을 미리 계산하여 자유팽창량의 1/2만큼 배관을 짧게 절단한 후 강제 배관을 하여 신축을 흡수하는 방법의 명칭은 무엇인가?**

해답 상온 스프링(cold spring)

13 **가스도매사업의 저장설비 중 저장능력 3톤인 저장탱크 외면과 사업소 경계까지 유지하여야 하는 거리에 대한 물음에 답하시오. (단, 유지하여야 하는 거리 계산 시 적용하는 상수 C는 0.576으로 한다.)**

(1) 유지하여야 할 거리를 계산하시오.

(2) 유지하여야 할 거리는 얼마인가 기준에 의하여 설명하시오.

풀이 (1) $L=C\times\sqrt[3]{143000\,W}=0.576\times\sqrt[3]{143000\times 3}=43.441 ≒ 43.44\text{ m}$

해답 (1) 43.44 m

(2) 계산식에서 얻은 거리가 50 m 미만에 해당되므로 유지거리는 50 m 이상이 되어야 한다.

해설 **가스도매사업 사업소 경계와의 거리 기준** : 액화천연가스(기화된 천연가스를 포함)의 저장설비와 처리설비는 그 외면으로부터 사업소 경계까지 다음 계산식에서 얻은 거리(그 거리가 50 m 미만의 경우에는 50 m) 이상을 유지한다.

$L = C \times \sqrt[3]{143000\,W}$

여기에서, L : 유지하여야 하는 거리(m)

C : 저압 지하식 탱크는 0.240, 그 밖의 가스저장설비 및 처리설비는 0.576

W : 저장탱크는 저장능력(톤)의 제곱근, 그 밖의 것은 그 시설 안의 액화천연가스의 질량(톤)

14 **고압가스 제조시설의 사업소 밖 배관장치에는 압력 또는 유량의 이상변동 등 이상상태가 발생한 경우에 그 상황을 경보하는 장치를 설치하여야 한다. 경보장치가 울리는 경우에 해당하는 내용 중 ( ) 안에 알맞은 숫자나 용어를 쓰시오.**

(1) 배관 안의 압력이 상용압력의 ( )배를 초과한 때
(2) 배관 안의 압력이 정상운전 시의 압력보다 ( )% 이상 강하한 때
(3) 배관 안의 유량이 정상운전 시의 유량보다 ( )% 이상 변동한 때
(4) ( )의 조작회로가 고장난 때 또는 폐쇄된 때

해답 (1) 1.05 (2) 15 (3) 7 (4) 긴급차단밸브

15 **에어졸 제조 시 측정하는 불꽃길이 시험에 대하여 설명하시오.**

해답 ① 버너와 시료의 간격은 15 cm로 한다.
② 버너의 불꽃길이를 4.5 cm 이상 5.5 cm 이하로 조절하고 시료의 하부가 버너의 불꽃 상부 3분의 1을 통과하도록 설치한 다음 시료를 분사하여 불꽃길이 시험장치에서 불꽃의 길이를 측정한다. 해당 시험을 3회 반복해 얻은 불꽃길이의 평균치를 시료의 불꽃길이로 한다.

해설 불꽃길이 시험장치

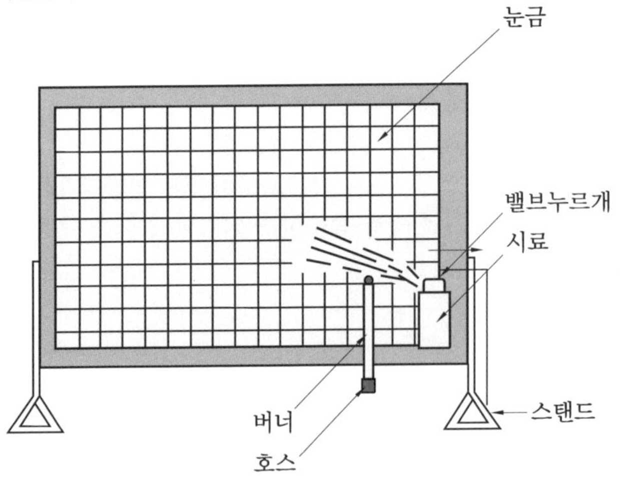

참고

에어졸 제조시설에는 정량을 측정할 수 있는 자동충전기를 설치하고, 인체에 사용하거나 가정에서 사용하는 에어졸의 제조시설에는 불꽃길이 시험장치를 설치한다.

제2회 ∘ 가스기사 필답형

01 [보기]에서 설명하는 전기방식법의 명칭은 무엇인가?

> **보기**
> 매설배관 주위의 타 금속 구조물을 전기적으로 접속시켜 매설배관에 유입된 누출전류를 전기회로적으로 복귀시키는 방법으로 부식을 방지한다.

해답 배류법

02 고정식 압축 도시가스 자동차충전시설의 충전호스에 설치하는 긴급분리장치는 수평방향으로 당길 때 분리되는 힘은 몇 N인가?

해답 666.4 N 미만

해설 긴급분리장치 설치 기준

① 충전호스에 충전 중 자동차의 오발진으로 인한 충전기 및 충전호스의 파손을 방지하기 위하여 설치한다.
② 자동차가 충전호스와 연결된 상태로 출발할 경우 가스의 흐름이 차단될 수 있도록 긴급분리장치를 지면 또는 지지대에 고정 설치한다.
③ 긴급분리장치는 각 충전설비마다 설치한다.
④ 긴급분리장치는 수평방향으로 당길 때 666.4 N(68 kgf) 미만의 힘으로 분리되는 것으로 한다.
⑤ 긴급분리장치와 충전설비 사이에는 충전자가 접근하기 쉬운 위치에 90° 회전의 수동밸브를 설치한다.

03 가스 시설의 퍼지용 가스로 사용되는 불활성가스 2가지를 쓰시오.

해답 ① 아르곤(Ar)
② 헬륨(He)
③ 네온(Ne)

04 액화석유가스 용기충전의 시설기준 중 ( ) 안에 알맞은 숫자를 넣으시오.

> **보기**
> 누출된 가연성가스가 화기를 취급하는 장소로 유동하는 것을 방지하기 위한 시설은 높이 (①)m 이상의 내화성 벽으로 하고, 저장설비 및 가스설비와 화기를 취급하는 장소와의 사이는 우회수평거리를 (②)m 이상으로 한다.

해답 ① 2　　② 8

05 식염(소금물)을 전기분해에 의하여 염소를 제조하는 방법 2가지를 쓰시오.

해답 ① 수은법
② 격막법

06 **어떤 용기에 25℃, 650 kPa으로 산소가 충전되어 있는데 밸브를 개방하여 산소를 방출한 후 압력이 350 kPa이 되었을 때 방출된 산소의 질량은 얼마인가? (단, 산소의 상수는 0.26이다.)**

풀이 이상기체 상태방정식 $PV = GRT$에서 처음의 상태를 $P_1V_1 = G_1R_1T_1$으로, 나중의 상태를 $P_2V_2 = G_2R_2T_2$으로 놓고 누설량을 계산

① 처음 상태(650 kPa)의 산소질량(충전량) 계산

$$G_1 = \frac{P_1V_1}{R_1T_1} = \frac{(650 + 101.325) \times V_1}{0.26 \times (273 + 25)} = 9.697\,V_1 ≒ 9.70\,V_1\,[\text{kg}]$$

② 나중 상태(350 kPa)의 산소질량(잔량) 계산

$$G_2 = \frac{P_2V_2}{R_2T_2} = \frac{(350 + 101.325) \times V_2}{0.26 \times (273 + 25)} = 5.825\,V_2 ≒ 5.83\,V_2\,[\text{kg}]$$

③ 누설된 산소질량 계산 : 충전용기이므로 $V_1 = V_2$이다. 용기 내용적은 V로 표시할 수 있다.

$$G = G_1 - G_2 = 9.70\,V_1 - 5.83\,V_2 = (9.70 - 5.83)\,V = 3.87\,V\,[\text{kg}]$$

해답 3.87 kg

해설 방출된 산소질량은 용기 내용적이 제시되면 ①번과 ②번 풀이 과정에 적용하길 바랍니다.

07 **다량의 분진이 발생하는 작업장에서 발생할 수 있는 분진폭발 방지대책 4가지를 쓰시오.**

해답 ① 분진의 퇴적 및 분진운의 생성 방지
② 분진발생 설비의 구조 개선
③ 불활성가스 봉입 조치
④ 제진설비 설치 및 가동
⑤ 점화원의 제거 및 관리
⑥ 접지로 정전기 제거
⑦ 폭발방호장치 설치

08 **상용압력이 2.5 kPa인 도시가스 정압기에 설치되는 안전장치의 설정압력을 쓰시오.**

구 분		설정압력
이상압력통보장치	상한값	①
	하한값	②
주 정압기에 설치되는 긴급차단장치		③
안전밸브		④
예비 정압기에 설치되는 긴급차단장치		⑤

해답 ① 3.2 kPa 이하　　② 1.2 kPa 이상
③ 3.6kPa 이하　　④ 4.0 kPa 이하
⑤ 4.4 kPa 이하

해설 정압기에 설치되는 안전장치 설정압력 기준은 85쪽 이론내용 및 동영상 예상문제 145번 해설을 참고하기 바랍니다.

09 구형 가스홀더 내용적 계산식을 쓰고 각 인자에 대하여 설명하시오.

해답 $V=\frac{\pi}{6}\times D^3$

여기서, V : 내용적(m^3), D : 안지름(m)

10 전기방식시설 중 6개월에 1회 이상 점검하여야 할 대상 3가지를 쓰시오.

해답 ① 절연부속품
② 역 전류방지장치
③ 결선(bond)
④ 보호절연체의 효과

해설 **전기방식시설의 점검 주기**
① 관대지전위 점검 : 1년에 1회 이상
② 외부 전원법 전기방식시설 점검 : 3개월에 1회 이상
③ 배류법 전기방식시설 점검 : 3개월에 1회 이상
④ 절연부속품, 역 전류방지장치, 결선(bond), 보호절연체의 효과 점검 : 6개월에 1회 이상

11 구조에 따른 열교환기의 종류 3가지를 쓰시오.

해답 ① 셸 앤 튜브(shell and tube)식 열교환기
② 이중관식 열교환기
③ 판형 열교환기

해설 (1) 열교환기(heat exchange) 종류
① 셸 앤 튜브(shell and tube)식 열교환기 : 고정관판식, 유동두식, U자관식
② 이중관(double pipe)식 열교환기
③ 판(plate)형 열교환기 : 플레이트식, 플레이트핀식, 스파이럴식
(2) 고압가스용 기화장치 : KGS AA911
① 구조에 따른 분류 : 다관식, 코일식, 캐비닛형
② 가열방식에 따른 분류 : 전열식 온수형, 전열식 고체전열형, 온수식, 스팀식 직접형, 스팀식 간접형

12 용접부의 균열 발생 부분을 검사하는 비파괴검사법의 종류 4가지를 쓰시오.

해답 ① 음향검사
② 침투탐상검사
③ 자분탐상검사
④ 방사선투과검사
⑤ 초음파탐상검사

13 고압가스 제조시설에서 건축물 내에 가스가 누출하기 쉬운 고압가스 설비가 설치되어 있는 경우 바닥면 둘레가 45 m일 때 가스누출 검지 경보장치 검출부 설치 수는 몇 개인가?

해답 5개

해설 건축물 내에 설치되어 있는 압축기, 펌프, 반응설비, 저장탱크 등 가스가 누출하기 쉬운 고압가스설비 등이 설치되어 있는 장소 주위에는 가스가 체류하기 쉬운 곳에 이들 설비군의 바닥면 둘레 10 m에 대하여 1개 이상의 비율로 계산한 수의 가스누출 검지 경보장치 검출부를 설치하여야 한다.

14 **발열량이 5000 kcal/Nm^3, 비중이 0.61, 공급 표준압력이 100 mmH$_2$O인 가스에서 발열량 11000 kcal/Nm^3, 비중 0.66, 공급 표준압력이 200 mmH$_2$O인 LNG로 가스를 변경할 경우 노즐 지름 변경률을 계산하시오.**

풀이 $$\frac{D_2}{D_1} = \sqrt{\frac{WI_1\sqrt{P_1}}{WI_2\sqrt{P_2}}} = \sqrt{\frac{\frac{5000}{\sqrt{0.61}} \times \sqrt{100}}{\frac{11000}{\sqrt{0.66}} \times \sqrt{200}}} = 0.578 \fallingdotseq 0.58$$

해답 0.58

15 **운반하는 액화독성가스의 질량이 1000 kg인 경우 갖추어야 할 보호구 3가지를 쓰시오.**

해답 ① 방독마스크
② 공기호흡기
③ 보호의
④ 보호장갑
⑤ 보호장화

해설 독성가스를 운반하는 때에 휴대하는 보호구

품 명	운반하는 독성가스의 양	
	압축가스 100 m^3, 액화가스 1000 kg	
	미만인 경우	이상인 경우
방독마스크	○	○
공기호흡기	–	○
보호의	○	○
보호장갑	○	○
보호장화	○	○

제3회 가스기사 필답형

01 공기액화 분리장치의 폭발원인 4가지를 쓰시오.

해답 ① 공기 취입구로부터 아세틸렌의 혼입
② 압축기용 윤활유 분해에 따른 탄화수소의 생성
③ 액체 공기 중에 오존의 혼입
④ 공기 중 질소화합물의 혼입

02 터보형 압축기에서 맥동과 진동이 발생하여 불안전 운전이 되는 서징(surging) 현상 방지법 4가지를 쓰시오.

해답 ① 우상(右上)이 없는 특성으로 하는 방법
② 방출밸브에 의한 방법
③ 베인 컨트롤에 의한 방법
④ 회전수를 변화시키는 방법
⑤ 교축밸브를 기계에 가까이 설치하는 방법

해설 **서징 현상 발생원인**
① 토출 측 저항이 증가하였을 때
② 사용 측의 부하(사용량)가 급격히 감소되었을 때

03 가스미터 선정 시 고려할 사항 4가지를 쓰시오.

해답 ① 사용하고자 하는 가스 전용일 것
② 사용 최대유량에 적합할 것
③ 사용 중 오차 변화가 없고 정확하게 계측할 수 있을 것
④ 내압, 내열성이 있으며 기밀성, 내구성이 좋을 것
⑤ 부착이 쉽고 유지관리가 용이할 것

해설 **가스미터의 구비조건**
① 구조가 간단하고, 수리가 용이할 것
② 감도가 예민하고 압력손실이 적을 것
③ 소형이며 계량 용량이 클 것
④ 기차의 변동이 작고, 조정이 용이할 것
⑤ 내구성이 클 것

04 도시가스용 압력조정기(정압기용 압력조정기)의 종류를 출구압력에 따라 3가지로 구분하고 출구압력을 쓰시오.

해답 ① 중압 : 0.1~1.0 MPa 미만
② 준저압 : 4~100 kPa 미만
③ 저압 : 1~4 kPa 미만

05 독성가스 중 2중관으로 하여야 하는 독성가스 종류 8가지를 쓰시오.

해답 ① 포스겐 ② 황화수소
③ 시안화수소 ④ 아황산가스
⑤ 산화에틸렌 ⑥ 암모니아
⑦ 염소 ⑧ 염화메탄

06 제시해 주는 방사선투과검사 필름 상태와 같은 용접부 결함의 명칭을 쓰시오.

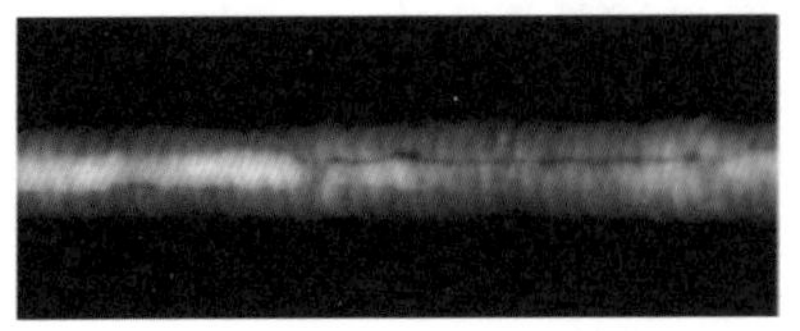

방사선투과검사 필름 상태

해답 언더컷

해설 **용접부 결함 상태**

① 문제에서 주어진 언더컷 용접부 단면 및 결함 상태

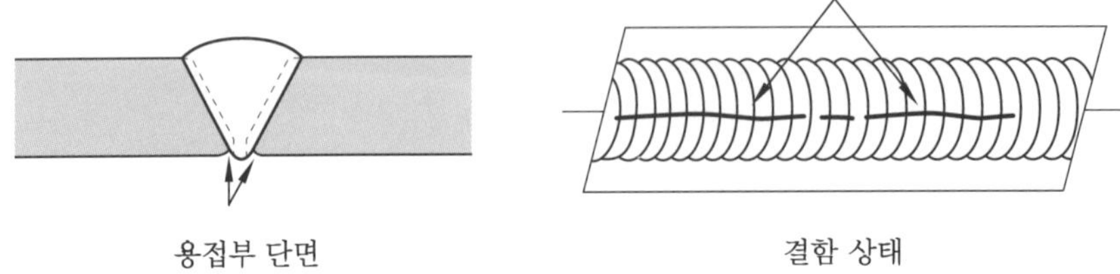

용접부 단면 결함 상태

② 용입불량 결함 상태

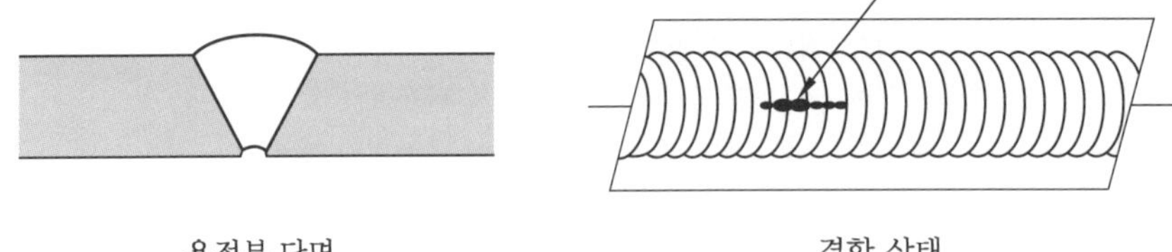

용접부 단면 결함 상태

방사선투과검사 필름 상태

07 저장설비에 설치되는 긴급차단장치의 동력원 종류 4가지를 쓰시오.

해답 ① 액압 ② 기압
③ 전기 ④ 스프링식

08 **왕복 압축기에서 체적효율에 영향을 주는 요소 4가지를 쓰시오.**

해답 ① 톱 클리어런스에 의한 영향
② 사이드 클리어런스에 의한 영향
③ 밸브 하중 및 기체 마찰에 의한 영향
④ 누설에 의한 영향
⑤ 압축기 불완전 냉각에 의한 영향

09 **도시가스 제조 프로세스에서 원료의 송입법에 의한 분류 3가지를 쓰시오.**

해답 ① 연속식
② 배치식
③ 사이클릭식

해설 **도시가스 제조 프로세스 분류**
① 원료의 송입법 의한 분류 : 연속식, 배치식, 사이클릭식
② 가열방식에 의한 분류 : 외열식, 축열식, 부분연소식, 자열식

10 **도시가스 사용시설 배관 중 매립(埋立)배관과 은폐(隱蔽)배관을 비교 설명하시오.**

해답 매립배관은 건축물의 천장, 벽, 바닥 속에 설치되는 배관으로서, 배관 주위에 콘크리트, 흙 등이 채워져 배관의 점검·교체가 불가능한 배관을 말하며, 은폐배관은 건축물 내 천장, 벽체, 바닥 등의 공간에 외부에서 배관이 보이지 않게 설치된 배관으로서, 배관의 점검·교체 등이 가능한 배관을 말한다.

해설 **매립배관과 은폐배관 : KGS FU551 도시가스 사용시설의 기준**
① 매립배관 : 건축물의 천장, 벽, 바닥 속에 설치되는 배관으로서, 배관 주위에 콘크리트, 흙 등이 채워져 배관의 점검·교체가 불가능한 배관을 말한다. 다만, 천장, 벽체 등을 관통하기 위해 이음부 없이 설치되는 배관은 매립배관으로 보지 않는다.
② 은폐배관 : 건축물 내 천장, 벽체, 바닥 등의 공간에 외부에서 배관이 보이지 않게 설치된 배관으로서, 배관의 점검·교체 등이 가능한 배관을 말한다. 다만, 상자콕 설치를 위해 은폐배관 중 일부가 매립되는 경우 배관 전체를 매립배관으로 본다.

11 **관지름 400 mm, 길이 20 m인 강관을 외기온도가 −10℃ 상태인 겨울철에 설치하였는데, 여름철에 직사광선을 받아 온도가 상승하여 40℃가 되었다. 이때 배관에 작용하는 응력(kgf/cm²)을 계산하시오. (단, 배관의 선팽창계수 $\alpha = 1.2\times10^{-5}$/℃, 영률 $\epsilon = 2.1\times10^5$ kgf/cm²이다.)**

풀이 ① 신축길이(cm) 계산

$$\Delta L = L \cdot \alpha \cdot \Delta t = 20\times10^2\times1.2\times10^{-5}\times(40+10) = 1.2\text{ cm}$$

② 응력(kgf/cm²) 계산

$$\sigma = \frac{\epsilon\times\Delta L}{L} = \frac{2.1\times10^5\times1.2}{20\times10^2} = 126\text{ kgf/cm}^2$$

해답 126 kgf/cm²

12 **증기운 폭발(UVCE : Unconfined Vapor Cloud Explosion)에 대하여 설명하시오.**

해답 대기 중에 대량의 가연성가스나 인화성 액체가 유출 시 다량의 증기가 대기 중의 공기와 혼합하여 폭발성의 증기운(vapor cloud)을 형성하고 이때 착화원에 의해 화구(fire ball)를 형성하여 폭발하는 형태를 말한다.

13 **LPG 수송 방법 중 용기에 의한 방법과 탱크로리에 의한 방법의 특징(장단점)을 각각 4가지 쓰시오.**

해답 (1) 용기에 의한 방법
① 용기 자체가 저장설비로 이용될 수 있다.
② 소량 수송의 경우 편리하다.
③ 수송비가 많이 소요된다.
④ 용기 취급 부주의로 인한 사고의 위험이 있다.
(2) 탱크로리에 의한 방법
① 기동성이 있어 장거리, 단거리 어느 쪽에도 적합하다.
② 철도 전용선과 같은 특별한 설비가 필요하지 않다.
③ 용기와 비교하여 다량 수송이 가능하다.
④ 자동차에 고정된 탱크가 설치되어야 한다.

14 **LPG 저장설비에 따른 충전량은 내용적의 몇 %까지 가능한지 쓰시오.**

(1) 용기 :
(2) 소형저장탱크 :
(3) 저장탱크 :

해답 (1) 85 (2) 85 (3) 90

15 **A지점과 B지점 사이의 거리가 800 m인 곳에 횡으로 설치된 안지름 200 mm 배관에 비중이 0.65인 도시가스를 A지점에 압력 200 mmH₂O로 시간당 500 m³로 공급할 때 B지점에서의 유출압력(mmH₂O)을 계산하시오. (단, 폴의 정수 K는 0.7, B지점은 A지점보다 20 m 높은 곳이다.)**

풀이 ① 횡으로 설치된 배관(횡주관)에서의 압력손실 계산

$$Q = K\sqrt{\frac{D^5 \cdot H}{S \cdot L}}$$ 에서

$$H = \frac{Q^2 \times S \times L}{K^2 \times D^5} = \frac{500^2 \times 0.65 \times 800}{0.7^2 \times 20^5} = 82.908 \fallingdotseq 82.91 \text{ mmH}_2\text{O}$$

② 높이 차에 의한 압력손실 계산

$$H = 1.293(S-1)h = 1.293 \times (0.65-1) \times 20 = -9.051 \fallingdotseq -9.05 \text{ mmH}_2\text{O}$$

③ B지점의 유출압력 계산

유출압력 = A지점 공급압력 − 압력손실
$= 200 - (82.91 - 9.05) = 126.14 \text{ mmH}_2\text{O}$

해답 126.14 mmH_2O

2019년도 가스기사 모의고사

제1회 ∘ 가스기사 필답형

01 관지름 400 mm, 길이 20 m인 강관을 외기온도가 −10℃ 상태인 겨울철에 설치하였는데, 여름철에 직사광선을 받아 온도가 상승하여 40℃가 되었다. 이때 배관에 작용하는 응력(kgf/cm²)을 계산하시오. (단, 배관의 선팽창계수 $\alpha = 1.2\times10^{-5}$/℃, 영률 $\epsilon = 2.1\times10^{5}$ kgf/cm²이다.)

풀이 ① 신축길이(cm) 계산

$\therefore\ \Delta L = L\cdot\alpha\cdot\Delta t = 20\times10^{2}\times1.2\times10^{-5}\times(40+10) = 1.2\ \text{cm}$

② 응력(kgf/cm²) 계산

$$\therefore\ \sigma = \frac{\epsilon\times\Delta L}{L} = \frac{2.1\times10^{5}\times1.2}{20\times10^{2}} = 126\ \text{kgf/cm}^2$$

해답 126 kgf/cm²

02 용기 종류별 부속품 기호를 각각 설명하시오.

(1) AG :

(2) LG :

(3) LT :

해답 (1) 아세틸렌가스 충전용기 부속품

(2) 액화석유가스 외의 액화가스 충전용기 부속품

(3) 초저온 용기 및 저온용기의 부속품

03 표준상태(0℃, 1기압)에서 암모니아가스의 비체적(m³/kg)을 계산하시오.

풀이 $\text{비체적} = \frac{22.4}{\text{분자량}} = \frac{22.4}{17} = 1.317 \fallingdotseq 1.32\ \text{m}^3/\text{kg}$

해답 1.32 m³/kg

04 지름이 40 m인 구형 가스홀더에 도시가스가 7 kgf/cm²·a로 저장되어 있다. 이 가스를 압력이 3 kgf/cm²·a로 될 때까지 공급하였을 때 공급된 가스량(Nm³)은 얼마인가? (단, 온도변화는 무시하며, 대기압은 1 atm이다.)

풀이 ① 구형 가스홀더 내용적(m^3) 계산

$$\therefore V = \frac{\pi}{6} \times D^3 = \frac{\pi}{6} \times 40^3 = 33510.321 ≒ 33510.32\ m^3$$

② 공급된 가스량(Nm^3) 계산 : 온도변화는 무시하는 조건이므로 0℃ 상태로 계산

$$\therefore \Delta V = V \times \frac{P_1 - P_2}{P_0} \times \frac{T_0}{T_1}$$

$$= 33510.32 \times \frac{7-3}{1.0332} = 129734.107 ≒ 129734.11\ Nm^3$$

해답 129734.11 Nm^3

05 **가연성가스 충전용기 보관실의 지붕을 가벼운 불연재료 또는 난연재료를 사용하는 것에서 제외되는 경우 2가지를 쓰시오.**

해답 ① 액화암모니아 충전용기 보관실
② 특정고압가스용 실린더 캐비닛의 보관실

해설 **특정고압가스사용시설 기준(KGS FU211 2.3.1)** : 가연성가스 및 산소의 충전용기 보관실의 벽은 그 저장설비의 보호와 그 저장설비를 사용하는 시설의 안전 확보를 위하여 불연재료를 사용하고, 가연성가스의 충전용기 보관실의 지붕은 가벼운 불연재료 또는 난연재료(難然材料)를 사용한다. 다만, 액화암모니아 충전용기 또는 특정고압가스용 실린더캐비닛의 보관실 지붕은 가벼운 재료를 사용하지 아니할 수 있다. 〈개정 16. 12. 15〉

06 **고압가스 안전관리법에서 정하는 고압가스 관련설비(특정설비) 종류 6가지를 쓰시오.**

해답 ① 안전밸브
② 긴급차단장치
③ 기화장치
④ 독성가스 배관용 밸브
⑤ 자동차용 가스 자동주입기
⑥ 역화방지기
⑦ 압력용기
⑧ 특정고압가스용 실린더 캐비닛
⑨ 자동차용 압축천연가스 완속 충전설비
⑩ 액화석유가스용 용기 잔류가스 회수장치

07 **독성가스 제조설비로부터 독성가스가 누출될 경우 그 독성가스로 인한 중독을 방지하기 위하여 독성가스 종류에 따라 보유하여야 할 제독제 종류를 모두 쓰시오.**

(1) 포스겐($COCl_2$) :
(2) 황화수소(H_2S) :
(3) 아황산가스(SO_2) :
(4) 암모니아(NH_3) :

해답 (1) 가성소다 수용액, 소석회
(2) 가성소다 수용액, 탄산소다 수용액
(3) 가성소다 수용액, 탄산소다 수용액, 물
(4) 물

해설 제독제 보유량

가스별	제독제	보유량	가스별	제독제	보유량
염소	가성소다 수용액	670 kg	시안화수소	가성소다 수용액	250 kg
	탄산소다 수용액	870 kg	아황산가스	가성소다 수용액	530 kg
	소석회	620 kg		탄산소다 수용액	700 kg
포스겐	가성소다 수용액	390 kg		물	다량
	소석회	360 kg	암모니아 산화에틸렌 염화메탄	물	다량
황화수소	가성소다 수용액	1140 kg			
	탄산소다 수용액	1500 kg			

08 역브레이턴 사이클(Brayton cycle)의 작동(순환)과정을 쓰시오.

해답 정압흡열과정 → 단열압축과정 → 정압방열과정 → 단열팽창과정

해설 (1) 역브레이턴 사이클 : 가스터빈의 이상 사이클인 브레이턴 사이클의 역으로 작동되는 것으로 공기냉동 사이클이라 한다.

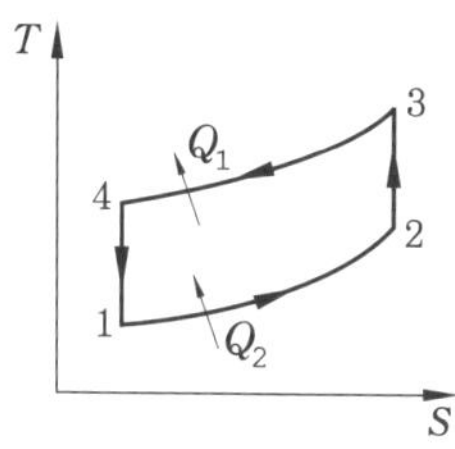

※ 작동(순환)과정

1 → 2 : 정압흡열과정(저온체 열흡수) – 증발기 해당

2 → 3 : 단열압축과정 – 압축기 해당

3 → 4 : 정압방열과정(고온체 열방출) – 응축기 해당

4 → 1 : 단열팽창과정 – 팽창밸브 해당

(2) 브레이턴 사이클(Brayton cycle) : 가스 터빈의 이상 사이클로 2개의 단열과정과 2개의 정압과정으로 이루어지며 압축기, 연소기, 터빈, 재생기로 구성된다.

※ 작동(순환)과정 : 단열압축과정 → 정압가열과정 → 단열팽창과정 → 정압방열과정

09 웨버지수 계산식을 쓰고 각 인자에 대하여 설명하시오.

해답 $WI = \frac{H_g}{\sqrt{d}}$

여기서, WI : 웨버지수

H_g : 도시가스의 총발열량(kcal/m^3)

d : 도시가스의 공기에 대한 비중

10 아세틸렌(C_2H_2) 충전작업에 대한 물음에 답하시오.

(1) 2.5 MPa 압력으로 압축하는 때에 첨가하는 희석제 종류 4가지를 쓰시오.

(2) 용기에 충전하는 때에 미리 용기에 침윤시키는 것 2가지를 쓰시오.

해답 (1) ① 질소(N_2)
② 메탄(CH_4)
③ 일산화탄소(CO)
④ 에틸렌(C_2H_4)
(2) ① 아세톤[$(CH_3)_2CO$]
② 디메틸포름아미드(DMF)

11 동일 장소에 설치하는 LPG 소형저장탱크의 설치 수와 충전질량의 합계는 얼마인가?

해답 ① 설치 수 : 6기 이하
② 충전질량 합계 : 5000 kg 미만

12 프로판(C_3H_8) 가스에 대한 최소산소 농도값(MOC)을 추산하면 얼마인가? (단, 프로판의 공기 중에서 폭발범위 하한값은 2.1 %이다.)

풀이 ① 프로판의 완전연소 반응식
$C_3H_8+5O_2 \rightarrow 3CO_2+4H_2O$
② 최소산소농도(MOC) 계산
$$\therefore MOC = LFL \times \frac{\text{산소몰수}}{\text{연료몰수}} = 2.1 \times \frac{5}{1} = 10.5\,\%$$

해답 10.5 %

13 도로 굴착작업 중 줄파기 작업을 시행할 때 매설된 도시가스배관을 보호하기 위한 주의사항 4가지를 쓰시오.

해답 ① 가스배관이 있을 것으로 예상되는 지점으로부터 2 m 이내에서 줄파기를 할 때에는 안전관리 전담자의 입회하에 시행한다.
② 줄파기 1일 시공량 결정은 시공속도가 가장 느린 천공작업에 맞추어 결정한다.
③ 줄파기 심도는 최소한 1.5 m 이상으로 하며 지장물의 유무가 확인되지 않는 곳은 안전관리 전담자와 협의 후 공사의 진척 여부를 결정한다.
④ 줄파기는 두 줄 또는 세 줄을 동시에 시행하지 아니하여야 하며 시공작업, 항타작업 및 기포장이 완료된 후에 다른 줄을 시행한다.
⑤ 줄파기 공사 후 가스배관으로부터 1 m 이내에 파일을 설치할 경우에는 유도관(guide pipe)을 먼저 설치한 후 되메우기를 실시한다.

14 강제혼합식 가스버너는 운전 중 화염이 블로오프(blow-off)된 경우에 생가스 누출로 인한 사고를 방지하기 위하여 안전차단시간 이내에 버너의 작동이 정지되고, 가스통로가 차단되도록 하여야 하며, 시동 시에는 안전차단시간 이내에 화염이 검지되지 아니하면 버너는 자동 폐쇄되어야 한다. 이 때 파일럿점화방식으로 파일럿버너를 시동하는 경우 안전차단시간은 얼마인가?

해답 14초 이내

해설 (1) 강제혼합식 버너의 가스소비량 구분에 따른 안전차단시간

① 시동 시 안전차단시간 이내에 화염이 검지되지 아니하면 버너는 자동 폐쇄되는 것으로 한다.

② 운전 중 화염이 블로오프(blow-off)된 경우에는 안전차단시간 이내에 버너의 작동이 정지되고 가스통로가 차단되도록 한다. 다만, 최대가스소비량이 120 kW 이하인 경우에는 재점화, 최대가스소비량이 350 kW 이하인 경우에는 재시동을 각각 1회에만 허용할 수 있다.

	안전차단시간(초)	시동 시		운전 중		
버너의 구분	버너의 최대가스 소비량(kW)	직접 점화방식	파일럿 점화방식	재점화 시	재시동 시	재점화 및 재시동이 없을 경우
메인버너	10 이하	5	5	5	1	–
	10 초과 50 이하	5	5	5	1	–
	50초과 120 이하	3	3	3	1	–
	120 초과 350 이하	3	3	불허	1	1
	350 초과	3	3	불허	불허	1
파일럿 버너	–	–	14	–	–	–

(2) 강제혼합식 버너 기준(KGS AB931) 중 용어의 정의

① 강제혼합식 버너 : 송풍기로 연소용 공기를 강제적으로 공급하는 버너를 말한다.

② 안전차단시간 : 화염이 있다는 신호가 오지 아니하는 상태에서 연소안전제어기가 가스의 공급을 허용하는 최대의 시간을 말하고, 안전차단시간은 시동 시 안전차단시간과 운전 중 안전차단시간으로 구분한다.

③ 시동 시 안전차단시간 : 시동 시 가스공급시작 시점으로부터 착화에 실패하여 가스공급차단신호가 나오는 때까지의 시간을 말한다.

④ 운전 중 안전차단시간 : 운전 중 화염이 꺼져다는 신호가 나온 시점으로부터 가스공급차단신호가 나오는 때까지의 시간을 말한다.

⑤ 작동폐쇄 : 시동 또는 재점화 시 착화에 실패하거나 운전 중 화염이 블로오프(blow-off)된 경우 화염감시장치의 제어로 가스공급차단신호가 나옴과 동시에 연소안전제어기가 폐쇄되어 수동으로 연소안전제어기를 복귀시키지 아니하는 한 다시 시동이 되지 아니하도록 하는 것을 말한다.

15 도시가스 사용시설에서 가스 누출 시 대처 방법 4가지를 쓰시오.

해답 ① 가스냄새 및 가스누출을 발견한 경우 퓨즈콕 또는 중간밸브 및 계량기에 연결된 메인밸브를 폐쇄한다.

② 출입문과 모든 창문을 열어 실내에 유출되어 있는 가스를 외부로 배출시킨다.

③ 화기를 가까이 하지 말고, 전기기기 사용을 금지한다.

④ 도시가스 회사에 연락하여 안전조치 및 누설여부를 확인한 후 이상이 없으면 사용한다.

제2회 가스기사 필답형

01 **도시가스 공급시설에 대한 시공감리대상 4가지를 쓰시오.**

해답 ① 일반도시가스 사업자 및 도시가스사업자 외의 가스공급시설 설치자의 배관(그 부속시설을 포함한다)
② 나프타부생가스·바이오가스제조사업자 및 합성천연가스제조사업자의 배관(그 부속시설을 포함한다)
③ 가스도매사업자의 가스공급시설
④ 일반도시가스사업자, 나프타부생가스·바이오가스제조사업자, 합성천연가스제조사업자 및 도시가스사업자 외의 가스공급시설 설치자의 가스공급시설 중 주요공정 시공감리대상의 시설을 제외한 가스공급시설
⑤ 시행규칙 제21조 제1항에 따른 시공감리의 대상이 되는 사용자 공급관(그 부속시설을 포함한다)

해설 **도시가스 사업법 시행규칙 제23조 제4항**
(1) 주요공정 시공감리대상 : ①, ②번 항목 해당
(2) 일부공정 시공감리대상 : ③, ④, ⑤번 항목 해당

02 **다음과 같은 조성을 가지는 부탄증열 제조가스의 진발열량(kcal/m³)을 계산하시오. (단, 수증기의 응축잠열은 0.6 kcal/g이다.)**

조성	H_2	O_2	N_2	CO	CO_2	CH_4	C_4H_{10}
mol(%)	37	1	35	5	6	6	10
발열량(kcal/m³)	3050	–	–	3030	–	9540	32000

풀이 ① 총발열량(kcal/m³) 계산

$$\therefore H_L = (3050\times0.37)+(3030\times0.05)+(9540\times0.06)+(32000\times0.1)$$
$$=5052.4\ \text{kcal/m}^3$$

② 수증기의 응축잠열을 진발열량 단위와 같은 kcal/m³로 계산 : 공급가스 중 가연성분이 연소 시 생성되는 수증기(H_2O) mol은 연소반응식에서 H_2 1 mol, CH_4 2 mol, C_4H_{10} 5 mol이고 각각의 mol 비율만큼 생성된다(각각의 연소반응식은 생략하였음).

∴ 수증기의 응축잠열 0.6 kcal/g = 600 cal/g과 같다.

$$\therefore \frac{600\,\text{cal/g}\times18\,\text{g/mol}}{22.4\,\text{L/mol}}\times\{(1\times0.37)+(2\times0.06)+(5\times0.1)\}$$
$$=477.321\ \text{cal/L}=477.321\ \text{kcal/m}^3 \fallingdotseq 477.32\ \text{kcal/m}^3$$

③ 진발열량(kcal/m³) 계산

∴ 진발열량 = 총발열량 − 수증기 응축잠열 = 5052.4 − 477.32 = 4575.08 kcal/m³

해답 4575.08 kcal/m³

03 **공기와 혼합된 아세틸렌의 폭발하한계는 2.5 %이다. 표준상태에서 혼합기체 1 m³ 중 아세틸렌의 폭발하한계에 해당하는 중량은 얼마인가?**

풀이 ① 공기와 아세틸렌의 혼합기체 $1m^3$ 중 아세틸렌의 부피(m^3) 계산

$\therefore$ V= 혼합기체체적×폭발하한계 = $1\ m^3 \times 0.025 = 0.025\ m^3$

② 표준상태(0℃, 1기압)에서의 아세틸렌(C_2H_2)의 중량 계산

$22.4\ m^3 : 26\ kgf = 0.025\ m^3 : x[kgf]$

$$\therefore\ x = \frac{26 \times 0.025}{22.4} = 0.029 \fallingdotseq 0.03\ kgf$$

해답 0.03 kgf

해설 중력가속도 $9.8\ m/s^2$이 작용하고 있는 지구에서는 질량 1 kg이 중량 1 kgf가 된다.

04 **용기에 충전하는 시안화수소(HCN)에 첨가하는 안정제의 종류 2가지를 쓰시오.**

해답 ① 아황산가스

② 황산

해설 **시안화수소(HCN) 충전작업 기준 :** 용기에 충전하는 시안화수소는 순도가 98% 이상이고 아황산가스 또는 황산 등의 안정제를 첨가한 것으로 한다. 시안화수소를 충전한 용기는 충전 후 24시간 정치하고, 그 후 1일 1회 이상 질산구리벤젠 등의 시험지로 가스의 누출검사를 하며, 용기에 충전 연월일을 명기한 표지를 붙이고, 충전한 후 60일이 경과되기 전에 다른 용기에 옮겨 충전한다. 다만, 순도가 98% 이상으로서 착색되지 아니한 것은 다른 용기에 옮겨 충전하지 아니할 수 있다.

05 **내용적 20 L의 LP가스 배관공사를 끝내고 나서 수주 880 mm의 압력으로 공기를 넣어 기밀시험을 실시했다. 기밀시험 소요시간 12분이 경과한 후 배관에 부착된 자기압력계를 보니 수주 620 mm의 압력을 나타내었다. 이 경우 기밀시험 개시 시의 약 몇 %의 공기가 누설되었나?(단, 기밀시험 실시 중 온도변화는 무시하고, 1기압은 1.033 kgf/cm^2이다.)**

풀이 ① 처음상태(기밀시험)의 공기체적을 표준상태(STP)의 체적으로 환산

$$\therefore\ V_0 = \frac{P_1 V_1}{P_0} = \frac{(0.088 + 1.033) \times 20}{1.033} = 21.703 \fallingdotseq 21.70\ L$$

② 12분 후 공기체적을 표준상태(STP)의 체적으로 환산

$$\therefore\ V_0' = \frac{P_2 V_2}{P_0'} = \frac{(0.062 + 1.033) \times 20}{1.033} = 21.200 \fallingdotseq 21.20\ L$$

③ 누설량(%) 계산

$$\therefore\ \text{누설량(\%)} = \frac{V_0 - V_0'}{V} \times 100 = \frac{21.70 - 21.20}{20} \times 100 = 2.5\ \%$$

해답 2.5 %

해설 $1\ atm = 10332\ kgf/m^2 = 10332\ mmH_2O = 1.0332\ kgf/cm^2$이므로 문제에서 주어진 수주 880 mm는 880 mmH_2O에 해당되며, 이것은 0.088 kgf/cm^2에, 수주 620 mm는 0.062 kgf/cm^2에 해당된다.

06 **액화석유가스용 차량에 고정된 탱크 내부에 설치하는 폭발방지제의 재료 기준에 대하여 쓰시오.**

해답 ① 폭발방지제는 알루미늄합금박판에 일정 간격으로 슬릿(slit)을 내고 이것을 팽창시켜 다공성 벌집형으로 한다.
② 폭발방지제의 두께는 114 mm 이상으로 하고, 설치 시에는 2~3 % 압축하여 설치한다.
③ 후프링의 재질은 기존탱크의 재질과 같은 것 또는 이와 동등 이상의 것으로서 액화석유가스에 대하여 내식성을 가지며 열적 성질이 탱크 동체의 재질과 유사한 것으로 한다.
④ 지지봉은 KS D 3507(배관용 탄소강관)에 적합한 것(최저 인장강도 294 N/mm^2)으로 한다.
⑤ 그 밖의 지지구조물 부품의 재질은 안전확보상 충분히 기계적강도 및 액화석유가스에 대한 내식성을 가지는 것으로 한다.

07 **레이저 메탄가스 검지기(detector)는 최대 (①)m의 거리에서 (②) ppm · m의 메탄가스를 (③)초 이내에 검출해 낼 수 있는 장비이다. ( ) 안에 알맞은 숫자를 넣으시오.**

해답 ① 150 ② 300 ③ 0.2

해설 (1) 가스도매사업 제조소 및 공급소의 시설·기술·검사·정밀안전진단·안전성평가 기준(KGS FP451) 중 용어의 정의
① "레이저 메탄가스 디텍터 등 가스누출 정밀 감시장비"란 최대 150 m의 거리에서 300 ppm · m의 메탄가스를 0.2초 이내에 검출해 낼 수 있으며, 진단 기간 동안 가스 누출여부를 자동으로 감시할 수 있는 장비를 말한다.〈신설 14. 9. 11〉
② "상태평가"란 액화천연가스 저장탱크에 대한 외관검사 및 시험 결과를 바탕으로 저장탱크에 대한 상태를 평가하는 것을 말한다.〈신설 16. 6. 16〉
③ "구조물 안전성평가"란 액화천연가스 저장탱크 설계자료 분석과 현장조사 결과를 바탕으로 내진성능 검토와 구조해석을 실시하여 저장탱크의 구조적, 기능적 안전성을 평가하는 것을 말한다.〈신설 16. 6. 16〉

(2) 휴대용 레이저 메탄 검지기의 장점 : 업체 카다록 수록 내용
① 최대 50 m까지 원거리 누출을 감지할 수 있다.
② 유리를 투과하여 누출을 감지할 수 있다.
③ 레이저 포인트 지점 확인으로 낮에도 측정 지점 식별이 가능하다.
④ 측정 중 가스 누출이 발견되면 사진과 위치가 자동으로 저장된다.
⑤ 누출 발견 시 측정 표시 및 소리와 진동으로 알람을 발생한다.
⑥ 측정하는 위치의 위도 및 경도가 기기 상에서 표시된다.
⑦ 측정원리 : 가변 다이오드 레이저 흡수 분광법(TDLS)

08 **압축기에서 압축비가 증가하면 (①)저하, (②)효율 저하, (③) 온도 상승이 발생하므로 (④)압축으로 중간단에 냉각기를 설치한다. ( ) 안에 알맞은 용어를 쓰시오.**

해답 ① 성능 ② 체적 ③ 토출가스 ④ 다단

해설 압축비가 증가할 때의 영향
① 소요동력이 증대한다.
② 실린더 내의 온도가 상승한다(토출가스 온도가 상승한다).
③ 체적효율이 저하한다.
④ 토출가스량이 감소한다(성능저하가 발생한다).

※ 실기시험 응시자가 공단에 질의한 결과 출제자의 의도는 ①번에는 "토출가스량 감소", ③번에는 "실린더 내의 온도 상승"은 정답과 관련 없는 것으로 출제했다는 답변이 있었습니다.

09 **다음에 설명하는 전기방식법의 명칭은 무엇인가?**

> 지중 또는 수중에 설치된 양극(anode)금속과 매설배관(cathode : 음극) 등을 전선으로 연결하여 양극금속과 매설배관 등 사이의 전지작용(고유 전위차)에 의하여 전기적 부식을 방지하는 방법이다.

해답 희생양극법(또는 유전양극법, 전류양극법, 전기양극법)

10 **가연성가스 제조설비에는 그 설비에서 발생한 정전기가 점화원으로 되는 것을 방지하기 위하여 정전기 제거설비를 설치할 때 접지 저항치 총합은 얼마로 하여야 하는가? (단, 피뢰설비를 설치한 설비이다.)**

해답 10 Ω 이하

해설 제조설비 정전기 제거설비 설치 기준

① 탑류, 저장탱크, 열교환기, 회전기계, 벤트스택 등은 단독으로 접지한다. 다만, 기계가 복잡하게 연결되어 있는 경우 및 배관 등으로 연속되어 있는 경우에는 본딩용 접속선으로 접속하여 접지할 수 있다.

② 본딩용 접속선 및 접지접속선은 단면적 5.5 mm^2 이상인 것(단선은 제외한다)을 사용하고 경납붙임, 용접, 접속금구 등을 사용하여 확실히 접속한다.

③ 접지 저항치는 총합 100 Ω(피뢰설비를 설치한 것은 총합 10 Ω) 이하로 한다.

11 **고압가스 특정제조 시설의 배관을 기밀시험할 때 산소를 사용하면 안 되는 이유를 설명하시오.**

해답 산소는 화학적으로 활발한 원소이고, 강력한 조연성가스에 해당되기 때문에 기밀시험을 하는 배관 내부에 석유류, 유지류 등이 있을 때 산소와 접촉 반응하여 인화, 폭발의 위험성이 있기 때문에 사용해서는 안 된다.

12 **방폭전기기기의 폭발등급에 대한 물음에 답하시오.**

(1) 가연성가스의 폭발등급 및 이에 대응하는 방폭전기기기의 폭발등급은 내압방폭구조는 최대안전틈새범위에 따라 3가지로 분류하며, 본질안전 방폭구조는 ( )로 3가지로 분류한다. ( ) 안에 알맞은 용어를 쓰시오.

(2) 본질안전 방폭구조의 폭발등급을 분류할 때 기준이 되는 가스는 무엇인가?

해답 (1) 최소 점화전류비의 범위(mm)

(2) 메탄

13 **나프타(naphtha)의 가스화에 따른 물음에 답하시오.**

(1) PONA 각각에 대하여 설명하시오.
(2) PONA 중 어느 것이 많거나 적을 때 가스의 생성에 유리한가?

해답 (1) ① P : 파라핀계 탄화수소
② O : 올레핀계 탄화수소
③ N : 나프텐계 탄화수소
④ A : 방향족 탄화수소

(2) 파라핀계 탄화수소가 많을 때 가스화 효율이 높아지며, 올레핀계, 나프텐계, 방향족 탄화수소가 많아지면 카본 석출, 촉매 노화, 나프탈렌 생성 등으로 가스화 효율이 저하되므로 3가지 성분이 적을수록 가스 생성에 유리하다.

14 **내용적 650 m^3인 저장탱크에 압축질소가 5.5 MPa 상태로 저장되어 있을 때 저장능력을 계산하시오.**

풀이 $Q=(10P+1)\times V=(10\times 5.5+1)\times 650=36400\ m^3$

해답 36400 m^3

15 **방폭전기기기에서 갈바닉 절연을 설명하시오.**

해답 갈바닉 절연(galvanic apparatus)이란 본질안전 전기기기 또는 본질안전 관련전기기기 내부의 2개 회로 사이에 직접적인 전기적 접속 없이 신호 또는 전력이 전달되도록 한 구조를 말한다.

해설 **방폭전기기기의 설계, 선정 및 설치에 관한 기준(KGS GC102) : 용어의 정의**

① 본질안전 전기기기(intrinsically safe isolation) : 모든 회로가 본질안전 방폭구조인 전기기기를 말한다.
② 본질안전 관련전기기기(associated apparatus) : 본질안전회로와 비본질안전회로가 모두 포함되어 있고 비본질안전회로가 본질안전회로에 악영향을 미치지 아니하도록 제작된 전기기기를 말한다.
③ 본질안전회로(intrinsically safe circuit) : 정상작동상태 및 특정한 고장상태에서 발생하는 스파크 또는 가열효과가 폭발성 분위기에 점화를 유발할 수 없도록 한 회로를 말한다.
④ 갈바닉 절연(galvanic apparatus) : 본질안전 전기기기 또는 본질안전 관련전기기기 내부의 2개 회로사이에 직접적인 전기적 접속 없이 신호 또는 전력이 전달되도록 한 구조를 말한다.

제3회 ∘ 가스기사 필답형

01 1 atm, 25℃의 상태에서 무게가 27.92 g인 진공밸브에 건조공기가 유입되어 28.05 g으로 되었고 여기에 메탄과 에탄으로 이루어진 LP가스를 넣었을 때 28.14 g이 되었다. LP가스 성분에 해당하는 메탄과 에탄의 몰분율(%)을 계산하시오. (단, 공기의 평균 분자량은 29이다.)

풀이 ① 건조공기 무게를 이용하여 진공밸브의 체적(L) 계산 : 건조공기 무게는 건조공기가 유입된 상태의 무게 28.05 g과 진공밸브의 무게 27.92 g의 차이에 해당된다.

$PV = \frac{W}{M}RT$에서

$$\therefore V = \frac{\frac{W}{M}RT}{P} = \frac{\frac{28.05-27.92}{29} \times 0.082 \times (273+25)}{1} = 0.109 \fallingdotseq 0.11\ \text{L}$$

② 메탄과 에탄으로 이루어진 LP가스의 분자량 계산 : LP가스의 무게는 LP가스를 넣었을 때 무게 28.14 g과 건조공기가 유입되었을 때 무게 28.05 g의 차이에 해당된다.

$PV = \frac{W}{M}RT$에서

$$\therefore M = \frac{WRT}{PV} = \frac{(28.14-28.05) \times 0.082 \times (273+25)}{1 \times 0.11} = 19.993 \fallingdotseq 19.99$$

③ 메탄과 에탄의 몰분율(%) 계산 : 몰분율(%)은 체적비율(%)과 같고, 메탄과 에탄의 분자량에 몰분율을 곱하면 LP가스의 분자량이 된다. 메탄의 몰분율을 x라 하면 에탄의 몰분율은 $1-x$가 된다.

$$\therefore M = (M_{CH_4} \times x) + \{M_{C_2H_6} \times (1-x)\}$$

$$\therefore 19.99 = (16 \times x) + \{30 \times (1-x)\}$$

$$19.99 = 16x + 30 - 30x$$

$$19.99 - 30 = 16x - 30x$$

$$19.99 - 30 = x(16-30)$$

$$\therefore x = \frac{19.99-30}{16-30} = 0.715 = 71.5\ \%$$

$$\therefore C_2H_6\ \text{몰분율} = 100 - 71.5 = 28.5\ \%$$

해답 ① 메탄(CH_4)의 몰분율 : 71.5 %

② 에탄(C_2H_6)의 몰분율 : 28.5 %

02 액화산소용기에 액화산소가 50 kg 충전되어 있다. 이때 용기 외부에서 액화산소에 대하여 5 kcal/h의 열량이 주어진다면 액화산소량이 $\frac{1}{2}$로 감소되는데 걸리는 시간을 계산하시오. (단, 산소의 증발잠열은 1600 cal/mol이다.)

풀이 ① 산소의 증발잠열을 kcal/kg으로 계산

$$\therefore \text{증발잠열} = \frac{1600\ \text{cal/mol}}{32\ \text{g/mol}} = 50\ \text{cal/g} = 50\ \text{kcal/kg}$$

② 걸리는 시간 계산

$$\therefore \text{시간} = \frac{\text{필요열량}}{\text{시간당 공급열량}} = \frac{\left(50 \times \frac{1}{2}\right) \times 50}{5} = 250 \text{ 시간}$$

해답 250시간

03 아크용접부에 발생하는 결함의 종류 4가지를 쓰시오.

해답 ① 오버랩(overlap)
② 슬래그 섞임(slag inclusion)
③ 기공(blow hole)
④ 언더컷(undercut)
⑤ 피트(pit)
⑥ 스패터(spatter)
⑦ 용입불량

04 2 $kgf/cm^2 \cdot a$, 온도 25℃인 산소의 비중량(N/m^3)을 계산하시오.

풀이 ① 밀도(kg/m^3) 계산
$PV = GRT$에서

$$\therefore \rho = \frac{G}{V} = \frac{P}{RT} = \frac{\frac{2}{1.0332} \times 101.325}{\frac{8.314}{32} \times (273+25)} = 2.533 ≒ 2.53 \text{ kg/m}^3$$

② 절대단위 비중량(N/m^3, $kg/m^2 \cdot s^2$) 계산

$$\therefore \gamma = \rho \times g = 2.53 \times 9.8 = 24.794 \text{ kg} \cdot \text{m/m}^3 \cdot \text{s}^2 = 24.794 \text{ N/m}^3 ≒ 24.79 \text{ N/m}^3$$

해답 24.79 N/m^3

[별해] 밀도를 계산하는 과정에 중력가속도 9.8 m/s^2을 곱하여 하나의 식으로 계산

$$\therefore \gamma = \rho \times g = \frac{G}{V} \times g = \frac{P}{RT} \times g$$

$$= \frac{\frac{2}{1.0332} \times 101.325}{\frac{8.314}{32} \times (273+25)} \times 9.8 = 24.826 ≒ 24.83 \text{ N/m}^3$$

05 도시가스 배관의 부식을 방지하기 위하여 시공한 전기방식시설의 방식전위 측정 및 시설점검에 대한 내용 중 ( ) 안에 해당되는 것을 각각 쓰시오.

> 전기방식시설의 (①)은[는] 1년에 1회 이상 점검하며, 외부전원법에 따른 전기방식시설의 (②), 정류기의 출력, 전압, 전류, 배선의 접속상태, 계기류 확인 및 배류법에 따른 전기방식시설의 (③), 배류기의 출력, 전압, 전류, 배선의 접속상태, 계기류 확인은 (④)개월에 1회 이상 점검한다.

해답 ① 관대지전위
② 외부전원점 관대지전위
③ 배류점 관대지전위
④ 3

해설 **도시가스시설 전기방식시설의 점검 주기**
① 전기방식시설의 관대지전위(管對地電位) 등을 1년에 1회 이상 점검한다.
② 외부전원법에 따른 전기방식시설은 외부전원점 관대지전위(管對地電位), 정류기의 출력, 전압, 전류, 배선의 접속상태 및 계기류 확인 등을 3개월에 1회 이상 점검한다. 다만, 기준전극을 매설하고 데이터로거 등을 이용하여 전위를 측정하고 이상이 없는 경우에는 6개월에 1회 이상 점검할 수 있다.
③ 배류법에 따른 전기방식시설은 배류점 관대지전위(管對地電位), 배류기의 출력, 전압, 전류, 배선의 접속상태 및 계기류 확인 등을 3개월에 1회 이상 점검한다. 다만, 기준전극을 매설하고 데이터로거 등을 이용하여 전위를 측정하고 이상이 없는 경우에는 6개월에 1회 이상 점검할 수 있다.
④ 절연부속품, 역전류방지장치, 결선(bond) 및 보호절연체의 효과는 6개월에 1회 이상 점검한다.

06 자동제어계의 특성 중 정특성과 동특성을 설명하시오.

해답 ① 정특성 : 시간에 관계없는 정적인 특성으로 입력과 출력이 안정되어 있을 때의 일정한 관계를 유지하는 성질이다.
② 동특성 : 시간적인 동작의 특성으로 입력을 변화시켰을 때 출력을 변화시키는 성질이다.

07 도시가스 제조 및 공급시설 중 가스홀더의 기능에 대하여 4가지를 쓰시오.

해답 ① 가스수요의 시간적 변동에 대하여 공급 가스량을 확보한다.
② 공급설비의 일시적 중단에 대하여 어느 정도 공급량을 확보한다.
③ 공급가스의 성분, 열량, 연소성 등의 성질을 균일화한다.
④ 소비지역 근처에 설치하여 피크시의 공급, 수송효과를 얻는다.

08 용접부에 대한 비파괴검사법 중 초음파탐상시험의 장점과 단점을 각각 2가지씩 쓰시오.

해답 (1) 장점
① 내부결함 및 불균일 층의 검사가 가능하다.
② 용입 부족 및 용입부의 결함을 검출할 수 있다.
③ 검사 비용이 저렴하다.
(2) 단점
① 결함의 형태가 불명확하다.
② 결과의 보존성이 없다.

09 **금속재료의 일반적인 열처리 종류 4가지를 하는 목적을 쓰시오.**

(1) 담금질(quenching) :
(2) 불림(normalizing) :
(3) 풀림(annealing) :
(4) 뜨임(tempering) :

해답 (1) 재료를 적당한 온도로 가열하여 이 온도에서 물, 기름 등에 급속 냉각시키는 것으로 강도, 경도가 증가하며 소입이라 한다.
(2) 결정조직이 거칠은 것을 미세화하여 조직을 균일하게 하고 조직의 변형을 제거하기 위하여 균일하게 가열한 후 공기 중에서 냉각하는 방법으로 소준이라 한다.
(3) 가공 중에 생긴 내부응력을 제거하거나 가공 경화된 재료를 연화시켜 상온가공을 용이하게 할 목적으로 로(爐 : furnace) 중에서 가열하여 서서히 냉각시키는 방법으로 소둔이라 한다.
(4) 담금질 또는 냉간가공된 재료의 내부응력을 제거하며 재료에 연성이나 인장강도를 부여하기 위하여 담금질 온도보다 낮은 온도에서 재가열한 후 공기 중에서 서냉시키는 방법으로 소려라 한다.

10 **펌프에서 발생하는 워터 해머링(water hammering)을 방지하는 방법 4가지를 쓰시오.**

해답 ① 관내 유속을 낮게 한다.
② 압력조절용 탱크를 설치한다.
③ 펌프에 플라이 휠(fly wheel)을 설치한다.
④ 밸브를 펌프 토출구 가까이 설치하고 적당히 제어한다.

해설 **워터 해머링(water hammering : 수격작용)** : 펌프에서 물을 압송하고 있을 때 정전 등으로 펌프가 급히 멈춘 경우 관내의 유속이 급변하면 물에 심한 압력변화가 생기는 작용을 말한다.

11 **가스용 폴리에틸렌관(PE배관)은 온도가 40℃ 이상이 되는 장소에 설치하지 않는 것이 원칙이지만 어떤 조치를 하면 온도가 40℃ 이상이 되는 장소에 설치할 수 있는가?**

해답 파이프 슬리브 등을 이용하여 단열조치를 한 경우

해설 **가스용 폴리에틸렌관(PE배관) 설치 제한**
① 가스용 폴리에틸렌관(PE배관)은 노출배관으로 사용하지 아니할 것. 다만, 지상배관과 연결을 위하여 금속관을 사용하여 보호조치를 한 경우로서 지면에서 30 cm 이하로 노출하여 시공하는 경우에는 노출배관으로 사용할 수 있다.
② PE배관은 온도가 40℃ 이상이 되는 장소에 설치하지 아니한다. 다만, 파이프 슬리브 등을 이용하여 단열조치를 한 경우에는 온도가 40℃ 이상이 되는 장소에 설치할 수 있다.
③ PE배관은 폴리에틸렌 융착원 양성교육을 이수한 자가 시공하도록 할 것

12 **염소는 건조한 상태에서는 강재에 대하여 부식성이 없으나, 수분이 존재하면 철을 심하게 부식시킨다. 수분 존재 시 철을 부식시키는 이유와 화학반응식을 쓰시오.**

해답 ① 부식 이유 : 염소가 수분과 접촉 시 염산(HCl)이 생성되며 이것이 철과 반응하여 염화제1철($FeCl_2$)을 생성하면서 부식이 발생한다.
② 화학반응식

$Cl_2 + H_2O \rightarrow HCl + HClO$
$Fe + 2HCl \rightarrow FeCl_2 + H_2$

13 **세이프티 커플링은 그 커플링의 안전성, 편리성 및 호환성을 확보하기 위하여 암커플링은 호스가 분리되었을 경우 (①)에, 숫커플링은 (②)에 설치할 수 있는 구조로 한다. (　　) 안에 알맞은 위치를 쓰시오.**

해답 ① 자동차 충전구쪽
② 충전기쪽

14 **도시가스 사업자가 가스공급시설에 대하여 정기적으로 받아야 하는 안전성평가 중 위험성 인지를 평가할 때 선정하는 위험성 평가기법 12가지 중 4가지를 쓰시오.**

해답 ① 체크리스트 기법
② 상대위험순위결정 기법
③ 사고예상질문분석 기법
④ 위험과 운전분석 기법
⑤ 이상위험도분석 기법
⑥ 결함수 분석 기법
⑦ 사건수 분석 기법
⑧ 작업자 실수분석 기법
⑨ 원인결과분석 기법
⑩ 예비위험분석 기법
⑪ 공정위험분석 기법
⑫ ①부터 ⑪까지와 같은 수준 이상의 기술적 평가기법

15 **[보기]에서 설명하는 사이클 명칭을 쓰시오.**

보기
- 외연기관으로써 가솔린 엔진보다 열효율이 높고 소음, 진동이 적다.
- 목재, 화석 연료, 천연가스, 폐가스 등을 열원으로 사용한다.
- 밀폐된 실린더 내에 열을 가해 팽창시키고, 냉각에 의해 압축을 하는 기관이다.
- 수소나 헬륨을 작동유체로 사용하며, 역사이클은 저온용 가스냉동기의 기본 사이클에 해당된다.

해답 스털링 사이클(stirling cycle)

해설 **스털링 사이클(stirling cycle)** : 2개의 정온과정과 2개의 정적과정으로 이루어진 사이클로 외연기관의 이론적인 사이클이다.

2020년도 가스기사 모의고사

제1회 가스기사 필답형

01 **직동식 정압기에서 2차 압력이 설정압력보다 낮을 때 작동원리에 대하여 설명하시오.**

해답 정압기 스프링 힘이 다이어프램을 받치고 있는 힘보다 커서 다이어프램에 연결된 메인밸브를 열리게 하여 가스의 유량이 증가하게 되며 2차 압력을 설정압력으로 유지되도록 작동한다.

해설 직동식 정압기의 구조 및 작동원리는 2019년 제2회 산업기사 필답형 11번을 참고하기 바랍니다.

02 **불활성화(inerting) 작업에 대하여 설명하시오.**

해답 가연성 혼합가스에 불활성가스(아르곤, 질소 등) 등을 주입하여 산소의 농도를 최소산소농도(MOC) 이하로 낮추는 작업으로 이너팅(inerting) 또는 퍼지(purging)작업이라 한다.

해설 (1) 불활성화(inerting) 작업의 종류

① 진공 퍼지(vacuum purge) : 용기를 진공시킨 후 불활성가스를 주입시켜 원하는 최소산소농도에 이를 때까지 실시

② 압력 퍼지(pressure purge) : 불활성가스로 용기를 가압한 후 대기 중으로 방출하는 작업을 반복하여 원하는 최소산소농도에 이를 때까지 실시

③ 스위프 퍼지(sweep-through purge) : 한쪽으로는 불활성가스를 주입하고 반대쪽에서는 가스를 방출하는 작업을 반복하는 것으로 저장탱크 등에 사용

④ 사이펀 퍼지(siphon purge) : 용기에 물을 충만시킨 다음 용기로부터 물을 배출시킴과 동시에 불활성가스를 주입하여 원하는 최소산소농도를 만드는 작업

(2) 최소산소농도(MOC) : minimum oxygen for combustion

03 **도시가스 공급방식 중 공급압력에 따른 종류 3가지를 쓰시오.**

해답 ① 저압 공급방식 : 0.1 MPa 미만

② 중압 공급방식 : 0.1 MPa 이상 1 MPa 미만

③ 고압 공급방식 : 1 MPa 이상

04 **전양정 25 m, 유량 1.2 m^3/min인 펌프로 물을 이송하는 경우 이 펌프의 축동력(PS)을 계산하시오. (단, 펌프의 효율은 85 %이다.)**

풀이 $PS = \frac{\gamma \cdot Q \cdot H}{75\eta} = \frac{1000 \times 1.2 \times 25}{75 \times 0.85 \times 60} = 7.843 ≒ 7.84\,PS$

해답 7.84 PS

05 금속재료에 인장응력이 작용하면 균열이 발생하고 부식이 발생한다. 이와 같이 금속재료에 발생하는 응력부식의 방지대책 4가지를 쓰시오.

해답 ① 잔류응력을 제거한다.
② 합금조성을 변화시킨다.
③ 재료의 두께를 크게 한다.
④ 환경의 유해성분을 제거한다.

06 도시가스 사용시설에 연소기가 [표]와 같이 설치되었을 때 월사용예정량(m^3)을 계산하시오.

명칭	가스소비량	설치수	비고
산업용 보일러	500000 kcal/h	2	
취사용 밥솥	5000 kcal/h	1	
취사용 국솥	10000 kcal/h	1	
취사용 튀김기	10000 kcal/h	1	

풀이 $Q=\frac{(A\times 240)+(B\times 90)}{11000}$

$=\frac{(500000\times 2\times 240)+\{(5000+10000+10000)\times 90\}}{11000}$

$=22022.727 \fallingdotseq 22022.73\ m^3$

해답 22022.73 m^3

참고 가스소비량 합계 방법 : KGS FU551 도시가스 사용시설 기준

(1) 월사용예정량 계산 시 가정용으로 사용하는 연소기의 가스소비량은 합산대상에서 제외한다.

(2) 당해 가스를 이용하여 직접 제품을 생산, 판매(일반적인 유통방법에 의한 판매를 말한다)하는 경우는 '산업용'으로 그 밖의 경우는 '비산업용'으로 계산하며, 그 예는 다음과 같다.

① 공장 등 산업체의 식당에서 취사용으로 사용하는 경우는 산업체에서 사용하는 경우라도 제품을 직접 생산, 판매하는 용도가 아니므로 '비산업용'으로 계산한다.
② 학교 실습실에 설치된 도자기로 등은 제품을 생산하나 판매가 수반되지 아니하므로 '비산업용'으로 계산한다.
③ 제과공장에서 빵을 만드는데 사용하는 연소기는 제품의 생산과 판매가 수반되므로 '산업용'으로 계산한다. 다만, 제과점의 연소기는 일반적인 유통방법에 의한 판매가 이루어지지 않으므로 '비산업용'으로 계산한다.
④ 세탁공장은 넓은 의미에서 산업의 일환인 서비스업으로 볼 수 있고, 상시적이고 고정적인 기업활동이 이루어지므로 이곳의 연소기는 '산업용'으로 계산한다.
⑤ 세탁소, 방앗간 등은 상시적이고 고정적인 기업 활동으로 보기 어려우므로 이곳의 연소기는 '비산업용'으로 계산한다.
⑥ 자동차 정비업체의 도장부스에 사용하는 연소기는 제품 수리에 사용하므로 이곳의 연소기는 '비산업용'으로 계산한다.

07 **폭굉유도거리가 짧아지는 조건 4가지를 쓰시오.**

해답 ① 정상 연소속도가 큰 혼합가스일수록
② 관 속에 방해물이 있거나 관 지름이 가늘수록
③ 압력이 높을수록
④ 점화원의 에너지가 클수록

08 **탄화수소를 원료로 도시가스를 제조하는 방법 중 대체천연가스 공정에서 가스화하는 공정 3가지를 쓰시오.**

해답 ① 수증기 개질 공정
② 부분연소 공정
③ 수첨분해 공정

해설 **대체천연가스 공정(substitute natural process)** : 수분, 산소, 수소를 원료 탄화수소와 반응시켜, 수증기 개질, 부분연소, 수첨분해 등에 의해 가스화하고 메탄합성, 탈산소 등의 공정과 병용해서 천연가스의 성상과 거의 일치하게끔 가스를 제조하는 공정으로 제조된 가스를 대체천연가스(SNG) 또는 합성천연가스라 한다.

09 **LPG 공급방식에서 공기 혼합가스(air direct gas)의 목적 3가지를 쓰시오.**

해답 ① 발열량 조절
② 재액화 방지
③ 누설 시 손실감소
④ 연소효율 증대

10 **공기액화 분리장치에서 CO_2를 제거하여야 하는 이유를 설명하시오.**

해답 장치 내에서 탄산가스는 고형의 드라이아이스가 되어 밸브 및 배관을 폐쇄하여 장애를 발생시키므로 제거하여야 한다.

해설 **탄산가스(CO_2) 및 수분(H_2O)을 제거할 때 사용하는 흡수제의 종류**
① 탄산가스 : 가성소다(NaOH) 수용액, 몰러큘러시브(molecular sieves)
② 수분 : 실리카 겔, 활성알루미나, 소바이드

11 **고압가스 충전용기 중 용접용기를 제조할 때 용기의 종류에 따른 부식여유 두께를 쓰시오.**

용기의 종류		부식여유 두께(mm)
암모니아를 충전하는 용기	내용적이 1000 L 이하인 것	①
	내용적이 1000 L를 초과한 것	②
염소를 충전하는 용기	내용적이 1000 L 이하인 것	③
	내용적이 1000 L를 초과한 것	④

해답 ① 1, ② 2, ③ 3, ④ 5

12 **단열된 밀폐공간 2.1 m³에 101 kPa 상태로 공기가 5 kg 채워져 있을 때 온도는 몇 ℃ 인가?**

풀이 이상기체 상태방정식 $PV=GRT$에서 밀폐된 공간의 압력 101 kPa은 게이지 압력이므로 절대압력으로 환산하여 온도를 구하며, 대기압은 101.325 kPa에 해당된다.

$$\therefore\ T=\frac{PV}{GR}=\frac{(101+101.325)\times 2.1}{5\times\frac{8.314}{29}}=296.405\,\text{K}-273=23.405\fallingdotseq 23.41\,℃$$

해답 23.41℃

13 **용접부에 대한 방사선투과시험을 할 때 개인의 방사선 피폭을 막기 위하여 휴대하여야 하는 장비는 무엇인가?**

해답 가이거 계수기(Geiger counter)

해설 **가이거 계수기(Geiger 計數器)** : 이온화 방사선을 측정하는 장치로 휴대하기 간편하여 방사능 측정장비로 널리 사용되고 있다. 불활성 기체를 담은 가이거-뮐러 계수관을 이용하여 α입자, β입자, γ선 등과 같은 방사능에 의해 불활성 기체가 이온화되는 정도를 표시하여 방사능을 측정한다.

14 **냉동능력 산정 기준 산식 $R=\frac{V}{C}$에서 주어진 조건별로 "V"를 계산하는 공식을 쓰고 설명하시오.**

(1) 다단압축방식, 다원냉동방식 :

(2) 회전피스톤형 압축기 :

해답 (1) $VH+0.08\,VL$

(2) $60\times 0.785\,tn(D^2-d^2)$

여기서, VH : 압축기의 표준회전속도에 있어서 최종단 또는 최종원 기통의 1시간의 피스톤 압출량(단위 : m³)

VL : 압축기의 표준회전속도에 있어서 최종단 또는 최종원 앞의 기통의 1시간의 피스톤 압출량(단위 : m³)

t : 회전피스톤의 가스 압축부분의 두께(단위 : m)

n : 회전피스톤의 1분간의 표준회전수

D : 기통의 안지름(단위 : m)

d : 회전피스톤의 바깥지름(단위 : m)

해설 (1) 냉동능력 산정기준(고법 시행규칙 별표3) : 원심식 압축기를 사용하는 냉동설비는 그 압축기의 원동기 정격출력 1.2 kW를 1일의 냉동능력 1톤으로 보고, 흡수식 냉동설비는 발생기를 가열하는 1시간의 입열량 6640 kcal를 1일의 냉동능력 1톤으로 보며, 그 밖의 것은 다음 산식에 의한다.

$$R=\frac{V}{C}$$

여기서, R : 1일의 냉동능력(단위 : 톤)

C : 냉매가스의 종류에 따른 수치

V : 압축기의 표준회전속도에 있어서의 1시간의 피스톤 압축량(단위 : m³)

(2) 스크류형 및 왕복동형 압축기 산식

① 스크류형 압축기 : $K^2 \times D^3 \times \frac{L}{D} \times n \times 60$

② 왕복동형 압축기 : $0.785 \times D^2 \times L \times N \times n \times 60$

여기서, K : 치형의 종류에 따른 계수

D : 로터의 지름(단위 : m)

L : 로터의 압축에 유효한 부분의 길이 또는 피스톤의 행정(단위 : m)

n : 로터의 회전수

N : 실린더 수

15 **온도가 일정한 상태에서 용기 내에 A와 B의 혼합기체가 동일한 질량으로 충전되어 있다. 이 용기 내의 압력은 얼마인가? (단, 이 온도에서 A의 증기압은 20 atm, B의 증기압은 40 atm, A의 분자량은 50, B의 분자량은 20으로 하고 라울(Raoult)의 법칙이 성립한다.)**

풀이 ① 각 성분의 몰분율 계산

$$\therefore X_A = \frac{n_A}{n_A + n_B} = \frac{\frac{W}{50}}{\frac{W}{50} + \frac{W}{20}} = \frac{\frac{2W}{100}}{\frac{2W}{100} + \frac{5W}{100}} = \frac{\frac{2W}{100}}{\frac{7W}{100}} = \frac{2}{7}$$

$$\therefore X_B = 1 - X_A = 1 - \frac{2}{7} = \frac{7}{7} - \frac{2}{7} = \frac{5}{7}$$

② 용기 내의 압력 계산

$$\therefore P = P_A + P_B = \left(20 \times \frac{2}{7}\right) + \left(40 \times \frac{5}{7}\right) = 34.285 ≒ 34.29\ \text{atm}$$

해답 34.29 atm

제2회 가스기사 필답형

01 **배관 중에 설치하는 콜드스프링을 설명하시오.**

해답 배관의 자유팽창량을 미리 계산하여 자유팽창량의 $\frac{1}{2}$만큼 배관을 짧게 절단한 후 강제 배관을 하여 신축을 흡수하는 장치(신축이음쇠)이다.

02 **도시가스를 원료로 사용하여 에너지를 발생시키는 가스용 연료전지의 원리를 설명하시오.**

해답 도시가스를 연료처리 모듈에서 개질반응시켜 수소로 변환하고, 변환된 수소는 발전 모듈에서 산소와 전기화학적인 반응을 시켜 전기를 생산하여 계통에 공급하고, 추가적으로 발생하는 열은 열저장 모듈에 저장하고, 저장된 열은 열저장 모듈에 내장된 열교환기를 이용하여 온수로 공급한다. 처리가 완료된 폐가스는 배기통을 이용하여 실외로 강제 배출시킨다.

해설 **연료전지**

(1) 원리 : 물에 전기 에너지를 공급하여 전기분해하면 수소(H_2)와 산소(O_2)로 분해되고, 반대로 수소와 산소를 결합시키면(반응시키면) 물이 생성되면서 열이 발생하는데 이때 발생하는 열을 전기 에너지로 바꿔 동력원으로 사용하는 것으로 연료전지의 원료로 도시가스 등의 수소와 공기 중의 산소를 화학반응 시켜 생기는 화학 에너지를 전기 에너지로 변환시키는 장치이다.

(2) 가스용 연료전지 시스템 구성 : ㈜ 하젠이엔지 가스용 연료전지 카다록 발췌

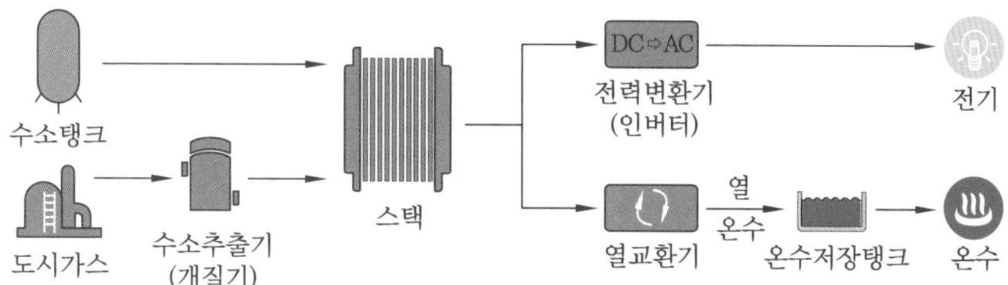

① 수소 추출기(개질기) : 연료(LNG, LPG 등)를 수소로 변환하는 장치
② 스택(stack) : 수소와 공기 중 산소를 이용하여 전기 및 열을 발생시키는 장치
③ 전력변환기(인버터) : 스택에서 발생되는 직류전력을 교류전력으로 변환하는 장치

(3) 연료전지의 장점
① 발전효율이 높다.
② 도심지 설치가 용이하다.
③ 사용 원료가 고갈될 염려가 없고 친환경적이다.
④ 난방과 온수 사용이 가능하다.

(4) 액법 시행규칙 별표3 허가대상 가스용품 범위에 연료전지는 가스 소비량이 232.6 kW (20만 kcal/h) 이하인 것으로 규정하고 있음

03 **LP가스를 가구수 40세대인 집단공급시설에 1단 감압식 조정기를 설치하여 안지름 50 mm의 배관으로 시간당 30 m^3로 공급할 때 배관길이 100 m에서 발생하는 압력손실(mmH_2O)은 얼마인가?(단, 공급하는 LP가스의 비중은 1.5이고, 유량계수는 0.707이다.)**

필답형 모의고사

풀이 저압배관의 유량식 $Q=K\sqrt{\dfrac{D^5 \cdot H}{S \cdot L}}$ 에서 압력손실(H)을 구하는 식을 유도하고, 안지름(D)은 5 cm를 적용한다.

$$\therefore\ H=\frac{Q^2 \cdot S \cdot L}{K^2 \cdot D^5}=\frac{30^2 \times 1.5 \times 100}{0.707^2 \times 5^5}=86.426 ≒ 86.43\ \text{mmH}_2\text{O}$$

해답 86.43 mmH_2O

04 가연성 가스의 제조설비, 저장설비의 전기설비는 방폭성능을 가지는 것을 설치하여야 한다. 방폭전기 기기의 종류 4가지를 쓰시오.

해답 ① 내압방폭구조 ② 유입방폭구조
③ 압력방폭구조 ④ 안전증방폭구조
⑤ 본질안전방폭구조 ⑥ 특수방폭구조

05 원심펌프를 직렬 및 병렬 운전할 때의 특성을 유량과 양정에 대하여 설명하시오.

해답 ① 직렬 운전 : 양정 증가, 유량 일정
② 병렬 운전 : 유량 증가, 양정 일정

06 프로판(C_3H_8) 55 kg을 완전연소할 때 이론공기량(Nm^3)을 계산하시오. (단, 공기 중 산소 농도는 21 vol%이다.)

풀이 ① 프로판의 완전연소 반응식 : $C_3H_8+5O_2 \rightarrow 3CO_2+4H_2O$
② 이론공기량(Nm^3) 계산
44 kg : 5×22.4 Nm^3 = 55 kg : $x(O_o)$ Nm^3

$$\therefore\ A_0=\frac{O_0}{0.21}=\frac{5 \times 22.4 \times 55}{44 \times 0.21}=666.666 ≒ 666.67\ \text{Nm}^3$$

해답 666.67 Nm^3

07 다음 가스 압축기의 내부윤활제를 쓰시오.

(1) 산소 압축기 : (2) 염소 압축기 :
(3) 공기 압축기 : (4) 아세틸렌 압축기 :

해답 (1) 물 또는 10 % 이하의 묽은 글리세린수
(2) 진한 황산
(3) 양질의 광유
(4) 양질의 광유

해설 **각종 가스 압축기의 내부 윤활제(윤활유)**
① 산소 압축기 : 물 또는 10 % 이하의 묽은 글리세린수
② 공기 압축기, 수소 압축기, 아세틸렌 압축기 : 양질의 광유
③ 염소 압축기 : 진한 황산
④ LP 가스 압축기 : 식물성유
⑤ 이산화황(아황산가스) 압축기 : 화이트유, 정제된 용제 터빈유
⑥ 염화메탄(메틸 클로라이드) 압축기 : 화이트유

08 펌프의 특성곡선에서 A~D에 해당하는 펌프 명칭을 [보기]에서 찾아 쓰시오.

보기

원심펌프, 축류펌프, 점성펌프, 왕복펌프

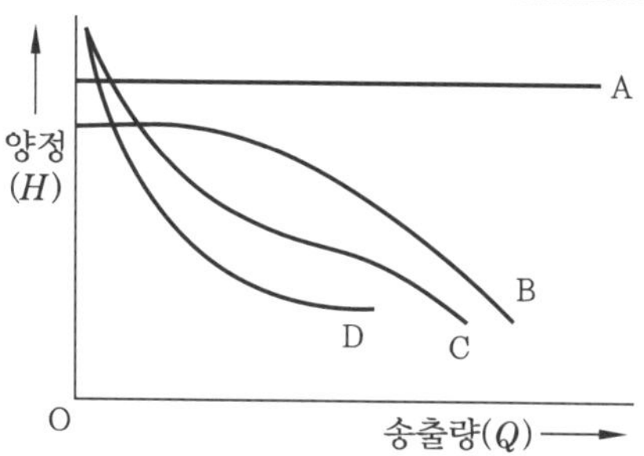

해답 ① A : 왕복펌프 ② B : 원심펌프
③ C : 축류펌프 ④ D : 점성펌프

해설 **점성펌프(viscosity pump)** : 점도가 높은 액체의 점성에 따른 마찰력을 이용하여 펌핑(pumping)을 하는 펌프의 총칭으로 유량이 적은 반면 양정이 높은 경우에 적합하지만 효율이 낮다. 윤활유의 펌프나 축봉장치 등에 응용되며, 실용화되고 있는 것은 원통형 펌프, 나선형 펌프, 나사형 펌프 등이다.

09 정적과정 1개, 정압과정 1개, 단열과정 2개로 이루어진 가스 터빈(외연기관)의 이상 사이클 명칭은 무엇인가?

해답 아트킨슨 사이클

10 도시가스 제조공정(process)에서 가스화 촉매에 요구되는 성질 4가지를 쓰시오.

해답 ① 활성이 높을 것
② 수명이 길 것
③ 가격이 저렴할 것
④ 유황 등의 피독물에 대해서 강할 것
⑤ 열, 마찰, 석출 카본 등에 대한 강도가 강할 것

11 고압가스 제조시설에 설치하는 플레어스택의 구조에서 역화 및 공기 등과의 혼합폭발을 방지하기 위하여 갖추어야 할 시설 4가지를 쓰시오.

해답 ① liquid seal의 설치
② flame arrestor의 설치
③ vapor seal의 설치
④ purge gas(N_2, off gas 등)의 지속적인 주입
⑤ molecular seal의 설치

12 액화가스 저장탱크와 유리제 게이지(액면계)를 접속하는 상하 배관에 설치하여야 할 것은 무엇인가?

해답 자동 및 수동식의 스톱밸브

13 **직동식 정압기에서 2차 압력이 설정압력보다 높을 때와 낮을 때 작동원리에 대하여 각각 설명하시오.**

해답 ① 높을 때 작동원리 : 2차측 가스 사용량이 감소하여 2차측 압력이 설정 압력 이상으로 상승하며 이때 다이어프램을 들어 올리는 힘이 증가하여 스프링의 힘에 이기고 다이어프램에 연결된 메인밸브를 닫히게 하여 가스의 유량을 제한하므로 2차 압력을 설정압력으로 유지되도록 작동한다.

② 낮을 때 작동원리 : 정압기 스프링 힘이 다이어프램을 받치고 있는 힘보다 커서 다이어프램에 연결된 메인밸브를 열리게 하여 가스의 유량이 증가하게 되며 2차 압력을 설정압력으로 유지되도록 작동한다.

해설 직동식 정압기의 구조 및 작동원리는 2019년 제2회 산업기사 필답형 11번을 참고하기 바랍니다.

14 **가연성 가스의 폭발범위(연소범위)를 설명하시오.**

해답 공기에 대한 가연성 가스의 혼합농도의 백분율(체적 %)로서 폭발하는 최고농도를 폭발상한계, 최저농도를 폭발하한계라 하며, 그 차이를 폭발범위라 한다.

15 **가스누설검지기에서 오보 대책에 대한 다음 내용을 설명하시오.**

(1) 경보지연 :
(2) 반시한 경보 :
(3) 즉시경보 :

해답 (1) 일정시간 연속해서 가스를 검지한 후에 경보하는 형식
(2) 가스 농도에 따라서 경보까지의 시간을 변경하는 형식
(3) 가스 농도가 설정값 이상이 되면 즉시 경보하는 형식

해설 **가스누설검지기의 오보 대책**

① 즉시경보형 : 가스농도가 설정값 이상이 되면 즉시 경보하는 형식으로 일반적으로 접촉연소식 경우에 적용한다.

② 지연경보형 : 일정시간 연속해서 가스를 검지한 후에 경보하는 형식으로 즉시경보형보다 경보는 늦지만 가스레인지에서 점화가 되지 않았을 경우, 조리 시에 일시적으로 에틸알콜 농도가 증가하는 경우에서는 경보를 하지 않는 장점이 있다.

③ 반시한 경보형 : 가스 농도에 따라서 경보까지의 시간을 변경하는 형식으로 가스농도가 급격히 증가하면 즉시 경보하고, 농도 증가가 느리면 지연경보하는 경우이다.

제3회 가스기사 필답형

01 공기액화 분리장치의 액화산소 5 L 중에 메탄이 420 mg, 아세틸렌이 10 mg 함유되어 있다면 공기액화 분리장치의 운전이 가능한지 판정하시오. (단, 공기액화 분리장치의 공기 압축량은 1000 m^3/h 이상인 경우이다.)

해답 액화산소 5 L 중에 아세틸렌 질량이 5 mg을 넘으므로 운전을 중지하고 액화산소를 방출하여야 한다.

해설 공기액화 분리기(분리장치)의 불순물 유입금지 기준 : 공기액화 분리기(1시간의 공기압축량이 1000 m^3 이하의 것은 제외한다)에 설치된 액화산소통 안의 액화산소 5 L 중 아세틸렌의 질량이 5 mg 또는 탄화수소의 탄소의 질량이 500 mg을 넘을 때에는 그 공기액화 분리기의 운전을 중지하고 액화산소를 방출하여야 한다.

02 다음에 설명하는 전기방식법의 명칭을 쓰시오.

> 지중 또는 수중에 설치된 양극(anode)금속과 매설배관(cathode : 음극) 등을 전선으로 연결하여 양극금속과 매설배관 등 사이의 전지작용(고유 전위차)에 의하여 전기적 부식을 방지하는 방법이다.

해답 희생양극법

03 LNG 또는 석유로부터 수소를 제조하는 방법 2가지를 쓰시오.

해답 ① 수증기 개질법
② 부분 산화법

04 내용적 52 L인 충전용기를 35 kgf/cm^2의 압력으로 내압시험을 하였을 때 용기 내용적이 52.211 L가 되었다. 압력을 제거한 후 대기압 상태에서 내용적이 52.004 L가 되었다면 영구증가율(%)은 얼마인가?

풀이 $\text{영구 증가율} = \dfrac{\text{영구 증가량}}{\text{전증가량}} \times 100 = \dfrac{52.004-52}{52.211-52} \times 100 = 1.895 ≒ 1.90\ \%$

해답 1.9 %

05 방폭전기기기를 구조에 따라 나타내는 기호를 영문 약자로 각각 쓰시오.

(1) 안전증 방폭구조 :
(2) 내압방폭구조 :
(3) 본질안전방폭구조 :

해답 (1) e
(2) d
(3) ia, ib

06 A 기체를 대기 중으로 확산하는데 16분이 소요되었다. 같은 조건에서 수소의 확산시간은 4분이 소요되었다면 A 기체의 분자량은 얼마인가?

풀이 $\frac{U_2}{U_1}=\sqrt{\frac{M_1}{M_2}}=\frac{t_1}{t_2}$에서 $\sqrt{\frac{M_A}{M_{H_2}}}=\frac{t_A}{t_{H_2}}$가 된다.

$\therefore\ M_A=\left(\frac{t_A}{t_{H_2}}\right)^2\times M_{H_2}=\left(\frac{16}{4}\right)^2\times 2=32$

해답 32

해설 분자량의 단위는 생략해도 무방하지만 단위를 기록할 경우 'g/mol', 'kg/kmol'을 사용한다.

07 연소기에서 발생하는 이상 현상 중 리프팅(lifting) 발생원인 4가지를 쓰시오.

해답 ① 염공이 작아졌을 때
② 가스의 공급압력이 높을 때
③ 배기 또는 환기가 불충분할 때(2차 공기량 부족)
④ 공기 조절장치를 지나치게 개방하였을 때(1차 공기량 과다)

해설 **리프팅(lifting) 현상** : 불꽃이 염공에 접하여 연소하지 않고 염공을 떠나 공간에서 연소하는 현상으로 선화라고 한다.

08 비중이 0.6인 가스를 1층에서 2.1 kPa의 압력으로 100 m 높이의 건물에 30 m^3/h로 공급할 때 다음 물음에 답하시오. (단, 배관 길이는 건물 높이와 같은 것으로 하며 1 Pa은 0.101969 mmH_2O로 적용한다.)

(1) 100 m 부분에서의 유출압력(mmH_2O)은 얼마인가?
(2) 배관 안지름(cm)은 얼마인가?

풀이 (1) ① 공급압력 2.1 kPa을 'mmH_2O' 단위로 환산

$\therefore$ 환산압력 $=(2.1\times 1000)\times 0.101969=214.134 \fallingdotseq 214.13\ mmH_2O$

② 100 m 부분에서의 유출압력 계산 : 입상배관에서 압력손실을 구하는 공식을 적용

$\therefore\ H=1.293(S-1)h=1.293\times(0.6-1)\times 100=-51.72\ mmH_2O$

$\therefore$ 유출압력 = 공급압력−손실압력 $=214.13-(-51.72)=265.85\ mmH_2O$

(2) 배관 안지름 계산 : 폴(Pole)의 유량식 $Q=K\sqrt{\frac{D^5\cdot H}{S\cdot L}}$을 이용하며 압력손실($H$)은 입상배관에서 손실압력 절댓값을 적용하여 계산한다.

$\therefore\ D=\sqrt[5]{\frac{Q^2\cdot S\cdot L}{K^2\cdot H}}=\sqrt[5]{\frac{30^2\times 0.6\times 100}{0.707^2\times 51.72}}=4.612 \fallingdotseq 4.61\ cm$

해답 (1) 265.85 mmH_2O
(2) 4.61 cm

09 정압기 정특성 중 시프트(shift)를 설명하시오.

해답 1차 압력의 변화에 의하여 정압곡선이 전체적으로 어긋나는 것

해설 정특성 : 정상상태에서의 유량과 2차 압력과의 관계이다.

① 로크업(lock up) : 유량이 0으로 되었을 때 끝맺음 압력과 기준압력(P_s)의 차이

② 오프셋(offset) : 유량이 변화했을 때 2차 압력과 기준압력(P_s)의 차이

③ 시프트(shift) : 1차 압력의 변화에 의하여 정압곡선이 전체적으로 어긋나는 것

10 강제혼합식 가스버너에서 보염기의 역할을 설명하시오.

해답 버너에서 착화를 확실히 하고 또 화염이 꺼지지 않도록 화염의 안정을 도모하는 장치이다.

해설 보염기(flame stabilizer) : 버너에서 착화를 확실히 하고 또 화염이 꺼지지 않도록 화염의 안정을 도모하는 장치로 화염 안정화를 위해서는 보염기 하류부에 착화가 가능한 저속의 고온 순환역을 형성시킬 필요가 있으며, 선회기 형식(선회기)과 보염판 형식(보염판)으로 대별된다(KBI 보일러설치기준).

11 액화석유가스의 부취제 냄새측정방법 4가지를 쓰시오.

해답 ① 오더 미터법(또는 냄새측정기법)

② 주사기법

③ 냄새주머니법

④ 무취실법

12 굴착공사 원콜시스템(one call system)을 설명하시오.

해답 구멍뚫기, 말뚝 박기, 터파기, 그 밖의 토지의 굴착공사를 하는 자와 도시가스사업자가 전화 또는 인터넷 등을 통하여 도시가스사업법에서 정하는 절차에 따라 굴착공사에 관한 정보와 도시가스배관 매설 정보를 주고 받음으로써 도시가스배관의 파손사고를 예방하기 위한 안전조치의 이행을 담보하는 시스템이다.

해설 ① 굴착공사 정보지원센터 설치(도시가스사업법 제30조의2) : 구멍 뚫기, 말뚝 박기, 터파기, 그 밖의 토지의 굴착공사(이하 '굴착공사'라 한다)로 인하여 일어날 수 있는 도시가스배관의 파손사고를 예방하기 위한 정보제공, 홍보 등에 필요한 굴착공사 지원정보망의 구축·운영, 그 밖에 매설배관 확인에 대한 정보지원업무를 효율적으로 수행하기 위하여 한국가스안전공사에 굴착공사 정보지원센터(이하 '정보지원센터'라 한다)를 둔다.

② 한국가스안전공사에 설치된 굴착공사 정보지원센터는 EOCS(Excavation One-Call System)라는 이름으로 운영되고 있다.

13 용기내장형 가스난방기에서 세라믹 버너를 사용하는 경우 갖추어야 할 장치는 무엇인가?

해답 거버너

해설 용기내장형 가스난방기의 구조 및 장치 기준 : KGS AB232

(1) 난방기의 버너는 적외선방식(세라믹버너) 또는 촉매연소방식의 버너를 사용한다.

(2) 장치

① 정전안전장치 : 교류전원으로 가스통로를 개폐하는 난방기는 정전이 되었을 때에 가스통로를 차단하고, 다시 통전되었을 때에 자동으로 가스통로가 열리지 아니하거나 재점화되는 정전안전장치를 갖춘다. 다만, 정전 시에 파일럿버너의 불꽃이 꺼지지 않는 난방기는 그러하지 아니하다.

② 소화안전장치 : 난방기에는 소화안전장치를 부착한 것으로 한다.

③ 그 밖의 장치
㉮ 거버너(세라믹버너를 사용하는 난방기만을 말한다.)
㉯ 불완전연소방지장치 또는 산소결핍안전장치(가스소비량이 11.6 kW[10000 kcal/h] 이하인 가정용 및 업무용의 개방형 난방기만을 말한다.)
㉰ 전도안전장치

14 **도시가스용 지상배관 중 건축물의 내 · 외벽에 노출된 것으로 표면색상을 황색으로 하지 아니할 수 있는 경우를 설명하시오.**

해답 바닥(2층 이상의 건물의 경우에는 각 층의 바닥)으로부터 1 m 높이에 폭 3 cm의 황색띠를 2중으로 표시한 경우

15 **액화석유가스 용기밸브 중 과류차단형 밸브와 차단기능형 밸브의 차이점을 설명하시오.**

해답 ① 과류차단형 액화석유가스용 용기밸브(KGS AA313) : 내용적 30 L 이상 50 L 이하의 액화석유가스용기에 부착되는 것으로서 규정량 이상의 가스가 흐르는 경우에 가스공급을 자동적으로 차단하는 과류차단기구를 내장한 용기밸브이다.
② 차단기능형 액화석유가스용 용기밸브(KGS AA312) : 내용적 30 L 이상 50 L 이하의 액화석유가스용기에 부착되는 것으로서 가스충전구에서 압력조정기의 체결을 해체할 경우 가스공급을 자동적으로 차단하는 차단기구가 내장된 용기밸브이다.

제4회 가스기사 필답형

01 **정전기 제거설비를 정상상태로 유지하기 위하여 확인하여야 할 사항 3가지를 쓰시오.**

해답 ① 지상에서 접지 저항치
② 지상에서의 접속부의 접속 상태
③ 지상에서의 절선 그 밖에 손상부분의 유무

02 **다음 물음에 답하시오.**

(1) 폭굉유도거리(DID)를 설명하시오.
(2) 폭굉유도거리가 짧아지는 조건 4가지를 쓰시오.

해답 (1) 최초의 완만한 연소가 격렬한 폭굉으로 발전될 때까지의 거리
(2) ① 정상 연소속도가 큰 혼합가스일수록
② 관 속에 방해물이 있거나 관 지름이 가늘수록
③ 압력이 높을수록
④ 점화원의 에너지가 클수록

03 공동 · 반밀폐식 · 강제배기식 가스보일러를 설치할 때 연돌의 유효단면적(mm^2)을 구하는 공식을 쓰고 4가지 인자에 대하여 단위를 포함하여 설명하시오. (단, 연돌의 유효단면적 A는 제외한다.)

해답 $A = Q \times 0.6 \times K \times F + P$

여기서, Q : 가스보일러의 가스소비량 합계(kcal/h)

K : 형상계수

F : 가스보일러의 동시 사용률

P : 배기통의 수평투영면적(mm^2)

해설 ① "공동 · 반밀폐식 · 강제배기식"이란 다수의 가스보일러를 사용하는 배기시스템으로서 연소용 공기는 가스보일러가 설치된 실내에서 급기하고, 배기가스는 연돌을 통하여 실외로 배기하며, 송풍기를 사용하여 강제적으로 배기하는 시스템을 말한다(KGS GC208 주거용 가스보일러의 설치 · 검사기준).

② 출제된 문제에서는 "공동 · 반밀폐식 · 강제배기식"이란 내용 없이 "공동배기구의 유효단면적을 구하는 공식"으로 제시되었음

04 도시가스 제조공정 중 가스화 방식에 의한 분류 4가지를 쓰시오.

해답 ① 열분해 공정 ② 접촉분해 공정

③ 부분연소 공정 ④ 대체천연가스(SNG) 공정

⑤ 수소화분해 공정

05 수소취성에 대하여 설명하시오.

해답 수소는 고온, 고압 하에서 강재 중의 탄소와 반응하여 메탄(CH_4)을 생성하고 취성을 발생시키는 것으로 수소취화, 탈탄작용이라 한다.

해설 수소취성 반응식과 방지원소

① 반응식 : $Fe_3C + 2H_2 \rightarrow 3Fe + CH_4$

② 방지원소 : 텅스텐(W), 바나듐(V), 몰리브덴(Mo), 티타늄(Ti), 크롬(Cr)

06 가연성 또는 독성 가스설비에서 이상상태가 발생한 경우 당해 설비 내의 내용물을 설비 밖으로 긴급하고 안전하게 이송하는 설비의 명칭을 쓰시오.

해답 벤트스택(vent stack)

07 비중 0.75인 액체가 내경 4 cm인 원관 속을 매분 31.4 kg의 질량 유량으로 흐를 때, 평균속도는 얼마인가?

풀이 ① 액체의 밀도(공학단위) 계산

$$\therefore \rho = \frac{\gamma}{g} = \frac{0.75 \times 10^3}{9.8} = 76.530 \fallingdotseq 76.53\ \text{kgf} \cdot \text{s}^2/\text{m}^4$$

② 액체의 밀도(절대단위) 계산

$$\therefore \rho = 76.53\ \text{kgf} \cdot \text{s}^2/\text{m}^4 \times 9.8\ \text{m/s}^2 = 749.994 \fallingdotseq 749.99\ \text{kg/m}^3$$

③ 속도(m/min) 계산 : 질량유량 $m=\rho\times A\times\overline{V}$에서 평균속도 $\overline{V}$를 구하며, 내경은 미터(m) 단위를 적용한다.

$$\therefore\ \overline{V}=\frac{m}{\rho\times A}=\frac{m}{\rho\times\left(\frac{\pi}{4}\times D^2\right)}=\frac{31.4}{749.99\times\left(\frac{\pi}{4}\times 0.04^2\right)}$$

$$=33.316 ≒ 33.32\ \text{m/min}$$

해답 33.32 m/min

[별해] 질량유량 $m=\rho\times A\times\overline{V}$에서 유체의 밀도($\rho$)는 비중 0.75에 1000을 곱한 값을 적용하여 계산한다.

$$\therefore\ \overline{V}=\frac{m}{\rho\times A}=\frac{m}{\rho\times\left(\frac{\pi}{4}\times D^2\right)}=\frac{31.4}{(0.75\times 10^3)\times\left(\frac{\pi}{4}\times 0.04^2\right)}$$

$$=33.316 ≒ 33.32\ \text{m/min}$$

08 **27℃, 100 kPa 상태의 이산화탄소 비중은 얼마인가? (단, 물의 비중량 9.8 kN/m^3, 중력가속도 9.8 m/s^2, 이산화탄소 기체상수 0.189 kJ/kg · K이다.)**

풀이 ① 27℃, 100 kPa 상태의 이산화탄소 밀도 계산 : 이상기체 상태방정식 $PV=GRT$을 이용하고, 압력은 게이지 압력으로 판단하여 대기압 101.325 kPa을 더해 절대압력으로 계산한다.

$$\therefore\ \rho=\frac{G}{V}=\frac{P}{RT}=\frac{100+101.325}{0.189\times(273+27)}=3.550 ≒ 3.55\ \text{kg/m}^3$$

② 이산화탄소 비중 계산 : 물의 비중량 9.8 kN/m^3 = 9800 N/m^{3}이고, N = kg · m/s^{2}이므로 'N/m^3 = kg/m^2 · s^{2}이다.

$$\therefore\ s_{CO_2}=\frac{\gamma_{CO_2}}{\gamma_{H_2O}}=\frac{\rho_{CO_2}\times g}{\gamma_{H_2O}}=\frac{3.55\times 9.8}{9.8\times 1000}=3.55\times 10^{-3}$$

해답 3.55×10^{-3}

해설 문제에서 주어진 압력 100 kPa을 이상기체 상태방정식에 그대로 적용하여 밀도를 계산한 경우

$$\therefore\ \rho=\frac{G}{V}=\frac{P}{RT}=\frac{100}{0.189\times(273+27)}=1.763 ≒ 1.76\ \text{kg/m}^3$$

$$\therefore\ s_{CO_2}=\frac{\gamma_{CO_2}}{\gamma_{H_2O}}=\frac{\rho_{CO_2}\times g}{\gamma_{H_2O}}=\frac{1.76\times 9.8}{9.8\times 1000}=1.76\times 10^{-3}$$

09 **직동식 정압기의 기본 구조에 해당하는 다이어프램, 스프링, 메인밸브의 역할을 설명하시오.**

해답 ① 다이어프램 : 2차 압력을 감지하고, 2차 압력의 변동사항을 메인밸브에 전달하는 역할을 한다.

② 스프링 : 조정할 2차 압력을 설정하는 역할을 한다.

③ 메인밸브 : 가스의 유량을 메인밸브의 개도에 따라서 직접 조정하는 역할을 한다.

10 **고압가스 제조시설에 설치하는 내부반응 감시장치의 종류 3가지를 쓰시오.**

해답 ① 온도감시장치 ② 압력감시장치
③ 유량감시장치 ④ 가스의 밀도·조성 등의 감시장치

11 **펌프의 비속도에 대한 설명 중 ( ) 안에 공통으로 들어가는 용어를 쓰시오.**

> 펌프의 성능은 비속도로 나타낼 수 있으며, 비속도는 펌프의 구조에 영향을 받지만 크기에는 관계없고, ( )으로 펌프의 회전수를 결정할 수 있다. 또는 설계압력, 유량이 주어지면 ( )을 결정할 수 있다.

해답 임펠러의 모양

해설 비속도 : 1개의 임펠러를 대상으로 형상과 운전상태를 동일하게 유지하면서 그 크기를 변경하고, 유량 1 m^3/min에서 양정 1 m를 발생시킬 때 그 임펠러에 주어져야 할 회전수(rpm)를 비속도 또는 비교회전도(比較回轉度)라 한다. 비속도가 작으면 유량이 작은 고양정의 대형펌프이고, 비속도가 크면 유량이 큰 저양정의 소형펌프에 해당된다.

12 **액화석유가스의 부취제 냄새측정방법 4가지를 쓰시오.**

해답 ① 오더 미터법(또는 냄새측정기법)
② 주사기법
③ 냄새주머니법
④ 무취실법

13 **40℃ 상태에서 내용적 2 m^3인 용기에 산소 3 kg, 질소 2 kg이 충전되어 있을 때 용기 내의 압력(kPa)은 얼마인가?(단, 산소와 질소는 이상기체로 가정하며, 기체상수 R은 산소가 0.2598 kJ/kg·K, 질소가 0.2962 kJ/kg·K이다.)**

풀이 $PV = GRT$에서 압력 P는 절대압력(kPa·a)이고, 용기 내의 압력은 게이지압력이 되어야 하므로 계산한 압력에서 대기압 101.325 kPa을 빼주어야 한다.

$$\therefore P = \frac{GRT}{V} = \frac{\{(3\times 0.2598)+(2\times 0.2962)\}\times(273+40)}{2}$$

$$= 214.686\text{ kPa}\cdot\text{a} - 101.325 = 113.361 ≒ 113.36\text{ kPa}\cdot\text{g}$$

해답 113.36 kPa·g

[별해] ① 산소와 질소의 몰수 계산

$$\therefore n_{O_2} = \frac{W}{M} = \frac{3\times 1000}{32} = 93.75\text{ mol}$$

$$\therefore n_{N_2} = \frac{W}{M} = \frac{2\times 1000}{28} = 71.428 ≒ 71.43\text{ mol}$$

② 혼합기체의 평균 분자량 계산

$$\therefore M = \left(M_{O_2}\times\frac{n_{O_2}}{n_{O_2}+n_{N_2}}\right)+\left(M_{N_2}\times\frac{n_{N_2}}{n_{O_2}+n_{N_2}}\right)$$

$$= \left(32\times\frac{93.75}{93.75+71.43}\right)+\left(28\times\frac{71.43}{93.75+71.43}\right) = 30.270 ≒ 30.27$$

③ 혼합기체의 압력 계산 : $PV=nRT$에서 압력 P의 단위는 'atm'이고, 용기 내의 압력은 게이지압력이므로 계산된 압력에 대기압 101.325 kPa을 곱한 값에서 대기압을 빼준다.

$$\therefore\ P=\frac{nRT}{V}=\frac{(93.75+71.43)\times 0.082\times(273+40)}{2\times 1000}$$
$$=2.119\ \text{atm}\times 101.325=214.707\ \text{kPa}\cdot\text{a}-101.325$$
$$=113.382\ \text{kPa}\cdot\text{g}\fallingdotseq 113.38\ \text{kPa}\cdot\text{g}$$

14 초저온 액화가스가 충전된 용기를 취급할 때 발생할 수 있는 사고 종류 4가지를 쓰시오.

해답 ① 액체의 급격한 증발에 의한 이상 압력 상승
② 저온에 의하여 생기는 물리적 성질의 변화
③ 동상
④ 질식

15 압력조정기 특성 중 동특성을 설명하시오.

해답 부하변화가 큰 곳에 사용되는 정압기에 대하여 중요한 특성으로 부하변동에 대한 응답의 신속성과 안정성이 요구된다.

해설 (1) 정압기 선정 시 고려하여야 할 특성
① 정특성(靜特性) : 정상상태에 있어서 유량과 2차 압력의 관계
② 동특성(動特性) : 부하변화가 큰 곳에 사용되는 정압기에 대하여 중요한 특성으로 부하변동에 대한 응답의 신속성과 안정성이 요구된다.
③ 유량특성 : 메인밸브의 열림과 유량의 관계
④ 사용 최대 차압 : 메인밸브에 1차와 2차 압력이 작용하여 최대로 되었을 때 차압
⑤ 작동 최소 차압 : 정압기가 작동할 수 있는 최소 차압

(2) 용어의 정의 : KGS FS552 일반도시가스사업 정압기의 기준 외
① 정압기(governor) : 도시가스 압력을 사용처에 맞게 낮추는 감압기능, 2차측의 압력을 허용범위 내의 압력으로 유지하는 정압기능 및 가스의 흐름이 없을 때는 밸브를 완전히 폐쇄하여 압력상승을 방지하는 폐쇄기능을 가진 기기로서 "정압기용 압력조정기"와 그 부속설비를 말한다.
② 정압기 부속설비 : 정압기실 내부의 1차측(inlet) 최초 밸브(밸브가 없는 경우 플랜지 또는 절연조인트)로부터 2차측(outlet) 말단 밸브(밸브가 없는 경우 플랜지 또는 절연조인트) 사이에 설치된 배관, 가스차단장치(valve), 정압기용 필터(gas filter), 긴급차단장치(slam shut valve), 안전밸브(safety valve), 압력기록장치(pressure recorder), 각종 통보설비 및 이들과 연결된 배관과 전선을 말한다.
③ 압력조정기
㉮ 정압기용 압력조정기 : 도시가스 정압기에 설치되는 압력조정기를 말한다.
㉯ 도시가스용 압력조정기 : 도시가스 정압기 이외에 설치되는 압력조정기로서 입구쪽 호칭지름이 50 A 이하이고, 최대표시유량이 300 Nm^3/h 이하인 것을 말한다.

※ 코로나19로 인하여 제4회 가스기사 실기시험은 추가로 시행되었습니다.
※ 코로나19로 인하여 시행된 수시검정 제5회는 정기검정 제4회와 함께 시행되었습니다.

2021년도 가스기사 모의고사

제1회 가스기사 필답형

01 가스압축에 사용하는 압축기에서 다단 압축의 목적 4가지를 쓰시오.

해답 ① 1단 단열압축과 비교한 일량의 절약
② 이용효율의 증가
③ 힘의 평형이 양호해진다.
④ 가스의 온도상승을 피할 수 있다.

02 파일럿 정압기에서 파일럿의 역할을 쓰시오.

해답 2차 압력의 작은 변화를 증폭해서 메인 정압기를 작동시키는 역할을 하여 정특성 중 오프셋과 로크업은 적게 할 수 있고, 1차 압력이 변화해도 2차 압력이 시프트되지 않도록 할 수 있다.

해설 직동식과 파일럿식의 특성 비교는 20년 산업기사 제4회 필답형 06번 해설을 참고하기 바랍니다.

03 충전용기를 운반하기 위하여 차량에 적재 시 주의사항 4가지를 쓰시오.

해답 ① 고압가스 전용 운반차량의 적재함에 세워서 적재한다.
② 차량의 최대 적재량을 초과하여 적재하지 아니한다.
③ 차량의 적재함을 초과하여 적재하지 아니한다.
④ 납붙임, 접합용기는 포장상자의 외면에 가스의 종류·용도 및 취급 시 주의사항을 기재한 것에만 적용하여 적재하고, 그 용기의 이탈을 막을 수 있도록 보호망을 적재함 위에 씌운다.
⑤ 충전용기를 차량에 적재할 때에는 차량운행 중의 동요로 인하여 용기가 충돌하지 아니하도록 고무링을 씌우거나 적재함에 넣어 세워서 적재한다.
⑥ 독성가스 중 가연성가스와 조연성가스는 동일 차량 적재함에 운반하지 아니한다.
⑦ 밸브가 돌출한 충전용기는 고정식 프로텍터나 캡을 부착시켜 밸브의 손상을 방지하는 조치를 한 후 차량에 싣고 운반한다.
⑧ 충전용기를 차에 실을 때에는 넘어지거나 부딪침 등으로 충격을 받지 아니하도록 주의하여 취급하며, 충격을 최소한으로 방지하기 위하여 완충판을 차량 등에 갖추고 이를 사용한다.
⑨ 충전용기는 이륜차(자전거를 포함한다)에 적재하여 운반하지 아니한다.
⑩ 염소와 아세틸렌·암모니아 또는 수소는 동일 차량에 적재하여 운반하지 아니한다.
⑪ 가연성가스와 산소를 동일 차량에 적재하여 운반하는 때에는 그 충전용기의 밸브가 서로 마주보지 아니하도록 적재한다.

⑫ 충전용기와 위험물 안전관리법에 따른 위험물과는 동일 차량에 적재하여 운반하지 아니한다.

04 **지름 20 mm의 볼트로 고압 플랜지를 조립하였을 때 내압에 의한 볼트 1개당 인장응력이 600 kgf/cm²이었다. 이때 지름 15 mm의 볼트로 변경하면 볼트 1개당 인장응력(kgf/cm²)은 얼마인가? (단, 볼트의 수는 같은 것으로 한다.)**

풀이 ① 볼트 수에 변함이 없는 상태에서 20 mm의 볼트를 사용했을 때와 15 mm의 볼트를 사용했을 때 볼트 1개당 받는 인장응력이 변경되며, 볼트의 체결력은 동일하다.

② 지름이 변경된 후 인장응력(kgf/cm²) 계산 : 볼트의 체결력 = 응력×볼트의 총단면적이므로 $\sigma_1 \times \left(\frac{\pi}{4} \times D_1^2 \times N_1\right) = \sigma_2 \times \left(\frac{\pi}{4} \times D_2^2 \times N_2\right)$에서 $\sigma_2 = \frac{\sigma_1 \times \left(\frac{\pi}{4} \times D_1^2 \times N_1\right)}{\frac{\pi}{4} \times D_2^2 \times N_2}$이고,

$N_1 = N_2$, $\frac{\pi}{4}$는 같으므로 생략한다.

$$\therefore\ \sigma_2 = \frac{\sigma_1 \times D_1^2}{D_2^2} = \frac{600 \times 2^2}{1.5^2} = 1066.666 \fallingdotseq 1066.67\ \text{kgf/cm}^2$$

해답 1066.67 kgf/cm²

05 **승압방지장치에 대한 물음에 답하시오.**

(1) 고층 건물 등에 연소기를 설치할 때 승압방지장치 설치 대상인지 판단은 높이가 몇 m인 곳인가?

(2) 승압방지장치를 사용하는 이유를 설명하시오.

해답 (1) 80 m 이상

(2) 일정 높이 이상의 건물로서 가스압력 상승으로 인하여 연소기에 실제 공급되는 가스의 압력이 연소기의 최고사용압력을 초과할 우려가 있는 건물은 가스압력 상승으로 인한 가스누출, 이상연소 등을 방지하기 위하여 승압방지장치를 설치한다.

해설 승압방지장치 설치 기준은 20년 산업기사 제1회 필답형 06번 해설을 참고하기 바랍니다.

06 **지름이 30 m인 구형 가스홀더에 1 MPa의 압력으로 도시가스가 저장되어 있는 것을 압력이 0.2 MPa로 될 때까지 가스를 공급하였을 때 공급된 가스량(Nm³)을 계산하시오. (단, 공급 시 온도는 20℃로 변함이 없는 것으로 한다.)**

풀이 ① 구형 가스홀더 내용적(m³) 계산

$$\therefore\ V = \frac{\pi}{6} \times D^3 = \frac{\pi}{6} \times 30^3 = 14137.166 \fallingdotseq 14137.17\ \text{m}^3$$

② 공급된 가스량(Nm³) 계산 : 구형 가스홀더의 압력은 게이지압력으로 판단하고, 대기압은 0.1 MPa을 적용하여 계산한다.

$$\therefore\ \Delta V = V \times \frac{P_1 - P_2}{P_0} \times \frac{T_0}{T_1} = 14137.17 \times \frac{(1+0.1)-(0.2+0.1)}{0.1} \times \frac{273}{273+20}$$

$$= 105377.403 \fallingdotseq 105377.40\ \text{Nm}^3$$

해답 105377.4 Nm^3

[별해] 하나의 식으로 계산 : 구형 가스홀더 내용적 계산식을 공급된 가스량 계산식에 적용하여 계산

$$\therefore \Delta V = V \times \frac{P_1 - P_2}{P_0} \times \frac{T_0}{T_1} = \frac{\pi}{6} \times 30^3 \times \frac{(1+0.1)-(0.2+0.1)}{0.1} \times \frac{273}{273+20}$$

$$= 105377.380 ≒ 105377.38 \, Nm^3$$

07 메탄(CH_4)의 위험도는?(단, 공기 중에서 메탄의 폭발범위는 5~15 %이다.)

풀이 $H = \frac{U-L}{L} = \frac{15-5}{5} = 2$

해답 2

08 원심펌프에서 캐비테이션(cavitation) 현상이 발생하는 원인 4가지를 쓰시오.

해답 ① 흡입양정이 지나치게 클 경우
② 흡입관의 저항이 증대될 경우
③ 과속으로 유량이 증대될 경우
④ 배관 내의 온도가 상승될 경우

해설 **캐비테이션(cavitation) 현상**

(1) 캐비테이션 현상 : 유수 중에 그 수온의 증기압력보다 낮은 부분이 생기면 물이 증발을 일으키고 기포를 다수 발생하는 현상

(2) 캐비테이션 현상이 발생할 때 일어나는 현상
① 소음과 진동이 발생
② 깃(임펠러)의 침식
③ 특성곡선, 양정곡선의 저하
④ 양수 불능

(3) 방지법
① 펌프의 위치를 낮춘다(흡입양정을 짧게 한다).
② 수직축 펌프를 사용한다.
③ 회전차를 수중에 완전히 잠기게 한다.
④ 펌프의 회전수를 낮춘다.
⑤ 양흡입 펌프를 사용한다.
⑥ 두 대 이상의 펌프를 사용한다.

09 액화천연가스용 저장탱크에 대한 설명 중 ( ) 안에 알맞은 용어를 쓰시오.

"1차 탱크(primary container)"란 정상운전 상태에서 액화천연가스를 저장할 수 있는 것으로서 단일방호식, (①), (②) 또는 (③) 저장탱크의 안쪽 탱크를 말한다. "2차 탱크(secondary container)"란 액화천연가스를 담을 수 있는 것으로서 (①), (②) 또는 (③) 저장탱크의 바깥쪽 탱크를 말한다.

해답 ① 이중방호식
② 완전방호식
③ 멤브레인식

해설 **액화천연가스용 저장탱크 제조의 기준 중 용어의 정의** : KGS AC115

(1) "1차 탱크(primary container)"란 정상운전 상태에서 액화천연가스를 저장할 수 있는 것으로서 단일방호식, 이중방호식, 완전방호식 또는 멤브레인식 저장탱크의 안쪽 탱크를 말한다.〈신설 18. 3. 9〉

(2) "2차 탱크(secondary container)"란 액화천연가스를 담을 수 있는 것으로서 이중방호식, 완전방호식 또는 멤브레인식 저장탱크의 바깥쪽 탱크를 말한다.〈신설 18. 3. 9〉

(3) "단일방호식 저장탱크(single containment tank)"란 액화천연가스를 저장할 수 있는 하나의 탱크로 구성된 것으로서 다음의 ① 및 ②를 만족하는 저장탱크를 말한다.〈개정 18. 12. 13〉
① 1차 탱크는 액화천연가스를 저장할 수 있는 자기 지지형 강재 원통형으로 한다.
② 1차 탱크는 증기를 담을 수 있는 강재 돔(dome) 지붕이 있거나 상부 개방형인 경우에는 증기를 담을 수 있도록 설계되고 단열을 유지할 수 있는 기밀한 구조의 바깥 강재 탱크가 있는 것으로 한다.

(4) "이중방호식 저장탱크(double containment tank)"란 1차 탱크와 2차 탱크로 구성된 것으로서 다음의 ①부터 ③까지를 만족하는 저장탱크를 말한다.〈개정 18. 3. 9〉
① 1차 탱크는 단일방호식 저장탱크와 동일한 형태로 액화천연가스를 저장할 수 있는 기밀한 구조인 것으로 한다.
② 2차 탱크는 1차 탱크가 파손되는 경우 액화천연가스를 담을 수 있는 것으로 한다.
③ 1차 탱크와 2차 탱크 사이의 환상공간(annular space)은 6.0 m 이하인 것으로 한다.

(5) "완전방호식 저장탱크(full containment tank)"란 1차 탱크와 2차 탱크가 함께 구성된 것으로서 다음의 ①에서 ④까지를 만족하는 저장탱크를 말한다.〈개정 18. 3. 9〉
① 1차 탱크는 액화천연가스를 저장할 수 있는 것으로 자기 자립형(self-standing) 구조의 단일벽 강재인 것으로 한다.
② 1차 탱크는 증기를 담지 않는 상부 개방형 구조 또는 증기를 담을 수 있는 돔 지붕을 갖춘 것으로 한다.
③ 2차 탱크는 돔 지붕을 갖춘 콘크리트 구조의 탱크로 하며, 다음의 성능을 갖도록 설계한다.
㉮ 정상운전 시 : 1차 탱크가 상부 개방형인 경우 증기를 담을 수 있어야 하고, 1차 탱크의 단열을 유지할 수 있는 것으로 한다.
㉯ 1차 탱크 누출 시 : 모든 액화천연가스를 담을 수 있어야 하고, 기밀을 유지할 수 있는 구조인 것으로 한다. 또한 증기는 압력 방출시스템을 통해 제어될 수 있는 것으로 한다.
④ 1차 탱크와 2차 탱크 사이의 환상공간은 2.0 m 이하인 것으로 한다.

(6) "멤브레인식 저장탱크(membrane containment tank)"란 멤브레인의 1차 탱크와 단열재와 콘크리트가 조합된 복합구조(이하 "복합구조"라 한다)의 2차 탱크로 구성된 것으로서 다음의 ① 및 ②를 만족하는 저장탱크를 말한다.〈신설 18. 3. 9〉
① 멤브레인에 걸리는 액화천연가스의 하중 및 기타 하중은 단열재를 거쳐 콘크리트 구조의 2차 탱크로 전달될 수 있는 것으로 한다.
② 복합구조 지붕 또는 기밀한 돔 지붕과 단열된 현수 천장(suspended roof)은 증기를 담을 수 있는 것으로 한다.

10 염소의 제조법 중 클로로 알칼리 공정의 반응식을 쓰시오.

해답 $2NaCl + 2H_2O \rightarrow 2NaOH + Cl_2 + H_2$

해설 **클로로 알칼리(chloro-alkali) 공정** : 염소의 공업적 제조법으로 소금물(NaCl : 식염)의 전기분해에 의해 제조하는 것이며 음극에서는 수소(H_2) 기체, 그 주위에는 수산화나트륨(NaOH : 가성소다)이 생기고, 양극에서는 염소(Cl_2) 기체가 발생된다. 이때 발생된 염소는 물에 상당히 녹으며 수용액 속의 염소와 생성된 수산화나트륨(NaOH)은 다음과 같이 반응하여 소금(NaCl)이나 차아염소산나트륨(NaClO)으로 되돌아간다.

$Cl_2 + 2NaOH \rightarrow NaCl + NaClO + H_2O$

이 반응과 같이 염소와 수산화나트륨이 반응하지 않도록 하기 위하여 음극과 양극 간에 격막을 만드는 격막법과 음극을 수은(Hg)으로 하는 수은법이 있다.

11 분젠식 연소장치의 특징 4가지를 쓰시오.

해답 ① 불꽃은 내염과 외염을 형성한다.
② 연소속도가 크고, 불꽃길이가 짧다.
③ 연소온도가 높고, 연소실이 작아도 된다.
④ 선화현상이 발생하기 쉽다.
⑤ 소화음, 연소음이 발생한다.

12 LPG 충전사업소에서 긴급사태가 발생하였을 경우 이를 신속히 전파할 수 있도록 안전관리자가 상주하는 사업소와 현장사업소와의 사이에 설치하여야 할 통신설비 4가지를 쓰시오.

해답 ① 구내전화
② 구내방송 설비
③ 인터폰
④ 페이징 설비

해설 **통신설비 기준**

사항별(통신범위)	설치(구비)하여야 할 통신설비
안전관리자가 상주하는 사업소와 현장사업소와의 사이 또는 현장사무소 상호 간	구내전화, 구내방송 설비, 인터폰, 페이징 설비
사업소 안 전체	구내방송 설비, 사이렌, 휴대용 확성기, 페이징 설비, 메가폰
종업원 상호 간(사업소 안 임의의 장소)	페이징 설비, 휴대용 확성기, 트랜시버, 메가폰

13 배관에서 동일한 지름의 강관을 이음할 때 사용하는 이음재 종류 4가지를 쓰시오.

해답 ① 소켓(socket)
② 니플(nipple)
③ 유니언(union)
④ 플랜지(flange)

해설 사용 용도에 의한 강관 이음재 분류

① 배관의 방향을 전환할 때 : 엘보(elbow), 벤드(bend), 리턴 벤드
② 관을 도중에 분기할 때 : 티(tee), 와이(Y), 크로스(cross)
③ 동일 지름의 관을 연결할 때 : 소켓(socket), 니플(nipple), 유니언(union), 플랜지(flange)
④ 지름이 다른 관(이경관)을 연결할 때 : 리듀서(reducer), 부싱(bushing), 이경 엘보, 이경 티
⑤ 관 끝을 막을 때 : 플러그(plug), 캡(cap)
⑥ 관의 분해, 수리가 필요할 때 : 유니언, 플랜지

14 **아크용접부에 발생하는 결함의 종류 4가지를 쓰시오.**

해답 ① 오버랩(overlap) ② 슬래그 섞임(slag inclusion)
③ 기공(blow hole) ④ 언더컷(undercut)
⑤ 피트(pit) ⑥ 스패터(spatter)
⑦ 용입불량

15 **충전용기에 산소를 충전 시 주의사항 2가지를 쓰시오.**

해답 ① 용기밸브와 용기 내부의 석유류, 유지류를 제거할 것
② 용기와 밸브 사이에 가연성 패킹을 사용하지 않을 것
③ 금유(禁油)라 표시된 산소 전용 압력계를 사용할 것
④ 기름 묻은 장갑으로 취급을 금지할 것
⑤ 급격한 충전은 피할 것

제2회 ∘ 가스기사 필답형

01 **LNG 700 kg을 1기압 20℃에서 기화시키면 체적은 몇 m^3가 되는지 계산하시오. (단, LNG는 체적비로 메탄 95 %, 에탄 5 %이고 액비중은 0.46이다.)**

풀이 ① 혼합가스의 평균분자량 계산 : LNG 각 성분의 분자량은 메탄(CH_4) 16, 에탄(C_2H_6) 30이고 평균분자량은 각 성분의 분자량에 체적비를 곱한값을 합산한 것이다.

$\therefore M = (16 \times 0.95) + (30 \times 0.05) = 16.7$

② 20℃에서 기화된 체적(m^3) 계산 : SI단위로 계산하며, 1기압은 101.325 kPa이다.

$PV = GRT$에서

$$V = \frac{GRT}{P} = \frac{700 \times \frac{8.314}{16.7} \times (273+20)}{101.325} = 1007.726 \fallingdotseq 1007.73\ m^3$$

해답 1007.73 m^3

[별해] $1\,\text{kmol} = 22.4\,\text{m}^3$이므로 $16.7\,\text{kg} : 22.4\,\text{m}^3 = 700\,\text{kg} : x(V_1)[\text{m}^3]$

$\therefore\ x(V_1) = \dfrac{700 \times 22.4}{16.7}\,\text{m}^3$이고 이것은 표준상태(0℃, 1기압)의 체적이므로 보일-샤를의 법칙 $\dfrac{P_1 V_1}{T_1} = \dfrac{P_2 V_2}{T_2}$을 이용하여 온도를 보정한 값을 계산한다.

$\therefore\ V_2 = V_1 \times \dfrac{T_2}{T_1} \times \dfrac{P_1}{P_2}$에서 $P_1 = P_2$이다.

$$\therefore\ V_2 = V_1 \times \frac{T_2}{T_1} = \frac{700 \times 22.4}{16.7} \times \frac{273+20}{273} = 1007.707 \fallingdotseq 1007.71\,\text{m}^3$$

02 **부취제 주입방식 중 증발식 부취설비의 장단점 2가지를 쓰시오.**

해답 ① 부취제의 증기를 가스 흐름에 혼합하는 방식으로 설비비가 저렴하다.
② 동력을 필요로 하지 않는다.
③ 압력, 온도의 변동이 적고 관내 가스 유속이 큰 곳에 적합하다.
④ 부취제 첨가율을 일정하게 유지하기 어렵다.
⑤ 유량의 변동이 작은 소규모 부취설비에 적합하다.

해설 **부취제 주입방식의 분류**
① 액체 주입식 : 펌프 주입방식, 적하 주입방식, 미터연결 바이패스 방식
② 증발식 : 바이패스 증발식, 위크 증발식

03 **온도가 일정한 상태에서 용기 내에 A와 B의 혼합기체가 동일한 질량으로 충전되어 있다. 이 용기 내의 압력은 얼마인가? (단, 이 온도에서 A의 증기압은 20 atm, B의 증기압은 40 atm, A의 분자량은 50, B의 분자량은 20으로 하고 라울(Raoult)의 법칙이 성립한다.)**

풀이 ① 각 성분의 몰분율 계산

$$X_A = \frac{n_A}{n_A + n_B} = \frac{\frac{W}{50}}{\frac{W}{50} + \frac{W}{20}} = \frac{\frac{2W}{100}}{\frac{2W}{100} + \frac{5W}{100}} = \frac{\frac{2W}{100}}{\frac{7W}{100}} = \frac{2}{7}$$

$$\therefore\ X_B = 1 - X_A = 1 - \frac{2}{7} = \frac{7}{7} - \frac{2}{7} = \frac{5}{7}$$

② 용기 내의 압력 계산

$$P = P_A + P_B = \left(20 \times \frac{2}{7}\right) + \left(40 \times \frac{5}{7}\right) = 34.285 \fallingdotseq 34.29\,\text{atm}$$

해답 34.29 atm

04 **LC50으로 독성가스를 분류할 때 허용농도 기준은 얼마인가?**

해답 100만분의 5000 이하

해설 **독성가스(고법 시행규칙 제2조)** : 공기 중에 일정량 이상 존재하는 경우 인체에 유해한 독성을 가진 가스로서 허용농도(해당 가스를 성숙한 흰쥐 집단에게 대기 중에서 1시간 동안 계속하여 노출시킨 경우 14일 이내에 그 흰쥐의 2분의 1 이상이 죽게 되는 가스의 농도를 말한다)가 100만분의 5000 이하인 것을 말한다.

05 **왕복압축기에서 체적효율에 영향을 주는 요소 4가지를 쓰시오.**

해답 ① 톱 클리어런스에 의한 영향
② 사이드 클리어런스에 의한 영향
③ 밸브 하중 및 기체 마찰에 의한 영향
④ 누설에 의한 영향
⑤ 압축기 불완전 냉각에 의한 영향

06 **LP가스의 연소 특징 4가지를 쓰시오.**

해답 ① 타 연료와 비교하여 발열량이 크다.
② 연소 시 공기량이 많이 필요하다.
③ 폭발범위(연소한계)가 좁다.
④ 연소속도가 느리다.
⑤ 발화온도가 높다.

해설 **LP가스의 일반적인 특징**
① LP가스는 공기보다 무겁다.
② 액상의 LP가스는 물보다 가볍다.
③ 액화, 기화가 쉽다.
④ 기화하면 체적이 커진다.
⑤ 기화열(증발잠열)이 크다.
⑥ 무색, 무취, 무미하다.
⑦ 용해성이 있다.

07 **산소압축기 내부윤활제로 사용할 수 없는 것 3가지를 쓰시오.**

해답 ① 석유류
② 유지류
③ 글리세린

08 **다음 용도에 해당하는 배관이음재의 종류를 각각 하나씩 쓰시오.**

(1) 동일한 지름의 배관을 직선으로 연결 :
(2) 배관 끝을 막을 때 :
(3) 배관의 방향을 변경할 때 :
(4) 배관 중간에서 분기할 때 :

해답 (1) 소켓, 니플, 유니언, 플랜지
(2) 플러그, 캡
(3) 엘보, 밴드, 리터밴드
(4) 티, 와이, 크로스

09 **가스용 연료전지 제조소에 갖추어야 할 제조설비 2가지를 쓰시오.**

해답 ① 단위셀 및 스택 제작 설비
② 연료개질기 제작 설비
③ 그 밖에 제조에 필요한 가공설비

해설 (1) 가스용 연료전지 제조의 시설, 기술, 검사기준 : KGS AB934

(2) 검사설비 종류

① 가스소비량 측정설비 및 연소성 시험설비
② 기밀시험설비
③ 절연저항측정기 및 내전압 시험기
④ 전기출력 측정설비
⑤ 전압측정기
⑥ 전류측정기
⑦ 그 밖에 검사에 필요한 설비 및 기구

10 **도시가스 원료로 사용하는 오프가스를 설명하시오.**

해답 오프가스는 석유정제 오프가스와 석유화학 오프가스로 분류되며 석유정제 오프가스는 원유를 상압증류, 감압증류 및 가솔린 생산을 위한 접촉개질공정 등에서 발생하는 가스를 회수한 것이다. 석유화학 오프가스는 나프타 분해에 의해 에틸렌을 제조하는 공정에서 발생하는 가스를 회수한 것이다.

11 **고압가스 저장량이 500 kg인 용기보관실에 내용적 40 L인 용기에 압축 수소가 최고 충전압력 15 MPa로 충전되어 있으며 보호시설과 거리가 충분하지 않을 때 물음에 답하시오.**

(1) 방호벽을 설치해야 할 대상인지 판단하시오.
(2) 이곳 용기보관실에 용기는 몇 개까지 보관할 수 있는가?

풀이 (1) 설치대상이다.

(2) ① 용기 1개당 충전가스량 계산 : 압축가스 충전량 산정식에서 용기 내용적 단위는 m^3를 적용한다(용기 내용적 40 L는 0.04 m^3이다).

$\therefore Q=(10P+1)V=(10\times 15+1)\times 0.04=6.04\ m^3$

② 용기 1개에 충전된 가스량(m^3)을 질량(kg)으로 환산 : 압축가스 1 m^3를 5 kg으로 적용하는 규정을 적용한다.

$\therefore W=5\times Q=5\times 6.04=30.2\ kg$

③ 보관할 수 있는 용기 수 계산 : 계산한 값에서 나오는 소수점 이하 숫자는 무조건 절사하여야 한다. 이유는 소수점을 반올림하여 용기 수를 정수로 표시하면 용기보관실의 저장능력을 초과하는 것이 되기 때문이다.

$\therefore$ 보관 용기 수 $=\dfrac{\text{저장능력}}{\text{용기 1개당 충전질량}}=\dfrac{500}{30.2}=16.556 \fallingdotseq 16$개

해답 16개

해설 **특정고압가스 사용의 시설 방호벽 설치 대상(KGS FU211)** : 고압가스 저장량이 300 kg (압축가스의 경우 1 m^3를 5 kg으로 본다) 이상인 용기보관실은 기준에 따라 방호벽을 설치한다.

12 **다음 물음에 답하시오.**

(1) 베이퍼로크 현상을 설명하시오.
(2) 방지방법 4가지를 쓰시오.

해답 (1) 저비점 액체 등을 이송 시 펌프의 입구에서 발생하는 현상으로 액의 끓음에 의한 동요를 말한다.
(2) ① 실린더 라이너 외부를 냉각
② 흡입배관을 크게 하고 단열처리
③ 펌프의 설치위치를 낮춘다.
④ 흡입관로의 청소

13 직동식 정압기의 기본 구조에 해당하는 다이어프램의 역할을 설명하시오.

해답 2차 압력을 감지하고, 2차 압력의 변동사항을 메인밸브에 전달하는 역할을 한다.

해설 **직동식 정압기의 기본 구조 3요소 및 역할**
① 다이어프램 : 2차 압력을 감지하고, 2차 압력의 변동사항을 메인밸브에 전달하는 역할을 한다.
② 스프링 : 조정할 2차 압력을 설정하는 역할을 한다.
③ 메인밸브 : 가스의 유량을 메인밸브의 개도에 따라서 직접 조정하는 역할을 한다.

14 공기액화 분리장치에서 산소와 질소를 분리하여 제조하는 원리를 설명하시오.

해답 공기액화 분리장치에서 액화된 공기를 산소의 비점(−183℃)과 질소의 비점(−196℃) 차이를 이용하여 정류장치에서 분리하여 얻는다.

15 매몰형 정압기 설치에 대한 내용 중 ( ) 안에 알맞은 용어를 쓰시오.

(1) 정압기의 기초는 바닥 전체가 일체로 된 철근콘크리트 구조로 하며 그 두께는 ( )mm 이상으로 한다.
(2) 정압기 본체는 두께 ( )mm 이상의 철판에 부식방지 도장을 한 격납상자에 넣어 매설하고, 격납상자 안의 정압기 주위는 모래를 사용하여 되메움 처리를 한다.
(3) 정압기에는 누출된 가스를 검지하여 이를 안전관리자가 상주하는 곳에 통보할 수 있는 ( )를 설치한다.
(4) 정압기의 상부 덮개 및 컨트롤박스 문에는 개폐 여부를 안전관리자가 상주하는 곳에 통보할 수 있는 ( )를 갖춘다.

해답 (1) 300
(2) 4
(3) 가스누출검지 통보설비
(4) 경보설비(또는 개폐경보설비)

해설 ① 매몰형 정압기 설치기준 : KGS FS552(일반도시가스사업 정압기의 시설, 기술 기준) 부록 A
② 매몰형 정압기 : 압력조정기, 필터, 밸브, 안전장치 및 그 밖에 부품이 하나의 몸체 안에 부착되어 각각의 독립적인 기능을 가지는 것으로 지하에 매몰하는 일체형 정압기를 말한다.

제3회 가스기사 필답형

01 돌턴(Dalton)의 법칙을 설명하시오.

해답 혼합기체가 나타내는 전압은 각 성분기체 분압의 총합과 같다.

02 셰일 가스(shale gas)의 정의를 쓰시오.

해답 오랜 세월 동안 입자가 작은 진흙이 퇴적되면서 형성된 암석층(퇴적암)을 셰일(shale)이라 하며 퇴적물은 시간에 따라 열과 압력을 받아 진흙에서 혈암으로, 유기물들은 천연가스로 변하게 된다. 이때 생성된 천연가스는 투과되지 못하는 암석층에 막혀 있거나 암석의 미세한 틈새에 광범위하게 퍼져 있는 상태의 가스를 셰일 가스라 한다. 셰일 가스는 수직 시추는 불가능하여 오랫동안 채굴이 이루어지지 못하다가 2000년대 들어오면서 수평시추법(horizontal drilling)과 수압파쇄법(hyduraulic fracturing) 등이 상용화되면서 경제적인 채굴이 가능하게 되면서 본격적으로 개발되었다.

해설 **셰일 가스 성분** : 메탄 70~90 %, 에탄 5 %, LPG 제조에 쓰이는 콘덴세이트 5~25 %

03 내용적 5 L의 용기에 에탄 1650 g을 충전하여 온도가 100℃일 때 압력은 게이지압력으로 200 atm을 나타내고 있었다. 이때 에탄의 압축계수(Z)는 얼마인가?

풀이 ① 에탄(C_2H_6)의 분자량은 30이고, 압력은 게이지압력이므로 대기압 1 atm을 적용해 절대압력으로 변환하여 계산한다.

② 이상기체 상태방정식 $PV = Z\frac{W}{M}RT$ 에서 압축계수 Z를 구한다.

$$\therefore\ Z = \frac{PVM}{WRT} = \frac{(200+1)\times 5\times 30}{1650\times 0.082\times(273+100)} = 0.597 \fallingdotseq 0.60$$

해답 0.6

[별해] SI단위를 적용하여 계산 : $PV = GRT$에 압축계수 Z를 오른쪽 항에 적용하여 계산하며 1 atm은 101.325 kPa, 내용적 5 L은 0.005 m^3, 에탄 1650 g은 1.35 kg이다.

$$\therefore\ Z = \frac{PV}{GRT} = \frac{\{(200+1)\times 101.325\}\times 0.005}{1.65\times\frac{8.314}{30}\times(273+100)} = 0.597 \fallingdotseq 0.6$$

04 도시가스 매설배관에 전기방식을 할 때 포화황산동 기준전극으로 −2.5 V를 넘는 과방식이 되었을 때 강관(금속)에 미치는 영향을 설명하시오.

해답 배관 피복이 박리되는 현상과 수소취성이 발생할 가능성이 있다.

해설 **도시가스시설 전기방식 기준 : KGS GC202**

① 방식전위 하한 값은 전기철도 등의 간섭영향을 받는 곳을 제외하고는 포화황산동 기준전극으로 −2.5 V 이상이 되도록 한다.

② 방식전류가 흐르는 상태에서 토양 중에 있는 배관의 방식전위 상한 값은 포화황산동 기준전극으로 −0.85 V 이하(황한염환원 박테리아가 번식하는 토양에서는 −0.95 V 이하)로 한다.

③ 방식전류가 흐르는 상태에서 자연전위와의 전위변화가 최소한 −300 mV 이하로 한다. 다만, 다른 금속과 접촉하는 배관은 제외한다.

④ 토양 중에 있는 배관의 방식전위 상한 값은 방식전류가 일순간 동안 흐르지 않은 상태(instant-off)에서 포화황산동 기준전극으로 −0.85 V(황산염환원 박테리아가 번식하는 토양에서는 −0.95 V) 이하로 한다.

05 고압가스 안전관리법에서 정하는 냉동기와 냉동용 특정설비의 정의를 구분하여 설명하시오.

해답 ① 냉동기 : 고압가스를 사용하여 냉동을 하기 위한 기기(機器)로서 산업통상자원부령으로 정하는 냉동능력 이상인 것을 말한다.

② 냉동용 특정설비 : 냉동설비(별표 11에서 정하는 일체형 냉동기는 제외한다)를 구성하는 압축기·응축기·증발기 또는 압력용기

해설 ① 냉동기 : 고압가스 안전관리법 제3조에 규정되어 있음

② 냉동용 특정설비 : 고압가스 안전관리법 시행규칙 제2조에 규정되어 있음

③ 산업통상자원부령으로 정하는 냉동능력이란 고압가스 안전관리법 시행규칙 별표 3에 따른 냉동능력 산정기준에 따라 계산된 냉동능력 3톤을 말한다.

06 안전성평가기법 중 정량적으로 파악하는 방법 4가지를 영문약자로 쓰시오.

해답 ① HEA ② FTA ③ ETA ④ CCA

해설 **정량적 안전성평가기법**

① HEA(hunman error analysis : 작업자실수분석기법) : 설비의 운전원, 정비보수원, 기술자 등의 작업에 영향을 미칠만한 요소를 평가하여 그 실수의 원인을 파악하고 추적하여 정량적으로 실수의 상대적 순위를 결정하는 안전성평가기법을 말한다.

② FTA(fault tree analysis : 결함수분석기법) : 사고를 일으키는 장치의 이상이나 운전사 실수의 조합을 연역적으로 분석하는 정량적 안전성평가기법을 말한다(KGS code 규정에 '운전자'가 아닌 '운전사'로 설명하고 있으며 오타가 아님).

③ ETA(event tree analysis : 사건수분석기법) : 초기사건으로 알려진 특정한 장치의 이상이나 운전자의 실수로부터 발생되는 잠재적인 사고결과를 평가하는 정량적 안전성평가기법을 말한다.

④ CCA(cause-consequence analysis : 원인결과분석기법) : 잠재된 사고의 결과와 이러한 사고의 근본적인 원인을 찾아내고 사고 결과와 원인의 상호관계를 예측·평가하는 정량적 안전성평기법을 말한다.

07 아세틸렌, 수소 그 밖에 가연성가스의 제조 및 사용설비에 부착하는 역화방지장치 중 아세틸렌에만 적용하는 것의 명칭과 상용압력을 쓰시오.

해답 ① 명칭 : 수봉식

② 상용압력 : 0.1 MPa 이하

해설 **역화방지장치 정의(KGS AA211)** : "역화방지장치"란 아세틸렌, 수소, 그 밖에 가연성가스의 제조 및 사용설비에 부착하는 건식 또는 수봉식(아세틸렌에만 적용한다)의 역화방지장치로서 상용압력이 0.1 MPa 이하인 것을 말한다.

08 **플레어 스택(flare stack)에 대한 물음에 답하시오.**

(1) 플레어 스택의 기능(역할)을 설명하시오.
(2) 설치 위치 및 높이를 결정할 때 플레어 스택 바로 밑의 지표면에 미치는 복사열 기준은 얼마인가?

해답 (1) 긴급이송설비에 의하여 이송되는 가연성가스를 대기 중에 분출할 때 공기와 혼합하여 폭발성 혼합기체가 형성되지 않도록 연소에 의하여 처리하는 탑 또는 파이프를 일컫는다.
(2) 4000 $kcal/m^2 \cdot h$ 이하

09 **도시가스 원료 중 나프타의 특징 4가지를 쓰시오.**

해답 ① 가스화가 용이하기 때문에 높은 가스화 효율을 얻을 수 있다.
② 타르, 카본 등 부산물이 거의 생성되지 않는다.
③ 가스 중에는 불순물이 적어서 정제설비를 필요로 하지 않는 경우가 많다.
④ 대기오염, 수질오염의 환경문제가 적다.
⑤ 취급과 저장이 모두 용이하다.

10 **가스배관을 설계할 때 최대사용유량을 설정할 때 고려하는 인자 4가지 중 2가지를 쓰시오.**

해답 ① 관 안지름
② 압력손실
③ 가스의 비중
④ 관 길이

해설 가스배관 유량 계산식
① 저압 배관

$$Q = K\sqrt{\frac{D^5 \cdot H}{S \cdot L}}$$

여기서, Q : 가스의 유량(m^3/h)
D : 관 안지름(cm)
H : 압력손실(mmH_2O)
S : 가스의 비중
L : 관 길이(m)
K : 유량계수(폴의 상수 : 0.707)

② 중고압 배관

$$Q = K\sqrt{\frac{D^5 \cdot (P_1^2 - P_2^2)}{S \cdot L}}$$

여기서, Q : 가스의 유량(m^3/h)
D : 관 안지름(cm)
P_1 : 초압($kgf/cm^2 \cdot a$)
P_2 : 종압($kgf/cm^2 \cdot a$)
S : 가스의 비중
L : 관 길이(m)
K : 유량계수(코크스의 상수 : 52.31)

11 **정압기를 평가 선정할 때 고려사항 4가지를 쓰고 각각에 대하여 설명하시오.**

해답 ① 정특성 : 정상상태에 있어서 유량과 2차 압력과의 관계이다.
② 동특성 : 부하변화가 큰 곳에 사용되는 정압기에 대하여 중요한 특성으로 부하변동에 대한 응답의 신속성과 안정성이 요구된다.
③ 유량특성 : 메인밸브의 열림과 유량과의 관계이다.
④ 사용 최대 차압 : 메인밸브에 1차와 2차 압력이 작용하여 최대로 되었을 때 차압이다.
⑤ 작동 최소 차압 : 정압기가 작동할 수 있는 최소 차압이다.

12 **침투탐상시험(PT) 원리를 설명하시오.**

해답 표면장력이 작고 침투력이 강한 액을 도포하거나 액체 중의 피검사물을 침지하거나 하여 균열 등의 부분에 액을 침투시킨 다음 표면의 투과액을 세척한 후 현상액을 사용하여 균열 등에 침투한 액을 표면에 출현시켜 검사하는 비파괴검사 방법이다.

해설 **침투탐상시험(PT)의 종류** : 염료 침투탐상시험, 형광 침투탐상시험

13 **도시가스 공급소의 공사계획 승인대상에는 공급소의 신규 설치공사와 해당하는 설비의 설치공사 2가지를 쓰시오. (단, 괄호 안에 내용이 있는 경우에는 괄호의 내용까지도 작성해야 한다.)**

해답 ① 가스홀더
② 압송기
③ 정압기
④ 배관(최고사용압력이 중압 또는 고압인 배관으로서 호칭지름이 150 mm 이상인 것만을 말한다.)

해설 ① 공사계획 승인대상은 '도시가스사업법 시행규칙 별표2'에 규정된 사항으로 '제조소', '공급소', '사업소 외의 가스공급시설' 등으로 분류하고 있다.
② 2015년 기사 제2회 필답형 07번은 '제조소'의 공사계획 승인대상을 묻는 문제이다.
③ 공사계획 신고대상은 '도시가스사업법 시행규칙 별표3'에 별도로 규정되어 있다.

14 **천연가스를 원료로 사용하여 수소를 제조하는 방법 2가지를 쓰시오.**

해답 ① 수증기 개질법
② 부분 산화법

해설 천연가스 분해법(메탄 분해법)
(1) 수증기 개질법
① 메탄과 수증기와의 반응은 흡열반응이다.
$CH_4+H_2O \rightarrow CO+3H_2-49.3\,kcal$
② 촉매를 사용하지 않아도 메탄, 수증기를 약 1400℃에서 분해로를 통하게 함으로써 진행할 수 있다.
③ 니켈 촉매를 사용하면 650~800℃에서 반응이 진행된다.
④ 반응압력은 상압~10 kgf/cm^2 정도이다.
(2) 부분 산화법
① 메탄을 약 15 kgf/cm^2 정도로 가압하여 니켈 촉매상에서 산소 또는 공기와 800~1000℃로 반응시켜 제조한다.
② 반응식 : $2CH_4+O_2 \rightarrow 2CO+4H_2+17\,kcal$

15 **체적비로 메탄 40 %, 수소 30 %, 일산화탄소 30 %인 혼합가스에 대한 물음에 답하시오.**

(1) 혼합가스의 폭발범위를 구하는 식을 설명하시오.

(2) 혼합가스의 폭발범위를 계산하시오. (단, 각 성분의 폭발범위는 메탄 5~15 vol%, 수소 4~75 vol%, 일산화탄소 13~74 vol%이다.)

풀이 (2) 폭발범위 계산 : $\frac{100}{L}=\frac{V_1}{L_1}+\frac{V_2}{L_2}+\frac{V_3}{L_3}$에서 $L=\frac{100}{\frac{V_1}{L_1}+\frac{V_2}{L_2}+\frac{V_3}{L_3}}$이다.

① 폭발범위 하한값 계산

$$L_l=\frac{100}{\frac{V_1}{L_{l_1}}+\frac{V_2}{L_{l_2}}+\frac{V_3}{L_{l_3}}}=\frac{100}{\frac{40}{5}+\frac{30}{4}+\frac{30}{13}}=5.615 \fallingdotseq 5.62\text{ vol\%}$$

② 폭발범위 상한값 계산

$$L_h=\frac{100}{\frac{V_1}{L_{h_1}}+\frac{V_2}{L_{h_2}}+\frac{V_3}{L_{h_3}}}=\frac{100}{\frac{40}{15}+\frac{30}{75}+\frac{30}{74}}=28.801 \fallingdotseq 28.80\text{ vol\%}$$

해답 (1) $\frac{100}{L}=\frac{V_1}{L_1}+\frac{V_2}{L_2}+\frac{V_3}{L_3}$

여기서, L : 혼합가스의 폭발한계치

V_1, V_2, V_3 : 각 성분 체적(%)

L_1, L_2, L_3 : 각 성분 단독의 폭발한계치

(2) 5.62~28.8 vol%

2022년도 가스기사 모의고사

제1회 가스기사 필답형

01 연소의 3요소는 가연물, 점화원, 산소공급원이다. 가연물이 갖추어야 할 조건 4가지를 쓰시오.

해답 ① 발열량이 크고, 열전도율이 작을 것
② 산소와 친화력이 좋고 표면적이 넓을 것
③ 활성화 에너지가 작을 것
④ 건조도가 높을 것(또는 수분 함량이 적을 것)

02 길이가 200 m인 배관에 비중이 0.65인 가스를 시간당 273 m^3를 이송하려고 한다. 이 때 관 입구압력은 150 mmH_2O, 관 말단압력은 130 mmH_2O로 지시되었을 때 관 안지름을 계산하시오. (단, 유량계수는 0.7055이다.)

풀이 저압배관 유량식 $Q = K\sqrt{\dfrac{D^5 \cdot H}{S \cdot L}}$에서 안지름 D를 구하며, 압력손실 H는 관 입구압력과 관 말단압력의 차이에 해당된다.

$$\therefore D = \sqrt[5]{\frac{Q^2 \times S \times L}{K^2 \times H}} = \sqrt[5]{\frac{273^2 \times 0.65 \times 200}{0.7055^2 \times (150-130)}}$$

$$= 15.763 ≒ 15.76\,\text{cm}$$

해답 15.76 cm

03 증기운 폭발(UVCE : Unconfined Vapor Cloud Explosion)에 대하여 설명하시오.

해답 대기 중에 대량의 가연성 가스나 인화성 액체가 유출 시 다량의 증기가 대기 중의 공기와 혼합하여 폭발성의 증기운(vapor cloud)을 형성하고 이때 착화원에 의해 화구(fire ball)를 형성하여 폭발하는 형태를 말한다.

04 진공퍼지의 과정을 3단계로 나누어 설명하시오.

해답 ① 용기를 진공시킨다.
② 불활성 가스를 주입시킨다.
③ 최소산소농도를 유지시킨다.

05 **고압가스용 안전밸브의 재검사 항목 4가지를 쓰시오.**

해답 ① 구조검사
② 치수검사
③ 기밀검사
④ 작동성능검사

해설 **고압가스용 안전밸브 재검사 항목** : KGS AA319 고압가스용 안전밸브 제조의 시설·기술·검사·재검사 기준
① 구조 및 치수검사
② 기밀검사
③ 작동성능검사

06 **다음에서 설명하는 가스 명칭을 쓰시오.**

(1) 어떤 물질이 불완전연소 시 가장 많이 발생하는 독성가스이며, 흡입하면 적혈구의 헤모글로빈과 결합하여 혈중 산소농도를 떨어트려 죽음에 이르게 하는 가스이다.
(2) 독성은 없으나 공기 중에 다량으로 존재하면 질식의 우려가 있고, 연료가 연소할 때 가장 많이 발생하는 가스이다.
(3) 무색의 계란 썩은 냄새를 가지며 합성가스를 제조할 때 정제공정에서 회수하며 습기를 함유한 공기 중에서 금, 백금을 제외한 모든 금속과 반응한다.
(4) 황을 연소시킬 때 발생하는 강한 자극성의 유독한 무색 기체로 불연성 가스이다.

해답 (1) 일산화탄소(CO)
(2) 이산화탄소(CO_2)
(3) 황화수소(H_2S)
(4) 아황산가스(SO_2) (또는 이산화황)

07 **내용적이 47 L인 용기에 프로판(C_3H_8)을 충전하였을 때 안전공간(%)을 구하시오. (단, 프로판의 충전상수는 2.35이고, 액화 프로판의 밀도는 0.52 kg/L이다.)**

풀이 ① 내용적 47 L 용기에 충전하는 프로판 충전량 계산 : 용기에 충전하는 프로판은 액체 상태다.

$$\therefore W = \frac{V}{C} = \frac{47}{2.35} = 20\,\text{kg}$$

② 액화 프로판 20 kg이 차지하는 체적 계산

$$\therefore \text{액화가스 체적} = \frac{\text{액화가스 질량(kg)}}{\text{액화가스 밀도(kg/L)}} = \frac{20}{0.52} = 38.461 ≒ 38.46\,\text{L}$$

③ 안전공간 계산

$$\therefore \text{안전공간(\%)} = \frac{\text{용기 내용적} - \text{액화가스 체적}}{\text{용기 내용적}} \times 100$$

$$= \frac{47 - 38.46}{47} \times 100 = 18.170 ≒ 18.17\,\%$$

해답 18.17 %

08 **액화석유가스 사업자별 판매가격 보고에 대한 표에서 빈칸에 알맞은 내용을 넣으시오.**

보고 대상자	보고 대상 액화석유가스의 종류	보고 내용	보고 기한
액화석유가스 충전사업자	(1)	액화석유가스 종류별 부피(L) 단위 정상 판매가격	수시(가격 변경 시 6시간 이내)
	(2)	이번 달의 액화석유가스의 종류별 중량 단위(kg) 정상 판매가격	(4)
	(3)		
액화석유가스 판매사업자	(2)	이번 달의 액화석유가스의 종류별 중량 단위(kg) 정상 판매가격	(4)
	(3)		

해답 (1) 자동차용 액화석유가스(2호)
(2) 가정용·상업용 액화석유가스(1호)
(3) 캐비닛히터용 액화석유가스(2호)
(4) 매월 2일

해설 **판매가격 보고 대상의 종류와 보고내용 등 :** 액법 시행규칙 별표2

보고 대상자	보고 대상 액화석유가스의 종류	보고 내용	보고 방법	보고 기한
액화석유가스 수출입업자	가. 가정용·상업용 액화석유가스(1호)	지난 달의 액화석유가스의 종류별, 판매대상별(액화석유가스충전사업자, 집단공급사업자, 판매사업자) 내수판매량, 내수매출액 및 내수매출단가	전자보고	매월 23일
	나. 자동차용 액화석유가스(2호)			
액화석유가스 충전사업자	가. 자동차용 액화석유가스(2호)	액화석유가스의 종류별 부피 단위(L) 정상 판매가격	전자보고 또는 그 밖의 보고	수시 (가격 변경 시 6시간 이내)
	나. 가정용·상업용 액화석유가스(1호)	이번 달의 액화석유가스의 종류별 중량 단위(kg) 정상 판매가격		매월 2일
	다. 캐비닛히터용 액화석유가스(2호)			
액화석유가스 집단공급사업자	가정용·상업용 액화석유가스(1호)	이번 달의 액화석유가스의 종류별 부피 단위(m^3) 정상 판매가격	전자보고 또는 그 밖의 보고	매월 2일
액화석유가스 판매사업자	가. 가정용·상업용 액화석유가스(1호)	이번 달의 액화석유가스의 종류별 중량 단위(kg) 정상 판매가격	전자보고 또는 그 밖의 보고	매월 2일
	나. 캐비닛히터용 액화석유가스(2호)			

[비고]
1. 위 표에서 "전자보고"란 인터넷, 부가가치통신망(VAN)을 이용한 보고를 말하고, "그 밖의 보고"란 전자보고를 제외한 전화, 팩스 등을 이용한 보고를 말한다.
2. 하나의 사업자가 둘 이상의 사업소를 운영하는 경우에는 사업소별로 보고한다.

09 **왕복동형 압축기의 용량 제어 방법은 연속적인 방법, 단계적인 방법 2단계로 분류된다. 각각의 방법에 대해서 2가지 종류를 쓰시오.**

해답 (1) 연속적인 용량 제어 방법
① 흡입 주 밸브를 폐쇄하는 방법
② 타임드 밸브에 의한 방법
③ 회전수를 변경하는 방법
④ 바이패스 밸브에 의한 방법
(2) 단계적인 용량 제어 방법
① 클리어런스 밸브에 의한 방법
② 흡입밸브 개방에 의한 방법

해설 **터보(turbo) 압축기의 용량 제어 방법**
① 속도 제어에 의한 방법
② 토출밸브에 의한 방법
③ 흡입밸브에 의한 방법
④ 베인 컨트롤에 의한 방법
⑤ 바이패스에 의한 방법

10 **25℃에서 수소 30 g, 질소 30 g을 50 L 용기에 충전할 때 용기 내 압력은 절대압력으로 몇 atm인가?**

풀이 ① 수소(H_2)의 분자량은 2, 질소(N_2)의 분자량은 28이므로 각각의 몰수(n)를 구하여 합산한다.
② 이상기체 상태방정식 $PV=nRT$에서 압력 P(atm)를 구하며, 'atm'단위는 절대압력에 해당된다.

$$\therefore P=\frac{nRT}{V}=\frac{\left(\frac{30}{2}+\frac{30}{28}\right)\times 0.082\times(273+25)}{50}=7.854 ≒ 7.85\,\text{atm}$$

해답 7.85 atm

[별해] SI단위 이상기체 상태방정식 $PV=GRT$를 이용한 풀이
① 압력 계산 : 기체상수 R값은 수소와 질소의 질량분율을 곱한값을 합산한 것이다.

$$\therefore P=\frac{GRT}{V}=\frac{\{(30+30)\times10^{-3}\}\times\left\{\left(\frac{8.314}{2}\times0.5\right)+\left(\frac{8.314}{28}\times0.5\right)\right\}\times(273+25)}{50\times10^{-3}}$$

$$=796.362 ≒ 796.36\,\text{kPa}\cdot\text{a}$$

② 압력단위를 'kPa'에서 'atm'단위로 변환 : ①에서 구한 값을 'kPa'단위의 표준대기압 '101.325'로 나눠주면 'atm'단위로 변환된다.

$$\therefore \text{환산 압력}=\frac{796.36}{101.325}=7.859 ≒ 7.86\,\text{atm}$$

11 **연소기구의 연소방식 중 전1차 공기식의 특징 4가지를 쓰시오.**

해답 ① 연소용 공기를 모두 1차 공기로 취한다.
② 버너를 어떤 방향으로도 설치할 수 있다.
③ 가스가 갖는 에너지의 70 % 정도를 적외선으로 전환할 수 있다.
④ 개방된 노에 사용해도 대류작용에 의한 열손실이 적다.
⑤ 고온의 노 내부에 버너를 설치해서 사용할 수 없다.
⑥ 구조가 복잡하고 가격이 비싸다.
⑦ 압력조정기 설치가 필요하다.

해설 **전1차 공기식** : 연소에 필요한 공기 전부를 송풍기로 압입하여 1차 공기만으로 공급되며 이것을 가스와 혼합하여 연소시키는 방식으로 공업용의 각종 가열로, 적외선 스토브 등에서 사용된다.

12 **액화석유가스를 원료로 하는 것을 제외한 가스공급시설의 가스가 통하는 부분에 직접 액화가스를 옮겨 넣는 가스발생설비와 가스정제설비에 반드시 필요한 공통설비 명칭을 쓰시오.**

해답 역류방지장치

해설 **역류방지장치 설치(KGS FP551 : 일반도시가스사업 제조소 및 공급소의 시설 · 기술 · 검사 기준)** : 제조소 및 공급소의 가스공급시설의 가스가 통하는 부분에 직접 액체를 옮겨 넣는 가스발생설비(액화석유가스를 원료로 하는 것은 제외한다)와 가스정제설비에는 액체의 역류를 방지하기 위한 역류방지장치를 설치한다.

13 **원심펌프의 비속도(비교회전도)에 대하여 설명하시오.**

해답 토출량이 1 m^3/min, 양정 1 m가 발생하도록 설계한 경우의 판상 임펠러의 매분 회전수이다.

해설 비교 회전수(비교 회전도) 공식

$$\therefore N_s = \frac{N \times \sqrt{Q}}{\left(\frac{H}{n}\right)^{\frac{3}{4}}}$$

여기서, N_s : 비교 회전수(rpm · m^3/min · m)

N : 임펠러 회전수(rpm)

Q : 토출량(m^3/min)

H : 양정(m)

n : 단수

14 **방류둑의 기능에 대하여 설명하시오.**

해답 저장탱크의 액화가스가 액체 상태로 누출된 경우 액체 상태의 가스가 저장탱크 주위의 한정된 범위를 벗어나서 다른 곳으로 유출되는 것을 방지한다.

15 **고압가스 제조시설의 사업소 외의 배관에 설치된 배관장치에 설치하는 비상전력설비의 종류 4가지를 쓰시오.**

해답 ① 타처 공급전력

② 자가발전

③ 축전지장치

④ 엔진 구동발전

⑤ 스팀터빈 구동발전

해설 **배관장치의 비상전력설비(KGS FP111, FP112)**

① 제조시설의 사업소 외의 배관에 설치된 다음 배관장치에는 비상전력설비를 설치한다.
㉮ 운전상태 감시장치
㉯ 안전제어장치
㉰ 가스누출검지 경보설비
㉱ 제독설비
㉲ 통신시설
㉳ 비상조명설비
㉴ 그 밖에 안전상 중요하다고 인정되는 설비

② 비상전력설비 종류 : 타처 공급전력, 자가발전, 축전지장치, 엔진 구동발전, 스팀터빈 구동발전

제2회 가스기사 필답형

01 **연소기구에서 발생하는 이상 현상 중 리프팅(lifting)에 대한 물음에 답하시오.**

(1) 리프팅 현상을 설명하시오.
(2) 리프팅 현상이 발생하였을 때 가스의 분출속도와 연소속도의 관계에 대하여 설명하시오.

해답 (1) 불꽃이 염공에 접하여 연소하지 않고 염공을 떠나 공간에서 연소하는 현상
(2) 가스의 분출속도가 연소속도보다 클 때 발생한다.

02 **가연성 가스가 폭발할 위험이 있는 농도에 도달할 우려가 있는 장소를 위험장소라 한다. 위험장소 중 0종 장소에 대하여 설명하시오.**

해답 상용의 상태에서 가연성 가스의 농도가 연속해서 폭발하한계 이상으로 되는 장소(폭발상한계를 넘는 경우에는 폭발한계 이내로 들어갈 우려가 있는 경우를 포함한다)

해설 **위험장소의 분류** : KGS GC201 가스시설 전기방폭기준

① 1종 장소 : 상용상태에서 가연성 가스가 체류하여 위험하게 될 우려가 있는 장소, 정비보수 또는 누출 등으로 인하여 종종 가연성 가스가 체류하여 위험하게 될 우려가 있는 장소

② 2종 장소
㉮ 밀폐된 용기 또는 설비 내에 밀봉된 가연성 가스가 그 용기 또는 설비의 사고로 인해 파손되거나 오조작의 경우에만 누출할 위험이 있는 장소
㉯ 확실한 기계적 환기조치에 의하여 가연성 가스가 체류하지 않도록 되어 있으나 환기장치에 이상이나 사고가 발생한 경우에는 가연성 가스가 체류하여 위험하게 될 우려가 있는 장소
㉰ 1종 장소의 주변 또는 인접한 실내에서 위험한 농도의 가연성 가스가 종종 침입할 우려가 있는 장소

③ 0종 장소 : 상용의 상태에서 가연성 가스의 농도가 연속해서 폭발하한계 이상으로 되는 장소(폭발상한계를 넘는 경우에는 폭발한계 이내로 들어갈 우려가 있는 경우를 포함한다)

03 염소의 공업적 제조법 중 소금물(식염)을 전기분해에 의하여 제조하는 방법 2가지를 쓰시오.

해답 ① 수은법
② 격막법

04 다음 고압가스 충전용기의 최고충전압력 기준을 쓰시오.

(1) 저온용기 :
(2) 압축가스 충전용기 :

해답 (1) 상용압력 중 최고압력
(2) 35℃의 온도에서 그 용기에 충전할 수 있는 가스의 압력 중 최고압력

해설 **충전용기의 최고충전압력 기준** : KGS AC217 고압가스용 용접용기 재검사 기준

용기의 구분	압력
압축가스를 충전하는 용기	35℃의 온도에서 그 용기에 충전할 수 있는 가스의 압력 중 최고압력
저온용기, 초저온용기	상용압력 중 최고압력
저온용기 외의 용기로서 액화가스를 충전하는 것	내압시험압력의 5분의 3배의 압력
아세틸렌 용기	15℃에서 그 용기에 충전할 수 있는 가스의 압력 중 최고압력

05 도시가스 원료 중 나프타의 장점 4가지를 쓰시오.

해답 ① 가스화가 용이하기 때문에 높은 가스화 효율을 얻을 수 있다.
② 타르, 카본 등 부산물이 거의 생성되지 않는다.
③ 가스 중에는 불순물이 적어서 정제설비를 필요로 하지 않는 경우가 많다.
④ 대기오염, 수질오염의 환경문제가 적다.
⑤ 취급과 저장이 모두 용이하다.

06 일반용 액화석유가스 압력조정기의 역할 3가지를 쓰시오.

해답 ① 유출압력 조절
② 안정된 연소를 도모
③ 소비가 중단되면 가스를 차단

07 액화가스를 용기 및 자동차에 고정된 탱크에 저장할 때 저장능력 산정식은 $W=\frac{V_2}{C}$이다. 비중이 0.415인 메탄을 내용적이 12000 L인 자동차에 고정된 초저온 탱크에 저장할 때 저장능력(kg)을 구하시오.

풀이 ① 액화가스 용기 및 자동차에 고정된 탱크의 저장능력 산정식 $W=\frac{V_2}{C}$에서 "C"는 가스의 비중(단위 : kg/L)의 수치에 10분의 9를 곱한 수치의 역수를 적용하는 규정을 이용하여 계산한다.

$$\therefore C = \frac{1}{d \times \frac{9}{10}} = \frac{1}{0.415 \times \frac{9}{10}} = 2.677 ≒ 2.68$$

② 저장능력 계산

$$\therefore W = \frac{V_2}{C} = \frac{12000}{2.68} = 4477.611 ≒ 4477.61\,\text{kg}$$

해답 4477.61 kg

해설 ① 액화가스 용기 및 차량에 고정된 탱크의 저장능력 산정기준 : 고법 시행규칙 별표1

$$W = \frac{V_2}{C}$$

여기서, W : 저장능력(단위 : kg)

V_2 : 내용적(단위 : L)

C : 저온용기 및 차량에 고정된 저온탱크와 초저온 용기 및 차량에 고정된 초저온 탱크에 충전하는 액화가스의 경우에는 그 용기 및 탱크의 상용온도 중 최고 온도에서의 그 가스의 비중(단위 : kg/L)의 수치에 10분의 9를 곱한 수치의 역수, 그 밖의 액화가스의 충전용기 및 차량에 고정된 탱크의 경우에는 가스 종류에 따르는 정수

② 액화가스 저장능력을 계산하는 것이므로 메탄(CH_4)의 비중 0.415는 액비중으로 판단하여야 함(실제로 −164℃에서 메탄의 액비중은 0.415에 해당됨)

③ 메탄은 비점이 −161.5℃이므로 초저온 액화가스에 해당되어 자동차에 고정된 탱크는 '초저온 탱크'이어야 함

08 **2개의 정압과정과 2개의 단열과정으로 이루어진 가스터빈의 이상 사이클의 명칭을 쓰시오.**

해답 브레이턴(Brayton) 사이클

해설 **브레이턴 사이클 선도**

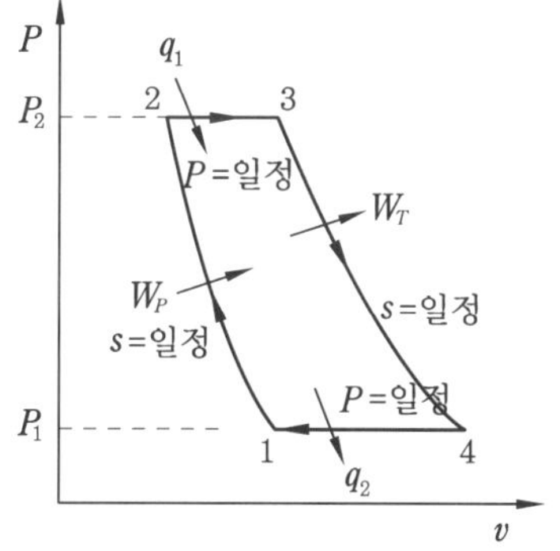

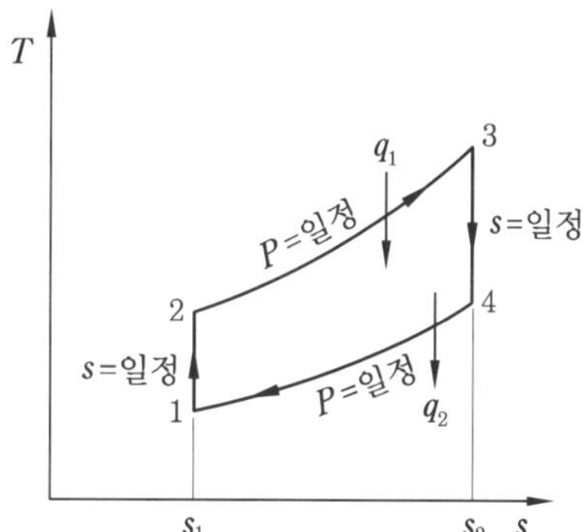

1 → 2 : 단열압축과정(압축기)
3 → 4 : 단열팽창과정(터빈)
2 → 3 : 정압가열과정(연소기)
4 → 1 : 정압방열과정

09 **프로판 1 mol을 이론공기량으로 완전연소시킬 때에 대한 물음에 답하시오.**

(1) 혼합기체 중 프로판의 화학양론농도(x_0)를 구하시오.

(2) 프로판의 폭발범위 하한값(x_1)을 구하시오.

풀이 (1) ① 이론공기량에 의한 프로판(C_3H_8)의 완전연소 반응식

$C_3H_8 + 5O_2 + (N_2) \rightarrow 3CO_2 + 4H_2O + (N_2)$

② 화학양론농도(x_0) 계산 : 프로판 1 mol이 완전연소하기 위해서는 산소 5 mol이 필요하다.

$$\therefore x_0 = \frac{0.21}{0.21+n} \times 100 = \frac{0.21}{0.21+5} \times 100 = 4.030 ≒ 4.03\%$$

(2) 폭발범위 하한값(x_1) 계산

$$\therefore x_1 = 0.55 \times x_0 = 0.55 \times 4.03 = 2.216 ≒ 2.22\%$$

해답 (1) 4.03 %

(2) 2.22 %

해설 ① 폭발범위값을 계산하는 존슨(Jones)의 연소범위 관계식은 탄화수소 증기의 폭발범위 하한계(LFL)와 폭발범위 상한계(UFL)는 연료의 양론농도(C_{st})의 함수라는 것을 발견하였고, 실험 데이터가 없어 폭발범위를 추산해야 할 때 적용하고 있다. 이때 폭발범위값을 계산하는 공식 중 '0.55'와 '4.8'의 숫자는 오차를 보정하기 위한 상수 개념으로 이해하길 바라며, 이 숫자가 어떻게 나왔는지 그 이유는 중요한 것이 아니다. (그 이유를 반드시 알아야 할 이유가 있는 분은 존슨학자께 연락하여 확인을 받아보길 바랍니다)

② 존슨(Jones)의 연소범위 관계식으로 계산된 폭발범위값은 실험실에서 측정되고 일반적으로 통용되고 있는 폭발범위와는 오차가 발생하고 있으며 이것은 지극히 정상적인 사항이다.

③ 존슨(Jones) 연소범위 관계식(단, C_{st}는 화학양론농도를 나타내는 것임)

㉮ 연소(폭발)하한계(LFL) : $x_1 = 0.55\, C_{st}$

㉯ 연소(폭발)상한계(UFL) : $x_2 = 4.8\sqrt{C_{st}}$

10 수용가의 가스사용량이 감소할 때 AFV식 정압기 작동 상황 플로차트 중 (   ) 안에 알맞은 내용을 쓰시오. (단, 답안은 '증가'와 '감소' 중에서 선택하여 작성하시오.)

정압기 가스 사용량	→	2차 압력	→	파일럿 밸브 개도	→	구동 압력	→	고무 슬리브 개도
감소		①		②		③		④

해답 ① 증가

② 감소

③ 증가

④ 감소

해설 수용가의 가스사용량이 증가할 때 작동 상황

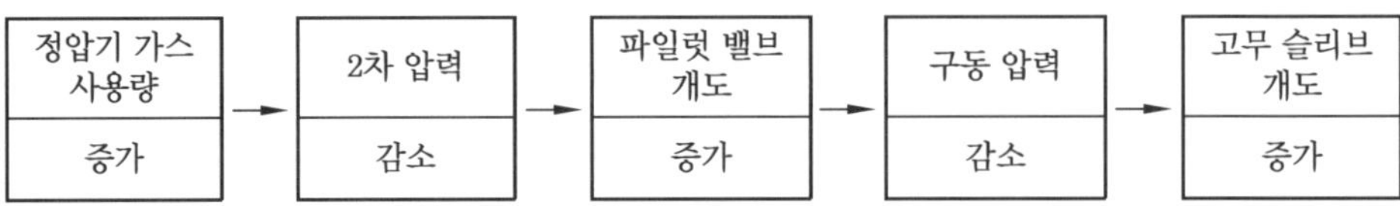

11 냉매설비에는 그 냉매설비 안의 냉매가스의 압력이 상용의 압력을 초과하는 경우 즉시 상용의 압력 이하로 되돌릴 수 있도록 하기 위한 장치 3가지를 쓰시오.

해답 ① 고압차단장치
② 안전밸브
③ 파열판
④ 용전 또는 압력릴리프장치

12 운반하는 액화독성가스의 질량이 1000 kg인 경우 휴대하여야 할 보호구 4가지를 쓰시오.

해답 ① 방독마스크
② 공기호흡기
③ 보호의
④ 보호장갑
⑤ 보호장화

해설 독성가스를 운반하는 때에 휴대하는 보호구

품명	운반하는 독성가스의 양	
	압축가스 100 m^3, 액화가스 1000 kg	
	미만인 경우	이상인 경우
방독마스크	○	○
공기호흡기	–	○
보호의	○	○
보호장갑	○	○
보호장화	○	○

13 충전용기 재질이 강(steel)에서 복합재료인 합성수지 등으로 변화되고 있는데 복합재료 용기에 사용되는 섬유재료 3가지를 쓰시오.

해답 ① 탄소섬유
② 아라미드섬유
③ 유리섬유
④ 혼합섬유

해설 해설 액화석유가스용 복합재료 용기 제조의 기준 : KGS AC413

(1) 복합재료 : 용기의 섬유재료는 탄소섬유, 아라미드섬유, 유리섬유 또는 이들의 혼합섬유로 한다.

(2) 용어의 정의

① 탄소섬유 : 다발 모양의 여러 가닥이 나란히 놓여진 연속 탄소 필라멘트로서 용기를 강화하는데 사용되는 섬유를 말한다.

② 아라미드섬유 : 다발 모양의 여러 가닥이 나란히 놓여진 연속 아라미드 필라멘트로서 용기를 강화하는데 사용되는 섬유를 말한다.

③ 유리섬유 : 다발 모양의 여러 가닥이 나란히 놓여진 연속 유리 필라멘트로서 용기를 강화하는데 사용되는 섬유를 말한다.

14 **[보기]와 같은 조건일 때 승압방지장치를 설치할 필요가 있는 건물 높이는 몇 m인가?**

보기

- 연소기의 최고사용압력 : 2.5 kPa
- 수직배관 최초 시작지점의 가스압력 : 2.1 kPa
- 계량기 제조사에서 제시한 계량기 최소유량에서의 손실압력 : 20 Pa
- 공기의 밀도 : 1.293 kg/m^3
- 공기에 대한 가스 비중 : 0.62
- 중력가속도 : 9.8 m/s^2
- 계량기의 압력손실 값 1 Pa당 0.21 m의 높이를 가산한다.

풀이 ① 승압방지장치 최초 설치 높이 계산

$$\therefore H_1 = \frac{P_h - P_0}{\rho \times (1-S) \times g} = \frac{2500-2100}{1.293 \times (1-0.62) \times 9.8} = 83.071 \fallingdotseq 83.07\,\text{m}$$

② 계량기의 압력손실을 반영한 높이 계산

$\therefore H_2 = 20\,\text{Pa} \times 0.21\,\text{m/Pa} = 4.2\,\text{m}$

③ 승압방지장치 설치 높이 계산

$\therefore H = H_1 + H_2 = 83.07 + 4.2 = 87.27\,\text{m}$

해답 87.27 m

15 **정압기의 분해점검 등에 대비하여 설치하는 바이패스(by-pass) 배관도에서 ①~⑥의 명칭을 쓰시오.**

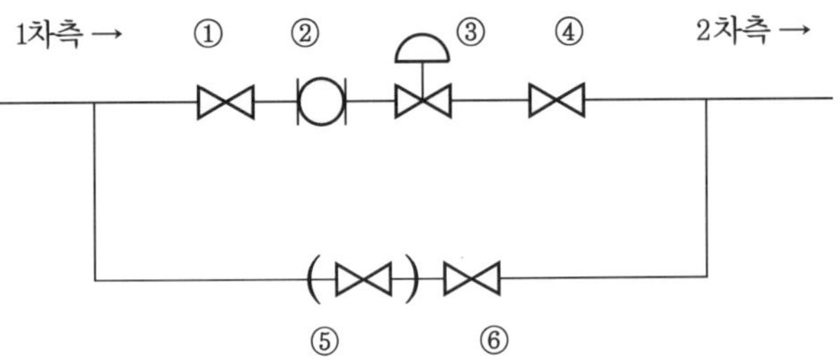

해답 ① 입구 밸브(in valve)

② 필터(filter)

③ 정압기

④ 출구 밸브(out valve)

⑤ 차단용 바이패스 밸브

⑥ 유량 조정용 바이패스 밸브

제3회 가스기사 필답형

01 **도시가스 원료로 사용하는 석유정제 오프가스(off gas)와 석유화학 오프가스(off gas)의 제조공정을 각각 설명하시오.**

해답 ① 석유정제 오프가스(off gas) : 원유를 상압증류, 감압증류 및 가솔린 생산을 위한 접촉개질공정 등에서 발생하는 가스를 회수한 것이다.

② 석유화학 오프가스(off gas) : 나프타 분해에 의해 에틸렌을 제조하는 공정에서 발생하는 가스를 회수한 것이다.

02 **도시가스 배관에 실시하는 내압시험 및 기밀시험 중 (　) 안에 알맞은 내용을 쓰시오.**

(1) 중압 이상 배관의 내압시험은 (　) 이상의 압력으로 실시하여 이상이 없는 것으로 한다.

(2) 내압시험은 수압으로 실시하지만 중압 이하의 배관, 길이 (　) 이하로 설치되는 고압배관과 부득이한 이유로 물을 채우는 것이 부적당한 경우에는 공기나 위험성이 없는 불활성기체로 할 수 있다.

(3) 기밀시험은 (　) 또는 8.4 kPa 중 높은 압력 이상으로 실시한다.

(4) 기밀시험을 생략할 수 있는 가스공급시설은 최고사용압력이 (　) 이하의 것 또는 항상 대기로 개방되어 있는 것으로 한다.

해답 (1) 최고사용압력의 1.5배

(2) 50 m

(3) 최고사용압력의 1.1배

(4) 0 MPa

03 **정압기 정특성 중 오프셋(offset)에 대하여 설명하시오.**

해답 유량이 변화했을 때 2차 압력과 기준압력(P_s)과의 차이

해설 **정특성** : 정상상태에 있어서 유량과 2차 압력의 관계

① 로크 업(lock up) : 유량이 0으로 되었을 때 끝맺은 압력과 기준압력(P_s)과의 차이

② 오프셋(offset) : 유량이 변화했을 때 2차 압력과 기준압력(P_s)과의 차이

③ 시프트(shift) : 1차 압력의 변화에 의하여 정압곡선이 전체적으로 어긋나는 것

04 **가스보일러를 배기방식에 의하여 구분할 때 다음 각각에 대하여 설명하시오.**

(1) 개방식 :　　(2) FF 방식 :

(3) FE 방식 :　　(4) CF 방식 :

해답 (1) 가스보일러가 설치된 실내에서 연소용 공기를 취하고, 연소생성물(배기가스)은 실내로 방출하는 형식이다.

(2) 강제 급배기식(Forced draft balanced Flue type)이라 하며 연소용 공기는 가스보일러가 설치된 곳의 실외에서 취하고, 연소생성물(배기가스)은 팬(fan)을 이용해서 배기통으로 직접 외기로 배출하는 형식이다.

(3) 강제 배기식(Forced Exhaust type)이라 하며 연소용 공기는 가스보일러가 설치된 실내에서 취하고, 연소생성물(배기가스)은 배기 팬(fan)을 이용해서 배기통으로 강제적으로 실외로 배출하는 형식이다.

(4) 자연 배기식(Conventional Flue type)이라 하며 연소용 공기는 가스보일러가 설치된 실내에서 취하고, 연소생성물(배기가스)은 자연 드래프트(draft)에 의해서 실외로 배출하는 형식이다.

05 **원심펌프에서 흡입관경을 D_1, 토출관경을 D_2라 할 때 회전수와의 관계를 아래 표와 같이 주어졌을 때 유량과 양정에 대하여 설명하시오. (단, 기호의 아래첨자 1은 변화 전의 상태, 2는 변화 후의 상태이다.)**

구분	기호
회전수	N_1, N_2
유량	Q_1, Q_2
양정	H_1, H_2

해답 ① 변화된 유량(Q_2)은 처음 유량(Q_1)에 회전수 변화$\left(\frac{N_2}{N_1}\right)$에 비례한다.

② 변화된 양정(H_2)은 처음 양정(H_1)에 회전수 변화$\left(\frac{N_2}{N_1}\right)$의 제곱에 비례한다.

해설 **원심펌프의 상사법칙(단, D_1은 변경 전의 임펠러 지름, D_2는 변경 후의 임펠러 지름이다.)**

① 유량은 회전수 변화에 비례하고, 임펠러 지름 변화의 3제곱에 비례한다.

$$Q_2 = Q_1 \times \left(\frac{N_2}{N_1}\right) \times \left(\frac{D_2}{D_1}\right)^3$$

② 양정은 회전수 변화의 제곱에 비례하고, 임펠러 지름 변화의 제곱에 비례한다.

$$H_2 = H_1 \times \left(\frac{N_2}{N_1}\right)^2 \times \left(\frac{D_2}{D_1}\right)^2$$

③ 동력은 회전수 변화의 3제곱에 비례하고, 임펠러 지름 변화의 5제곱에 비례한다.

$$L_2 = L_1 \times \left(\frac{N_2}{N_1}\right)^3 \times \left(\frac{D_2}{D_1}\right)^5$$

06 **가스용 폴리에틸렌관을 온도가 40℃ 이상인 곳에 설치 가능한 기준은?**

해답 파이프 슬리브를 이용하여 단열조치를 한다.

07 **부피로 헥산 8 v%, 메탄 7 v%, 공기 85 v%로 구성된 혼합가스의 폭발범위 하한값은 얼마인가? (단, 헥산, 메탄의 폭발범위 하한값은 각각 1.1 v%, 5.0 v%이다.)**

풀이 혼합가스의 폭발범위를 구하는 르샤틀리에식 $\frac{100}{L} = \frac{V_1}{L_1} + \frac{V_2}{L_2}$에서 가연성 가스가 차지하는 체적비율은 15 v%이므로 혼합가스 폭발범위 하한값은 다음과 같다.

$$\therefore L = \frac{15}{\frac{V_1}{L_1}+\frac{V_2}{L_2}} = \frac{15}{\frac{8}{1.1}+\frac{7}{5.0}} = 1.729 = 1.73\,v\%$$

해답 1.73 v%

해설 르샤틀리에 공식에서 '100'은 가연성 가스의 체적비율을 합산한 값이 100%일 때 적용하는 것이고, 문제와 같이 100%가 되지 않는 경우에는 실제 합산 체적비율을 적용해야 한다.

08 [보기]는 액화석유가스를 사용하는 연소기에서 발생하는 이상 현상을 나타낸 것으로 2가지를 임의로 선택하여 각각 설명하시오.

보기
- 선화
- 역화
- 블로오프
- 황염

해답 ① 선화(lifting) : 가스의 유출속도가 연소속도보다 커서 불꽃이 염공에 접하여 연소하지 않고 염공을 떠나 공간에서 연소하는 현상

② 역화(back fire) : 가스의 연소속도가 염공의 가스 유출속도보다 크게 됐을 때 불꽃이 버너 내부에 침입하여 노즐의 선단에서 연소하는 현상

③ 블로오프(blow off) : 불꽃 주변의 기류에 의하여 불꽃이 염공에서 떨어져 연소하다 꺼져버리는 현상

④ 황염(yellow tip) : 불꽃의 끝이 적황색으로 되어 연소하는 현상

09 도시가스 매설배관의 부식을 방지하는 희생양극법에 대하여 설명하시오.

해답 지중 또는 수중에 설치된 양극(anode)금속과 매설배관(cathode)을 전선으로 연결해 양극금속과 매설배관 사이의 전지작용에 의하여 부식을 방지하는 방법이다.

해설 **전기방식(電氣防蝕)** : 지중 및 수중에 설치하는 강재배관 및 저장탱크 외면에 전류를 유입시켜 양극반응을 저지함으로써 배관의 전기적 부식을 방지하는 것이다.

① 희생양극법(犧生陽極法) : 지중 또는 수중에 설치된 양극(anode)금속과 매설배관(cathode : 음극)을 전선으로 연결해 양극금속과 매설배관 사이의 전지작용(고유 전위차)에 의하여 부식을 방지하는 방법이다.

② 외부전원법(外部電源法) : 외부 직류전원장치의 양극(+)은 매설배관이 설치되어 있는 토양이나 수중에 설치한 외부 전원용 전극에 접속하고, 음극(−)은 매설배관에 접속시켜 부식을 방지하는 방법이다.

③ 배류법(排流法) : 매설배관의 전위가 주위의 타 금속 구조물의 전위보다 높은 장소에서 매설배관과 주위의 타 금속 구조물을 전기적으로 접속시켜 매설배관에 유입된 누출전류를 전기회로적으로 복귀시키는 방법이다.

10 가스용 연료전지 제조소에서 갖추어야 할 제조설비의 (   ) 안에 알맞은 내용을 [보기]에서 찾아 쓰시오.

보기
- 단위셀
- 연료개질기
- 스택
- 가공설비
- 설비 및 기구

(1) (①) 및 (②) 제작설비
(2) (　　) 제작설비
(3) 그 밖에 제조에 필요한 (　　)

해답 (1) ① 단위셀
② 스택
(2) 연료개질기
(3) 가공설비

해설 **가스용 연료전지 제조소의 검사설비 종류**
① 가스소비량 측정설비 및 연소성 시험설비
② 기밀시험설비
③ 절연저항측정기 및 내전압 시험기
④ 전기출력 측정설비
⑤ 전압측정기
⑥ 전류측정기
⑦ 그 밖에 검사에 필요한 설비 및 기구

11 **지진으로부터 가스설비를 보호하기 위하여 내진설계를 하여야 하는 고법 적용대상 시설에 대한 (　　) 안에 알맞은 내용을 넣으시오.**

(1) 비가연성 가스나 비독성 가스의 경우 저장능력 (　　) 이상의 지상 저장탱크
(2) 탑류로서 동체부의 높이가 (　　) 이상인 압력용기
(3) 세로 방향으로 설치한 동체의 길이가 (　　) 이상인 원통형 응축기
(4) 내용적 (　　) 이상인 수액기

해답 (1) 10톤
(2) 5 m
(3) 5 m
(4) 5000 L

해설 **내진설계 적용대상** : 가스시설 및 지상 가스배관 내진설계 기준(KGS GC203)
(1) 고법 적용대상 시설
① 5톤(비가연성 가스나 비독성 가스의 경우에는 10톤) 또는 500 m^3(비가연성 가스나 비독성 가스의 경우에는 1000 m^3) 이상의 지상 저장탱크
② 반응·분리·정제·증류 등을 행하는 탑류로서, 동체부의 높이가 5 m 이상인 압력용기
③ 세로 방향으로 설치한 동체의 길이가 5 m 이상인 원통형 응축기
④ 내용적 5000 L 이상인 수액기
⑤ 지상에 설치되는 사업소 밖의 고압가스 배관
⑥ ①에서 ⑤까지에 따른 시설의 지지구조물 및 기초와 이들의 연결부
(2) 액법 적용대상 시설
① 3톤 이상의 지상 저장탱크
② 지상에 설치되는 액화석유가스 배관망공급 제조소 밖의 배관(사용자 공급관과 내관은 제외한다) 〈신설 22. 8. 30〉
③ ①에서 ②에 따른 시설의 지지구조물 및 기초와 이들의 연결부
④ 액화석유가스 배관망공급 사업자의 철근콘크리트 구조의 정압기실. 다만, 캐비닛 및 매몰형은 제외한다. 〈신설 22. 8. 30〉

(3) 도법 적용대상 시설

① 가스제조시설에서 저장능력이 3톤(압축가스의 경우에는 300 m^3) 이상인 지상 저장탱크(가스도매사업자가 소요하는 지중식 저장탱크를 포함한다)와 가스홀더

② 가스충전시설에서 저장능력이 5톤 또는 500 m^3 이상인 지상 저장탱크와 가스홀더

③ 가스충전시설에서 반응・분리・정제・증류 등을 행하는 탑류로서, 동체부의 높이가 5 m 이상인 압력용기

④ 지상에 설치하는 사업소 밖의 도시가스 배관(사용자 공급관과 내관은 제외한다)

⑤ ①에서 ④까지에 따른 시설 및 압축기, 펌프, 기화기, 열교환기, 냉동설비, 정제설비, 부취제 주입 설비의 지지구조물 및 기초와 이들의 연결부

⑥ 가스도매사업자의 적용대상 시설은 다음과 같다.

㉮ 정압기지 및 밸브기지 내

㉠ 정압설비・계량설비・가열설비・배관의 지지구조물 및 기초

㉡ 방산탑

㉢ 건축물

㉯ 사업소 밖의 배관에 긴급차단장치를 설치 또는 관리하는 건축물

⑦ 일반도시가스 사업자의 철근콘크리트 구조의 정압기실. 다만, 캐비닛 및 매몰형은 제외한다.

(4) 수소법 적용대상 시설 〈신설 22. 8. 30〉

① 설비 중량 5톤 이상인 수소저장설비와 수소저장설비의 지지구조물 및 기초

필답형 기출문제

12 **고압가스 특정제조의 시설기준에서 제조설비 외면으로부터 그 제조소의 경계까지 유지하여야 하는 거리는 20 m 이상으로 하는 것이 원칙이지만 20 m 이상 유지하지 않아도 되는 경우 4가지를 쓰시오.**

해답 ① 하나의 안전관리체계로 운영되는 2개 이상의 제조소가 한 사업장 안에 공존하는 경우에는 30 m 이상으로 한다.

② 제조설비와 인접한 제조소의 제조설비 사이의 거리가 40 m 이상 유지되고, 그 안에 다른 제조설비가 설치되지 않는 것이 보장되는 경우

③ 비가연성・비독성 가스의 제조설비인 경우

④ 비독성 가스인 가연성 가스의 제조설비로서 안전구역 안의 고압가스설비 가스의 단위중량인 진발열량의 수가 3.4×10^6 미만인 경우

해설 KGS FP111 고압가스 특정제조의 시설・기술・검사・감리・정밀안전검진 기준

13 **AFV식 정압기에서 2차 압력이 상승할 때 작동상태를 설명하시오.**

해답 2차측 압력이 상승하면 파일럿 다이어프램이 아래쪽으로 밀려 내려와 파일럿 밸브가 닫히게 된다. 그러면 1차 압력이 고무 슬리브와 보디 사이에 도입되어 이 때문에 고무 슬리브 상류측과의 차압이 없어져 고무 슬리브는 수축하여 게이지에 밀착한다. 이로 인하여 고무 슬리브는 하류측에 있어서 1차 압력과 2차 압력의 차압을 받아 가스를 완전히 차단한다.

해설 2차 압력이 저하할 때 작동상태 : 2차 압력이 저하하면 파일럿 스프링이 작동하여 파일럿 다이어프램을 위쪽으로 밀어 올린다. 이에 의하여 파일럿 밸브가 열리면서 작동압력은 2차 측으로 빠져 나간다. 이때 1차측에서 가스가 흘러 들어오나 조리개로 제한되어 있으므로 작동압력이 저하하기 때문에 고무 슬리브 내외에 압력차가 생겨서 고무 슬리브가 바깥쪽으로 확장되어 가스가 흐른다.

14 **액화석유가스, 도시가스 등에 부취제를 첨가하는 이유를 설명하시오.**

해답 액화석유가스, 도시가스 등은 냄새가 없거나 극히 미약하여 누설이 되어도 사람이 인지하지 못할 가능성이 있어 폭발사고의 원인이 되기 때문에 냄새나는 물질(부취제)을 혼합하여 가스가 누출될 경우 사람이 이를 쉽게 감지할 수 있도록 하여 폭발사고 등을 방지하기 위하여 첨가한다.

해설 **부취제 첨가**

① 부취제는 공기 중의 혼합비율의 용량이 1000분의 1의 상태에서 감지할 수 있어야 한다.

② 냄새 측정방법 : 오더(ordor) 미터법(냄새측정기법), 주사기법, 냄새주머니법, 무취실법

15 **A지점에서 B지점까지 거리가 1000 m인 곳에 내경 300 mm인 강관으로 비중이 0.65인 도시가스를 A지점에 압력 200 mmH₂O로 시간당 500 m³를 공급할 때 B지점의 압력은 얼마인가? (단, B지점은 A지점보다 30 m 높은 위치에 있고, pole의 상수는 0.70이다.)**

풀이 ① A지점과 B지점까지 거리 1000 m에서 발생하는 압력손실 계산 : 저압배관 유량식

$Q = K\sqrt{\dfrac{D^5 \cdot H}{S \cdot L}}$ 을 이용하여 압력손실 H를 구한다.

$$\therefore H_1 = \frac{Q^2 \times S \times L}{K^2 \times D^5} = \frac{500^2 \times 0.65 \times 1000}{0.7^2 \times 30^5} = 13.647 \fallingdotseq 13.65\,\mathrm{mmH_2O}$$

② A지점과 B지점의 높이차 30 m에서 발생하는 압력손실 계산 : 입상배관에서 발생하는 압력손실을 구하는 식을 이용하여 계산하고, 가스비중이 1보다 작으므로 결과값에서 마이너스(−)가 나오며, 이것은 압력이 상승한다는 것이다.

$$\therefore H_2 = 1.293 \times (s-1) \times h = 1.293 \times (0.65-1) \times 30 = -13.576 \fallingdotseq -13.58\,\mathrm{mmH_2O}$$

③ B지점의 압력 계산

$$\begin{aligned}\therefore \text{B지점 압력} &= \text{A지점 공급압력} - \text{손실압력} \\ &= \text{A지점 공급압력} - (H_1 + H_2) \\ &= 200 - \{13.65 + (-13.58)\} = 199.93\,\mathrm{mmH_2O}\end{aligned}$$

해답 $199.93\,\mathrm{mmH_2O}$

2023년도 가스기사 모의고사

제1회 가스기사 필답형

01 **가스도매사업 정압기(정압기지)에 대한 물음에 답하시오.**

(1) 정압기실 내진설계의 기초자료가 되는 지면가속도(진도)를 측정하거나 긴급할 때에 가스 흐름을 차단하고 정압기지・배관 등 가스시설의 동적 거동에 대한 정보를 얻기 위하여 설치하는 가속도계, 속도계 및 SI센서 등이 달린 이것의 명칭을 쓰시오.
(2) 정압기지에 설치한 기계환기설비의 배기가스 방출구는 지면에서 몇 m 이상인가?
(3) 정압기지에 외부인의 출입을 방지할 수 있도록 설치하는 경계책 높이는 몇 m 이상인가?
(4) 정압기지의 정압기실에 설치하는 조명등의 조도는 몇 lx 이상인가?

해답 (1) 지진감지장치
(2) 5 m
(3) 1.5 m
(4) 150

해설 **가스도매사업 정압기지 기준** : KGS FS452
① 지진감지장치 : "지진감지장치"란 내진설계의 기초자료가 되는 지면가속도(진도)를 측정하거나 긴급할 때에 가스 흐름을 차단하고 정압기지・배관 등 가스시설의 실제 동적 거동에 대한 정보를 얻기 위하여 설치하는 가속도계, 속도계 및 SI(spectrum intensity)센서 등을 말한다.
② 자연환기설비를 설치할 수 없는 경우에 기계환기설비를 설치하며, 배기가스 방출구는 지면에서 5 m 이상의 높이에 설치한다. 다만, 전기 시설물과의 접촉 등으로 사고의 우려가 있는 경우에는 지면에서 3 m 이상의 높이에 설치할 수 있다.
③ 공기보다 비중이 가벼운 도시가스의 공급시설로서 공급시설이 지하에 설치된 경우의 배기가스 방출구는 지면에서 3 m 이상의 높이에 설치하되, 화기가 없는 안전한 장소에 설치한다.
※ (2)번의 경우 전제 조건이 없는 상태로 제시되어 배기가스 방출구 높이를 5 m로 한 것임

02 **도시가스 공급소의 공사계획 승인대상 중 공급소의 신규 설치공사와 해당하는 설비의 설치공사 중에서 2가지를 쓰시오. (단, 괄호 안에 내용이 있는 경우에는 괄호의 내용까지도 작성해야 함)**

해답 ① 가스홀더 ② 압송기 ③ 정압기
④ 배관(최고사용압력이 중압 또는 고압인 배관으로서 호칭지름이 150 mm 이상인 것만을 말한다.)

해설 ① 공사계획 승인대상은 '도시가스사업법 시행규칙 별표 2'에 규정된 사항으로 '제조소', '공급소', '사업소 외의 가스공급시설' 등으로 분류하고 있음
② 2015년 기사 제2회 필답형 07번은 '제조소'의 공사계획 승인대상을 묻는 문제임
③ 공사계획 신고대상은 '도시가스사업법 시행규칙 별표3'에 별도로 규정되어 있음

03 **내용적 40 L인 용기에 27℃의 상태에서 산소가 절대압력 150 atm으로 충전되어 있을 때 질량은 몇 kg인가?**

풀이 절대단위 이상기체 상태방정식 $PV=\frac{W}{M}RT$에서 질량 W를 구하는데 단위가 'g'이므로 'kg'으로 변환하여야 하며, 용기에 충전된 압력은 절대압력으로 주어졌으므로 그대로 대입하여 계산하고, 산소(O_2)의 분자량(M)은 32이다.

$$\therefore\ W=\frac{PVM}{RT}=\frac{150\times40\times32}{0.082\times(273+27)\times1000}=7.804 \fallingdotseq 7.80\,\text{kg}$$

해답 7.8 kg

[별해] SI단위 이상기체 상태방정식 $PV=GRT$를 이용하여 계산 : 문제에서 제시된 조건을 공식의 각 기호에 맞는 단위로 변환하여 적용한다.(1 atm은 101.325 kPa, 40 L은 0.04 m^3이다.)

$$\therefore\ G=\frac{PV}{RT}=\frac{(150\times101.325)\times0.04}{\frac{8.314}{32}\times(273+27)}=7.799 \fallingdotseq 7.80\,\text{kg}$$

04 **고압가스 냉동제조 시설기준에 따른 방류둑을 설치해야 하는 대상을 쓰시오.**

해답 독성가스를 사용하는 내용적이 10000 L 이상인 수액기 주위에 설치한다.

해설 **방류둑 설치(KGS FP113)** : 독성가스를 사용하는 내용적이 1만 리터 이상인 수액기 주위에는 그 수액기로부터 액상의 독성가스가 누출될 경우 그 액상의 독성가스가 흘러 확산되는 것을 방지하기 위하여 방류둑을 설치한다.

05 **LPG 공급방식에서 공기 혼합가스(air direct gas)를 공급하는 목적 2가지를 쓰시오.**

해답 ① 발열량 조절
② 재액화 방지
③ 누설 시 손실감소
④ 연소효율 증대

06 **직동식 및 파일럿식 정압기에서 정특성 중 하나인 off-set 변화 크기가 다른 이유를 설명하시오.**

해답 직동식 정압기는 2차 압력을 신호겸 구동압력으로 이용하기 때문에 오프셋 변화의 크기가 커지며, 파일럿식 정압기는 파일럿에서 2차 압력이 적은 변화를 증폭하여 메인 정압기를 작동시키므로 오프셋 변화의 크기는 작다.

07 **액화가스의 정의를 고압가스 안전관리법과 도시가스사업으로 구분하여 각각 쓰시오.**

해답 ① 고압가스 안전관리법 : 액화가스란 가압(加壓)·냉각 등의 방법에 의하여 액체상태로 되어 있는 것으로서 대기압에서의 끓는점이 40℃ 이하 또는 상용온도 이하인 것을 말한다.
② 도시가스 사업법 : 액화가스란 상용의 온도 또는 35℃의 온도에서 압력이 0.2 MPa 이상이 되는 것을 말한다.

08 **이동식 부탄연소기의 용기 연결방법 3가지를 쓰시오.**

해답 ① 카세트식 ② 직결식 ③ 분리식

해설 **용기의 연결방법** : KGS AB336
① 카세트식 : 거버너가 부착된 연소기 안에 용기를 수평으로 장착시키는 구조
② 직결식 : 연소기에 1 L 이하의 접합용기를 직접 연결하는 구조 〈개정 15. 11. 4〉
③ 분리식 : 연소기에 1 L 이하의 접합용기를 호스 등으로 연결하는 구조 〈개정 15. 11. 4〉

09 **도시가스 사용시설의 기밀시험 기준을 쓰시오. (단, 연소기는 제외한다.)**

해답 최고사용압력의 1.1배 또는 8.4 kPa 중 높은 압력 이상

해설 **도시가스 사용시설 기밀시험 기준(KGS FU551)** : 가스사용시설(연소기를 제외한다)은 최고사용압력의 1.1배 또는 8.4 kPa 중 높은 압력 이상으로 기밀시험(완성검사를 받은 후의 정기검사를 할 때에는 사용압력 이상의 압력으로 실시하는 누출검사)을 실시해 이상이 없어야 한다.

10 **크기가 20 m×10 m×6 m인 정압기실에 가스설비의 부적합으로 인하여 시간당 38 m³의 가스가 누출되고 있을 때 몇 시간 후에 가스가 폭발할 수 있겠는가? (단, 도시가스 주성분은 메탄이며, 정압기실은 밀폐된 상태로 환기가 되지 않는 것으로 가정한다.)**

풀이 ① 메탄의 폭발범위는 5~15 %이므로 실내에 누설된 가스량이 폭발범위 하한값 5 %에 해당되는 가스량을 계산하며, 누설된 가스량을 x라 하면 다음 식으로 만들 수 있다.

$\frac{x}{20 \times 10 \times 6} = 0.05$에서 식을 정리하여 x값을 구한다.

$\therefore\ x = (20 \times 10 \times 6) \times 0.05 = 60\ \text{m}^3$

② 폭발범위 하한값에 도달하는 시간 계산 : 폭발범위 하한값에 도달하면 폭발가능성이 있다.

$$\therefore\ \text{도달하는 시간} = \frac{\text{폭발범위 하한값에 해당하는 가스량}(\text{m}^3)}{\text{시간당 누설되는 가스량}(\text{m}^3/\text{h})} = \frac{60}{38} = 1.578 \fallingdotseq 1.58\ \text{h}$$

해답 1.58시간

해설 폭발범위에 도달하는 시간을 분(min), 초(s)까지 계산하면 소수점 이하의 수치에 '60'을 곱한다.
∴ 0.58×60 = 34.8분, 0.8×60 = 48초
∴ 폭발범위 하한값에 도달하는 시간은 1시간 34분 48초이다.

필답형 모의고사

11 **액화천연가스용 저장탱크에 대한 설명에 해당하는 명칭을 쓰시오.**

(1) 정상운전 상태에서 액화천연가스를 저장할 수 있는 것으로서 단일방호식, 이중방호식, 완전방호식 또는 멤브레인식 저장탱크의 안쪽 탱크를 말한다.
(2) 액화천연가스를 담을 수 있는 것으로서 이중방호식, 완전방호식 또는 멤브레인식 저장탱크의 바깥쪽 탱크를 말한다.

해답 (1) 1차 탱크
(2) 2차 탱크

해설 **액화천연가스용 저장탱크 제조 기준 용어의 정의** : KGS AC115
① 1차 탱크(primary container)란 정상운전 상태에서 액화천연가스를 저장할 수 있는 것으로서 단일방호식, 이중방호식, 완전방호식 또는 멤브레인식 저장탱크의 안쪽 탱크를 말한다.
② 2차 탱크(secondary container)란 액화천연가스를 담을 수 있는 것으로서 이중방호식, 완전방호식 또는 멤브레인식 저장탱크의 바깥쪽 탱크를 말한다.

12 **액화석유가스 및 도시가스를 사용하는 연소기에서 발생하는 역화(back fire)를 설명하고, 원인 2가지를 쓰시오.**

해답 (1) 역화 : 가스의 연소속도가 염공의 가스 유출속도보다 크게 됐을 때 불꽃이 버너 내부에 침입하여 노즐의 선단에서 연소하는 현상
(2) 원인
① 염공이 크게 되었을 때
② 노즐의 구멍이 너무 크게 된 경우
③ 콕이 충분히 개방되지 않은 경우
④ 가스의 공급압력이 저하되었을 때
⑤ 버너가 과열된 경우

13 **제과공장에서 사용하는 제빵용 연소기와 직원 취사용으로 사용하는 연소기 명판에 발열량이 각각 10만 kcal/h, 1만 kcal/h일 때 월사용예정량(m^3)은 얼마인가?**

풀이 월사용예정량을 계산할 때 직원 취사용으로 사용하는 연소기는 비산업용으로 계산한다.

$$\therefore Q = \frac{(A\times 240)+(B\times 90)}{11000} = \frac{(100000\times 240)+(10000\times 90)}{11000}$$

$$= 2263.636 \fallingdotseq 2263.64\ \mathrm{m}^3$$

해답 2263.64 m^3

해설 월사용예정량 계산 시 가스소비량 합계 방법(KGS FU551)은 20년 1회 기사 06번 참고에 실려 있습니다.

14 **내용적 500 L인 초저온용기에 250 kg의 산소를 넣고 외기온도 20℃인 곳에서 24시간 방치한 결과 230 kg의 산소가 남아 있다. 이 용기의 침입열량을 계산하고, 단열성능시험의 합격, 불합격을 판정하시오. (단, 액화산소의 비점은 −183℃, 기화잠열은 213526 J/kg이다.)**

풀이 ① 침입열량 계산 : 기화된 시험용 가스(액화산소)의 양 W는 처음 상태의 양과 12시간 후의 잔량과의 차이에 해당된다.

$$\therefore\ Q = \frac{W \cdot q}{H \cdot \Delta t \cdot V} = \frac{(250-230)\times 213526}{24\times\{20-(-183)\}\times 500} = 1.753 \fallingdotseq 1.75\,\text{J/h}\cdot℃\cdot\text{L}$$

② 판정 : 침입열량 합격기준인 2.09 J/h · ℃ · L 이하에 해당되므로 합격이다.

해답 ① 침입열량 : 1.75 J/h · ℃ · L

② 판정 : 합격

해설 **초저온용기의 단열성능시험 기준** : KGS AC213

① 초저온용기 단열성능시험 합격기준

내용적	침입열량	
	kcal/h · ℃ · L	J/h · ℃ · L
1000 L 미만	0.0005 이하	2.09 이하
1000 L 이상	0.002 이하	8.37 이하

② 시험용 가스의 비점 및 기화잠열

시험용 가스의 종류	비점(℃)	기화잠열	
		kcal/kg	J/kg
액화질소	−196	48	200966
액화산소	−183	51	213526
액화아르곤	−186	38	159098

※ 시험용 가스에 따른 비점 및 기화잠열은 문제에서 제시되니 참고만 하길 바라며, 규정에 정해진 값과 다르게 제시될 수도 있습니다.

15 **가연성가스 저온저장탱크에는 그 저장탱크의 내부압력이 외부압력보다 낮아짐에 따라 그 저장탱크가 파괴되는 것을 방지하기 위하여 설치하여야 할 설비 3가지를 쓰시오.**

해답 ① 압력계

② 압력경보설비

③ 진공안전밸브

④ 다른 저장탱크 또는 시설로부터의 가스도입배관(균압관)

⑤ 압력과 연동하는 긴급차단장치를 설치한 냉동제어설비

⑥ 압력과 연동하는 긴급차단장치를 설치한 송액설비

해설 **저장탱크 부압파괴 방지조치(KGS FP112)** : 가연성가스 저온저장탱크에는 그 저장탱크의 내부압력이 외부압력보다 낮아짐에 따라 그 저장탱크가 파괴되는 것을 방지하기 위하여 다음의 부압파괴방지설비를 설치한다.

① 압력계

② 압력경보설비

③ 그 밖의 다음 중 어느 하나 이상의 설비

㉮ 진공안전밸브

㉯ 다른 저장탱크 또는 시설로부터의 가스도입배관(균압관)

㉰ 압력과 연동하는 긴급차단장치를 설치한 냉동제어설비

㉱ 압력과 연동하는 긴급차단장치를 설치한 송액설비

제2회 가스기사 필답형

01 용접부에 대한 비파괴검사법 중 초음파탐상검사의 단점 4가지를 쓰시오.

해답 ① 결함의 형태가 불명확하다.
② 검출 능력은 결함과 초음파 빔의 방향에 따른 영향이 크다.
③ 검사절차에 대한 검사자의 지식이 필요하다.
④ 초음파의 전달 효율을 높이기 위해 접촉 매질이 필요하다.
⑤ 검사체의 내부 조직에 따른 영향을 받을 수 있다.

해설 **초음파탐상검사의 장점**
① 내부결함 및 불균일 층의 검사가 가능하다.
② 용입 부족 및 용입부의 결함을 검출할 수 있다.
③ 검사 비용이 저렴하고, 검사 결과를 신속히 알 수 있다.
④ 이동성이 좋고, 검사자 및 주변인에 대한 장해가 없다.

02 프로판, 에틸렌, 메탄, 수소의 위험도를 구하고, 위험도가 큰 것부터 작은 순으로 쓰시오.

풀이 위험도(H) 계산식 $H=\dfrac{U-L}{L}$에 각 가스의 폭발범위 상한값(U)과 하한값(L)을 대입하여 구한다.

① 프로판 : $H=\dfrac{9.5-2.2}{2.2}=3.318 \fallingdotseq 3.32$

② 에틸렌 : $H=\dfrac{32-3.1}{3.1}=9.322 \fallingdotseq 9.32$

③ 메탄 : $H=\dfrac{15-5}{5}=2$

④ 수소 : $H=\dfrac{75-4}{4}=17.75$

해답 (1) 위험도 : ① 프로판 : 3.32
② 에틸렌 : 9.32
③ 메탄 : 2
④ 수소 : 17.75
(2) 순서 : 수소 → 에틸렌 → 프로판 → 메탄

해설 ① 각 가스의 공기 중에서 폭발범위

가스 명칭	공기 중 폭발범위(vol%)
프로판(C_3H_8)	2.2~9.5
에틸렌(C_2H_4)	3.1~32
메탄(CH_4)	5~15
수소(H_2)	4~75

② 에틸렌(C_2H_4)의 폭발범위가 2.7~36 %로 적용하는 경우도 있으며, 시험에는 한국가스안전공사에서 공개된 자료집에 수록된 3.1~32 % 값을 적용하고 있습니다.

03 **천연가스를 원료로 사용하여 수소를 제조하는 방법인 부분산화법 중 파우더법을 설명하고 반응식을 쓰시오.**

해답 ① 부분산화법 중 파우더법 : 메탄을 약 1.5 MPa 정도로 가압하여 니켈 촉매상에서 산소 또는 공기와 800~1000℃로 반응시켜 제조한다.
② 반응식 : $2CH_4 + O_2 \rightarrow 2CO + 4H_2 + 17\text{ kcal}$

해설 부분산화법 중 '그랜드 파로와스법' : 메탄 또는 저급 탄화수소를 원료로 하여 니켈 촉매상에서 약 1.0 MPa 정도의 수증기에 의하여 가압하고 850~950℃로 분해하여 수소를 얻는다.
※ 메탄과 수증기와의 반응식 : $CH_4 + H_2O \rightarrow CO + 3H_2 - 49.3\text{ kcal}$

04 **고압가스 안전관리법령에 규정된 충전설비의 정의를 쓰시오.**

해답 충전설비란 용기 또는 차량에 고정된 탱크에 고압가스를 충전하기 위한 설비로서 충전기와 저장탱크에 따른 펌프·압축기를 말한다.

해설 **용어의 정의** : 고법 시행규칙 제2조

05 **산화에틸렌 충전기준 중 ( ) 안에 알맞은 내용을 쓰시오.**

(1) 산화에틸렌 저장탱크는 그 내부의 질소가스·탄산가스 및 산화에틸렌가스의 분위기 가스를 질소가스나 탄산가스로 치환하고 ( )℃ 이하로 유지한다.
(2) 산화에틸렌을 저장탱크나 용기에 충전하는 때에는 미리 그 내부가스를 질소가스나 탄산가스로 바꾼 후에 ( )를 함유하지 아니하는 상태로 충전한다.
(3) 산화에틸렌의 저장탱크 및 충전용기에는 45℃에서 그 내부가스의 압력이 ( )MPa 이상이 되도록 질소가스나 탄산가스를 충전한다.
(4) 산화에틸렌의 제독제는 ( )이다.

해답 (1) 5 (2) 산이나 알칼리 (3) 0.4 (4) 물

해설 **산화에틸렌 충전기준** : KGS FP112, FP211

06 **공기액화 분리장치에서 액화산소 40 L 중 메탄 1.4 g, 에탄 1.5 g, 프로판 1.6 g이 혼입되었을 때의 물음에 답하시오.**

(1) 탄화수소의 탄소 질량을 계산하시오.
(2) 공기액화 분리장치의 운전 가능 여부를 판정하시오.

풀이 (1) 메탄(CH_4)의 분자량은 16, 탄소 질량은 12이고 에탄(C_2H_6)의 분자량은 30, 탄소 질량은 24이고 프로판(C_3H_8)의 분자량은 44, 탄소 질량은 36이고, 1 g은 1000 mg이고, 액산의 기준량은 5 L이다.

$$\therefore \text{탄소 질량} = \frac{\dfrac{\text{탄화수소 중 탄소 질량}}{\text{탄화수소의 분자량}} \times \text{탄화수소량}}{\text{액산의 기준량 대비 배수}}$$

$$= \frac{\left(\dfrac{12}{16}\times 1400\right)+\left(\dfrac{24}{30}\times 1500\right)+\left(\dfrac{36}{44}\times 1600\right)}{\dfrac{40}{5}} = 444.886 \fallingdotseq 444.89\text{ mg}$$

필답형 모의고사

해답 (1) 444.89 mg

(2) 탄화수소 중 탄소질량이 444.89 mg으로 500 mg을 넘지 않으므로 운전이 가능하다.

해설 ① 공기액화 분리기의 불순물 유입금지 : 공기액화 분리기(1시간의 공기 압축량이 1000 m^3 이하의 것은 제외한다)에 설치된 액화산소통 안의 액화산소 5 L 중 아세틸렌의 질량이 5 mg 또는 탄화수소의 탄소의 질량이 500 mg을 넘을 때에는 그 공기액화 분리기의 운전을 중지하고 액화산소를 방출한다.

② 이 문제는 탄소질량을 '액화산소 40 L'에 대하여 구하는 것이 아니라, '공기액화 분리장치의 운전여부'를 판단하기 위하여 탄소질량을 구하는 것이므로 '액화산소 5 L'에 대하여 구하여야 하며, 운전여부의 판단 기준이 되는 '액화산소 5 L'는 법령(규정)에 정해진 사항입니다.

07 전기방식법 중 강제배류법의 장점 4가지를 쓰시오.

해답 ① 효과범위가 넓다.
② 전압, 전류의 조정이 용이하다.
③ 전식에 대해서도 방식이 가능하다.
④ 외부전원법에 비해 경제적이다.
⑤ 전철의 휴지기간에도 방식이 가능하다.
⑥ 양극효과에 의한 간섭이 없다.

해설 **강제배류법의 단점**
① 다른 매설금속체로의 장해에 대해 검토가 있어야 한다.
② 전철에의 신호장해에 대해 검토가 있어야 한다.
③ 전원을 필요로 한다.
※ 강제배류법은 외부전원법과 배류법(선택배류법)을 혼합한 것이다.

08 액화석유가스용 압력조정기 중 자동절체식 조정기에 대하여 설명하시오.

해답 자동절체식 조정기에 사용 쪽 용기와 예비 쪽 용기를 각각 접속시킨 후 사용 쪽과 예비 쪽 용기 밸브를 개방시켜 놓고 사용 쪽 용기의 가스를 소비하다가 용기 압력이 0.1 MPa 미만으로 내려가서 사용 쪽 용기로부터 유출하는 가스만으로 소비량을 충족시키지 못하면 자동적으로 예비 쪽 용기로부터 가스가 공급되어 소비량을 충족시키는 조정기이다.

해설 **자동절체식 조정기** : KGS AA434
① 종류 : 자동절체식 일체형 저압조정기, 자동절체식 일체형 준저압조정기
② 절체성능 : 사용 쪽 용기 안의 압력 0.1 MPa 이상일 때 표시용량 범위에서 예비 쪽 용기에서 가스가 공급되지 않아야 한다.

09 도시가스에 첨가하는 냄새가 나는 물질의 주입농도가 적절한지를 확인하는 방법인 패널(panel)에 의한 가스냄새농도 측정 방법 2가지를 쓰시오.

해답 ① 공기와 시험가스의 유량 조절이 가능한 장비를 이용하여 시료기체를 만들고 감지희석배수를 구하는 방법인 오더(odor)미터법(냄새측정기법)
② 채취용 주사기로 채취한 일정량의 시험가스를 희석용 주사기에 옮기는 방법으로 시료기체를 만들고 감지희석배수를 구하는 방법인 주사기법

③ 일정한 양의 깨끗한 공기가 들어 있는 주머니에 시험가스를 주사기로 첨가하여 시료기체를 만들고 감지희석배수를 구하는 방법인 냄새주머니법

해설 **패널에 의한 가스냄새농도 측정** : KGS FP551

① 냄새가 나는 물질의 냄새 판정을 위한 시료기체는 깨끗한 공기와 시험가스의 희석배수를 500배, 1000배, 2000배 및 4000배 등 4가지 이상으로 한다.

② 패널은 정상적인 후각을 가진 4명 이상을 선정하고 다음의 조건을 갖추는 것으로 한다.

㉮ 시험을 시작하기 30분 전에는 식사, 흡연 등을 하지 않는다.

㉯ 건강 상태가 좋지 않을 때, 특히 후각 기능이 좋지 않을 때는 측정에 참가하지 않는다.

③ 냄새농도 측정실은 다음 기준에 적합한 곳으로 한다.

㉮ 청결하고 냄새가 없으며 환기가 적당히 되는 곳

㉯ 패널의 후각 안정을 위하여 실내의 온도 및 습도가 가능한 한 생활환경에 가깝도록(온도 18~25℃, 습도 60~80 %) 일정하게 유지되고 조용한 곳, 특히 한랭 및 강풍은 후각 기능을 감퇴시키므로 주의한다.

④ 감지희석배수 계산식

$$C = \frac{C_n + C_y}{2}$$

여기서, C : 감지희석배수

C_n : 가스냄새를 확인할 수 없게 된 희석배수

C_y : 가스냄새를 확인할 수 있는 희석배수

10 **내용적 2 L의 고압용기에 암모니아를 충전하여 온도를 173℃로 상승시켰더니 압력이 220 atm을 나타내었다. 이 용기에 충전된 암모니아는 몇 g인가? (단, 173℃, 220 atm에서 암모니아의 압축계수는 0.4이다.)**

풀이 이상기체 상태방정식 $PV = Z\frac{W}{M}RT$에서 충전량 W를 구하며, 암모니아(NH_3) 분자량(M)은 17이다.

$$\therefore \ W = \frac{PVM}{ZRT} = \frac{220 \times 2 \times 17}{0.4 \times 0.082 \times (273+173)} = 511.320 ≒ 511.32\,\text{g}$$

해답 511.32 g

[별해] SI단위 이상기체 상태방정식 $PV = GRT$에서 압축계수(Z)는 오른쪽 항에 적용($PV = ZGRT$)하여 충전량 G를 구하며, 1 atm은 101.325 kPa이고, 1 m^{3}는 1000 L이다.

$$\therefore \ G = \frac{PV}{ZRT} = \frac{(220 \times 101.325) \times (2 \times 10^{-3})}{0.4 \times \frac{8.314}{17} \times (273+173)} = 0.510991\,\text{kg} = 510.991\,\text{g} ≒ 510.99\,\text{g}$$

※ 'atm' 단위는 별도의 언급이 없으면 절대단위에 해당되므로 SI단위 공식에 맞는 kPa 단위로 변환하여 적용하였다.

11 **카바이드(CaC_2)를 이용하여 아세틸렌을 제조할 때 가스발생기는 주수식, 침지식, 투입식으로 분류된다. 이때 공업적으로 가장 많이 사용하는 방식의 명칭과 그 이유를 설명하시오.**

해답 ① 명칭 : 투입식

② 이유 : 물에 카바이드를 넣는 방식으로 카바이드가 물속에 있어 온도 상승이 크지 않고, 불순가스 발생이 적고, 카바이드 투입량에 따라 아세틸렌가스 발생량을 조절할 수 있기 때문에 공업적으로 가장 많이 사용되고 있다.

해설 **아세틸렌가스 발생기 종류**

① 주수식 : 카바이드에 물을 넣는 방식으로 카바이드에 접촉하는 물이 적기 때문에 온도 상승으로 인한 분해의 우려가 있고 불순가스 발생이 많다. 주수량 가감에 의해 가스 발생량을 조절할 수 있다.

② 침지식(접촉식) : 물과 카바이드를 소량씩 접촉시키는 방식으로 발생기의 온도 상승과 불순물이 혼입될 우려가 있다.

③ 투입식 : 물에 카바이드를 넣는 방식이다.

12 **아세틸렌용기에 적용하는 다음 용어의 정의를 쓰시오.**

(1) 최고충전압력 :

(2) 기밀시험압력 :

(3) 내압시험압력 :

(4) 내력비 :

해답 (1) 15℃에서 용기에 충전할 수 있는 가스의 압력 중 최고압력을 말한다.

(2) 최고충전압력의 1.8배의 압력을 말한다.

(3) 최고충전압력 수치의 3배의 압력을 말한다.

(4) 내력과 인장강도의 비를 말한다.

해설 **아세틸렌용 용접용기의 제조 기준** : KGS AC214

13 **고압가스 제조시설에 설치하는 가스누출검지 경보장치의 경보농도와 정밀도에 대하여 가연성가스와 독성가스로 구분하여 다음 표의 빈칸에 각각 쓰시오.**

구분	경보농도	정밀도
가연성가스	①	②
독성가스	③	④

해답 ① 폭발하한계의 1/4 이하

② ±25 % 이하

③ TLV-TWA 기준농도 이하

④ ±30 % 이하

해설 가연성가스용 경보기의 정밀도는 고압가스 일반제조시설 기준(KGS FP112)에서는 '25 % 이하'로 규정되어 있고, 나머지 모든 시설의 기준에서는 '±25 % 이하'로 규정되어 있으니 문제에서 고압가스 일반제조시설로 제시되면 '25 % 이하'로 답안을 작성하길 바랍니다.

14 **공기액화 분리장치에서 원료공기 중에 포함된 탄산가스(CO_2)의 영향과 제거방법을 설명하시오.**

해답 ① 영향 : 탄산가스(CO_2)는 공기액화 분리장치 저온의 장치에서 고형의 드라이아이스가 되어 밸브 및 배관을 폐쇄하여 장애를 발생시키므로 제거하여야 한다.

② 제거방법 : 가성소다(NaOH) 수용액을 사용하여 CO_2 흡수탑에서 제거 또는 흡수제인 몰레큘러 시브(molecular sieves)를 이용하여 제거한다.

해설 흡수제(吸收劑)는 물을 흡수하는 물질이 아니라, 어떤 특정 물질을 주위의 물질이나 환경으로부터 흡수하는 약제를 나타내는 것이다.

15 저압배관 유량식(Pole의 공식)을 이용하여 배관 안지름을 구하는 식을 나타내시오.

해답 $D=\sqrt[5]{\dfrac{Q^2\times S\times L}{K^2\times H}}$

해설 **저압배관 유량식(Pole의 공식)**

$$Q=K\sqrt{\frac{D^5\cdot H}{S\cdot L}}$$

여기서, Q : 가스의 유량(m^3/h)

D : 관 안지름(cm)

H : 압력손실(mmH_2O)

S : 가스의 비중

L : 관의 길이(m)

K : 유량계수(폴의 상수 : 0.707)

※ 저압배관 및 중고압배관 유량식은 단위 정리가 되지 않는 공식에 해당된다.

제3회 가스기사 필답형

01 용접부에 대한 비파괴검사법 중 침투탐상검사의 장점 4가지를 쓰시오.

해답 ① 철, 비철금속에 관계없이 거의 모든 재료에 적용할 수 있다.

② 1회의 탐상조작으로 시험체 전체를 탐상할 수 있다.

③ 결함의 방향에 관계없이 검출할 수 있다.

④ 액체의 탐상체를 사용하기 때문에 형상이 복잡한 것도 검사할 수 있다.

⑤ 전기 및 수도 등의 설비가 필요하지 않고 휴대성이 양호하다.

⑥ 검사과정이 비교적 간단하여 교육 및 훈련을 받으면 숙련이 쉽다.

해설 **침투탐상검사의 단점**

① 검사할 장소에 침투액의 침투를 방해하는 물, 기름 등의 액체나 금속, 비금속 개재물 등의 이물질이 채워져 있으면 결함을 검출할 수 없다.

② 표면이 거칠거나 다공성 재료는 검사가 곤란하다.

③ 결함의 깊이와 내부 형상을 알 수 없다.

④ 손으로 하는 작업이 많아 검사원의 기량에 의존하는 경우가 있다.

⑤ 유기용제 등 가연성의 탐상제를 사용하므로 보관 및 검사 시에 화기에 주의하고 충분한 환기가 필요하다.

⑥ 주변 환경, 온도의 영향을 받을 수 있다.

02 **LPG 사용시설에서 2단 감압방식을 사용할 때 장점 4가지를 쓰시오.**

해답 ① 입상배관에 의한 압력손실을 보정할 수 있다.
② 가스배관이 길어도 공급압력이 안정된다.
③ 각 연소기구에 알맞은 압력으로 공급이 가능하다.
④ 중간 배관의 지름이 작아도 된다.

해설 **2단 감압방식의 단점**
① 설비가 복잡하고, 검사방법이 복잡하다.
② 조정기 수가 많아서 점검부분이 많다.
③ 부탄의 경우 재액화의 우려가 있다.
④ 시설의 압력이 높아서 이음방식에 주의하여야 한다.

03 **NH_3의 위험성에 대하여 4가지를 쓰시오. (단, '가연성가스이다'와 '독성가스이다'는 제외한다.)**

해답 ① 동 및 동합금에 대하여 부식성을 나타낸다.
② 액체 암모니아가 피부에 노출되면 동상, 염증의 위험성이 있다.
③ 가스를 흡입하면 인두와 기관화상, 세기관지 및 폐포 부종, 호흡곤란을 일으킨다.
④ 고농도에 노출되면 폐수종이 발생하고, 즉시 처치를 하지 않으면 수시간 내에 생명이 위험하다.
⑤ 눈에 자극, 화상, 눈물, 시력 손상 및 상실을 일으킬 수 있다.

04 **초저온 액화가스가 충전된 용기를 취급할 때 발생할 수 있는 인적사고에 관련된 것 2가지를 쓰시오.**

해답 ① 초저온 액화가스가 피부에 접촉 시 동상의 우려가 있다.
② 산소 결핍에 의한 질식의 우려가 있다.

05 **도시가스시설의 전기방식에서 전위측정용 터미널(T/B)을 설치해야 할 장소 4가지를 쓰시오.**

해답 ① 직류전철 횡단부 주위
② 지중에 매설되어 있는 배관 절연부의 양측
③ 밸브스테이션
④ 다른 금속 구조물과 근접 교차 부분
⑤ 교량 및 하천 횡단 배관의 양단부
⑥ 강재 보호관 부분의 배관과 강재 보호관

해설 전위측정용 터미널(T/B)을 설치해야 할 장소는 고압가스시설, 액화석유가스시설, 도시가스시설로 구분되어 규정되어 있으니 제시되는 시설이 어느 곳인지 확인하길 바랍니다.

06 **고압가스 제조시설에서 아세틸렌가스 또는 압력이 9.8 MPa 이상인 압축가스를 용기에 충전하는 경우 방호벽을 설치해야 할 곳 4가지를 쓰시오.**

해답 ① 압축기와 그 충전장소 사이의 공간
② 압축기와 그 가스충전용기 보관장소 사이의 공간
③ 충전장소와 그 가스충전용기 보관장소 사이의 공간
④ 충전장소와 그 충전용 주관밸브 조작밸브 사이의 공간

해설 **방호벽 설치(KGS FP112)** : 아세틸렌가스 또는 압력이 9.8 MPa 이상인 압축가스를 용기에 충전하는 경우에는 가스폭발에 따른 충격에 견딜 수 있는 방호벽을 설치하고, 그 한쪽에서 발생하는 위험요소가 다른 쪽으로 전이되는 것을 방지하기 위하여 필요한 조치를 할 것

07 **피스톤 행정용량 0.003 m^3, 회전수 150 rpm의 압축기로 토출구로 100 kg/h의 가스가 통과하고 있을 때 가스의 토출효율은 몇 %인가? (단, 토출가스 1 kg을 흡입한 상태로 환산한 체적은 0.2 m^3이다.)**

풀이 ① 흡입된 상태의 기체부피는 피스톤 행정용량에 분당 회전수(rpm)를 곱한 값(단위 m^3/min)이고, 토출된 가스량(단위 m^3/h)이 시간당이므로 단위시간을 맞춰 주어야 한다.
② 토출효율 계산

$$\therefore \eta' = \frac{\text{토출기체를 흡입상태로 환산한 부피}}{\text{흡입된 기체부피}} \times 100$$

$$= \frac{100 \times 0.2}{0.003 \times 150 \times 60} \times 100 = 74.074 ≒ 74.07\,\%$$

해답 74.07 %

해설 **토출효율(η')** : 흡입된 기체부피에 대한 토출기체의 부피를 흡입된 상태로 환산한 부피비이다.

08 **길이가 50 m인 배관이 −20℃에서 40℃까지의 범위에서 사용될 때 신축길이는 몇 mm인가? (단, 선팽창계수 $\alpha = 11.7 \times 10^{-6}$℃$^{-1}$이다.)**

풀이 $\Delta L = L \times \alpha \times \Delta t = (50 \times 1000) \times 11.7 \times 10^{-6} \times \{40 - (-20)\} = 35.1\text{ mm}$

해답 35.1 mm

해설 ① 신축길이를 계산할 때 배관길이는 신축길이와 같은 단위를 적용하며, 길이 1 m는 1000 mm이다.
② 선팽창계수는 온도변화 폭이 1℃일 때 배관길이 1 m에 대하여 11.7×10^{-6} m만큼 신축하는 것으로 단위를 'm/m·℃'를 사용하거나, 거리 단위를 생략하고 '/℃'로 사용하며, 이것을 '℃$^{-1}$'로 표기할 수 있다.
③ 선팽창계수의 단위는 'm/m·℃' 외에 'cm/cm·℃', 'mm/mm·℃'를 사용한다.

09 **주거용 가스보일러 종류 3가지 중 2가지를 쓰고 설명하시오.**

해답 ① 단독·밀폐식·강제배기식 : 하나의 가스보일러를 사용하는 배기시스템으로서 연소용 공기는 실외에서 급기하고, 배기가스는 실외로 배기하며, 송풍기를 사용하여 강제적으로 급기 및 배기하는 시스템을 말한다.
② 단독·반밀폐식·강제배기식 : 하나의 가스보일러를 사용하는 배기시스템으로서 연소용 공기는 가스보일러가 설치된 실내에서 급기하고, 배기가스는 실외로 배기하며(연돌을 통하여 배기하는 것을 포함한다), 송풍기를 사용하여 강제적으로 배기하는 시스템을 말한다.

③ 공동·반밀폐식·강제배기식 : 다수의 가스보일러를 사용하는 배기시스템으로서 연소용 공기는 가스보일러가 설치된 실내에서 급기하고, 배기가스는 연돌을 통하여 실외로 배기하며, 송풍기를 사용하여 강제적으로 배기하는 시스템을 말한다.

해설 **주거용 가스보일러 설치·검사기준** : KGS GC208

10 다량의 분진이 발생하는 작업장에서 발생할 수 있는 분진폭발 방지대책 4가지를 쓰시오.

해답 ① 분진의 퇴적 및 분진운의 생성 방지
② 분진발생 설비의 구조 개선
③ 불활성가스 봉입 조치
④ 제진설비 설치 및 가동
⑤ 점화원의 제거 및 관리
⑥ 접지로 정전기 제거
⑦ 폭발방호장치 설치

11 고압가스 제조 시 압축금지에 대한 내용 중 ( ) 안에 알맞은 숫자를 넣으시오.

(1) 가연성가스(아세틸렌, 에틸렌 및 수소는 제외) 중 산소용량이 전체 용량의 ( )% 이상인 것
(2) 산소 중의 가연성가스(아세틸렌, 에틸렌 및 수소는 제외)의 용량이 전체 용량의 ( )% 이상인 것
(3) 아세틸렌, 에틸렌 또는 수소 중의 산소용량이 전체 용량의 ( )% 이상인 것
(4) 산소 중의 아세틸렌, 에틸렌 및 수소의 용량 합계가 전체 용량의 ( )% 이상인 것

해답 (1) 4 (2) 4 (3) 2 (4) 2

해설 **고압가스 제조 시 압축금지(KGS FP112)** : 고압가스를 제조하는 경우 다음의 가스는 압축하지 아니한다.
① 가연성가스(아세틸렌·에틸렌 및 수소는 제외한다) 중 산소용량이 전체 용량의 4% 이상인 것
② 산소 중의 가연성가스(아세틸렌·에틸렌 및 수소는 제외한다)의 용량이 전체 용량의 4% 이상인 것
③ 아세틸렌·에틸렌 또는 수소 중의 산소용량이 전체 용량의 2% 이상인 것
④ 산소 중의 아세틸렌·에틸렌 및 수소의 용량 합계가 전체 용량의 2% 이상인 것

12 정압기 정특성에 대한 내용 중 ( ) 안에 알맞은 용어를 쓰시오.

정특성의 정의는 (①)로, 유량이 0으로 되었을 때 끝맺음 압력과 기준압력과의 차이를 (②)라 하고, 유량이 변화했을 때 2차 압력과 기준압력과의 차이를 (③)이라 하며, 1차 압력의 변화에 의하여 정압곡선이 전체적으로 어긋나는 것을 (④)라 한다.

해답 ① 유량과 2차 압력의 관계
② 로크업(lock up)
③ 오프셋(offset)
④ 시프트(shift)

13 **정압기 부속설비 4가지를 쓰시오. (단, 각종 통보설비 및 이들과 연결된 배관과 전선은 제외한다.)**

해답 ① 가스차단장치(valve)
② 정압기용 필터(gas filter)
③ 긴급차단장치(slam shut valve)
④ 안전밸브(safety valve)
⑤ 압력기록장치(pressure recorder)
⑥ 정압기실 내부의 1차측(inlet) 최초 밸브(밸브가 없는 경우 플랜지 또는 절연조인트)로부터 2차측(outlet) 말단 밸브(밸브가 없는 경우 플랜지 또는 절연조인트) 사이에 설치된 배관

해설 **용어의 정의** : KGS FS552
① 정압기(governor) : 도시가스 압력을 사용처에 맞게 낮추는 감압기능, 2차측의 압력을 허용범위 내의 압력으로 유지하는 정압기능 및 가스의 흐름이 없을 때는 밸브를 완전히 폐쇄하여 압력상승을 방지하는 폐쇄기능을 가진 기기로서 "정압기용 압력조정기"와 그 부속설비를 말한다.
② 정압기 부속설비 : 정압기실 내부의 1차측 (inlet) 최초 밸브(밸브가 없는 경우 플랜지 또는 절연조인트)로부터 2차측(outlet) 말단 밸브(밸브가 없는 경우 플랜지 또는 절연조인트) 사이에 설치된 배관, 가스차단장치(valve), 정압기용 필터(gas filter), 긴급차단장치(slam shut valve), 안전밸브(safety valve), 압력기록장치(pressure recorder), 각종 통보설비 및 이들과 연결된 배관과 전선을 말한다.
③ 압력조정기
㉮ 정압기용 압력조정기 : 도시가스 정압기에 설치되는 압력조정기를 말한다.
㉯ 도시가스용 압력조정기 : 도시가스 정압기 이외에 설치되는 압력조정기로서 입구쪽 호칭지름이 50 A 이하이고, 최대표시유량이 300 Nm^3/h 이하인 것을 말한다.

14 **폭굉(detonation)의 정의를 쓰시오.**

해답 가스 중의 음속보다도 화염 전파속도가 큰 경우로서 가스의 경우 1000~3500 m/s 정도에 달하여 파면선단에 충격파라고 하는 압력파가 생겨 격렬한 파괴작용을 일으키는 현상이다.

15 **물을 전기분해하면 전극에서 수소와 산소가 발생하며, 수소 연료전지는 석유 · 가스 등에서 추출된 수소를 연료로 공급해 공기 중의 산소와 반응시켜 물과 전기에너지를 발생시키는 것으로 개념이 반대이다. 물을 전기분해할 때와 수소 연료전지에서 일어나는 반응을 양극과 음극으로 구별하여 반쪽짜리 반응식(half reactions)을 각각 쓰시오.**

(1) 물 전기분해 반응 :
(2) 수소 연료전지 반응 :

해답 (1) ① 양극 : $2H_2O(L) \rightarrow O_2(g) + 4H^+ + 4e^-$
② 음극 : $4H_2O(L) + 4e^- \rightarrow 2H_2(g) + 4OH^-$

(2) ① 양극 : $\frac{1}{2}O_2 + 2H^+ + 2e^- \rightarrow H_2O$

② 음극 : $H_2 \rightarrow 2H^+ + 2e^-$

해설 **각각의 전체 반응식**

① 물 전기분해 : $2H_2O(L) \rightarrow 2H_2(g) + O_2(g)$

② 수소 연료전지 : $H_2 + \frac{1}{2}O_2 \rightarrow H_2O$

참고 **수소 연료전지의 원리**

① 음극(연료극)에 공급된 수소가스가 백금 전극 표면에서 수소이온과 전자로 나누어지는 반응이 일어나며, 이때 생성된 전자는 외부 회로를 통해 양극으로 이동한다.

② 양극(공기극)에서는 산소분자가 전해질 중의 수소이온 및 음극에서 이동한 전자와 반응하여 최종적으로 물(H_2O)이 생성된다.

③ 음극에서 생성된 전자가 양극으로 이동할 때 회로에 전류가 흐르면서 전기에너지가 만들어지며 이것을 이용한 것이 수소 연료전지이다.

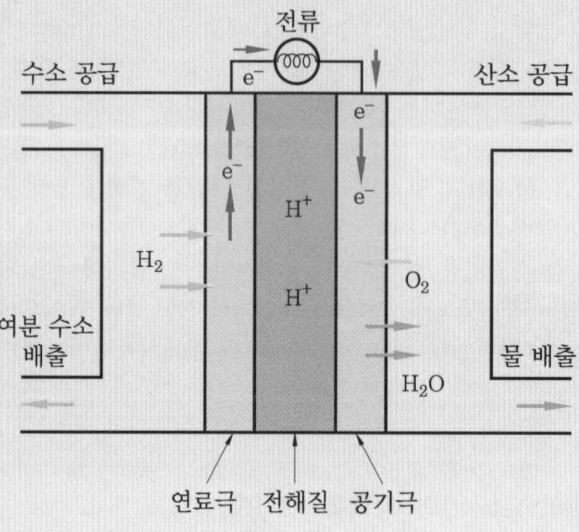

Engineer Gas

안전관리 실무 동영상 예상문제

동영상 예상문제

1 충전용기

예상문제 1

LPG 충전용기에 대한 물음에 답하시오.

(1) 용기의 재질은 무엇인가?
(2) 제조방법에 의한 용기 명칭을 쓰시오.
(3) 탄소(C), 인(P), 황(S)의 화학 성분비는 얼마인가?

해답 (1) 탄소강
(2) 용접용기(또는 심용기, 계목(繼目)용기)
(3) ① 탄소(C) : 0.33 % 이하
② 인(P) : 0.04 % 이하
③ 황(S) : 0.05 % 이하

해설 LPG 충전용기
(1) 제조방법에 의한 분류 : 용접용기
(2) 용접용기 제조방법 : 심교용기, 종계용기
(3) 용접용기의 특징
① 강판을 사용하므로 제작비가 저렴하다.
② 이음매 없는 용기에 비해 두께가 균일하다.
③ 용기의 형태, 치수 선택이 자유롭다.
④ 고압에 견디기 어렵다.
(4) LPG 충전량 계산식

$$G = \frac{V}{C}$$

G : 충전질량(kg) V : 용기 내용적(L)
C : 충전상수(C_3H_8 : 2.35, C_4H_{10} : 2.05)

예상문제 2

다음 LPG 용기는 상부 프로텍터 내부에 밸브가 2개 설치되어 있다. 물음에 답하시오.

(1) 이 용기 명칭을 쓰시오. (단, 제조방법, 충전가스에 의한 명칭은 제외한다.)
(2) 용기밸브 핸들이 회색과 적색으로 부착되어 있는데 각각의 밸브에서 유출되는 것을 액체와 기체로 구분하여 답하시오.
(3) 이 용기는 원칙적으로 ( )가 설치되어 있는 시설에서만 사용한다. ( ) 안에 알맞은 내용을 쓰시오.

해답 (1) 사이펀 용기
(2) ① 회색 : 기체 ② 적색 : 액체
(3) 기화장치

예상문제 3

아세틸렌 용기에 각인된 기호는 무엇을 의미하는지 설명하시오.

(1) TP : (2) TW :
(3) V : (4) FP :

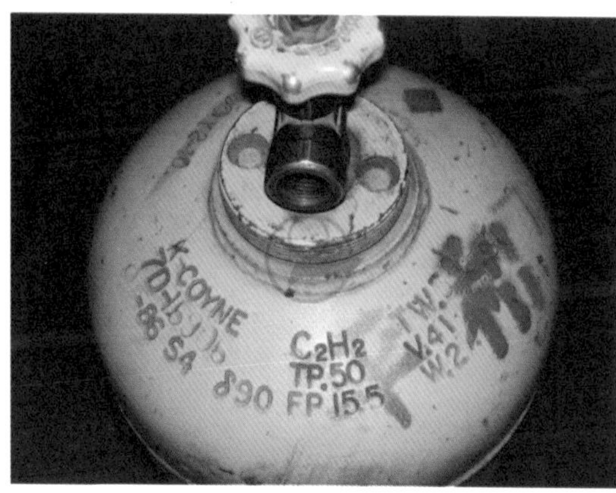

해답 (1) 내압시험압력(MPa)
(2) 용기의 질량에 다공물질, 용제 및 밸브의 질량을 합한 질량(kg)
(3) 내용적(L)
(4) 최고충전압력(MPa)

예상문제 4

아세틸렌 용기에 대한 물음에 답하시오.

(1) 용기 재질은 무엇인가?
(2) 다공물질의 종류 4가지를 쓰시오.
(3) 다공도 기준은 얼마인가?

해답 (1) 탄소강
(2) ① 규조토 ② 석면 ③ 목탄 ④ 석회
⑤ 산화철 ⑥ 탄산마그네슘 ⑦ 다공성 플라스틱
(3) 75 ~ 92% 미만

해설 (1) 다공물질의 구비조건
① 고다공도일 것
② 기계적 강도가 클 것
③ 가스 충전이 쉽고 안정성이 있을 것
④ 경제적일 것
⑤ 화학적으로 안정할 것
(2) 다공도 시험 방법
① 다공질물의 다공도는 다공질물을 용기에 충전한 상태로 20℃에서 아세톤, 디메틸포름아미드 또는 물의 흡수량으로 측정한다.
② 동일 용기 제조소에서 6개월 동안에 1회씩 동일 재료로서 동일한 방법으로 제조된 다공질물을 동일한 방법으로 용기에 고루 채운 용기에서 임의로 채취한 1개의 용기에 대하여 실시한다.
③ 다공도 시험에 불합격된 경우에는 그 2배수의 용기를 채취하여 이에 대하여 1회에 한하여 다공도 시험을 할 수 있다.

예상문제 5

아세틸렌을 충전작업에 대한 물음에 답하시오.

(1) 용기 내부에 충전하는 용제의 종류 2가지를 쓰시오.
(2) 2.5 MPa 이상의 압력으로 충전 시 첨가하는 희석제의 종류 4가지를 쓰시오.
(3) 최고충전압력은 얼마인가?
(4) 아세틸렌 압축기 내부 윤활유는 무엇인가?

해답 (1) ① 아세톤 ② 디메틸포름아미드(DMF)
(2) ① 질소(N_2) ② 메탄(CH_4)
③ 일산화탄소(CO) ④ 에틸렌(C_2H_4)
(3) 15℃에서 최고압력
(4) 양질의 광유

예상문제 6

아세틸렌 용기에 대한 물음에 답하시오.

(1) 지시하는 부분의 명칭을 쓰시오.
(2) 이것이 녹는 적정온도는 얼마인가?

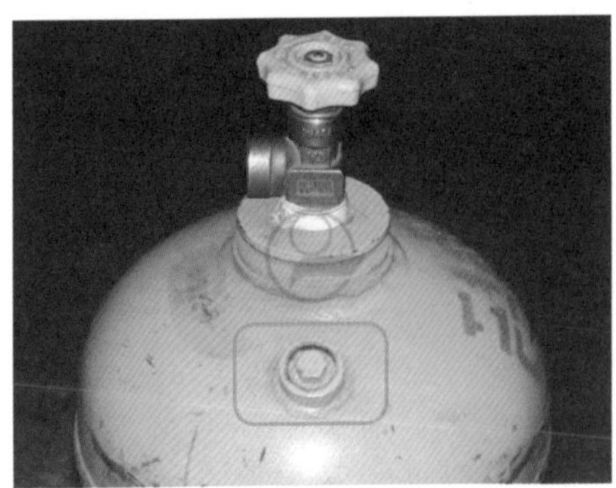

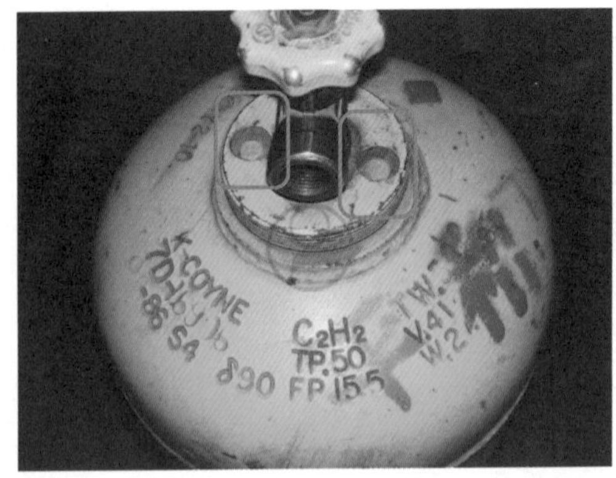

해답 (1) 가용전식 안전밸브
(2) 105±5℃

예상문제 7

산소 충전용기에 대한 물음에 답하시오.

(1) 제조방법에 의한 용기 명칭을 쓰시오.
(2) 제조방법 3가지를 쓰시오.
(3) 이 용기의 화학 성분비(탄소 : 인 : 황)는 얼마인가?
(4) 제조방법에 따른 용기의 특징 4가지를 쓰시오.

해답 (1) 이음매 없는 용기 (또는 무계목(無繼目) 용기, 심리스 용기)

(2) ① 만네스만식 ② 에르하트식 ③ 디프 드로잉식
(3) ① 탄소(C) 0.55% 이하 ② 인(P) 0.04% 이하
③ 황(S) 0.05% 이하
(4) ① 고압에 견디기 쉬운 구조이다.
② 내압에 대한 응력분포가 균일하다.
③ 제작비가 비싸다.
④ 두께가 균일하지 못할 수 있다.

해설 **충전용기의 화학성분비**

구 분	탄소(C)	인(P)	황(S)
용접용기	0.33% 이하	0.04% 이하	0.05% 이하
이음매 없는 용기	0.55% 이하	0.04% 이하	0.05% 이하

예상문제 8

산소 충전시설에 대한 물음에 답하시오.

(1) 충전작업 시 주의사항 4가지를 쓰시오.
(2) 품질검사 시 산소의 순도와 압력은 얼마인가?
(3) 산소를 충전할 때 압축기와 충전용 지관 사이에 설치하여야 할 기기는 무엇인가?

해답 (1) ① 밸브와 용기 내부의 석유류, 유지류를 제거할 것
② 용기와 밸브 사이에 가연성 패킹을 사용하지 않을 것
③ 압력계는 산소 전용 압력계를 사용할 것
④ 기름 묻은 장갑으로 취급을 금지할 것
⑤ 급격한 충전은 피할 것

(2) ① 순도 : 99.5% 이상
② 압력 : 35℃에서 11.8MPa 이상
(3) 수취기(drain separator)

해설 **품질검사 방법 및 기준**
(1) 품질검사 방법
① 검사는 1일 1회 이상 가스제조장에서 실시
② 검사는 안전관리책임자가 실시, 검사 결과는 안전관리 부총괄자와 안전관리 책임자가 확인
(2) 품질검사 기준

가스 종류	순도	시약	시험방법	충전압력
산소	99.5% 이상	동·암모니아 시약	오르사트법	35℃에서 11.8MPa 이상
수소	98.5% 이상	피로갈롤 또는 하이드로 설파이드 시약	오르사트법	35℃에서 11.8MPa 이상
아세틸렌	98% 이상	발연황산 시약	오르사트법	–
		브롬 시약	뷰렛법	
		질산은 시약	정성시험	

예상문제 9

다음은 압축가스 충전시설이다. 지시하는 부분의 명칭을 쓰시오.

해답 (1) 충전용 주관 압력계
(2) 충전용 주관 밸브
(3) 방호벽

해설 **방호벽 종류 및 설치 기준**

(1) 방호벽 기준

구분	규격		구 조
	두께	높이	
철근 콘크리트	12 cm 이상	2 m 이상	9 mm 이상의 철근을 40×40 cm 이하의 간격으로 배근 결속함
콘크리트 블록	15 cm 이상	2 m 이상	9 mm 이상의 철근을 40×40 cm 이하의 간격으로 배근 결속하고, 블록 공동부에는 콘크리트 모르타르로 채움
박강판	3.2 mm 이상	2 m 이상	30×30 mm 이상의 앵글강을 40×40 cm 이하의 간격으로 용접 보강하고 1.8 m 이하의 간격으로 지주를 세움
후강판	6 mm 이상	2 m 이상	1.8 m 이하의 간격으로 지주를 세움

(2) 방호벽 기초 기준

① 일체로 된 철근콘크리트 기초

② 기초의 높이 350 mm 이상, 되메우기 깊이 300 mm 이상

③ 기초의 두께 : 방호벽 최하부의 120% 이상

(3) 압력계 점검 기준 : 표준이 되는 압력계로 기능 검사

① 충전용 주관(主管)의 압력계 : 매월 1회 이상

② 그 밖의 압력계 : 3개월에 1회 이상

③ 압력계의 최고 눈금 범위 : 상용압력의 1.5배 이상 2배 이하

예상문제 10

다음 산소 충전용기가 신규검사 후 경과년수가 10년일 때 재검사 주기는 얼마인가?

해답 5년

해설 **충전용기 검사**

(1) 신규검사 항목

① 강으로 제조한 이음매 없는 용기 : 외관검사, 인장시험, 충격시험(Al용기 제외), 파열시험(Al용기 제외), 내압시험, 기밀시험, 압궤시험

② 강으로 제조한 용접용기 : 외관검사, 인장시험, 충격시험(Al용기 제외), 용접부 검사, 내압시험, 기밀시험, 압궤시험

③ 초저온 용기 : 외관검사, 인장시험, 용접부 검사, 내압시험, 기밀시험, 압궤시험, 단열성능시험

④ 납붙임 접합용기 : 외관검사, 기밀시험, 고압가압시험

※ 파열시험을 한 용기는 인장시험, 압궤시험을 생략할 수 있다.

(2) 재검사

① 재검사를 받아야 할 용기

㉮ 일정한 기간이 경과된 용기

㉯ 합격 표시가 훼손된 용기

㉰ 손상이 발생된 용기

㉱ 충전가스 명칭을 변경할 용기

㉲ 열 영향을 받은 용기

② 재검사 주기

구 분		15년 미만	15년 이상~20년 미만	20년 이상
용접용기 (LPG용 용접용기 제외)	500 L 이상	5년	2년	1년
	500 L 미만	3년	2년	1년
LPG용 용접용기	500 L 이상	5년	2년	1년
	500 L 미만	5년		2년
이음매 없는 용기 또는 복합재료 용기	500 L 이상	5년		
	500 L 미만	신규검사 후 경과 연수가 10년 이하인 것은 5년, 10년을 초과한 것은 3년마다		
용기 부속품	용기에 부착되지 아니한 것	2년		
	용기에 부착된 것	검사 후 2년이 지나 용기 부속품을 부착한 해당 용기의 재검사를 받을 때마다		

예상문제 11

초저온 용기에 대한 물음에 답하시오.

(1) 초저온 용기의 정의를 쓰시오.
(2) 초저온 용기에 충전하는 가스의 종류 3가지를 쓰시오.
(3) 단열성능시험 계산식을 쓰고 설명하시오.
(4) 취급 시 주의사항 4가지를 쓰시오.

해답 (1) −50℃ 이하의 액화가스를 충전하기 위한 용기로서 단열재를 씌우거나 냉동설비로 냉각시키는 등의 방법으로 용기 내의 가스 온도가 상용 온도를 초과하지 아니하도록 한 것

(2) ① 액화산소 ② 액화질소 ③ 액화아르곤

(3) $Q=\dfrac{W\cdot q}{H\cdot \Delta t\cdot V}$

Q : 침입열량(J/h·℃·L)
W : 측정 중 기화가스량(kg)
q : 시험용 액화가스의 기화잠열(J/kg)
H : 측정시간(h)
Δt : 시험용 액화가스의 비점과 외기온도와의 온도차(℃)
V : 용기 내용적(L)

(4) ① 용기에 낙하, 외부의 충격을 금한다.
② 용기는 직사광선, 빗물, 눈 등을 피한다.
③ 습기, 인화성 물질, 염류 등이 있는 곳을 피하여 보관한다.
④ 통풍이 양호한 곳에 보관한다.
⑤ 기름 묻은 장갑, 면장갑을 사용하지 말고, 가죽장갑을 사용하여 취급한다.
⑥ 전선, 어스선 등 전기시설물 근처를 피하여 보관한다.

해설 **초저온 용기 단열성능시험**

(1) 시험방법
① 단열성능시험은 액화질소, 액화산소 또는 액화아르곤을 사용하여 실시한다.
② 용기에 시험용 가스를 충전하고 기상부에 접속된 가스방출밸브를 완전히 열고 다른 모든 밸브는 잠그며, 초저온 용기에서 가스를 대기 중으로 방출하여 기화가스량이 거의 일정하게 될 때까지 정지한 후 가스방출밸브에서 방출된 기화량을 중량계(저울) 또는 유량계를 사용하여 측정한다.
③ 시험용 가스의 충전량은 충전한 후 기화가스량이 거의 일정하게 되었을 때 시험용 가스의 용적이 초저온 용기 내용적의 $\frac{1}{3}$ 이상 $\frac{1}{2}$ 이하가 되도록 충전한다.

(2) 합격기준

내용적 구분	침입 열량
1000 L 미만	0.0005 kcal/h·℃·L 이하 (2.09 J/h·℃·L 이하)
1000 L 이상	0.002 kcal/h·℃·L 이하 (8.37 J/h·℃·L 이하)

예상문제 12

다음은 초저온 용기의 상부 모습이다. 물음에 답하시오.

(1) 초저온 용기에 사용하는 안전밸브의 명칭을 쓰시오.
(2) 지시하는 부분의 명칭을 쓰시오.

해답 (1) 스프링식과 파열판식을 병용 설치
(2) ① 액면계 ② 안전밸브 ③ 압력계
④ 케이싱 파열판

동영상 예상문제

해설 초저온 용기 상부 구조 및 명칭

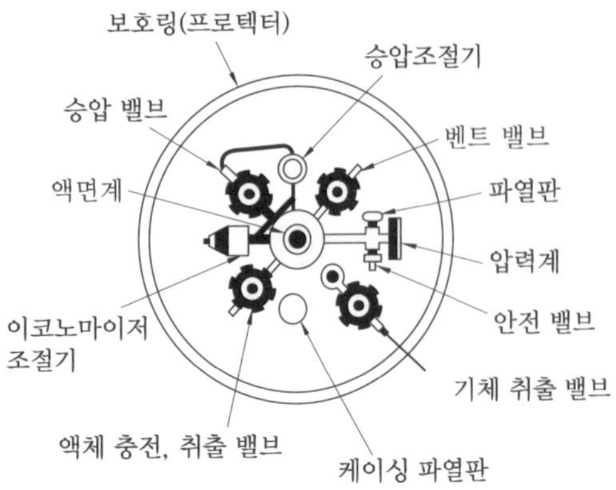

(1) 이코노마이저(economizer) 조절기 : 가스를 소량 사용하는 경우에도 압력을 재빨리 조정압력까지 내리는 기구로 용기 압력이 조정압력 이상으로 된 경우만 기상부에서 가스를 배출한다.
(2) 승압 조절기(보압 조정 밸브) : 용기 압력이 조정압 이하로 된 경우에 열리고 용기 압력이 조정 압력이 되면 닫히는 밸브로 자동으로 용기 사용 압력을 일정하게 유지시켜 준다.
(3) 승압 밸브(보압 밸브) : 가압 기구의 작동을 정지시키기 위한 것이다.
(4) 액체 충전, 취출 밸브 : 액체를 취출하는 경우에 사용하며 기화기에 연결하여 기화 가스로 하여 사용한다. 용기의 저부에서 액화 가스를 충전할 때에도 사용한다.
(5) 벤트 밸브(방출 밸브) : 용기의 기상 공간의 가스를 방출하기 위한 밸브이다. 용기가 소정의 압력을 초과한 경우에는 밸브를 열어 압력을 내린다.
(6) 기체 취출 밸브 : 용기의 상부에서 가스만을 배출할 경우에 사용한다.

예상문제 13

초저온 용기에 대한 물음에 답하시오.

(1) 초저온 용기 재료 2가지를 쓰시오.
(2) 초저온 용기의 내통과 외통 사이를 진공상태로 만드는 이유를 설명하시오.

해답 (1) ① 18-8 스테인리스강 ② 알루미늄합금
(2) 진공에 의한 열전달을 차단하기 위하여

예상문제 14

다음은 액화산소 충전용 초저온 용기이다. 산소의 (1) 비등점, (2) 임계온도, (3) 임계압력은 각각 얼마인가?

해답 (1) −183℃
(2) −118.4℃
(3) 50.1 atm

예상문제 15

다음과 같은 에어졸 용기의 누출시험 시 온수의 온도는 얼마인가?

해답 46~50℃ 미만

예상문제 16

다음은 고압가스 충전용기 보관 장소이다. 충전용기 보관 기준과 비교해 잘못된 부분 2가지를 쓰시오.

해답 ① 가연성 가스(아세틸렌)와 산소용기를 각각 구분하여 보관하지 않았음
② 충전용기 밸브의 손상을 방지하는 조치를 하지 않았음(캡 미부착)

해설 고압가스 충전용기 보관 기준
① 충전용기와 잔가스 용기는 각각 구분하여 놓을 것
② 가연성 가스, 독성 가스 및 산소의 용기는 각각 구분하여 놓을 것
③ 용기 보관 장소에는 계량기 등 작업에 필요한 물건 외에는 두지 않을 것
④ 용기 보관 장소 2 m 이내에는 화기, 인화성, 발화성 물질을 두지 않을 것
⑤ 충전용기는 40℃ 이하로 유지하고, 직사광선을 받지 않도록 조치
⑥ 충전용기는 넘어짐 방지조치를 할 것
⑦ 가연성 가스 용기 보관 장소에는 방폭형 휴대용 손전등 외의 등화를 지니고 들어가지 않을 것

예상문제 17

다음 공업용 용기에 충전하는 가스 명칭을 쓰시오.

(1)

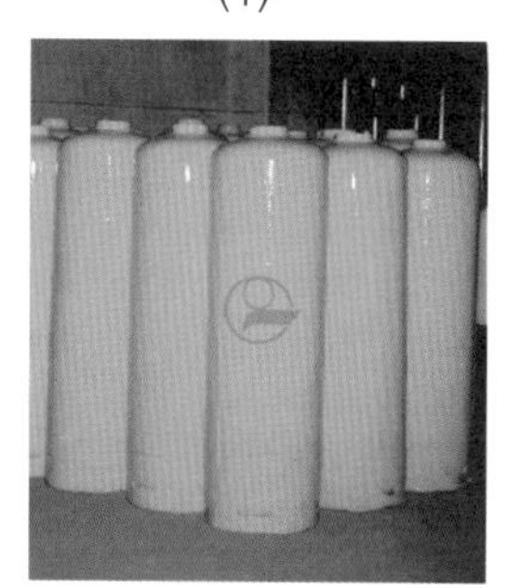

(2)

(3)

(4)

해답 (1) 아세틸렌(C_2H_2) (2) 산소(O_2)
(3) 이산화탄소(CO_2) (4) 수소(H_2)

해설 용기의 도색 및 표시

가스 종류	용기 도색	
	공업용	의료용
산소(O_2)	녹색	백색
수소(H_2)	주황색	–
액화탄산가스(CO_2)	청색	회색
액화석유가스	밝은 회색	–

동영상 예상문제

아세틸렌(C_2H_2)	황 색	-
암모니아(NH_3)	백 색	-
액화염소(Cl_2)	갈 색	-
질소(N_2)	회 색	흑 색
아산화질소(N_2O)	회 색	청 색
헬륨(He)	회 색	갈 색
에틸렌(C_2H_4)	회 색	자 색
사이크로 프로판	회 색	주황색
기타의 가스	회 색	-

예상문제 18

다음과 같이 충전용기를 차량에 적재할 때 주의사항 3가지를 쓰시오.

해답 ① 고압가스 전용 차량에 세워서 적재할 것
② 차량의 최대 적재량을 초과하지 아니할 것
③ 납붙임, 접합 용기는 포장상자에 적재하고, 보호망을 적재함 위에 씌울 것

해설 (1) 충전용기 적재 운반 기준
① 충전용기를 싣거나 내릴 때에 충격이 완화될 수 있도록 완충판 등을 사용할 것
② 충전용기 몸체와 차량과의 사이에 헝겊, 고무링 등을 사용하여 마찰 및 홈, 찌그러짐을 방지할 것
③ 고정된 프로텍터가 없는 용기는 보호캡을 부착한 후 운반할 것
④ 전용 로프를 사용하여 충전용기가 떨어지지 않게 할 것
⑤ 납붙임, 접합용기는 포장상자 외면에 가스의 종류, 용도 및 취급 시 주의사항을 기재할 것
(2) 충전용기 적재 차량 주정차 기준
① 지형이 평탄하고 교통량이 적은 안전한 장소를 택할 것
② 정차 시 엔진을 정지시킨 다음 주차 브레이크를 걸어놓고 반드시 차량고정목을 사용할 것
③ 제1종 보호시설과 15 m 이상 떨어지고, 제2종 보호시설이 밀집되어 있는 지역은 가능한 피한다.
④ 차량의 고장 등으로 정차하는 경우는 적색 표지판 등을 설치한다.

예상문제 19

LPG 용기 검사 장비에 대한 물음에 답하시오.

(1) 이 검사 장비의 명칭을 쓰시오.
(2) 이 검사 장비의 특징 3가지를 쓰시오.

해답 (1) 수조식 내압시험 장치
(2) ① 보통 소형 용기에 행한다.
② 내압시험 압력까지 팽창이 정확히 측정된다.
③ 비수조식에 비하여 측정 결과에 대한 신뢰성이 크다.

예상문제 20

다음 LPG 용기 검사 장비의 명칭을 쓰시오.

해답 기밀시험 장치

해설 충전용기 시험압력

구분	최고충전 압력(FP)	기밀시험 압력(AP)	내압시험 압력(TP)	안전밸브 작동압력
압축가스 용기	35℃, 최고충전 압력	최고충전 압력	$FP\times\frac{5}{3}$ 배	TP×0.8 배 이하
아세틸렌 용기	15℃에서 최고압력	FP×1.8 배	FP×3 배	가용전식 (105±5 ℃)
초저온, 저온 용기	상용압력 중 최고압력	FP×1.1 배	$FP\times\frac{5}{3}$ 배	TP×0.8 배 이하
액화가스 용기	$TP\times\frac{3}{5}$ 배	최고충전 압력	액화가스 종류별로 규정	TP×0.8 배 이하

예상문제 21

고압가스 충전용기의 충전용 밸브이다. 충전구 형식은 무엇인가?

(1)

(2)

(3)

해답 (1) A형(숫나사) (2) B형(암나사)
(3) C형(충전구 나사가 없는 것)

해설 **충전용기 충전 밸브**

(1) 충전구 형식에 의한 분류
① A형 : 가스 충전구가 숫나사
② B형 : 가스 충전구가 암나사
③ C형 : 가스 충전구에 나사가 없는 것

(2) 충전구 나사 형식에 의한 분류
① 가연성 가스 용기 : 왼나사(단, 액화브롬화메탄, 액화암모니아의 경우 오른나사)
② 기타 가스용기 : 오른나사

예상문제 22

충전용기 밸브를 보고 물음에 답하시오.

(1) 충전하는 가스 명칭을 쓰시오.
(2) 안전밸브의 형식(종류)을 쓰시오.
(3) 안전밸브의 특징 4가지를 쓰시오.
(4) 밸브 몸체에 각인된 "PG"를 설명하시오.

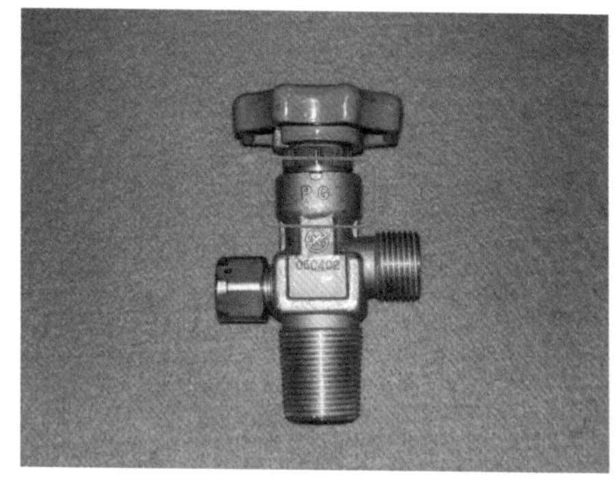

해답 (1) 산소(O_2)
(2) 파열판식 안전밸브
(3) ① 구조가 간단하여 취급, 점검이 쉽다.
② 밸브 시트의 누설이 없다.
③ 한번 작동하면 재사용이 불가능하다.
④ 부식성 유체, 괴상물질을 함유한 유체에 적합하다.
(4) 압축가스 충전용기 부속품

예상문제 23

충전용기 밸브를 보고 물음에 답하시오.

(1) 충전하는 가스 명칭을 쓰시오.
(2) 밸브 몸체에 각인된 "AG"를 설명하시오.

해답 (1) 아세틸렌(C_2H_2)
(2) 아세틸렌가스 충전용기 부속품

해설 아세틸렌 충전용기에는 가용전식 안전밸브를 사용하여 충전용기 밸브에는 안전장치가 부착되어 있지 않다.(가용전 용융온도 : 105±5℃)

예상문제 24

충전용기 밸브를 보고 물음에 답하시오.

(1) 충전하는 가스 명칭을 쓰시오.
(2) 안전밸브의 형식(종류)을 쓰시오.
(3) 밸브 몸체에 각인된 "LG"를 설명하시오.

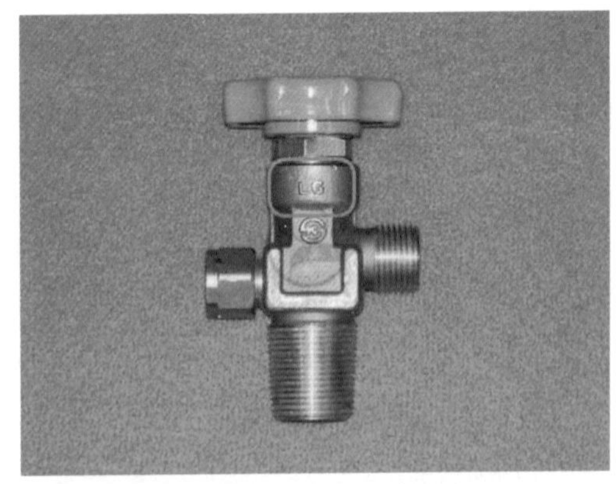

해답 (1) 이산화탄소(CO_2) (2) 파열판식 안전밸브
(3) 액화석유가스 외의 액화가스 충전용기 부속품

예상문제 25

충전용기 밸브를 보고 물음에 답하시오.

(1) 충전하는 가스 명칭을 쓰시오.
(2) 밸브 몸체 재질과 스핀들 재질은 무엇인가?

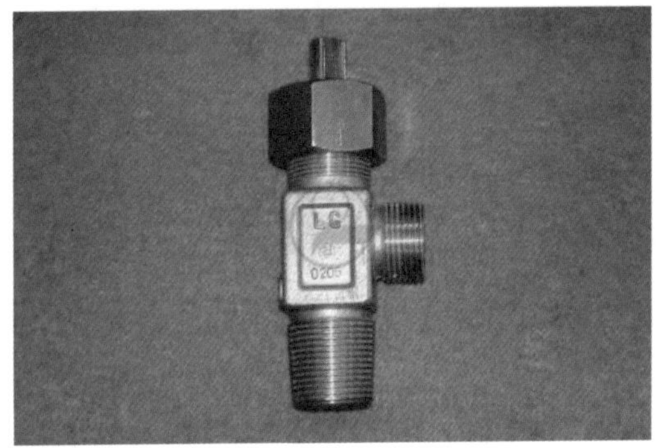

해답 (1) 염소(Cl_2)
(2) ① 몸체 재질 : 황동, 주강
② 스핀들 : 18-8 스테인리스강

해설 염소 충전용기에는 가용전식 안전밸브를 사용하여 충전용기 밸브에는 안전장치가 부착되어 있지 않다.(가용전 용융온도 : 65~68℃)

예상문제 26

충전용기 밸브를 보고 물음에 답하시오.

(1) 충전하는 가스 명칭을 쓰시오.
(2) 스프링식 안전밸브에서 스프링을 고정하는 방법 2가지를 쓰시오.
(3) 과류 차단형 밸브(또는 차단 기능형)를 부착하는 용기 내용적은 얼마인가?
(4) 충전용기 밸브에 부착된 청색 캡(또는 적색 캡)의 역할을 쓰시오.

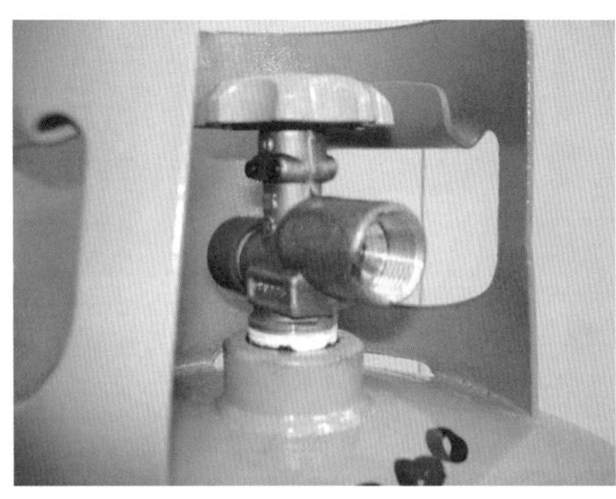

해답 (1) LPG(액화석유가스)
(2) ① 플러그형 ② 캡형
(3) 30 L 이상 50 L 이하
(4) 스프링식 안전밸브에 이물질이 들어가는 것을 방지하고, 조절 스프링을 조작하는 것을 방지하기 위하여 부착한다.

해설 스프링식 안전밸브의 특징
① 일반적으로 가장 널리 사용된다.
② 밸브 시트 누설이 있다.
③ 작동 후 압력이 정상으로 되돌아오면 재사용이 가능하다.
④ 작동압력은 내압시험압력의 $\frac{8}{10}$ 이하에서 작동한다.

예상문제 27

다음은 산소-아세틸렌 화염을 사용하는 시설이다. 지시하는 부분의 명칭을 쓰시오.

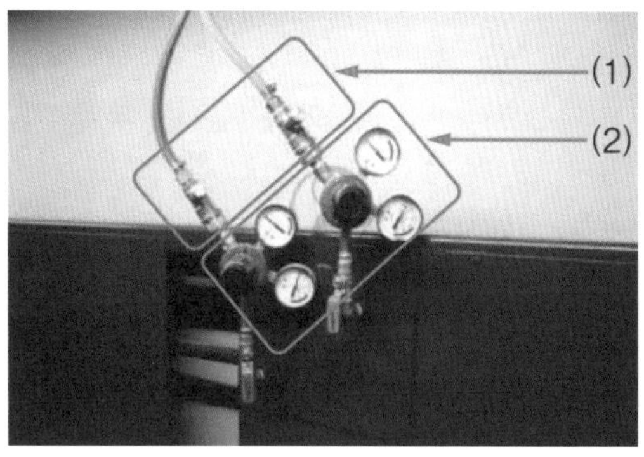

해답 (1) 역화방지기
(2) 압력조정기

해설 **역화방지기**
(1) 기능 : 화염의 역류로 인한 인화폭발을 방지하기 위하여 설치
(2) 설치 장소
① 가연성 가스를 압축하는 압축기와 오토클레이브 사이의 배관
② 아세틸렌의 고압건조기와 충전용 교체밸브 사이의 배관
③ 아세틸렌 충전용 지관
④ 수소화염 또는 산소-아세틸렌 화염을 사용하는 시설의 분기되는 각각의 배관
(3) 역류방지 밸브 설치
① 가연성 가스를 압축하는 압축기와 충전용 주관과의 사이 배관
② 아세틸렌을 압축하는 압축기의 유분리기와 고압 건조기와의 사이 배관
③ 암모니아 또는 메탄올의 합성탑 및 정제탑과 압축기와의 사이 배관

2 계측기기

예상문제 28

가스 크로마토그래피(gas chromatography) 장치에 대한 물음에 답하시오.

(1) 가스 크로마토그래피의 측정원리는 무엇인가?
(2) 이 분석기의 3대 구성 요소를 쓰시오.
(3) 운반 기체(carry gas)의 종류 4가지를 쓰시오.

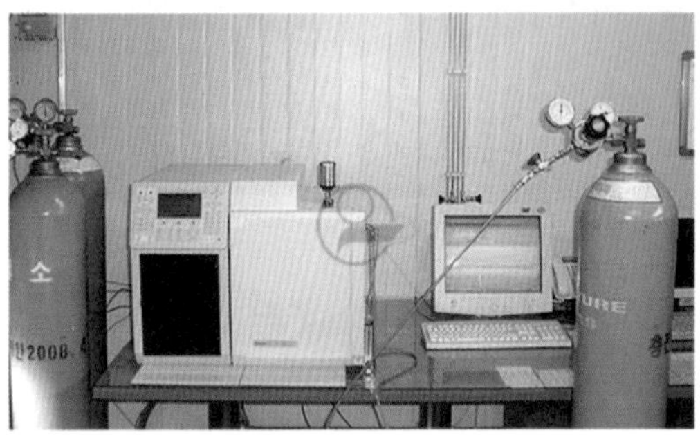

해답 (1) 가스의 확산속도 이용
(2) ① 분리관(column) ② 검출기(detector) ③ 기록계
(3) ① 수소(H_2) ② 헬륨(He) ③ 아르곤(Ar) ④ 질소(N_2)

해설 (1) 가스 크로마토그래피(gas chromatography) 특징
① 여러 종류의 가스를 분석할 수 있다.
② 선택성이 좋고, 고감도로 측정할 수 있다.
③ 미량 성분의 분석이 가능하다.
④ 응답속도가 늦으나 분리 능력이 좋다.
⑤ 동일 가스의 연속 측정이 불가능하다.
(2) 검출기(detector)의 종류
① 열전도도 검출기(TCD)
② 수소불꽃 이온화 검출기(FID)
③ 전자포획 이온화 검출기(ECD)
④ 염광광도형 검출기(FPD)
⑤ 알칼리성 이온화 검출기(FTD)

예상문제 29

부르동관(bourdon tube) 압력계에 대한 물음에 답하시오.

(1) 부르동관의 재질을 저압용과 고압용으로 구분하여 쓰시오.
(2) 고압가스 설비에 사용되는 압력계의 최고 눈금 범위 기준은?
(3) 탄성 압력계의 종류 4가지를 쓰시오.

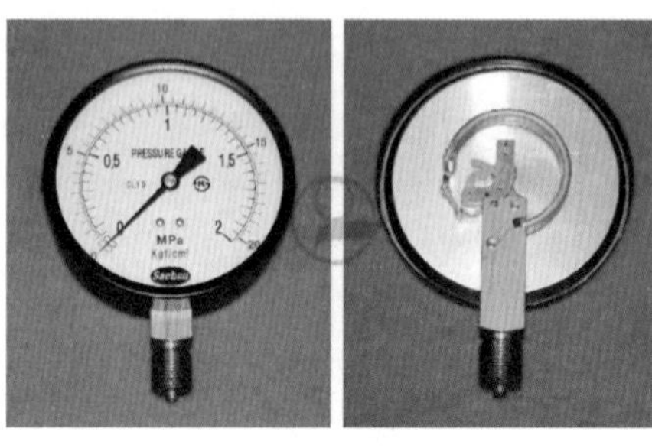

해답 (1) ① 저압용 : 황동, 인청동, 청동
② 고압용 : 니켈강, 스테인리스강
(2) 상용압력의 1.5배 이상 2배 이하
(3) ① 부르동관식 ② 벨로스식
③ 다이어프램식 ④ 캡슐식

예상문제 30

차압식 유량계의 단면을 나타낸 것으로 명칭은 무엇인가?

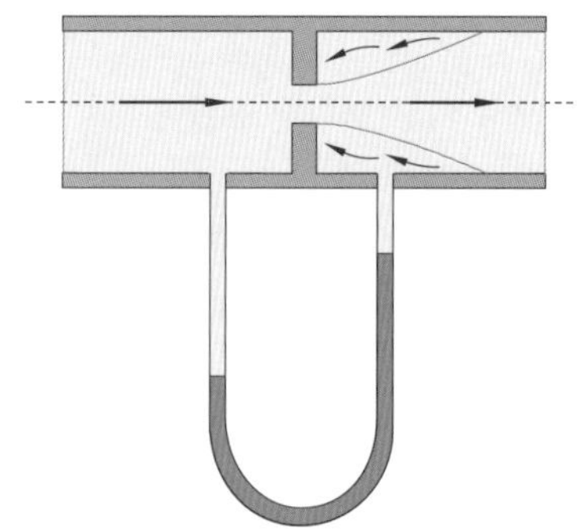

해답 오리피스미터

해설 **차압식 유량계**
(1) 측정 원리 : 베르누이 방정식
(2) 종류 : 오리피스미터, 플로노즐, 벤투리미터

3 초저온, 액화산소

예상문제 31

다음은 공기액화 분리장치가 설치된 액화산소 제조소이다. 공기액화 분리장치 폭발 원인 4가지를 쓰시오.

해답 ① 공기 취입구로부터 아세틸렌(C_2H_2)의 혼입
② 압축기용 윤활유 분해에 따른 탄화수소의 생성
③ 공기 중 질소화합물의 혼입(NO, NO_2)
④ 액체 공기 중에 오존(O_3)의 혼입

해설 (1) 폭발방지 대책
① 장치 내 여과기 설치
② 아세틸렌이 혼입되지 않는 장소에 공기 흡입구를 설치
③ 양질의 압축기 윤활유 사용
④ 장치는 1년에 1회 이상 사염화탄소(CCl_4)를 사용하여 세척

(2) 불순물 유입 금지 : 공기액화 분리기에 설치된 액화산소통 안의 액화산소 5L 중 아세틸렌 질량이 5 mg, 탄화수소의 탄소의 질량이 500 mg을 넘을 때에는 운전을 중지하고 액화산소를 방출시킬 것

예상문제 32

다음은 액화산소, 액화질소, 액화아르곤 등 초저온 액화가스를 저장하는 탱크이다. 지시하는 부분의 명칭은 무엇인가?

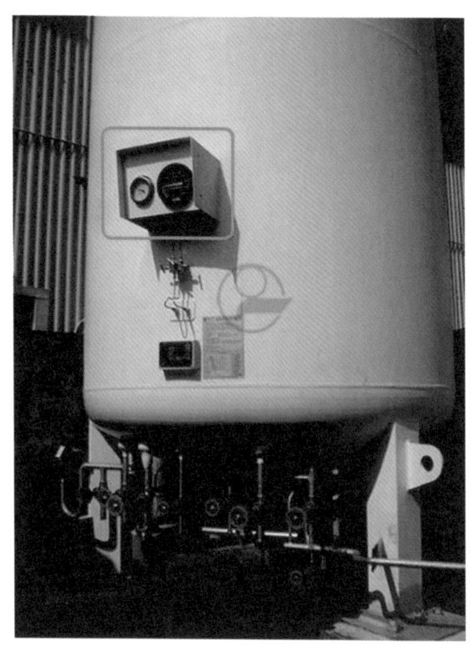

해답 차압식 액면계 (또는 햄프슨식 액면계)

해설 차압식 액면계(햄프슨식 액면계) : 액화산소와 같은 극저온의 저장조의 상·하부를 U자관에 연결하여 차압에 의하여 액면을 측정하는 방식이다.

예상문제 33

다음은 LNG 저장탱크의 단면 모형이다. 보랭재로 사용되는 것 3가지를 쓰시오.

동영상 예상문제

해답 ① 펄라이트
② 경질폴리우레탄폼
③ 폴리염화비닐폼

예상문제 34

액화산소를 저장하는 초저온 저장탱크에 대한 물음에 답하시오.

(1) 지시하는 부분의 명칭과 역할을 쓰시오.
(2) 지시하는 부분의 장치를 내압시험을 물로 하지 못할 때 공기를 사용하여 할 경우 시험 압력은 얼마인가?
(3) 이 탱크에 설치되는 안전장치의 종류 3가지를 쓰시오.
(4) 저장시설에 설치된 경계책 높이는 얼마인가?

해답 (1) ① 명칭 : 기화기
② 역할 : 액체 상태의 산소를 대기의 열을 이용하여 기화시켜 기체 상태의 산소를 공급하는 시설
(2) 설계압력의 1.1배
(3) ① 안전밸브 ② 긴급차단장치
③ 릴리프 밸브 ④ 액면계
(4) 1.5 m 이상

해설 고압가스용 기화장치의 내압성능 및 기밀성능 <개정 2017. 6. 2>
(1) 내압성능
① 내압시험은 물을 사용하는 것을 원칙으로 한다.
② 내압시험 압력 : 설계 압력의 1.3배 이상
③ 질소 또는 공기 등으로 하는 경우 설계압력의 1.1배의 압력으로 실시할 수 있다.
(2) 기밀성능
① 기밀시험은 공기 또는 불활성가스 사용
② 기밀시험 압력 : 설계 압력 이상의 압력

4 압축기, 펌프

예상문제 35

다음 압축기를 보고 물음에 답하시오.

(1) 이 압축기의 명칭을 쓰시오.
(2) 이 압축기의 특징 4가지를 쓰시오.
(3) 이 압축기에서 행정거리를 반으로 줄였을 경우 피스톤 압출량 변화는 어떻게 되겠는가?
(4) 압축기 실린더에서 이상음 발생원인 4가지를 쓰시오.

해답 (1) 왕복동식 압축기

(2) 특징
① 용적형으로 고압이 쉽게 형성된다.
② 오일윤활식, 무급유식이다.
③ 용량 조정 범위가 넓고, 압축효율이 높다.
④ 압축이 단속적이므로 진동이 크고 소음이 크다.
⑤ 배출가스 중 오일이 혼입될 우려가 있다.

(3) $\frac{1}{2}$로 감소

(4) 이상음 발생원인
① 실린더와 피스톤이 닿는다.
② 피스톤링이 마모되었다.
③ 실린더 내에 액해머가 발생하고 있다.
④ 실린더에 이물질이 혼입되고 있다.
⑤ 실린더 라이너에 편감 또는 홈이 있다.

해설 **왕복동식 압축기 용량 제어**

(1) 용량 제어의 목적
① 수요 공급의 균형 유지
② 압축기 보호
③ 소요 동력의 절감
④ 경부하 기동

(2) 연속적인 용량 제어법
① 흡입 주밸브를 폐쇄하는 방법
② 타임드 밸브 제어에 의한 방법
③ 회전수를 변경하는 방법
④ 바이패스 밸브에 의한 방법

(3) 단계적인 용량 제어법
① 클리어런스 밸브에 의한 조정
② 흡입 밸브 개방에 의한 방법

예상문제 36

CNG(압축천연가스)를 압축하는 다단압축기에 대한 물음에 답하시오.

(1) 다단압축을 하는 목적 4가지를 쓰시오.
(2) 단수 결정 시 고려할 사항 4가지를 쓰시오.
(3) 압축비 증대 시 영향 4가지를 쓰시오.

해답 (1) 다단압축의 목적
① 1단 단열압축과 비교한 일량의 절약
② 이용효율의 증가
③ 힘의 평형이 좋아진다.
④ 가스의 온도 상승을 피할 수 있다.

(2) 단수 결정 시 고려할 사항
① 최종의 토출압력 ② 취급가스량
③ 취급가스의 종류 ④ 연속 운전의 여부
⑤ 동력 및 제작의 경제성

(3) 압축비 증대 시 영향
① 소요동력이 증대한다.
② 실린더 내의 온도가 상승한다.
③ 체적효율이 저하한다.
④ 토출가스량이 감소한다.

예상문제 37

다음은 압축기의 단면을 나타낸 것이다. 물음에 답하시오.

(1) 압축기의 명칭을 쓰시오.
(2) 특징 4가지를 쓰시오.

해답 (1) 나사압축기(screw compressor)
(2) 특징
① 용적형이며 무급유식 또는 급유식이다.
② 흡입, 압축, 토출의 3행정을 가지고 있다.
③ 연속적으로 압축하고, 맥동현상이 없다.
④ 용량 조정이 어렵고(70~100%), 효율은 떨어진다.
⑤ 토출압력은 30 kgf/cm^{2}까지 가능하고, 소음 방지가 필요하다.
⑥ 두 개의 암(female), 수(male)의 치형을 가진 로터의 맞물림에 의해 압축한다.
⑦ 고속회전이므로 형태가 작고, 경량이며 설치 면적이 작다.
⑧ 토출압력 변화에 의한 용량 변화가 적다.

예상문제 38

원심압축기에 대한 물음에 답하시오.

(1) 특징 4가지를 쓰시오.
(2) 구성요소 3가지를 쓰시오.
(3) 용량제어방법 3가지를 쓰시오.

해답 (1) 특징
① 원심형 무급유식이다.
② 연속토출로 맥동현상이 적다.
③ 고속회전이 가능하므로 전동기와 직결 사용이 가능하다.
④ 형태가 작고 경량이어서 기초, 설치면적이 적다.
⑤ 용량 조정 범위가 좁고(70~100%) 어렵다.
⑥ 압축비가 적고, 효율이 좋지 않다.
⑦ 토출압력 변화에 의해 용량 변화가 크다.
⑧ 운전 중 서징(surging) 현상이 발생할 수 있다.
(2) ① 임펠러 ② 디퓨저 ③ 가이드 베인
(3) 용량 제어 방법
① 속도 제어에 의한 방법
② 토출 밸브에 의한 방법
③ 흡입 밸브에 의한 방법
④ 베인 컨트롤에 의한 방법
⑤ 바이패스에 의한 방법

예상문제 39

원심펌프 축봉장치에 메카니컬 실(mechanical seal)을 채택하는 경우 2가지를 쓰시오.

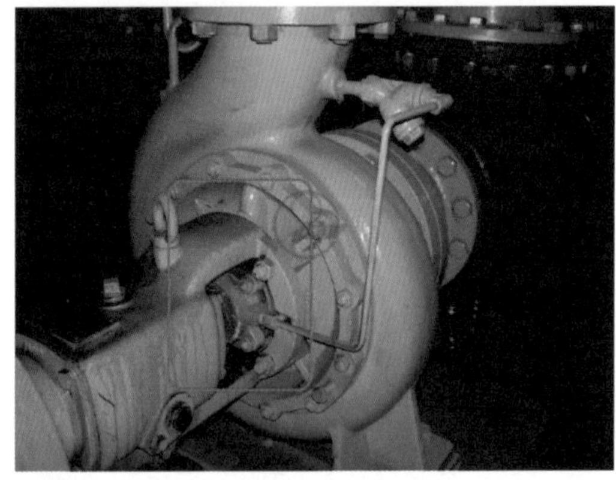

해답 ① 가연성 액화가스를 이송할 때
② 독성 액화가스를 이송할 때

해설 (1) 메카니컬 실(mechanical seal)의 종류 및 특징
① 내장형(inside type) : 고정면이 펌프측에 있는 것으로 일반적으로 사용된다.

② 외장형(outside type) : 회전면이 펌프측에 있는 것으로 구조재, 스프링재가 내식성에 문제가 있거나 고점도(100 cP 초과), 저응고 점액일 때 사용한다.
③ 싱글 실형 : 습동면(접촉면)이 1개로 조립된 것
④ 더블 실형 : 습동면(접촉면)이 2개로 누설을 완전히 차단하고 유독액 또는 인화성이 강한 액일 때, 누설 시 응고액, 내부가 고진공, 보온 보랭이 필요할 때 사용한다.
⑤ 언밸런스 실 : 펌프의 내압을 실의 습동면에 직접 받는 경우 사용한다.
⑥ 밸런스 실 : 펌프의 내압이 큰 경우 고압이 실의 습동면에 직접 접촉하지 않게 한 것으로 LPG, 액화가스와 같이 저비점 액체일 때 사용한다.

(2) 메커니컬 실 냉각법
① 플래싱 : 축봉부 고압측 액체가 있는 곳에 냉각액을 주입하는 방법으로 가장 많이 사용
② 퀜칭 : 냉각액을 실 단면의 내경부에 직접 접촉하도록 주입하는 냉각방법
③ 쿨링 : 실의 밀봉 단면이 아닌 그 외부를 냉각하는 방법으로 냉각효과가 낮다.

예상문제 40

다음 펌프는 진흙탕이나 모래가 많은 물 또는 특수 약액을 이송하는데 적합한 것으로 고무막을 상하로 운동시켜 액체를 이송한다. 이 펌프의 명칭은 무엇인가?

해답 다이어프램 펌프

예상문제 41

다음 펌프의 명칭을 쓰시오.

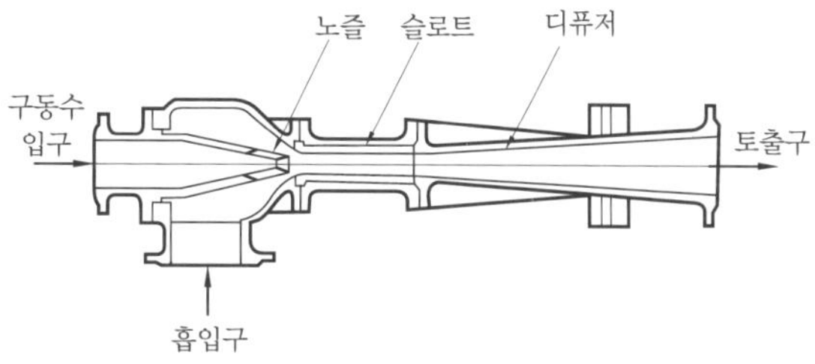

해답 제트 펌프

해설 제트 펌프의 3대 요소 : 노즐, 슬롯, 디퓨저

예상문제 42

원심 펌프에서 발생하는 이상 현상 4가지를 쓰시오.

해답 ① 캐비테이션(cavitation) 현상
② 서징(surging) 현상
③ 수격작용(water hammering)
④ 베이퍼 로크(vapor lock) 현상

예상문제 43

원심 펌프에서 전동기 과부하의 원인 4가지를 쓰시오.

해답 ① 양정이나 수량이 증가한 때
② 액의 점도가 증가되었을 때
③ 액비중이 증가되었을 때
④ 임펠러, 베인에 이물질이 혼입되었을 때

5 배관 부속

예상문제 44

다음 배관 부속의 명칭을 쓰시오.

(1)

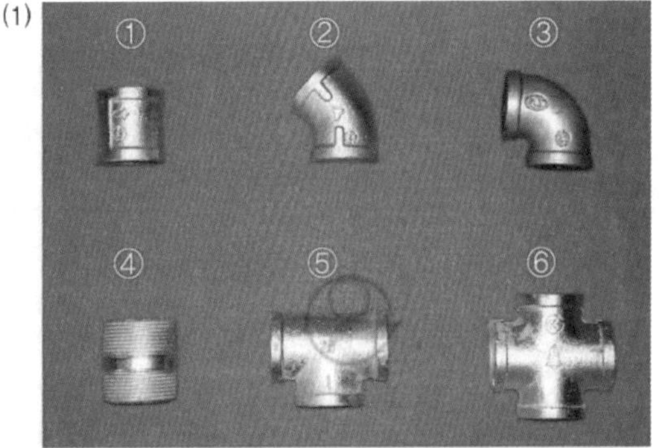

(2)

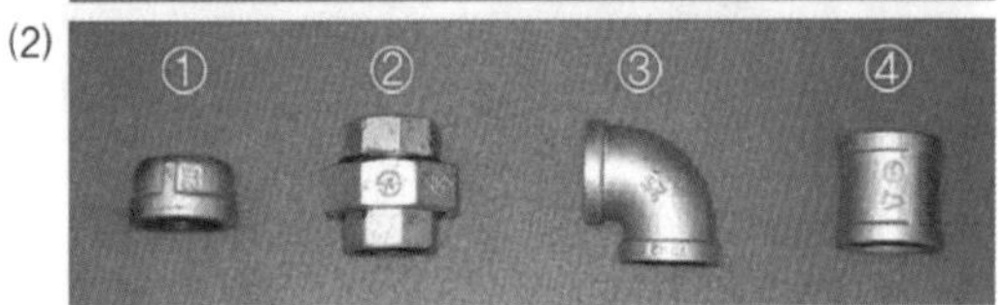

해답 (1) ① 소켓(socket) ② 45° 엘보
③ 90° 엘보 ④ 니플(nipple) ⑤ 티(tee)
⑥ 크로스(cross)
(2) ① 캡(cap) ② 유니언(union)
③ 90° 엘보 ④ 소켓(socket)

해설 사용 용도에 의한 관 이음쇠의 분류
① 배관의 방향을 전환할 때 : 엘보(elbow), 벤드(bend)
② 관을 도중에 분기할 때 : 티(tee), 와이(Y), 크로스(cross)
③ 동일 지름의 관을 연결할 때 : 소켓(socket), 니플(nipple), 유니언(union)
④ 이경관을 연결할 때 : 리듀서(reducer), 부싱(bushing), 이경 엘보, 이경 티
⑤ 관 끝을 막을 때 : 플러그(plug), 캡(cap)
⑥ 관의 분해, 수리가 필요할 때 : 유니언, 플랜지

예상문제 45

다음 밸브의 명칭과 특징 4가지를 쓰시오.

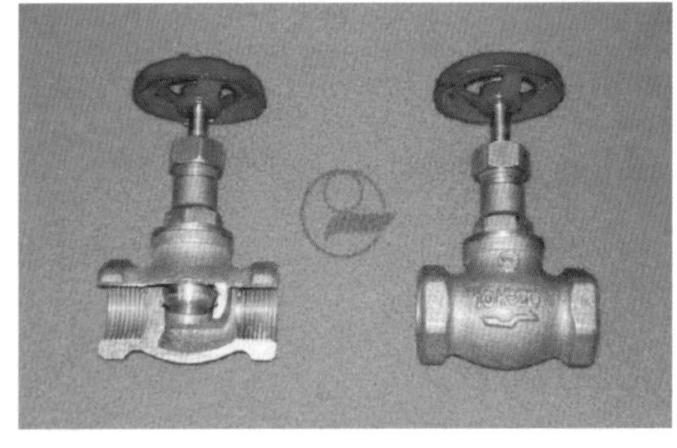

해답 (1) 명칭 : 글로브 밸브 (또는 스톱 밸브, 옥형변)

(2) 특징
① 유량 조정용에 적합하다.
② 유체의 저항이 크다.
③ 유체의 흐름 방향과 평행하게 개폐된다.
④ 찌꺼기가 체류할 가능성이 크다.

예상문제 46

다음 밸브의 명칭과 특징 4가지를 쓰시오.

해답 (1) 명칭 : 슬루스 밸브 (또는 게이트 밸브, 사절변)
(2) 특징
① 유로 개폐용에 사용된다.
② 관내 마찰저항 손실이 적다.
③ 유량 조정용 밸브로 부적합하다.
④ 찌꺼기가 체류해서는 안 되는 난방배관용에 적합하다.

예상문제 47

다음은 배관에 설치되는 밸브의 한 종류이다. 물음에 답하시오.

(1) 이 밸브의 명칭을 쓰시오.
(2) 이 밸브의 기능(역할)을 설명하시오.
(3) 이 밸브의 종류 2가지와 배관에 설치할 수 있는 경우를 설명하시오.

해답 (1) 체크 밸브 (또는 역지 밸브, 역류방지 밸브)
(2) 유체 흐름의 역류를 방지한다.
(3) ① 스윙식 : 수평, 수직 배관에 설치
② 리프트식 : 수평 배관에 설치

예상문제 48

다음 밸브의 명칭을 쓰시오.

(1)

(2)

해답 (1) 볼 밸브 (2) 버터플라이 밸브

예상문제 49

다음 배관 부속의 명칭과 기능을 설명하시오.

해답 (1) 명칭 : 여과기(strainer)

(2) 기능 : 배관에 설치되는 밸브, 트랩, 기기(機器) 등의 앞에 설치하여 이물질을 제거함으로써 기기의 성능을 유지하고 고장을 방지한다.

예상문제 50

LPG 및 도시가스 사용 시설에 사용하는 부품의 명칭을 각각 쓰시오.

(1)

(2) 

해답 (1) 퓨즈 콕

(2) 상자 콕

해설 **콕의 종류 및 구조**

(1) 종류 : 퓨즈 콕, 상자 콕, 주물연소기용 노즐 콕, 업무용 대형 연소기용 노즐 콕

(2) 구조

① 퓨즈 콕 : 가스유로를 볼로 개폐하고, 과류차단 안전기구가 부착된 것으로서 배관과 호스, 호스와 호스, 배관과 배관 또는 배관과 커플러를 연결하는 구조이다.

② 상자 콕 : 가스유로를 핸들, 누름, 당김 등의 조작으로 개폐하고, 과류차단 안전기구가 부착된 것으로서 밸브 핸들이 반개방 상태에서도 가스가 차단되어야 하며, 배관과 커플러를 연결하는 구조이다. <개정 13. 12. 31>

③ 주물연소기용 노즐콕 : 주물연소기용 부품으로 사용하는 것으로 볼로 개폐하는 구조이다.

④ 업무용 대형 연소기용 노즐콕 : 업무용 대형 연소기용 부품으로 사용하는 것으로 가스 흐름을 볼로 개폐하는 구조이다.

(3) 퓨즈 콕 표면에 표시된 Ⓕ 1.2의 의미 : 과류차단 안전기구가 작동하는 유량이 1.2 m^3/h

(4) 과류차단 안전기구 : 표시유량 이상의 가스량이 통과되었을 경우 가스유로를 차단하는 안전장치이다.

6 가스보일러

예상문제 51

도시가스용 가스보일러를 배기방식에 따른 명칭을 쓰시오.

(1)

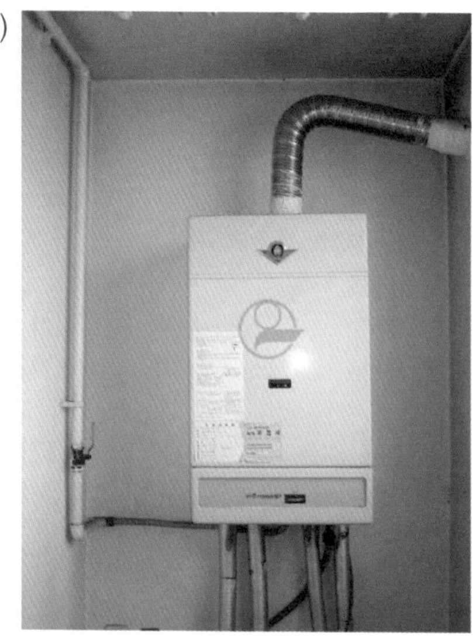

(2)

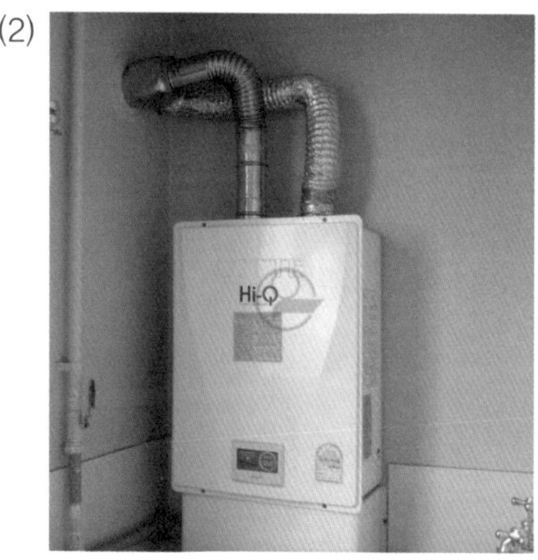

해답 (1) 단독 · 반밀폐식 · 강제 배기식
(2) 단독 · 밀폐식 · 강제 급배기식

해설 (1) 연소장치의 구분

구분	연소용 공기	연소 가스	비 고
개방식	실내	실내	환기구 및 환풍기 설치
반밀폐식	실내	실외	급기구 및 배기통 설치
밀폐식	실외	실외	배기통 설치

(2) 배기방식에 의한 구분
① 자연 배기식 : CF방식(Conventional Flue type)
② 강제 배기식 : FE방식(Forced Exhaust type)
③ 강제 급배기식 : FF방식(Forced draft balanced Flue type)

예상문제 52

가스보일러 설치기준 중 ( ) 안에 알맞은 용어를 쓰시오.

> 가스보일러의 가스 접속 배관은 (①) 또는 가스 용품 검사에 합격한 (②)를(을) 사용하고, 가스의 누출이 없도록 확실히 접속하여야 한다.

해답 ① 금속 배관 ② 연소기용 금속 플렉시블 호스

해설 가스보일러 공통 설치기준
① 전용 보일러실에는 부압(대기압보다 낮은 압력) 형성의 원인이 되는 환기팬을 설치하지 아니한다.

② 전용 보일러실에는 사람이 거주하는 거실, 주방 등과 통기될 수 있는 가스레인지 배기덕트(후드) 등을 설치하지 아니한다.
③ 가스보일러는 지하실 또는 반지하실에 설치하지 아니한다. 다만, 밀폐식 보일러 및 급배기 시설을 갖춘 전용 보일러실에 설치된 반밀폐식 보일러의 경우에는 지하실 또는 반지하실에 설치할 수 있다.
④ 가스보일러의 가스 접속 배관은 금속 배관 또는 가스 용품 검사에 합격한 연소기용 금속 플렉시블 호스를 사용하고, 가스의 누출이 없도록 확실히 접속하여야 한다.
⑤ 가스보일러를 설치 시공한 자는 그가 설치, 시공한 시설에 대하여 시공표지판을 부착하고 내용을 기록한다.
⑥ 배기통의 재료는 스테인리스 강판 또는 배기가스 및 응축수에 내열, 내식성이 있는 것으로서 배기통은 한국가스안전공사 또는 공인시험기관의 성능인준을 받은 것이어야 한다.
⑦ 가스보일러 연통의 호칭지름은 가스보일러의 연통 접속부의 호칭지름 이상으로 하며, 연통과 가스보일러의 접속부는 내열 실리콘, 내열실리콘 밴드 등(석고 붕대를 제외함)으로 마감 조치하여 기밀이 유지되도록 하여야 한다.

예상문제 53

가스보일러를 전용 보일러실에 설치하지 않아도 되는 경우 3가지를 쓰시오.

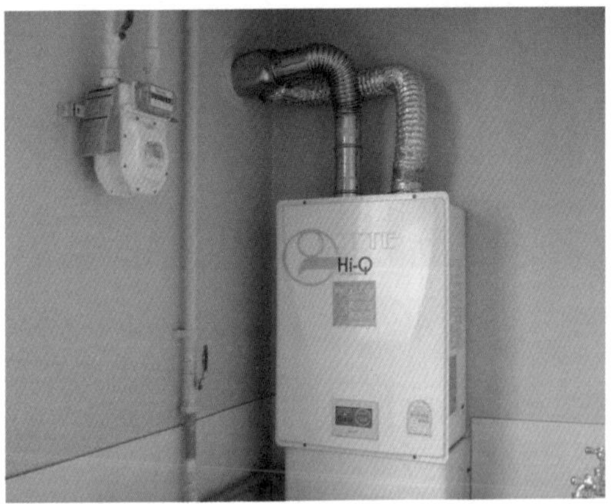

해답 ① 밀폐식 가스보일러
② 옥외에 설치한 가스보일러
③ 전용 급기통을 부착시키는 구조로 검사에 합격한 강제배기식 가스보일러

해설 단독 · 밀폐식 · 강제급배기식 설치기준
① 터미널과 좌우 또는 상하에 설치된 돌출물간의 이격거리는 150 cm 이상이 되도록 한다.
② 터미널은 전방 15 cm 이내에 장애물이 없는 장소에 설치한다.
③ 터미널의 높이는 바닥면 또는 지면으로부터 15 cm 위쪽으로 한다.
④ 터미널과 상방향에 설치된 구조물과의 이격거리는 25 cm 이상으로 한다.
⑤ 터미널 개구부로부터 60 cm 이내에 배기가스가 실내로 유입할 우려가 있는 개구부가 없도록 한다.
⑥ 배기통이 벽을 관통하는 부분은 배기가스가 실내로 들어오지 아니하도록 확실하게 밀폐한다.

예상문제 54

강제배기식 단독 배기통 방식의 연소장치 배기통 및 연돌의 터미널에는 새, 쥐 등의 지름 몇 cm 이상의 물체가 들어가지 않는 내식성의 구조물을 설치하여야 하는가?

해답 1.6

해설 강제배기식(반밀폐식) 단독 배기통 방식 급·배기설비 설치 기준

① 배기통의 유효단면적은 보일러 또는 배기팬의 배기통 접속부 유효단면적 이상으로 한다.
② 배기통은 기울기를 주어 응축수가 외부로 배출될 수 있도록 설치한다. 다만, 콘덴싱 보일러의 경우에는 응축수가 실내로 유입될 수 있도록 설치할 수 있다.
③ 배기통은 점검 및 유지가 용이한 장소에 설치하되, 부득이하여 천장 속 등의 은폐부에 설치되는 경우에는 배기통을 단열조치하고, 수리나 교체에 필요한 점검구 및 외부환기구를 설치할 것
④ 배기통 및 연돌의 터미널에는 새, 쥐 등이 들어가지 아니하도록 지름 1.6 cm 이상의 물체가 들어가지 아니하는 내식성의 구조물을 설치한다.
⑤ 터미널 상하 주위 60 cm(방열판이 설치된 것은 30 cm) 이내에는 가연성 구조물이 없도록 한다.
⑥ 터미널 개구부로부터 60 cm 이내에는 배기가스가 실내로 유입할 우려가 있는 개구부가 없도록 한다.
⑦ 보일러실의 급기구 및 상부 환기구는 다음 기준에 따라 설치한다.
㉮ 급기구 및 상부 환기구의 유효단면적은 배기통의 단면적 이상으로 한다.
㉯ 상부 환기구는 될 수 있는 한 높게 설치하며, 최소한 보일러 역풍방지장치보다 높게 설치한다.
㉰ 상부 환기구 및 급기구는 외기와 통기성이 좋은 장소에 개구되어 있도록 한다.
㉱ 급기구 또는 상부 환기구는 유입된 공기가 직접 보일러 연소실에 흡입되어 불이 꺼지지 않는 구조로 한다.

예상문제 55

도시가스용 가스보일러의 안전장치의 종류 4가지를 쓰시오.

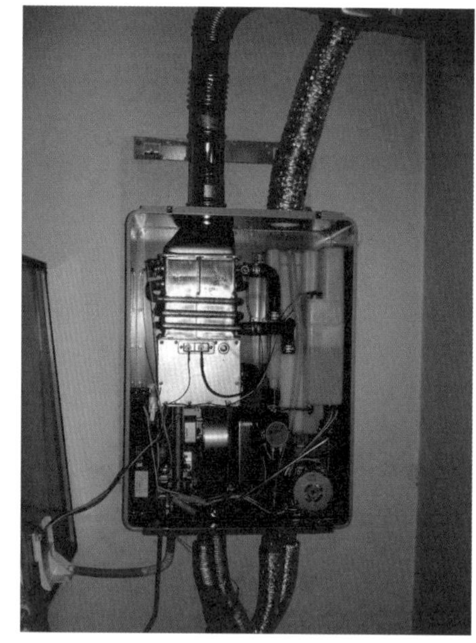

해답 ① 소화 안전장치
② 동결 방지장치
③ 과열방지 안전장치
④ 정전 및 통전시의 안전장치
⑤ 저가스압 차단장치
⑥ 물온도 조절장치

해설 (1) 소화안전장치 : 파일럿 버너 또는 메인 버너의 불꽃이 꺼지거나 연소기구 사용 중에 가스 공급이 중단 또는 불꽃 검지부에 고장이 생겼을 때 자동으로 가스 밸브를 닫히게 하여 불이 꺼졌을 때 가스가 유출되는 것을 방지하는 안전장치이다.

(2) 연소기의 소화 안전장치(연소 안전장치)의 종류
① 열전대식 : 열전대의 원리를 이용한 것으로 열전대가 가열되어 기전력이 발생되면서 전자밸브가 개방된 상태가 유지되고, 소화된 경우에는 기전력 발생이 감소되면서 스프링에 의해서 전자밸브가 닫혀 가스를 차단하는 것으로 가스레인지 등에 적용한다.
② 광전관식(UV-cell 방식) : 불꽃의 빛을 감지하는 센서를 이용한 방식으로 연소 중에는 전자밸브를 개방시키고 소화 시에는 전자밸브를 닫히도록 한 것이다.
③ 플레임 로드(flame rod)식 : 불꽃의 도전성에 의한 정류성을 이용하여 불꽃을 감지하는 방식으로 대용량의 연소기에 사용하는 방식이다.

7 LPG

예상문제 56

LPG 이입·충전 시 사용하는 펌프에 대한 물음에 답하시오.

(1) 펌프 사용 시 장점 2가지를 쓰시오.
(2) 펌프 사용 시 단점 3가지를 쓰시오.
(3) 이입·충전 시 사용하는 펌프 종류 3가지를 쓰시오.

해답 (1) ① 재액화 현상이 없다.
② 드레인 현상이 없다.
(2) ① 충전시간이 길다.
② 잔가스 회수가 불가능하다.
③ 베이퍼 로크 현상이 일어나 누설의 원인이 된다.
(3) ① 원심 펌프
② 기어 펌프
③ 베인 펌프

예상문제 57

LPG 이입·충전 시 압축기를 사용할 때 특징 5가지를 쓰시오.

해답 ① 펌프에 비해 이송시간이 짧다.
② 잔가스 회수가 가능하다.
③ 베이퍼 로크 현상이 없다.
④ 부탄의 경우 재액화 현상이 있다.
⑤ 드레인의 원인이 된다.

예상문제 58

LPG 이송용 압축기에 대한 물음에 답하시오.

(1) 지시하는 부분의 명칭과 기능을 쓰시오.
(2) LPG 압축기 내부 윤활유는 무엇을 사용하는가?

해답 (1) ① 명칭 : 액트랩(또는 액분리기)

② 기능 : 가스 흡입측에 설치하여 흡입가스 중 액을 분리하고 액압축을 방지한다.

(2) 식물성유

예상문제 59

LPG 이송용 압축기에서 지시하는 부분의 명칭과 기능에 대하여 쓰시오.

해답 ① 명칭 : 사방밸브 (또는 4로 밸브, 4-way valve)

② 기능 : 압축기의 흡입측과 토출측을 전환하여 액 이송과 가스 회수를 동시에 할 수 있다.

예상문제 60

LPG 이송에 사용하는 차량에 고정된 탱크(탱크로리)에 대한 물음에 답하시오.

(1) 차량 앞, 뒤에 부착된 경계표지의 크기 기준 3가지를 쓰시오.

(2) 운전석 외부에 부착하는 적색 삼각기의 규격(가로×세로)은 얼마인가?

(3) 탱크 정상부의 높이가 차량 정상부의 높이보다 높을 때 설치하는 것의 명칭은 무엇인가?

(4) 탱크로리 탱크의 내용적은 얼마로 제한하고 있는가?

해답 (1) ① 가로치수 : 차체폭의 30% 이상

② 세로치수 : 가로치수의 20% 이상

③ 차량 구조상 정사각형 또는 이에 가까운 형상으로 표시할 때는 면적이 600 cm^2 이상

(2) 40×30 cm

(3) 높이 측정 기구(검지봉)

(4) 내용적 제한 없음

해설 (1) 탱크로리 내용적 제한 기준

① 가연성 가스, 산소 : 18000 L 초과 금지(단, LPG 제외)

② 독성 가스 : 12000 L 초과 금지(단, 액화암모니아 제외)

(2) 탱크 및 부속품 보호 : 뒷범퍼와의 수평거리

① 후부취출식 탱크 : 40 cm 이상 유지

② 후부취출식 탱크 외의 탱크 : 30 cm 이상 유지

③ 조작상자 : 20 cm 이상 유지

예상문제 61

LPG 이송에 사용하는 차량에 고정된 탱크(탱크로리)에 대한 물음에 답하시오.

(1) 탱크 내부에 액면 요동을 방지하기 위하여 설치하는 것의 명칭은 무엇인가?

(2) 탱크 외면에 기록한 가스 명칭 글자 크기는 얼마인가?

(3) 탱크의 외벽에 화염에 의하여 국부적으로 가열될 경우 탱크의 파열을 방지하기 위한 폭발방지제의 열전달 매체 재료로서 가장 적당한 것은?

(4) 차량에 고정된 탱크에는 상온에서 탱크에 충전하는 당해 가스의 최고 액면을 정확히

측정할 수 있도록 설치하는 액면계의 종류 2가지를 쓰시오.

(5) 차량에 고정된 탱크(탱크로리)에 설치된 긴급차단장치는 온도가 몇 ℃일 때 자동적으로 작동되어야 하는가?

해답 (1) 방파판

(2) 탱크 지름의 $\frac{1}{10}$ 이상

(3) 다공성 벌집형 알루미늄박판

(4) ① 슬립 튜브식 ② 차압식

(5) 110℃

해설 (1) 방파판 설치 기준

① 방파판 면적 : 탱크 횡단면적의 40% 이상

② 위치 : 상부 원호부 면적이 탱크 횡단면의 20% 이하가 되는 위치

③ 두께 : 3.2 mm 이상

④ 설치 수 : 탱크 내용적 5 m^3 이하마다 1개씩

(2) 2개 이상의 탱크를 동일한 차량에 고정하여 운반하는 기준

① 탱크마다 탱크의 주밸브를 설치한다.

② 탱크 상호간 또는 탱크와 차량과의 사이를 단단하게 부착하는 조치를 한다.

③ 충전관에는 안전밸브, 압력계 및 긴급탈압밸브를 설치한다.

예상문제 62

다음은 LPG 이입·충전 작업을 하기 위하여 저장탱크와 차량에 고정된 탱크(탱크로리)를 연결한 로딩 암(loading arm)이다. 물음에 답하시오.

(1) 로딩 암 "A"와 "B" 라인에 흐르는 LPG의 상태를 액체와 기체로 구별하여 답하시오.

(2) 이입·충전작업을 할 때 정전기를 제거하기 위하여 연결하는 부분의 명칭과 접지선의 단면적은 얼마인가?

(3) 접지 저항치 총합은 몇 Ω 이하인가? (단, 피뢰설비가 설치된 경우가 아니다.)

해답 (1) ① A라인 : 액체

② B라인 : 기체

(2) ① 명칭 : 접지탭 (또는 접지코드)

② 규격 : 5.5 mm^2 이상

(3) 100Ω 이하 (피뢰설비 설치 시 10Ω 이하)

해설 로딩 암(loading arm)의 성능

(1) 제품 성능

① 내압 성능 : 상용압력의 1.5배 이상의 수압으로 내압시험을 5분간 실시하여 이상이 없는 것으로 한다.

② 기밀 성능 : 상용압력의 1.1배 이상의 압력으로 기밀시험을 10분간 실시한 후 누출이 없는 것으로 한다.

③ 내구 성능 : 600회 이상의 작동시험 후 기밀시험에 이상이 없는 것으로 한다.

(2) 작동 성능(운전 성능)

① 암(arm)의 운동 각도 범위는 10° 이상 70° 이하인 것으로 한다.

② 차량과 로딩 암의 위치가 직각에서 ±20°에서도 이입, 충전 작업이 가능한 것으로 한다.

예상문제 63

차량에 고정된 탱크가 주정차하는 위치에 설치된 냉각살수장치에 대한 물음에 답하시오.

(1) 저장탱크 표면적 1 m^2 당 분당 방사량은 얼마인가? (단, 준내화구조의 경우가 아니다.)
(2) 조작위치는 저장탱크 외면에서 얼마인가?
(3) 냉각살수장치의 수원은 몇 분간 방사할 수 있는 양이어야 하는가?

해답 (1) 5 L 이상 (2) 5 m 이상 (3) 30분 이상

해설 (1) 준내화구조의 경우 방사량 : 2.5 L/min·m^2 이상
(2) 살수장치의 종류
① 살수관식 : 배관에 지름 4 mm 이상의 다수의 작은 구멍을 뚫거나 살수 노즐을 배관에 부착
② 확산판식 : 확산판을 살수 노즐 끝에 부착한 것으로 구형 저장탱크에 설치

예상문제 64

LPG 저장탱크에 설치된 액면계에 대한 물음에 답하시오.

(1) 액면계 명칭은 무엇인가?
(2) 액면계의 기능 2가지를 쓰시오.
(3) 액면계 상하에 설치되는 스톱 밸브의 역할(기능)은 무엇인가?

해답 (1) 클린카식 액면계
(2) ① 저장탱크 내 LPG 액면을 지시하여 잔량 상태 확인
② LPG 이입·충전 시 과충전을 방지
(3) 액면계 파손 및 검사 시에 LPG의 누설을 방지하기 위하여

예상문제 65

다음은 지하에 설치된 LPG 저장탱크 배관에 부착된 기기들이다. 지시하는 부분의 명칭을 쓰시오.

해답 (1) 온도계
(2) 디지털 액면표시장치
(3) 압력계
(4) 슬립튜브식 액면계

예상문제 66

다음은 LPG 저장탱크가 지하에 매설된 부분에 설치된 부분이다. 명칭과 기능(역할)을 쓰시오.

해답 ① 명칭 : 맨홀(man hole)
② 기능 : 정기검사 및 수리, 점검 시 저장탱크 내부에 작업자가 들어가기 위한 것

해설 (1) 저장탱크 지하 설치 기준
① 천장, 벽, 바닥의 두께 : 30 cm 이상의 철근 콘크리트
② 저장탱크의 주위 : 마른 모래를 채울 것
③ 매설깊이 : 60 cm 이상
④ 2개 이상 설치 시 : 상호 간 1 m 이상 유지
⑤ 지상에 경계표지 설치
⑥ 안전밸브 방출관 설치(방출구 높이 : 지면에서 5 m 이상)

(2) LPG 저장탱크 지하 설치 기준 : LPG 저장탱크에만 적용되는 기준임
① 저장탱크실 바닥은 저장탱크실에 침입한 물 또는 기온 변화에 따라 생성된 물이 모이도록 구배를 가지는 구조로 하고, 바닥의 낮은 곳에 집수구를 설치하며, 집수구에 고인 물을 쉽게 배수할 수 있도록 한다.
㉮ 집수구 크기 : 가로 30 cm, 세로 30 cm, 깊이 30 cm 이상
㉯ 집수관 : 80A 이상
㉰ 집수구 및 집수관 주변 : 자갈 등으로 조치, 펌프로 배수
㉱ 검지관 : 40 A 이상으로 4개소 이상 설치
② 저장탱크 설치 거리
㉮ 내벽 이격 거리 : 바닥면과 저장탱크 하부와 60 cm 이상, 측벽과 45 cm 이상, 저장탱크 상부와 상부 내측벽과 30 cm 이상 이격
㉯ 저장탱크실의 상부 윗면은 주위 지면보다 최소 5 cm, 최대 30 cm까지 높게 설치
③ 점검구 설치
㉮ 설치 수 : 저장능력이 20톤 이하인 경우 1개소, 20톤 초과인 경우 2개소
㉯ 위치 : 저장탱크 측면 상부의 지상에 맨홀 형태로 설치
㉰ 크기 : 사각형 0.8 m×1 m 이상, 원형은 지름 0.8m 이상의 크기

예상문제 67

다음과 같이 LPG 저장탱크를 지하에 매설 시 저장탱크실은 수밀성(水密性) 콘크리트로 시공하여야 한다. 저장탱크실 콘크리트 설계강도는 몇 MPa인가?

해답 21 MPa 이상

해설 저장탱크실은 레디믹스 콘크리트(ready-mixed concrete)를 사용하여 수밀성 콘크리트로 시공

항 목	규 격
굵은 골재의 최대치수	25 mm
슬럼프(slump)	120~150 mm
물-결합재비	50 % 이하
설계 강도	21 MPa 이상
공기량	4 % 이하
기타	KS F 4009에 의한 규정

예상문제 68

LPG 용기 충전사업소에 설치된 저장탱크이다. 이 저장탱크의 저장능력이 25톤이라면 사업소 경계까지 유지하여야 할 안전거리는 얼마인가?

해답 30 m 이상

해설 저장설비 안전거리 유지 기준

① 사업소 경계까지 다음 거리 이상을 유지(단, 저장설비를 지하에 설치하거나 지하에 설치된 저장설비 안에 액중 펌프를 설치하는 경우에는 사업소 경계와의 거리에 0.7을 곱한 거리)

저장능력	사업소 경계와의 거리
10톤 이하	24 m
10톤 초과 20톤 이하	27 m
20톤 초과 30톤 이하	30 m
30톤 초과 40톤 이하	33 m
40톤 초과 200톤 이하	36 m
200톤 초과	39 m

② 충전설비 : 사업소 경계까지 24 m 이상 유지

③ 탱크로리 이입·충전장소 : 정차 위치 표시, 사업소 경계까지 24 m 이상 유지

④ 저장설비, 충전설비 및 탱크로리 이입·충전장소 : 보호시설과 거리 유지

예상문제 69

다음은 LPG를 충전용기에 충전하는 회전식 충전기이다. 충전설비와 사업소 경계까지 유지하여야 할 안전거리는 얼마인가?

해답 24 m 이상

예상문제 70

다음 LPG 저장탱크에 대한 물음에 답하시오.

(1) 지시하는 부분의 명칭과 지면에서의 설치 높이는 얼마인가?

(2) 저장탱크의 침하상태 측정 주기는 얼마인가?

(3) 저장량이 몇 톤 이상일 때 방류둑을 설치하여야 하는가?

해답 (1) ① 명칭 : 안전밸브 방출구
② 높이 : 5 m 이상
(2) 1년에 1회 이상
(3) 1000톤 이상

해설 (1) 안전밸브 설치 기준

① 안전밸브 방출구 위치 : 지면으로부터 5 m 이상 또는 탱크 정상부에서 2 m 중 높은 위치

② 안전밸브 작동압력 : 내압시험압력의 $\frac{8}{10}$배 이하 (내압시험압력=상용압력의 1.5배 이상)
③ 안전밸브 작동검사 주기 : 2년에 1회 이상
④ 스프링식 안전밸브를 설치하기 부적당할 때 사용할 수 있는 것 : 파열판, 자동압력제어장치
⑤ 펌프 및 배관에 액체의 압력 상승을 방지하기 위한 경우 : 릴리프 밸브, 스프링식 안전밸브, 자동압력제어장치

(2) 가스방출관의 방출구는 안전밸브 규격에 따라 방출구 수직상방향 연장선으로부터 수평거리 이내에 장애물이 없는 안전한 곳으로 분출하는 구조로 한다.

입구 호칭지름	수평거리
15A 이하	0.3 m
15A 초과 20A 이하	0.5 m
20A 초과 25A 이하	0.7 m
25A 초과 40A 이하	1.3 m
40A 초과	2.0 m

예상문제 71

LPG 충전사업소의 배관에 설치된 안전밸브의 명칭(형식)을 쓰시오.

해답 스프링식 안전밸브

예상문제 72

지시하는 부분은 LPG 저장탱크 배관에 설치된 기기이다. 명칭을 쓰시오.

해답 릴리프 밸브

해설 릴리프 밸브 : 액체 배관 내의 압력이 일정압력 상승 시 작동하여 저장탱크나 펌프의 흡입측으로 되돌려진다.

예상문제 73

지시하는 부분은 LPG 저장탱크 배관에 설치된 기기이다. 물음에 답하시오.

(1) 명칭을 쓰시오.
(2) 동력원의 종류 4가지를 쓰시오.
(3) 이 설비(기기)의 조작스위치(조작밸브)는 저장탱크 외면으로부터 몇 m 이상 떨어져 설치하여야 하는가?

해답 (1) 긴급차단장치(또는 긴급차단밸브)
(2) ① 액압 ② 기압 ③ 전기식 ④ 스프링식
(3) 5 m 이상

해설 (1) 긴급차단장치 차단조작기구 설치 장소
① 안전관리자가 상주하는 사무실 내부
② 충전기 주변
③ 액화석유가스의 대량 유출에 대비하여 충분히 안전이 확보되고 조작이 용이한 곳

(2) 긴급차단장치의 개폐 상태를 표시하는 시그널 램프 등을 설치하는 경우 그 설치 위치는 해당 저장탱크의 송출 또는 이입에 관련된 계기실 또는 이에 준하는 장소로 한다.

(3) 긴급차단장치 또는 역류방지밸브에는 그 차단에 따라 그 긴급차단장치 또는 역류방지밸브 및 접속하는 배관 등에서 워터 해머(water hammer)가 발생하지 아니하는 조치를 강구한다.

예상문제 74

LPG 소형 저장탱크에 대한 물음에 답하시오.

(1) 소형 저장탱크를 동일 장소에 설치할 때 설치 수와 충전질량 합계는 얼마인가?
(2) 소형 저장탱크의 충전용 접속부 및 안전밸브 방출구는 연소기용 공기흡입구, 환기용 공기흡입구와 얼마 이상의 거리를 유지하여야 하는가?
(3) 안전밸브 방출관 방출구 높이는 얼마인가?
(4) 경계책 설치 높이는 얼마인가?

해답 (1) ① 설치 수 : 6기 이하
② 충전질량 합계 : 5000 kg 미만
(2) 3 m 이상
(3) 지면으로부터 2.5 m 이상 또는 소형 저장탱크 정상부에서 1 m 중 높은 위치
(4) 1 m 이상

해설 소형 저장탱크 설치 기준
① 소형 저장탱크 수 : 6기 이하, 충전질량 합계 5000 kg 미만
② 지면보다 5 cm 이상 높게 콘크리트 바닥 등에 설치
③ 경계책 설치 : 높이 1 m 이상 (충전질량 1000 kg 이상만 해당)
④ 소형 저장탱크와 기화장치와의 우회거리 : 3 m 이상
⑤ 충전량 : 내용적의 85 % 이하

예상문제 75

다음 LPG 소형 저장탱크의 충전질량이 2500kg 일 때 가스 충전구로부터 토지 경계선까지 이격거리는 얼마인가?

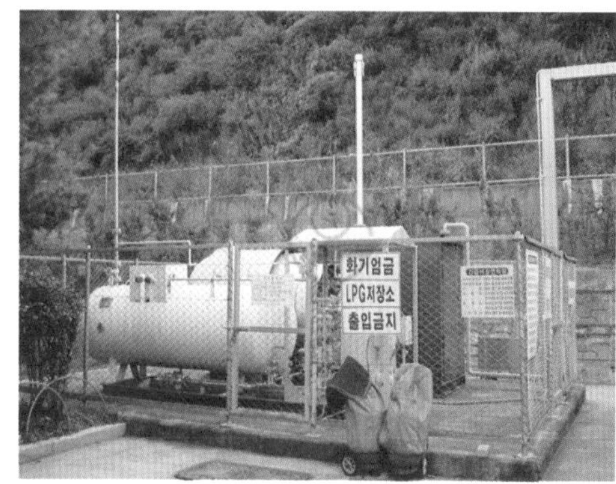

해답 5.5 m 이상

해설 소형 저장탱크의 설치거리 기준

충전질량	가스 충전구로부터 토지 경계선에 대한 수평거리(m)	탱크 간 거리(m)	가스 충전구로부터 건축물 개구부에 대한 거리(m)
1000 kg 미만	0.5 이상	0.3 이상	0.5 이상
1000~2000 kg 미만	3.0 이상	0.5 이상	3.0 이상
2000 kg 이상	5.5 이상	0.5 이상	3.5 이상

① 토지 경계선이 바다, 호수, 하천, 도로 등과 접하는 경우에는 그 반대편 끝을 토지 경계선으로 본다.
② 충전질량 1000 kg 이상인 경우에 방호벽을 설치한 경우 토지 경계선과 건축물 개구부에 대한 거리의 1/2 이상의 직선거리를 유지
③ 방호벽의 높이는 소형 저장탱크 정상부보다 50 cm 이상 높게 유지하여야 한다.

예상문제 76

자동차에 고정된 탱크(벌크로리)에서 소형 저장탱크에 액화석유가스를 충전할 때의 기준 4가지를 쓰시오.

해답 ① 수요자가 LPG 사업허가, LPG 특정사용자, 소형 저장탱크 검사 여부 확인
② 소형 저장탱크의 잔량을 확인 후 충전
③ 수요자가 채용한 안전관리자 입회 하에 충전
④ 과충전 방지 등 위해방지를 위한 조치를 할 것
⑤ 충전 완료 시 세이프티 커플링으로부터의 가스 누출 여부 확인

예상문제 77

다음은 LPG 저장탱크가 있는 장소에 설치된 기기이다. 명칭을 쓰시오.

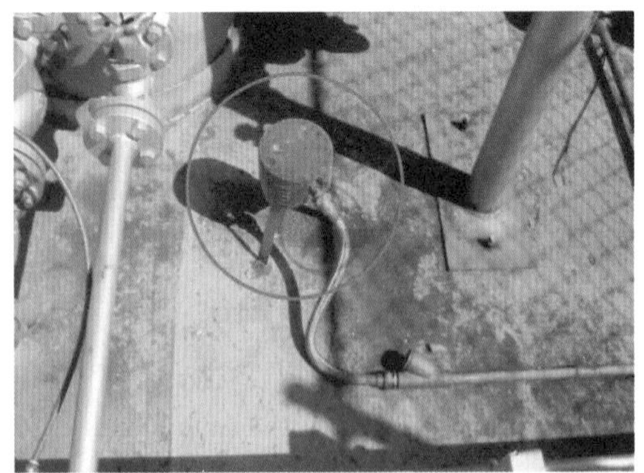

해답 가스누설 검지기

해설 설치높이 : 바닥면에서 30 cm 이내

예상문제 78

다음은 LPG 저장탱크가 설치된 곳의 배관이다. 지시하는 부분의 기기 명칭을 쓰시오.

해답 (1) 글로브 밸브(또는 스톱 밸브)
(2) 체크 밸브
(3) 긴급차단장치 (4) 바이패스 라인

예상문제 79

LPG 저장설비·가스설비실의 통풍구 크기는 바닥면적 $1m^2$ 당 얼마인가?

해답 300 cm^2 이상

해설 통풍구 및 강제 통풍시설 설치 : 저장설비·가스설비실 및 충전용기 보관실

① 통풍 구조 : 바닥면적 1 m^2 마다 300 cm^2의 비율로 계산(1개소 면적 : 2400 cm^2 이하)

② 환기구는 2방향 이상으로 분산 설치

③ 강제 통풍장치

㉮ 통풍능력 : 바닥면적 1 m^2 마다 0.5 m^3/분 이상

㉯ 흡입구 : 바닥면 가까이 설치

㉰ 배기가스 방출구 : 지면에서 5 m 이상의 높이에 설치

예상문제 80

LPG 충전용기 보관 장소의 바닥면적이 30 m^2일 때 통풍구 면적은 얼마 이상 확보하여야 하는가?

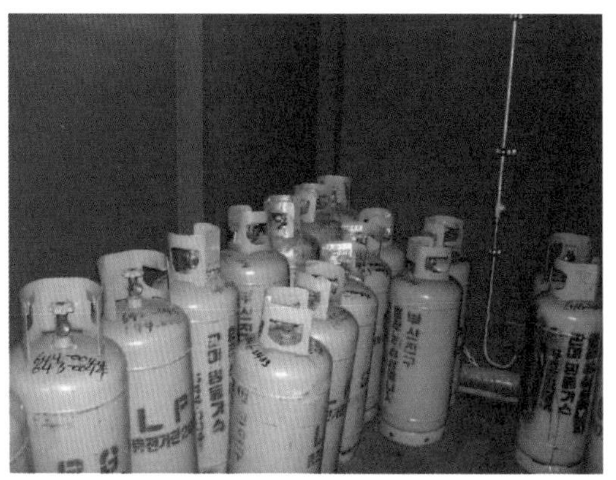

해답 통풍구 면적은 바닥면적 1 m^2당 300 cm^2 이상이므로 30 $m^2 \times 300\ cm^2/m^2 = 9000\ cm^2$

예상문제 81

LPG 자동차용 충전소에는 시설의 안전 확보에 필요한 사항을 기재한 게시판을 주위에서 보기 쉬운 위치에 게시하여야 한다. "충전 중 엔진정지"와 "화기엄금" 표지판의 바탕색과 글씨 색상은 각각 어떻게 되는가?

해답 ① 충전 중 엔진정지 : 황색 바탕에 흑색 글씨

② 화기엄금 : 백색 바탕에 적색 글씨

예상문제 82

다음은 LPG 자동차용 충전기(dispenser)이다. 충전기의 충전호스 기준에 대하여 3가지를 쓰시오.

해답 ① 충전호스 길이는 5 m 이내일 것
② 충전호스에 정전기 제거장치를 설치할 것
③ 충전호스에 과도한 인장력이 가해졌을 때 충전기와 가스 주입기가 분리될 수 있는 안전장치를 설치할 것
④ 가스 주입기는 원터치형으로 할 것

예상문제 83

LPG 자동차용 충전기에서 과도한 인장력이 작용했을 때 충전기와 주입기가 분리되는 안전장치의 명칭은 무엇인가?

해답 세이프티 커플링(safety coupling)

해설 세이프티 커플링(safety coupling) 성능
① 분리성능 : 커플링은 연결된 상태에서 압력을 가하여 2.7~3.3 MPa에서 분리될 것
② 당김 성능 : 커플링은 연결된 상태에서 30±10 mm/min의 속도로 당겼을 때 490.4~588.4 N에서 분리되는 것으로 할 것

예상문제 84

LPG 자동차용 충전기에서 보호대의 높이는 지면에서 얼마인가?

해답 80 cm 이상〈개정 19. 8. 14〉

예상문제 85

LPG 자동차 용기에서 지시하는 부분의 명칭과 용기 내부에 부착된 것의 명칭은 무엇인가?

해답 ① 명칭 : 충전 밸브
② 내부 : 과충전 방지 장치

해설 각부 명칭(좌측으로 부터)
① 플로트식 액면표시장치
② 적색 밸브 : 액체 밸브
③ 황색 밸브 : 기체 밸브
④ 백색 부분 : 긴급차단 밸브, 과류방지 밸브
⑤ 녹색 밸브 : 충전 밸브

예상문제 86

LPG 자동차 용기에서 용기 내부의 안전장치(과충전 방지장치)의 작동 범위는 얼마인가?

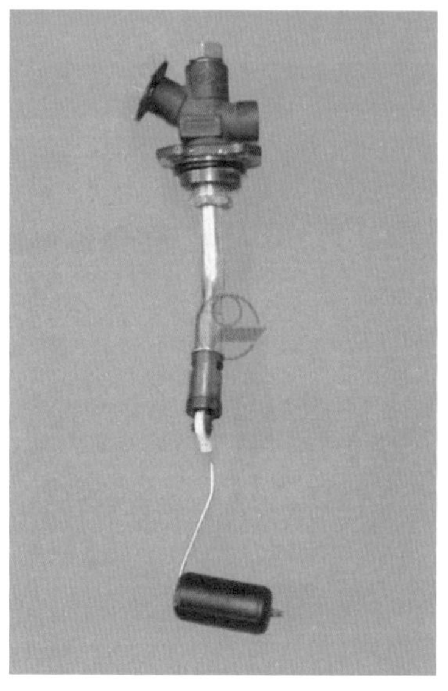

내부에 설치된 기기

해답 내용적의 85% 이하

예상문제 87

LPG 자동차 용기에 부착되는 장치에 대한 물음에 답하시오.

(1) 이 장치의 명칭을 쓰시오.
(2) LPG 자동차 용기에 부착되는 안전장치의 종류 4가지를 쓰시오.
(3) 충전량은 내용적의 몇 %까지 충전할 수 있는가?

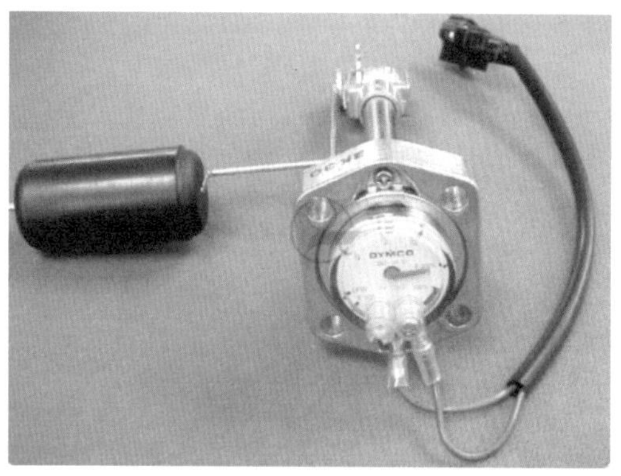

해답 (1) 플로트식 액면표시장치
(2) ① 액면표시장치 ② 과충전방지 밸브
③ 과류방지 밸브 ④ 안전밸브
⑤ 긴급차단장치
(3) 85% 이하

예상문제 88

단단 감압식 저압조정기에 대한 물음에 답하시오.

(1) 조정기의 사용 목적을 쓰시오.
(2) 조정기의 용량은 얼마인가?
(3) 조정기 입구압력과 출구압력(조정압력)을 쓰시오.
(4) 단단 감압식 저압조정기 사용 시 장점과 단점을 각각 2가지씩 쓰시오.

해답 (1) 유출압력(공급압력) 조절로 안정된 연소를 도모하고, 소비가 중단되면 가스를 차단한다.
(2) 총 가스 소비량의 150% 이상
(3) ① 입구압력 : 0.07~1.56 MPa
② 출구압력(조정압력) : 2.3~3.3 kPa
(4) 장점
① 장치가 간단하다.
② 조작이 간단하다.
단점
① 배관지름이 커야 한다.
② 최종 압력이 부정확하다.

해설 **단단 감압식 저압조정기의 성능**
(1) 최대폐쇄압력 : 3.5 kPa 이하
(2) 안전장치 작동압력
① 작동표준압력 : 7.0 kPa
② 작동개시압력 : 5.6~8.4 kPa
③ 작동정지압력 : 5.04~8.4 kPa

예상문제 89

2단 감압식 2차 조정기에 대한 물음에 답하시오.

(1) 2단 감압식 조정기를 사용할 때 장점 4가지를 쓰시오.
(2) 2단 감압식 조정기를 사용할 때 단점 4가지를 쓰시오.

해답 (1) 장점
① 입상배관에 의한 압력손실을 보정할 수 있다.
② 가스배관이 길어도 공급압력이 안정된다.
③ 중간배관이 가늘어도 된다.
④ 각 연소기구에 알맞은 압력으로 공급이 가능하다.
(2) 단점
① 설비가 복잡하다.
② 조정기수가 많아서 점검 개소가 많다.
③ 부탄의 경우 재액화의 우려가 있다.
④ 검사방법이 복잡하고 시설의 압력이 높아서 이음방식에 주의하여야 한다.

예상문제 90

LPG 집합공급설비에 자동절체식 조정기를 사용할 때의 장점 4가지를 쓰시오.

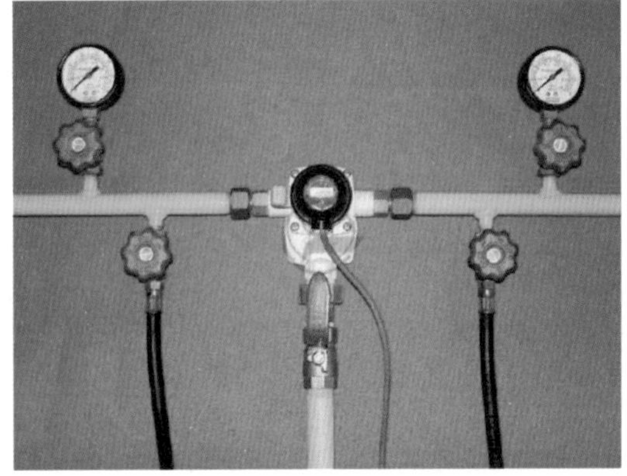

해답 ① 전체 용기의 수량이 수동교체식의 경우보다 적어도 된다.
② 잔액이 거의 없어질 때까지 소비된다.
③ 용기 교환주기의 폭을 넓힐 수 있다.
④ 분리형을 사용하면 단단 감압식 조정기의 경우보다 배관의 압력손실을 크게 해도 된다.

예상문제 91

LPG 충전용기 집합장치에 대한 물음에 답하시오.

(1) 지시하는 부분의 명칭을 쓰시오.
(2) 집합장치에 설치된 LPG 충전용기의 명칭을 쓰시오.

(3) 이 용기는 원칙적으로 ( )가 설치되어 있는 시설에서만 사용이 가능하다. ( ) 안에 알맞은 기기 명칭을 쓰시오.
(4) 이 시설에 기체배관이 설치되어 있는데 기체배관 설치 시 제외되는 시설은 무엇인가?

해답 (1) 액자동절체기
(2) 사이펀 용기
(3) 기화장치
(4) 비상전력 공급설비

해설 액자동절체기 : 사용측 용기의 LPG를 모두 소비하면 자동으로 예비측 용기의 액을 공급하여 주는 기기로 LPG의 공급이 중단되지 않게 한다.

예상문제 92

다음 압력조정기의 조절 스프링을 고정한 상태에서 입구압력의 최저 및 최대 유량을 통과시킬 때 조정압력의 범위는 얼마인가?

해답 ±20%

해설 **압력조정기와 정압기의 구별**
(1) 압력조정기 : 입구 50 A 이하 또는 최대표시유량 300 Nm^3/h 이하인 것 (점검주기 : 1년에 1회 이상)
(2) 정압기 : 압력조정기 이외의 것

예상문제 93

LPG 기화장치에 대한 물음에 답하시오.

(1) 기화기의 구성요소 3가지를 쓰시오.
(2) 기화기 사용 시 장점 4가지를 쓰시오.

해답 (1) ① 기화부 ② 제어부 ③ 조압부
(2) ① 한랭시에도 연속적으로 가스공급이 가능하다.
② 공급가스의 조성이 일정하다.
③ 설치면적이 좁아진다.
④ 기화량을 가감할 수 있다.
⑤ 설비비 및 인건비가 절약된다.

예상문제 94

LPG 사용시설에 설치된 가스검지기의 설치높이는 얼마인가?

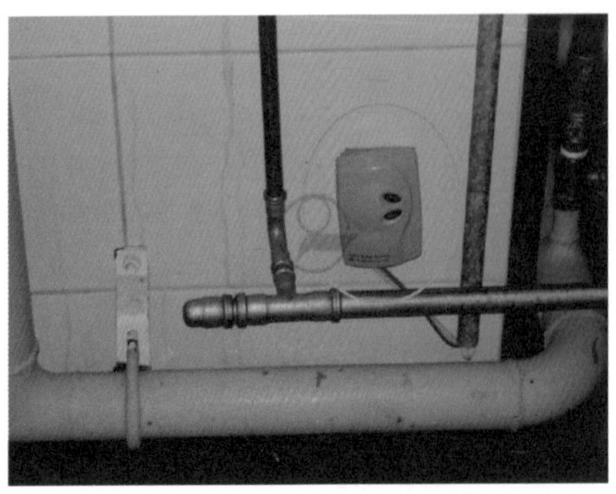

해답 바닥면으로부터 검지부 상단까지 30 cm 이하

해설 (1) LPG 사용시설의 검지부의 설치 기준

① 설치 수 : 연소기 버너에서 수평거리 4 m 이내에 검지부 1개 이상

② 설치높이 : 바닥면으로부터 검지부 상단까지 30 cm 이하

(2) 도시가스 사용시설의 검지부 설치 기준

① 공기보다 가벼운 경우 : 연소기에서 수평거리 8 m 이내 1개 이상, 천장에서 30 cm 이내

② 공기보다 무거운 경우 : 연소기에서 수평거리 4 m 이내 1개 이상, 바닥면에서 30 cm 이내

(3) 검지부 설치 제외 장소

① 출입구 부근 등으로서 외부의 기류가 통하는 곳

② 환기구 등 공기가 들어오는 곳으로부터 1.5 m 이내

③ 연소기의 폐가스가 접촉하기 쉬운 곳

8 가스 사용시설

예상문제 95

가스자동차단장치의 구성 모습이다. 지시하는 장치의 명칭과 기능을 설명하시오.

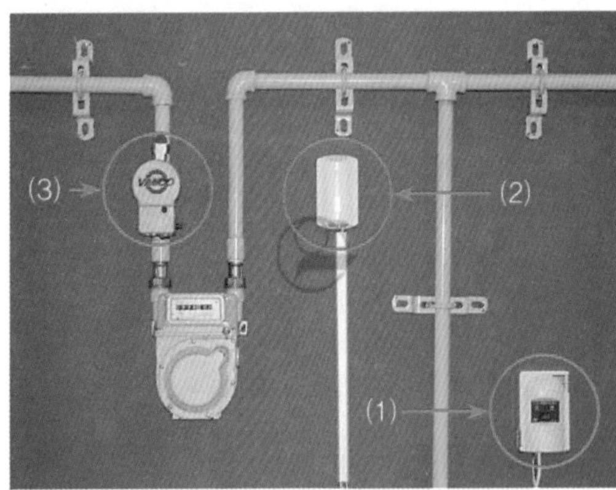

해답 (1) 제어부 : 차단부에 자동차단신호를 보내는 기능, 차단부를 원격 개폐할 수 있는 기능 및 경보기능을 가진 것

(2) 검지부 : 누출된 가스를 검지하여 제어부로 신호를 보내는 기능을 가진 것

(3) 차단부 : 제어부로부터 보내진 신호에 따라 가스의 유로를 개폐하는 기능을 가진 것

해설 **도시가스 사용시설의 가스누출 자동차단장치(또는 가스누출 자동차단기) 설치 기준**

(1) 설치 장소

① 영업장 면적이 100 m^2 이상인 식품접객업소의 가스사용시설

② 지하에 있는 가스사용시설(가정용 제외)

(2) 설치 제외 장소

① 월 사용예정량 2000 m^3 미만으로서 연소기가 연결된 배관에 퓨즈콕, 상자콕 및 연소기에 소화안전장치가 부착되어 있는 경우

② 가스공급이 차단될 경우 재해 및 손실 발생의 우려가 있는 가스사용시설

③ 가스누출 경보기 연동차단기능의 다기능가스 안전계량기를 설치하는 경우

예상문제 96

다음과 같은 가스누출 자동차단장치를 차단방식에 따라 4가지로 구분하여 설명하시오.

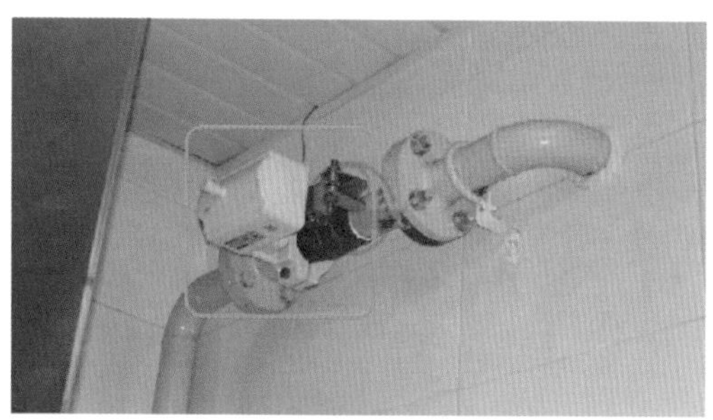

해답 ① 핸들 작동식 : 밸브 핸들을 움직여 차단하는 방식
② 밸브 직결식 : 차단부와 밸브 스템이 직접 연결되는 구조
③ 전자밸브식 : 차단부를 솔레노이드 밸브(solenoid valve)로 사용한 방식
④ 플런저 작동식 : 차단부가 유압 액추에이터로 구동되는 방식

해설 차단부 압력에 의한 가스누출 자동차단장치의 구분
① 중압용 : 0.1 MPa 이상
② 준저압용 : 0.01 MPa~0.1 MPa 미만
③ 저압용 : 0.01 MPa 미만

예상문제 97

가스누출검지 경보장치에 대한 물음에 답하시오.

(1) 경보장치의 종류 3가지와 적용가스를 쓰시오.
(2) 경보농도에 대하여 3가지로 구분하여 쓰시오.
(3) 경보장치 지시계 눈금범위에 대하여 3가지로 구분하여 쓰시오.

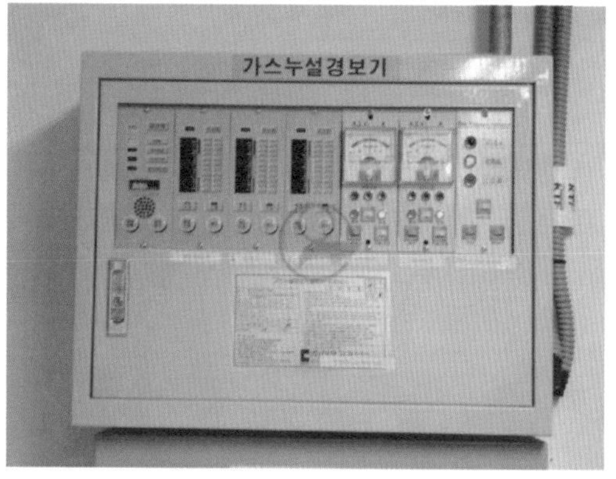

해답 (1) ① 접촉연소방식 : 가연성 가스
② 격막갈바니 전지방식 : 산소
③ 반도체 방식 : 가연성 가스, 독성 가스
(2) ① 가연성 가스 : 폭발하한계의 1/4 이하
② 독성 가스 : TLV-TWA 기준농도 이하
③ 암모니아(실내 사용) : 50 ppm
(3) ① 가연성 가스 : 0~폭발하한계 값
② 독성 가스 : 0~TLV-TWA 기준농도의 3배 값
③ 암모니아(실내 사용) : 150 ppm

해설 (1) 경보기의 정밀도
① 가연성 가스 : ±25% 이하
② 독성 가스 : ±30% 이하
(2) 검지에서 발신까지 걸리는 시간 : 30초 이내 (단, 암모니아, 일산화탄소 : 1분 이내)

예상문제 98

LPG 및 도시가스를 사용하는 연소기구에 대한 물음에 답하시오.

(1) 불완전연소 원인 4가지를 쓰시오.
(2) 불완전연소가 발생하였을 때 완전연소가 될 수 있도록 조절하는 것 명칭을 쓰시오.
(3) 연소기구가 갖추어야 할 조건 3가지를 쓰시오.

해답 (1) ① 공기(산소) 공급량 부족
② 배기 및 환기 불충분
③ 가스 조성의 불량
④ 가스기구의 부적합
⑤ 프레임 냉각

(2) 공기조절장치
(3) ① 가스를 완전 연소시킬 수 있을 것
② 연소열을 유효하게 이용할 수 있을 것
③ 취급이 쉽고, 안전성이 높을 것

해설 연소방식의 분류
① 적화(赤化)식 : 연소에 필요한 공기를 2차 공기로 취하는 방식
② 분젠식 : 가스를 노즐로부터 분출시켜 주위의 공기를 1차 공기로 흡입하는 방식
③ 세미분젠식 : 적화식과 분젠식의 혼합형(1차 공기량 40% 미만 취함)
④ 전 1차 공기식 : 연소용 공기를 송풍기로 압입하여 가스와 강제 혼합하여 필요한 공기를 모두 1차 공기로 하여 연소하는 방식

9 가스미터

예상문제 99

다음 가스미터를 보고 물음에 답하시오.
(1) 명칭을 쓰시오.
(2) 특징 4가지를 쓰시오.
(3) 용도 2가지를 쓰시오.

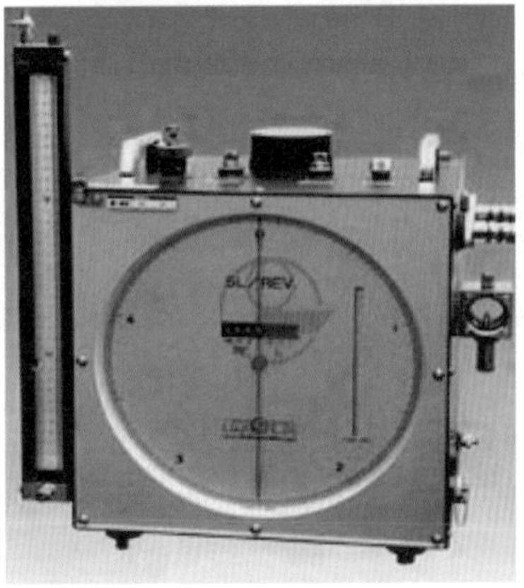

해답 (1) 습식 가스미터
(2) 특징
① 계량이 정확하다.
② 사용 중에 오차의 변동이 적다.
③ 사용 중에 수위조정 등의 관리가 필요하다.
④ 설치면적이 크다.
(3) ① 기준용 ② 실험실용

해설 ① 습식 가스미터의 원리 : 고정된 원통 안에 4개로 구성된 내부드럼이 있고, 입구에서 반은 물에 잠겨 있는 내부드럼으로 들어가 가스압력으로 밀어 올려 내부드럼이 1회전하는 동안 통과한 가스체적을 환산한다.
② 용량범위 : 0.2~3000 m^3/h

예상문제 100

다음은 도시가스용에 사용되는 가스미터이다. 물음에 답하시오.
(1) 명칭을 쓰시오.
(2) 특징 3가지를 쓰시오.
(3) 용도를 쓰시오.
(4) 용량범위(m^3/h)를 쓰시오.
(5) 가스미터에 표시된 "0.5 L/rev"와 "MAX 1.5m^3/h"를 설명하시오.

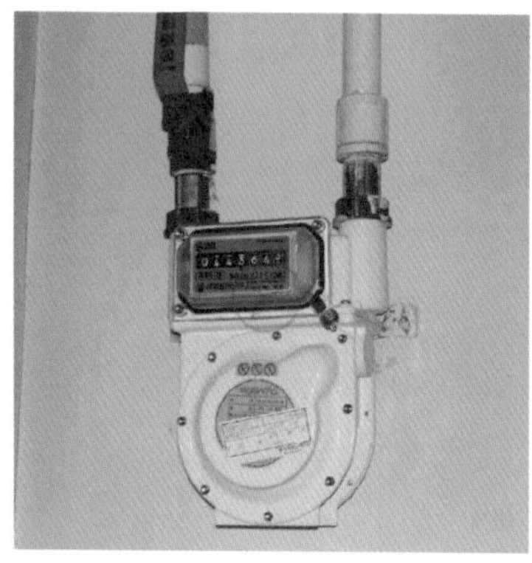

해답 (1) 막식 가스미터
(2) 특징
① 가격이 저렴하다.
② 설치 후의 유지관리에 시간을 요하지 않는다.
③ 대용량의 것은 설치면적이 크다.
(3) 일반 수용가
(4) 1.5~200 m^3/h
(5) ① 0.5 L/rev : 계량실의 1주기 체적이 0.5 L이다.
② 사용 최대유량이 시간당 1.5 m^3이다.

해설 막식 가스미터의 측정원리 : 가스를 일정용적의 통속에 넣어 충만시킨 후 배출하여 그 횟수를 용적단위로 환산하여 적산한다.

예상문제 101

다음 도시가스용 가스미터를 보고 물음에 답하시오.

(1) 바닥으로부터 설치높이는 얼마인가?
(2) 전기계량기와 이격거리는 얼마인가?
(3) 화기와의 우회거리는 몇 m 인가?

해답 (1) 1.6~2 m 이내
(2) 60 cm 이상
(3) 2 m 이상

해설 (1) 가스미터 설치 높이 : 바닥으로부터 1.6 m 이상 2 m 이내(단, 보호상자 내에 설치 시 바닥으로부터 2 m 이내)
(2) 가스미터와 유지거리
① 전기계량기, 전기개폐기 : 60 cm 이상
② 단열조치를 하지 않은 굴뚝, 전기점멸기, 전기접속기 : 30 cm 이상
③ 절연조치를 하지 않은 전선 : 15 cm 이상
(3) 가스미터의 성능
① 기밀시험 : 10 kPa
② 가스미터 및 배관에서의 허용압력손실 : 0.3 kPa 이하
③ 검정공차 : ±1.5%
④ 사용공차 : 검정기준에서 정하는 최대허용오차의 2배 값
⑤ 검정유효기간 : 5년 (단, LPG 가스미터 : 3년, 기준가스미터 : 2년)
(4) 가스미터 표시사항
① 가스미터의 형식 ② 사용최대유량
③ 계량실의 1주기 체적 ④ 형식승인번호
⑤ 가스의 흐름 방향(입구, 출구)
⑥ 검정 및 합격표시

예상문제 102

다음 가스미터에서 지시하는 부분의 명칭을 쓰시오.

해답 (1) 온도압력 보정장치
(2) 터빈식 가스미터

해설 (1) 온도압력 보정장치 : 가스계량기 내 온도와 압력을 측정하여 가스도매사업자의 가스공급 적용 기준인 0℃, 1기압 상태로 부피를 보정하는 장치
(2) 온도압력 보정장치 설치기준
① KS표시 허가 제품 또는 "계량에 관한 법률"에 따른 형식승인과 검정을 받은 것을 설치할 것
② 수시로 환기가 가능한 장소에 설치할 것
③ 화기와는 2m 이상의 우회거리를 유지할 것
④ 수직, 수평으로 설치하고 밴드, 보호가대 등 고정장치로 견고하게 고정 설치할 것
⑤ 기존 배관을 분리(절단)하는 때에는 배관내부의 가스를 외부의 안전한 장소로 퍼지(purge) 후 배관 내부 가스농도가 폭발하한계의 1/4 이하가 된 것을 확인 후 작업을 실시할 것
⑥ 최고사용압력의 1.1배 또는 8.4 kPa 중 높은 압력 이상의 압력으로 기밀시험을 실시할 것
⑦ 온도압력보정장치와 배관 또는 가스계량기와 연결되는 전선(전선에 3.8 V 이하의 전압이 걸리는 경우에 한함)은 이격거리 기준을 적용하지 않는다.
(3) 터빈식 가스미터 : 날개에 부딪치는 유체의 운동량으로 회전체를 회전시켜 운동량과 회전량의 변화량으로 가스 흐름량을 측정하는 계량기로 유속식 유량계의 한 종류이다.
① 측정범위가 넓고 고압 및 저압에서도 정도가 우수하다.
② 압력손실이 적고 산업용 가스미터로 사용된다.
③ 적용가스의 범위가 넓다(LNG, LPG, 석탄가스, 에틸렌, 수소, 아세틸렌, 질소, 공기 등).
④ 윤활유를 정기적으로 주입하여야 한다.
⑤ 터빈 임펠러의 재질 : 합성수지, 알루미늄 합금 사용

예상문제 103

다기능 가스 안전계량기의 작동 성능(기능) 4가지를 쓰시오. (단, 유량 계량기능은 제외한다.)

해답 ① 합계유량차단 성능
② 증가유량차단 성능
③ 연속사용시간차단 성능
④ 미소사용유량등록 성능
⑤ 미소누출검지 성능
⑥ 압력저하차단 성능

해설 (1) 다기능 가스 안전계량기 : 액화석유가스 또는 도시가스 사용시설에 설치되는 다기능 가스 안전계량기로 가스계량기에 이상유량차단, 가스누출차단 등 가스안전기능을 수행하는 안전장치가 부착된 가스용품으로 마이콤 미터라 한다.
(2) 다기능 가스 안전계량기의 성능
① 합계유량차단 성능 : 합계유량차단 값을 초과하는 가스가 흐를 경우에 75초 이내에 차단하는 것으로 한다.
※ 합계유량차단 값=연소기구 소비량의 총합×1.13
② 증가유량차단 성능 : 통상의 사용 상태에서 증가유량차단 값을 초과하여 유량이 증가하는 경우 차단하는 것으로 한다.
※ 증가유량차단 값=연소기구 중 최대소비량×1.13
③ 연속사용시간차단 성능 : 유량이 변동 없이 장시간 연속하여 흐를 경우 차단하는 것으로 한다.
④ 미소사용유량등록 성능 : 정상 사용 상태에서 미소유량을 감지하여 오경보를 방지할 수 있는 것으로 한다. 다만, 미소유량은 40 L/h 이하로 하고 설정기 등으로 미소유량을 설정 또는 변경할 수 있는 것으로 한다.
⑤ 미소누출검지 성능 : 유량을 연속으로 30일간 검지할 때에 표시하는 기능이 있고, 또한 그

밖에 원인으로 인하여 차단 복귀하더라도 해당 기능에 영향을 주지 아니하는 것으로 한다.

⑥ 압력저하차단 성능 : 통상의 사용 상태에서 다기능 계량기 출구쪽 압력저하를 감지하여 압력이 0.6±0.1kPa에서 차단하는 것으로 한다.

10 도시가스 배관

예상문제 104

다음은 가스배관용 배관의 종류이다. 각각의 명칭을 쓰시오.

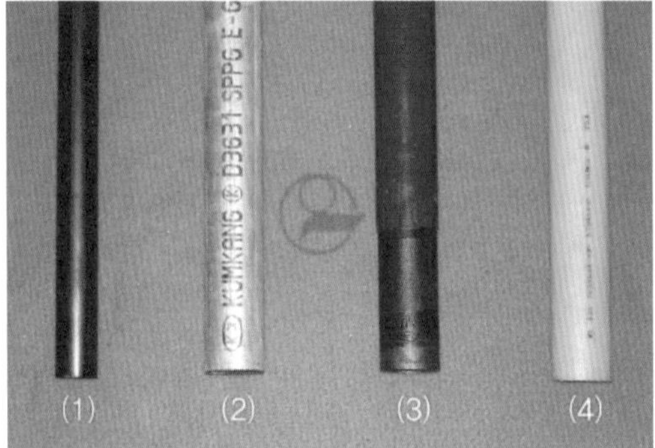

해답 (1) 배관용 탄소강관 흑관

(2) 배관용 탄소강관 백관(또는 아연도금강관)

(3) 폴리에틸렌 피복강관(PLP관)

(4) 가스용 폴리에틸렌관(PE관)

해설 (1) 가스배관 재료의 구비조건

① 관내의 가스 유통이 원활할 것

② 내부의 가스압, 외부의 하중에 견디는 강도를 가지는 것

③ 토양, 지하수 등에 대하여 내식성이 있을 것

④ 용접 및 절단가공이 용이할 것

⑤ 누설을 방지할 수 있을 것

⑥ 가격이 저렴할 것(경제성이 있을 것)

(2) 매설배관에 사용할 수 있는 것 : 가스용 폴리에틸렌관, 폴리에틸렌 피복강관, 분말용착식 폴리에틸렌 피복강관

예상문제 105

가스용 폴리에틸렌관(PE)의 SDR값에 따른 사용압력(MPa) 범위를 3가지로 구분하여 쓰시오.

해답 ① SDR 11 이하 : 0.4 MPa 이하

② SDR 17 이하 : 0.25 MPa 이하

③ SDR 21 이하 : 0.2 MPa 이하

해설 (1) SDR값에 따른 사용압력(MPa) 범위

구 분	SDR 범위	사용압력
1호관	11 이하	0.4 MPa 이하
2호관	17 이하	0.25 MPa 이하
3호관	21 이하	0.2 MPa 이하

(2) $\text{SDR} = \dfrac{D(\text{바깥지름})}{t(\text{최소두께})}$

(SDR : standard dimension ratio)

(3) PE배관 접합 방법(기준)

① PE배관의 접합은 관의 재질, 설치조건 및 주위여건 등을 고려하여 실시하며 눈, 우천 시에는 천막 등으로 보호조치를 한 후 융착한다.

② 관은 수분, 먼지 등의 이물질을 제거한 후 접합하여야 한다.

동영상 예상문제

③ 접합 전에는 접합부를 접합전용 스크레이프 등을 사용하여 다듬질하여야 한다.
④ 금속관의 접합은 T/F(transition fitting)를 사용하여야 한다.
⑤ 관의 지름이 상이할 경우의 접합은 관이음매를 사용하여 접합하여야 한다.
⑥ 그 밖의 사항은 관의 제작사가 제공하는 시공지침을 따라야 한다.

예상문제 106

가스용 폴리에틸렌관(PE관)을 사용할 때의 특징 4가지를 쓰시오.

해답 ① 염분이나 수분에 의한 영향이 없어 부식 우려가 없다.
② 화학적으로 안정하여 사용가스와 반응우려가 없다.
③ 강관보다 경제적이고 시공이 간편하다.
④ 유연성이 좋아 진동이나 지진 등에 안전하다.
⑤ 충격에 강하고 −80℃까지 사용이 가능하여 동파 우려가 없다.

해설 가스용 폴리에틸렌관 설치기준
① 관은 매몰하여 시공하여야 한다.(다만, 지상배관의 연결부분은 금속관을 사용하여 보호조치를 한 경우에는 지면에서 30 cm 이하로 노출하여 시공할 수 있다.)
② 관의 굴곡허용 반지름 : 바깥지름의 20배 이상(굴곡반지름이 20배 미만일 경우에는 엘보를 사용)
③ 탐지형 보호포, 로케팅 와이어(전선의 굵기 6 mm^2 이상) 등을 설치할 것
④ 관은 온도가 40℃ 이상이 되는 장소에 설치하지 아니한다. (다만, 파이프 슬리브 등을 이용하여 단열조치를 한 경우 제외)
⑤ 관의 시공은 폴리에틸렌 융착원 양성교육을 이수한 자가 실시하여야 한다.

예상문제 107

가스용 폴리에틸렌관(PE관)의 이음방법 명칭을 쓰시오.

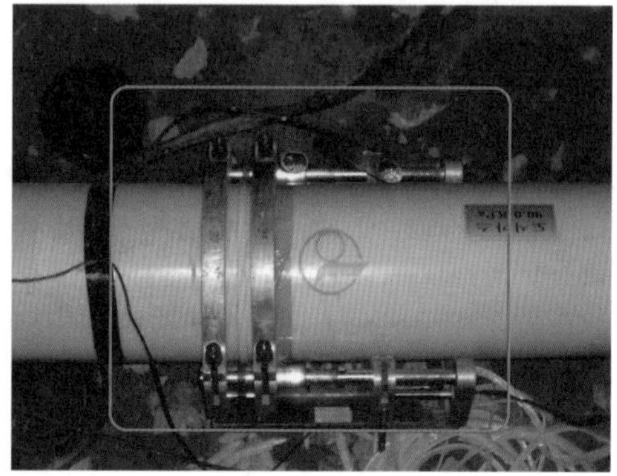

해답 맞대기 융착이음

해설 (1) 맞대기 융착이음(butt fusion) 방법 기준
① 공칭외경 90 mm 이상의 직관 연결에 적용
② 비드(bead)는 좌·우 대칭형으로 둥글고 균일하게 형성되어 있을 것
③ 비드의 표면은 매끄럽고 청결할 것
④ 접합면의 비드와 비드 사이의 경계부위는 배관의 외면보다 높게 형성될 것
⑤ 이음부의 연결오차는 배관두께의 10% 이하일 것

(2) 호칭지름별 비드 폭은 다음 식에 의해 산출한 최소치 이상, 최대치 이하이어야 한다.
① 계산식 : 최소=$3+0.5t$, 최대=$5+0.75t$ (t : 배관두께)
② 산출 예〈2015.4.14 삭제〉

호칭지름	비드 폭(mm)		
	제1호관	제2호관	제3호관
75	7~11	−	−
100	8~13	6~10	−
125	−	7~11	−
150	11~16	8~12	7~11
175	−	9~13	8~12
200	13~20	9~15	8~13

(3) 융착이음의 3요소 : 온도, 압력, 시간

예상문제 108

가스용 폴리에틸렌관(PE관)의 이음방법의 명칭을 쓰시오.

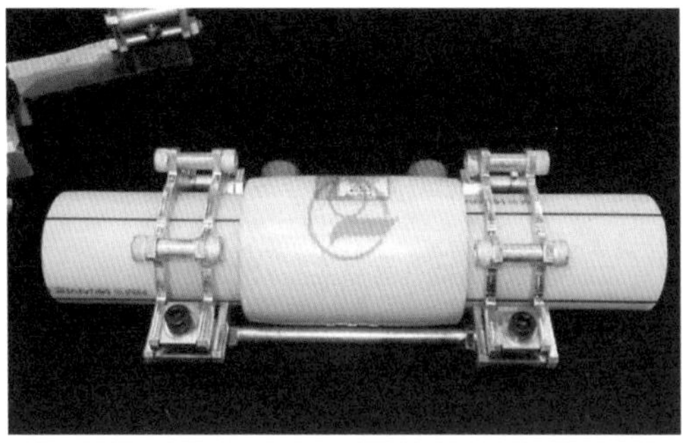

해답 소켓 융착이음

해설 소켓 융착이음(socket fusion) 방법 및 기준
① 용융된 비드는 접합부 전면에 고르게 형성되고 관 내부로 밀려나오지 않도록 할 것
② 배관 및 이음관의 접합은 일직선을 유지할 것
③ 비드 높이는 이음관의 높이 이하일 것
④ 융착작업은 홀더(holder) 등을 사용하고 관의 용융부위는 소켓 내부 경계턱까지 완전히 삽입되도록 할 것

예상문제 109

가스용 폴리에틸렌관(PE관)의 이음방법의 명칭을 쓰시오.

해답 새들 융착이음

해설 새들 융착이음(saddle fusion) 방법 및 기준
① 접합부 전면에는 대칭형의 둥근 형상 이중비드가 고르게 형성되어 있을 것
② 비드의 표면은 매끄럽고 청결할 것
③ 접합된 새들의 중심선과 배관의 중심선은 직각이 유지되도록 할 것
④ 비드의 높이는 이음관 높이 이하일 것
⑤ 시공이 불량한 융착이음부는 절단하여 제거하고 재시공할 것

예상문제 110

도시가스 배관(PE관)을 지하에 매설할 때 사용하는 부품이다. 물음에 답하시오.

(1) 명칭을 쓰시오.
(2) 장점 4가지를 쓰시오.

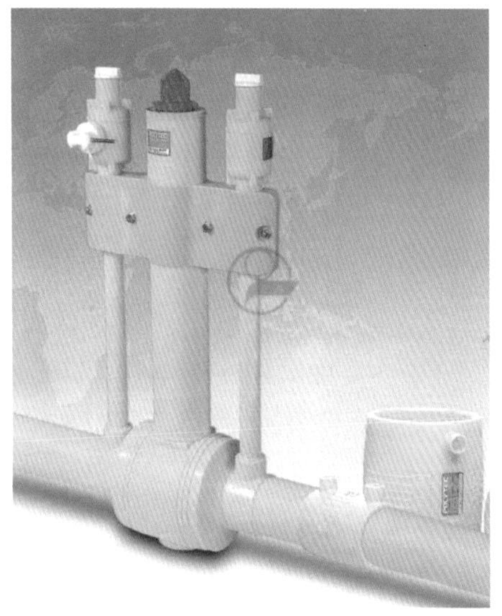

해답 (1) 가스용 폴리에틸렌 밸브(가스용 PE 밸브)
(2) ① 시공이 간편하다.
② 부식이 없어 수명이 반영구적이다.
③ 조작하기 쉽다.
④ 맨홀이 소형이다.

해설 가스용 폴리에틸렌 밸브
(1) 종류 : 매몰형 폴리에틸렌 플러그 밸브, 매몰형

동영상 예상문제

폴리에틸렌 볼 밸브

(2) 사용 조건

① 사용온도 : −29℃ 이상 38℃ 이하

② 사용압력 : 0.4 MPa 이하

③ 지하에 매몰하여 사용

예상문제 111

다음은 가스용 폴리에틸렌관(PE관)을 지하에 매설하는 과정에서 배관과 같이 설치하는 전선의 명칭은 무엇인가?

해답 로케팅 와이어

해설 **로케팅 와이어(locating wire) 설치 기준**

(1) 설치목적 : 가스용 폴리에틸렌관을 지하에 매설한 후 파이프 로케이터 사용에 의해 매설위치를 지상에서 탐지 및 관의 유지관리를 위하여 설치

(2) 탐지원리 : 전도체에 전기가 흐르면 도체 주변에 자장이 형성되는 원리를 이용

(3) 규격 : 단면적 $6\,mm^2$ 이상의 전선(나선은 제외)을 사용

(4) 배선 및 설치 방법

① 로케팅 와이어는 폴리에틸렌관을 따라 배선하며 로케이터용의 끝단부는 입상관을 따라 마감한다.

② 로케팅 와이어는 강관 및 주철관과 접속하면 부식의 우려가 있으므로 주의한다.

③ 로케팅 와이어는 폴리에틸렌관을 따라 다소 헐겁게 설치하며, 3~5 m 정도의 간격으로 표시테이프 등으로 고정시킨다.

④ 로케팅 와이어의 접속은 압착 커넥터 또는 압착 슬리브를 사용하여 행한다.

⑤ 보호 슬리브가 설치되어 있는 경우에는 보호 슬리브의 외측을 따라 설치한다.

⑥ 로케팅 와이어는 일정 간격을 두고 측정할 수 있는 측정함을 설치한다.

예상문제 112

다음은 가스용 폴리에틸렌관(PE관) 부속 종류이다. 각각의 명칭을 쓰시오.

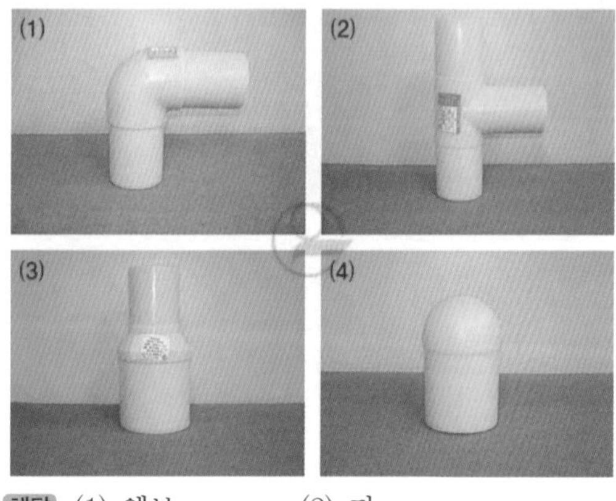

해답 (1) 엘보 (2) 티
(3) 리듀서(reducer) (4) 캡

예상문제 113

다음 가스 배관의 이음방법의 명칭은 무엇인가?

해답 (1) 플랜지 이음 (2) 용접이음
(3) 나사이음 (4) 융착이음

예상문제 114

가스배관을 용접접합에 의하여 이음하는 것에 대한 물음에 답하시오.

(1) 배관상호 길이 이음매는 원주방향에서 몇 mm 이상 떨어지게 하여야 하는가?
(2) 지그(jig)를 사용하여 이음할 때는 어느 부분부터 위치를 맞추어 작업을 하여야 하는가?
(3) 관의 두께가 다른 배관의 맞대기 이음 시 관두께가 완만히 변화되도록 길이방향 기울기는 얼마로 하여야 하는가?

해답 (1) 50 mm 이상 (2) 가운데 부분
(3) 1/3 이하

해설 배관을 맞대기 용접하는 경우 평행한 용접이음매의 간격은 다음 식에 의한 계산값 이상으로 할 것. 다만, 최소 간격은 50mm로 한다.

$D=2.5\sqrt{(R_m \cdot t)}$

여기서 D : 용접 이음매의 간격(mm)
R_m : 배관의 두께 중심까지의 반지름(mm)
t : 배관의 두께(mm)

예상문제 115

지시하는 부분은 도시가스 매설배관 공사를 완료하고 관 내부의 이물질을 제거하는 것으로 이것의 명칭을 쓰시오.

해답 피그(pig)

해설 피그(pig) : 도시가스 매설배관 공사가 완료되고 내압시험 및 기밀시험을 하기 전에 피그를 공기압을 통해서 배관 내의 수분, 이물질, 먼지 등을 제거하는 것이다.

예상문제 116

도시가스 매설배관으로 사용할 수 있는 배관재료(또는 배관명칭) 2가지를 쓰시오.

해답 ① 가스용 폴리에틸렌관(PE관)
② 폴리에틸렌 피복강관(PLP관)
③ 분말 용착식 폴리에틸렌 피복강관

해설 가스용 폴리에틸렌관은 최고사용압력 0.4 MPa 이하의 경우에 사용할 수 있다.

예상문제 117

도시가스 매설배관의 매설깊이 기준 4가지를 설명하시오. (단, 도시가스 도매사업자의 경우는 제외한다.)

해답 ① 공동주택 등의 부지 내 : 0.6 m 이상
② 폭 8 m 이상의 도로 : 1.2 m 이상
③ 폭 4 m 이상 8 m 미만의 도로 : 1 m 이상
④ ① 내지 ③에 해당하지 않는 곳 : 0.8 m 이상

예상문제 118

도시가스 배관을 지하에 매설할 때 보호판 시공에 대한 물음에 답하시오.

(1) 보호판을 설치하는 경우 3가지를 쓰시오.
(2) 보호판의 설치 위치는 배관 정상부에서 얼마인가?
(3) 보호판의 두께를 저압 및 중압배관, 고압배관으로 구분하여 쓰시오.

해답 (1) ① 도로 밑에 배관을 매설하는 경우 도시가스 배관을 보호하기 위하여
② 지하 구조물, 암반, 그 밖의 특수한 사정으로 매설깊이를 확보할 수 없을 때
③ 도로 밑에 최고사용압력이 중압 이상인 배관을 매설할 때
(2) 30 cm 이상
(3) ① 저압 및 중압배관 : 4 mm 이상
② 고압배관 : 6 mm 이상

해설 보호판 규격
(1) 재료 : KS D 3503(일반구조용 압연강재)
(2) 도막두께 : 80 μm 이상되도록 에폭시 타입 도료를 2회 이상
(3) 보호판에는 지름 30 mm 이상 50 mm 이하의 구멍을 3 m 이하의 간격으로 뚫어 누출된 가스가 지면으로 확산되도록 한다.

예상문제 119

도시가스 매설배관의 되메우기 작업 시 보호포를 시공하는 것에 대한 물음에 답하시오.

(1) 최고사용압력에 따른 보호포 바탕색을 구별하여 쓰시오.
(2) 보호포에 표시사항 3가지를 쓰시오.
(3) 보호포 위치를 3가지로 구분하여 답하시오.

해답 (1) ① 저압배관 : 황색
② 중압 이상 : 적색
(2) ① 가스명 ② 사용압력 ③ 공급자명

(3) ① 저압배관 : 배관 정상부로부터 60 cm 이상
② 중압 이상 배관 : 보호판 상부로부터 30 cm 이상
③ 공동주택 부지 내에 설치된 배관 : 배관 정상부로부터 40 cm 이상

해설 (1) 보호포의 종류 : 일반형 보호포, 탐지형 보호포
(2) 보호포의 재질 : 폴리에틸렌수지, 폴리프로필렌수지
(3) 보호포의 규격
① 폭 : 15 cm 이상
② 설치(시공)할 때 폭 : 배관폭에 10 cm를 더한 폭
③ 두께 : 0.2 mm 이상

예상문제 120

도시가스 매설배관의 누설을 탐지하는 차량에 사용되는 가스누출검지기의 명칭을 쓰시오.

탐지부 상세도

해답 수소불꽃 이온화 검출기 (또는 FID, 수소염 이온화 검출기)

예상문제 121

도시가스 배관을 시가지 외의 지역에 매설하였을 때 설치하는 표지판에 대한 물음에 답하시오.

(1) 표지판은 몇 m 간격으로 설치하여야 하는가?
(2) 표지판의 규격(가로×세로)은 몇 mm 이상인가?

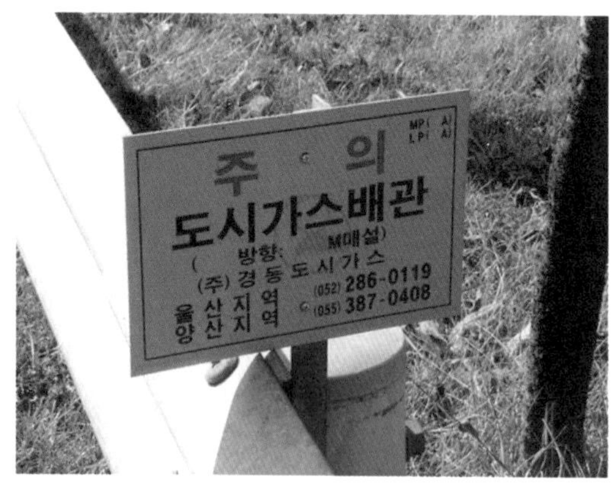

해답 (1) 200 m 이내
(2) 200×150 mm 이상

예상문제 122

도시가스 배관을 도로에 매설 시 표시하는 것에 대한 물음에 답하시오.

(1) 이것의 명칭을 쓰시오.
(2) 도시가스 배관이 직선으로 매설된 경우 몇 m마다 설치하여야 하는가?

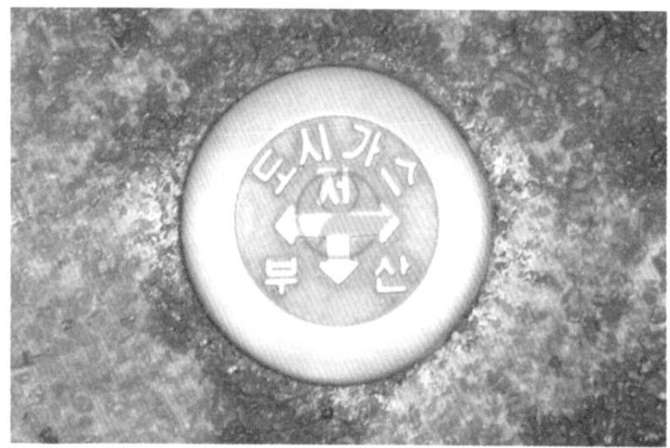

해답 (1) 라인마크 (2) 50 m

해설 라인마크는 배관길이 50 m마다 1개 이상 설치하되 주요 분기점, 구부러진 지점 및 그 주위 50 m 이내에 설치하여야 한다.

예상문제 123

다음 라인마크를 설명하시오.

(1)

(2)

해답 (1) 도시가스 매설배관이 분기(삼방향)되는 곳
(2) 도시가스 매설배관이 직선(직선방향)으로 매설된 곳

해설 (1) 라인마크의 모양

① **직선방향** ② **일방향**

③ **양방향** ④ **삼방향**

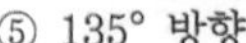

⑤ 135° **방향** ⑥ **관말지점**

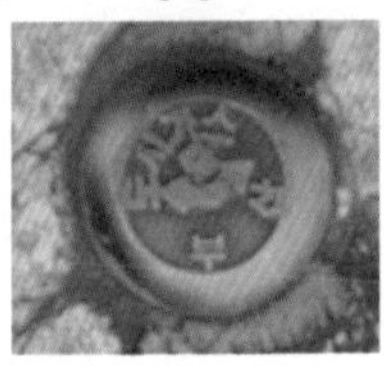

(2) 라인마크의 규격
몸체 부분의 지름과 두께 : 60 mm×7 mm

예상문제 124

도시가스 배관을 일정간격으로 고정 설치하였다. 관지름에 따른 고정장치의 설치기준에 대하여 쓰시오.

해답 ① 관지름 13 mm 미만 : 1 m마다
② 관지름 13 mm 이상 33 mm 미만 : 2 m마다
③ 관지름 33 mm 이상 : 3 m마다

해설 교량 등에 설치하는 가스배관 및 횡으로 설치하는 가스배관의 설치·고정 및 지지 기준
① 배관은 온도변화에 의한 열응력과 수직 및 수평하중을 동시에 고려하여 설계·설치한다.
② 배관의 재료는 강재를 사용하고 접합은 용접으로 하도록 한다.
③ 배관 지지대는 배관 하중 및 축방향의 하중에 충분히 견디는 강도를 갖는 구조로 설치하고 지지대의 부식 등을 감안하여 가능한 한 여유 있게 설치한다.
④ 지지대, U볼트 등의 고정장치와 배관 사이에는 고무판, 플라스틱 등 절연물질을 삽입한다.
⑤ 배관의 고정 및 지지를 위한 지지대의 최대지지간격은 다음 표를 기준으로 하되, 호칭지름 600 A를 초과하는 배관은 배관 처짐량의 500배 미만이 되는 지점마다 지지한다.

호칭지름별 지지간격

호칭지름	지지간격
100 A	8 m
150 A	10 m
200 A	12 m
300 A	16 m
400 A	19 m
500 A	22 m
600 A	25 m

예상문제 125

최고사용압력이 고압 또는 중압인 도시가스 배관에서 방사선투과시험에 합격된 배관은 통과하는 가스를 시험가스로 사용할 때 가스농도가 몇 % 이하에서 작동하는 가스검지기를 사용하여야 하는가?

해답 0.2 %

예상문제 126

다음과 같은 저전위 금속을 배관과 접속하여 애노드(anode)로 하고 피방식체를 캐소드(cathode)하여 부식을 방지하는 전기방식법의 명칭을 쓰시오.

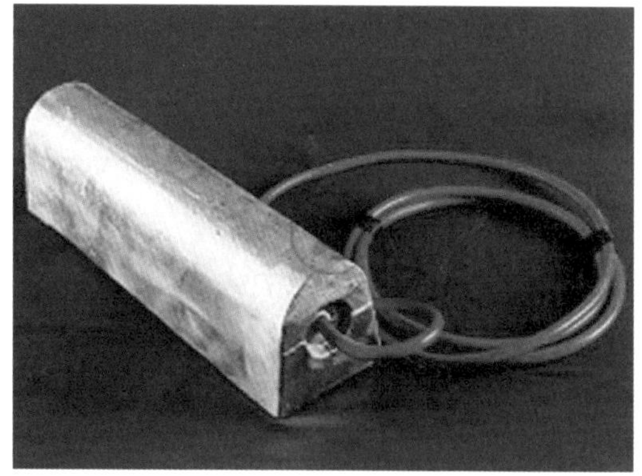

해답 희생양극법(또는 유전양극법, 전기양극법, 전류양극법)

해설 희생 양극법(유전 양극법)의 원리 : 양극(anode)과 매설배관(cathode : 음극)을 전선으로 접속하고 양극금속과 배관사이의 전지작용(고유 전위차)에 의해서 방식전류를 얻는 방법이다. 양극 재료로는 마그네슘(Mg), 아연(Zn)이 사용되며 토양 중에 매설되는 배관에는 마그네슘이 사용되고 있다.

예상문제 127

다음과 같이 도시가스 매설배관에 시공하는 전기방식 명칭은 무엇인가?

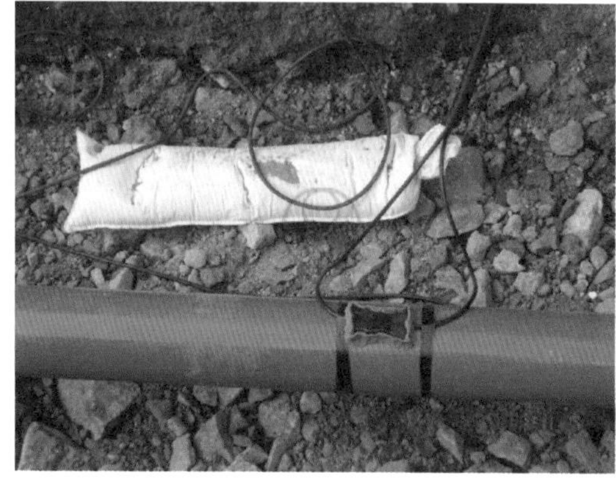

해답 희생양극법(또는 유전양극법, 전기양극법, 전류양극법)

예상문제 128

땅속에 매설한 애노드(anode)에 강제전압을 가하여 피방식 금속체를 캐소드(cathode)하는 방식의 전기방식법 명칭은 무엇인가?

해답 외부 전원법

해설 (1) 외부 전원법의 원리 : 외부의 직류전원 장치(정류기)로 부터 양극(+)은 매설배관이 설치되어 있는 토양에 설치한 외부전원용 전극(불용성 양극)에 접속하고, 음극(−)은 매설배관에 접속시켜 부식을 방지하는 방법으로 직류전원장치(정류기), 양극, 부속배선으로 구성된다.
(2) 정류기의 역할 : 한전의 교류전원을 직류전원으로 바꾸어 주어 도시가스 배관에 방식전류를 흘려보내 배관부식을 방지한다.

예상문제 129

다음은 직류전철이 운행하는 곳에 설치된 배류기이다. 배류기를 이용한 전기방식의 명칭은 무엇인가?

해답 배류법

해설 배류법의 원리 : 직류 전기철도의 레일에서 유입된 누설전류를 전기적인 경로를 따라 철도레일로 되돌려 보내서 부식을 방지하는 방법으로 전철이 가까이 있는 곳에 설치하며, 배류기를 설치하여야 한다.

예상문제 130

직류전철 등에 의한 누출전류의 영향을 받지 않는 도시가스 매설배관에 부식을 방지하는 방법 2가지를 쓰시오.

해답 ① 희생양극법 ② 외부전원법

해설 전기방식방법
① 직류전철 등에 따른 누출전류의 영향이 없는 경우에는 외부전원법 또는 희생양극법으로 한다.
② 직류전철 등에 의한 누출전류의 영향을 받는 배관에는 배류법으로 하되, 방식효과가 충분하지 않을 경우에는 외부전원법 또는 희생양극법을 병용할 것

예상문제 131

도시가스 매설배관을 희생양극법으로 전기방식할 때 포화황산동 기준전극으로 황산염환원 박테리아가 번식하는 토양의 경우 방식전위는 얼마인가?

해답 −0.95 V 이하

해설 도시가스 배관의 부식방지를 위한 전위상태

① 전기방식 전류가 흐르는 상태에서 토양 중에 있는 배관 등의 방식전위는 포화황산동 기준전극으로 −0.85 V 이하(황산염환원 박테리아가 번식하는 토양에서는 −0.95 V 이하)이어야 하고, 방식전위 하한값은 전기철도 등의 간섭영향을 받는 곳을 제외하고는 포화황산동 기준전극으로 −2.5 V 이상이 되도록 한다.
② 방식전류가 흐르는 상태에서 자연전위와의 전위변화가 최소한 −300 mV 이하로 한다.

예상문제 132

도시가스시설의 전기방식 전위측정용 터미널 박스에 대한 물음에 답하시오.

(1) 희생양극법 및 배류법과 외부전원법일 경우 설치간격은 몇 m인가?
(2) 전위측정용 터미널 박스 설치장소 4가지를 쓰시오.

해답 (1) ① 희생양극법 및 배류법 : 300 m 이내
② 외부전원법 : 500 m 이내
(2) ① 직류전철 횡단부 주위
② 지중에 매설되어 있는 배관절연부의 양측
③ 강재보호관 부분의 배관과 강재보호관
④ 타금속 구조물과 근접 교차부분
⑤ 밸브 스테이션
⑥ 교량 및 횡단배관의 양단부

예상문제 133

지하에 매설된 LPG 저장탱크의 지상에 설치된 기기이다. 이것의 명칭을 쓰시오.

해답 지하매설 저장탱크 전위측정용 터미널

예상문제 134

다음 용접부 결함의 명칭을 쓰시오.

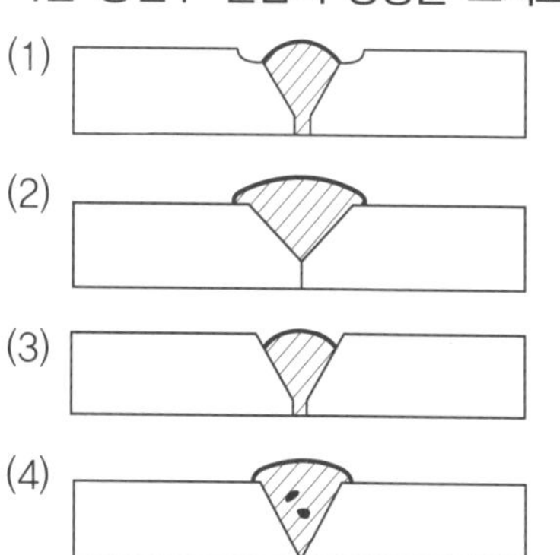

해답 (1) 언더컷 (2) 오버랩
(3) 용입불량 (4) 슬래그 혼입

예상문제 135

다음은 비파괴 검사의 장비 및 방법을 나타낸 것이다. 각각의 검사 명칭을 쓰시오.

(1)

(2)

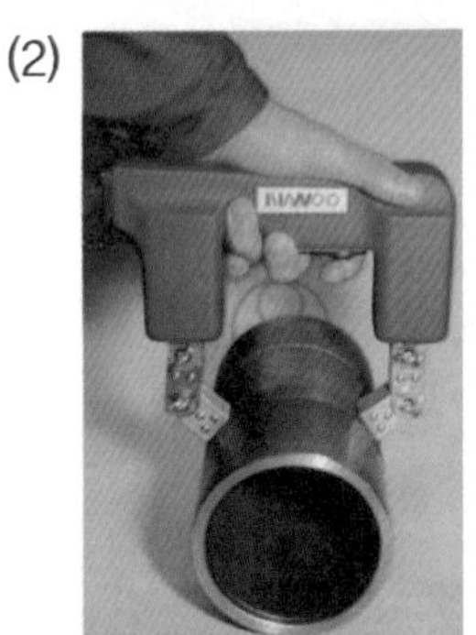

(3)

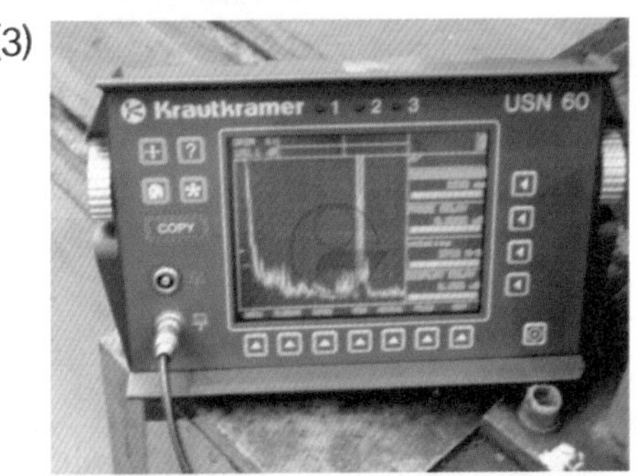

(4)

해답 (1) 침투탐상검사(PT)
(2) 자분탐상검사(MT)
(3) 초음파탐상검사(UT)
(4) 방사선투과검사(RT)

해설 ① PT : penetrant test
② MT : magnetic particle test
③ UT : ultrasonic test
④ RT : rdiographic test

예상문제 136

방사선투과검사의 장점과 단점을 각각 3가지씩 쓰시오.

해답 (1) 장점
① 내부결함의 검출이 가능하다.
② 결함의 크기, 모양을 알 수 있다.
③ 검사 기록 결과가 유지된다.
(2) 단점
① 장치의 가격이 고가이다.
② 고온부, 두께가 두꺼운 곳은 부적당하다.
③ 취급상 방호에 주의하여야 한다.
④ 선에 평행한 크랙 등은 검출이 불가능하다.

예상문제 137

다음과 같이 자석의 S극과 N극을 이용하여 결함 여부를 검사하는 비파괴검사 명칭은 무엇인가?

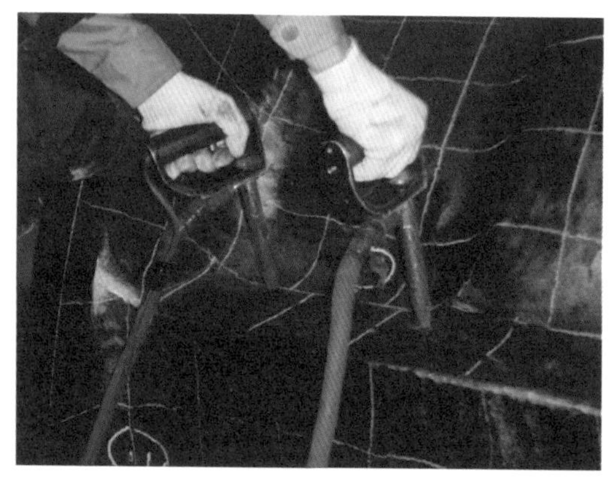

해답 자분탐상검사(MT)

해설 자분탐상검사(MT : Magnetic Particle Test) : 피검사물의 자화한 상태에서 표면 또는 표면에 가까운 손상에 의해 생기는 누설 자속을 사용하여 검출하는 방법으로 육안으로 검지할 수 없는 결함(균열, 손상, 개재물, 편석, 블로홀 등)을 검지할 수 있다. 비자성체는 검사를 하지 못하며 전원이 필요하다.

11 도시가스 시설

예상문제 138

아파트 외벽에 설치된 도시가스 입상관 및 밸브에 대한 물음에 답하시오.

(1) 지시하는 밸브의 설치높이는 얼마인가?
(2) 입상배관에 어떤 표시를 하면 아파트 외벽과 같은 색상으로 도색할 수 있는가?

해답 (1) 1.6~2 m 이내
(2) 바닥에서 1 m 높이에 폭 3 cm의 황색띠를 2중으로 표시

예상문제 139

아파트 외부 벽면에 설치된 도시가스 입상관에 대한 물음에 답하시오.

(1) 입상관의 정의에 대하여 쓰시오.
(2) 지시하는 "ㄷ"자 부분의 명칭은 무엇인가?
(3) 지시하는 부분의 장치를 설치하는 이유를 설명하시오.

해답 (1) 수용가에 가스를 공급하기 위해 건축물에 수직으로 부착되어 있는 배관을 말하며, 가스의 흐름방향과 관계없이 수직배관은 입상배관으로 본다.
(2) 신축흡수장치 (또는 신축이음장치, 신축조인트, Expansion joint)
(3) 온도변화에 따른 배관의 열팽창(수축, 팽창)을 흡수하기 위하여

예상문제 140

25층 아파트에 설치한 도시가스 입상관에 대한 물음에 답하시오.

(1) 지시하는 신축흡수장치는 최소 몇 개 설치하여야 하는가?

(2) 그림과 같이 각 세대에 분기되어 벽체를 관통하는 부분의 보호관은 분기관 바깥지름의 몇 배인가?

(1)

(2)

해답 (1) 2개 (2) 1.5배 이상

해설 입상관의 신축흡수 조치 기준

① 분기관 : 1회 이상의 굴곡부(90° 엘보 1개 이상 사용) 반드시 설치

② 보호관 규격(안지름) : 분기관 바깥지름의 1.2배 이상 (단, 2회 이상의 굴곡이 있는 경우 1.5배 이상)

③ 분기관 길이 및 곡관수

구 분	분기관 길이	곡관 수	비 고
10층 이하	50cm 이상	–	분기관이 2회 이상의 굴곡이 있고 보호관 안지름이 분기관 바깥지름의 1.5배 이상으로 할 경우 분기관 길이를 제한하지 않음
11층 이상 20층 이하	50cm 이상	1개 이상	
21층 이상	50cm 이상	11층 이상 20층 이하 수에 10층마다 1개 이상의 수	

예상문제 141

도시가스 사용시설에서 배관 이음부와 유지하여야 할 거리 기준에 대하여 쓰시오. (단, 용접이음매는 제외한다.)

해답 ① 전기계량기, 전기개폐기 : 60 cm 이상

② 전기점멸기, 전기접속기 : 15 cm 이상

③ 절연조치를 하지 않은 전선, 단열조치를 하지 않은 굴뚝 : 15 cm 이상

④ 절연전선 : 10 cm 이상

해설 도시가스 계량기와 유지거리

① 전기계량기, 전기개폐기 : 60 cm 이상

② 단열조치를 하지 않은 굴뚝, 전기점멸기, 전기접속기 : 30 cm 이상

③ 절연조치를 하지 않은 전선 : 15 cm 이상

예상문제 142

도시가스 배관에 표시하여야 할 사항 3가지를 쓰시오.

해답 ① 사용가스명 ② 최고사용압력
③ 가스흐름방향

예상문제 143

다음은 도시가스 정압기실 내부 모습이다. 정압기실에서 안전관리자가 상주하는 곳에 통보할 수 있는 감시장치의 종류 4가지를 쓰시오.

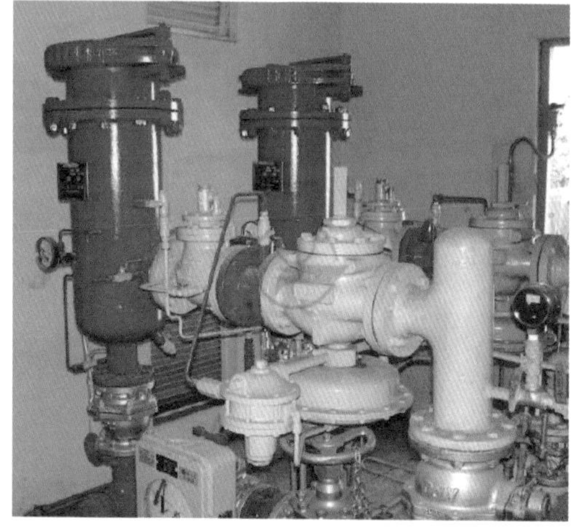

해답 ① 이상압력 통보장치(또는 이상압력 통보설비)
② 가스누출검지 통보설비
③ 출입문 개폐통보장치
④ 긴급차단장치(밸브) 개폐 여부 통보장치

해설 정압기실 감시장치 종류
① 이상압력 통보장치 : 정압기 출구측 압력이 설정압력보다 상승하거나 저하 시에 이상 유무를 도시가스 상황실(안전관리실)에서 알 수 있도록 경보음(70 dB 이상) 등으로 알려주는 설비
② 가스누출검지 통보설비 : 누출된 가스가 검지되었을 때 통보
③ 출입문 개폐통보장치 : 정압기실 출입문 개폐 여부를 확인
④ 긴급차단장치(밸브) 개폐 여부 통보장치 : 긴급차단장치(밸브)의 개폐 여부를 확인

예상문제 144

도시가스 정압기실에 대한 물음에 답하시오.

(1) 지시하는 부분의 기기 명칭을 쓰시오.
(2) ①번과 ③번 기기의 분해·점검 주기에 대하여 쓰시오.
(3) 정압기의 작동상황 점검주기는 얼마인가?

해답 (1) ① 정압기
② 긴급차단장치(또는 긴급차단밸브)
③ 정압기 필터
(2) ① 정압기 : 2년에 1회 이상
③ 정압기 필터 : 가스 공급 개시 후 1개월 이내, 가스 공급 개시 후 매년 1회 이상
(3) 1주일에 1회 이상

해설 가스사용 시설(단독사용자 시설)의 정압기 및 필터 점검주기 : 설치 후 3년까지는 1회 이상, 그 이후에는 4년에 1회 이상

예상문제 145

다음은 도시가스 정압기실에 설치된 긴급차단장치이다. 주정압기에 설치되는 긴급차단장치의 작동압력은 얼마인가? (단, 상용압력이 2.5 kPa이다.)

해답 3.6 kPa 이하

해설 정압기에 설치되는 안전장치의 설정압력

구분		상용압력이 2.5 kPa인 경우	그 밖의 경우
이상압력 통보설비	상한값	3.2 kPa 이하	상용압력의 1.1배 이하
	하한값	1.2 kPa 이상	상용압력의 0.7배 이상
주 정압기에 설치되는 긴급차단장치		3.6 kPa 이하	상용압력의 1.2배 이하
안전밸브		4.0 kPa 이하	상용압력의 1.4배 이하
예비 정압기에 설치되는 긴급차단장치		4.4 kPa 이하	상용압력의 1.5배 이하

예상문제 146

다음은 도시가스 정압기이다. 2차 압력을 감지하여 그 2차 압력의 변동을 메인밸브에 전달하는 것의 명칭을 쓰시오.

해답 다이어프램

예상문제 147

다음은 도시가스 정압기로서 주 다이어프램과 메인밸브를 고무슬리브 1개를 공용으로 사용하며 매우 콤팩트한 구조로 이루어진 정압기의 명칭을 쓰시오.

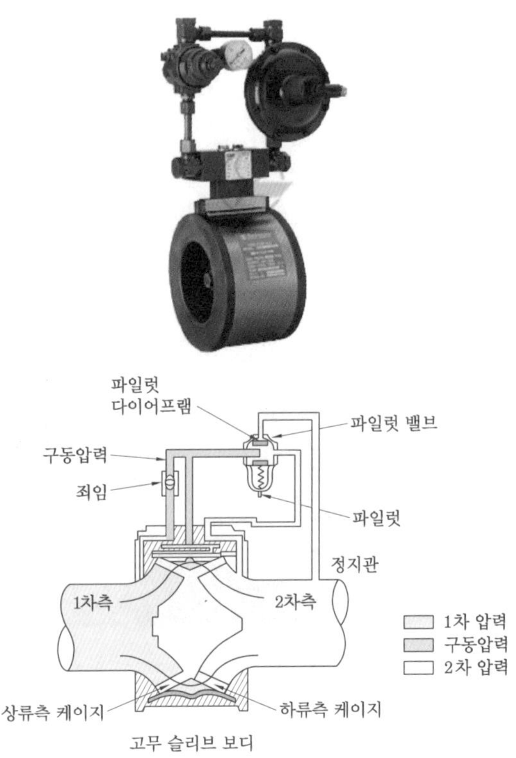

해답 액시얼 플로식 정압기(또는 AFV식 정압기)

예상문제 148

정압기실의 조명도는 얼마인가?

해답 150룩스 이상

예상문제 149

다음은 정압기실에 설치된 기기이다. 지시하는 기기의 명칭을 쓰시오.

해답 이상압력 통보설비

해설 이상압력 통보설비 : 정압기의 작동상태를 감시하는 장치로 고압(high-pressure)과 저압(low-pressure)을 설정(setting)하여 가스압력이 설정압력(high-low) 범위를 벗어나게 되면 안전관리자가 상주하는 곳에 경보를 울려주는 장치이다.

예상문제 150

정압기실에 설치된 기기에 대한 물음에 답하시오.

(1) 지시하는 기기의 명칭을 쓰시오.
(2) 이 기기의 용도 2가지를 쓰시오.

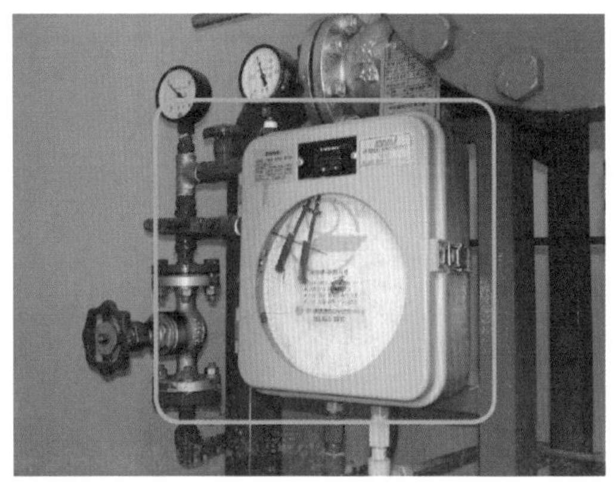

해답 (1) 자기압력기록계(또는 자기압력 기록장치)
(2) ① 정압기의 1주일간의 압력상태를 기록
② 기밀시험 압력을 측정 기록

예상문제 151

정압기 필터에 설치된 기기에 대한 물음에 답하시오.

(1) 지시하는 기기의 명칭을 쓰시오.
(2) 이 기기의 용도(기능)를 쓰시오.

해답 (1) 차압계

(2) 정압기 필터 내의 불순물 축적 여부를 판단하는 데 사용한다.

예상문제 152

정압기실에 설치되는 가스누설검지 통보장치의 검지부에 대한 물음에 답하시오.

(1) 검지부 설치 수 기준을 쓰시오.
(2) 작동상황 점검 주기는 얼마인가?

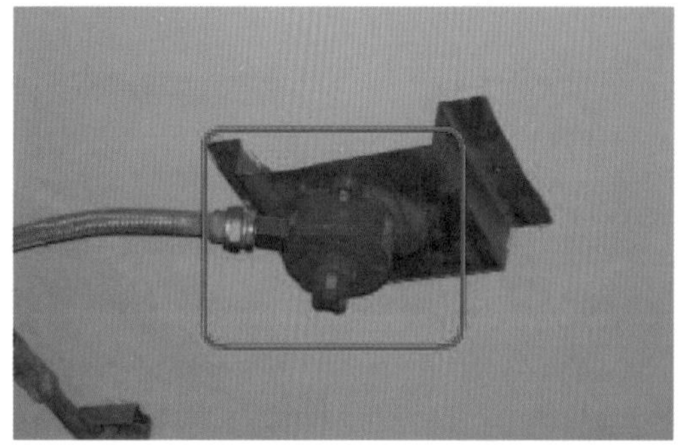

해답 (1) 정압기실 바닥면 둘레 20 m에 대하여 1개 이상
(2) 1주일에 1회 이상

예상문제 153

지시하는 것은 정압기실 출입문 문틀에 부착된 기기이다. 명칭을 쓰시오.

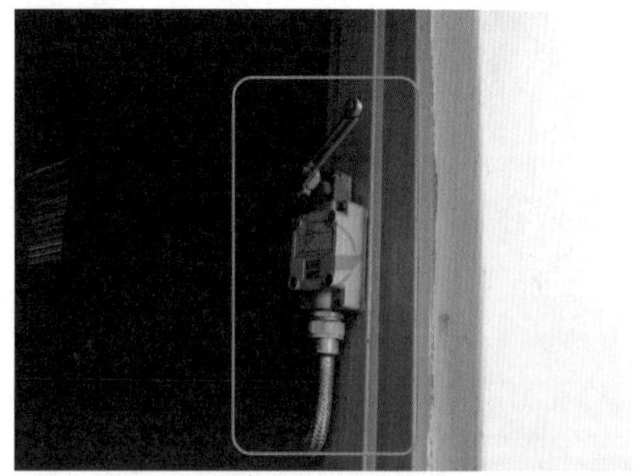

해답 출입문 개폐통보장치

예상문제 154

LNG를 사용하는 도시가스 정압기실에 대한 물음에 답하시오.

(1) 지시하는 정압기 안전밸브 방출관 높이는 지면에서 얼마인가? (단, 전기시설물과 접촉 등으로 인한 사고의 우려가 없는 장소이다.)
(2) 정압기실 경계책 설치높이는 얼마인가?
(3) 경계표시에 기재하여야 할 내용 3가지를 쓰시오.

해답 (1) 지면에서 5 m 이상
(2) 1.5 m 이상
(3) ① 시설명
② 공급자
③ 연락처

해설 전기시설물과의 접촉 등으로 인한 사고의 우려가 있는 장소에는 방출관 높이는 3 m 이상이다.

예상문제 155

정압기실에 설치된 기기에 대한 물음에 답하시오.

(1) 지시하는 기기의 명칭을 쓰시오.
(2) 정압기 입구측 압력이 0.5 MPa 이상일 때 분출부(방출관) 크기는 얼마인가?

해답 (1) 정압기 안전밸브
(2) 50A 이상

해설 정압기 안전밸브 분출부(방출관) 크기 기준
(1) 정압기 입구측 압력이 0.5 MPa 이상 : 50A 이상
(2) 정압기 입구측 압력이 0.5 MPa 미만
① 정압기 설계유량이 1000 Nm^3/h 이상 : 50A 이상
② 정압기 설계유량이 1000 Nm^3/h 미만 : 25A 이상

예상문제 156

지시하는 부분은 도시가스 정압기실 환기구이다. 환기구 통풍가능면적 기준을 쓰시오.

해답 바닥면적 1 m^2당 300 cm^2 이상

예상문제 157

지하 매설용 정압기 설치 시 장점 4가지를 쓰시오.

해답 ① 설치 면적을 적게 차지한다.
② 소음 발생이 적다.
③ 주변 경관에 영향이 없다.
④ 패키지 형태로 설치되어 유지관리가 편리하다.

예상문제 158

지시하는 부분은 LNG를 도시가스로 공급하는 정압기실이 지하에 설치된 곳의 배기구이다. 물음에 답하시오.

(1) 배기구의 최소 관지름은 얼마인가?
(2) 배기구의 높이는 얼마인가?
(3) 기계환기설비의 통풍능력은 바닥면적 1 m^2 당 얼마인가?

해답 (1) 100 mm 이상
(2) 3 m 이상
(3) 0.5 m^3/분 이상

해설 공기보다 가벼운 공급시설이 지하에 설치된 경우의 통풍구조
① 환기구 : 2방향 이상 분산 설치
② 배기구 : 천장면으로부터 30 cm 이내 설치
③ 흡입구 및 배기구 지름 : 100 mm 이상
④ 배기가스 방출구 : 지면에서 3 m 이상의 높이에 설치
※ 배기가스 방출구 높이는 기준이 5 m 이상이지만, 공기보다 비중이 가벼운 배기가스인 경우 또는 전기시설물과의 접촉 등으로 사고 우려가 있는 경우 3 m 이상으로 설치할 수 있다.

예상문제 159

지시하는 것은 도시가스 정압기실 외부에 설치되는 장치이다.

(1) 지시하는 장치의 명칭을 쓰시오.
(2) 이 장치의 기능(역할)을 설명하시오.

해답 (1) RTU장치
(2) 정압기실의 상황(온도, 압력, 가스누설 유무 등)을 도시가스 상황실로 전송하여 정압기실을 무인으로 감시하는 통신시설 및 정전 시 비상전력을 공급할 수 있는 시설이 갖추어져 있다.

해설 RTU : Remote Terminal Unit

예상문제 160

공동주택 등에 압력조정기를 설치할 때 공급되는 가스압력이 중압이면 전체세대수는 얼마인가?

해답 150세대 미만

해설 한국가스안전공사의 안전성 평가를 받고 그 결과에 따라 안전관리 조치를 한 경우 다음 ①항 및 ②항 규정세대수의 2배로 할 수 있다.
① 저압공급 : 250세대 미만
② 중압공급 : 150세대 미만

예상문제 161

다음은 도시가스 도매사업의 1일 처리능력이 250000 m^3인 압축기이다. 이 압축기와 액화천연가스(LNG)의 저장탱크 외면과 유지하여야 하는 거리는 얼마인가?

해답 30 m 이상

해설 제조소의 위치 기준

(1) 안전거리

① 액화천연가스의 저장설비 및 처리설비 유지거리(단, 거리가 50 m 미만의 경우에는 50 m)

$L = C \times \sqrt[3]{143000\,W}$

여기서, L : 유지하여야 하는 거리(m)

C : 상수(저압 지하식 저장탱크 : 0.240, 그 밖의 가스저장설비 및 처리설비 : 0.576)

W : 저장탱크는 저장능력(단위 : 톤)의 제곱근, 그 밖의 것은 그 시설 안의 액화천연가스의 질량(단위 : 톤)

② 액화석유가스의 저장설비 및 처리설비와 보호시설까지 거리 : 30 m 이상

(2) 설비 사이의 거리

① 고압인 가스공급시설의 안전구역 면적 : 20000 m^2 미만

② 안전구역 안의 고압인 가스공급시설과의 거리 : 30 m 이상

③ 2개 이상의 제조소가 인접하여 있는 경우 : 20 m 이상

④ 액화천연가스의 저장탱크와 처리능력이 20만 m^3 이상인 압축기와의 거리 : 30 m 이상

⑤ 저장탱크와의 거리 : 두 저장탱크의 최대지름을 합산한 길이의 1/4 이상에 해당하는 거리 유지(1 m 미만인 경우 1 m 이상의 거리 유지) → 물분무장치 설치 시 제외

예상문제 162

다음은 LNG를 저장탱크로 이입·충전하는 과정 중의 한 부분이다. 물음에 답하시오.

(1) LNG의 주성분은 무엇인가?

(2) LNG 주성분에 해당하는 물질(탄화수소)의 비점과 분자량은 얼마인가?

해답 (1) 메탄(CH_4)

(2) ① 비점 : −161.5℃ ② 분자량 : 16

해설 메탄의 특징

(1) 물리적 성질

① 파라핀계 탄화수소의 안정된 가스이다.

② 천연가스(NG)의 주성분이다.

③ 무색, 무취, 무미의 가연성 기체이다. (폭발범위 : 5~15 v%)

④ 유기물의 부패나 분해 시 발생한다.

⑤ 메탄의 분자는 무극성이고, 수(水) 분자와 결합하는 성질이 없어 용해도는 적다.

(2) 화학적 성질

① 공기 중에서 연소가 쉽고 화염은 담청색의 빛을 발한다.

② 염소와 반응하면 염소화합물이 생성된다.

③ 고온에서 산소, 수증기와 반응시키면 일산화탄소와 수소를 생성한다. (촉매 : 니켈)

예상문제 163

LNG 저장탱크 주위에 액상의 가스가 누출된 경우 그 유출을 방지할 수 있는 방류둑을 설치

하여야 하는 저장능력은 몇 톤인가?

해답 500톤 이상

해설 저장능력별 방류둑 설치 대상

(1) 고압가스 특정제조
  ① 가연성 가스 : 500톤 이상
  ② 독성 가스 : 5톤 이상
  ③ 액화산소 : 1000톤 이상

(2) 고압가스 일반제조
  ① 가연성, 액화산소 : 1000톤 이상
  ② 독성 가스 : 5톤 이상
  ③ 냉동제조 시설(독성 가스 냉매 사용) : 수액기 내용적 10000 L 이상

(3) 액화석유가스 충전사업 : 1000톤 이상

(4) 도시가스
  ① 도시가스 도매사업 : 500톤 이상
  ② 일반도시가스 사업 : 1000톤 이상

예상문제 164

LNG를 기화시키는 기화장치에 대한 물음에 답하시오.

(1) 오픈 랙(open rack) 기화장치의 열매체로 사용하는 것은 무엇인가?

(2) 천연가스 연소열을 이용하므로 운전비용이 많이 소요되는 기화장치 명칭은?

해답 (1) 바닷물(또는 해수)
(2) 서브머지드(submerged)법

해설 LNG 기화장치의 종류

① 오픈 랙(open rack) 기화법 : 베이스로드용으로 수직 병렬로 연결된 알루미늄 합금제의 핀튜브 내부에 LNG가, 외부에 바닷물을 스프레이하여 기화시키는 구조이다. 바닷물을 열원으로 사용하므로 초기시설비가 많으나 운전비용이 저렴하다.

② 중간 매체법 : 베이스로드용으로 프로판(C_3H_8), 펜탄(C_5H_{12}) 등을 사용한다.

③ 서브머지드(submerged)법 : 피크로드용으로 액중 버너를 사용한다. 초기 시설비가 적으나 운전비용이 많이 소요된다. SMV(submerged vaporizer) 식이라 한다.

예상문제 165

LNG를 기화시킨 후 부취제를 주입하는 정량펌프에 대한 물음에 답하시오.

(1) 액체주입방식 3가지와 증발식 2가지를 쓰시오.

(2) 부취제의 착취농도(감지농도)는 공기 중에서 얼마인가?

(3) 정량펌프를 사용하는 이유를 설명하시오.

해답 (1) ① 액체주입방식 : 펌프주입방식, 적하주입방식, 미터연결 바이패스 방식
② 증발식 : 바이패스 증발식, 위크 증발식
(2) 1/1000 (또는 0.1%)
(3) 일정량의 부취제를 직접 가스 중에 주입하기 위하여

해설 부취제의 종류 및 특징
① TBM(tertiary butyl mercaptan) : 양파 썩는 냄새가 나며 내산화성이 우수하고 토양투과성이 우수하며 토양에 흡착되기 어렵다. 냄새가 가장 강하다.
② THT(tetra hydro thiophen) : 석탄가스 냄새가 나며 산화, 중합이 일어나지 않는 안정된 화합물이다. 토양의 투과성이 보통이며, 토양에 흡착되기 쉽다.
③ DMS(dimethyl sulfide) : 마늘 냄새가 나며 안정된 화합물이다. 내산화성이 우수하며 토양의 투과성이 아주 우수하며 토양에 흡착되기 어렵다. 일반적으로 다른 부취제와 혼합해서 사용한다.

12 CNG

예상문제 166

고정식 압축도시가스 자동차 충전시설의 시설기준에 대한 물음에 답하시오.

(1) 처리설비, 압축가스설비 및 충전설비 외면으로부터 사업소 경계까지 안전거리는 얼마인가?
(2) 처리설비, 압축가스설비로부터 몇 m 이내에 보호시설이 있는 경우 방호벽을 설치하여야 하는가?
(3) 처리설비, 압축가스설비 및 충전설비는 철도와 몇 m 이상 거리를 유지하여야 하는가?
(4) 충전설비는 도로의 경계와 몇 m 이상의 거리를 유지하여야 하는가?

해답 (1) 10 m 이상 (2) 30 m 이내
(3) 30 m 이상 (4) 5 m 이상

해설 (1) 저장설비, 처리설비, 압축가스설비 및 충전설비 외면과 화기와의 거리 기준
① 고압전선(직류의 경우 750 V 초과, 교류의 경우 600 V를 초과하는 전선)과 수평거리 5 m 이상
② 저압전선(직류의 경우 750 V 이하, 교류의 경우 600 V 이하의 전선)과 수평거리 1 m 이상
③ 설비 외면으로부터 화기를 취급하는 장소까지는 8 m 이상의 우회거리 유지
④ 인화성물질 또는 가연성물질의 저장소로부터 8 m 이상의 거리를 유지
(2) 유동방지시설 기준
① 유동방지시설 : 저장설비로부터 누출된 가스

가 유동하는 것을 방지하는 시설로 저장설비와 화기를 취급하는 장소와의 사이에 설치

② 유동방지시설은 높이 2 m 이상의 내화성 벽으로 하고, 저장설비 등과 화기를 취급하는 장소와의 사이는 우회수평거리 8 m 이상을 유지

③ 불연성 건축물 안에서 화기를 사용하는 경우 저장설비 등으로부터 수평거리 8m 이내에 있는 그 건축물 개구부는 방화문 또는 망입유리로 폐쇄하고, 사람이 출입하는 출입문은 2중문으로 한다.

예상문제 167

압축도시가스를 충전하는 충전기(dispenser)에 대한 물음에 답하시오.

(1) 자동차 주입호스(충전호스) 길이는 얼마인가?

(2) 충전기 보호대 높이는 얼마인가?

(3) 충전호스에는 충전 중 자동차의 오발진으로 인한 충전기 및 충전호스의 파손을 방지하기 위하여 설치하는 장치 명칭과 이 장치가 분리될 수 있는 힘(N)은 얼마인가?

해답 (1) 8 m 이하 (2) 80 cm 이상

(3) ① 명칭 : 긴급분리장치

② 분리힘 : 666.4 N (68 kgf) 미만

해설 긴급분리장치 설치기준

① 자동차가 충전호스와 연결된 상태로 출발할 경우 가스의 흐름이 차단될 수 있도록 긴급분리장치를 지면 또는 지지대에 고정 설치한다.

② 긴급분리장치는 각 충전설비마다 설치한다.

③ 긴급분리장치는 수평방향으로 당길 때 666.4N (68kgf) 미만의 힘으로 분리되는 것으로 한다.

④ 긴급분리장치와 충전설비 사이에는 충전자가 접근하기 쉬운 위치에 90° 회전의 수동밸브를 설치한다.

예상문제 168

고정식 압축도시가스 충전시설 내에 설치된 압축가스설비의 모든 밸브와 배관 부속품의 주위에는 안전한 작업을 위하여 확보하여야 할 공간은 얼마인가?

해답 1 m 이상

해설 가스설비 설치 기준

(1) 설치 위치 : 처리설비, 압축가스설비 및 충전설비는 지상에 설치하는 것을 원칙으로 한다.

(2) 설치방법

① 압축가스설비의 모든 밸브와 배관부속품의 주위에는 안전한 작업을 위하여 1 m 이상의 공간을 확보한다.

② 처리설비 및 압축가스설비는 불연재료로 격리된 구조물 안에 설치한다.

③ 처리설비 및 압축가스설비는 충분한 환기를 유지할 수 있도록 한다.

㉮ 환기구의 환기가능면적 합계 : 바닥면적 1 m^2마다 300 cm^2 이상 유지

㉯ 기계환기설비 환기능력 : 바닥면적 1 m^2마

다 0.5 m^3/분 이상

④ 처리설비 및 압축가스설비는 충전소에 출입하는 자동차의 진·출입로 이외의 장소에 설치하며 자동차로 인한 충격 등으로부터 처리설비 및 압축가스설비를 보호할 수 있는 조치를 한다.

예상문제 169

고정식 압축도시가스 충전시설에 설치된 저장설비 안전밸브 방출관 높이는 얼마인가?

해답 지상으로부터 5 m 이상의 높이 또는 저장설비 정상부로부터 2 m 이상의 높이 중 높은 위치

13 폭발 및 방폭

예상문제 170

다음은 LPG 자동차 충전소의 폭발사고를 보여주는 모습으로 LPG가 누설되어 가연성액체 저장탱크 주변에서 화재가 발생하여 기상부의 탱크가 국부적으로 가열되면 그 부분의 강도가 약해져 탱크가 파열된다. 이 때 내부의 액화가스가 급격히 유출 팽창되어 화구(fire ball)를 형성하여 폭발하는 형태를 영문 약자로 적으시오.

해답 BLEVE

해설 (1) BLEVE(비등액체팽창 증기폭발) : Boiling Liquid Expanding Vapor Explosion

(2) 액화석유가스 충전사업소에서 폭발사고가 발생 시 사업자가 한국가스안전공사에 제출하여야 하는 보고서 중 기술하여야 할 내용

① 통보자의 소속, 직위, 성명 및 연락처

② 사고 발생 일시

③ 사고 발생 장소

④ 사고 내용

⑤ 시설 현황

⑥ 피해 현황(인명 및 재산)

예상문제 171

정전기는 점화원이 될 수 있으므로 제거하여야 한다. 제거방법(방지대책) 4가지를 쓰시오.

해답 ① 대상물을 접지한다.
② 상대습도를 70% 이상 유지한다.
③ 공기를 이온화한다.
④ 절연체에 도전성을 갖게 한다.
⑤ 정전의, 정전화를 착용하여 대전을 방지한다.

해설 (1) 가연성 가스 제조설비 등에서 발생하는 정전기를 제거하는 조치 기준
① 탑류, 저장탱크, 열교환기, 회전기계, 벤트스택 등은 단독으로 접지하여야 한다. 다만, 기계가 복잡하게 연결되어 있는 경우 및 배관 등으로 연속되어 있는 경우에는 본딩용 접속선으로 접속하여 접지하여야 한다.
② 본딩용 접속선 및 접지접속선은 단면적 5.5 mm^2 이상의 것(단선은 제외)을 사용하고 경납붙임, 용접, 접속금구 등을 사용하여 확실히 접속하여야 한다.
③ 접지 저항치는 총합 100Ω (피뢰설비를 설치한 것은 총합 10Ω) 이하로 하여야 한다.
(2) 정전기 제거설비 점검(확인) 사항
① 지상에서 접지 저항치
② 지상에서의 접속부의 접속 상태
③ 지상에서의 절선 그밖에 손상부분의 유무

예상문제 172

다음은 베릴륨 합금으로 만들어진 공구이다. 가연성 가스를 취급하는 시설에서 베릴륨 합금제 공구를 사용하는 이유를 설명하시오.

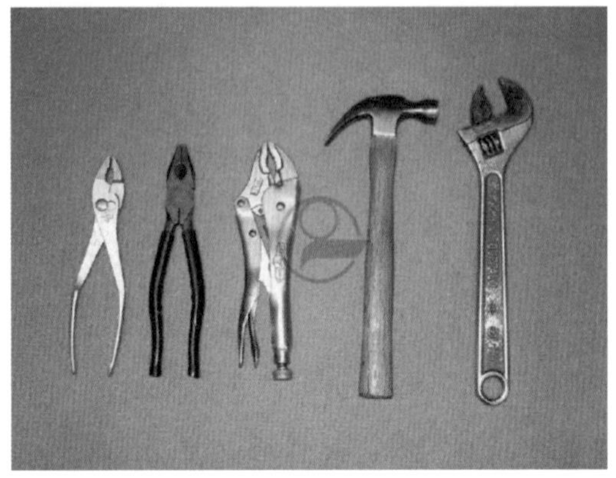

해답 충격, 마찰에 의한 불꽃이 발생하지 않기 때문에

예상문제 173

방폭구조의 종류 6가지와 그 기호를 각각 쓰시오.

해답 ① 내압방폭구조 : d
② 압력방폭구조 : p
③ 유입방폭구조 : o
④ 안전증 방폭구조 : e
⑤ 본질안전 방폭구조 : ia, ib
⑥ 특수방폭구조 : s

예상문제 174

다음은 탱크 내부의 폭발 모습이다. 그림과 함께 설명하는 방폭구조의 명칭은 무엇인가?

내부에서 폭발성 가스의 폭발이 일어날 경우에 용기가 폭발압력에 견디고, 외부의 폭발성 분위기에 불꽃의 전파를 방지하도록 한 구조이다. 또 폭발한 고열가스가 용기의 틈으로부터 누설되어도 틈의 냉각효과로 외부의 폭발성 가스에 착화될 우려가 없도록 만들어진 구조이다.

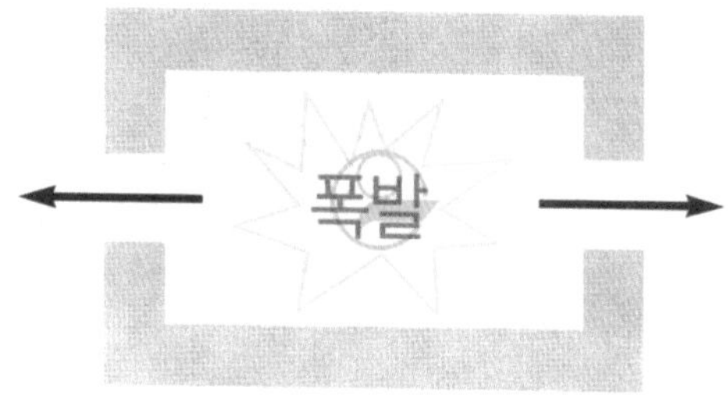

해답 내압(內壓)방폭구조

예상문제 175

다음은 방폭전기기기의 구조에 대한 설명이다. 이 방폭구조의 명칭은 무엇인가?

용기 내부에 보호가스(신선한 공기 또는 불활성가스)를 압입하여 내부 압력을 유지함으로써 가연성 가스가 용기 내부로 유입되지 않도록 한 구조이다.

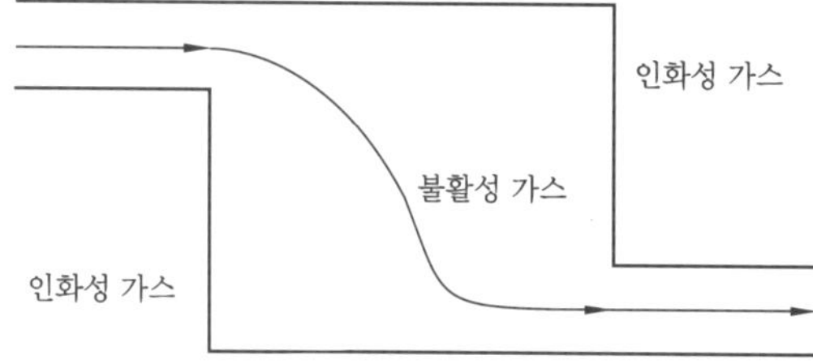

해답 압력방폭구조

예상문제 176

다음 설명하는 방폭구조의 명칭을 쓰시오.

용기 내부에 절연유를 주입하여 불꽃, 아크 또는 고온발생 부분이 기름 속에 잠기게 함으로써 기름면 위에 존재하는 가연성 가스에 인화되지 아니하도록 한 구조로 탄광에서 처음으로 사용하였다.

해답 유입방폭구조

예상문제 177

방폭전기기기 결합부의 나사류를 외부에서 쉽게 조작함으로써 방폭성능을 손상시킬 우려가 있는 것은 드라이버, 스패너, 플라이어 등의 일반공구로 조작할 수 없도록 한 구조의 명칭은 무엇인가?

해답 자물쇠식 죄임구조

예상문제 178

방폭전기기기에 표시된 내용에 대하여 설명하시오.

(1) Ex :　　　　(2) d :

(3) ⅡB :　　　　(4) T4 :

해답 (1) 방폭구조

(2) 내압방폭구조

(3) 내압방폭 전기기기의 폭발등급(최대 안전틈새범위 0.5 mm 초과 0.9 mm 미만)

(4) 방폭전기기기의 온도등급(가연성 가스의 발화도(℃) 범위 : 135℃ 초과 200℃ 이하)

해설 (1) 가연성 가스의 폭발등급과 발화도(위험등급)

① 내압방폭구조의 폭발등급 분류

최대 안전틈새 범위(mm)	0.9 이상	0.5 초과 0.9 미만	0.5 이하
가연성 가스의 폭발등급	A	B	C
방폭 전기기기의 폭발등급	ⅡA	ⅡB	ⅡC

[비고] 최대 안전틈새는 내용적이 8L이고 틈새 깊이가 25 mm인 표준용기 내에서 가스가 폭발할 때 발생한 화염이 용기 밖으로 전파하여 가연성 가스에 점화되지 아니하는 최댓값

② 본질안전 방폭구조의 폭발등급 분류

최소 점화전류비의 범위(mm)	0.8 초과	0.45 이상 0.8 이하	0.45 미만
가연성 가스의 폭발등급	A	B	C
방폭 전기기기의 폭발등급	ⅡA	ⅡB	ⅡC

[비고] 최소 점화전류비는 메탄가스의 최소 점화전류를 기준으로 나타낸다.

(2) 가연성 가스의 발화도 범위에 따른 방폭 전기기기의 온도등급

가연성 가스의 발화도(℃) 범위	방폭 전기기기의 온도등급
450 초과	T1
300 초과 450 이하	T2
200 초과 300 이하	T3
135 초과 200 이하	T4
100 초과 135 이하	T5
85 초과 100 이하	T6

예상문제 179

방폭전기기기 설치에 사용되는 정션박스(junction box), 풀박스(pull box), 접속함 및 부속품의 방폭구조 명칭 2가지를 쓰시오.

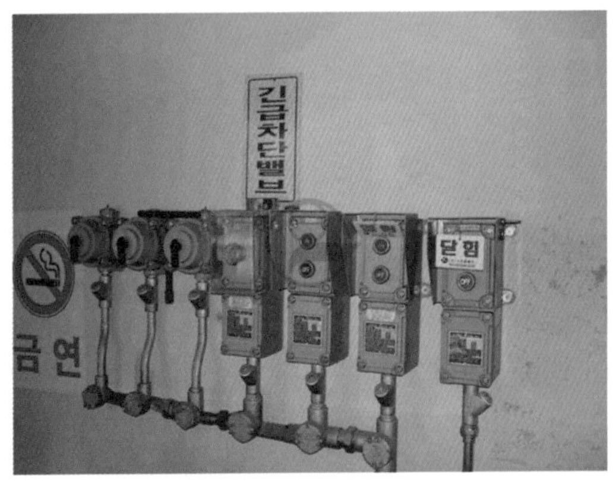

해답 ① 내압방폭구조

② 안전증방폭구조

해설 (1) 위험장소의 분류

① 1종 장소 : 상용상태에서 가연성 가스가 체류하여 위험하게 될 우려가 있는 장소, 정비보수 또는 누출 등으로 인하여 종종 가연성 가스가 체류하여 위험하게 될 우려가 있는 장소

② 2종 장소

㉠ 밀폐된 용기 또는 설비 내에 밀봉된 가연성 가스가 그 용기 또는 설비의 사고로 인해 파

손되거나 오조작의 경우에만 누출할 위험이 있는 장소

㉡ 확실한 기계적 환기조치에 의하여 가연성 가스가 체류하지 않도록 되어 있으나 환기 장치에 이상이나 사고가 발생한 경우에는 가연성 가스가 체류하여 위험하게 될 우려가 있는 장소

㉢ 1종 장소 주변 또는 인접한 실내에서 위험한 농도의 가연성 가스가 종종 침입할 우려가 있는 장소

③ 0종 장소 : 상용의 상태에서 가연성 가스의 농도가 연속해서 폭발하는 한계 이상으로 되는 장소(폭발한계를 넘는 경우에는 폭발한계 내로 들어갈 우려가 있는 경우를 포함)

(2) 방폭전기기기의 선정 및 설치

① 0종 장소 : 본질안전방폭구조의 것을 사용

② 방폭전기기기 설비 부속품 : 내압방폭구조 또는 안전증방폭구조

예상문제 180

다음은 고압가스 설비에서 이상 상태가 발생하는 경우 그 설비 내의 내용물을 설비 밖으로 긴급하고 안전하게 이송하는 설비이다.

(1) 이 설비의 명칭을 쓰시오.

(2) 이 설비의 높이를 착지농도 기준으로 가연성 가스와 독성 가스일 때 각각 설명하시오.

(3) 이 설비에서 가스 방출 시 작동압력에서 대기압까지의 방출 소요시간은 방출 시작으로부터 몇 분 이내로 하는가?

해답 (1) 벤트스택

(2) ① 가연성 가스 : 폭발하한계값 미만

② 독성 가스 : TLV-TWA 기준농도값 미만

(3) 60분

해설 (1) 벤트스택 지름 : 150 m/s 이상 되도록

(2) 방출구 위치

① 긴급용 벤트스택 : 10 m 이상

② 그 밖의 벤트스택 : 5 m 이상

예상문제 181

다음은 고압가스 설비에서 이상 상태가 발생하는 경우 그 설비 내의 내용물을 설비 밖으로 긴급하고 안전하게 이송하여 연소에 의하여 처리하는 설비이다.

(1) 이 설비의 명칭을 쓰시오.

(2) 이 설비의 높이 및 위치는 지표면에 미치는 복사열(kcal/$m^2 \cdot h$)이 얼마 이하가 되어야 하는가?

(3) 이 설비에서 역화 및 공기와 혼합폭발을 방지하기 위한 시설 및 방법 4가지를 쓰시오.

해답 (1) 플레어스택(flare stack)

(2) 4000 kcal/$m^2 \cdot h$ 이하

(3) ① liquid seal의 설치

② flame arrestor의 설치

③ vapor seal의 설치

④ purge gas(N_2, off gas 등)의 지속적인 주입

⑤ molecular seal의 설치

GAS

Engineer Gas

안전관리 실무 동영상 과년도 문제

2010년도 가스기사 모의고사

제1회 ∘ 가스기사 동영상

문제 1

벤트스택에서 가스 방출 시 작동압력에서 대기압까지의 방출 소요시간은 방출 시작으로부터 몇 분 이내로 하는가?

해답 60분

문제 2

메탄(비점 −161℃)의 증기 밀도와 비중은 각각 얼마인가?

풀이 ① 밀도 $= \dfrac{\text{분자량}}{22.4} = \dfrac{16}{22.4}$

$= 0.714 ≒ 0.71\,\text{kg/m}^3$

② 비중 $= \dfrac{\text{분자량}}{29} = \dfrac{16}{29} = 0.551 ≒ 0.55$

해답 ① 밀도 : $0.71\,\text{kg/m}^3$ ② 0.55

문제 3

강제 배기식 단독 배기통 방식에서 배기통 및 연돌의 터미널에는 새, 쥐 등의 지름 몇 cm 이상의 물체가 들어가지 않는 내식성의 구조물을 설치하여야 하는가?

해답 1.6 cm 이상

문제 4

최고사용압력이 고압 또는 중압인 배관에서 방사선투과시험에 합격한 배관은 통과하는 가스를 시험가스로 사용할 때 가스농도가 몇 % 이하에서 작동하는 가스검지기를 사용하여야 하는가?

해답 0.2%

문제 5

아세틸렌가스를 용기에 2.5 MPa 이상으로 충전할 때 첨가하는 희석제의 종류 3가지를 쓰시오.

해답 ① 질소 ② 메탄 ③ 일산화탄소 ④ 에틸렌

문제 6

방폭전기기기에 대한 [보기]의 설명과 제시되는 그림을 보고 방폭구조의 명칭을 쓰시오.

> **보기**
> 용기 내부에 보호가스(신선한 공기 또는 불활성가스)를 압입하여 내부 압력을 유지함으로써 가연성 가스가 용기 내부로 유입되지 않도록 한 구조이다.

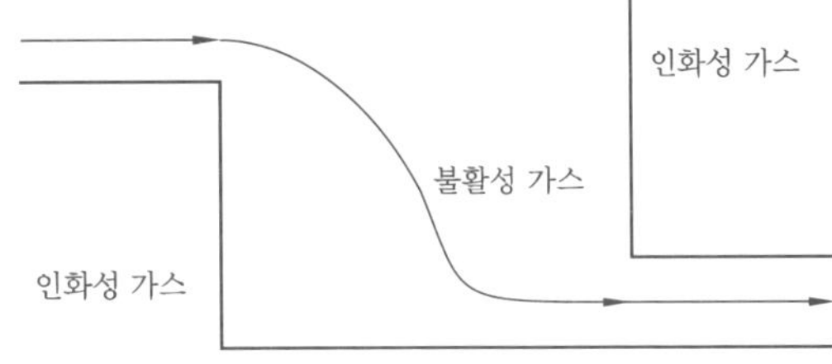

해답 압력방폭구조

문제 7

방폭등과 같이 방폭전기기기 결합부의 나사류를 외부에서 쉽게 조작함으로써 방폭 성능을 손상시킬 우려가 있는 것은 드라이버, 스패너, 플라이어 등의 일반공구로 조작할 수 없도록 한 구조의 명칭과 방폭전기기기의 온도등급 T4의 발화도 범위는 몇 ℃인가?

해답 ① 명칭 : 자물쇠식 죄임 구조
② 발화도 범위 : 135℃ 초과 200℃ 이하

문제 8

도시가스 사용시설에 설치된 가스계량기에서 화기와의 우회거리, 설치높이 및 전기접속기와의 유지거리를 각각 쓰시오.

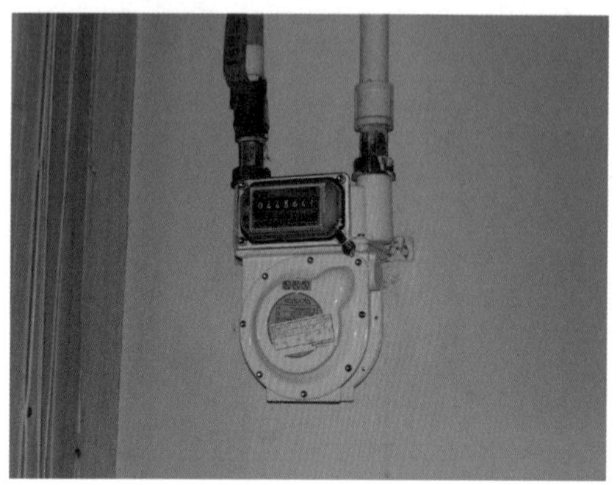

해답 ① 화기와의 우회거리 : 2 m 이상
② 설치높이 : 1.6 m 이상 2 m 이내
③ 전기접속기와의 유지거리 : 30cm 이상

문제 9

지시하는 것은 LPG용 차량에 고정된 탱크가 정차하는 위치에 설치된 것으로 이것의 명칭과 저장탱크 표면적 1 m^2 당 물분무능력(L/min)은 얼마인가 각각 쓰시오.

해답 ① 명칭 : 냉각살수장치
② 물분무능력 : 5 L/min 이상

문제 10

도시가스 배관에서 관지름 30 mm 배관의 길이가 500 m이고, 150 mm 배관의 길이가 3000 m일 때 배관 고정장치는 몇 개를 설치하여야 하는가?

풀이 ① 30 mm 배관 고정장치 수

$$=\frac{500}{2}=250\text{개}$$

② 150 mm 배관 고정장치 수

$$=\frac{3000}{10}=300\text{개}$$

③ 합계=250+300=550개

해답 550개

해설 호칭지름 100A 이상의 고정장치 설치 수는 예상문제 124번 해설 을 참고하기 바랍니다.

제2회 가스기사 동영상

문제 1

탱크 내부의 폭발 모습으로 방폭전기기기의 용기 내부에서 가연성 가스의 폭발이 발생할 경우 그 용기가 폭발압력에 견디고 접합면, 개구부 등을 통하여 외부의 가연성 가스에 인화되지 아니하도록 한 구조의 방폭구조 명칭과 기호를 쓰시오.

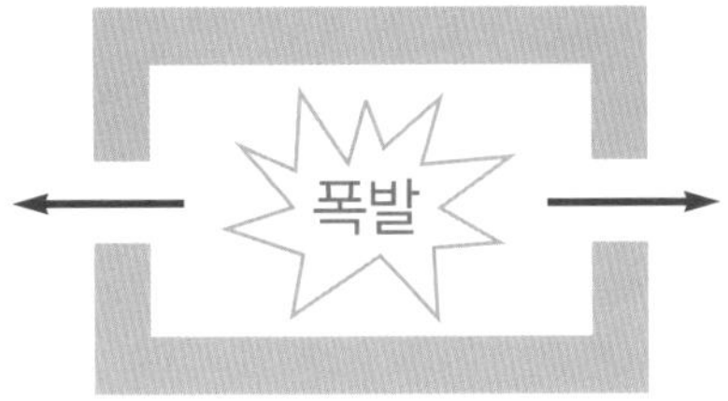

해답 ① 명칭 : 내압(耐壓)방폭구조
② 기호 : d

문제 2

지하에 매설된 도시가스 배관에 표시하는 라인마크 중 직선배관일 때 설치 간격은 몇 m인가?

해답 50 m

해설 라인마크는 배관길이 50 m마다 1개 이상 설치하되, 주요 분기점, 구부러진 지점 및 그 주위 50 m 이내에 설치하여야 한다.

문제 3

실내에 설치된 기화장치에 대한 물음에 답하시오.

(1) 액체 상태로 열교환기 밖으로 유출을 방지하는 장치의 명칭을 쓰시오.

(2) 액 유출 시 나타나는 현상 2가지를 쓰시오.

해답 (1) 액유출방지장치

(2) ① 인화, 폭발의 위험
② 산소 부족으로 인한 질식
③ 피부 노출 시 저온으로 인한 동상

문제 4

밀폐식 보일러를 사람이 거처하는 곳에 부득이 설치할 때 바닥면적이 5m^{2}이면 통풍구 면적은 최소 몇 cm^2 인가?

풀이 통풍구 면적은 바닥면적 1 m^2 당 300 cm^2 이상이므로 $5 \times 300 = 1500$ cm^2가 된다.

해답 1500 cm^2

문제 5

LPG 판매사업의 용기보관실 면적은 얼마인가?

해답 19 m^2 이상

문제 6

가스용 폴리에틸렌관의 융착이음을 보고 물음에 답하시오.

(1) 융착이음의 종류 3가지를 쓰시오.
(2) 동영상에서 보여주는 융착이음의 명칭은?

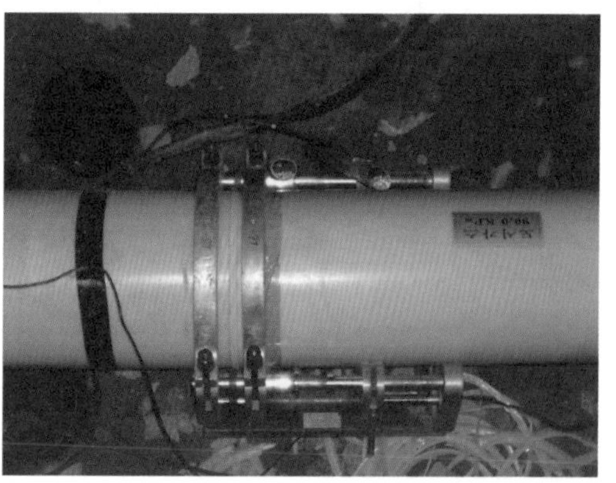

해답 (1) ① 맞대기 융착이음
② 소켓 융착이음
③ 새들 융착이음
(2) 맞대기 융착이음

문제 7

전위측정용 TB의 외부와 내부 모습으로 전기 방식법의 명칭을 쓰시오.

터미널박스 외부 모습

터미널박스 내부 모습

해답 희생양극법

문제 8

충전용기를 차량에 적재하는 모습으로 산소 충전용기와 가연성 가스 충전용기를 적재할 때 주의사항을 쓰시오.

해답 산소와 가연성 가스 충전용기 밸브가 서로 마주보지 않도록 적재한다.

문제 9

도시가스 사용시설에서 사용되는 가스 용품으로 각각의 명칭을 쓰시오.

(1) (2)

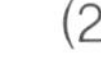

해답 (1) 퓨즈콕 (2) 상자콕

문제 10

저장탱크 간 유지하여야 할 거리가 20 m인데 15 m밖에 유지하지 못했을 때 두 저장탱크 상호간에 설치하여야 하는 장치는?

해답 물분무장치

제3회 가스기사 동영상

문제 1

도시가스 중압배관을 지하에 매설 시에 보호판과 보호포를 시공한다. 이 때 보호포의 폭과 설치 위치에 대하여 각각 쓰시오.

해답 ① 보호포 폭 : 배관 폭에 10 cm를 더한 폭
② 위치 : 보호판 상부로부터 30 cm 이상

문제 2

도시가스 누설검사 차량에 탑재하여 누설검사에 사용되는 장비로 우리나라 대부분의 도시가스 공급회사에서 사용하는 장비는?

해답 수소불꽃 이온화 검출기(또는 수소염 이온화 검출기, FID)

문제 3

무계목용기의 재검사 시 불량 용기 폐기의 기준을 3가지 쓰시오.

해답 ① 절단 등의 방법으로 파기하여 원형으로 가공할 수 없도록 할 것
② 잔가스를 전부 제거한 후 절단할 것
③ 검사신청인에게 파기의 사유, 일시, 장소 및 인수시한을 통지하고 파기할 것
④ 파기하는 때에는 검사 장소에서 검사원으로 하여금 직접 실시하게 하거나 검사원 입회하에 사용자로 하여금 실시하게 할 것
⑤ 파기한 물품은 검사신청인이 인수시한 내에 인수하지 아니하는 때에는 검사기관으로 하여금 임의로 매각 처분하게 할 것

문제 4

다음과 같이 자석의 S극과 N극을 이용하여 용접부를 검사하는 비파괴검사 명칭은 무엇인가?

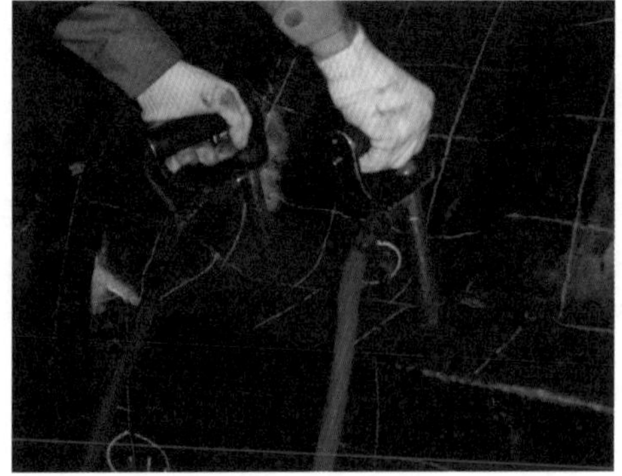

해답 자분탐상검사(MT)

문제 5

도시가스 매설배관 표지판의 설치거리와 규격(가로×세로)은 각각 얼마인가?

해답 ① 설치거리 : 200 m 이내
② 규격 : 200 mm×150 mm 이상

문제 6

LNG 저장탱크의 저장능력이 (①) 이상인 것 주위에는 액상의 가스가 누출된 경우에 그 유출을 방지할 수 있는 (②)을(를) 설치한다. ( ) 안에 알맞은 용어 및 숫자를 넣으시오.

해답 ① 500톤
② 방류둑

문제 7

지시하는 것은 LPG용 차량에 고정된 탱크가 정차하는 위치에 설치된 냉각살수장치로 저장탱크 표면적 1m²당 물분무능력(L/min)은 얼마인가?

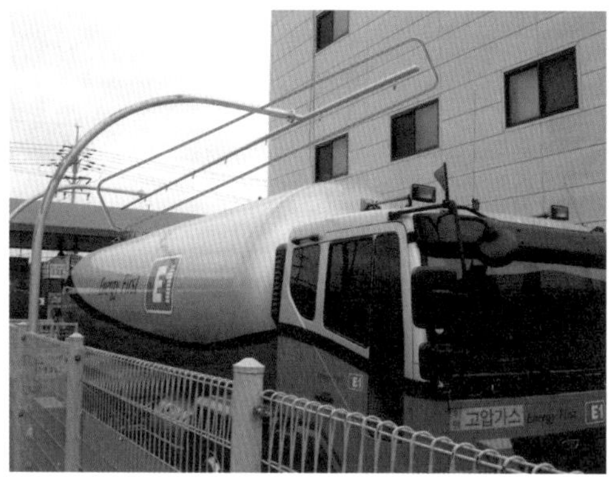

해답 5 L/min 이상

문제 8

LPG 자동차 충전소에 설치된 고정식 충전설비(dispenser)에서 지시하는 부분의 명칭을 쓰시오.

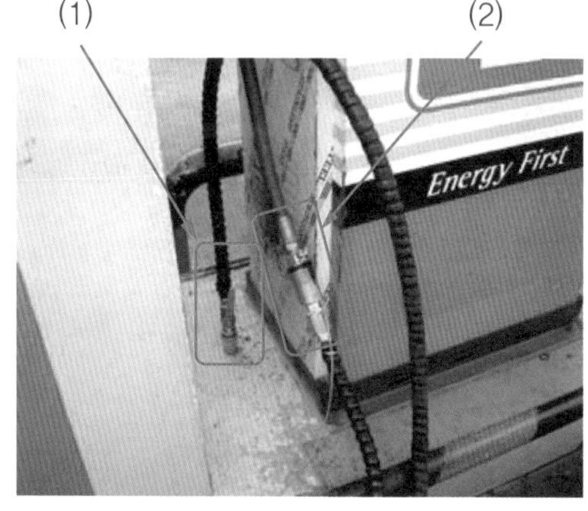

해답 (1) 가스 주입기
(2) 세이프티 커플링(safety coupling)

문제 9

방폭구조의 종류 4가지를 쓰시오.

해답 ① 내압방폭구조 ② 압력방폭구조
③ 유입방폭구조 ④ 안전증방폭구조
⑤ 본질안전방폭구조 ⑥ 특수방폭구조

문제 10

공동주택에 압력조정기를 설치할 때 공급되는 도시가스 압력이 중압 이상인 경우 공급세대수는 얼마인가?

해답 150세대 미만

2011년도 가스기사 모의고사

제1회 가스기사 동영상

문제 1

도시가스 매설배관 표지판의 설치거리와 규격(가로×세로)은 각각 얼마인가?

해답 ① 설치거리 : 200 m 이내
② 규격 : 200 mm×150 mm 이상

문제 2

액화가스가 저장된 저장시설에 설치되는 방류둑 성토의 기울기는 수평에 대하여 (①)도 이하로 하며, 성토 윗부분의 폭은 (②)cm 이상으로 한다. ( ) 안에 알맞은 숫자를 넣으시오.

해답 ① 45 ② 30

문제 3

공동주택에 압력조정기를 설치할 때 공급되는 도시가스 압력이 저압인 경우 공급세대수는 얼마인가?

해답 250세대 미만

문제 4

도시가스 배관을 방식조치를 하기 위한 정류기, 배류기에서 계기의 상태와 일치하는지 여부를 확인하기 위하여 측정하여야 할 항목 3가지를 쓰시오.

해답 ① 출력전압 ② 출력전류 ③ 인입전압

문제 5

LPG 저장소에서 가스누출검지기의 설치높이와 검지기 설치 수는 바닥면 둘레 몇 m 당 1개인가?

해답 ① 설치높이 : 바닥면에서 검지기 상단까지 30 cm 이하
② 설치 수 : 바닥면 둘레 20 m 당 1개 이상의 비율

문제 6

도시가스 배관에 기록하여야 할 사항 2가지와 관지름이 40mm일 때 고정장치 설치간격을 각각 쓰시오.

해답 ① 기록 사항 : 사용 가스명, 최고사용압력, 가스흐름방향
② 고정장치 설치 간격 : 3 m마다

문제 7

[보기]에서 설명하는 방폭구조의 명칭과 기호를 각각 쓰시오.

> **보기**
> 용기 내부에 절연유를 주입하여 불꽃, 아크 또는 고온발생 부분이 기름속에 잠기게 함으로써 기름면 위에 존재하는 가연성 가스에 인화되지 아니하도록 한 구조로 탄광에서 처음으로 사용하였다.

해답 ① 명칭 : 유입방폭구조 ② 기호 : o

문제 8

최고사용압력이 0.1MPa 이하일 때 얼마의 SDR 값을 갖는 가스용 폴리에틸렌관을 사용하는 것이 가장 적합한가?

해답 SDR 21 이하

문제 9

파일럿 버너 또는 메인 버너의 불꽃이 꺼지거나 연소기구 사용 중에 가스 공급이 중단 또는 불꽃 검지부에 고장이 생겼을 때 자동으로 가스 밸브를 닫히게 하여 불이 꺼졌을 때 가스가 유출되는 것을 방지하는 안전장치로 종류에는 열전대식, UV-cell 방식 등이 있다. 이 장치의 명칭을 쓰시오.

해답 소화안전장치

문제 10

압축천연가스를 압축하는 압축기 출력(공급) 측에서 가스의 온도를 측정하는 것을 [보기]에서 선택하여 답하시오.

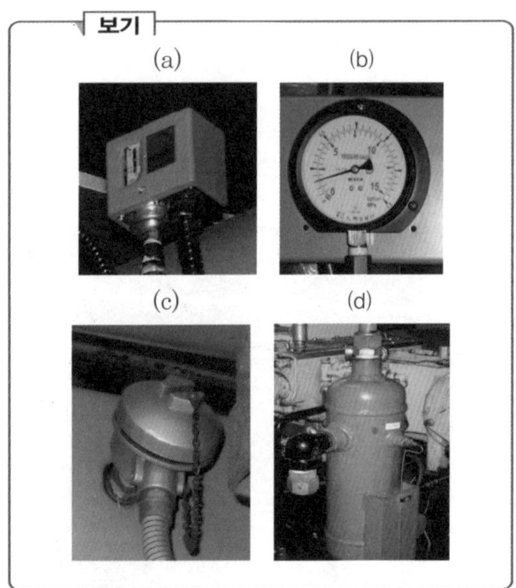

해답 (c)

해설 (a) 고압차단스위치 (b) 압력계
(c) 온도계 (d) 액분리기

제2회 가스기사 동영상

문제 1

고압가스 설비에서 이상 상태가 발생하는 경우 그 설비 내의 내용물을 설비 밖으로 긴급하고 안전하게 이송하는 설비에 대한 물음에 답하시오.

(1) 이 설비의 명칭을 쓰시오.

(2) 이 설비의 방출구 위치는 작업원이 정상작업을 하는 장소 및 항시 통행하는 장소로부터 얼마 이상 떨어져 설치해야 하는가?

(3) 이 설비의 높이는 착지농도 기준으로 가연성 가스와 독성 가스일 때 각각 얼마인가?

해답 (1) 벤트스택(vent stack)

(2) ① 긴급용 벤트스택 : 10 m 이상

② 그 밖의 벤트스택 : 5 m 이상

(3) ① 가연성 가스 : 폭발하한계값 미만

② 독성 가스 : TLV-TWA 기준농도값 미만

문제 2

방폭전기기기에 대한 [보기]의 설명과 제시되는 그림을 보고 방폭구조의 명칭과 기호를 각각 쓰시오.

> **보기**
>
> 용기 내부에 보호가스(신선한 공기 또는 불활성가스)를 압입하여 내부 압력을 유지함으로써 가연성 가스가 용기 내부로 유입되지 않도록 한 구조이다.

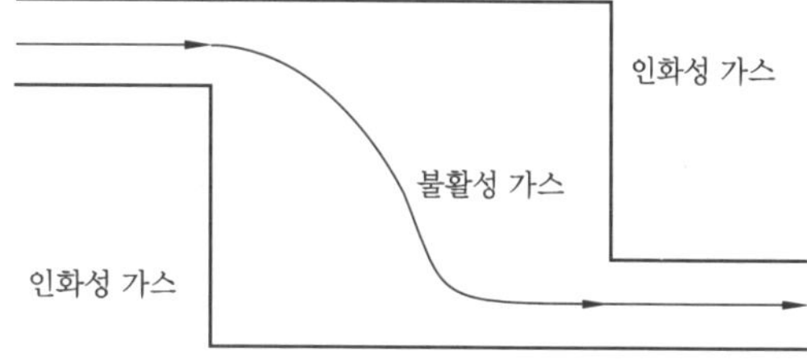

해답 ① 명칭 : 압력방폭구조

② 기호 : P

문제 3

도시가스 배관을 지하에 매설한 후 다음과 같은 전기방식법을 시공하였을 때 터미널 박스 설치간격은 얼마인가?

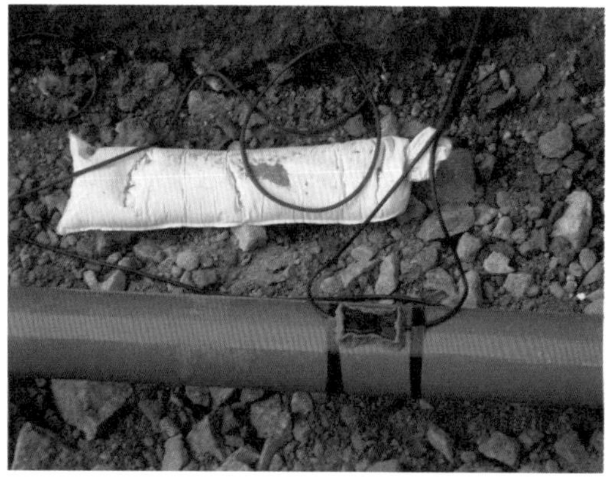

해답 300 m 이내

문제 4

가스용 폴리에틸렌관(PE관)을 다음과 같이 연결하는 이음방법의 명칭을 쓰시오.

해답 맞대기 융착이음

문제 5

지시하는 것은 LPG용 차량에 고정된 탱크가 정차하는 위치에 설치된 것으로 이것의 명칭과 저장탱크 표면적 1 m^2 당 물분무능력(L/min)은 얼마인가 각각 쓰시오.

해답 ① 명칭 : 냉각살수장치
② 물분무능력 : 5 L/min 이상

문제 6

공업용 용기에 충전하는 가스 명칭을 쓰시오.

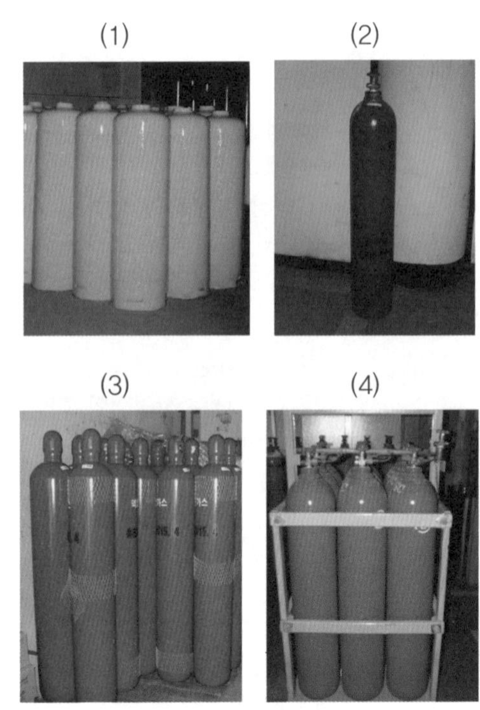

해답 (1) 아세틸렌 (2) 산소
(3) 이산화탄소 (4) 수소

문제 7

방폭등과 같이 방폭전기기기 결합부의 나사류를 외부에서 쉽게 조작함으로써 방폭성능을 손상시킬 우려가 있는 것은 드라이버, 스패너, 플라이어 등의 일반공구로 조작할 수 없도록 한 구조의 명칭과 방폭전기기기의 온도등급 T4의 발화도 범위는 몇 ℃인가?

해답 ① 명칭 : 자물쇠식 죄임 구조
② 발화도 범위 : 135℃ 초과 200℃ 이하

문제 8

지상에 설치된 정압기실에 대한 물음에 답하시오.

(1) 경계책 설치 높이는 얼마인가?
(2) 경계표시 내용 2가지를 쓰시오.

해답 (1) 1.5 m 이상
(2) ① 시설명 ② 공급자 ③ 연락처

문제 9

최고사용압력이 고압 또는 중압인 배관에서 (①)에 합격된 배관은 통과하는 가스를 시험가스로 사용할 때 가스농도가 (②)% 이하에서 작동하는 가스검지기를 사용한다. ( ) 안에 알맞은 용어 및 숫자를 넣으시오.

해답 ① 방사선투과시험 ② 0.2

문제 10

도시가스 사용시설에 설치된 압력조정기의 설치높이와 안전점검 주기는 각각 얼마인가?

해답 ① 설치높이 : 제한이 없다.
② 안전점검 주기 : 1년에 1회 이상

해설 **압력조정기 설치기준**

(1) 설치높이 : 지면으로부터 1.6 m 이상 2 m 이내(단, 격납상자에 설치 시 높이 제한이 없다.)
(2) 작동상황 점검 : 6개월에 1회 이상
(3) 안전점검
① 공급시설 압력조정기 : 6개월에 1회 이상(필터 : 2년에 1회 이상)
② 사용시설 압력조정기 : 1년에 1회 이상(필터 : 3년에 1회 이상)

제3회 가스기사 동영상

문제 1

지상에 설치된 LPG 저장탱크 클린카식 액면계 상·하 배관에는 어떤 형식의 밸브를 설치하는가?

해답 자동 및 수동식 스톱밸브

문제 2

가스용 폴리에틸렌관(PE관)을 맞대기 융착이음할 때 최소 관지름은 몇 mm인가?

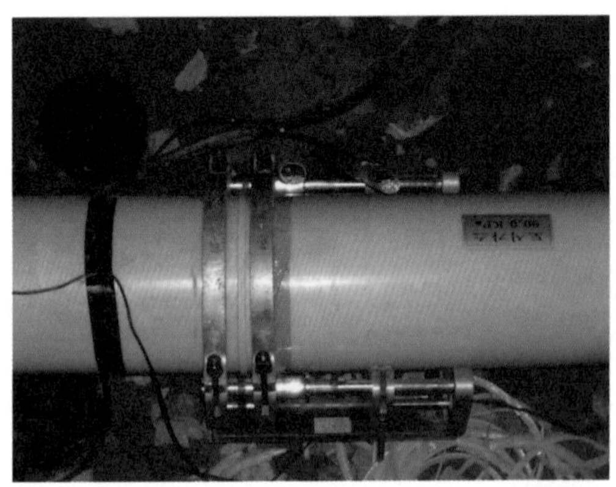

해답 공칭외경 90

문제 3

도시가스사용시설에서 절연전선과 배관 이음부(용접이음매 제외)와의 유지거리는 얼마인가?

해답 10 cm 이상

문제 4

실내에 설치된 기화장치에 대한 물음에 답하시오.

(1) 액체 상태로 열교환기 밖으로 유출을 방지하는 장치의 명칭을 쓰시오.
(2) 액 유출 시 나타나는 현상 2가지를 쓰시오.

해답 (1) 액유출방지장치
(2) ① 인화, 폭발의 위험
② 산소 부족으로 인한 질식
③ 피부 노출 시 저온으로 인한 동상

문제 5

도시가스 정압기실 실내의 조명도는 얼마인가?

해답 150룩스 이상

문제 6

LPG 자동차 충전용 충전기(dispenser)에서 충전호스 길이와 주입기 형식에 대하여 쓰시오.

해답 ① 길이 : 5 m 이내
② 형식 : 원터치형

문제 7

LPG 용기가스 소비자가 가스공급자와 체결하는 안전공급 계약에 포함되어야 하는 사항 4가지를 쓰시오.

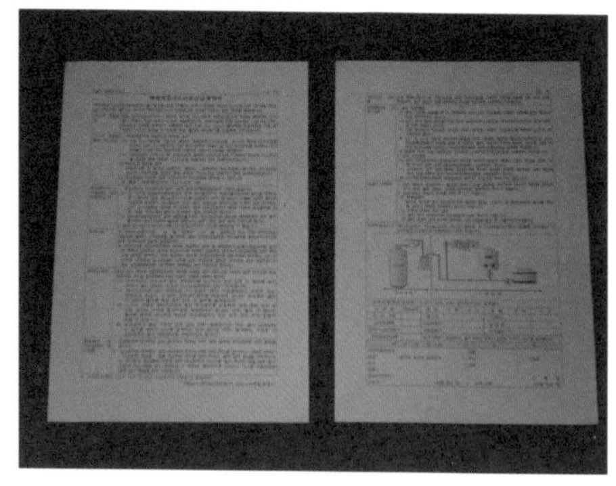

해답 ① 액화석유가스의 전달방법
② 액화석유가스의 계량방법과 가스요금
③ 공급설비와 소비설비에 대한 비용부담
④ 공급설비와 소비설비의 관리방법
⑤ 위해 예방조치에 관한 사항
⑥ 계약의 해지
⑦ 계약기간

문제 8

도시가스 매설배관의 누설을 탐지하는 차량에서 사용되는 가스누출검지기의 명칭은 무엇인가?

해답 수소불꽃 이온화 검출기(또는 FID, 수소염 이온화 검출기)

문제 9

이음매 없는 용기의 재검사 항목 2가지를 쓰시오.

해답 ① 외관검사
② 음향검사
③ 내압검사

문제 10

방폭전기기기의 방폭구조 종류 6가지를 쓰시오.

해답 ① 내압방폭구조
② 압력방폭구조
③ 유입방폭구조
④ 안전증방폭구조
⑤ 본질안전방폭구조
⑥ 특수방폭구조

2012년도 가스기사 모의고사

제1회 가스기사 동영상

문제 1

가스배관과 호스 사이에 설치하는 것으로 호스가 파손되는 것 등에 의해 가스가 누출할 때의 이상 과다 가스유량을 감지하여 가스를 차단하는 것의 명칭을 쓰시오.

해답 퓨즈콕

문제 2

지시하는 것은 LPG용 차량에 고정된 탱크가 정차하는 위치에 설치된 것으로 이 장치의 명칭은 무엇인가?

해답 냉각살수장치

문제 3

다음은 PE관을 지하에 매설할 때 사용되는 밸브로 지상에서 배관이 매설되어 있는 것을 탐지하기 위하여 설치하는 것의 명칭은 무엇인가?

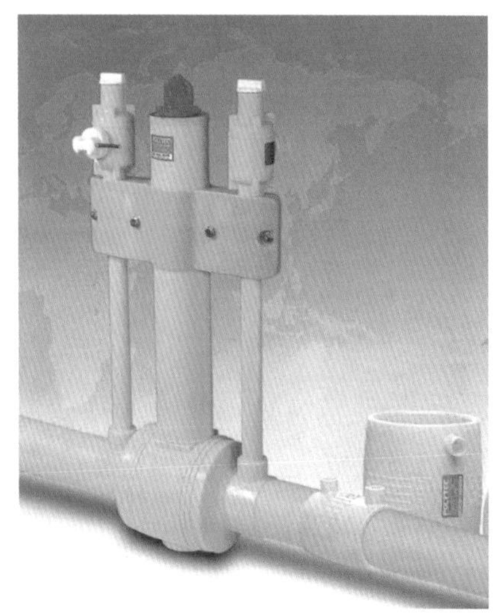

해답 로케팅 와이어

문제 4

가스용 폴리에틸렌관(PE관)을 지하에 매설한 후 지상에서 매설배관의 위치를 탐지할 수 있는 설비(기기) 명칭을 쓰시오.

해답 로케이터

문제 5

CNG 충전시설에서 도시가스를 압축할 때 사용되는 압축기로 지시하는 "A"관과 "B"관을 압력으로 구분하여 서술하시오.

해답 A관 : 저압 B관 : 고압

문제 6

무계목용기의 재검사 시 불합격된 용기의 폐기기준을 3가지 쓰시오.

해답 ① 절단 등의 방법으로 파기하여 원형으로 가공할 수 없도록 할 것
② 잔가스를 전부 제거한 후 절단할 것
③ 검사신청인에게 파기의 사유, 일시, 장소 및 인수시한을 통지하고 파기할 것
④ 파기하는 때에는 검사 장소에서 검사원으로 하여금 직접 실시하게 하거나 검사원 입회하에 사용자로 하여금 실시하게 할 것
⑤ 파기한 물품은 검사신청인이 인수시한 내에 인수하지 아니하는 때에는 검사기관으로 하여금 임의로 매각 처분하게 할 것

문제 7

그림은 탱크 내부의 폭발 모습이다. 그림과 함께 설명하는 방폭구조의 명칭과 기호을 쓰시오.

> 내부에서 폭발성 가스의 폭발이 일어날 경우 용기가 폭발압력에 견디고, 외부의 폭발성 분위기에 불꽃의 전파를 방지하도록 한 구조이다. 또 폭발한 고열가스가 용기의 틈으로부터 누설되어도 틈의 냉각효과로 외부의 폭발성 가스에 착화될 우려가 없도록 만들어진 구조이다.

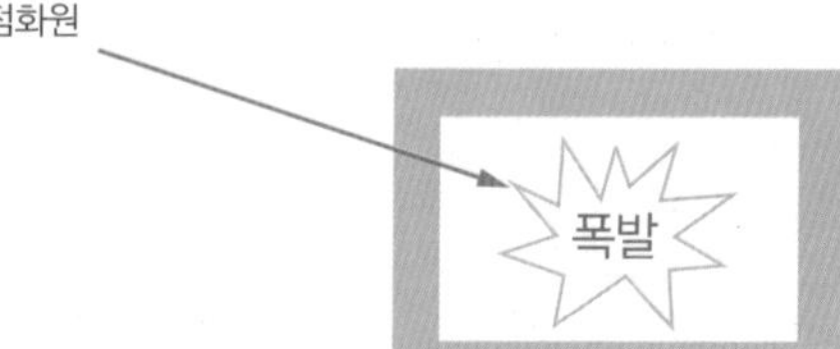

해답 ① 명칭 : 내압방폭구조 ② 기호 : d

문제 **8**

차량에 고정된 탱크에서 저장탱크로 LPG를 이송하는 방법 4가지를 쓰시오.

해답 ① 차압에 의한 방법
② 균압관이 없는 펌프에 의한 방법
③ 균압관이 있는 펌프에 의한 방법
④ 압축기에 의한 방법

문제 **9**

충전용기를 차량에 적재하는 모습으로 산소 충전용기와 가연성 가스 충전용기를 적재할 때 주의사항을 쓰시오.

해답 산소와 가연성 가스 충전용기 밸브가 서로 마주보지 않도록 적재한다.

문제 **10**

LPG 자동차 충전기(dispenser)에 대한 물음에 답하시오.

(1) 충전호스 길이는 몇 m인가?
(2) 충전호스에 과도한 인장력이 작용하였을 때 분리되는 안전장치의 명칭은 무엇인가?

해답 (1) 5 m 이내
(2) 세이프티 커플링(safety coupling)

제2회 가스기사 동영상

문제 1

도시가스 사용시설에서 사용되는 가스 용품으로 각각의 명칭을 쓰시오.

(1) 

(2) 

해답 (1) 퓨즈콕 (2) 상자콕

문제 2

공동주택에 압력조정기를 설치할 때 공급되는 도시가스 압력이 중압 이상인 경우 공급세대수는 얼마인가?

해답 150세대 미만

문제 3

[보기]에서 설명하는 방폭구조의 명칭과 기호를 각각 쓰시오.

보기

용기 내부에 절연유를 주입하여 불꽃, 아크 또는 고온발생부분이 기름 속에 잠기게 함으로써 기름면 위에 존재하는 가연성 가스에 인화되지 아니하도록 한 구조로 탄광에서 처음으로 사용하였다.

해답 ① 명칭 : 유입방폭구조 ② 기호 : o

문제 4

도로 및 공동주택 등의 부지 안 도로에 도시가스 배관을 매설하는 경우에 설치하는 라인마크의 모양을 직선방향, 양방향 외에 나타내는 것 3가지를 쓰시오.

해답 ① 삼방향 ② 일방향
③ 135° 방향 ④ 관말지점

문제 5

LPG 저장소에서 가스누출검지기의 설치 높이와 검지기 설치 수 기준에 대하여 쓰시오.

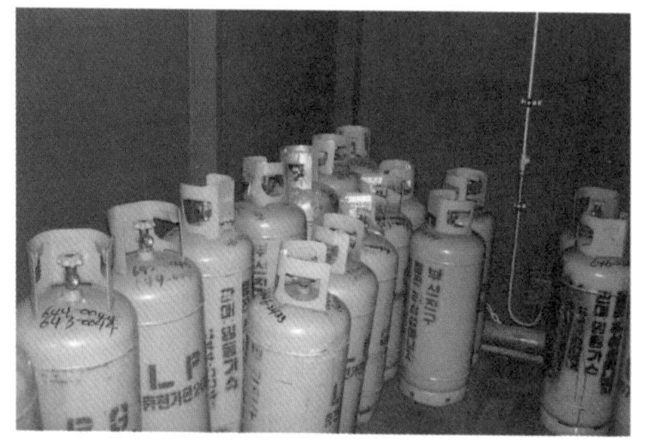

해답 ① 설치 높이 : 바닥면에서 검지기 상단까지 30 cm 이하
② 설치 수 기준 : 바닥면 둘레 20 m당 1개 이상

문제 6

파일럿 버너 또는 메인 버너의 불꽃이 꺼지거나 연소기구 사용 중에 가스 공급이 중단 또는 불꽃 검지부에 고장이 생겼을 때 자동으로 가스 밸브를 닫히게 하여 불이 꺼졌을 때 가스가 유출되는 것을 방지하는 안전장치로 종류에는 열전대식, UV-cell 방식 등이 있다. 이 장치의 명칭을 쓰시오.

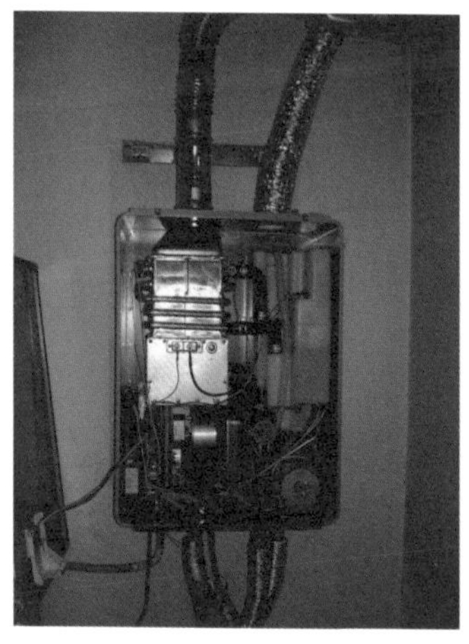

해답 소화안전장치

문제 7

관지름 90 mm 이상인 가스용 폴리에틸렌관(PE관)을 지하에 매설 중에 접합하는 것으로 이음방법 명칭을 쓰시오.

해답 맞대기 융착이음

문제 8

건축물 내부에 호칭지름 20 mm 배관을 300m 설치하였을 때 배관 고정장치는 몇 개를 설치하여야 하는가?

풀이 호칭지름 20 mm 배관의 고정장치 설치 간격은 2 m이다.

∴ 고정장치 수 $= \frac{300}{2} = 150$개

해답 150개

문제 9

지시하는 것은 정압기실에 설치되는 장치이다.

(1) 명칭을 쓰시오.

(2) 기능 2가지를 쓰시오.

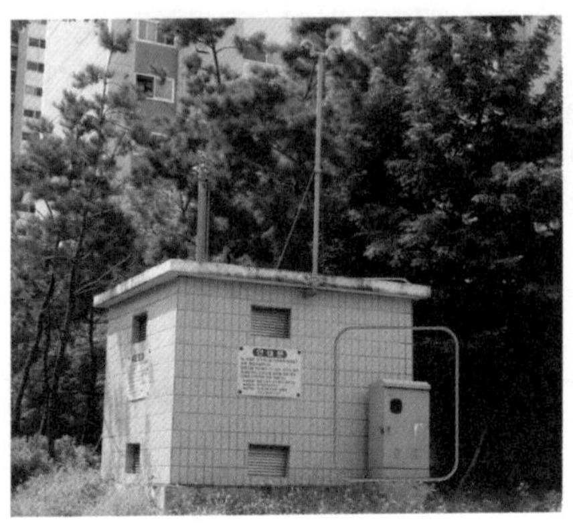

해답 (1) 명칭 : RTU장치

(2) ① 정압기실의 상황(압력, 온도, 가스누설 유무 등)을 도시가스 상황실로 전송하여 무인감시하는 기능

② 정전 시 비상전력을 공급하는 기능

문제 10

도시가스 배관의 용접부에 비파괴 검사를 하는 것으로 이 검사법의 명칭을 영문약자로 쓰시오.

해답 RT

해설 **비파괴검사법 영문 명칭**

① 침투탐상검사 : PT

② 자분탐상검사 : MT

③ 초음파탐상검사 : UT

④ 방사선 투과검사 : RT

제3회 가스기사 동영상

문제 1

초저온 용기에 충전하는 가스의 최고온도는 얼마인가?

해답 −50℃

문제 2

최고사용압력이 고압 또는 중압인 배관에서 (①)에 합격된 배관은 통과하는 가스를 시험가스로 사용할 때 가스 농도가 (②)% 이하에서 작동하는 가스검지기를 사용한다. ( ) 안에 알맞은 용어 및 숫자를 넣으시오.

해답 ① 방사선투과시험 ② 0.2

문제 3

지시하는 것은 LPG용 차량에 고정된 탱크가 정차하는 위치에 설치된 것으로 이것의 명칭과 저장탱크 표면적 1 m^2 당 물분무능력(L/min)은 얼마인지 각각 쓰시오.

해답 ① 명칭 : 냉각살수장치
② 물분무능력 : 5 L/min 이상

문제 4

[보기]에서 설명하는 방폭구조의 명칭을 쓰시오.

보기

용기 내부에 절연유를 주입하여 불꽃, 아크 또는 고온발생부분이 기름 속에 잠기게 함으로써 기름면 위에 존재하는 가연성 가스에 인화되지 아니하도록 한 구조로 탄광에서 처음으로 사용하였다.

해답 유입방폭구조

문제 5

공급되는 도시가스압력이 저압인 경우 압력조정기를 설치할 때 공동주택의 최대 세대수는 얼마인가?

해답 249세대

문제 6

저장능력 20만 톤인 LNG 저압 지하식 저장탱크의 외면과 사업소 경계까지 유지하여야 하는 안전거리는 몇 m 이상인가?

풀이 $L = C \times \sqrt[3]{143000\,W}$

$= 0.240 \times \sqrt[3]{143000 \times \sqrt{200000}}$

$= 95.975 ≒ 95.98\,\text{m}$

해답 95.98 m

해설 액화천연가스(LNG)의 저장설비와 처리설비 외면으로부터 사업소 경계까지 안전거리 계산식 중 W는 저압 지하식 저장탱크는 저장능력(단위 : 톤)의 제곱근, 그 밖의 것은 그 시설 안의 액화천연가스의 질량(단위 : 톤)에 해당된다.

문제 7

방폭전기기기 결합부의 나사류를 외부에서 쉽게 조작함으로써 방폭성능을 손상시킬 우려가 있는 것은 드라이버, 스패너, 플라이어 등의 일반공구로 조작할 수 없도록 한 구조의 명칭과 T4에 대하여 설명하시오.

해답 ① 자물쇠식 죄임구조

② 방폭전기기기의 온도등급(가연성 가스의 발화도(℃) 범위 : 135℃ 초과 200℃ 이하)

문제 8

최고사용압력이 0.3 MPa일 때 얼마의 SDR 값을 갖는 가스용 폴리에틸렌관을 사용하여야 하는가?

해답 SDR 11 이하

문제 9

도시가스 도매사업의 1일 처리능력이 20만 m^3인 압축기와 액화천연가스(LNG) 저장탱크 외면과 유지하여야 하는 거리는 얼마인가?

해답 30 m 이상

문제 10

액화산소, 액화아르곤, 액화질소의 3개의 저장탱크가 설치되었을 때 저장탱크 상호간 유지하여야 할 최소거리(m)와 그 이유를 설명하시오.

해답 ① 유지거리 : 1 m

② 이유 : 두 저장탱크의 최대지름을 합산한 길이의 $\frac{1}{4}$ 이상의 거리(합산한 길이의 $\frac{1}{4}$이 1 m 미만인 경우 1 m 이상의 거리)를 유지하여야 하기 때문

해설 저장설비 기준에서 두 저장탱크의 거리는 가연성 가스 저장탱크(저장능력 300 m^3 또는 3톤 이상의 것에 한함)와 다른 가연성 가스 저장탱크 또는 산소저장탱크의 경우에만 적용되지만 문제가 불확실하여 이 기준을 적용하였음

2013년도 가스기사 모의고사

제1회 가스기사 동영상

문제 1

라인마크 지름과 두께는 (①) mm×(②) mm이다. ( ) 안에 알맞은 내용을 쓰시오.

해답 ① 60 ② 7

문제 2

내용적 25L 이상 125L 미만의 용기를 소비자에게 공급할 때 용기 외면에 표시하여야 하는 사항 3가지를 쓰시오.

해답 ① 빈용기 무게
② 가스 무게
③ 총 무게
④ 충전사업자의 상호 및 전화번호

해설 액법 제23조 및 시행규칙 제33조

문제 3

LPG 자동차 용기에 충전하는 충전기(dispenser)의 충전호스는 (①)m 이내이고, 과도한 (②)이 작용하였을 때 분리되는 안전장치를 설치해야 한다. 가스 주입구는 (③)으로 설치해야 한다. ( ) 안에 알맞은 숫자나 용어를 쓰시오.

해답 ① 5
② 인장력
③ 원터치형

문제 4

자석의 S극과 N극을 이용하여 검사하는 비파괴검사의 명칭은 무엇인가?

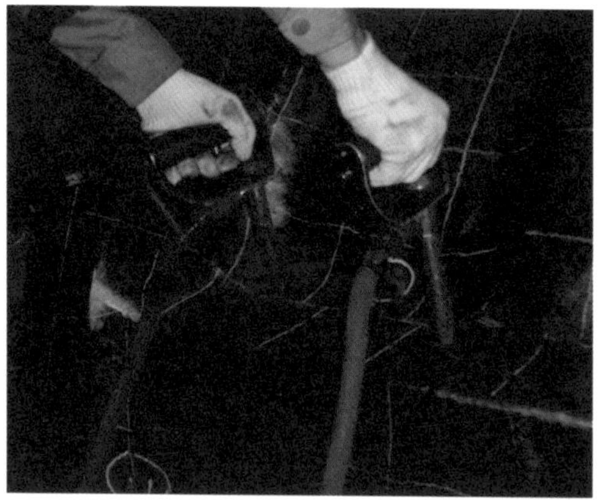

해답 자분탐상검사(MT)

문제 5

아세틸렌가스를 용기에 2.5 MPa 이상으로 충전할 때 첨가하는 희석제의 종류 4가지를 쓰시오.

해답 ① 질소 ② 메탄 ③ 일산화탄소 ④ 에틸렌

문제 6

동영상에서 보여주는 장치의 명칭과 가스 방출 시 작동압력에서 대기압까지 방출 소요 시간은 방출 시작으로부터 몇 분 이내로 하는가?

해답 ① 명칭 : 벤트스택
② 방출 소요 시간 : 60분

문제 7

실내에 설치된 기화장치에 대한 물음에 답하시오.

(1) 액체 상태로 열교환기 밖으로 유출을 방지하는 장치의 명칭을 쓰시오.
(2) 액 유출 시 나타나는 현상 2가지를 쓰시오.

해답 (1) 액유출방지장치
(2) ① 인화, 폭발의 위험
② 산소 부족으로 인한 질식
③ 피부 노출 시 저온으로 인한 동상

문제 8

NG용 검지기는 천장으로부터 검지부 하단부까지 (①) m 이내로 설치해야 하며, 버너 중심으로부터 (②) m 이내에 1개 이상 설치하여야 한다. ( ) 안에 알맞은 수치를 넣으시오.

해답 ① 0.3 ② 8

문제 9

도시가스 정압기실 둘레가 55 m일 때 검지기 최소 설치 수는 몇 개인가?

해답 3개

문제 10

호칭지름 300 A인 도시가스배관을 교량에 설치할 때에 대한 물음에 답하시오.

(1) 배관 재료는 무엇인가?
(2) 고정장치 지지간격(설치간격)은 몇 m인가?
(3) 지지대, U볼트 등의 고정장치와 배관 사이에 조치하여야 할 사항을 쓰시오.

해답 (1) 강재
(2) 16 m
(3) 고무판, 플라스틱 등 절연물질을 삽입한다.

해설 교량 등에 설치하는 배관에 대한 기준은 예상문제 124번 해설 을 참고하기 바랍니다.

제2회 가스기사 동영상

문제 1

[보기]는 방폭전기기기의 구조에 대한 설명이다. 이 방폭구조의 명칭과 기호를 각각 쓰시오.

보기

방폭전기기기 내부에 보호가스(신선한 공기 또는 불활성가스)를 압입하여 내부압력을 유지함으로써 가연성 가스가 용기 내부로 유입되지 않도록 한 구조이다.

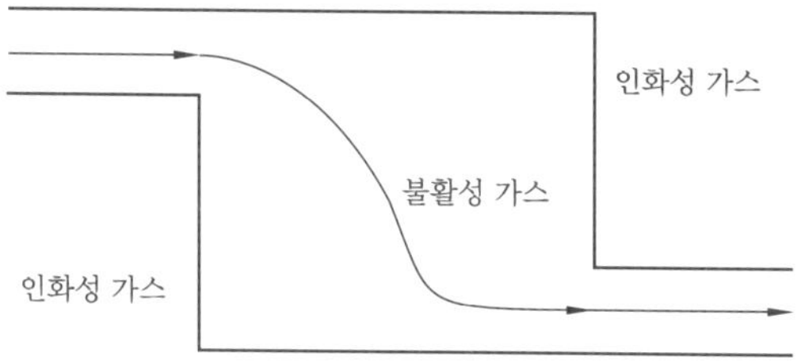

해답 ① 명칭 : 압력방폭구조 ② 기호 : p

문제 2

충전용기 밸브 몸체에 각인된 "LG"를 설명하시오.

해답 액화석유가스 외의 액화가스 충전용기 부속품

문제 3

퓨즈콕에 대한 물음에 답하시오.

(1) 호스가 파손되는 것 등에 의해 가스가 누출할 때의 이상 과다 유량을 감지하여 가스를 차단하는 것으로 내부에 설치되는 안전장치의 명칭을 쓰시오.

(2) 기밀시험압력(기밀 성능)은 얼마인가?

해답 (1) 과류차단 안전기구
(2) 35 kPa 이상

문제 4

라인마크에 대한 물음에 답하시오.

(1) 라인마크의 설치간격은 배관길이 몇 m 마다 설치하는가?

(2) 라인마크가 설치된 것으로 간주할 수 있는 경우는 밸브 박스 또는 배관 직상부에 설치된 ( )이 라인마크 설치기준에 적합한 기능을 갖도록 설치된 경우이다.

해답 (1) 50 m
(2) 전위 측정용 터미널

문제 5

관지름 90 mm 이상인 가스용 폴리에틸렌관(PE관)을 지하에 매설 중에 접합하는 것으로 이음방법의 명칭을 쓰시오.

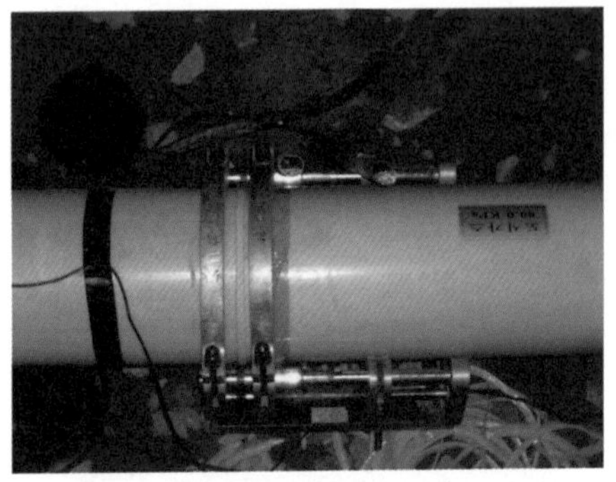

해답 맞대기 융착이음

문제 6

도시가스 매설배관의 누설을 탐지하는 차량에서 사용되는 가스누출검지기의 명칭은?

해답 수소불꽃 이온화 검출기(또는 FID, 수소염 이온화 검출기)

문제 7

다기능 가스 안전계량기의 구조에 대한 ( ) 안에 알맞은 용어를 쓰시오.

(1) 차단밸브가 작동한 후에는 ( )을[를] 하지 않는 한 열리지 않는 구조이어야 한다.
(2) 사용자가 쉽게 조작할 수 없는 ( )이[가] 있는 것으로 한다.

해답 (1) 복원조작 (2) 테스트 차단 기능

문제 8

강제배기식 단독 배기통방식의 가스보일러 설치 기준에서 ( ) 안에 알맞은 숫자를 넣으시오.

(1) 터미널의 상·하·주위 ( ) cm 이내에 가연성 구조물이 없어야 한다.(단, 방열판을 설치하는 경우에는 30 cm 이내에 가연성 구조물이 없어야 한다.)
(2) 터미널 개구부로부터 ( ) cm 이내에 배기가스가 실내로 유입할 우려가 있는 개구부가 없어야 한다.

해답 (1) 60 (2) 60

문제 9

공업용 용기에 충전하는 가스 명칭을 쓰시오.

(1) (2)

(3) (4)

해답 (1) 아세틸렌(C_2H_2) (2) 산소(O_2)
(3) 이산화탄소(CO_2) (4) 수소(H_2)

문제 10

다음과 같이 액화가스가 저장된 저장시설에 설치되는 방류둑 성토의 기울기는 수평에 대하여 (①)도 이하로 하며, 성토 윗부분의 폭은 (②) cm 이상으로 하는가?

해답 ① 45 ② 30

제3회 가스기사 동영상

문제 1

LPG를 탱크로리에서 저장탱크로 이송하는 방법 4가지를 쓰시오.

해답 ① 차압에 의한 방법
② 균압관이 없는 펌프에 의한 방법
③ 균압관이 있는 펌프에 의한 방법
④ 압축기에 의한 방법

문제 2

지상에 설치된 LPG 저장탱크에 부착된 클린카식 액면계 상·하 배관에는 어떤 형식의 밸브를 설치하는가?

해답 자동 및 수동식 스톱밸브

문제 **3**

LNG의 주성분에 대한 물음에 답하시오.

(1) 명칭을 분자식으로 쓰시오.
(2) 폭발범위를 쓰시오.
(3) 기체 상태의 비중은 얼마인가?
(4) 비점은 얼마인가?

해답 (1) CH_4
(2) 5~15%
(3) $s = \frac{\text{분자량}}{29} = \frac{16}{29} = 0.551 ≒ 0.55$
(4) −161.5 ℃

문제 **4**

직류전철 등에 의한 누출전류의 영향을 받지 않는 도시가스 매설배관에 부식을 방지하는 방법 2가지를 쓰시오.

해답 ① 희생양극법 ② 외부전원법

문제 **5**

단독 · 밀폐식 · 강제급배기식 가스보일러 설치기준에 대한 ( ) 안에 알맞은 숫자를 넣으시오.

(1) 터미널의 높이는 바닥면 또는 지면으로부터 ( ) 위쪽으로 설치한다.
(2) 터미널과 상방향에 설치된 구조물과의 이격거리는 ( ) 이상으로 한다.
(3) 터미널은 전방 ( ) 이내에 장애물이 없는 장소에 설치한다.
(4) 터미널이 설치된 곳의 좌우 또는 상하의 돌출물 간의 이격거리는 ( ) 이상이 되도록 설치한다.

해답 (1) 15 cm (2) 25 cm
(3) 15 cm (4) 150 cm

문제 **6**

건축물 내부에 호칭지름 20mm 배관을 300m 설치하였을 때 배관 고정장치는 몇 개를 설치하여야 하는가?

풀이 호칭지름 20 mm 배관의 고정장치 설치간격은 2 m이다.

$\therefore$ 고정장치 수 $= \frac{300}{2} = 150$ 개

해답 150개

문제 7

LPG 자동차 충전기(dispenser)에서 충전호스 길이와 주입기 형식에 대하여 쓰시오.

해답 ① 5 m 이내 ② 원터치형

문제 8

방폭전기기기에서 최대안전틈새를 설명하고, "ⅡB"의 최대안전틈새 범위를 쓰시오.

해답 ① 최대안전틈새 : 내용적이 8 L이고 틈새 깊이가 25 mm인 표준 용기 내에서 가스가 폭발할 때 발생한 화염이 용기 밖으로 전파하여 가연성 가스에 점화되지 아니하는 최댓값을 말한다.
② ⅡB : 내압방폭구조에서 0.5 mm 초과 0.9 mm 미만

문제 9

LPG 충전소에서 폭발사고가 발생하였을 때 사업자가 한국가스안전공사에 제출하여야 하는 사고보고서 중 기술하여야 할 내용은?

해답 ① 통보자의 소속, 직위, 성명 및 연락처
② 사고발생일시
③ 사고발생장소
④ 사고내용
⑤ 시설현황
⑥ 피해현황(인명 및 재산)

문제 10

도시가스 배관을 매설할 때 동영상에서 보여주는 것을 매설하는 이유를 설명하시오. (단, 공급 압력은 970 kPa이다.)

해답 도로 밑에 최고사용압력이 중압 이상인 배관을 매설할 때 굴착공사로 인한 배관 손상을 방지하기 위하여

2014년도 가스기사 모의고사

제1회 가스기사 동영상

문제 1

도시가스 중압배관을 지하에 매설 시에 보호판과 보호포를 시공한다. 이때 보호포의 폭과 설치 위치에 대하여 각각 쓰시오.

해답 ① 보호포의 폭 : 배관 폭에 10 cm를 더한 폭
② 위치 : 보호판 상부로부터 30 cm 이상

문제 2

공급되는 도시가스의 압력이 저압인 경우 압력조정기를 설치할 때 공동주택의 최대 세대수는 얼마인가?

해답 249세대

문제 3

충전용기에 각인된 "TW"에 대하여 설명하시오.

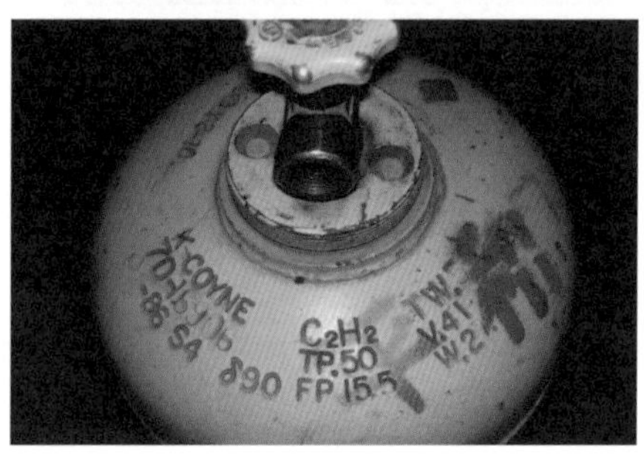

해답 아세틸렌 용기 질량에 다공물질, 용제 및 밸브의 질량을 합한 질량(kg)

문제 4

다음은 PE관을 지하에 매설할 때 사용되는 밸브로 지상에서 배관이 매설되어 있는 것을 탐지하기 위하여 설치하는 것의 명칭은 무엇인가?

해답 로케팅 와이어

문제 5

도시가스 사용시설의 내관의 내용적이 50L 초과일 때 기밀시험 유지시간은 얼마인가?

해답 24분

문제 6

파일럿 버너 또는 메인 버너의 불꽃이 꺼지거나 연소기구 사용 중에 가스 공급이 중단 또는 불꽃 검지부에 고장이 생겼을 때 자동으로 가스 밸브를 닫히게 하여 불이 꺼졌을 때 가스가 유출되는 것을 방지하는 안전장치로 종류에는 열전대식, UV-cell 방식 등이 있다. 이 장치의 명칭을 쓰시오.

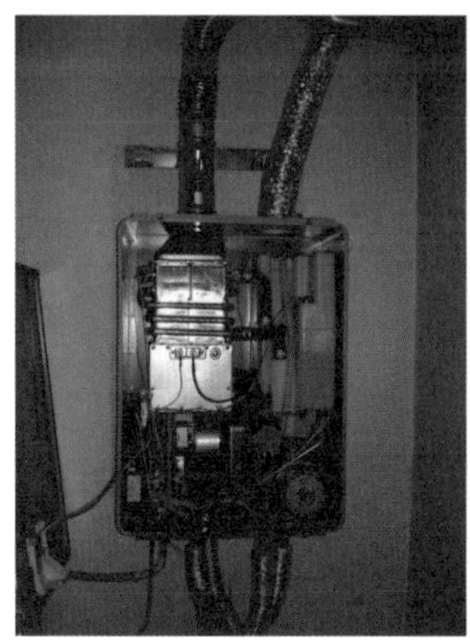

해답 소화안전장치

문제 7

CNG 저장시설에서 지시하는 부분의 명칭을 쓰시오.

해답 스프링식 안전밸브

문제 8

[보기]에서 설명하는 방폭구조의 명칭을 쓰시오.

> **보기**
> 용기 내부에 절연유를 주입하여 불꽃, 아크 또는 고온 발생 부분이 기름 속에 잠기게 함으로써 기름면 위에 존재하는 가연성 가스에 인화되지 아니하도록 한 구조로 탄광에서 처음으로 사용하였다.

해답 유입방폭구조

문제 9

가스용 폴리에틸렌관을 융착이음할 때 발생하는 열선 이탈에 대하여 원인과 함께 설명하시오.

해답 ① 열선 이탈(wire disorder) : 이음관 내부에 감겨진 열선이 융착 후 예정된 위치에 있지 않은 것

② 원인 : 과도한 가열시간 또는 과도한 온도 등의 적절치 않은 융착 절차에 의해서 발생할 수 있다.

문제 10

압축천연가스를 압축하는 압축기 출력(공급) 측에서 가스의 온도를 측정하는 것을 [보기]에서 선택하여 답하시오.

(a)

(b)

(c)

(d)

해답 (c)

해설 (a) 고압차단 스위치

(b) 압력계

(c) 온도계

(d) 액분리기

제2회 가스기사 동영상

문제 1

가스 자동차단장치의 구성 모습이다. 지시하는 (1), (2), (3)의 명칭과 기능을 설명하시오.

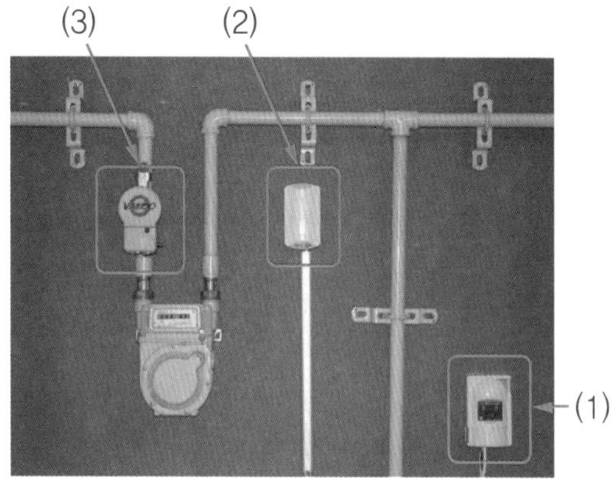

해답 (1) 제어부 : 차단부에 자동차단신호를 보내는 기능, 차단부를 원격 개폐할 수 있는 기능 및 경보 기능을 가진 것

(2) 검지부 : 누출된 가스를 검지하여 제어부로 신호를 보내는 기능을 가진 것

(3) 차단부 : 제어부로부터 보내진 신호에 따라 가스의 유로를 개폐하는 기능을 가진 것

문제 2

다음은 PE관을 지하에 매설할 때 사용되는 밸브로 지상에서 배관이 매설되어 있는 것을 탐지하기 위하여 설치하는 것의 명칭은 무엇인가?

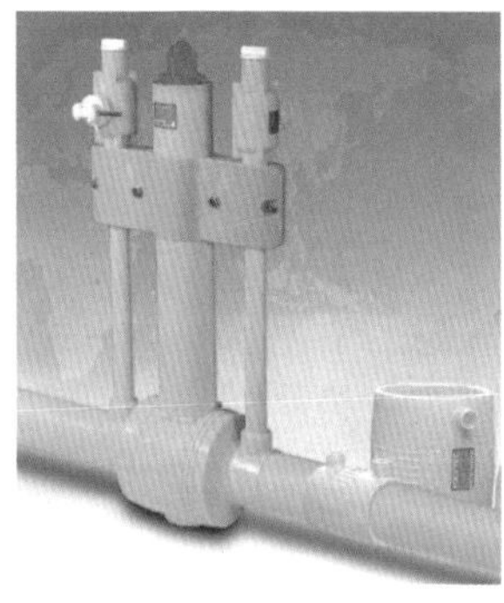

해답 로케팅 와이어

문제 3

강제 배기식 단독 배기통 방식의 터미널에는 새, 쥐 등의 지름 몇 cm 이상의 물체가 들어가지 않는 내식성의 구조물을 설치하여야 하는가?

해답 1.6 cm 이상

문제 4

도시가스 정압기실 실내의 조명도는 얼마인가?

해답 150룩스 이상

문제 5

최고사용압력이 고압 또는 중압인 배관에서 (①)에 합격된 배관은 통과하는 가스를 시험 가스로 사용할 때 가스 농도가 (②)% 이하에서 작동하는 가스검지기를 사용한다. ( ) 안에 알맞은 용어 및 숫자를 넣으시오.

해답 ① 방사선투과시험 ② 0.2

문제 6

차압식 유량계의 측정원리에 대하여 쓰시오.

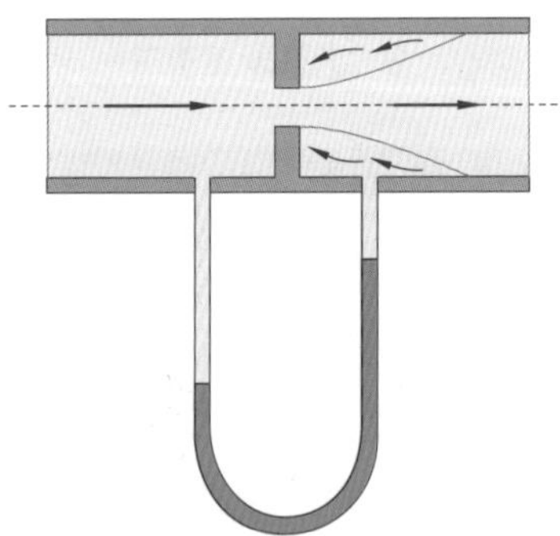

해답 베르누이 방정식(또는 베르누이 정리)

문제 7

도시가스 사용시설에 사용되는 가스 용품으로 몸체에 표시된 "Ⓕ 1.2"에 대하여 설명하시오.

해답 ① Ⓕ : 퓨즈 콕
② 1.2 : 과류차단 안전기구가 작동하는 유량이 1.2 m^3/h이다.

문제 8

LPG 탱크로리 정차 위치에 설치된 장치이다. 지시하는 부분의 명칭은 무엇이며, 저장탱크 표면적 1 m^2 당 물분무능력은 얼마인가?

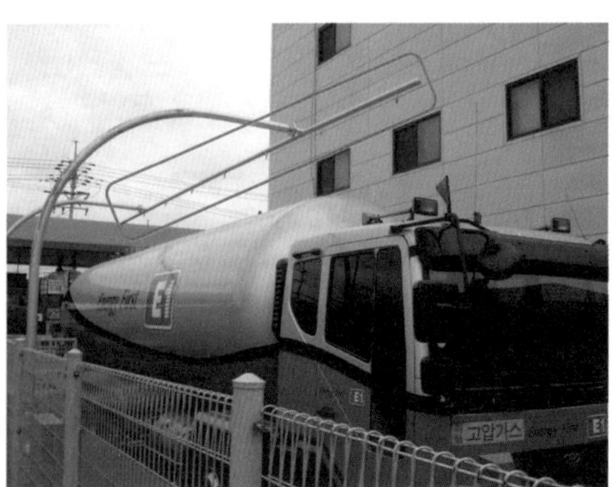

해답 ① 명칭 : 냉각살수장치
② 물분무능력 : 5 L/min 이상

문제 9

도시가스 배관에서 관지름 30 mm 배관의 길이가 500 m이고, 150 mm 배관의 길이가 3000 m일 때 배관 고정장치는 몇 개를 설치하여야 하는가?

풀이 ① 30 mm 배관 고정장치 수$=\frac{500}{2}=250$개

② 150 mm 배관 고정장치 수$=\frac{3000}{10}=300$개

③ 합계=250+300=550개

해답 550개

해설 고정장치 수는 30 mm 배관은 2m마다, 호칭지름 100A 이상의 경우는 동영상 예상문제 124번 〈해설〉을 참고하기 바랍니다.

문제 10

도시가스 배관에 기록하여야 할 사항 2가지와 관지름이 40 mm일 때 고정장치 설치간격을 각각 쓰시오.

해답 ① 기록 사항 : 사용 가스명, 최고사용압력, 가스 흐름 방향

② 고정장치 설치 간격 : 3 m마다

제3회 가스기사 동영상

문제 1

액화가스가 저장된 저장시설에 설치되는 방류둑 성토의 기울기는 수평에 대하여 (①)도 이하로 하며, 성토 윗부분의 폭은 (②)cm 이상으로 한다. ( ) 안에 알맞은 숫자를 넣으시오.

해답 ① 45 ② 30

문제 2

가스용 폴리에틸렌관(PE관)을 맞대기 융착이음할 때 최소 관지름은 몇 mm인가?

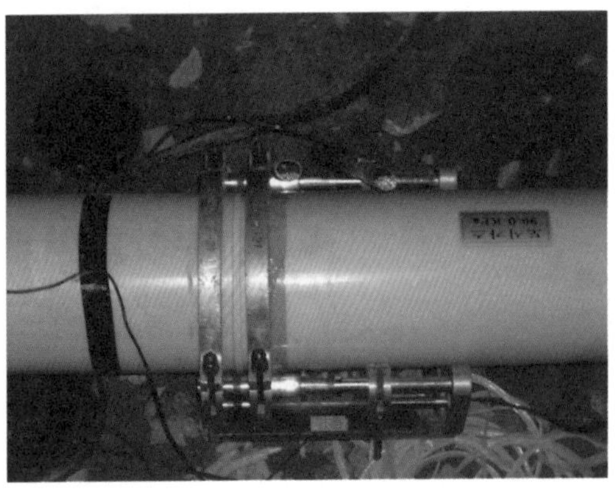

해답 공칭외경 90

문제 3

산소 제조 및 충전작업 시 주의사항 2가지를 쓰시오.

해답 ① 밸브와 용기 내부의 석유류, 유지류를 제거할 것
② 용기와 밸브 사이에 가연성 패킹을 사용하지 않을 것
③ 압력계는 산소 전용 압력계를 사용할 것
④ 기름 묻은 장갑으로 취급을 금지할 것
⑤ 급격한 충전은 피할 것

문제 4

지시하는 것은 LPG용 차량에 고정된 탱크가 정차하는 위치에 설치된 냉각살수장치로 저장탱크 표면적 1m^2당 물분무능력(L/min)은 얼마인지 쓰시오.

해답 5 L/min 이상

문제 5

실내에 설치된 기화장치에 대한 물음에 답하시오.

(1) 액체 상태로 열교환기 밖으로 유출을 방지하는 장치의 명칭을 쓰시오.

(2) 액 유출 시 나타나는 현상 2가지를 쓰시오.

해답 (1) 액유출방지장치

(2) ① 인화, 폭발의 위험
② 산소 부족으로 인한 질식
③ 피부 노출 시 저온으로 인한 동상

문제 6

도시가스 매설배관의 누설을 탐지하는 차량에서 사용되는 가스누출검지기의 명칭은?

해답 수소불꽃 이온화 검출기(또는 FID, 수소염 이온화 검출기)

문제 7

도시가스 매설 배관용으로 사용하는 가스용 폴리에틸렌관의 SDR값이 각각 11, 17일 때 사용할 수 있는 가스압력은 얼마인가?

해답 ① SDR11 : 0.4 MPa 이하
② SDR17 : 0.25 MPa 이하

문제 8

도시가스 배관을 지하에 매설한 후 다음과 같은 전기방식법을 시공하였을 때 터미널 박스 설치간격은 얼마인가?

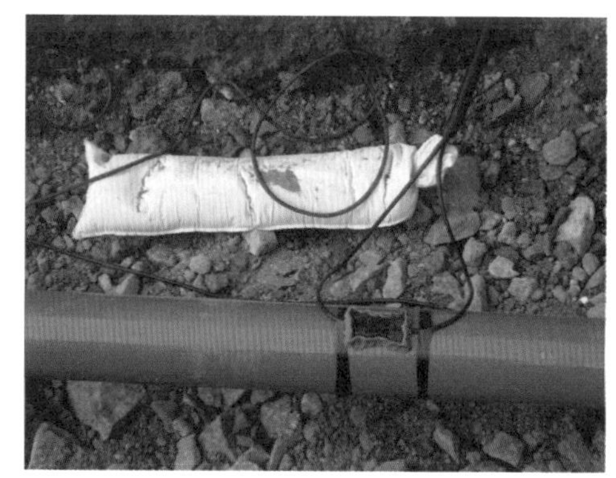

해답 300 m 이내

문제 9

다음 비파괴검사법의 명칭을 쓰시오. (동영상에서 백색 및 적색의 스프레이하는 모습을 보여 줌)

해답 침투탐상검사

문제 10

도시가스시설에 전기방식 효과를 유지하기 위하여 빗물이나 그 밖에 이물질의 접촉으로 인한 절연의 효과가 상쇄되지 아니하도록 절연이음매 등을 사용해 절연조치를 하는 장소 2개소를 쓰시오.

해답 ① 교량횡단 배관의 양단

② 배관과 강재 보호관 사이

③ 지하에 매설된 배관의 부분과 지상에 설치된 부분과의 경계

④ 다른 시설물과 접근 교차지점

⑤ 배관과 배관지지물 사이

2015년도 가스기사 모의고사

제1회 가스기사 동영상

문제 1

가스배관과 호스 사이에 설치하는 것으로 호스가 파손되는 것 등에 의해 가스가 누출할 때의 이상 과다 유량을 감지하여 가스를 차단하는 것의 명칭을 쓰시오.

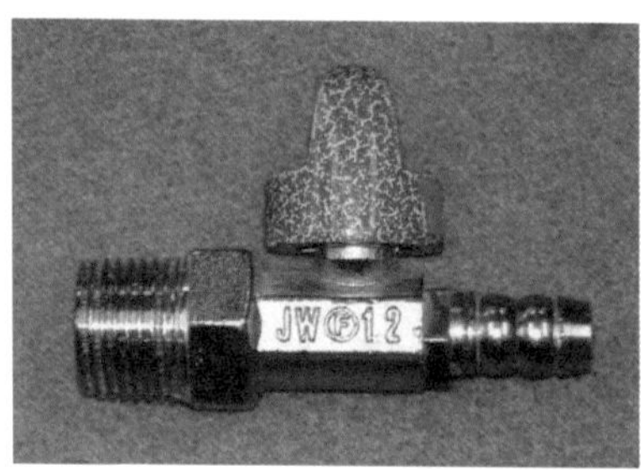

해답 퓨즈콕

문제 2

가스용 폴리에틸렌관의 융착이음 종류 2가지를 쓰시오.

해답 ① 맞대기 융착이음
② 소켓 융착이음
③ 새들 융착이음

문제 3

초저온 용기에 충전하는 가스의 최고온도는 얼마인가?

해답 -50℃

문제 4

건축물 내부에 호칭지름 20 mm 배관을 300 m 설치하였을 때 배관 고정장치는 몇 개를 설치하여야 하는가?

풀이 호칭지름 20 mm 배관의 고정장치 설치간격은 2 m이다.

$\therefore$ 고정장치 수 $= \dfrac{300}{2} = 150$개

해답 150개

문제 5

맞대기 융착이음을 하는 가스용 폴리에틸렌관의 두께가 20 mm일 때 비드 폭의 최소(B_{min})와 최대치(B_{max})를 각각 계산하시오.

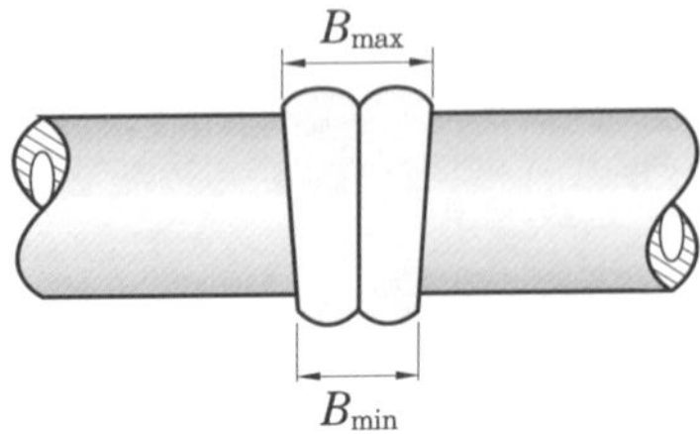

풀이 ① $B_{min} = 3 + 0.5t = 3 + 0.5 \times 20 = 13$ mm

② $B_{max} = 5 + 0.75t = 5 + 0.75 \times 20 = 20$ mm

해답 ① 최소치 : 13 mm

② 최대치 : 20 mm

문제 6

고압가스를 용기에 충전하는 물음에 답하시오.

(1) "A" 용기의 최고충전압력 기준은 얼마인가?

(2) "B" 용기에 충전하는 가스의 품질검사에 사용하는 시약의 종류를 쓰시오.

"A" 용기

"B" 용기

해답 (1) 15℃에서 용기에 충전할 수 있는 가스의 압력 중 최고압력을 말한다.

(2) 피로갈롤, 하이드로 설파이드 시약

문제 7

LPG 판매시설의 용기보관실 기준에 대한 ( ) 안에 알맞은 숫자 및 용어를 쓰시오.

(1) 용기보관실 면적은 ( ) m^2 이상으로 한다.

(2) 용기보관실의 용기는 그 용기보관실의 안전을 위하여 ( )으로 하지 않는다.

해답 (1) 19 (2) 용기집합식

문제 8

LNG 주성분에 대한 물음에 답하시오.

(1) 주성분 명칭을 분자식으로 쓰시오.

(2) 폭발범위를 쓰시오.

(3) 기체 상태의 비중은 얼마인가?

(4) 비점은 얼마인가?

해답 (1) CH_4 (2) 5~15 %

(3) $s = \frac{\text{분자량}}{29} = \frac{16}{29} = 0.551 ≒ 0.55$

(4) −161.5℃

문제 09

방폭전기기기에 표시된 내용에 대하여 설명하시오.

(1) Ex :

(2) d :

(3) ⅡB :

(4) T4 :

해답 (1) 방폭구조

(2) 내압방폭구조

(3) 내압 방폭전기기기의 폭발등급(최대안전틈새범위 0.5 mm 초과 0.9 mm 미만)

(4) 방폭전기기기의 온도등급(가연성 가스의 발화도(℃) 범위 : 135℃ 초과 200℃ 이하)

문제 10

일반도시가스사업의 입상관 밸브에 대한 물음에 답하시오.

(1) 입상관 밸브는 입상관마다 설치하는 것을 원칙으로 하는데 해당 동 전체를 차단할 수 있는 1개의 입상관 밸브를 설치한 경우에는 입상관마다 입상관 밸브를 설치한 것으로 볼 수 있는 경우는 어떤 시설인가?

(2) 입상관 밸브를 지면 또는 바닥면으로부터 2.0 m 보다 높은 위치에 설치할 경우 조건을 쓰시오.

해답 (1) 다세대주택, 연립주택 및 30세대 이하의 소규모 공동주택 등

(2) 원격으로 차단이 가능한 전동밸브를 설치하거나, 입상관 밸브 차단을 위한 전용계단을 견고하게 고정 설치한 경우

제2회 가스기사 동영상

문제 1

충전용기 어깨부분에 각인된 기호 및 숫자를 보고 물음에 답하시오.

(1) 내압시험압력은 얼마인가?

(2) 최고충전압력은 얼마인가?

해답 (1) 250 kgf/cm^2

(2) 150 kgf/cm^2

해설 내압시험 및 최고충전압력의 단위는 용기에 각인된 수치가 3자리이면 kgf/cm^2, 2자리이면 MPa이다.

문제 2

충전용기 밸브 몸체에 각인된 "LG"를 설명하시오.

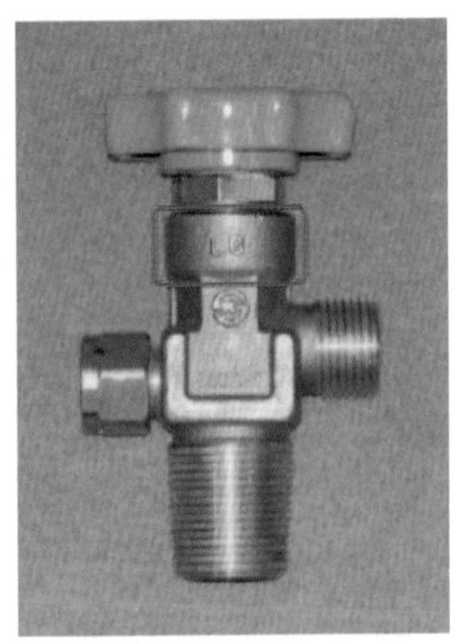

해답 액화석유가스 외의 액화가스 충전용기 부속품

문제 3

정압기실에 설치되는 가스누설검지 통보장치의 검지부에 대한 물음에 답하시오.

(1) 검지부 설치 수 기준을 쓰시오.

(2) 작동상황 점검 주기는 얼마인가?

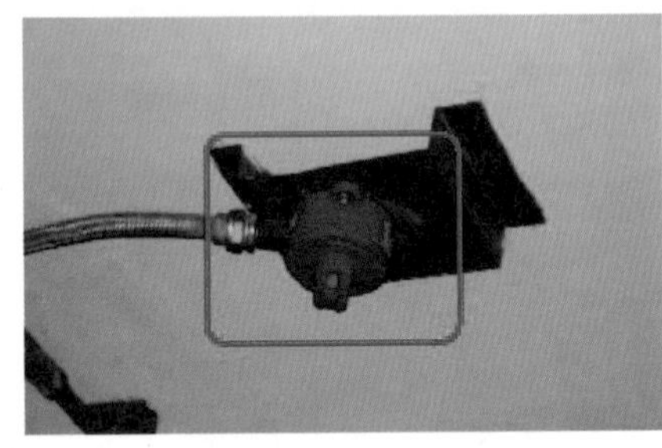

해답 (1) 정압기실 바닥면 둘레 20 m에 대하여 1개 이상

(2) 1주일에 1회 이상

문제 4

공업용 용기에 충전하는 가스 명칭을 화학식으로 쓰시오.

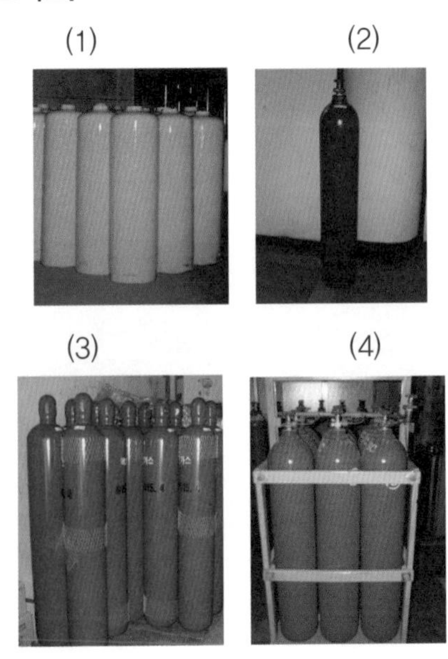

해답 (1) C_2H_2 (2) O_2 (3) CO_2 (4) H_2

문제 5

방폭등과 같이 방폭전기기기 결합부의 나사류를 외부에서 쉽게 조작함으로써 방폭성능을 손상시킬 우려가 있는 것은 드라이버, 스패너, 플라이어 등의 일반공구로 조작할 수 없도록 한 구조의 명칭과 방폭전기기기의 온도등급 T4의 발화도 범위는 몇 ℃인가?

해답 ① 명칭 : 자물쇠식 죄임 구조
② 발화도 범위 : 135℃ 초과 200℃ 이하

문제 6

관지름 90 mm 이상인 가스용 폴리에틸렌관(PE관)을 지하에 매설 중에 접합하는 것으로 이음방법의 명칭을 쓰시오.

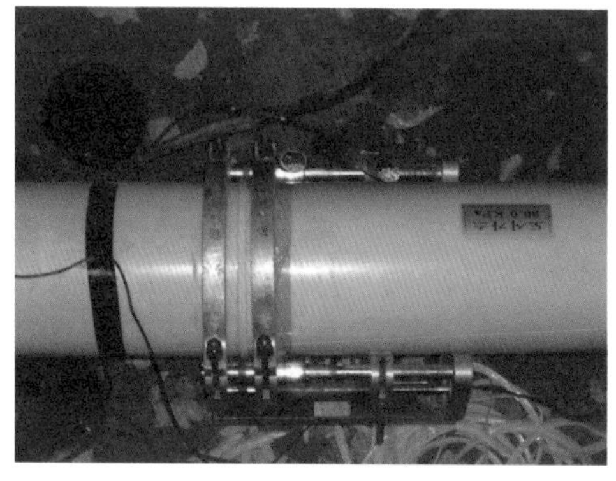

해답 맞대기 융착이음

문제 7

자석의 S극과 N극을 이용하여 검사하는 비파괴검사의 명칭은 무엇인가?

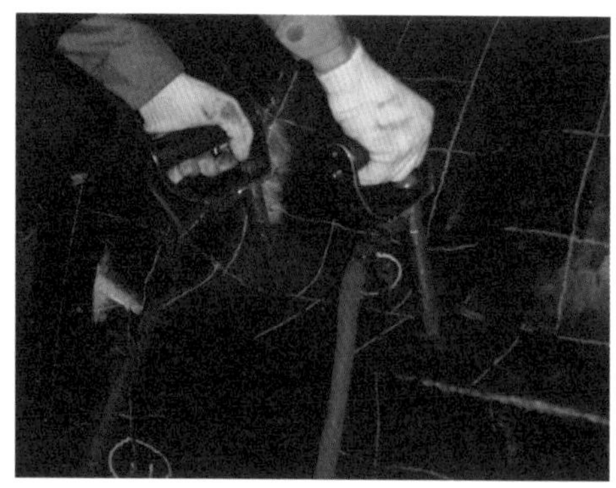

해답 자분탐상검사(MT)

문제 8

파일럿 버너 또는 메인 버너의 불꽃이 꺼지거나 연소기구 사용 중에 가스 공급이 중단 또는 불꽃 검지부에 고장이 생겼을 때 자동으로 가스 밸브를 닫히게 하여 불이 꺼졌을 때 가스가 유출되는 것을 방지하는 안전장치로 종류에는 열전대식, UV-cell 방식 등이 있다. 이 장치의 명칭을 쓰시오.

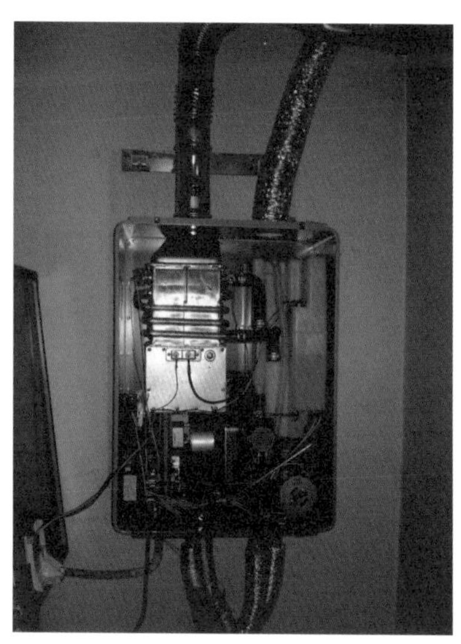

해답 소화안전장치

문제 9

도시가스 사용시설에서 사용되는 가스용품으로 각각의 명칭을 쓰시오.

(1)  (2)

해답 (1) 퓨즈콕 (2) 상자콕

문제 10

방폭전기기기 명판 표시에서 "d"는 (①)방폭구조, "ⅡC"는 (②)등급이라 한다. ( ) 안에 알맞은 용어를 쓰시오.

해답 ① 내압 ② 폭발

제3회 가스기사 동영상

문제 1

동영상에서 보여주는 LPG 용기는 원칙적으로 (　　)장치가 설치되어 있는 시설에서만 사용한다. (　　) 안에 알맞은 용어를 쓰시오.

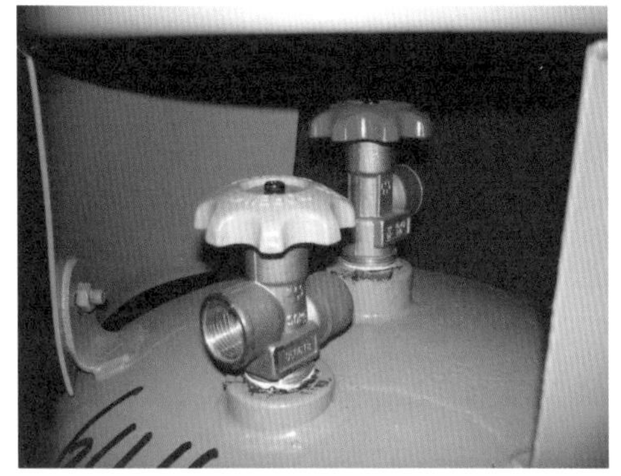

해답 기화

문제 2

호칭지름 25mm 도시가스 배관을 고정설치할 때 작업자가 지켜야 할 사항 2가지를 쓰시오.

해답 ① 고정장치를 2 m마다 설치한다.
② 배관과 고정장치 사이에 절연조치를 한다.

문제 3

가스용 폴리에틸렌관(PE관)을 지하에 매설할 때 사용하는 이 설비의 명칭을 쓰시오.

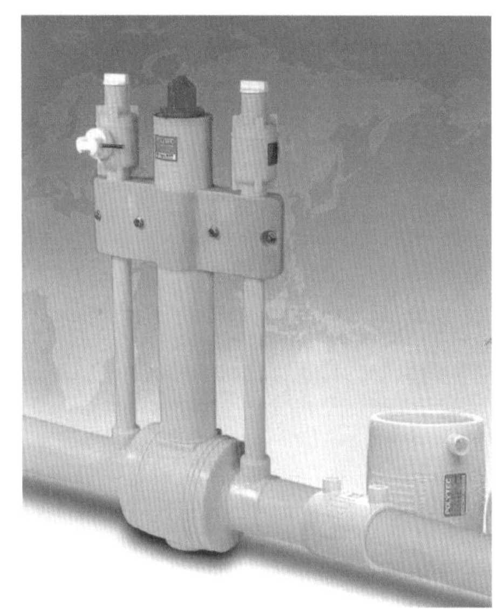

해답 가스용 PE밸브

문제 4

LPG 탱크로리 정차 위치에 설치된 장치이다. 지시하는 부분의 명칭은 무엇이며, 저장탱크 표면적 1 m^2당 물분무능력은 얼마인가?

해답 ① 명칭 : 냉각살수장치
② 물분무능력 : 5 L/min 이상

문제 5

도로에 매설 시공하는 도시가스 공급관에 대한 물음에 답하시오.

(1) 시공하는 배관의 내압성능을 설명하시오.
(2) 굴착공사로 인한 배관손상을 방지하기 위하여 시공하는 보호판 재료를 쓰시오.

해답 (1) 최고사용압력의 1.5배 이상
(2) KS D 3503(일반구조용 압연강재) 또는 이와 동등 이상의 성능이 있는 것

문제 6

가스용 폴리에틸렌관(PE관) 시공에 대한 물음에 답하시오.

(1) PE관을 지상에 노출하여 시공할 수 있는 경우를 설명하시오.
(2) 온도가 40℃ 이상인 곳에 설치 가능한 경우를 쓰시오.

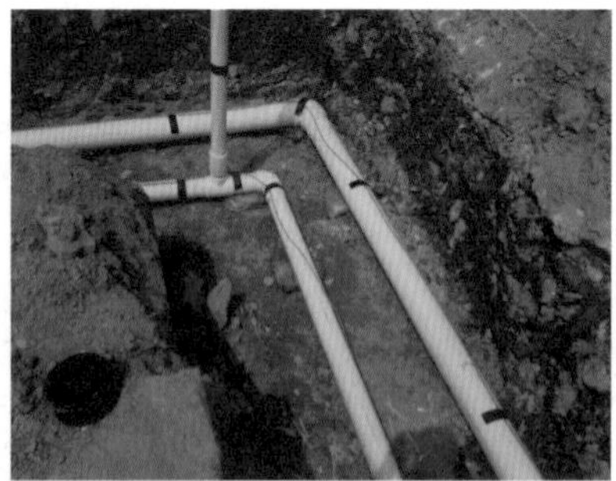

해답 (1) 지상배관과 연결을 위하여 금속관을 사용하여 보호조치를 한 경우로서 지면에서 30 cm 이하로 시공하는 경우
(2) 파이프 슬리브를 이용하여 단열조치를 한 경우

문제 7

내압방폭구조의 폭발등급분류 기준에서 각 번호에 알맞은 용어를 쓰시오.

최대 안전틈새 범위(mm)	0.9 이상	0.5 초과 0.9 미만	0.5 이하
가연성 가스의 폭발등급	①	②	③
방폭 전기기기의 폭발등급	④	⑤	⑥

해답 ① A ② B ③ C ④ ⅡA ⑤ ⅡB ⑥ ⅡC

문제 8

다음 물음에 답하시오.

(1) 산소를 충전할 때 압축기와 충전용 지관 사이에 설치하여야 할 기기는 무엇인가?
(2) 아세틸렌 용기 부속품 보호를 위해서 사용하는 부품의 명칭은 무엇인가?

(1)

(2)

해답 (1) 수취기
(2) 캡(또는 보호용 캡)

문제 9

도시가스 배관의 부식방지를 위한 전위상태는 방식전류가 흐르는 상태에서 자연전위와의 전위변화는 최소한 얼마 이하로 하여야 하는가?

해답 −300 mV

문제 10

도시가스(NG)를 사용하는 연소기구 중에서 기준상 적합하지 않은 부분을 지적하시오.

(1) 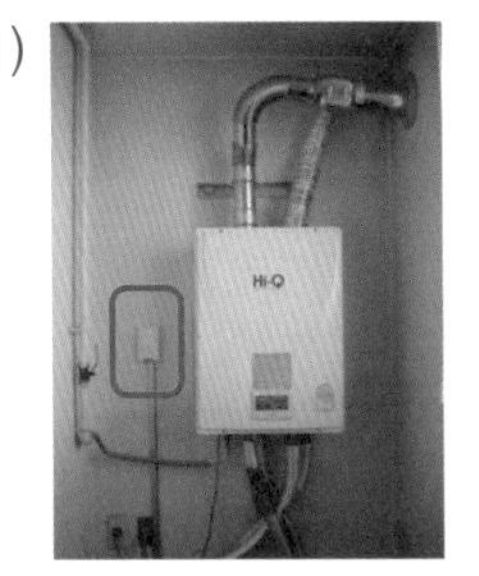

(2) 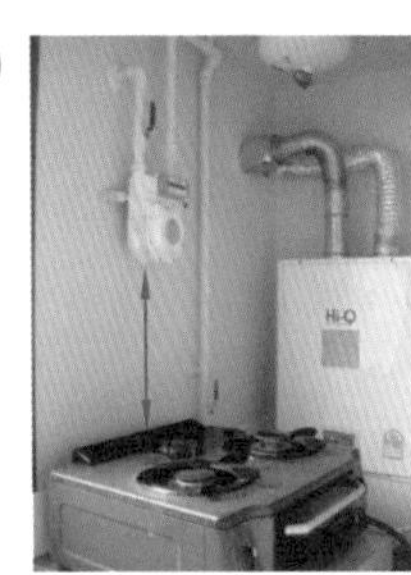

해답 (1) 가스검지기가 천장에서 30 cm 이내에 설치되지 않았음

(2) 가스미터가 화기와 2 m 이상의 우회거리가 확보되지 않았고, 차열판을 설치하지 않았음

2016년도 가스기사 모의고사

제1회 가스기사 동영상

문제 1

가스용 폴리에틸렌관(PE관)을 맞대기 융착이음할 때 최소 관지름은 몇 mm인가?

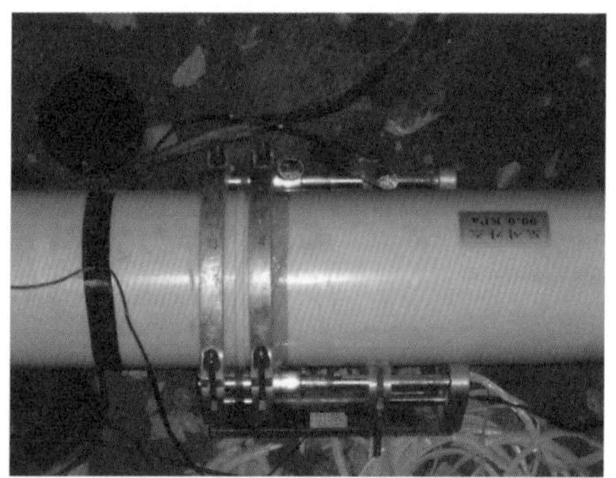

해답 공칭외경 90

문제 2

최고사용압력이 고압 또는 중압인 배관에서 (①)에 합격된 배관은 통과하는 가스를 시험가스로 사용할 때 가스 농도가 (②)% 이하에서 작동하는 가스검지기를 사용한다. ( ) 안에 알맞은 용어 및 숫자를 넣으시오.

해답 ① 방사선투과시험 ② 0.2

문제 3

방폭전기기기에 대한 [보기]의 설명과 제시되는 그림을 보고 방폭구조의 명칭과 기호를 각각 쓰시오.

보기

용기 내부에 보호가스(신선한 공기 또는 불활성가스)를 압입하여 내부 압력을 유지함으로써 가연성 가스가 용기 내부로 유입되지 않도록 한 구조이다.

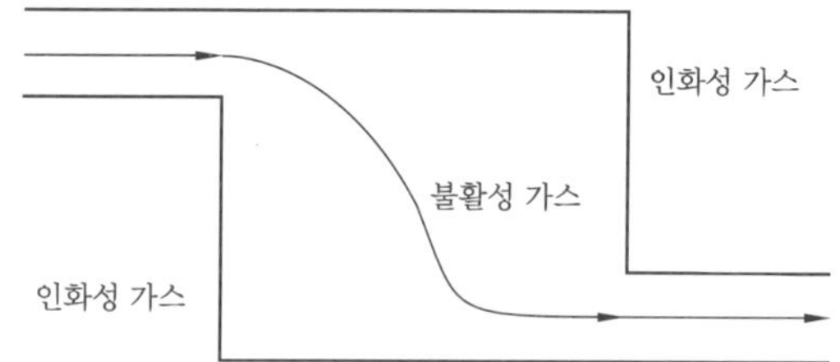

해답 ① 명칭 : 압력방폭구조 ② 기호 : p

문제 4

액화가스 저장탱크가 설치된 장소의 방류둑 단면으로 지시하는 것의 기능과 이것이 평상시에 닫혀 있는지, 열려 있는지 쓰시오.

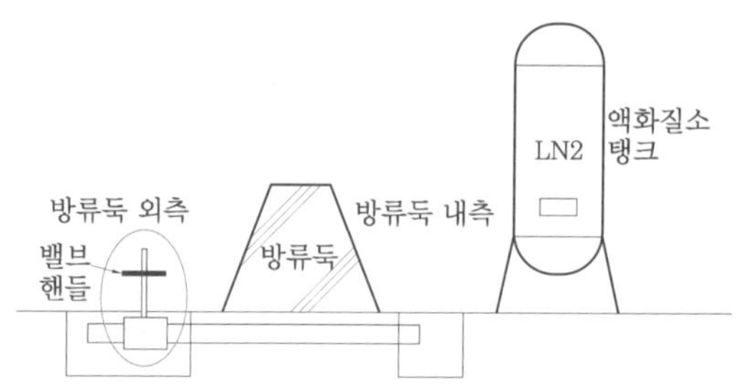

해답 ① 기능 : 방류둑 안에 고인 물을 외부로 배출할 수 있는 배수밸브
② 닫혀 있어야 한다.

문제 5

고압가스 설비에서 이상상태가 발생하는 경우 그 설비 내의 내용물을 설비 밖으로 긴급하고 안전하게 이송하는 설비이다. 이 설비의 설치기준에서 높이를 착지농도 기준으로 설명하시오.

해답 ① 가연성 가스 : 폭발하한계값 미만
② 독성가스 : TLV-TWA 기준농도 미만

문제 6

지하에 매설된 도시가스 배관을 전기방식 조치를 하기 위하여 설치된 정류기로 이 전기방식법의 전위측정용 터미널 설치간격은 얼마인가?

해답 500 m 이내

문제 7

도시가스 매설배관의 누설검사 차량에 탑재하여 누설검사에 사용되는 장비로 우리나라 대부분의 도시가스 공급회사에서 사용하는 장비는?

해답 수소불꽃 이온화 검출기(또는 수소염 이온화 검출기, FID)

문제 8

저장능력 20만 톤인 LNG 저압 지하식 저장탱크의 외면과 사업소 경계까지 유지하여야 하는 안전거리는 몇 m 이상인가?

풀이 $L = C \times \sqrt[3]{143000\,W}$

$= 0.240 \times \sqrt[3]{143000 \times \sqrt{200000}}$

$= 95.975 ≒ 95.98\,\text{m}$

해답 95.98 m

해설 액화천연가스(LNG)의 저장설비와 처리설비 외면으로부터 사업소 경계까지 안전거리 계산식 중 W는 저압 지하식 저장탱크는 저장능력(단위 : 톤)의 제곱근, 그 밖의 것은 그 시설 안의 액화천연가스의 질량(단위 : 톤)에 해당된다.

문제 9

LPG 자동차 충전소 충전기(dispenser)에 대한 물음에 답하시오.

(1) 충전호스 끝부분에 설치되는 장치는 무엇인가?

(2) 충전호스에 과도한 인장력이 작용하였을 때 분리되는 안전장치의 명칭은 무엇인가?

해답 (1) 정전기 제거장치

(2) 세이프티 커플링(safety coupling)

문제 10

도시가스 사용시설에 설치되는 가스계량기에 대한 물음에 답하시오.

(1) 화기 사이에 유지하여야 할 우회거리 :

(2) 바닥으로부터 설치높이 :

(3) 전기접속기와의 거리 :

해답 (1) 2 m 이상

(2) 1.6 m 이상 2.0 m 이내

(3) 30 cm 이상

제2회 가스기사 동영상

문제 1

보여주는 장미는 LNG에 넣었다가 빼낸 것으로 꽃잎이 쉽게 부스러진다. LNG 주성분에 대한 물음에 답하시오.

(1) 명칭을 분자식으로 쓰시오.
(2) 공기 중에서의 폭발범위를 쓰시오.
(3) 기체 상태의 비중은 얼마인가?
(4) 대기압 상태에서의 비점은 얼마인가?

해답 (1) CH_4 (2) 5~15 %

(3) $s = \frac{\text{분자량}}{29} = \frac{16}{29} = 0.551 ≒ 0.55$

(4) −161.5℃

문제 2

LPG 자동차 충전기(dispenser)에 대한 물음에 답하시오.

(1) 충전호스의 최대길이는 몇 m인가?
(2) 충전호스에 과도한 인장력이 작용하였을 때 분리되는 안전장치의 명칭은 무엇인가?

해답 (1) 5
(2) 세이프티 커플링(safety coupling)

문제 3

방폭전기기기의 방폭구조 종류 6가지를 쓰시오.

해답 ① 내압방폭구조
② 압력방폭구조
③ 유입방폭구조
④ 안전증방폭구조
⑤ 본질안전방폭구조
⑥ 특수방폭구조

문제 4

지상에 설치된 LPG 저장탱크에 부착된 클린카식 액면계 상·하 배관에는 어떤 형식의 밸브를 설치하는가?

해답 자동 및 수동식 스톱밸브

문제 5

정압기용 필터에는 검사에 합격한 필터라는 것을 쉽게 식별할 수 있도록 표시하는 합격표시에 대하여 설명하시오.

해답 바깥지름 7mm의 각인 (KC)으로 한다.

문제 6

매설된 도시가스 배관의 전기방식법 중 전위측정 터미널(TB) 설치간격은 얼마인가?

(1) 희생양극법, 배류법 :

(2) 외부전원법 :

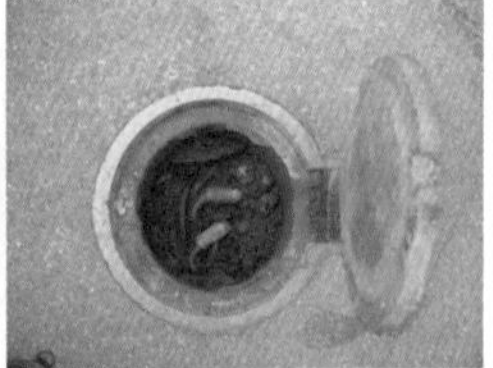

해답 (1) 300m 이내 (2) 500m 이내

문제 7

아세틸렌 충전용기에 각인된 "TW"에 대하여 설명하시오.

해답 아세틸렌 용기 질량에 다공물질, 용제 및 밸브의 질량을 합한 질량(kg)

문제 8

도시가스를 사용하는 연소기에서 황염이 발생하는 이유 2가지를 설명하시오. (동영상에서 공기조절기를 조절하면서 불꽃 색깔이 황색으로 변하는 것을 보여 줌)

해답 ① 연소반응이 충분한 속도로 진행되지 않을 때
② 1차 공기량 부족으로 불완전연소가 되는 경우
③ 불꽃이 저온의 물체에 접촉하였을 때

문제 9

도로 및 공동주택 등의 부지 안 도로에 도시가스 배관을 매설하는 경우에 설치하는 라인마크의 모양 6가지를 쓰시오.

해답 ① 직선방향 ② 양방향 ③ 삼방향
④ 일방향 ⑤ 135° 방향 ⑥ 관말지점

해설 라인마크 종류
① 금속재 라인마크
② 스티커형 라인마크
③ 네일형(nail) 라인마크

문제 10

가스 자동차단장치의 구성 모습이다. 지시하는 부분의 명칭과 기능을 설명하시오.

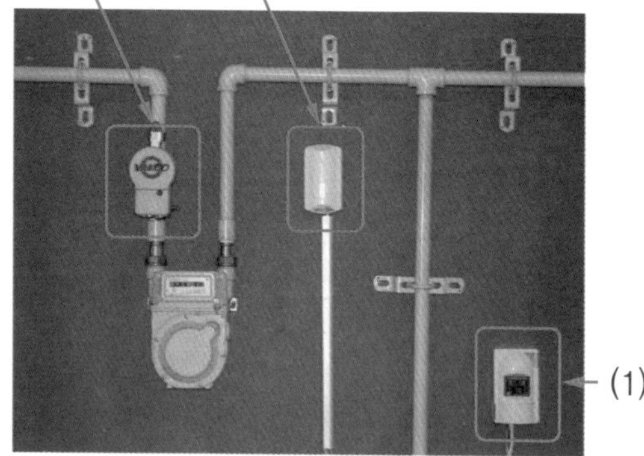

해답 (1) 제어부 : 차단부에 자동차단신호를 보내는 기능, 차단부를 원격 개폐할 수 있는 기능 및 경보 기능을 가진 것
(2) 검지부 : 누출된 가스를 검지하여 제어부로 신호를 보내는 기능을 가진 것
(3) 차단부 : 제어부로부터 보내진 신호에 따라 가스의 유로를 개폐하는 기능을 가진 것

제3회 가스기사 동영상

문제 1

LPG 자동차용 충전기(dispenser) 충전호스 기준 4가지를 쓰시오.

해답 ① 충전호스 길이는 5m 이내일 것
② 충전호스에 정전기 제거장치를 설치할 것
③ 충전호스에 과도한 인장력이 가해졌을 때 충전기와 가스 주입기가 분리될 수 있는 안전장치를 설치할 것
④ 가스 주입기는 원터치형으로 할 것

문제 2

공업용 용기에 충전하는 가스 명칭을 쓰시오.

(1)

(2)

(3)

(4)

해답 (1) 아세틸렌 (C_2H_2)
(2) 산소 (O_2)
(3) 이산화탄소 (CO_2)
(4) 수소 (H_2)

문제 3

퓨즈콕 구조에 대한 설명 중 ( ) 안에 알맞은 용어를 쓰시오

(1) 퓨즈콕은 가스유로를 (①)로 개폐하고, (②)가 부착된 것으로 한다.
(2) 콕의 핸들 등을 회전하여 조작하는 것은 핸들의 회전각도를 90° 나 180° 로 규제하는 (③)를 갖추어야 한다.
(3) 콕을 완전히 열었을 때의 핸들의 방향은 유로의 방향과 (④)인 것으로 한다.
(4) 콕은 닫힌 상태에서 (⑤)이 없이는 열리지 아니하는 구조로 한다.

해답 ① 볼
② 과류차단안전기구
③ 스토퍼
④ 평행
⑤ 예비적 동작

문제 4

도시가스 매설배관의 부식을 방지하는 방법에 대한 물음에 답하시오.

(1) 전기방식(電氣防蝕)에 대하여 설명하시오.
(2) 외부전원법(外部電源法)에 대하여 설명하시오.

해답 (1) 지중 및 수중에 설치하는 강재배관 및 저장탱크 외면에 전류를 유입시켜 양극반응을 저지함으로써 배관의 전기적 부식을 방지하는 것이다.

(2) 외부직류전원 장치(정류기)의 양극(+)은 매설배관이 설치되어 있는 토양이나 수중에 설치한 외부전원용 전극(불용성 양극)에 접속하고, 음극(−)은 매설배관에 접속시켜 부식을 방지하는 방법이다.

문제 5

LPG 용기 충전사업소에 대한 물음에 답하시오.

(1) 지상에 설치된 저장탱크 저장능력이 100톤일 경우 저장설비 외면에서 사업소 경계까지 유지해야 할 안전거리는 얼마인가?

(2) 충전설비 외면으로부터 사업소 경계까지 유지해야 할 안전거리는 얼마인가?

해답 (1) 36m 이상 (2) 24m 이상

해설 저장능력별 사업소 경계와의 유지거리는 동영상 예상문제 68번 해설을 참고하기 바랍니다.

문제 6

가스용 폴리에틸렌관(PE)에 대한 물음에 답하시오.

(1) SDR을 구하는 계산식을 쓰시오.

(2) 최고사용압력이 0.3 MPa일 때 SDR값은 얼마인가?

해답 (1) $\mathrm{SDR} = \dfrac{D(\text{바깥지름})}{t(\text{최소두께})}$

(2) SDR 11 이하

문제 7

산소 충전용기와 가연성 가스 충전용기를 동일 차량에 적재할 때 주의사항을 쓰시오.

해답 산소와 가연성 가스 충전용기 밸브가 서로 마주보지 않도록 적재한다.

문제 8

파일럿 버너 또는 메인 버너의 불꽃이 꺼지거나 연소기구 사용 중에 가스 공급이 중단 또는 불꽃 검지부에 고장이 생겼을 때 자동으로 가스 밸브를 닫히게 하여 불이 꺼졌을 때 가스가 유출되는 것을 방지하는 안전장치로 종류에는 열전대식, UV-cell 방식 등이 있다. 이 장치의 명칭을 쓰시오.

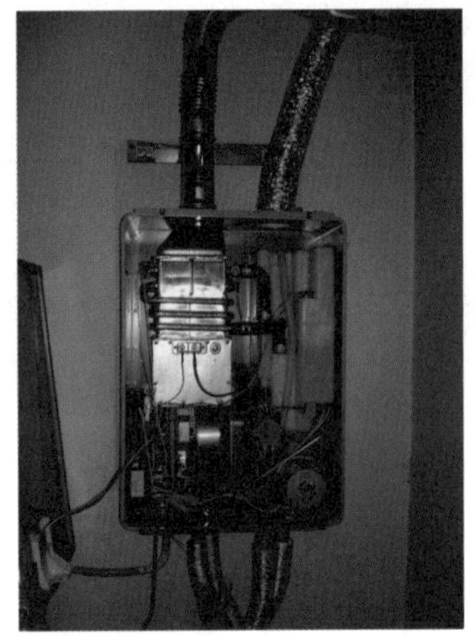

해답 소화안전장치

문제 9

방폭등과 같이 방폭전기기기 결합부의 나사류를 외부에서 쉽게 조작함으로써 방폭성능을 손상시킬 우려가 있는 것은 드라이버, 스패너, 플라이어 등의 일반공구로 조작할 수 없도록 한 구조의 명칭과 방폭전기기기의 온도등급 T4의 발화도 범위는 몇 ℃인가?

해답 ① 명칭 : 자물쇠식 죄임 구조
② 발화도 범위 : 135℃ 초과 200℃ 이하

문제 10

공급되는 도시가스의 압력이 저압인 경우 압력조정기를 설치할 때 공동주택의 최대 세대수는 얼마인가?

해답 249세대

2017년도 가스기사 모의고사

제1회 가스기사 동영상

문제 1

LPG 충전사업소에서 폭발사고가 발생하였을 때 사업자가 한국가스안전공사에 제출하여야 하는 사고보고서 중 기술하여야 할 내용은 무엇인가?

해답 ① 통보자의 소속, 직위, 성명 및 연락처
② 사고 발생 일시
③ 사고 발생 장소
④ 사고 내용
⑤ 시설 현황
⑥ 피해 현황(인명 및 재산)

문제 2

다음 물음에 답하시오.

(1) 산소를 충전할 때 압축기와 충전용 지관 사이에 설치하여야 할 기기는 무엇인가?

(2) 아세틸렌 용기 부속품을 보호하기 위해서 사용하는 부품의 명칭은 무엇인가?

(1)

(2)

해답 (1) 수취기
(2) 캡(또는 보호용 캡)

문제 3

도시가스 사용시설에서 사용되는 가스 용품으로 각각의 명칭을 쓰시오.

(1)

(2)

해답 (1) 퓨즈 콕 (2) 상자 콕

문제 4

도시가스 사용시설에 설치된 압력조정기의 설치 높이와 안전점검 주기는 각각 얼마인가?

해답 ① 설치 높이 : 제한이 없다.

② 안전점검 주기 : 1년에 1회 이상

해설 압력조정기의 설치높이는 지면으로부터 1.6 m 이상 2 m 이내에 설치한다. 단, 격납상자에 설치 시 높이 제한이 없다.

문제 5

LPG용 자동차에 고정된 탱크 이입·충전장소에 설치된 냉각살수장치에 대한 물음에 답하시오.

(1) 물분무능력은 저장탱크 표면적 1 m^2당 얼마인가?

(2) 살수장치는 (   ) 중 최대용량의 것을 기준으로 설치한다. (   ) 안에 알맞은 용어를 쓰시오.

해답 (1) 5 L/min 이상

(2) 국내에 운행하는 자동차에 고정된 탱크

문제 6

NG용 검지기는 천장으로부터 검지부 하단부까지 (①) m 이내로 설치해야 하며, 버너 중심으로부터 (②) m 이내에 1개 이상 설치하여야 한다. (   ) 안에 알맞은 수치를 넣으시오.

해답 ① 0.3　　② 8

문제 7

가스용 폴리에틸렌관(PE관)의 SDR값에 따른 사용조건을 쓰시오.

(1) SDR 11 :

(2) SDR 17 :

해답 (1) 사용압력이 0.4 MPa 이하인 지하에 매몰된 배관

(2) 사용압력이 0.25 MPa 이하인 지하에 매몰된 배관

문제 8

LNG 인수기지에 대한 물음에 답하시오.

(1) 1일 처리 능력이 25만 m^3인 압축기와 LNG 저장탱크 외면과 유지해야 하는 거리는 얼마인가?

(2) 안전성 평가기준 2가지를 쓰시오.

해답 (1) 30 m 이상

(2) ① 위험성 인지(認知)
② 사고발생 빈도 분석
③ 사고피해 영향 분석
④ 위험의 해석 및 판단

해설 안전성 평가기법 : 작업자 실수 분석 기법, 결함수 분석 기법, 사건수 분석 기법, 원인 결과 분석 기법, 체크리스트 기법, 사고예상 질문 분석 기법, 위험과 운전 분석 기법

문제 9

동영상에서 보여주는 장치의 명칭과 가스 방출 시 작동압력에서 대기압까지 방출 소요시간은 방출 시작으로부터 몇 분 이내로 하는가?

해답 ① 명칭 : 벤트스택
② 방출 소요시간 : 60분

문제 10

내압방폭구조의 폭발등급분류 기준에서 각 번호에 알맞은 용어를 쓰시오.

최대안전틈새 범위 (mm)	0.9 이상	0.5 초과 0.9 미만	0.5 이하
가연성 가스의 폭발등급	①	②	③
방폭전기기기의 폭발등급	④	⑤	⑥

해답 ① A
② B
③ C
④ ⅡA
⑤ ⅡB
⑥ ⅡC

제2회 가스기사 동영상

문제 1

도시가스를 사용하는 연소기구에서 1차 공기량이 부족할 경우, 연소반응이 충분한 속도로 진행되지 않을 때 불꽃의 끝이 적황색으로 되어 연소하는 현상을 무엇이라 하는가? [동영상에서 공기조절장치의 공기량을 줄이면서 불꽃이 적황색으로 변화하는 과정을 보여줌]

해답 옐로 팁(yellow tip)

문제 2

공업용 용기에 충전하는 가스 명칭을 쓰시오.

(1)

(2)

(3)

(4)

해답 (1) 아세틸렌(C_2H_2)
(2) 산소(O_2)
(3) 이산화탄소(CO_2)
(4) 수소(H_2)

문제 3

조리개 전후에 연결된 액주계의 압력차를 이용하여 유량을 측정하는 차압식 유량계는 (　　) 원리를 응용한 것이다. (　　) 안에 알맞은 용어를 쓰시오.

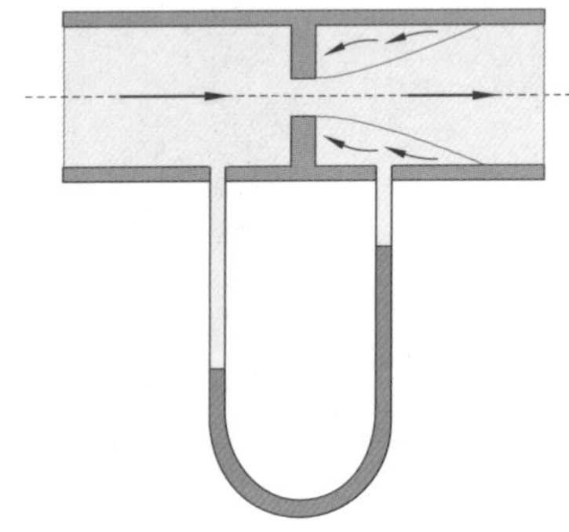

해답 베르누이 방정식(또는 베르누이 정리)

문제 4

밀폐식 보일러를 사람이 거처하는 곳에 부득이 설치할 때 바닥면적이 5 m^2이면 통풍구 면적은 최소 몇 cm^2인가?

풀이 통풍구 면적은 바닥면적 1 m^2당 300 cm^2 이상이므로 $5 \times 300 = 1500\ cm^2$가 된다.

해답 1500 cm^2

문제 5

방폭전기기기에 대한 [보기]의 설명과 제시되는 그림을 보고 방폭구조의 명칭과 기호를 각각 쓰시오.

> **보기**
> 용기 내부에 보호가스(신선한 공기 또는 불활성가스)를 압입하여 내부압력을 유지함으로써 가연성 가스가 용기 내부로 유입하지 않도록 한 구조이다.

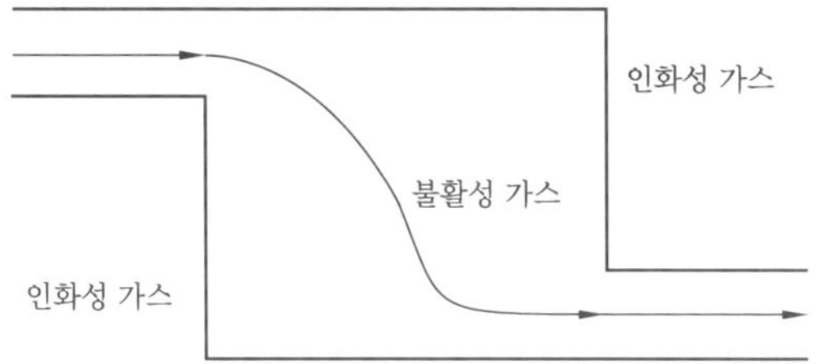

해답 ① 명칭 : 압력방폭구조
② 기호 : p

문제 6

도시가스 정압기실 실내의 조명도는 얼마인가?

해답 150룩스 이상

문제 7

최고사용압력이 고압 또는 중압인 배관에서 (①)에 합격된 배관은 통과하는 가스를 시험가스로 사용할 때 가스 농도가 (②) % 이하에서 작동하는 가스검지기를 사용한다. (   ) 안에 알맞은 용어 및 숫자를 넣으시오.

해답 ① 방사선투과시험
② 0.2

문제 8

도시가스 매설배관의 전기방식에 대한 물음에 답하시오.

(1) 동영상에서 보여주는 것의 명칭을 쓰시오.
(2) 방식전류가 흐르는 상태에서 자연전위와의 전위변화는 얼마인가 쓰시오. (단, 다른 금속과 접촉하는 배관은 제외하며, 답은 단위까지 쓰시오.)

해답 (1) 전위측정용 터미널박스
(2) −300 mV 이하

문제 9

도시가스 사용시설에 사용되는 가스 용품으로 몸체에 표시된 "Ⓕ 1.2"에 대하여 설명하시오.

해답 ① Ⓕ : 퓨즈 콕
② 1.2 : 과류차단 안전기구가 작동하는 유량이 1.2 m^3/h이다.

문제 10

가스용 폴리에틸렌관의 열융착이음의 종류 3가지를 쓰시오.

해답 ① 맞대기 융착이음
② 소켓 융착이음
③ 새들 융착이음

제3회 ∘ 가스기사 동영상

문제 1

가스용 폴리에틸렌관(PE배관) 융착이음에 대한 물음에 답하시오.

(1) 동영상에서 보여주는 융착이음 명칭을 쓰시오.
(2) 동영상에서 보여주는 융착이음을 할 때 공칭외경은 몇 mm 이상인가?

해답 (1) 맞대기 융착이음
(2) 90

문제 2

희생양극법에 대한 물음에 답하시오.

(1) 전위측정용 터미널 설치거리는 얼마인가?
(2) 포화황산동 기준 전극으로 황산염환원 박테리아가 번식하는 토양의 경우 방식전위 최댓값은 얼마인가?

해답 (1) 300 m 이내 (2) −0.95 V

문제 3

도시가스 정압기실 둘레가 55 m일 때 검지기 최소 설치수 기준은 몇 개인가?

해답 정압기실 둘레 20 m마다 1개 이상이므로 3개

문제 4

도시가스 매설 배관용으로 사용하는 가스용 폴리에틸렌관(PE배관) 시공에 대한 설명 중 ( ) 안에 알맞은 용어를 쓰시오.

(1) PE배관은 노출배관으로 사용하지 않는다. 다만, 지상배관과 연결을 위하여 금속관을 사용하여 ( )를[을] 한 경우로서 지면에서 30 cm 이하로 노출하여 시공하는 경우 노출배관으로 사용할 수 있다.
(2) PE배관은 온도가 40℃ 이상이 되는 장소에 설치하지 않는다. 다만 파이프 슬리브 등을 이용하여 ( )를[을] 한 경우에는 온도가 40℃ 이상이 되는 장소에 설치할 수 있다.

해답 (1) 보호조치 (2) 단열조치

문제 5

공동주택에 압력조정기를 설치할 때 공급되는 도시가스 압력이 중압 이상인 경우 공급세대수는 몇 세대 미만인가?

해답 150

문제 6

압축천연가스를 압축하는 압축기 출력(공급) 측에서 가스의 온도를 측정하는 것을 [보기]에서 선택하여 답하시오.

보기

(a) (b) (c) (d)

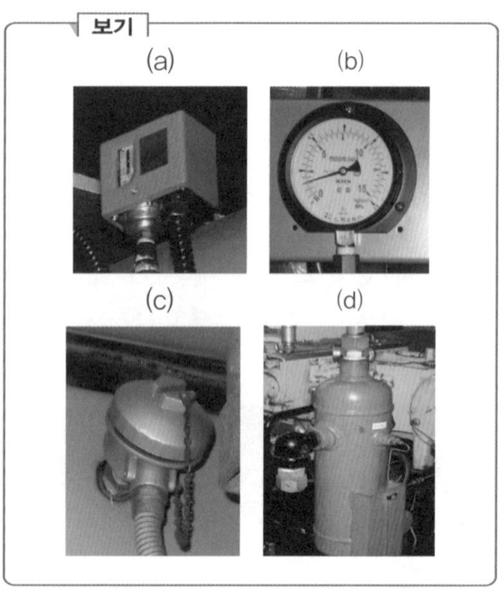

해답 (c)

문제 7

LPG 자동차용 충전기(dispenser) 충전호스 설치에 대한 설명 중 ( ) 안에 알맞은 숫자 및 용어를 넣으시오.

(1) 충전기의 충전호스 길이는 ( )m 이내로 한다.
(2) 충전호스 끝에는 ( ) 제거장치를 설치한다.
(3) 충전호스에 과도한 ( )이 가해졌을 때 충전기와 가스주입기가 분리될 수 있는 안전장치를 설치한다.
(4) 충전호스에 부착하는 가스주입기는 ( )으로 한다.

해답 (1) 5 (2) 정전기 (3) 인장력 (4) 원터치형

문제 8

방폭전기기기의 방폭구조 종류 6가지를 쓰시오.

해답 ① 내압방폭구조
② 압력방폭구조
③ 유입방폭구조
④ 안전증방폭구조
⑤ 본질안전방폭구조
⑥ 특수방폭구조

문제 9

실내에 설치된 기화장치에 대한 물음에 답하시오.

(1) 액체 상태로 열교환기 밖으로 유출을 방지하는 장치의 명칭을 쓰시오.
(2) 액 유출 시 나타나는 현상 2가지를 쓰시오.

해답 (1) 액유출방지장치
(2) ① 인화, 폭발의 위험
② 산소 부족으로 인한 질식
③ 피부 노출 시 저온으로 인한 동상

문제 10

용기 밸브 몸체에 각인된 "LG"는 어떤 충전용기 부속품을 의미하는지 쓰시오.

해답 액화석유가스 외의 액화가스 충전용기 부속품

2018년도 가스기사 모의고사

제1회 가스기사 동영상

문제 1

액화천연가스시설에서 내진설계 대상에서 제외되는 경우 2가지를 쓰시오.

해답 ① 저장능력이 3톤(압축가스의 경우 300 m^3) 미만인 저장탱크 또는 가스홀더
② 지하에 설치되는 시설
③ 건축법령에 따라 내진설계를 하여야 하는 것으로서 같은 법령이 정하는 바에 따라 내진설계를 한 시설

문제 2

맞대기 융착이음을 하는 가스용 폴리에틸렌관의 두께가 20 mm일 때 비드 폭의 최소(B_{min})와 최대치(B_{max})를 각각 계산하시오.

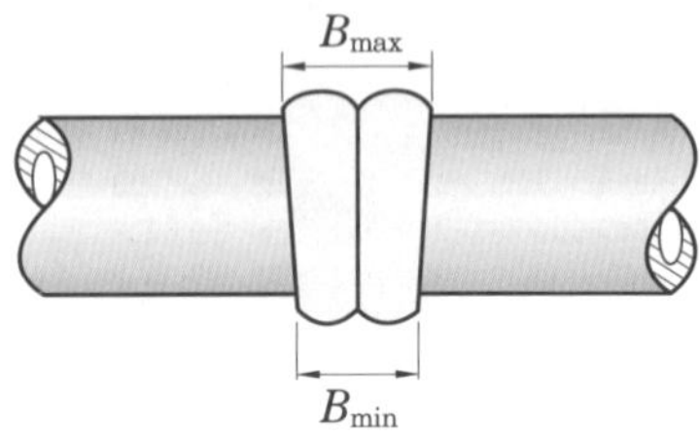

풀이 ① $B_{min} = 3 + 0.5t = 3 + 0.5 \times 20 = 13$ mm
② $B_{max} = 5 + 0.75t = 5 + 0.75 \times 20 = 20$ mm

해답 ① 최소치 : 13 mm
② 최대치 : 20 mm

문제 3

방폭등과 같이 방폭전기기기 결합부의 나사류를 외부에서 쉽게 조작함으로써 방폭성능을 손상시킬 우려가 있는 것은 드라이버, 스패너, 플라이어 등의 일반공구로 조작할 수 없도록 한 구조의 명칭과 방폭전기기기의 온도등급 T4의 발화도 범위는 몇 ℃인가?

해답 ① 명칭 : 자물쇠식 죄임 구조
② 발화도 범위 : 135℃ 초과 200℃ 이하

문제 4

아세틸렌 충전용기에 각인된 "TW"에 대하여 설명하시오.

해답 아세틸렌 용기 질량에 다공물질, 용제 및 밸브의 질량을 합한 질량(kg)

문제 5

지상에 설치된 LPG 저장탱크에 부착된 클린카식 액면계 상 · 하 배관에는 어떤 형식의 밸브를 설치하는가?

해답 자동 및 수동식 스톱밸브

문제 6

보여주는 장미는 LNG에 넣었다가 빼낸 것으로 꽃잎이 쉽게 부스러진다. LNG 주성분에 대한 물음에 답하시오.

(1) 명칭을 분자식으로 쓰시오.
(2) 공기 중에서의 폭발범위를 쓰시오.
(3) 기체 상태의 비중은 얼마인가?
(4) 대기압 상태에서의 비점은 얼마인가?

해답 (1) CH_4
(2) 5~15 %
(3) $s = \frac{\text{분자량}}{29} = \frac{16}{29} = 0.551 ≒ 0.55$
(4) −161.5℃

문제 7

도시가스(LNG) 지하 정압기실에 설치된 강제통풍장치에 대한 물음에 답하시오.

(1) 배기구 관지름은 몇 mm 이상인가?
(2) 방출구는 지면에서 몇 m 이상의 높이에 설치해야 하는가?

해답 (1) 100 mm 이상
(2) 3 m 이상

문제 8

도시가스 매설배관의 되메우기 작업 시 배관 상부에 보호포를 시공하는 것으로 최고사용압력(저압, 중압)을 기준으로 보호포 색상을 쓰시오.

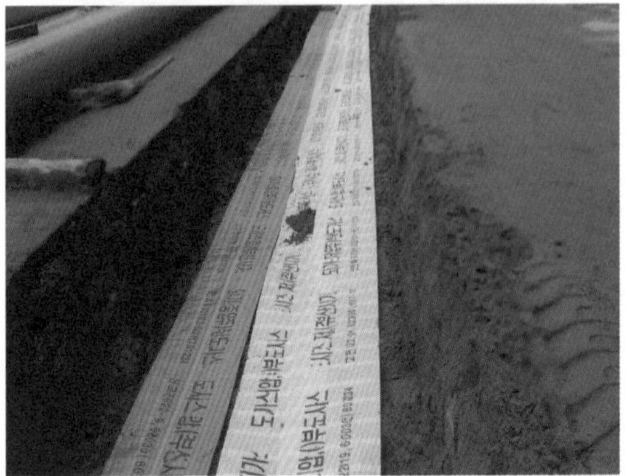

해답 ① 저압 : 황색
② 중압 : 적색

문제 9

[보기]에서 설명하는 방폭구조의 명칭과 기호를 각각 쓰시오.

> **보기**
> 용기 내부에 절연유를 주입하여 불꽃, 아크 또는 고온 발생 부분이 기름 속에 잠기게 함으로써 기름면 위에 존재하는 가연성가스에 인화되지 아니하도록 한 구조로 탄광에서 처음으로 사용하였다.

해답 ① 명칭 : 유입방폭구조
② 기호 : o

문제 10

지시하는 것은 도시가스 정압기실에 설치된 장치이다.

(1) 명칭을 쓰시오.
(2) 기능(역할) 2가지를 쓰시오.

해답 (1) RTU 장치
(2) ① 정압기실 상황(온도, 압력, 가스누설 유무 등)을 도시가스 상황실로 전송하여 무인감시하는 기능
② 정전 시 비상전력을 공급하는 기능

제2회 가스기사 동영상

문제 1

가스용 폴리에틸렌관(PE)에 대한 물음에 답하시오.

(1) SDR을 구하는 계산식을 쓰시오.

(2) 최고사용압력이 0.3 MPa일 때 SDR값은 얼마인가?

해답 (1) $\text{SDR} = \dfrac{D(\text{바깥지름})}{t(\text{최소두께})}$

(2) SDR 11 이하

문제 2

단독·밀폐식·강제급배기식 터미널은 전방 얼마 이내에 장애물이 없는 장소에 설치하여야 하는가?

해답 15 cm

문제 3

동영상에서 제시되는 충전용기 중 (1)번과 (3)번 용기의 재검사 주기는 얼마인가? (단, 내용적은 500 L 이하이고 신규검사 후 경과년수가 10년 미만이다.)

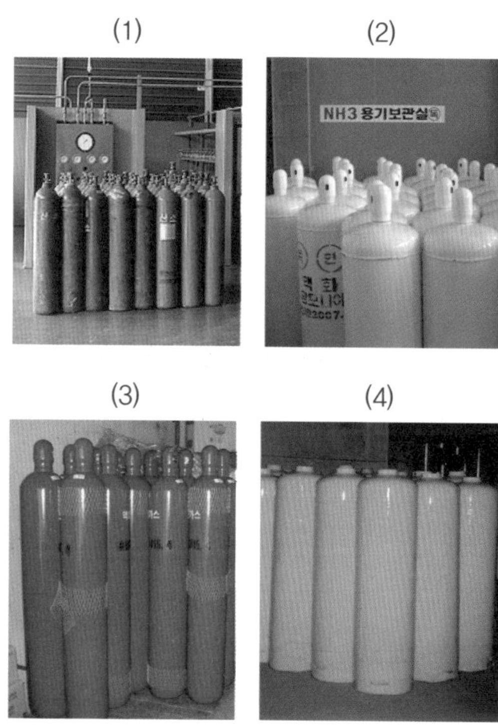

해답 5년

해설 충전용기의 재검사 주기는 동영상예상문제 10번 해설을 참고하기 바랍니다.

문제 4

LPG용 자동차에 고정된 탱크 이입 · 충전장소에 설치된 냉각살수장치에 대한 물음에 답하시오.

(1) 물분무능력은 저장탱크 표면적 $1m^2$당 얼마인가?

(2) 살수장치는 (　　) 중 최대용량의 것을 기준으로 설치한다. 괄호 안에 알맞은 용어를 쓰시오.

해답 (1) 5 L/min 이상

(2) 국내에 운행하는 자동차에 고정된 탱크

문제 5

비파괴검사 방법 중 자석의 S극과 N극을 이용하여 검사하는 방법 명칭을 영문 약자로 답하시오.

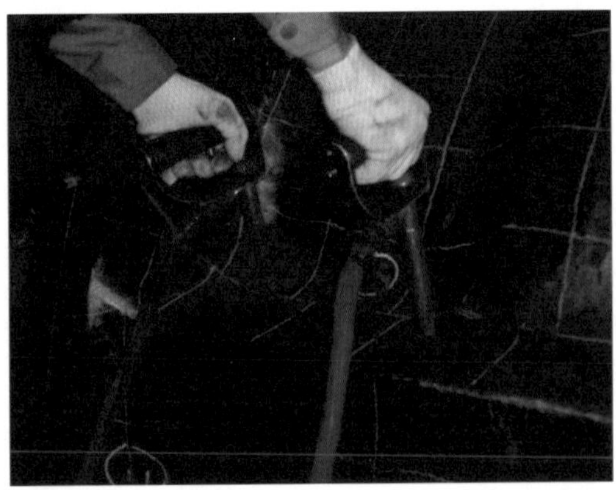

해답 MT

문제 6

방폭전기기기에서 최대안전틈새를 설명하고, "IIB"의 최대안전틈새 범위를 쓰시오.

해답 ① 최대안전틈새 : 내용적이 8 L이고 틈새 깊이가 25 mm인 표준 용기 내에서 가스가 폭발할 때 발생한 화염이 용기 밖으로 전파하여 가연성가스에 점화되지 아니하는 최댓값을 말한다.

② ⅡB : 내압방폭구조에서 0.5 mm 초과 0.9 mm 미만

문제 7

지상에 설치된 정압기실에 대한 물음에 답하시오.

(1) 경계책 설치 높이는 얼마인가?

(2) 경계표시 내용 2가지를 쓰시오.

해답 (1) 1.5 m 이상

(2) ① 시설명 ② 공급자 ③ 연락처

문제 8

LPG 자동차용 용기 충전기(dispenser) 충전호스 기준 4가지를 쓰시오.

해답 ① 충전호스 길이는 5 m 이내일 것
② 충전호스에 정전기 제거장치를 설치할 것
③ 충전호스에 과도한 인장력이 가해졌을 때 충전기와 가스주입기가 분리될 수 있는 안전장치를 설치할 것
④ 가스주입기는 원터치형으로 할 것

문제 9

도시가스를 사용하는 연소기에서 황염이 발생하는 이유 2가지를 설명하시오. (동영상에서 공기조절기를 조절하면서 불꽃색깔이 황색으로 변하는 것을 보여 줌)

해답 ① 연소반응이 충분한 속도로 진행되지 않을 때
② 1차 공기량 부족으로 불완전연소가 되는 경우
③ 불꽃이 저온의 물체에 접촉하였을 때

문제 10

용기보관실에서 가스 누출 시 화재 확산 예방법에 대하여 3가지를 쓰시오.

해답 ① 용기보관실은 그 외면으로부터 화기를 취급하는 장소까지 2 m 이상의 우회거리를 유지한다.
② 용기보관실은 불연성 재료를 사용하고, 그 지붕은 불연성 재료를 사용한 가벼운 지붕을 설치한다.
③ 용기보관실에는 분리형 가스누출경보기를 설치한다.
④ 용기보관실에 설치된 전기설비는 방폭구조로 하고 용기보관실 내에는 방폭등 외의 조명등을 설치하지 아니한다.
⑤ 용기보관실에는 누출된 액화석유가스가 머물지 아니하도록 자연환기설비나 강제환기설비를 설치한다.

제3회 가스기사 동영상

문제 1

최고사용압력이 고압 또는 중압인 배관에서 (①)에 합격된 배관은 통과하는 가스를 시험가스로 사용할 때 가스 농도가 (②)% 이하에서 작동하는 가스검지기를 사용한다. ( ) 안에 알맞은 용어 및 숫자를 넣으시오.

해답 ① 방사선투과시험 ② 0.2

문제 2

초저온용기의 정의에 대한 ( ) 안에 알맞은 내용을 넣으시오.

> **보기**
> (①)℃ 이하의 액화가스를 충전하기 위한 용기로서 단열재를 씌우거나 냉동설비로 냉각시키는 등의 방법으로 용기 내의 가스 온도가 (②)온도를 초과하지 아니하도록 한 것이다.

해답 ① −50 ② 상용

문제 3

공동주택 등에 압력조정기를 설치하는 경우에 대한 물음에 답하시오.

(1) 공급되는 도시가스의 압력이 저압인 경우 공급세대 수는 얼마인가?

(2) 도시가스 공급압력에 따른 규정세대 수의 2배로 할 수 있는 경우를 설명하시오.

해답 (1) 250세대 미만

(2) 한국가스안전공사의 안전성 평가를 받고 그 결과에 따라 안전관리 조치를 한 경우

문제 4

도시가스 매설배관의 누설검사 차량에 탑재하여 사용하는 수소불꽃 이온화 검출기(FID)의 검출원리를 설명하시오.

해답 불꽃 속에 탄화수소가 들어가면 시료 성분이 이온화됨으로써 불꽃 중에 놓여진 전극간의 전기전도도가 증대하는 것을 이용한 것이다.

문제 5

내압방폭구조의 폭발등급 분류 기준에서 각 번호에 알맞은 용어를 쓰시오.

최대안전틈새 범위 (mm)	0.9 이상	0.5 초과 0.9 미만	0.5 이하
가연성 가스의 폭발등급	①	②	③
방폭전기기기의 폭발등급	④	⑤	⑥

해답 ① A ② B ③ C ④ ⅡA
⑤ ⅡB ⑥ ⅡC

문제 6

도시가스 매설배관에 대한 물음에 답하시오.

(1) 지하에 매설할 때 허용되는 배관 종류 2가지를 쓰시오.

(2) 도시가스 배관이 2015년에 매설되었을 때 최초 기밀시험 실시 시기는 몇 년 후에 실시하여야 하는가?

해답 (1) ① 가스용 폴리에틸렌관
② 폴리에틸렌 피복강관
③ 분말용착식 폴리에틸렌 피복강관
(2) 15년

해설 도시가스 매설배관 기밀시험 실시 시기

대상 구분		기밀시험 실시 시기
가스용 폴리에틸렌관(PE배관)		설치 후 15년이 되는 해 및 그 이후 5년마다
폴리에틸렌 피복강관	1993년 6월 26일 이후에 설치된 것	설치 후 15년이 되는 해 및 그 이후 5년마다
폴리에틸렌 피복강관	1993년 6월 25일 이전에 설치된 것	설치 후 15년이 되는 해 및 그 이후 3년마다(다만, 정밀안전진단을 받은 경우 그 이후 3년으로 한다.)
그 밖의 배관		설치 후 15년이 되는 해 및 그 이후 1년마다
공동주택 등(다세대주택 제외)의 부지 내에 설치된 배관		3년마다

문제 7

교량에 설치된 도시가스 배관의 호칭지름별 고정장치 지지간격은 얼마인가?

(1) 100 A :

(2) 200 A :

(3) 400 A :

(4) 600 A :

해답 (1) 8m (2) 12m (3) 19m (4) 25m

해설 호칭지름별 지지간격은 동영상 예상문제 124번 해설을 참고하기 바랍니다.

문제 8

공업용 용기에 충전하는 가스 명칭을 쓰시오.

(1) (2)

(3) (4)

해답 (1) 아세틸렌 (C_2H_2) (2) 산소 (O_2)
(3) 이산화탄소 (CO_2) (4) 수소 (H_2)

문제 9

다기능 가스 안전계량기의 구조에 대한 ( ) 안에 알맞은 용어를 쓰시오.

(1) 차단밸브가 작동한 후에는 ( )을[를] 하지 않는 한 열리지 않는 구조이어야 한다.
(2) 사용자가 쉽게 조작할 수 없는 ( )이[가] 있는 것으로 한다.

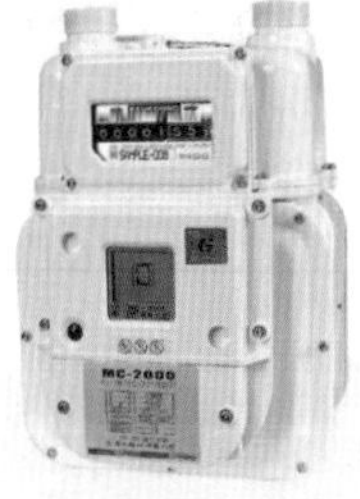

해답 (1) 복원조작 (2) 테스트 차단 기능

문제 10

고압가스 설비에서 이상상태가 발생하는 경우 그 설비 내의 내용물을 설비 밖으로 긴급하고 안전하게 이송하는 설비이다. 이 설비의 설치기준에서 높이를 착지농도 기준으로 설명하시오.

해답 ① 가연성가스 : 폭발하한계값 미만
② 독성가스 : TLV-TWA 기준농도 미만

2019년도 가스기사 모의고사

제1회 가스기사 동영상

문제 1

도시가스 배관을 지하에 매설할 때 시공하는 보호판에 대한 물음에 답하시오.

(1) 보호판의 설치 위치를 설명하시오.

(2) 보호판을 설치하는 이유 2가지를 쓰시오.

해답 (1) 배관 정상부에서 30cm 이상의 높이

(2) ① 규정된 매설깊이를 확보하지 못했을 경우

② 배관을 도로 밑에 매설하는 경우

③ 중압 이상의 배관을 매설하는 경우

문제 2

실내에 설치된 기화장치에 대한 물음에 답하시오.

(1) 액체 상태로 열교환기 밖으로 유출을 방지하는 장치의 명칭을 쓰시오.

(2) 실내로 액체가 유출 시 발생할 수 있는 문제점 2가지를 쓰시오.

해답 (1) 액유출방지장치

(2) ① 인화, 폭발의 위험

② 산소 부족으로 인한 질식

③ 피부 노출 시 저온으로 인한 동상

문제 3

LPG 용기 충전사업소에 대한 물음에 답하시오.

(1) 지상에 설치된 저장탱크 저장능력이 100톤일 경우 저장설비 외면에서 사업소 경계까지 유지해야 할 안전거리는 얼마인가?

(2) 충전설비 외면으로부터 사업소 경계까지 유지해야 할 안전거리는 얼마인가?

해답 (1) 36 m 이상 (2) 24 m 이상

해설 저장능력별 사업소 경계와의 유지거리는 동영상 예상문제 68번 해설을 참고하기 바랍니다.

문제 4

산소 충전용기와 가연성 가스 충전용기를 동일 차량에 적재할 때 주의사항을 쓰시오.

해답 산소와 가연성 가스 충전용기 밸브가 서로 마주보지 않도록 적재한다.

문제 5

LPG 판매사업의 용기보관실에 대한 물음에 답하시오.

(1) 용기보관실 면적(m^2)은 얼마인가?

(2) 자연 환기를 위하여 외기에 면하여 설치된 환기구 1개의 면적은 얼마로 하여야 하는가?

해답 (1) 19 m^2 이상 (2) 2400 cm^2 이하

문제 6

동영상에서 보여주는 LPG 용기는 원칙적으로 ( ) 장치가 설치되어 있는 시설에서만 사용한다. ( ) 안에 알맞은 용어를 쓰시오.

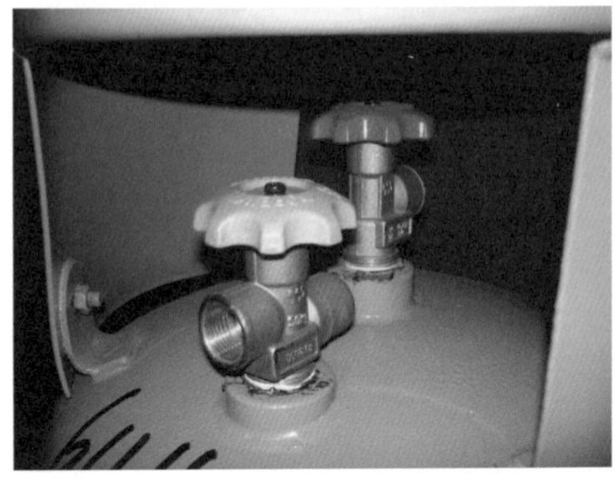

해답 기화

문제 7

저장능력 20만 톤인 LNG 저압 지하식 저장탱크의 외면과 사업소 경계까지 유지하여야 하는 안전거리는 몇 m 이상인가?

풀이 $L = C \times \sqrt[3]{143000\,W}$

$= 0.240 \times \sqrt[3]{143000 \times \sqrt{200000}}$

$= 95.975 ≒ 95.98\,\text{m}$

해답 95.98 m

문제 8

액화석유가스를 차량에 고정된 탱크로부터 저장설비 등에 이송작업을 하기 전에 조치해야 할 순서를 4단계로 요약해서 쓰시오.

해답 ① 차량을 소정의 위치에 정차시키고, 주차브레이크를 건 다음 차바퀴의 전후를 차바퀴 고정목 등으로 고정시킨다.
② 정전기 제거용 접지코드를 접지탭에 접속한다.
③ 부근에 화기가 없는가를 확인하고, '이입작업중(충전중) 화기엄금'의 표시판이 세워져 있는가를 확인한다.
④ 로딩암을 연결하고 밸브의 누출 유무를 점검 후 밸브 개폐는 서서히 한다.

문제 9

도시가스 사용시설에서 사용되는 가스용품으로 각각의 명칭을 쓰시오.

(1) (2)

해답 (1) 퓨즈콕 (2) 상자콕

문제 10

방폭전기기기의 방폭구조 종류 6가지를 쓰시오.

해답 ① 내압방폭구조
② 압력방폭구조
③ 유입방폭구조
④ 안전증방폭구조
⑤ 본질안전방폭구조
⑥ 특수방폭구조

제2회 ∘ 가스기사 동영상

문제 1

퓨즈콕은 표시유량 이상의 가스량이 통과되었을 경우 가스유로를 차단하는 장치가 내부에 설치되어 있다.

(1) 문제에서 설명하는 기구의 명칭을 쓰시오.

(2) 퓨즈콕에 대하여 설명하시오. (단, 몸체에 각인된 "1.2"를 포함하여야 한다.)

해답 (1) 과류차단 안전기구

(2) 가스유로를 볼로 개폐하고, 과류차단 안전기구가 부착된 것으로서 호스가 끊어지거나 빠져 가스가 계속 누출되는 경우 과류차단 안전기구가 작동하는 유량이 $1.2\ m^3/h$이다.

해설 과류차단 안전기구 : 표시유량 이상의 가스량이 통과되었을 경우 가스유로를 차단하는 장치이다.

문제 2

가스용 폴리에틸렌관(PE배관) 융착이음에 대한 물음에 답하시오.

(1) 동영상에서 보여주는 융착이음 명칭을 쓰시오.

(2) 동영상에서 보여주는 융착이음을 할 수 있는 관 규격을 쓰시오.

해답 (1) 맞대기 융착이음

(2) 공칭외경 90 mm 이상

문제 3

[보기]에서 설명하는 방폭구조의 명칭과 기호를 쓰시오.

> **보기**
> 용기 내부에 절연유를 주입하여 불꽃, 아크 또는 고온 발생부분이 기름 속에 잠기게 함으로써 기름면 위에 존재하는 가연성 가스에 인화되지 아니하도록 한 구조로 주로 탄광에서 처음으로 사용하였다.

해답 ① 명칭 : 유입방폭구조

② 기호 : o

문제 4

공기보다 비중이 가벼운 도시가스 정압기실이 지하에 설치될 때 통풍구조 기준 4가지를 쓰시오.

해답 ① 통풍구조는 환기구를 2방향 이상으로 분산하여 설치한다.
② 배기구는 천장면으로부터 30 cm 이내에 설치한다.
③ 흡입구 및 배기구의 관지름은 100 mm 이상으로 하되, 통풍이 양호하도록 한다.
④ 배기가스 방출구는 지면에서 3 m 이상의 높이에 설치하되, 화기가 없는 안전한 장소에 설치한다.

문제 5

LPG 자동차용 용기 충전기(dispenser)의 충전호스 기준 3가지를 쓰시오.

해답 ① 충전호스 길이는 5m 이내일 것
② 충전호스에 정전기 제거장치를 설치할 것
③ 충전호스에 과도한 인장력이 가해졌을 때 충전기와 가스 주입기가 분리될 수 있는 안전장치를 설치할 것
④ 가스 주입기는 원터치형으로 할 것

문제 6

LPG 충전사업소에서 폭발사고가 발생하였을 때 사업자가 한국가스안전공사에 통보할 때 통보내용에 포함되어야 할 사항은 무엇인가?

해답 ① 통보자의 소속, 직위, 성명 및 연락처
② 사고 발생 일시
③ 사고 발생 장소
④ 사고 내용
⑤ 시설 현황
⑥ 피해 현황(인명 및 재산)

해설 속보인 경우 ⑤, ⑥은 생략할 수 있다.

문제 7

가스용 폴리에틸렌관(PE관)에 대한 물음에 답하시오.

(1) 최고사용압력이 0.1 MPa일 때 SDR 범위는 얼마인가?

(2) SDR의 의미를 설명하시오.

해답 (1) SDR 21 이하

(2) 가스용 폴리에틸렌관의 최소두께에 대한 외경(바깥지름)의 비로 배관의 안전성을 확보하기 위하여 사용하는 가스의 압력 및 그 배관의 외경에 따라 두께를 정하는 것이다.

해설 PE배관설비 두께(KGS FS551) : 배관의 두께는 그 배관의 안전성을 확보하기 위하여 사용하는 가스의 압력 및 그 배관의 외경에 따라 표와 같이 한다.

압력범위에 따른 관의 두께

SDR	압력
11 이하	0.4 MPa 이하
17 이하	0.25 MPa 이하
21 이하	0.2 MPa 이하

SDR(standard dimension ratio)
= D(외경)/t(최소두께)

문제 8

도시가스를 사용하는 연소기구에서 1차 공기량이 부족할 경우, 연소반응이 충분한 속도로 진행되지 않을 때 불꽃의 끝이 적황색으로 되어 연소하는 현상을 무엇이라 하는가? [동영상에서 공기조절장치의 공기량을 줄이면서 불꽃이 적황색으로 변화하는 과정을 보여줌]

해답 옐로 팁[yellow tip] (또는 황염[黃炎])

문제 9

압축천연가스를 압축하는 압축기 출력(공급) 측에서 가스의 온도를 측정하는 것을 [보기]에서 선택하여 답하시오.

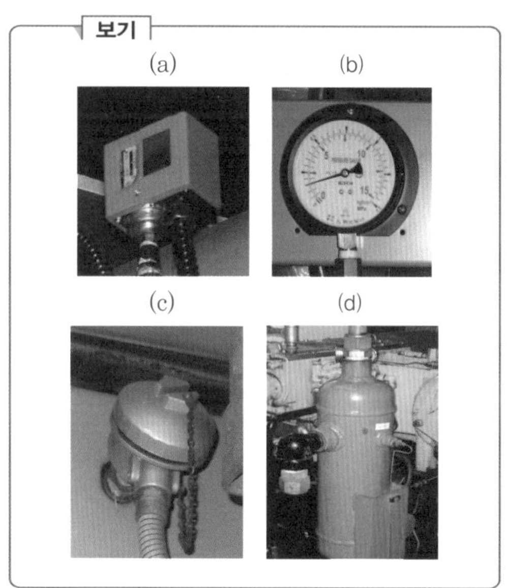

해답 (c)

해설 (a) 고압차단스위치 (b) 압력계
(c) 온도계 (d) 액분리기

문제 10

멤브레인식 액화천연가스 저장탱크의 멤브레인 시공기준에 대한 ( ) 안에 알맞은 용어를 쓰시오.

(1) 멤브레인을 프레스 가공한 경우는 ( )이 멤브레인의 피로강도 이내에서 안전하게 운전할 수 있는 범위 내로 한다.
(2) 멤브레인을 벤딩 가공한 경우는 ( ) 부분에서의 형상이 균일하고, 치수 정밀도를 유지하여 피로에 따른 응력집중 현상이 없도록 한다.
(3) 멤브레인을 가공한 후에도 ( )를 균일하게 유지하여 멤브레인 패널 조립 시 불균일한 응력집중이나 잔류응력이 발생하지 아니 하도록 한다.

해답 (1) 단면수축율
(2) 마디(knot)
(3) 평면도(flatness)

해설 멤브레인식 저장탱크(menbrane containment tank) : 멤브레인의 1차 탱크와 단열재와 콘크리트가 조합된 복합구조의 2차 탱크로 구성된 것으로서 다음의 ① 및 ②를 만족하는 저장탱크를 말한다.
① 멤브레인에 걸리는 액화천연가스의 하중 및 기타 하중은 단열재를 거쳐 콘크리트 구조의 2차 탱크로 전달될 수 있는 것으로 한다.
② 복합구조 지붕 또는 기밀한 돔 지붕과 단열된 현수 천장(suspended roof)은 증기를 담을 수 있는 것으로 한다.

제3회 ∘ 가스기사 동영상

문제 1

용기보관실에서 가스 누출 시 화재 확산 예방법에 대하여 2가지를 쓰시오.

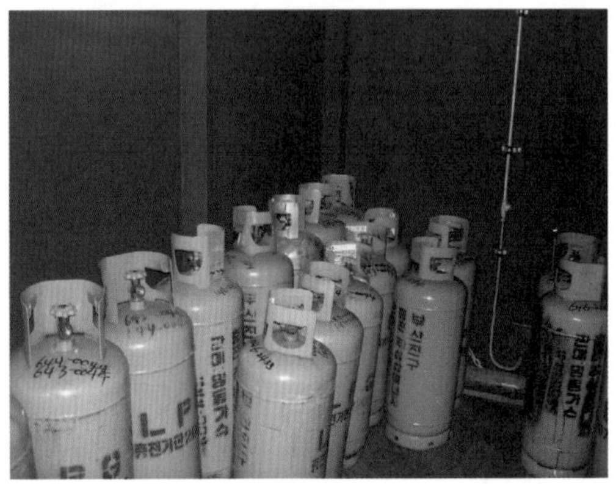

해답 ① 용기보관실은 그 외면으로부터 화기를 취급하는 장소까지 2 m 이상의 우회거리를 유지한다.
② 용기보관실은 불연성 재료를 사용하고, 그 지붕은 불연성 재료를 사용한 가벼운 지붕을 설치한다.
③ 용기보관실에는 분리형 가스누출경보기를 설치한다.
④ 용기보관실에 설치된 전기설비는 방폭구조로 하고 용기보관실 내에는 방폭등 외의 조명등을 설치하지 아니한다.
⑤ 용기보관실에는 누출된 액화석유가스가 머물지 아니하도록 자연환기설비나 강제환기설비를 설치한다.

문제 2

도시가스 사용시설에 설치되는 가스계량기에 대한 물음에 답하시오.

(1) 가스계량기와 화기 사이에 유지하여야 하는 우회거리는 얼마인가?
(2) 가스계량기를 설치높이 기준과 관계없이 바닥으로부터 2 m 이내에 설치할 수 있는 조건 2가지를 쓰시오.
(3) 가스계량기와 전기접속기와의 유지거리는 얼마인가?

해답 (1) 2 m 이상
(2) ① 보호상자 내에 설치하는 경우
② 기계실에 설치하는 경우
③ 보일러실(가정에 설치된 보일러실은 제외)에 설치하는 경우
④ 문이 달린 파이프 덕트(pipe shaft, pipe duct) 내에 설치하는 경우
(3) 30 cm 이상

문제 3

도시가스 매설배관에 대한 물음에 답하시오.

(1) 도로 밑에 최고사용압력이 중압 이상인 배관을 매설하는 때에 배관을 보호할 수 있는 조치 기준을 쓰시오.

(2) 도로가 평탄한 경우에 배관의 기울기는 얼마로 하는가?

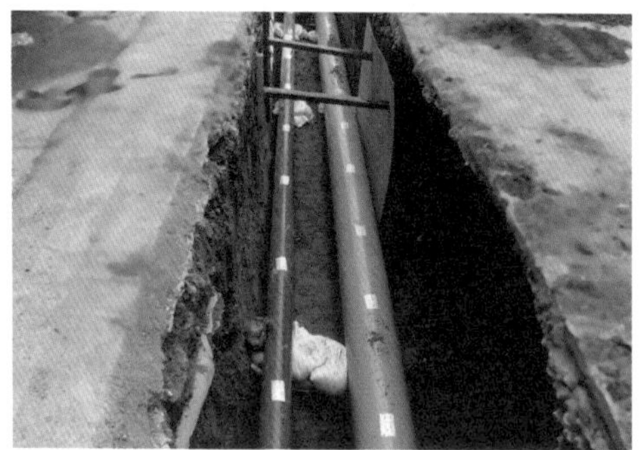

해답 (1) 배관 정상부에서 30 cm 이상의 높이에 보호판을 설치한다.

(2) 1/500~1/1000

문제 4

LPG 자동차용 용기 충전기(dispenser) 충전호스 기준 4가지를 쓰시오.

해답 ① 충전호스 길이는 5 m 이내일 것

② 충전호스에 정전기 제거장치를 설치할 것

③ 충전호스에 과도한 인장력이 가해졌을 때 충전기와 가스 주입기가 분리될 수 있는 안전장치를 설치할 것

④ 가스 주입기는 원터치형으로 할 것

문제 5

정압기용 필터의 구조 및 치수 기준 중 ( ) 안에 알맞은 내용을 쓰시오.

(1) 입 · 출구 연결부는 ( )식으로 한다.

(2) 필터 엘리먼트는 ( )kPa 미만의 차압에서 찌그러들지 아니하는 것으로 한다.

(3) 필터는 분해 청소 및 ( )의 교체가 용이한 구조로 한다.

(4) 필터는 이물질을 제거할 수 있도록 ( )를 설치한다.

해답 (1) 플랜지

(2) 50

(3) 엘리먼트

(4) 드레인 밸브

문제 6

건축물 밖에 설치된 도시가스 노출배관(입상관)에 설치되는 신축흡수용 곡관에 대한 물음에 답하시오.

(1) 곡관의 수평방향 길이는 호칭지름의 ( ) 이상으로 한다.

(2) 곡관의 수직방향 길이는 수평방향 길이의 ( ) 이상으로 한다.

해답 (1) 6배 (2) 1/2

해설 곡관의 규격 : 입상관에 설치하는 신축흡수용 곡관의 수평방향 길이(L)는 배관 호칭지름의 6배 이상으로 하고, 수직방향의 길이(L')는 수평방향 길이의 1/2 이상으로 한다. 이때 엘보의 길이는 포함하지 않는다.

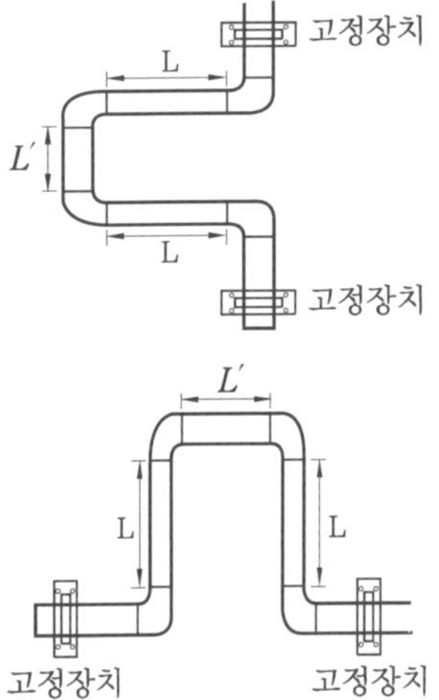

문제 7

방폭전기기기에 대한 물음에 답하시오.

(1) 'Ex d ⅡB'에 대하여 설명하시오.

(2) 최대안전틈새를 설명하시오.

해답 (1) ① Ex : 방폭구조 ② d : 내압방폭구조

③ ⅡB : 내압방폭 전기기기의 폭발등급(최대 안전틈새 범위 0.5 mm 초과 0.9 mm 미만)

(2) 내용적이 8 L이고 틈새 깊이가 25 mm인 표준용기 내에서 가스가 폭발할 때 발생한 화염이 용기 밖으로 전파하여 가연성가스에 점화되지 아니하는 최댓값을 말한다.

문제 8

보여주는 장미는 LNG에 넣었다가 빼낸 것으로 꽃잎이 쉽게 부스러진다. LNG의 주성분에 대한 물음에 답하시오.

(1) 명칭을 분자식으로 쓰시오.
(2) 공기 중에서의 폭발범위를 쓰시오.
(3) 기체 상태의 비중을 쓰시오.
(4) 대기압 상태에서의 비점을 쓰시오.

해답 (1) CH_4

(2) 5~15 %

(3) $s = \frac{\text{분자량}}{29} = \frac{16}{29} = 0.551 \fallingdotseq 0.55$

(4) −161.5℃

문제 9

아세틸렌 충전용기에 각인된 기호를 설명하시오.

(1) W : (2) TW :

해답 (1) 밸브 및 부속품을 포함하지 아니한 용기의 질량(kg)

(2) 용기 질량에 다공물질, 용제 및 밸브의 질량을 합한 질량(kg)

문제 10

재검사에서 불합격된 이음매 없는 용기의 파기기준을 쓰시오.

해답 ① 불합격된 용기는 절단 등의 방법으로 파기하여 원형으로 가공할 수 없도록 한다.

② 잔가스를 전부 제거한 후 절단한다.

③ 검사신청인에게 파기의 사유, 일시, 장소 및 인수시한을 통지하고 파기한다.

④ 파기하는 때에는 검사 장소에서 검사원에게 직접 실시하게 하거나 검사원 입회하에 용기 사용자에게 실시하게 한다.

⑤ 파기한 물품은 검사신청인이 인수시한(통지한 날부터 1개월 이내) 내에 인수하지 아니하는 때에는 검사기관에게 임의로 매각처분하게 할 수 있다.

2020년도 가스기사 모의고사

제1회 가스기사 동영상

문제 1

방폭전기기기에 대한 [보기]의 설명과 제시되는 그림을 보고 방폭구조의 명칭과 기호를 각각 쓰시오.

보기

용기 내부에 보호가스(신선한 공기 또는 불활성가스)를 압입하여 내부압력을 유지함으로써 가연성 가스가 용기 내부로 유입되지 않도록 한 구조이다.

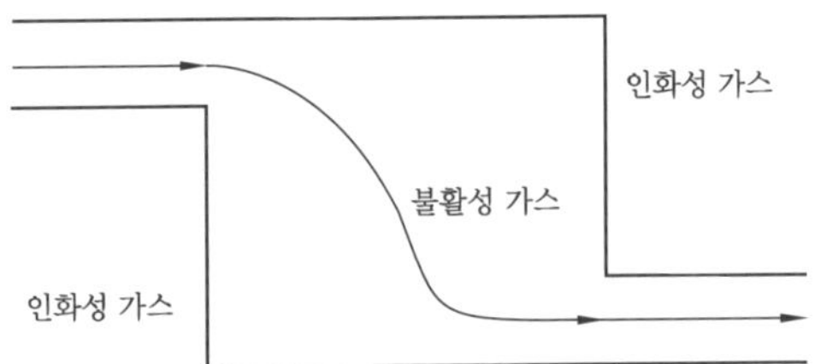

해답 ① 명칭 : 압력방폭구조 ② 기호 : p

문제 2

건축물 내부에 호칭지름 20 mm 배관을 300 m 설치하였을 때 배관 고정장치는 몇 개를 설치하여야 하는가?

풀이 호칭지름 20 mm 배관의 고정장치 설치간격은 2 m이다.

$\therefore$ 고정장치 수 $= \frac{300}{2} = 150$개

해답 150개

문제 3

도시가스 매설배관의 누설검사 차량에 탑재하여 사용하는 수소불꽃 이온화 검출기(FID)의 검출원리를 설명하시오.

해답 불꽃 속에 탄화수소가 들어가면 시료 성분이 이온화됨으로써 불꽃 중에 놓여진 전극간의 전기전도도가 증대하는 것을 이용한 것이다.

문제 4

맞대기 융착이음을 하는 가스용 폴리에틸렌관의 두께가 20 mm일 때 비드 폭의 최소치(B_{min})와 최대치(B_{max})를 각각 계산하시오.

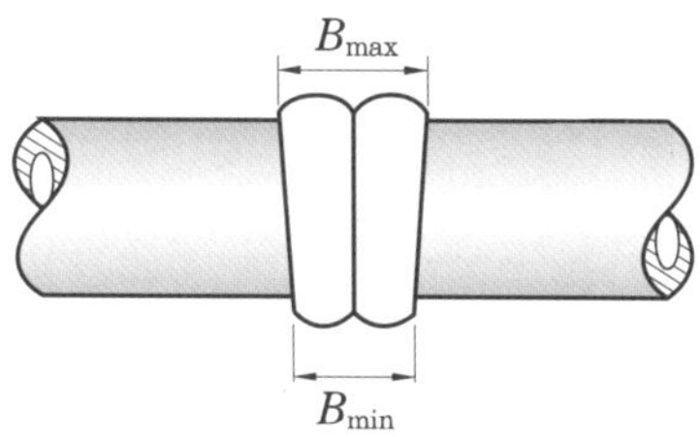

풀이 ① $B_{min} = 3 + 0.5t = 3 + 0.5 \times 20 = 13$ mm

② $B_{max} = 5 + 0.75t = 5 + 0.75 \times 20 = 20$ mm

해답 ① 최소치 : 13 mm

② 최대치 : 20 mm

문제 5

가연성가스 고압가스 설비에 설치하는 벤트스택의 방출구 위치는 작업원이 정상작업을 하는 장소 및 항시 통행하는 장소로부터 얼마 이상 떨어져 설치하는가?

해답 ① 긴급용 벤트스택 : 10 m 이상

② 그 밖의 벤트스택 : 5 m 이상

문제 6

아세틸렌가스를 용기에 2.5 MPa 이상으로 충전할 때 첨가하는 희석제의 종류 4가지를 쓰시오.

해답 ① 질소 ② 메탄 ③ 일산화탄소 ④ 에틸렌

문제 7

초저온용기의 정의에 대한 (   ) 안에 알맞은 내용을 넣으시오.

보기

(①)℃ 이하의 액화가스를 충전하기 위한 용기로서 단열재를 씌우거나 냉동설비로 냉각시키는 등의 방법으로 용기 내의 가스 온도가 (②)온도를 초과하지 아니하도록 한 것이다.

해답 ① −50 ② 상용

문제 8

도시가스 정압기실 실내의 조명도 최소값은 얼마인가?

해답 150룩스

문제 9

LPG 탱크로리 정차 위치에 설치된 냉각살수장치는 저장탱크 표면적 1 m^2당 물분무능력은 얼마인가?

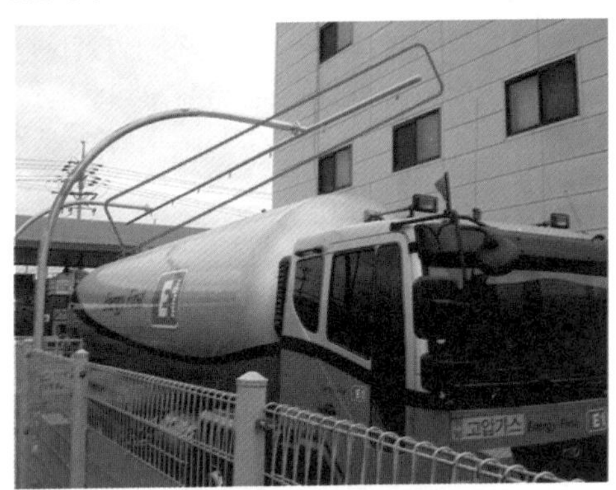

해답 5 L/min 이상

문제 10

도시가스 사용시설에 설치된 압력조정기에 대한 물음에 답하시오.

(1) 안전점검 주기는 얼마인가?

(2) 안전점검 항목 2가지를 쓰시오.

해답 (1) 1년에 1회 이상

(2) ① 압력조정기의 정상 작동 유무

② 필터 또는 스트레이너의 청소 및 손상 유무

③ 압력조정기의 몸체 및 연결부의 가스누출 유무

④ 격납상자 내부에 설치된 압력조정기는 격납상자의 견고한 고정 여부

⑤ 건축물 내부에 설치된 압력조정기의 경우는 가스방출구의 실외 안전장소로 설치 여부

해설 도시가스 공급시설에 설치된 압력조정기 기준 : KGS FS551

① 안전점검 주기 : 6개월에 1회 이상

② 안전점검 항목

㉮ 압력조정기의 정상 작동 유무

㉯ 필터나 스트레이너의 청소 및 손상 유무

㉰ 압력조정기의 몸체 및 연결부의 가스누출 유무

㉱ 출구압력을 측정하고 출구압력이 명판에 표시된 출구압력범위 이내로 공급되는지 여부

㉲ 격납상자 내부에 설치된 압력조정기는 격납상자의 견고한 고정 여부

㉳ 건축물 내부에 설치된 압력조정기의 경우는 가스방출구의 실외 안전장소에의 설치 여부

제2회 가스기사 동영상

문제 1

최고사용압력이 저압인 도시가스 배관의 기밀시험에 대한 물음에 답하시오.

(1) 기밀시험 압력을 측정하는 장비 명칭을 쓰시오.

(2) 배관 내용적이 1 m^3 미만인 경우에 기밀유지시간은 얼마인가?

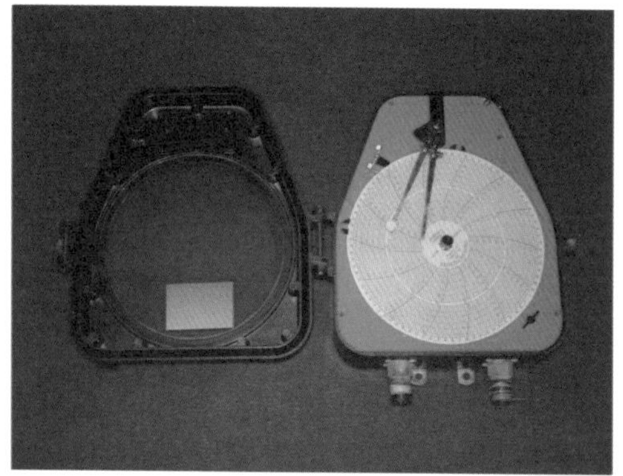

해답 (1) 자기압력 기록계

(2) 24분

해설 최고사용압력 저압, 중압인 배관의 기밀유지시간 : KGS FS551

압력측정기구	용적	기밀유지시간
압력계 또는 자기압력기록계	1 m^3 미만	24분
	1 m^3 이상 10 m^3 미만	240분
	10 m^3 이상 300 m^3 미만	24× V분 (1440분을 초과한 경우는 1440분으로 할 수 있다.)

문제 2

실내에 설치된 기화장치에 대한 물음에 답하시오.

(1) 액체 상태로 열교환기 밖으로 유출을 방지하는 장치의 명칭을 쓰시오.

(2) 실내로 액체가 유출 시 발생할 수 있는 문제점 2가지를 쓰시오.

해답 (1) 액유출방지장치

(2) ① 인화, 폭발의 위험

② 산소 부족으로 인한 질식

③ 피부 노출 시 저온으로 인한 동상

문제 3

공동주택 등에 도시가스를 공급하기 위하여 압력조정기를 설치하는 경우에 대한 물음에 답하시오.

(1) 공급되는 압력이 저압인 경우 공급 세대수는 얼마인가?

(2) 압력조정기 점검주기는 얼마인가?

해답 (1) 250세대 미만

(2) 6개월에 1회 이상

해설 압력조정기 점검주기

① 공급시설 : 6개월에 1회 이상

② 사용시설 : 1년에 1회 이상

문제 4

가스누출경보차단장치에 대한 물음에 답하시오.

(1) 검지부, 차단부, 제어부를 각각 설명하시오.

(2) 제어부의 열림 및 닫힘표시는 각각 어떤 색으로 표시하는가?

해답 (1) ① 검지부 : 누출된 가스를 검지하여 제어부로 신호를 보내는 기능을 가진 것이다.

② 차단부 : 제어부로부터 보내진 신호에 따라 가스의 유로를 개폐하는 기능을 가진 것이다.

③ 제어부 : 차단부에 자동차단신호를 보내는 기능, 차단부를 원격 개폐할 수 있는 기능 및 경보 기능을 가진 것이다.

(2) ① 열림 : 녹색

② 닫힘 : 적색 또는 황색

문제 5

가스용 콕에 대한 물음에 답하시오.

(1) 과류차단안전기구를 설명하시오.

(2) 상자콕의 정의를 쓰시오.

(3) 상자콕의 출구측에 접속되는 것으로 신속하게 탈착할 수 있고, 접속부에서 가스누출이 없는 이음구조를 무엇이라 하는가?

(4) 과류차단안전기구를 가지며 핸들 등이 반개방 상태에서도 가스유로가 열리지 않게 하는 장치의 명칭은 무엇인가?

해답 (1) 표시유량 이상의 가스량이 통과되었을 경우 가스유로를 차단하는 장치이다.

(2) 상자에 넣어 바닥, 벽 등에 설치하는 것으로서 3.3 kPa 이하의 압력과 1.2 m^3/h 이하의 표시유량에 사용하는 콕을 말한다.

(3) 신속이음쇠

(4) 온-오프(on-off) 장치

문제 6

액화산소, 액화질소, 액화아르곤을 분리하는 장치에 대한 물음에 답하시오.

(1) 이 장치의 명칭을 쓰시오.

(2) 이 장치에서 액화산소통 안의 액화산소 5 L 중에 아세틸렌 질량이 몇 mg 넘을 때는 운전을 중지하고 액화산소를 방출하여야 하는가?

해답 (1) 공기액화 분리장치

(2) 5 mg

문제 7

신규로 설치되는 최고사용압력이 고압이나 중압인 도시가스 배관의 기밀시험 방법에 대한 물음에 답하시오.

(1) 용접으로 접합된 배관에 행하는 비파괴검사법은?

(2) 비파괴검사에 합격한 배관은 통과하는 가스를 시험가스로 사용할 때 가스검지기는 몇 % 이하에서 작동하지 않는 것을 합격으로 판정하는가?

(3) 매설된 배관은 시험가스를 넣어 얼마 경과한 후 판정하는가?

해답 (1) 방사선투과시험

(2) 0.2% 이하

(3) 24시간

해설 (1) KGS FS551 일반도시가스사업 제조소 및 공급소 밖의 배관 기준 : 최고사용압력이 고압이나 중압인 배관으로서 용접에 의하여 접합되고 방사선투과시험에 따라 합격된 배관은 통과하는 가스를 시험가스로 사용하고 0.2% 이하에서 작동하는 가스검지기를 사용하여 해당 검지기가 작동하지 않은 것으로 기밀시험을 판정하는 방법으로 실시한다.

(2) 판정 경과 시간

① 최고사용압력이 고압이나 중압배관 : 24시간

② 신규로 설치되는 본관, 공급관 : 12시간

문제 8

도시가스 공급배관을 매설할 때에 대한 물음에 답하시오.

(1) 황색배관에 사용할 수 있는 최고압력은 얼마인가?

(2) 적색배관과 황색배관의 최소 이격거리는 얼마인가? (단, 배관의 관리주체가 같다.)

해답 (1) 0.4 MPa

(2) 0.3 m

해설 ① 중압 이하의 배관과 고압배관을 매설하는 경우 서로 간의 거리를 2 m 이상으로 설치한다. 단, 철근콘크리트 방호구조물 안에 설치하는 경우 1 m 이상, 중압 이하의 배관과 고압배관의 관리주체가 같은 경우에는 0.3 m 이상으로 할 수 있다. : KGS FS551 2.5.8.1.4 고압배관과 근접설치 제한

② 황색배관은 가스용 폴리에틸렌 배관으로 최고사용압력 0.4 MPa 이하에 사용하므로 중압 또는 저압 배관으로 본 것이다.

③ 적색배관은 폴리에틸렌 피복강관으로 중압 이상의 배관에 사용하므로 고압배관으로 본 것이다.

문제 9

가스용 폴리에틸렌관의 열융착이음 종류 3가지를 쓰시오.

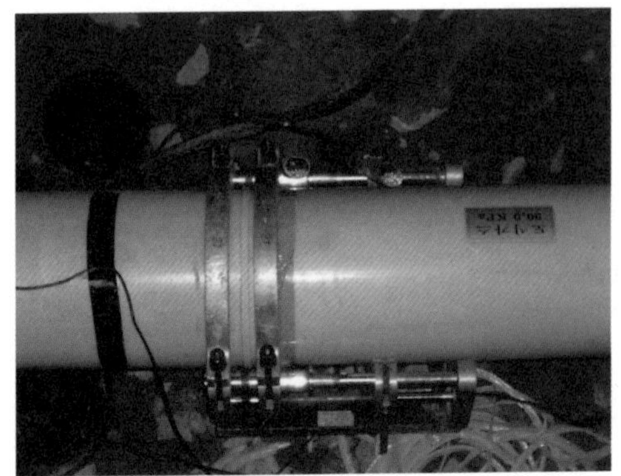

해답 ① 맞대기 융착이음
② 소켓 융착이음
③ 새들 융착이음

문제 10

산소, 질소와 같은 압축가스를 저장하는 용기 명칭을 쓰시오. (단, 제조방법 분류에 따른 명칭이다.)

해답 이음매 없는 용기

제3회 가스기사 동영상

문제 1

LPG용 자동차에 고정된 탱크 이입 · 충전장소에 설치된 냉각살수장치에 대한 물음에 답하시오.

(1) 물분무능력은 저장탱크 표면적 $1m^2$당 얼마인가?

(2) 살수장치는 (　) 중 최대용량의 것을 기준으로 설치한다. (　) 안에 알맞은 용어를 쓰시오.

해답 (1) 5 L/min 이상

(2) 국내에 운행하는 자동차에 고정된 탱크

문제 2

내압방폭구조의 폭발등급 분류 기준에서 각 번호에 알맞은 용어를 쓰시오.

최대안전틈새 범위 (mm)	0.9 이상	0.5 초과 0.9 미만	0.5 이하
가연성 가스의 폭발등급	①	②	③
방폭전기기기의 폭발등급	④	⑤	⑥

해답 ① A ② B ③ C ④ ⅡA
⑤ ⅡB ⑥ ⅡC

문제 3

도시가스 사용시설에서 사용하는 가스용품에 대한 물음에 답하시오.

(1) 동영상에서 제시되는 가스용품 내부에 설치된 것으로 호스가 파손되는 것 등에 의해 가스가 과다 누출될 때 가스를 차단하는 안전기구의 명칭을 쓰시오.

(2) (1)에서 질문한 장치의 정의를 쓰시오. [동영상에서 퓨즈콕에 각인된 [Ⓕ 1.2를 확대하여 보여 주고 있음]

해답 (1) 과류차단 안전기구

(2) 퓨즈콕에 각인된 표시유량 $1.2\,m^3/h$ 이상의 가스량이 통과되었을 경우 가스유로를 차단하는 장치이다.

해설 과류차단 안전기구 : 표시유량 이상의 가스량이 통과되었을 경우 가스유로를 차단하는 장치이다.

문제 4

도시가스 정압기실에 설치된 장치에 대한 물음에 답하시오.

(1) 지시하는 장치의 명칭을 영문 약자로 쓰시오.
(2) 이 장치의 기능(역할)을 설명하시오.

해답 (1) RTU box
(2) 정압기실 상황(온도, 압력, 가스누설 유무 등)을 도시가스 상황실로 전송하여 무인으로 감시하는 기능과 정전 시 비상전력을 공급하는 기능을 갖는다.

문제 5

도시가스를 사용하는 연소기에서 동영상에서 제시되는 이상 현상이 발생하는 원인 4가지를 쓰시오. [제시되는 동영상에서 불꽃색깔이 황색으로 변하는 것을 보여 주고 있으며, 이상 현상은 황염(yellow tip)으로 판단하였음]

해답 ① 연소반응이 충분한 속도로 진행되지 않을 때
② 1차 공기량 부족으로 불완전연소가 되는 경우
③ 불꽃이 저온의 물체에 접촉하였을 때
④ 연소기구 프레임이 냉각되었을 때

문제 6

가스용 폴리에틸렌관(PE관) 접합 기준에 대한 내용 중 ( ) 안에 알맞은 용어를 쓰시오.

(1) PE배관의 접합 전에는 접합부를 접합전용 ( ) 등을 사용하여 다듬질한다.
(2) 금속관과의 접합은 ( )를 사용한다.
(3) 공칭외경이 상이할 경우의 접합은 ( )를[을] 사용하여 접합한다.
(4) 맞대기 융착(butt fusion)은 공칭외경 ( ) mm 이상의 직관과 이음관 연결에 적용한다.

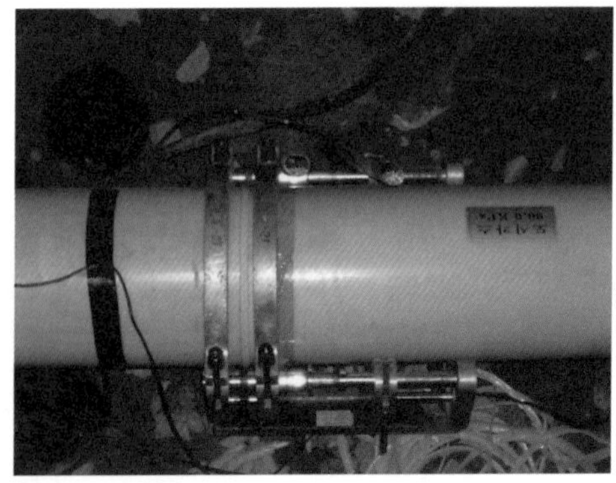

해답 (1) 스크레이프
(2) T/F(transition fitting)
(3) 관 이음매(fitting)
(4) 90

문제 7

고압가스설비에 설치하는 압력계에 대한 기준 중 ( ) 안에 알맞은 용어를 쓰시오.

보기
고압가스설비에 설치하는 압력계는 상용압력의 (①)배 이상 (②)배 이하의 최고눈금이 있는 것으로 하고, 압축·액화 그 밖의 방법으로 처리할 수 있는 가스의 용적이 1일 100 m^3 이상인 사업소에는 국가표준기준법에 의한 제품인증을 받은 압력계를 (③)개 이상 비치한다.

해답 ① 1.5, ② 2, ③ 2

문제 8

다기능 가스 안전계량기의 구조에 대한 ( ) 안에 알맞은 용어를 쓰시오.

(1) 차단밸브가 작동한 후에는 ( )을[를] 하지 않는 한 열리지 않는 구조이어야 한다.
(2) 사용자가 쉽게 조작할 수 없는 ( )이[가] 있는 것으로 한다.

해답 (1) 복원조작 (2) 테스트 차단 기능

문제 9

도시가스 매설배관의 전기방식에 대한 물음에 답하시오.

(1) 동영상에서 보여주는 것의 명칭을 쓰시오.
(2) 방식전류가 흐르는 상태에서 자연전위와의 전위변화는 얼마인가?(단, 다른 금속과 접촉하는 배관은 제외하며, 답은 단위까지 쓰시오.)

해답 (1) 전위측정용 터미널박스
(2) −300 mV 이하

문제 10

도시가스 배관을 지하에 매설할 때 사용하는 가스용 폴리에틸렌 밸브에 대한 물음에 답하시오.

(1) 사용압력(MPa)은 얼마인가?
(2) 사용온도(℃)는 얼마인가?

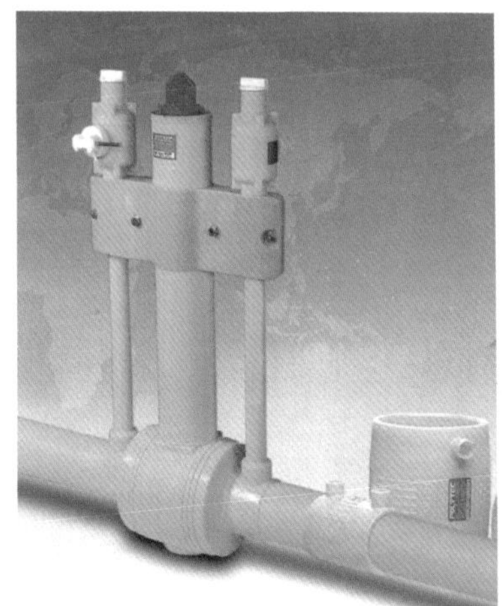

해답 (1) 0.4 MPa 이하
(2) −29℃ 이상 38℃ 이하

제4회 가스기사 동영상

문제 1

도시가스시설에 설치하는 가스누출 경보기의 검지부는 천정으로부터 검지부 하단까지의 거리가 (   ) cm 이하가 되도록 설치한다. (   ) 안에 알맞은 숫자를 넣으시오.

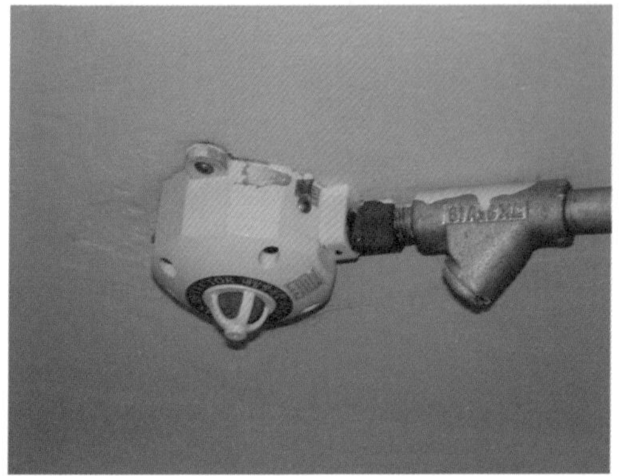

해답 30

문제 2

교량 및 횡으로 설치된 도시가스 배관의 호칭지름별 고정장치 지지간격은 각각 얼마인가?

(1) 100 A :　　(2) 200 A :

(3) 500 A :　　(4) 600 A :

해답 (1) 8 m, (2) 12 m, (3) 22 m, (4) 25 m

해설 배관 호칭지름별 지지간격은 동영상 예상문제 124번 해설을 참고하기 바랍니다.

문제 3

도시가스 매설배관에 대한 물음에 답하시오.

(1) 도로 밑에 최고사용압력이 중압 이상인 배관을 매설하는 때에 배관을 보호할 수 있는 조치 기준을 쓰시오.

(2) 도로가 평탄한 경우에 배관의 기울기는 얼마로 하는가?

해답 (1) 배관 정상부에서 30 cm 이상의 높이에 보호판을 설치한다.

(2) 1/500~1/1000

문제 4

가스용 폴리에틸렌관(PE)에 대한 물음에 답하시오.

(1) SDR을 구하는 계산식을 쓰시오.

(2) 최고사용압력이 0.3 MPa일 때 SDR값은 얼마인가?

해답 (1) $SDR = \frac{D(\text{바깥지름})}{t(\text{최소두께})}$

(2) SDR 11 이하

문제 5

신규로 설치되는 최고사용압력이 고압이나 중압인 도시가스 배관의 기밀시험 방법에 대한 물음에 답하시오.

(1) 용접으로 접합된 배관에 행하는 방사선투과시험을 설명하시오.

(2) 비파괴검사에 합격한 배관은 통과하는 가스를 시험가스로 사용할 때 가스검지기는 몇 % 이하에서 작동하지 않는 것을 합격으로 판정하는가?

해답 (1) 용접부에 X선이나 γ선으로 투과한 후 필름에 의해 내부결함의 모양, 크기 등을 관찰하는 방법으로 검사 결과의 기록이 가능하다.

(2) 0.2% 이하

해설 KGS FS551 일반도시가스사업 제조소 및 공급소 밖의 배관 기준 : 최고사용압력이 고압이나 중압인 배관으로서 용접에 의하여 접합되고 방사선투과시험에 따라 합격된 배관은 통과하는 가스를 시험가스로 사용하고 0.2% 이하에서 작동하는 가스검지기를 사용하여 해당 검지기가 작동하지 않은 것으로 기밀시험을 판정하는 방법으로 실시한다.

문제 6

LNG 저장설비 외면으로부터 사업소 경계까지 유지하여야 할 계산식은 다음과 같다. 여기서 "W"의 의미를 단위까지 포함하여 쓰시오.

보기

$$L = C \times \sqrt[3]{143000\,W}$$

해답 저장탱크는 저장능력(톤)의 제곱근, 그 밖의 것은 그 시설 안의 액화천연가스의 질량(톤)

문제 7

압축가스 및 액화가스를 충전하는 용기를 용접 유무에 의하여 구분할 때 명칭을 쓰시오.

해답 이음매 없는 용기(또는 심리스 용기, 무계목 용기)

문제 8

시가지 외의 지역에 설치되는 도시가스 표지판에 대한 물음에 답하시오.

(1) 설치간격은 얼마인가?

(2) 표지판 크기의 치수는 얼마인가?

해답 (1) 500 m 이내

(2) 가로 200 mm 이상, 세로 150 mm 이상

해설 도시가스 표지판 설치간격

① 가스도매사업자 배관 : 500 m 이내

② 일반도시가스사업자 배관 : 200 m 이내

※ 동영상에서 보여주는 표지판은 고압가스관(고압공급관)이므로 가스도매사업자의 규정을 적용하였음

[참고] 일반도시가스사업자 배관 표지판

문제 9

방폭전기기기 명판에 표시된 "Ex d ib ⅡB T6"에서 방폭구조 2가지 명칭과 구조에 대하여 설명하시오.

해답 ① d : 내압방폭구조로 방폭전기기기의 용기 내부에서 가연성 가스의 폭발이 발생할 경우 그 용기가 폭발압력에 견디고 접합면, 개구부 등을 통하여 외부의 가연성 가스에 인화되지 아니하도록 한 구조이다.

② ib : 본질안전방폭구조로 정상 시 및 사고(단선, 단락, 지락 등) 시에 발생하는 전기불꽃, 아크 또는 고온부에 의하여 가연성 가스가 점화되지 아니하는 것이 점화시험, 기타 방법 등에 의하여 확인된 구조이다.

문제 10

라인마크에 대한 물음에 답하시오.

(1) 제시되는 라인마크 4가지 외에 2가지를 쓰시오.

(2) 금속재 라인마크의 지름 및 두께는 얼마인가?

해답 (1) ① 135° 방향, ② 관말지점

(2) ① 지름 : 60 mm, ② 두께 : 7 mm

해설 (1) 라인마크의 종류

① 금속재 라인마크

② 스티커형 라인마크 〈신설 17. 5. 17〉

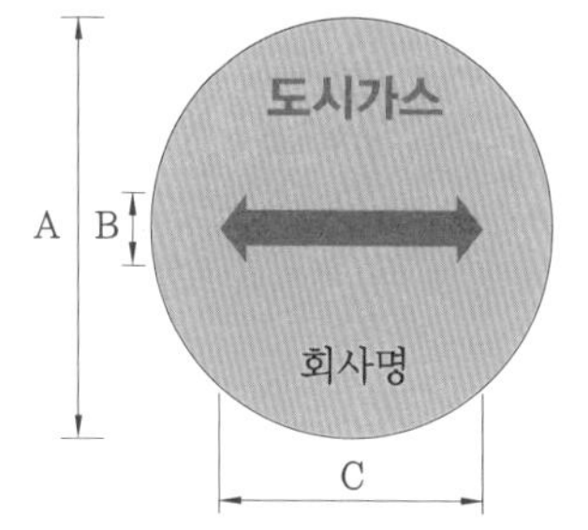

A	B	C	두께
100 mm	10 mm	70 mm	1.5±0.2 mm

[비고] 글씨는 8~10 mm 장방형으로 한다.

③ 네일형 라인마크 〈신설 17. 5. 17〉

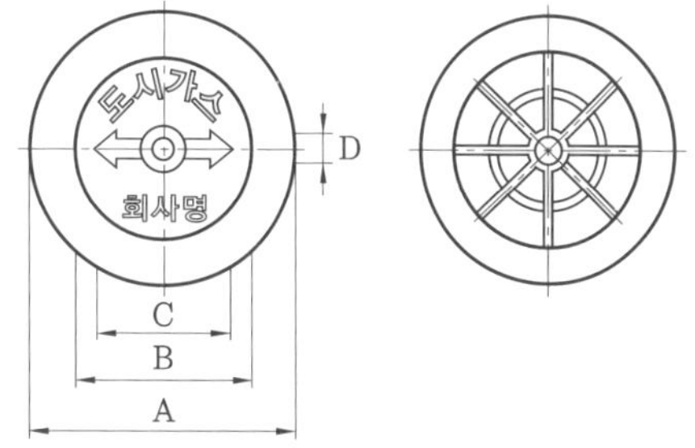

A	B	C	D	두께
60 mm	40 mm	30 mm	6 mm	7 mm

[비고] 글씨는 6~10 mm 장방형에 음각으로 한다.

(2) 라인마크의 모양은 동영상 예상문제 123번 해설을 참고하기 바랍니다.

※ 코로나19로 인하여 제4회 가스기사 실기시험은 추가로 시행되었습니다.

※ 코로나19로 인하여 시행된 수시검정 제5회는 정기검정 제4회와 함께 시행되었습니다.

2021년도 가스기사 모의고사

제1회 가스기사 동영상

문제 1

위험장소에 따른 백열등의 방폭구조는?

(1) 1종 장소 :

(2) 2종 장소 :

해답 (1) 내압방폭구조

(2) 내압방폭구조 또는 안전증 방폭구조

해설 위험장소에 따른 등기구 방폭구조

구분		1종 장소	2종 장소	
		내압	내압	안전증
백열전등	정착등	○	○	○
	이동등	△	○	
형광등		○	○	○
고압수은등		○	○	○
전지 내장제 전등		○	○	
표시등류		○	○	○

[비고] "○"표는 적합한 것, "△"표는 사용해도 지장은 없으나 가능하면 피하는 것이 좋은 것을 나타낸다.

문제 2

일반도시가스사업의 가스시설 및 가스사용시설의 배관 용접부에 실시하는 비파괴시험의 방사선투과시험에 대한 기준 중 ( ) 안에 알맞은 숫자를 쓰시오.

(1) 배관 이음의 ( )% 이상에 대하여 방사선투과시험을 실시하여 합격한 경우 그 나머지의 원주이음 용접부는 방사선투과시험을 실시하지 아니할 수 있다.

(2) 두께가 ( )mm를 초과하는 탄소강판으로 만들어진 배관의 설치장소에서 시공된 길이이음 용접부는 방사선투과시험을 실시하여 합격한 것으로 한다.

(3) 두께가 ( )mm를 초과하는 저합금 강판으로 만들어진 배관의 설치장소에서 시공된 길이이음 용접부는 방사선투과시험을 실시하여 합격한 것으로 한다.

(4) 사용시설의 배관 중 호칭지름 ( )mm 미만인 저압의 매설배관 용접부는 방사선투과시험을 하지 않아도 된다.

해답 (1) 20

(2) 19

(3) 13

(4) 80

문제 3

액화가스 저장탱크가 설치된 장소의 방류둑에 대한 물음에 답하시오.

(1) 방류둑의 역할을 설명하시오.
(2) 지시하는 것의 기능과 이것이 평상시에 닫혀 있는지, 열려 있는지 쓰시오.

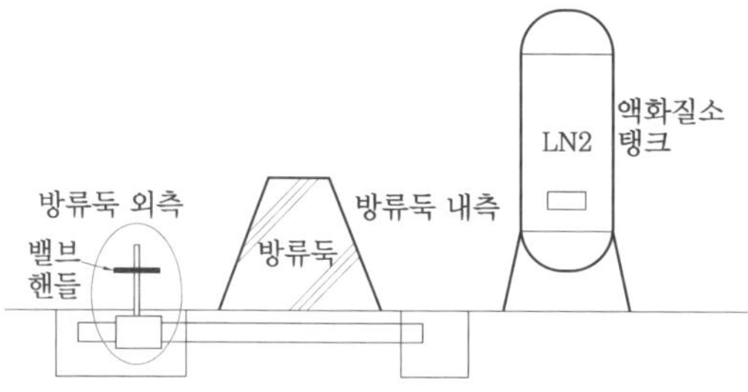

해답 (1) 액화가스 저장탱크에서 액상의 가스가 누출된 경우 그 가스의 유출을 방지한다.
(2) ① 기능 : 방류둑 안에 고인 물을 외부로 배출할 수 있는 배수밸브이다.
② 평상시 상태 : 닫혀 있어야 한다.

문제 4

다기능 가스 안전계량기의 구조에 대한 ( ) 안에 알맞은 용어를 쓰시오.

(1) 차단밸브가 작동한 후에는 ( )을[를] 하지 않는 한 열리지 않는 구조이어야 한다.
(2) 사용자가 쉽게 조작할 수 없는 ( ) 차단 기능이 있는 것으로 한다.

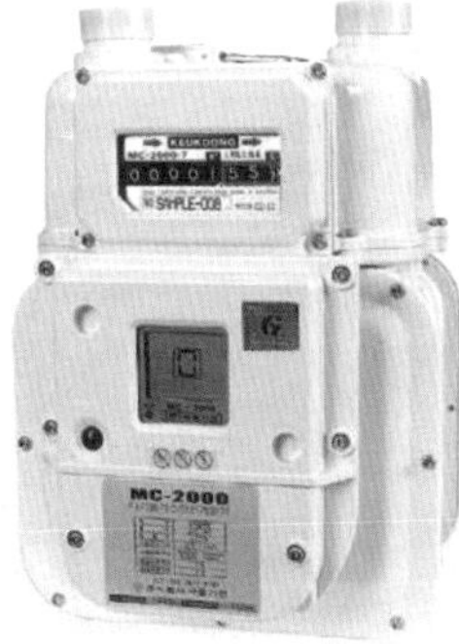

해답 (1) 복원조작
(2) 테스트

문제 5

LPG용 차량에 고정된 탱크 정차 위치에 설치된 장치에 대한 물음에 답하시오.

(1) 지시하는 부분의 명칭을 쓰시오.
(2) 저장탱크 표면적 1 m^2당 물분무능력은 얼마인가?

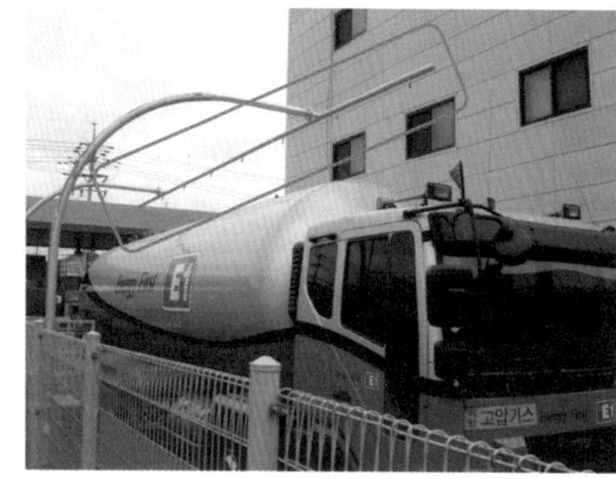

해답 (1) 냉각살수장치 (2) 5 L/min 이상

문제 6

퓨즈콕 구조에 대한 설명 중 ( ) 안에 알맞은 용어를 쓰시오.

(1) 퓨즈콕은 가스유로를 (①)로 개폐하고, (②)가 부착된 것으로 한다.
(2) 콕의 핸들 등을 회전하여 조작하는 것은 핸들의 회전각도를 90°나 180°로 규제하는 ( )를 갖추어야 한다.
(3) 콕을 완전히 열었을 때의 핸들의 방향은 유로의 방향과 ( )인 것으로 한다.
(4) 콕은 닫힌 상태에서 ( )이 없이는 열리지 아니하는 구조로 한다.

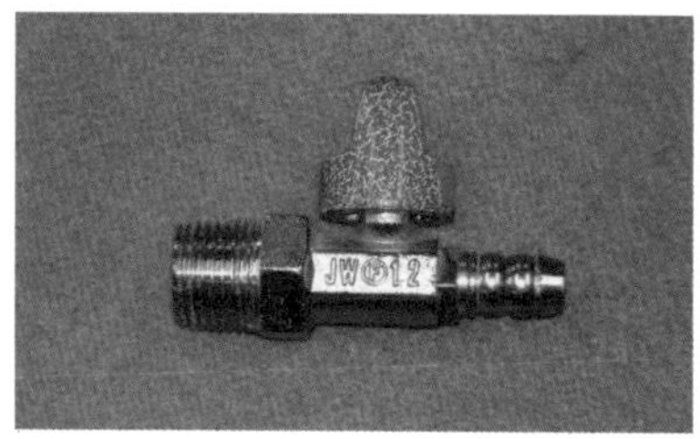

해답 (1) ① 볼 ② 과류차단안전기구
(2) 스토퍼
(3) 평행
(4) 예비적 동작

동영상 과년도 문제

문제 7

고정식 압축도시가스 자동차 충전시설에 설치된 저장설비에서 안전밸브 방출관 높이는 지상에서 몇 m인가?

해답 5 m 이상

해설 안전밸브 방출관 높이 기준 : 지상으로부터 5 m 이상의 높이 또는 저장설비 정상부로부터 2 m 이상의 높이 중 높은 위치

문제 8

지상에 설치된 정압기실에 대한 물음에 답하시오.

(1) 경계책 설치 높이는 얼마인가?

(2) 경계표시 내용 2가지를 쓰시오.

해설 (1) 1.5 m 이상

(2) ① 시설명
② 공급자
③ 연락처

문제 9

교량 및 횡으로 설치된 도시가스 배관의 호칭지름별 고정장치 지지간격은 각각 얼마인가?

(1) 100 A : (2) 300 A :

(3) 500 A : (4) 600 A :

해답 (1) 8 m (2) 16 m (3) 22 m (4) 25 m

해설 교량 및 횡으로 설치하는 가스배관의 호칭지름별 최대지지간격

호칭지름	지지간격	호칭지름	지지간격
100 A	8 m	400 A	19 m
150 A	10 m	500 A	22 m
200 A	12 m	600 A	25 m
300 A	16 m		

문제 10

도시가스를 사용하는 연소기구에서 1차 공기량이 부족할 경우, 연소반응이 충분한 속도로 진행되지 않을 때 불꽃의 끝이 적황색으로 되어 연소하는 현상을 무엇이라 하는가? (동영상에서 공기조절장치의 공기량을 줄이면서 불꽃이 적황색으로 변화하는 과정을 보여줌)

해답 옐로 팁(yellow tip)

제2회 ○ 가스기사 동영상

문제 1

가스용 폴리에틸렌관(PE배관)의 접합 기준에 관한 내용 중 ( ) 안에 알맞은 용어를 쓰시오.

> 맞대기 융착이음은 공칭외경 (①) 이상의 직관과 이음관 연결에 적용하며, 맞대기 융착과 전기융착에 사용하는 융착기는 (②)을[를] 기준으로 매 (③)이 되는 날의 전후 30일 이내에 (④)로부터 성능 확인을 받은 것으로 한다.

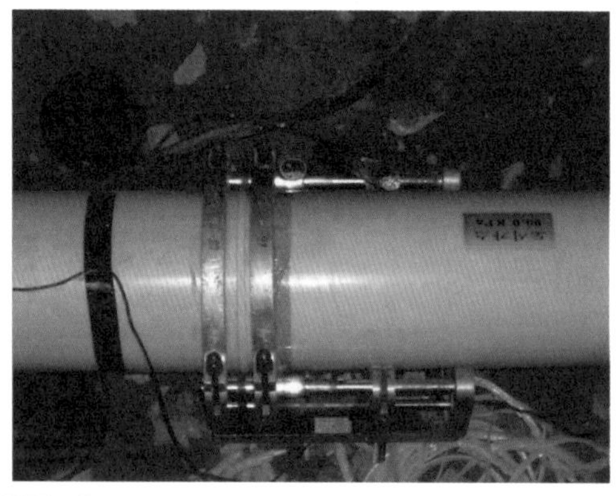

해답 ① 90 mm
② 제조일
③ 1년
④ 한국가스안전공사

문제 2

공기보다 비중이 가벼운 도시가스 정압기실이 지하에 설치되는 경우에 대한 물음에 답하시오.

(1) 흡입구 및 배기구의 관지름은 얼마인가?
(2) 배기구 설치위치에 대하여 쓰시오.

해답 (1) 100 mm 이상
(2) 천장면으로부터 30 cm 이내

문제 3

지시하는 것은 LPG용 차량에 고정된 탱크가 정차하는 위치에 설치된 것으로 이것의 명칭을 쓰시오.

해답 냉각살수장치

문제 4

액화가스 저장탱크가 설치된 장소의 방류둑에 대한 물음에 답하시오.

(1) 방류둑의 기능을 설명하시오.

(2) 지시하는 방수밸브의 기능을 설명하시오.

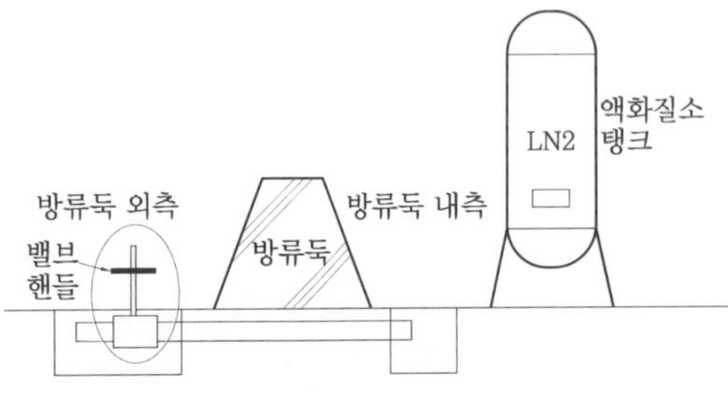

해답 (1) 액화가스 저장탱크에서 액상의 가스가 누출된 경우 그 가스의 유출을 방지한다.

(2) 평상시에는 닫혀 있다가 빗물 등이 방류둑 안에 고이면 밸브를 개방시켜 물을 외부로 배출한다.

문제 5

도시가스 매설배관에 대한 물음에 답하시오.

(1) 희생양극법으로 전기방식을 할 때 전위측정 터미널(TB) 설치 간격은 얼마인가?

(2) 황산염환원 박테리아가 번식하는 토양일 경우 포화황산동 기준전극으로 방식전위 상한값은 얼마인가?

해답 (1) 300 m 이내

(2) −0.95 V 이하

문제 6

건축물 내부에 호칭지름 20 mm 배관을 100 m 설치하였을 때 배관 고정장치는 몇 개를 설치하여야 하는가?

풀이 호칭지름 20 mm 배관의 고정장치 설치간격은 2 m이다.

$\therefore$ 고정장치 수 $= \frac{100}{2} = 50$개

해답 50개

문제 7

도시가스 매설배관의 누설검사 차량에 탑재하여 사용되는 장비의 명칭과 원리를 설명하시오.

해답 ① 장비 명칭 : 수소불꽃 이온화 검출기(또는 수소염 이온화검출기, FID)

② 원리 : 불꽃 속에 탄화수소가 들어가면 시료 성분이 이온화됨으로써 불꽃 중에 놓여진 전극간의 전기전도도가 증대하는 것을 이용한 것이다.

문제 8

액화천연가스시설에서 내진설계 대상에서 제외되는 경우 2가지를 쓰시오.

해답 ① 저장능력 3톤(압축가스의 경우 300 m^3) 미만인 저장탱크 또는 가스홀더
② 지하에 설치되는 시설
③ 건축법령에 따라 내진설계를 하여야 하는 것으로서 같은 법령이 정하는 바에 따라 내진설계를 한 시설

문제 09

LPG 용기보관실에 설치하는 가스누출경보기의 검지부의 설치 수 설치기준을 쓰시오.

해답 바닥면 둘레 20m에 대하여 1개 이상

문제 10

고압가스용 기화장치의 구조에 대한 내용 중 ( ) 안에 알맞은 내용을 쓰시오.

> 액유출방지장치로서의 전자식 밸브는 액화가스 인입부의 필터 또는 ( )에 설치한다.

해답 스트레이너 후단

제3회 가스기사 동영상

문제 1

가스용 폴리에틸렌관(PE관) 융착이음에 대한 기준 중 (   ) 안에 알맞은 내용을 쓰시오.

> 맞대기 융착이음은 공칭외경 (①) 이상의 직관과 이음관 연결에 적용하며, 맞대기 융착과 전기융착에 사용하는 융착기는 (②) 을[를] 기준으로 매 (③)이 되는 날의 전후 30일 이내에 (④)로부터 성능 확인을 받은 것으로 한다.

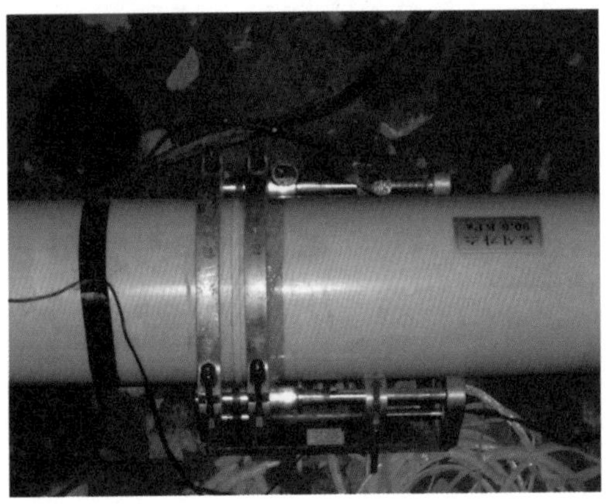

해답 ① 90 mm
② 제조일
③ 1년
④ 한국가스안전공사

문제 2

공기액화분리기의 불순물 유입금지 기준에 대한 내용 중 (   ) 안에 알맞은 내용을 쓰시오.

> 공기액화분리기에 설치된 액화산소통 안의 액화산소 (①) 중 아세틸렌의 질량이 (②) 또는 탄화수소의 탄소의 질량이 (③)을 넘을 때에는 그 공기액화분리기의 운전을 중지하고 액화산소를 방출하여야 하며, 액화공기탱크와 액화산소 증발기 사이에는 (④)를 설치하여야 한다.

해답 ① 5 L
② 5 mg
③ 500 mg
④ 여과기

문제 3

액화석유가스용 세이프티 커플링 구조에 대한 기준 중 (   ) 안에 알맞은 내용을 쓰시오.

(1) 암커플링은 호스가 분리되었을 경우 (①)에, 숫커플링은 (②)에 설치할 수 있는 구조로 한다.

(2) 암커플링의 외부 캡이 (   ) 구조로 한다.

(3) 커플링은 가스의 흐름에 지장이 없도록 합산유효면적은 얼마로 하여야 하는가?

해답 (1) ① 자동차 충전구쪽
② 충전기쪽
(2) 회전되지 아니하는
(3) 0.5 cm^2 이상

문제 4

도시가스 매설배관의 전기방식법에 따른 전위 측정용 터미널박스 설치간격은 얼마인가?

(1) 희생양극법 및 배류법 :

(2) 외부전원법 :

해답 (1) 300 m 이내 (2) 500 m 이내

문제 5

정압기실에 설치된 가스누출검지 통보설비에서 가스누출경보기의 기능(역할) 2가지를 쓰시오.

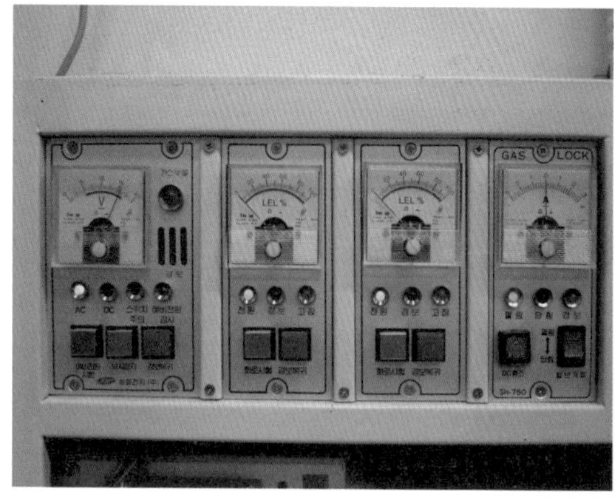

해답 ① 가스누출검지 경보장치는 가스누출을 검지하여 그 농도를 지시함과 동시에 경보가 울리는 것으로 한다.
② 미리 설정된 가스농도(폭발하한계의 4분의 1 이하)에서 60초 이내에 경보가 울리는 것으로 한다.
③ 경보가 울린 후에는 주위의 가스농도가 변화되어도 계속 경보를 울리며, 그 확인 또는 대책을 강구함에 따라 경보가 정지되도록 한다.
④ 담배연기 등 잡가스에 경보가 울리지 않는 것으로 한다.

문제 6

지시하는 것은 도시가스 정압기실에 사고예방 및 피해를 저감하기 위하여 설치되는 것이다.

(1) 명칭을 영문으로 쓰시오.
(2) 기능(역할) 2가지를 쓰시오.

해답 (1) RTU box

(2) ① 정압기실 상황(온도, 압력, 가스누설 유무 등)을 도시가스 상황실로 전송하여 무인으로 감시하는 기능
② 정전 시 비상전력을 공급하는 기능

문제 7

방폭전기기기에서 최대안전틈새의 정의를 설명하고 "ⅡB"의 최대안전틈새 범위를 쓰시오.

해답 ① 최대안전틈새 : 내용적이 8 L이고 틈새 깊이가 25 mm인 표준 용기 내에서 가스가 폭발할 때 발생한 화염이 용기 밖으로 전파하여 가연성가스에 점화되지 아니하는 최댓값을 말한다.
② ⅡB : 내압방폭구조에서 0.5 mm 초과 0.9 mm 미만

문제 8

도시가스 매설배관 표지판에 대한 물음에 답하시오.

(1) 도시가스 배관을 시가지 외의 도로, 산지, 농지 또는 (①), (②) 내에 매설하는 경우에는 표지판을 설치한다. 이때 (①), (②)을[를] 횡단하여 배관을 매설하는 경우에는 양편에 표지판을 설치한다.
(2) 표지판의 규격은 가로 (①) 이상, 세로 (②) 이상으로 한다.

해답 (1) ① 하천부지
② 철도부지
(2) ① 200 mm
② 150 mm

해설 표지판을 설치하여야 할 장소, 규격은 가스도매사업자 및 일반도시가스사업자에 동일한 기준이 적용되며 설치간격만 다르게 적용되고 있다.

문제 9

다음 물음에 답하시오.

(1) 산소를 충전할 때 압축기와 충전용 지관 사이에 설치하여야 할 기기는 무엇인가?
(2) (1)번에서 질문한 기기의 역할은 무엇인가?
(3) 아세틸렌 용기 부속품을 보호하기 위해서 사용하는 부품의 명칭은 무엇인가?
(4) 용기에 충전하는 아세틸렌의 최고충전압력 기준을 쓰시오.

해답 (1) 수취기
(2) 충전하는 산소에 포함된 수분을 제거한다.
(3) 캡(또는 보호용 캡)
(4) 15℃에서 용기에 충전할 수 있는 가스의 압력 중 최고압력

문제 10

지상에 설치된 LPG 저장탱크와 액면계를 접속하는 상·하 배관에 설치하여야 할 밸브는 무엇인가?

해답 자동 및 수동식 스톱밸브

해설 기능(역할) : 액면계 파손 및 검사 시에 LPG의 누설을 차단하기 위하여.

2022년도 가스기사 모의고사

제1회 가스기사 동영상

문제 1

동영상에서 제시되는 방폭구조의 명칭을 쓰시오. (명판에 "Exp"로 표시된 부분을 보여주고 있음)

해답 압력방폭구조

문제 2

주거용 가스보일러 설치기준 중 배기통 및 연돌의 터미널에는 새, 쥐 등 직경 (   ) mm 이상인 물체가 통과할 수 없는 방조망을 설치한다. (   ) 안에 알맞은 내용을 쓰시오.

해답 16

문제 3

고정식 압축도시가스 자동차 충전소의 시설 기준 중 충전설비는 도로의 경계와 유지하여야 할 거리는 얼마인가?

해답 5 m 이상

문제 4

지상에 설치된 LPG 저장탱크 지름이 "A"가 30 m, "B"가 34 m일 때 저장탱크 상호간 유지하여야 할 최소 안전거리는 얼마인가?(단, 저장탱크에 물분무장치가 설치되지 않은 경우이다.)

풀이 $L = \frac{D_A + D_B}{4} = \frac{30+34}{4} = 16\,\text{m}$

해답 16 m

해설 두 저장탱크의 최대지름을 합산한 길이의 4분의 1 이상에 해당하는 거리(4분의 1이 1 m 미만인 경우 1 m 이상의 거리)를 유지한다.

문제 5

가스도매사업의 1일 처리능력이 20만 m^3인 압축기와 액화천연가스(LNG) 저장탱크 외면과 유지하여야 하는 최소거리는 얼마인가?

해답 30 m

해설 ① 압축기와 액화천연가스(LNG) 저장탱크 외면과 유지하여야 하는 거리는 계산에 의하여 산출되는 것이 아니며, 규정에 의해 정해진 거리이다.

② 설비 사이의 거리 기준은 동영상 예상문제 161번 [해설]을 참고하기 바랍니다.

문제 6

도시가스 사용시설 입상관 밸브는 1.6 m 이상 2 m 이내에 설치하도록 되어 있으나 부득이 1.6 m 미만 또는 2 m를 초과하여 설치하는 경우의 조건을 설명하시오.

(1) 1.6 m 미만으로 설치할 수 있는 조건 :

(2) 2 m를 초과하여 설치할 수 있는 조건 :

해답 (1) 보호상자 안에 설치

(2) ① 입상관 밸브 차단을 위한 전용 계단을 견고하게 고정·설치한다.

② 원격으로 차단이 가능한 전동밸브를 설치한다.

문제 7

가스용 폴리에틸렌관(PE배관)을 융착이음할 때 발생하는 열선 이탈(wire disorder)에 대하여 원인과 함께 설명하시오.

해답 ① 열선 이탈 : 이음관 내부에 감겨진 열선이 융착 후 예정된 위치에 있지 않은 것
② 원인 : 과도한 가열시간 또는 과도한 온도 등의 적절치 않은 융착 절차에 의해서 발생할 수 있다.

문제 8

건축물 밖에 설치된 도시가스 노출배관(입상관)에 설치되는 신축흡수용 곡관에 대한 내용 중 (   ) 안에 알맞은 내용을 쓰시오.

(1) 곡관의 수평방향 길이는 호칭지름의 ( ) 이상으로 한다.
(2) 곡관의 수직방향 길이는 수평방향 길이의 ( ) 이상으로 한다.

해답 (1) 6배 (2) 1/2

해설 곡관의 규격 : 입상관에 설치하는 신축흡수용 곡관의 수평방향 길이(L)는 배관 호칭지름의 6배 이상으로 하고, 수직방향의 길이(L')는 수평방향 길이의 1/2 이상으로 한다. 이때 엘보의 길이는 포함하지 않는다.

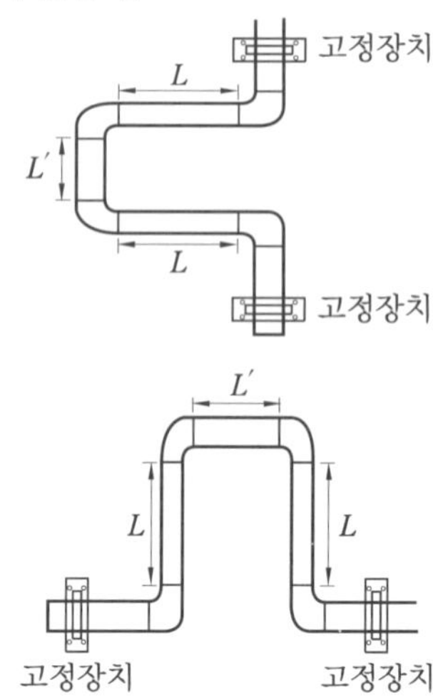

문제 9

다음 공업용 용기에 충전하는 가스 명칭을 쓰시오.

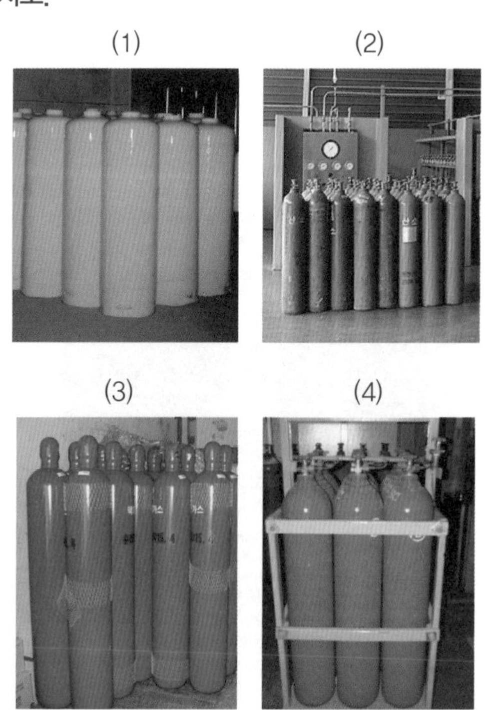

해답 (1) 아세틸렌(C_2H_2)
(2) 산소(O_2)
(3) 이산화탄소(CO_2)
(4) 수소(H_2)

문제 10

다음 위험장소에 따른 백열등의 방폭구조는?

(1) 1종 장소 :
(2) 2종 장소 :

해답 (1) 내압방폭구조
(2) 내압방폭구조 또는 안전증 방폭구조

해설 위험장소에 따른 등기구 방폭구조

구분		1종 장소	2종 장소	
		내압	내압	안전증
백열전등	정착등	○	○	○
	이동등	△	○	
형광등		○	○	○
고압수은등		○	○	○
전지 내장제 전등		○	○	
표시등류		○	○	○

[비고] "○"표는 적합한 것, "△"표는 사용해도 지장은 없으나 가능하면 피하는 것이 좋은 것을 나타낸다.

제2회 가스기사 동영상

문제 1

도로 및 공동주택 부지 안 도로에 도시가스 배관을 매설할 때 설치하는 라인마크를 직선배관일 때 설치간격 기준에 대하여 쓰시오.

해답 배관길이 50 m마다 1개 이상 설치한다.

문제 2

방폭전기기기의 방폭구조 종류 6가지를 쓰시오.

해답 ① 내압방폭구조
② 압력방폭구조
③ 유입방폭구조
④ 안전증방폭구조
⑤ 본질안전방폭구조
⑥ 특수방폭구조

문제 3

LPG 저장시설 배관에 설치된 장치에 대한 물음에 답하시오.

(1) 지시하는 것의 명칭을 쓰시오.
(2) 이 장치를 작동하는 동력원 종류 4가지를 쓰시오.

해답 (1) 긴급차단장치(또는 긴급차단밸브)
(2) ① 액압 ② 기압 ③ 전기식 ④ 스프링식

문제 4

도시가스 사용시설 배관을 지하에 매설할 때에 대한 물음에 답하시오.

(1) 보호판 재료에 대하여 쓰시오.
(2) 중압 이상인 배관에 실시하는 내압시험압력 기준은 얼마인가?(단, 기체에 의한 내압시험이 아니다.)

해답 (1) KS D 3503(일반구조용 압연강재)
(2) 최고사용압력의 1.5배 이상

문제 5

충전용기를 운반하는 가스운반 전용차량의 적재함에 리프트를 설치하지 아니할 수 있는 경우 2가지를 쓰시오.

해답 ① 가스를 공급받는 업소의 용기보관실 바닥이 운반차량 적재함 최저 높이로 설치되어 있거나, 컨베이어벨트 등 상·하차설비가 설치된 업소에 가스를 공급하는 차량

② 적재능력 1.2톤 이하의 차량

문제 6

호칭지름 300 A인 도시가스 배관을 교량에 설치할 때에 대한 물음에 답하시오.

(1) 고정장치 지지간격(설치간격)은 몇 m인가?

(2) 지지대, U볼트 등의 고정장치와 배관 사이에 조치하여야 할 사항을 쓰시오.

해답 (1) 16 m

(2) 고무판, 플라스틱 등 절연물질을 삽입한다.

해설 교량 등에 설치하는 배관에 대한 기준은 동영상 예상문제 124번 [해설]을 참고하기 바랍니다.

문제 7

전기방식법 중 외부전원법의 장점 4가지를 쓰시오.

해답 ① 효과 범위가 넓다.

② 평상시의 관리가 용이하다.

③ 전압, 전류의 조성이 일정하다.

④ 전식에 대해서도 방식이 가능하다.

⑤ 장거리 배관에는 전원 장치 수가 적어도 된다.

해설 외부전원법의 단점

① 초기 설비비가 많이 소요된다.

② 과방식의 우려가 있다.

③ 전원을 필요로 한다.

④ 다른 매설 금속체로의 장해에 대해 검토가 필요하다.

문제 8

가스도매사업의 1일 처리능력이 25만 m^3인 압축기와 액화천연가스(LNG) 저장탱크 외면과 유지하여야 하는 거리는 얼마인가?

해답 30 m 이상

해설 유지거리는 계산에 의하여 산출되는 것이 아니며, 자세한 사항은 동영상 예상문제 161번 [해설]을 참고하기 바랍니다.

문제 9

지상에 설치된 정압기실에 대한 물음에 답하시오.

(1) 경계책 설치 높이는 얼마인가?

(2) 경계표시 내용 2가지를 쓰시오.

해답 (1) 1.5 m 이상

(2) ① 시설명 ② 공급자 ③ 연락처

문제 10

제시해 주는 용기에 대한 물음에 답하시오.

(1) 용기 명칭을 쓰시오. (단, 제조방법에 의한 명칭, 충전하는 가스에 의한 명칭은 제외한다.)

(2) 이 용기에 충전된 가스를 사용하기 위해서는 무슨 장치가 설치되어야 하는가?

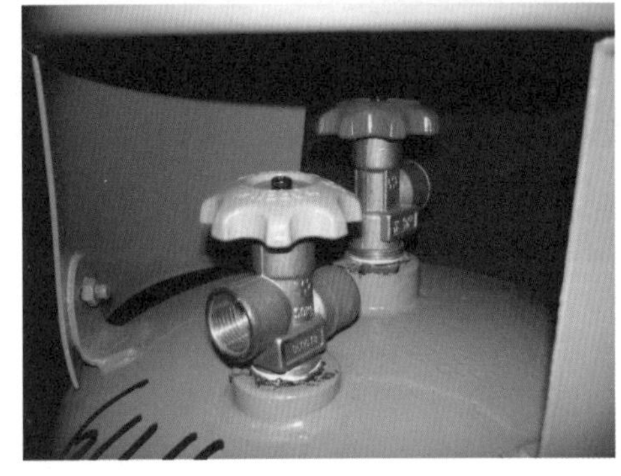

해답 (1) 사이펀 용기

(2) 기화장치

해설 동영상에서 제시되는 용기는 그림과 같이 길이 방향으로 절반 정도 절개하여 내부에 손가락 정도의 굵기를 갖는 작은 배관이 적색 핸들의 용기 밸브부터 용기 아랫부분까지 이어져 내려온 것을 보여주고 있음

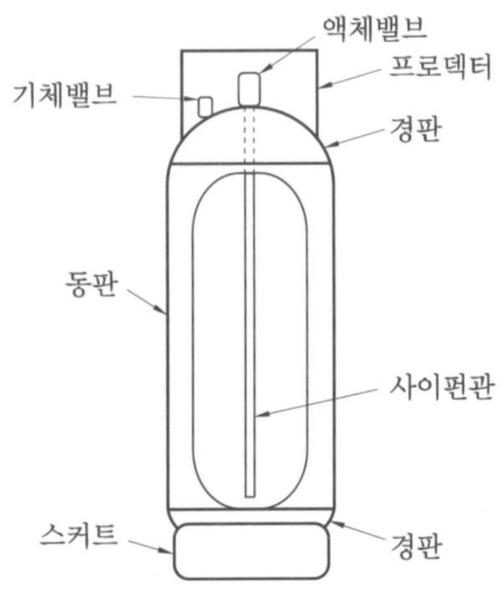

제3회 가스기사 동영상

문제 1

고압가스설비에 설치하는 압력계에 대한 기준 중 ( ) 안에 알맞은 내용을 쓰시오.

(1) 고압가스설비에 설치하는 압력계는 상용압력의 ( )에 해당하는 최고눈금이 있는 것으로 한다.

(2) 충전용 주관의 압력계는 ( ) 이상 표준이 되는 압력계로 그 기능을 검사한다.

해답 (1) 1.5배 이상 2배 이하
(2) 매월 1회

해설 ① 고압가스설비에 설치하는 압력계는 상용압력의 1.5배 이상 2배 이하의 최고눈금이 있는 것으로 하고, 압축・액화 그 밖의 방법으로 처리할 수 있는 가스의 용적이 1일 100 m^3 이상인 사업소에는 국가표준기본법에 의한 제품인증을 받은 압력계를 2개 이상 비치한다.

② 압력계 기능 검사 주기 : 충전용 주관의 압력계는 매월 1회 이상, 그 밖의 압력계는 3개월에 1회 이상

③ 고압가스 특정제조(KGS FP111)의 경우 주관의 압력계 기능 검사 주기는 동일하지만, 그 밖의 압력계는 1년에 1회 이상이니 구별하여 기억하길 바랍니다.

문제 2

동영상에서 제시해 주는 것의 기능(역할)을 설명하시오.

해답 도시가스 매설배관의 전기방식용 전위를 측정하기 위한 터미널박스

문제 3

동영상에서 제시해 주는 것을 보고 방폭전기기기의 명칭과 원리를 설명하시오. (동영상에서 명판에 표시된 "Exp"를 보여주고 있음)

해답 ① 명칭 : 압력방폭구조

② 원리 : 방폭전기기기의 용기 내부에 보호가스(신선한 공기 또는 불활성 가스)를 압입하여 내부압력을 유지함으로써 가연성 가스가 용기 내부로 유입되지 않도록 한 구조이다.

문제 4

지시하는 것은 도시가스 정압기실에 사고예방 및 피해를 저감하기 위하여 설치되는 것이다.

(1) 명칭을 영문 약자로 쓰시오.

(2) 기능(역할) 2가지를 쓰시오.

해답 (1) RTU box

(2) ① 정압기실 상황(온도, 압력, 가스누설 유무 등)을 도시가스 상황실로 전송하여 무인으로 감시하는 장치

② 정전 시 비상전력을 공급하는 장치

문제 5

동영상에서 제시되는 고압가스 충전용기에 충전하는 가스명칭을 화학식(분자명)으로 각각 쓰시오.

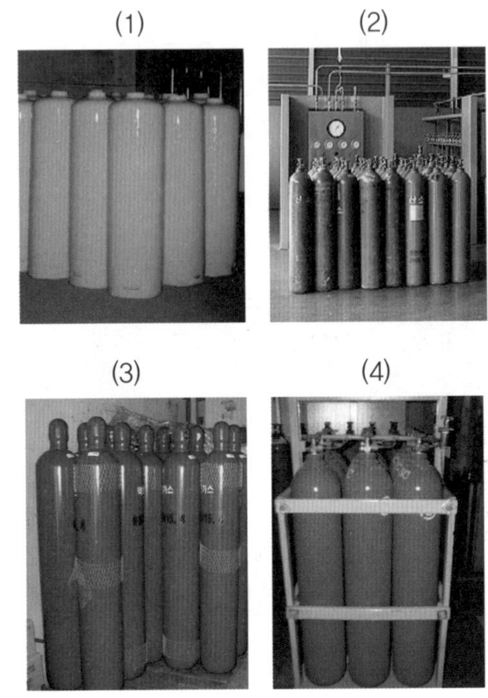

해답 (1) C_2H_2

(2) O_2

(3) CO_2

(4) H_2

문제 6

LPG 저장소에 설치되는 가스누출경보기의 검지부 설치 높이와 설치 수 기준에 대하여 각각 쓰시오. (단, 저장소는 건축물 밖에 설치된 경우이다.)

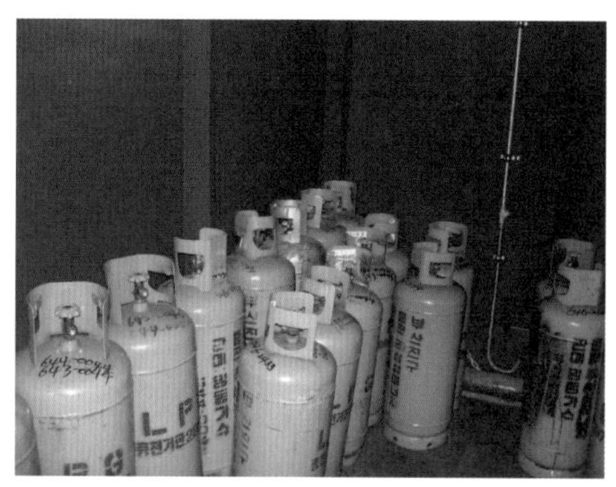

해답 ① 설치 높이 : 바닥면으로부터 검지부 상단까지 30 cm 이내

② 설치 수 기준 : 바닥면 둘레 20 m에 대하여 1개 이상의 비율로 계산한 수

해설 검지부 설치개수 : KGS FU332

① 검지부가 건축물 안(지붕이 있고 둘레의 1/4 이상이 벽으로 싸여 있는 장소를 말한다)에 설치된 경우에는 그 설비군의 바닥면 둘레 10 m에 대하여 1개 이상의 비율로 계산한 수

② 검지부가 용기보관장소, 용기저장실 및 건축물 밖에 설치된 경우에는 그 설비군의 바닥면 둘레 20 m에 대하여 1개 이상의 비율로 계산한 수

문제 7

지시하는 것은 LPG 이송에 사용되는 차량에 고정된 탱크에서 차량 외부에 설치된 것으로 명칭과 역할을 쓰시오. (동영상에서 차량 외부에 안테나와 같은 것이 설치된 것을 보여줌)

해답 ① 명칭 : 높이 측정기구(또는 검지봉)

② 역할 : 차량에 고정된 탱크의 정상부 높이가 차량 정상부 높이보다 높을 경우 충돌사고를 방지하기 위하여

문제 8

지상에 설치된 LPG 저장탱크와 액면계를 접속하는 상·하 배관에 설치하여야 할 밸브는 무엇인가?

해답 자동 및 수동식 스톱밸브

해설 기능(역할) : 액면계 파손 및 검사 시에 LPG의 누설을 차단하기 위하여

문제 9

LPG 자동차에 고정된 용기 충전소에 설치되는 태양광발전설비에 대한 물음에 답하시오.

(1) 집광판을 설치할 수 있는 캐노피는 불연성 재료로 하고, 캐노피의 상부 바닥면이 충전기의 상부로부터 (　) 이상 높이에 설치한다.

(2) 충전소 내 지상에 집광판을 설치하려는 경우에는 충전설비, 저장설비, 가스설비, 배관, 자동차에 고정된 탱크 이입 · 충전장소의 외면으로부터 (　) 이상 떨어진 곳에 설치하고, 집광판은 지면으로부터 1.5 m 이상 높이에 설치한다.

해답 (1) 3 m

(2) 8 m

문제 10

고압가스 이음매 없는 용기를 재검사할 때 실시하는 음향검사에 따른 판정 방법을 쓰시오.

해답 맑은 소리가 길게 퍼지는 것을 적합으로 한다.

해설 음향검사 : KGS AC218

① 검사 방법 : 용기의 고유 진동수를 저해하지 않도록 나무망치 등으로 가볍게 동체를 두드린다.

② 판정 방법 : 검사 결과 맑은 소리가 길게 퍼지는 것을 적합으로 한다.

2023년도 가스기사 모의고사

제1회 가스기사 동영상

문제 1

다음 공업용 용기에 충전하는 가스 명칭을 쓰시오.

(1)

(2)

(3)

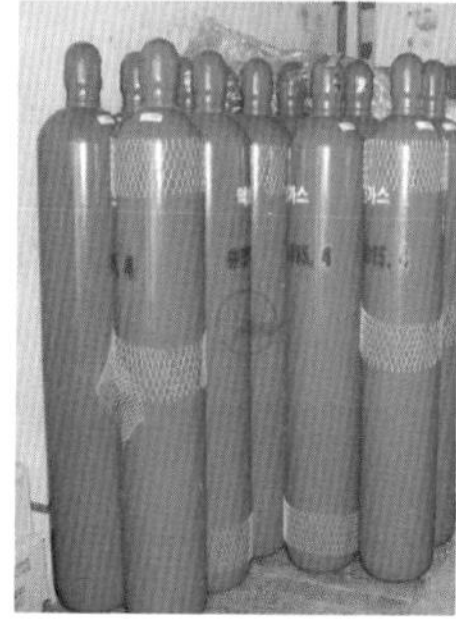

(4)

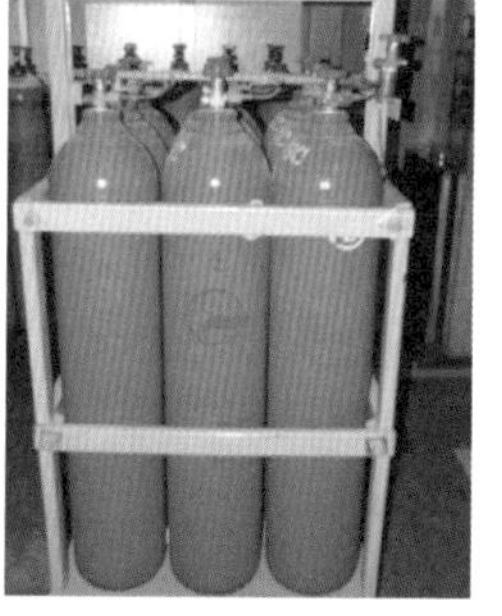

해답 (1) 아세틸렌(C_2H_2)
(2) 산소(O_2)
(3) 이산화탄소(CO_2)
(4) 수소(H_2)

문제 2

가스용 폴리에틸렌관(PE배관) 융착이음에 대한 물음에 답하시오.

(1) 동영상에서 보여주는 융착이음 명칭을 쓰시오.
(2) 동영상에서 보여주는 융착이음을 할 때 공칭외경은 몇 mm를 기준으로 하는가?

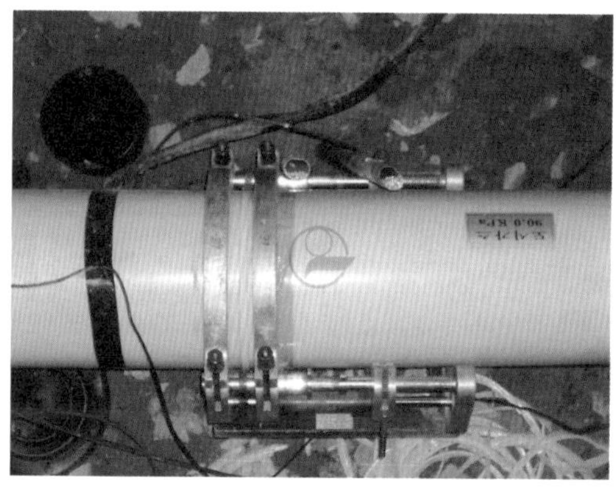

해답 (1) 맞대기 융착이음
(2) 90 mm

문제 3

정압기 안전밸브 방출관에 대한 물음에 답하시오.

(1) 안전밸브 방출관 높이 기준을 쓰시오.

(2) 정압기 입구측 압력이 0.3 MPa이고, 설계 유량이 900 Nm^3/h일 때 안전밸브 방출관 크기는 얼마인가?

해답 (1) 방출관의 방출구는 주위에 불 등이 없는 안전한 위치로서 지면으로부터 5 m 이상의 높이에 설치한다. 다만, 전기시설물과의 접촉 등으로 사고의 우려가 있는 장소에서는 3 m 이상으로 할 수 있다.

(2) 25 A 이상

해설 정압기 안전밸브 분출부 크기 기준은 동영상 예상문제 155번 해설을 참고하기 바랍니다.

문제 4

공기액화분리기의 불순물 유입금지 기준에 대한 내용 중 ( ) 안에 알맞은 내용을 쓰시오.

> 공기액화분리기에 설치된 액화산소통 안의 액화산소 (①) 중 아세틸렌의 질량이 (②) 또는 탄화수소의 탄소의 질량이 (③)을 넘을 때에는 그 공기액화분리기의 운전을 중지하고 액화산소를 방출하여야 하며, 액화공기 탱크와 액화산소 증발기 사이에는 (④)를 설치하여야 한다.

해답 ① 5 L

② 5 mg

③ 500 mg

④ 여과기

문제 5

도시가스 배관을 지하에 매설할 때 지면에 설치하는 라인마크에 대한 물음에 답하시오.

(1) 라인마크를 설치하는 이유를 쓰시오.

(2) 직선배관일 때 설치간격 기준을 쓰시오.

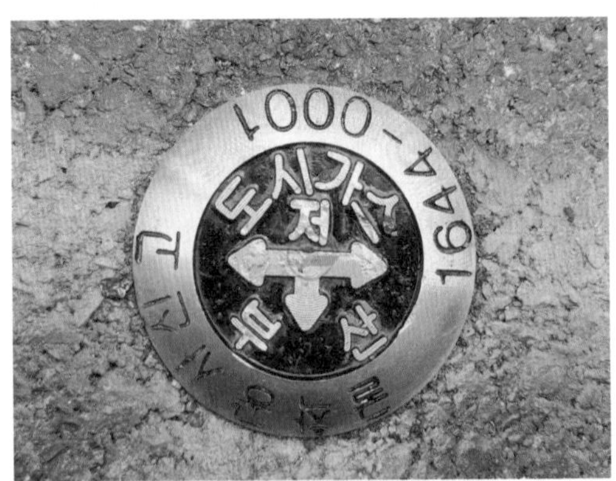

해답 (1) 지하에 매설된 배관의 매설위치와 주요 분기점·굴곡지점·관말지점의 위치를 확인할 수 있도록 하기 위하여 설치한다.

(2) 배관길이 50 m마다 1개 이상 설치한다.

문제 6

특정가스사용시설 · 식품접객업소 등에 설치하는 가스누출 자동차단장치의 검지부 설치에 대한 물음에 답하시오.

(1) 공기보다 가벼운 가스일 때 천장으로부터 검지부 하단까지의 거리는 얼마인가?
(2) 검지부 설치 제외장소 2가지를 쓰시오.

해답 (1) 0.3 m 이하
(2) ① 출입구의 부근 등으로서 외부의 기류가 통하는 곳
② 환기구 등 공기가 들어오는 곳으로부터 1.5 m 이내의 곳
③ 연소기의 폐가스에 접촉하기 쉬운 곳

문제 7

건축물 내부 천장에 노출하여 설치된 도시가스 배관에 대한 물음에 답하시오.

(1) 배관 외면에 표시해야 할 사항 3가지를 쓰시오.
(2) 배관 지름이 40 mm일 때 고정장치는 몇 m 간격으로 설치해야 하는가?

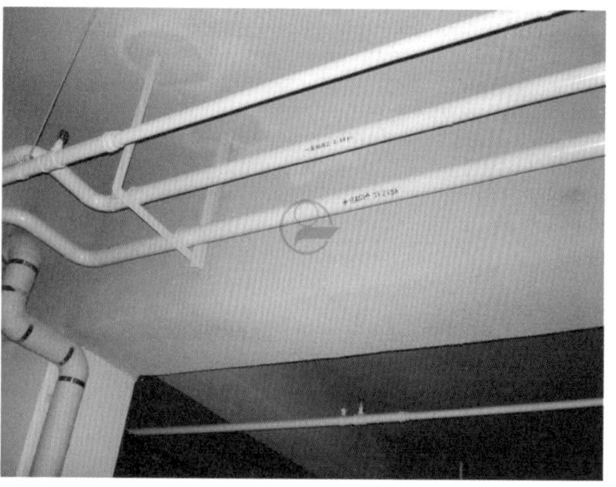

해답 (1) ① 사용가스명
② 최고사용압력
③ 가스의 흐름 방향
(2) 3 m

해설 배관 고정장치 설치간격 : KGS FU551
① 호칭지름 13 mm 미만 : 1 m마다
② 호칭지름 13 mm 이상 33 mm 미만 : 2 m마다
③ 호칭지름 33 mm 이상 : 3 m마다
※ 호칭지름 100 mm 이상의 것에는 3 m를 초과하여 설치할 수 있다(동영상 예상문제 124번 해설 참고).

문제 8

파일럿 버너 또는 메인 버너의 불꽃이 꺼지거나 연소기구 사용 중에 가스 공급이 중단 또는 불꽃 검지부에 고장이 생겼을 때 자동으로 가스 밸브를 닫히게 하여 불이 꺼졌을 때 가스가 유출되는 것을 방지하는 안전장치의 명칭을 쓰시오.

해답 소화안전장치

해설 소화안전장치 종류

① 열전대식 : 열전대의 원리를 이용한 것으로 열전대가 가열되어 기전력이 발생되면서 전자밸브가 개방된 상태가 유지되고, 소화된 경우에는 기전력 발생이 감소되면서 스프링에 의해서 전자밸브가 닫혀 가스를 차단하는 것으로 가스레인지 등에 적용한다.

② 광전관식 : 불꽃의 빛을 감지하는 센서를 이용한 방식으로 연소 중에는 전자밸브를 개방시키고 소화 시에는 전자밸브를 닫히도록 한 것이다.

③ 플레임 로드(flame rod)식 : 불꽃의 도전성에 의한 정류성을 이용하여 불꽃을 감지하는 방식으로 대용량의 연소기에 사용하는 방식이다.

※ 첨부된 이미지에서 지시하는 부분이 열전대식 소화안전장치이다.

문제 9

전기방식에 대한 다음 물음에 답하시오.

(1) 포화황산동 기준전극으로 방식전위 하한값을 단위와 함께 이상 혹은 이하를 모두 써서 나타내시오.

(2) 방식전류가 흐르는 상태에서 자연전위와의 전위 변화는 얼마인가를 단위와 함께 이상 혹은 이하를 모두 써서 나타내시오.

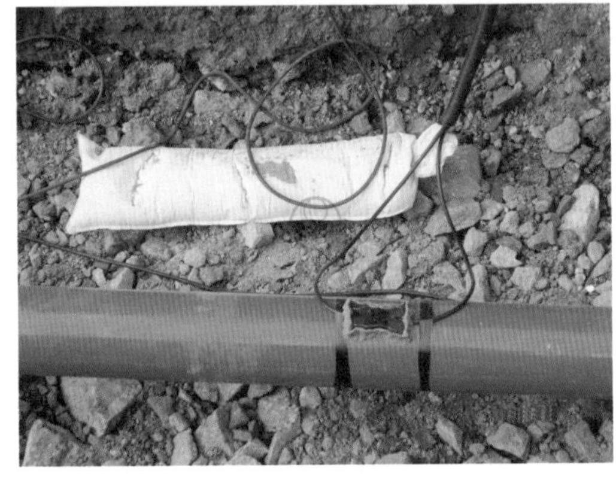

해답 (1) −2.5 V 이상

(2) −300 mV 이하

해설 도시가스 배관의 부식방지를 위한 전위상태 : KGS GC202

① 방식전위 하한값은 전기철도 등의 간섭 영향을 받는 곳을 제외하고는 포화황산동 기준전극으로 −2.5 V 이상이 되도록 한다.

② 방식전류가 흐르는 상태에서 토양 중에 있는 배관의 방식전위 상한값은 포화황산동 기준전극으로 −0.85 V 이하(황산염 환원 박테리아가 번식하는 토양에서는 −0.95 V 이하)로 한다.

③ 방식전류가 흐르는 상태에서 자연전위와의 전위 변화가 최소한 −300 mV 이하로 한다. 다만, 다른 금속과 접촉하는 배관은 제외한다.

④ 토양 중에 있는 배관의 방식전위 상한값은 방식전류가 일순간 동안 흐르지 않는 상태(instant−off)에서 포화황산동 기준전극으로 −0.85 V(황산염 환원 박테리아가 번식하는 토양에서는 −0.95 V) 이하로 한다.

문제 10

LPG 자동차에 고정된 용기 충전사업소에 태양광발전설비를 설치할 때에 대한 기준 중 ( ) 안에 알맞은 내용을 쓰시오.

(1) 집광판을 설치할 수 있는 캐노피는 불연성 재료로 하고, 캐노피의 상부 바닥면이 충전기의 상부로부터 ( ) 이상 높이에 설치한다.
(2) 태양광발전설비 관련 전기설비는 방폭성능을 가지는 것으로 설치하거나, ( )가 아니고 가스시설 등과 접하지 않는 방향에 설치한다.
(3) ( )는 설치하지 않는다.

해답 (1) 3 m
(2) 폭발위험장소
(3) 에너지저장장치

해설 태양광발전설비 설치 기준 : KGS FP332

① 태양광발전설비를 사업소 건축물 상부에 설치하는 경우에는 건축법 등 건축물 관련 법규 및 하위규정에 따른 구조 및 설비기준을 준수하고, 건축구조기술사 또는 건축시공기술사의 구조안전확인을 받은 것으로 한다.
② 태양광발전설비는 전기사업법에 따른 사용 전 검사나 사용 전 점검에 합격한 것으로 한다.
③ 태양광발전설비 중 집광판은 캐노피의 상부, 건축물의 옥상 등 충전소 운영에 지장을 주지 않는 장소에 설치한다.
④ 집광판을 설치할 수 있는 캐노피는 불연성 재료로 하고, 캐노피의 상부 바닥면이 충전기의 상부로부터 3 m 이상 높이에 설치한다.
⑤ 충전소 내 지상에 집광판을 설치하려는 경우에는 충전설비, 저장설비, 가스설비, 배관, 자동차에 고정된 탱크 이입·충전장소의 외면(자동차에 고정된 탱크 이입·충전장소의 경우에는 지면에 표시된 정치위치의 중심)으로부터 8 m 이상 떨어진 곳에 설치하고, 집광판은 지면으로부터 1.5 m 이상 높이에 설치한다.
⑥ 태양광발전설비 관련 전기설비는 방폭성능을 가진 것으로 설치하거나, 폭발위험장소(0종 장소, 1종 장소 및 2종 장소를 말한다)가 아니고 가스시설 등과 접하지 않는 방향에 설치한다.
⑦ 에너지저장장치(ESS : energy storage system)는 설치하지 않는다.

동영상 모의고사

제2회 가스기사 동영상

문제 1

지상에 설치된 LPG 저장탱크에서 지시하는 것에 대한 물음에 답하시오.

(1) 명칭을 쓰시오.

(2) 방출구 위치 기준에 대하여 설명하시오.

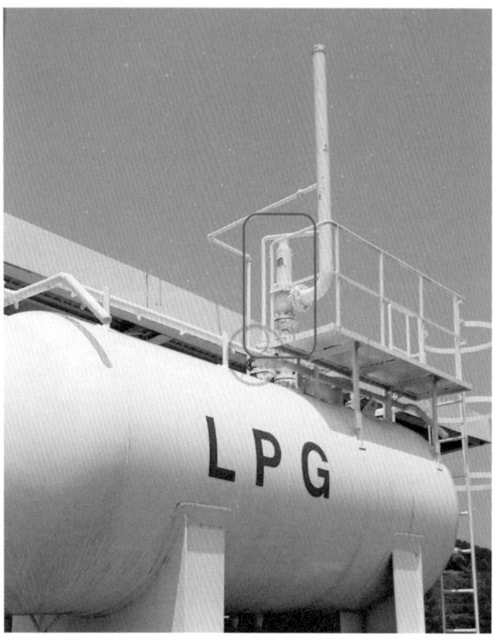

해답 (1) 스프링식 안전밸브

(2) 지면으로부터 5 m 이상 또는 저장탱크 정상부에서 2 m 이상 중 높은 위치

문제 2

전기기기의 방폭구조 중 압력방폭구조를 설명하시오.

해답 방폭전기기기의 용기 내부에 보호가스(신선한 공기 또는 불활성가스)를 압입하여 내부압력을 유지함으로써 가연성 가스가 용기 내부로 유입되지 않도록 한 구조이다.

문제 3

도시가스 정압기실 실내의 조명도 최소값은 얼마인가?

해답 150룩스

문제 4

액화석유가스용 세이프티 커플링 구조에 대한 기준 중 (　) 안에 알맞은 내용을 쓰시오.

(1) 암커플링은 호스가 분리되었을 경우 (①)에, 숫커플링은 (②)에 설치할 수 있는 구조로 한다.

(2) 암커플링의 외부 캡이 (　) 구조로 한다.

(3) 커플링은 가스의 흐름에 지장이 없도록 합산유효면적은 얼마로 하여야 하는가?

해답 (1) ① 자동차 충전구쪽
② 충전기쪽
(2) 회전되지 아니하는
(3) 0.5 cm^2 이상

해설 KGS AA235 액화석유가스용 세이프티 커플링 제조 기준

문제 5

LNG 저장설비 외면으로부터 사업소 경계까지 유지하여야 할 계산식은 [보기]와 같다. 여기서 "W"의 의미를 단위까지 포함하여 쓰시오.

보기

$$L = C \times \sqrt[3]{143000\,W}$$

해답 저장탱크는 저장능력(톤)의 제곱근, 그 밖의 것은 그 시설 안의 액화천연가스의 질량(톤)

해설 사업소 경계까지 유지거리 계산식의 각 기호의 의미

L : 유지하여야 하는 거리(m)
C : 상수(저압 지하식 저장탱크 0.240, 그 밖의 가스저장설비 및 처리설비 0.576)

문제 6

도시가스 매설배관의 누설검사 차량에 탑재하여 사용되는 장비의 명칭과 원리를 설명하시오.

해답 ① 장비 명칭 : 수소불꽃 이온화 검출기(또는 수소염 이온화 검출기, FID)
② 원리 : 불꽃 속에 탄화수소가 들어가면 시료 성분이 이온화됨으로써 불꽃 중에 놓여진 전극간의 전기전도도가 증대하는 것을 이용한 것이다.

문제 7

공칭외경 90 mm 이상인 가스용 폴리에틸렌관(PE관)을 지하에 매설할 때 접합하는 것으로 이음방법 명칭을 쓰시오.

해답 맞대기 융착이음

문제 8

지하에 매설하는 도시가스배관에 대한 물음에 답하시오.

(1) 매설할 수 있는 배관 종류 3가지를 쓰시오.
(2) 매설하는 강관의 관 이음매에서 현장에서 피복 조치를 실시해야 하는 호칭지름은 몇 mm 미만인가?

해답 (1) ① 폴리에틸렌 피복강관
② 분말용착식 폴리에틸렌 피복강관
③ 가스용 폴리에틸렌관

(2) 150 mm 미만

해설 배관설비 재료 : KGS FS551

(1) 지하에 매설하는 배관
① KS D 3589 폴리에틸렌 피복강관
② KS D 3607 분말용착식 폴리에틸렌 피복강관
③ KS M 3514 가스용 폴리에틸렌관

(2) 지하에 매설하는 배관(관 이음매 및 부분적으로 노출되는 배관을 포함한다)의 재료는 폴리에틸렌 피복강관으로서 KS표시허가제품 또는 이와 동등 이상의 기계적 성질 및 화학적 성분을 가진 것으로 하고, 이음부에는 다음 기준에 따라 부식방지 조치를 한다. 다만, 최고사용압력이 0.4 MPa 이하인 배관으로서 지하에 매설하는 경우에는 PE 배관으로서 KS표시허가제품 또는 이와 동등 이상의 기계적 성질 및 화학적 성분을 가진 제품을 사용할 수 있다.
① 호칭지름 150 mm 이상의 관 이음매는 폴리에틸렌피복 관 이음매(배관의 분기작업 시 사용하는 서비스티는 제외)를 사용한다.
② 지하매설 강관의 모든 용접부와 호칭지름 150 mm 미만의 관 이음매는 현장에서 피복(열수축 시트, 열수축튜브 및 열 수축테이프 등)을 실시한다.

(3) 지상에 노출하는 배관의 재료는 배관의 안전성을 확보할 수 있는 것으로 한다.

(4) 파이프덕트 안에 설치되는 입상관으로부터 분기하여 세대에 가스를 공급하기 위해 설치되는 저압의 공급관(파이프덕트 내부설치 또는 매립설치 되는 배관에 한한다)은 가스용 금속플렉시블관을 설치할 수 있다.

문제 9

고압가스 안전관리법에서 규정하고 있는 초저온 용기의 정의를 쓰시오.

해답 섭씨 영하 50도 이하의 액화가스를 저장하기 위한 용기로서 단열재를 씌우거나 냉동설비로 냉각시키는 등의 방법으로 용기 내의 가스온도가 상용의 온도를 초과하지 아니하도록 한 것을 말한다.

해설 초저온 저장탱크와 초저온 용기의 정의는 '저장탱크'와 '용기'만 변경하면 되는 사항이다.

문제 10

용기 밸브 몸체에 각인된 “LG”의 의미를 설명하시오.

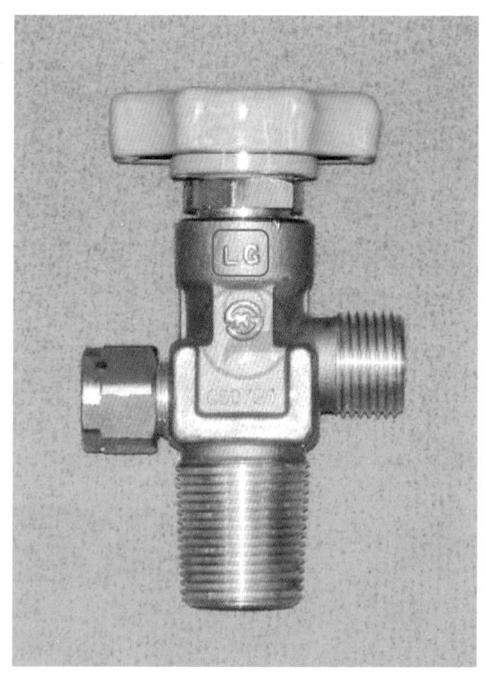

해답 액화석유가스 외의 액화가스 충전용기 부속품

제3회 가스기사 동영상

문제 1

조리개 전후에 연결된 액주계의 압력차를 이용하여 유량을 측정하는 차압식 유량계의 원리를 쓰시오.

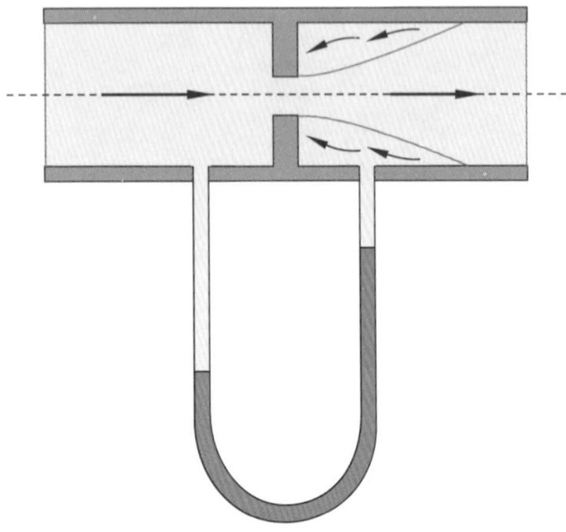

해답 베르누이 방정식(또는 베르누이 정리)

문제 2

도시가스시설에 전기방식 효과를 유지하기 위하여 빗물이나 그 밖에 이물질의 접촉으로 인한 절연효과가 상쇄되지 않도록 절연이음매 등을 사용해 절연조치를 하는 장소 2개소를 쓰시오.

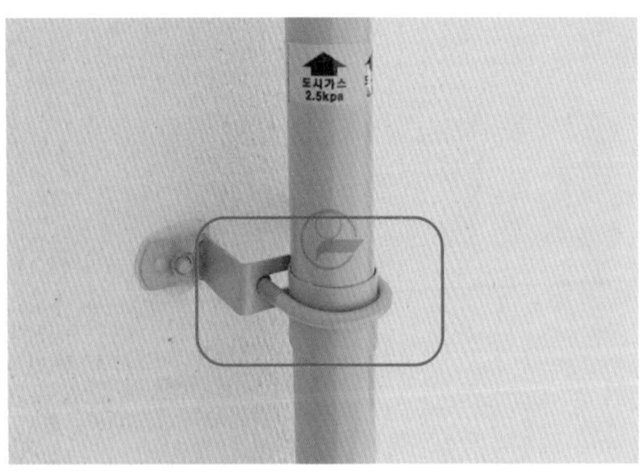

해답 ① 교량 횡단 배관의 양단
② 배관과 강재보호관 사이
③ 다른 시설물과 접근 교차지점
④ 배관과 배관지지물 사이
⑤ 지하에 매설된 배관의 부분과 지상에 설치된 부분과의 경계

문제 3

동영상에서 보여주는 LPG 용기는 원칙적으로 ( )장치가 설치되어 있는 시설에서만 사용한다. ( ) 안에 알맞은 내용을 쓰시오.

해답 기화

해설 제시되는 이미지는 사이펀 용기로 기화장치가 설치되어 있는 시설에서만 사용한다.

문제 4

주거용 가스보일러에 대한 물음에 답하시오.

(1) 가스보일러와 연통을 접합하는 방법 2가지를 쓰시오.

(2) 환기구를 설치할 때 크기는 바닥면적 1 m^2당 몇 cm^2 이상인지 쓰시오.

해답 (1) ① 나사식 ② 플랜지식 ③ 리브식
(2) 300

문제 5

가스용 폴리에틸렌관(PE배관) 융착이음에 대한 기준 중 ( ) 안에 알맞은 내용을 쓰시오.

맞대기 융착이음은 공칭외경 (①) 이상의 직관과 이음관 연결에 적용하며, 맞대기 융착과 전기융착에 사용하는 융착기는 (②)을[를] 기준으로 매 (③)이 되는 날의 전후 30일 이내에 (④)로부터 성능 확인을 받은 것으로 한다.

해답 ① 90 mm
② 제조일
③ 1년
④ 한국가스안전공사

문제 6

퓨즈콕 구조에 대한 설명 중 ( ) 안에 알맞은 내용을 쓰시오.

(1) 퓨즈콕은 가스유로를 (①)로 개폐하고, (②)가 부착된 것으로 한다.

(2) 콕의 핸들 등을 회전하여 조작하는 것은 핸들의 회전각도를 90°나 180°로 규제하는 ( )를 갖추어야 한다.

(3) 콕을 완전히 열었을 때의 핸들의 방향은 유로의 방향과 ( )인 것으로 한다.

(4) 콕은 닫힌 상태에서 ( )이 없이는 열리지 아니하는 구조로 한다.

해답 (1) ① 볼
② 과류차단안전기구
(2) 스토퍼
(3) 평행
(4) 예비적 동작

문제 **7**

액화천연가스 시설에서 내진설계 대상에서 제외되는 경우 2가지를 쓰시오.

해답 ① 저장능력 3톤(압축가스의 경우 300 m^3) 미만인 저장탱크 또는 가스홀더
② 지하에 설치되는 시설
③ 건축법령에 따라 내진설계를 하여야 하는 것으로서 같은 법령이 정하는 바에 따라 내진설계를 한 시설

해설 가스도매사업의 내진설계 제외 대상 : 도법 시행규칙 별표 5

문제 **8**

용기에 의한 액화석유가스 저장소에 대한 물음에 답하시오.

(1) 자연환기설비의 환기구를 바닥면에 접하고 외기에 면하게 설치하는 이유를 설명하시오.
(2) 외기에 면하여 설치된 환기구 1개소의 면적 기준을 쓰시오.

해답 (1) 액화석유가스는 공기보다 무겁기 때문에 누설 시 바닥면에 체류하므로 외부의 신선한 공기와 환기가 되어 내부에 머물지 않도록 하기 위하여
(2) 2400 cm^2 이하

문제 **9**

동영상에서 제시되는 설비에 대한 물음에 답하시오.

(1) 이 설비의 명칭과 역할을 쓰시오.
(2) 내압성능 및 기밀성능의 기준을 시간과 함께 쓰시오.

해답 (1) ① 명칭 : 로딩암(loading arms)
② 역할 : 저장탱크 또는 자동차에 고정된 탱크에 이입·충전할 때 액체배관과 기체배관을 서로 연결할 때 사용한다.
(2) ① 내압성능 : 상용압력의 1.5배 이상의 수압으로 내압시험을 5분간 실시하여 이상이 없는 것으로 한다.
② 기밀성능 : 상용압력의 1.1배 이상의 압력으로 기밀시험을 10분간 실시한 후 누출이 없는 것으로 한다.

문제 10

초저온용기 단열성능검사에 대한 물음에 답하시오.

(1) 저울을 이용하여 용기 내부에서 기화된 가스량을 측정하는데 이것은 무엇을 계산하기 위하여 측정하는가?

(2) 단열성능검사에 부적합 된 초저온용기의 재시험은 어떤 조치를 해서 다시 하는지 쓰시오.

해답 (1) 침입열량

(2) 단열재를 교체하여 재시험을 한다.

해설 단열성능검사 방법 : KGS AC213

① 단열성능시험은 액화질소, 액화산소 또는 액화아르곤(이하 "시험용 가스"라 한다)을 사용하여 실시한다.

② 용기에 시험용 가스를 충전하고, 기상부에 접속된 가스방출밸브는 완전히 열고 다른 모든 밸브는 잠그며, 초저온용기에서 가스를 대기 중으로 방출하여 기화가스량이 거의 일정하게 될 때까지 정지한 후 가스방출밸브에서 방출된 기화량을 중량계(저울) 또는 유량계를 사용하여 측정한다.

③ 시험용 가스의 충전량은 충전한 후 기화가스량이 거의 일정하게 되었을 때 시험용 가스의 용적이 초저온용기 내용적의 1/3 이상 1/2 이하가 되도록 충전한다.

④ 판정기준 : 침입열량이 2.09 J/h · ℃ · L(내용적이 1000 L 이상인 초저온용기는 8.37 J/h · ℃ · L) 이하인 경우를 적합한 것으로 한다.

⑤ 단열성능에 대한 재시험 : 단열성능검사에 부적합 된 초저온용기는 단열재를 교체하여 재시험을 할 수 있다.

GAS

Engineer Gas

부록

- 단위환산 및 자주하는 질문
- 간추린 가스 관련 공식 100선(選)

단위환산 및 자주하는 질문

1 단위환산

(1) 'kgf/cm²'을 'kgf/m²'으로 환산 : 분모에 있는 'cm²'을 없애야 하므로 현재 단위 뒤에 분수를 만들고 분자에 'cm²' 놓고 분모에는 'm²'을 놓은 다음 각 단위의 숫자 관계를 대입(1 m는 100 cm의 관계)하는데 이때 큰 단위에 해당하는 'm'를 기준으로 하고 숫자도 제곱(2승)을 해 줍니다.

$$\therefore \frac{\text{kgf}}{\text{cm}^2} \times \frac{(100\,\text{cm})^2}{(1\,\text{m})^2} = \frac{\text{kgf}}{\text{cm}^2} \times \frac{100^2\,\text{cm}^2}{1^2\,\text{m}^2} = \frac{\text{kgf}}{\text{cm}^2} \times \frac{10000\,\text{cm}^2}{1\,\text{m}^2} = 10000 \times \frac{\text{kgf}}{\text{m}^2}$$

'kgf/cm²'을 'kgf/m²'으로 단위를 환산할 때에는 1만을 곱하고, 반대로 'kgf/m²'을 'kgf/cm²'으로 환산할 때에는 1만으로 나눠줍니다.

(2) 'kgf/cm²'을 'kgf/mm²'으로 환산 : 분모에 있는 'cm²'을 없애야 하므로 현재 단위 뒤에 분수를 만들고 분자에 'cm²' 놓고 분모에는 'mm²'을 놓은 다음 각 단위의 숫자 관계를 대입(1 cm는 10 mm의 관계)하는데 이때 큰 단위에 해당하는 'cm'를 기준으로 하고 숫자도 제곱(2승)을 해 줍니다.

$$\therefore \frac{\text{kgf}}{\text{cm}^2} \times \frac{(1\,\text{cm})^2}{(10\,\text{mm})^2} = \frac{\text{kgf}}{\text{cm}^2} \times \frac{1^2\,\text{cm}^2}{10^2\,\text{mm}^2} = \frac{\text{kgf}}{\text{cm}^2} \times \frac{1\,\text{cm}^2}{100\,\text{mm}^2} = \frac{1}{100} \times \frac{\text{kgf}}{\text{mm}^2}$$

'kgf/cm²'을 'kgf/mm²'으로 단위를 환산할 때에는 100으로 나눠주고, 반대로 'kgf/mm²'을 'kgf/cm²'으로 환산할 때에는 100을 곱해 줍니다.

(3) SI단위 'Pa', 'kPa', 'MPa'의 관계

① 국제 단위계의 접두어

인자	접두어	기호	인자	접두어	기호
10^{1}	데카	da	10^{-1}	데시	d
10^{2}	헥토	h	10^{-2}	센티	c
10^{3}	킬로	k	10^{-3}	밀리	m
10^{6}	메가	M	10^{-6}	마이크로	μ
10^{9}	기가	G	10^{-9}	나노	n
10^{12}	테라	T	10^{-12}	피코	p
10^{15}	페타	P	10^{-15}	펨토	f
10^{18}	엑사	E	10^{-18}	아토	a
10^{21}	제타	Z	10^{-21}	젭토	z
10^{24}	요타	Y	10^{-24}	욕토	y

② 'kPa'은 'Pa'의 1000배에 해당되고 'MPa'은 'kPa'의 1000배, 'Pa'의 100만배에 해당됩니다.

㉮ 'kPa'→'Pa' 단위로 표시 : 'k(킬로)'는 1000배이므로 '1 kPa'은 '1000 Pa'으로 표시합니다.

㉯ 'Pa'→'kPa' 단위로 표시 : 1000으로 나눠주어야 하므로 '1 Pa'은 '1/1000 kPa'입니다.

㉰ 'MPa'→'kPa' 단위로 표시 : 'M(메가)'는 'k(킬로)'의 1000배이므로 '1 MPa'은 '1000 kPa'입니다.

㉱ 'kPa'→'MPa' 단위로 표시 : 1000으로 나눠주어야 하므로 '1 kPa'은 '1/1000 MPa'입니다.

(4) 대기압을 이용한 환산압력 계산 : 1 MPa을 kgf/cm^2 단위로 환산하는 경우

(1)~(3)에서 설명한 방법으로는 곤란한 경우입니다.

① 표준 대기압

$$\begin{aligned}1\ atm &= 760\ mmHg = 76\ cmHg = 0.76\ mHg = 29.9\ inHg = 760\ torr \\ &= 10332\ kgf/m^2 = 1.0332\ kgf/cm^2 = 10.332\ mH_2O = 10332\ mmH_2O \\ &= 101325\ N/m^2 = 101325\ Pa = 1013.25\ hPa = 101.325\ kPa \\ &= 0.101325\ MPa = 1.01325\ bar = 1013.25\ mbar = 14.7\ lb/in^2 = 14.7\ psi\end{aligned}$$

② 환산압력 계산

$$\text{환산압력} = \frac{\text{주어진 압력}}{\text{주어진 압력의 표준 대기압}} \times \text{구하려 하는 표준 대기압}$$

예 1 MPa을 kgf/cm^2 단위로 환산하면 얼마인가?

$$\therefore \text{환산압력} = \frac{1\,\text{MPa}}{0.101325\,\text{MPa}} \times 1.0332\,\text{kgf/cm}^2$$

$$= 10.1968\,\text{kgf/cm}^2 \fallingdotseq 10\,\text{kgf/cm}^2$$

※ 환산압력을 계산하기 위해서는 표준 대기압에 해당하는 압력 모두를 기억하고 있어야 가능하니 꼭 기억해 놓길 바랍니다.

주요 물리량의 단위 비교

물리량	SI단위	공학단위
힘	N(kg·m/s²)	kgf
압력	Pa(N/m²)	kgf/m²
열량	J(N·m)	kcal
일	J(N·m)	kgf·m
에너지	J(N·m)	kgf·m
동력	W(J/s)	kgf·m/s

2 자주하는 질문

(1) 이상기체 상태방정식 적용 문제

내용적 110 L의 LPG 용기에 부탄(C_4H_{10})이 50 kg 충전되어 있다. 이 부탄을 10시간 소비한 후 용기 내의 압력을 측정하니 27℃에서 $4\,kgf/cm^2 \cdot g$이었다면 남아 있는 부탄은 몇 kg인가? (단, 27℃에서 포화증기압은 $9\,kgf/cm^2$이다.)

풀이 $PV = \frac{W}{M}RT$에서

$$W = \frac{PVM}{RT} = \frac{\boxed{\left(\frac{4+1.0332}{1.0332}\right)} \times 110 \times \boxed{58}}{0.082 \times (273+27) \times \boxed{1000}} = 1.263 \fallingdotseq 1.26\,\text{kg}$$

해답 1.26 kg

설명 ① 풀이과정에서 분자에 적색 원으로 표시한 첫 번째 부분은 용기에 남아있는 압력 $4\,kgf/cm^2 \cdot g$을 atm으로 환산하는 과정이고 atm 단위는 별도의 언급이 없으면 절대압력으로 판단하여 계산합니다. 그래서 게이지압력 $4\,kgf/cm^2 \cdot g$에 대기압 $1.0332\,kgf/cm^2$을 더해 절대압력으로 환산한 후 다시 대기압으로 나눠 atm 단위로 환산한 것입니다.

② 분자의 58은 부탄(C_4H_{10})의 분자량입니다.
③ 분모에 적용한 1000은 풀이에 적용한 공식의 질량(W)의 단위는 g(그램)인데 문제에서 계산하여야 할 단위는 kg이기 때문에 1000으로 나눠 준 것입니다.

◇ SI단위 공식을 적용하여 풀이

풀이 $PV = GRT$에서

$$G = \frac{PV}{RT} = \frac{\left(\frac{4+1.0332}{1.0332} \times 101.325\right) \times (110 \times 10^{-3})}{\frac{8.314}{58} \times (273+27)} = 1.262 ≒ 1.26\,\text{kg}$$

설명 ① 풀이과정에서 분자에 적색 원으로 표시한 첫 번째 부분은 용기의 압력 게이지압력에 대기압을 더해 절대압력으로 환산한 후 대기압으로 나눠 'atm'으로 변환한 후 여기에 'kPa'단위 대기압 101.325 kPa을 곱해 절대압력 kPa로 변환한 것입니다.
② 분자 마지막 부분 (110×10^{-3})에서 10^{-3}은 공식에서 체적(V)의 단위는 m^3인데 문제에서 주어진 것은 L(리터)이며, 1 m^3는 1000 L이기 때문에 L를 m^3로 환산하기 위해 1000으로 나눠 준 것입니다(나눠 주는 계산식을 "−"승을 곱하는 것으로 표시하여도 똑같은 의미입니다).
③ 풀이에 적용한 공식에서 무게(G)의 단위는 kg이기 때문에 단위환산이 필요 없는 것입니다.

◇ 공학단위 공식을 적용하여 풀이

풀이 $PV = GRT$에서

$$G = \frac{PV}{RT} = \frac{(4+1.0332) \times 10000 \times (110 \times 10^{-3})}{\frac{848}{58} \times (273+27)} = 1.262 ≒ 1.26\,\text{kg}$$

설명 ① 분자에 10000을 곱한 것은 풀이에 적용한 공식의 압력(P)에 해당하는 단위가 절대압력으로 kgf/m^2이기 때문입니다. 즉 문제에서 주어진 게이지압력 4 $kgf/cm^2 \cdot g$에 표준 대기압 1.0332 kgf/cm^2을 더해 절대압력 kgf/cm^2으로 계산한 후 kgf/m^2으로 단위를 환산하기 위해서는 10000을 곱한 것입니다.
② 분자 마지막 부분 (110×10^{-3})에서 10^{-3}은 공식에서 체적(V)의 단위는 m^3인데 문제에서 주어진 것은 L(리터)이며, 1 m^3는 1000 L이기 때문에 L를 m^3로 환산하기 위해 1000으로 나눠 준 것입니다(나눠 주는 계산식을 "−"승을 곱하는 것으로 표시하여도 똑같은 의미입니다).
③ 풀이 계산식에서 무게(G)의 단위는 kg이기 때문에 단위환산이 필요 없는 것입니다.

이상기체 상태방정식을 적용하는 문제는 제시된 조건과 요구하는 내용의 단위에 따라 3가지 공식 중에서 선택하여 답안을 작성하길 바랍니다. 3가지 공식에 따라 최종값에서 오차는 발생하며 채점에는 영향이 없으니 반드시 교재에 설명된 공식을 이용하지 않아도 됩니다. 3가지 공식 중에 어느 공식을 선택하여 적용할지는 수험자 본인이 결정하길 바랍니다.

(2) LPG 집합설비 충전용기 수 계산

[보기]의 설계조건과 그래프를 이용하여 물음에 답하시오.

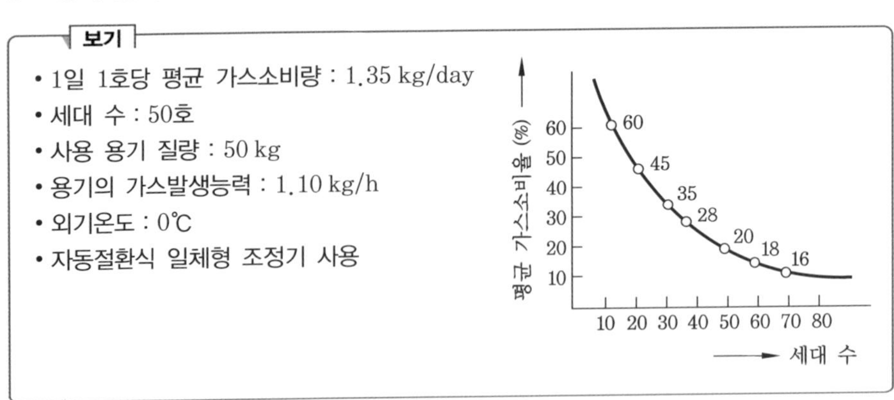

(1) 피크 시 평균 가스소비량(kg/h)을 계산하시오.

(2) 필요 최저용기 수를 계산하시오.

(3) 2일분 용기 수를 계산하시오.

(4) 표준용기 설치 수는 몇 개인가?

(5) 2열 용기 수는 몇 개인가?

풀이 (1) $Q = q \times N \times \eta = 1.35 \times 50 \times 0.2 = 13.5$ kg/h

(2) 필요 최저용기 수 $= \dfrac{\text{피크 시 평균 가스소비량(kg/h)}}{\text{피크 시 용기 가스발생능력(kg/h)}} = \dfrac{13.5}{1.10} = 12.272 \fallingdotseq 12.27$개

(3) 2일분 용기 수 $= \dfrac{\text{1일 1호당 평균 가스소비량(kg/day)} \times \text{2일} \times \text{세대 수}}{\text{용기의 질량(크기)}}$

$= \dfrac{1.35 \times 2 \times 50}{50} = 2.7$개

(4) 표준용기 수 = 필요 최저용기 수 + 2일분 용기 수 = 12.27 + 2.7 = 14.97개

(5) 2열 용기 수 = 14.97 × 2 = 29.94 ≒ 30개

해답 (1) 13.5 kg/h (2) 12.27개

(3) 2.7개 (4) 14.97개

(5) 30개

설명 ① (1)번 항목에서 '피크 시 평균 가스소비량(kg/h)'을 계산할 때 피크 시 평균 가스소비율(η)은 그래프에서 가로축의 세대 수를 선택한 후 수직으로 선을 연장하여 선도에서 만나는 지점에서 세로축의 소비율을 찾아 적용합니다(이 선도에서 세대 수 50호를 수직으로 연장하면 선도의 20 %와 만나기 때문에 이 값을 적용한 것이며, 실제 시험에서는 오차가 발생할 수 있기 때문에 조건이 일정 수치로 주어지는 경우가 대부분입니다).

② '피크 시 평균 가스소비량(kg/h)'을 계산할 때 적용되는 항목이 1일 1호당 평균 가스소비량의 단위가 'kg/day'인데 계산된 결과값은 'kg/h'로 되는 이유는 '피크 시 평균 가스소비율' 때문입니다. '피크 시 평균 가스소비율'의 의미는 가정에서 LPG를 사용할 때 24시간 연속으로 사용하는 것이 아니라 아침과 저녁 등 식사 준비시간 등과 같이 하루 24시간 중 일정시간만 사용하고 있을 것이고 풀이에 적용된 20 %

는 하루 24시간 중 20 %에 해당하는 시간만 LPG를 사용하고 나머지 시간에는 소비하지 않는다는 의미이며, 이것 때문에 단위가 'kg/day'에서 'kg/h'로 변경될 수 있는 것입니다.

③ 문제와 같이 용기 수를 계산할 때 항목별로 주어지면 각각의 계산과정에서 발생되는 소수점은 살려 나가는 방법으로 계산하고, 최종 '2열 용기 수'에서 발생되는 소수는 크기에 관계없이 무조건 1개로 올려 계산하여야 합니다.

④ '2일분 용기 수'의 의미는 LPG 판매점이 편의점과 같이 24시간 영업을 하지 않기 때문에 저녁부터 다음날 아침까지는 LPG를 배달하지 않을 겁니다. LPG가 배달되지 않는 이 시간 동안 사용할 수 있는 최소의 가스량으로 생각하길 바랍니다.

소비자 1일 1호당 평균 가스소비량 1.4 kg/day, 소비호수 5호, 자동절체식 조정기 사용 시 예비용기를 포함한 용기 수는? (단, 용기는 50 kg이며 가스발생능력은 1.10 kg/h, 소비율은 40 %이다.)

풀이 ① 필요 최저용기 수 계산

$$\text{용기 수} = \frac{\text{피크 시 평균 가스소비량}}{\text{용기의 가스발생능력}} = \frac{1.4 \times 5 \times 0.4}{1.10} = 2.545 \fallingdotseq 3\text{개}$$

② 예비용기 포함 용기 수 계산

예비용기 포함 용기 수 = 필요 최저용기 수×2 = 3×2 =6개

해답 6개

설명 문제와 같이 용기 수를 계산하는데 필요한 조건이 제시되고, 요구하는 사항이 항목별이 아닌 최종 용기 수로 질문하면 '필요 최저용기 수'에서 계산되는 소수는 크기에 관계없이 무조건 1개로 올려 계산하여야 합니다. 이유는 앞 문제에서 질문한 '2일분 용기 수', '표준용기 수'가 생략되었기 때문입니다.

(3) 노즐에서 가스 분출량 계산

LPG를 사용하는 연소기구의 밸브가 열려 0.6 mm의 노즐에서 수주 280 mm의 압력으로 LP가스가 4시간 유출하였을 경우 가스 분출량은 몇 L인가? (단, 분출압력 280 mmH_2O에서 LP가스의 비중은 1.7이다.)

풀이 $$Q = 0.009\,D^2 \times \sqrt{\frac{P}{d}} = 0.009 \times 0.6^2 \times \sqrt{\frac{280}{1.7}} \times \boxed{1000 \times 4}$$

$$= 166.325 \fallingdotseq 166.33\,\text{L}$$

해답 166.33 L

설명 ① 노즐에서 분출되는 가스량(Q)의 단위는 'm^3/h'인데 문제에서 묻는 것은 4시간 동안 유출된 가스량을 'L(리터)'단위로 묻고 있으므로 'm^3'를 'L'로 변환하기 위해 '1000'을 곱한 것이고, 4시간 동안 유출된 가스량을 계산하기 위해 '4'를 곱한 것입니다.

② 1 m^3 = 1000 L, 1 L = 1000 mL = 1000 cc, 비중이 1인 물의 경우 1 L = 1 kg, 1 m^3 = 1000 kg = 1톤 등은 상식적으로 기억하고 있어야 합니다.

(4) 펌프의 축동력 계산

> 전양정 25 m, 유량이 1.5 m³/min인 펌프로 물을 이송하는 경우 이 펌프의 축동력(kW)을 계산하시오. (단, 펌프의 효율은 75 %이다.)

풀이 $\text{kW} = \dfrac{\gamma \cdot Q \cdot H}{102\eta} = \dfrac{1000 \times 1.5 \times 25}{102 \times 0.75 \times \boxed{60}} = 8.169 \fallingdotseq 8.17\,\text{kW}$

해답 8.17 kW

설명 ① 비중량(γ)은 별도로 언급이 없으면 물의 비중량 1000 kgf/m^{3}을 적용합니다. 이유는 물의 비중은 1이기 때문입니다.

② 분모에 '60'을 적용한 이유는 축동력 공식에서 유량(Q)의 단위가 'm^3/s'인데 분(min)당 유량으로 주어진 것을 초(s)당 유량으로 변환하기 위한 것입니다. 만약에 시간당 유량(m^3/h)으로 주어지면 '3600'을 적용해야 합니다.

(5) 원주방향 및 축방향 응력 계산

> 200 A 강관에 내압 10 kgf/cm²을 받을 경우 관에 생기는 원주방향 응력(kgf/cm²)과 축방향 응력(kgf/cm²)을 계산하시오. (단, 200 A 강관의 바깥지름(D)은 216.3 mm, 두께(t)는 5.8 mm이다.)

풀이 ① 원주방향 응력 계산

$$\sigma_A = \frac{PD}{2t} = \frac{10 \times \boxed{(216.3 - 2 \times 5.8)}}{2 \times 5.8} = 176.465 \fallingdotseq 176.47\,\text{kgf/cm}^2$$

② 축방향 응력 계산

$$\sigma_B = \frac{PD}{4t} = \frac{10 \times \boxed{(216.3 - 2 \times 5.8)}}{4 \times 5.8} = 88.232 \fallingdotseq 88.23\,\text{kgf/cm}^2$$

해답 ① 원주방향 응력 : 176.47 kgf/cm^2

② 축방향 응력 : 88.23 kgf/cm^2

설명 ① 원주방향 및 축방향 응력 계산식에서 D는 안지름을 의미하므로 문제에서 주어진 바깥지름(외경)에서 안지름을 계산하기 위해서는 좌·우에 있는 두께 2개소를 제외시켜야 안지름이 계산됩니다.

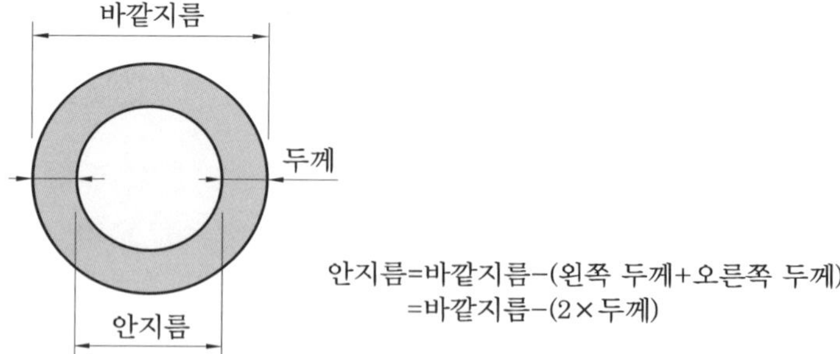

② 안지름과 두께의 단위는 'cm'가 되어야 하지만 분모, 분자에 동일한 단위를 적용하면 약분되어 최종값에는 변화가 없기 때문에 'mm'단위를 적용해도 이상이 없는 사항입니다.

(6) 압축가스 저장탱크 및 용기 충전량 산정식

> 내용적 500 L, 압력이 12 MPa이고 용기 본수는 120개일 때 압축가스의 저장능력은 몇 m^3인가?

풀이 $Q=(10P+1)\cdot V=(10\times12+1)\times0.5\times120=7260\,m^3$

해답 $7260\ m^3$

설명 압축가스를 저장탱크 및 용기에 충전할 때 충전량 산정식에서 $Q=(10P+1)\cdot V_1$과 $Q=(P+1)\cdot V_1$이 어떻게 다른지 구별이 필요합니다. 결론부터 이야기하면 $Q=(10P+1)\cdot V_1$에서 압력(P)의 단위는 'MPa'이고, $Q=(P+1)\cdot V_1$에서 압력(P)의 단위는 'kgf/cm^2'입니다. 압축가스의 충전압력이 SI단위인지, 공학단위인지 확인을 하고 어떤 공식을 적용해야 하는지 판단하길 바랍니다.

(7) 용접용기 동판 두께 계산식

> 최고충전압력 2.0 MPa, 동체의 안지름 65 cm인 강재 용접용기의 동판 두께는 몇 mm인가? (단, 재료의 인장강도 500 N/mm^2, 용접효율 100 %, 부식여유 1 mm이다.)

풀이 $t=\dfrac{P\cdot D}{2S\cdot\eta-1.2P}+C=\dfrac{2\times\boxed{65\times10}}{2\times\boxed{500\times\frac{1}{4}}\times1-1.2\times2}+1=6.250\fallingdotseq6.25\,mm$

해답 6.25 mm

설명 ① 동판 두께 계산식의 각 기호의 의미와 단위

t : 동판의 두께(mm)　　P : 최고충전압력(MPa)

D : 안지름(mm)　　S : 허용응력(N/mm^2)

η : 용접효율　　C : 부식여유수치(mm)

② 풀이과정 분자의 '65×10'은 안지름을 'mm'단위로 변환하는 과정입니다.

③ 풀이과정 분모의 '$500\times\frac{1}{4}$'은 재료의 인장강도 500 N/mm^2를 이용하여 '허용응력(N/mm^2)'을 계산하는 과정이고 '인장강도', '허용응력', '안전율'의 관계는 다음과 같습니다.

㉮ $\text{안전율}=\dfrac{\text{인장강도}(N/mm^2)}{\text{허용응력}(N/mm^2)}$ 이므로

$\text{허용응력}(S)=\dfrac{\text{인장강도}}{\text{안전율}}=\text{인장강도}\times\dfrac{1}{\text{안전율}}$ 입니다.

㉯ 안전율이 별도로 주어지지 않으면 '4'를 적용합니다. 다만, 스테인리스제일 경우에는 3.5를 적용합니다. (2013. 기사 제2회 필답형 02번, 2016. 기사 제1회 필답형 13번 참고)

④ 공학단위일 경우 공식

$t=\dfrac{P\cdot D}{200S\cdot\eta-1.2P}+C$이고 압력($P$)은 kgf/cm^2, 허용응력(S)은 kgf/mm^2을 적용합니다.

결론 저장탱크 동판 두께 계산, 구형 가스홀더 동판 두께 계산, 배관의 스케줄 번호 등을 계산할 때 재료의 인장강도가 주어졌는지, 허용응력으로 주어졌는지 꼭 확인하고 풀이 과정을 작성하길 바랍니다.

⑻ 공기액화 분리장치의 불순물 유입금지 기준

> **공기액화 분리장치의 액화산소 5 L 중에 CH_4이 250 mg, C_4H_{10}이 200 mg 함유하고 있다면 공기액화 분리장치의 운전이 가능한지 판정하시오. (단, 공기액화 분리장치의 공기 압축량이 1000 m^3/h 이상이다.)**

풀이 ① 탄화수소 중 탄소질량 계산

$$\therefore \text{탄소질량} = \left(\frac{12}{16} \times 250\right) + \left(\frac{48}{58} \times 200\right) = 353.017 \fallingdotseq 353.02\,\text{mg}$$

② 판정 : 500 mg이 넘지 않으므로 운전이 가능하다.

해답 탄화수소 중 탄소질량이 353.02 mg으로 500 mg을 넘지 않으므로 운전이 가능하다.

설명 ① 공기액화분리기의 불순물 유입금지 기준(KGS FP112) : 공기액화분리기(1시간의 공기 압축량이 1000 m^3 이하의 것은 제외한다)에 설치된 액화산소통 안의 액화산소 5 L 중 아세틸렌 질량이 5 mg 또는 탄화수소의 탄소의 질량이 500 mg을 넘을 때에는 그 공기액화분리기의 운전을 중지하고 액화산소를 방출한다.

② 탄화수소 중 탄소질량 계산 : 탄화수소 중 탄소질량은 문제에서 주어진 탄화수소류의 질량에 이 탄화수소 중 탄소가 차지하는 질량비율만큼 있는 것이므로 질량비를 곱하면 됩니다.

$$\therefore \text{탄소의 질량비} = \frac{\text{탄소질량}}{\text{분자량}}$$

$$\therefore \text{탄소질량} = A\text{물질의 탄소량} + B\text{물질의 탄소량}$$
$$= (A\text{물질 탄소의 질량비} \times A\text{물질량}) + (B\text{물질 탄소의 질량비} \times B\text{물질량})$$
$$= \left(\frac{12}{16} \times 250\right) + \left(\frac{48}{58} \times 200\right) = 353.017 \fallingdotseq 353.02\,\text{mg}$$

> **공기액화 분리장치에서 액화산소 35 L 중 메탄 2 g, 부탄 4 g이 혼합되어 있을 때 탄화수소의 탄소질량을 구하고, 공기액화 분리장치의 운전은 어떻게 하여야 하는지 조치방법을 쓰시오.**
> **⑴ 탄화수소의 탄소질량 계산 :**
> **⑵ 조치 방법 :**

풀이 ⑴ $\text{탄소질량} = \dfrac{\left(\frac{12}{16} \times 2000\right) + \left(\frac{48}{58} \times 4000\right)}{\boxed{\frac{35}{5}}} = 687.192 \fallingdotseq 687.19\,\text{mg}$

해답 ⑴ 687.19 mg

⑵ 탄화수소 중 탄소질량이 500 mg을 넘으므로 운전을 중지하고 액화산소를 방출하여야 한다.

설명 문제에서 액화산소가 35 L로 주어졌으므로 주어진 액화산소는 기준량 5 L에 7배 $\left(\frac{35}{5} = 7\right)$에 해당되는 양이며, 메탄 2 g과 부탄 4 g도 액화산소 기준량에 7배에 해당되는 양에 포함된 양이므로 계산된 탄소량을 7배로 나눠주면 액산 5 L에 함유된 양이 됩니다. 탄화수소류의 질량 단위 중 1 g은 1000 mg에 해당됩니다.

$$\therefore \text{탄소질량} = \frac{A\text{물질 중 탄소량} + B\text{물질 중 탄소량}}{\text{액산 기준량의 배수}}$$

$$= \frac{\left(\frac{12}{16} \times 2000\right) + \left(\frac{48}{58} \times 4000\right)}{\frac{35}{5}} = 687.192 ≒ 687.19\,\text{mg}$$

3 단위정리가 이루어지지 않는 공식

계산공식에 적용하는 각 기호의 인자에 대한 각각의 단위를 정리하면 최종값 단위와 일치하는 것이 일반적인데 그렇지 않은 공식을 정리한 것입니다. 단위정리가 이루어지지 않는 공식이 존재하는 이유는 실험이나 경험 등에 의하여 만들어진 공식이 대부분이고 최종값의 오차를 보정하기 위하여 상수(C)값을 적용하는 것이 일반적입니다.

① 입상배관에 의한 압력손실

$$H = 1.293(S-1)h$$

여기서, H : 입상배관에 의한 압력손실(mmH$_2$O)　　S : 가스의 비중
h : 입상높이(m)

※ 가스비중이 공기보다 작은 경우 "−" 값이 나오면 압력이 상승되는 것이다.

※ '1.293'은 공기의 밀도$\left(\rho = \frac{M}{22.4} = \frac{28.965}{22.4} = 1.293\,\text{kg/m}^3\right)$이며, 공학단위가 기본으로 적용될 때 질량 1 kg은 중량 1 kgf으로 적용할 수 있었으므로 이것을 적용하면 최종값 단위는 'kg/m^2'으로 나오고 이것은 'mmH$_2$O'와 변환이 가능하다.

② 저압배관의 유량식

$$Q = K\sqrt{\frac{D^5 \cdot H}{S \cdot L}}$$

여기서, Q : 가스의 유량(m^3/h)　　D : 관 안지름(cm)
H : 압력손실(mmH$_2$O)　　S : 가스의 비중
L : 관의 길이(m)　　K : 유량계수(폴의 상수 : 0.707)

③ 중·고압배관의 유량식

$$Q = K\sqrt{\frac{D^5 \cdot (P_1^2 - P_2^2)}{S \cdot L}}$$

여기서, Q : 가스의 유량(m^3/h)　　D : 관 안지름(cm)
P_1 : 초압(kgf/cm^2·a)　　P_2 : 종압(kgf/cm^2·a)
S : 가스의 비중　　L : 관의 길이(m)
K : 유량계수(코크스의 상수 : 52.31)

④ 노즐에서의 가스 분출량 계산식

$$Q = 0.011K \cdot D^2 \sqrt{\frac{P}{d}} = 0.009D^2 \sqrt{\frac{P}{d}}$$

여기서, Q : 분출가스량(m^3/h)
K : 유출계수(0.8)
D : 노즐의 지름(mm)
d : 가스비중
P : 노즐 직전의 가스압력(mmH_2O)

⑤ 웨버지수

$$WI = \frac{H_g}{\sqrt{d}}$$

여기서, WI : 웨버지수
H_g : 도시가스의 총발열량($kcal/m^3$)
d : 도시가스의 비중
※ 웨버지수는 단위가 없는 무차원수입니다.

⑥ 연소기의 노즐 조정

$$\frac{D_2}{D_1} = \frac{\sqrt{WI_1 \sqrt{P_1}}}{\sqrt{WI_2 \sqrt{P_2}}}$$

여기서, D_1 : 변경 전 노즐 지름(mm)
D_2 : 변경 후 노즐 지름(mm)
WI_1 : 변경 전 가스의 웨버지수
WI_2 : 변경 후 가스의 웨버지수
P_1 : 변경 전 가스의 압력(mmH_2O)
P_2 : 변경 후 가스의 압력(mmH_2O)

⑦ 배관의 스케줄 번호(schedule number)

$$Sch\ No = 10 \times \frac{P}{S}$$

여기서, P : 사용압력(kgf/cm^2)
S : 재료의 허용응력(kgf/mm^2)

⑧ 용접용기 동판 두께 산출식

$$t = \frac{P \cdot D}{2S \cdot \eta - 1.2P} + C$$

여기서, t : 동판의 두께(mm)
P : 최고충전압력(MPa)
D : 안지름(mm)
S : 허용응력(N/mm^2)
η : 용접효율
C : 부식여유수치(mm)

※ 단위가 정리되지 않는 공식을 몇 시간, 심한 경우 며칠씩이나 각각의 기호에 대입해 보고 정리가 되지 않아 고민하면서 금쪽과 같은 시간을 허비(虛費)하지 않기를 바랍니다.

간추린 **가스 관련 공식** 100선(選)

1 온도

① $℃ = \frac{5}{9}(°F - 32)$

② $°F = \frac{9}{5}℃ + 32$

③ 절대온도

$K = ℃ + 273 \quad °R = °F + 460$

2 압력

① 절대압력 = 대기압+게이지압력
= 대기압−진공압력

② 압력환산

$$환산압력 = \frac{주어진\ 압력}{주어진\ 압력\ 표준대기압} \times 구하려고\ 하는\ 표준대기압$$

참고

1MPa = 10.1968 kgf/cm^2 ≒ 10 kgf/cm^2
1kPa = 101.968 mmH_2O ≒ 100 mmH_2O

3 비열비

$k = \frac{C_p}{C_v} > 1$

$C_p - C_v = AR \qquad C_p = \frac{k}{k-1}AR$

$C_v = \frac{1}{k-1}AR$

k : 비열비
C_p : 정압비열(kcal/kgf·℃)
C_v : 정적비열(kcal/kgf · ℃)
A : 일의 열당량 $\left(\frac{1}{427}\text{kcal/kgf·m}\right)$
R : 기체상수 $\left(\frac{848}{M}\text{kgf·m/kg·K}\right)$

[SI 단위]

$C_p - C_v = R \qquad C_p = \frac{k}{k-1}R$

$C_v = \frac{1}{k-1}R$

C_p : 정압비열(kJ/kg·℃)
C_v : 정적비열(kJ/kg·℃)
R : 기체상수$\left(\frac{8.314}{M}\text{kJ/kg·K}\right)$

4 현열과 잠열

① 현열

$Q = G \cdot C \cdot \Delta t$

Q : 현열(kcal)
G : 물체의 중량(kgf)
C : 비열(kcal/kgf·℃)
Δt : 온도변화(℃)

② 잠열

$Q = G \cdot r$

Q : 잠열(kcal)
G : 물체의 중량(kgf)
r : 잠열량(kcal/kgf)

[SI 단위]

① 현열(감열)

$Q = m \cdot C \cdot \Delta t$

Q : 현열(kJ)
m : 물체의 질량(kg)
C : 비열(kJ/kg·℃)
Δt : 온도변화(℃)

② 잠열

$Q = m \cdot r$

Q : 잠열(kJ) m : 물체의 질량(kg)
r : 잠열량(kJ/kg)

5 엔탈피

$h = U + A \cdot P \cdot v$

h : 엔탈피(kcal/kgf)
U : 내부에너지(kcal/kgf)
A : 일의 열당량 $\left(\frac{1}{427}\text{kcal/kgf} \cdot \text{m}\right)$
P : 압력(kgf/m^2)
v : 비체적($\text{m}^3\text{/kgf}$)

[SI 단위]

$h = U + P \cdot v$

h : 엔탈피(kJ/kg)
U : 내부에너지(kJ/kg)
P : 압력(kPa)
v : 비체적($\text{m}^3\text{/kg}$)

6 엔트로피

$$dS = \frac{dQ}{T} = U + \frac{A \cdot P \cdot v}{T}$$

dS : 엔트로피 변화량(kcal/kgf·K)
dQ : 열량변화(kcal/kgf)
T : 그 상태의 절대온도(K)
A : 일의 열당량$\left(\frac{1}{427}\text{kcal/kgf} \cdot \text{m}\right)$
P : 압력(kgf/m^2)
v : 비체적($\text{m}^3\text{/kgf}$)

[SI 단위]

$$dS = \frac{dQ}{T} = U + \frac{P \cdot v}{T}$$

dS : 엔트로피 변화량(kJ/kg·K)
dQ : 열량변화(kJ/kg)
T : 그 상태의 절대온도(K)
P : 압력(kPa)
v : 비체적($\text{m}^3\text{/kg}$)

7 열평형 온도(열역학 제0법칙)

$$t_m = \frac{G_1 \cdot C_1 \cdot t_1 + G_2 \cdot C_2 \cdot t_2}{G_1 \cdot C_1 + G_2 \cdot C_2}$$

t_m : 평균온도(℃)
G_1, G_2 : 각 물질의 중량(kgf)
C_1, C_2 : 각 물질의 비열(kcal/kgf·℃)
t_1, t_2 : 각 물질의 온도(℃)

8 줄의 법칙

$Q = A \cdot W$ $W = J \cdot Q$

Q : 열량(kcal) W : 일량(kgf·m)
A : 일의 열당량$\left(\frac{1}{427}\text{kcal/kgf} \cdot \text{m}\right)$
J : 열의 일당량(427 kgf·m/kcal)

[SI 단위]

$Q = W$

Q : 열량(kJ) W : 일량(kJ)

9 비중

① 가스 비중

$$\text{가스 비중} = \frac{\text{기체분자량(질량)}}{\text{공기의 평균분자량(29)}}$$

② 액체 비중

$$\text{액체 비중} = \frac{t\text{℃의 물질의 밀도}}{4\text{℃ 물의 밀도}}$$

10 가스 밀도, 비체적

① 가스 밀도(g/L, kg/m^3) $= \frac{\text{분자량}}{22.4}$

② 가스비체적(L/g, $\text{m}^3\text{/kg}$)

$$= \frac{22.4}{\text{분자량}} = \frac{1}{\text{밀도}}$$

11 보일-샤를의 법칙

① 보일의 법칙

$P_1 \cdot V_1 = P_2 \cdot V_2$

② 샤를의 법칙

$$\frac{V_1}{T_1} = \frac{V_2}{T_2}$$

③ 보일-샤를의 법칙

$$\frac{P_1 \cdot V_1}{T_1} = \frac{P_2 \cdot V_2}{T_2}$$

P_1 : 변하기 전의 절대압력
P_2 : 변한 후의 절대압력
V_1 : 변하기 전의 부피
V_2 : 변한 후의 부피
T_1 : 변하기 전의 절대온도(K)
T_2 : 변한 후의 절대온도(K)

12 이상기체 상태 방정식

① $PV = nRT$ $PV = \frac{W}{M}RT$

$$PV = Z\frac{W}{M}RT$$

P : 압력(atm) V : 체적(L)
n : 몰(mol) 수
R : 기체상수(0.082 L·atm/mol·K)
M : 분자량(g) W : 질량(g)
T : 절대온도(K) Z : 압축계수

② $PV = GRT$

P : 압력($kgf/m^2 \cdot a$) V : 체적(m^3)
G : 중량(kgf) T : 절대온도(K)
R : 기체상수 $\left(\frac{848}{M} kgf \cdot m/kg \cdot K\right)$

[SI 단위]

$PV = GRT$

P : 압력(kPa·a) V : 체적(m^3)
G : 질량(kg) T : 절대온도(K)
R : 기체상수 $\left(\frac{8.314}{M} kJ/kg \cdot K\right)$

13 실제기체 상태 방정식 (Van der Walls식)

① 실제기체가 1mol의 경우

$$\left(P + \frac{a}{V^2}\right)(V - b) = RT$$

② 실제기체가 n[mol]의 경우

$$\left(P + \frac{n^2 \cdot a}{V^2}\right)(V - n \cdot b) = nRT$$

a : 기체분자간의 인력($atm \cdot L^2/mol^2$)
b : 기체분자 자신이 차지하는 부피(L/mol)

14 달톤의 분압법칙

$$P = P_1 + P_2 + P_3 + \cdots + P_n$$

P : 전압
P_1, P_2, P_3, P_n : 각 성분 기체의 압력

15 아메가의 분적법칙

$$V = V_1 + V_2 + V_3 + \cdots + V_n$$

V : 전부피
V_1, V_2, V_3, V_n : 각 성분 기체의 부피

16 전압

$$P = \frac{P_1V_1 + P_2V_2 + P_3V_3 + \cdots + P_nV_n}{V}$$

P : 전압 V : 전부피
P_1, P_2, P_3, P_n : 각 성분 기체의 분압
V_1, V_2, V_3, V_n : 각 성분 기체의 부피

17 분압

$$분압 = 전압 \times \frac{성분\ 몰수}{전\ 몰수}$$

$$= 전압 \times \frac{성분\ 부피}{전\ 부피}$$

$$= 전압 \times \frac{성분\ 분자수}{전\ 분자수}$$

18 혼합가스의 조성

① $mol(\%) = \frac{어느\ 성분\ 기체의\ mol수}{가스\ 전체의\ mol수}$

② $체적(\%) = \frac{어느\ 성분\ 기체의\ 체적}{가스\ 전체의\ 체적}$

③ 중량(%)$=\frac{\text{어느 성분 기체의 중량}}{\text{가스 전체의 중량}}$

19 혼합가스의 확산속도(그레이엄의 법칙)

$$\frac{U_2}{U_1}=\sqrt{\frac{M_1}{M_2}}=\frac{t_1}{t_2}$$

U_1, U_2 : 1번 및 2번 기체의 확산속도
M_1, M_2 : 1번 및 2번 기체의 분자량
t_1, t_2 : 1번 및 2번 기체의 확산시간

20 르샤틀리에의 법칙(폭발한계 계산)

$$\frac{100}{L}=\frac{V_1}{L_1}+\frac{V_2}{L_2}+\frac{V_3}{L_3}+\frac{V_4}{L_4}+\cdots$$

L : 혼합가스의 폭발한계치
V_1, V_2, V_3, V_4 : 각 성분 체적(%)
L_1, L_2, L_3, L_4 : 각 성분 단독의 폭발한계치

21 다공도 계산식

다공도(%)$=\frac{V-E}{V}\times 100$

V : 다공물질의 용적(m^3)
E : 아세톤의 침윤 잔용적(m^3)
※ 다공도 기준 : 75~92% 미만

22 횡형 원통형 저장탱크

① 내용적 계산식

$$V=\frac{\pi}{4}D_1^2\,L_1+\frac{\pi}{12}D_1^2\cdot L_2\times 2$$

② 표면적 계산식

$$A=\pi D_2 L_1+\frac{\pi}{4}D_2{}^2\times 2$$

V : 저장탱크 내용적(m^3)
A : 저장탱크 표면적(m^2)
D_1 : 저장탱크 안지름(m)
D_2 : 저장탱크 바깥지름(m)
L_1 : 원통부의 길이(m)
L_2 : 경판의 길이(m)

23 구형(球形) 저장탱크 내용적 계산식

$$V=\frac{4}{3}\pi\cdot r^3=\frac{\pi}{6}D^3$$

V : 구형 저장탱크의 내용적(m^3)
r : 구형 저장탱크의 반지름(m)
D : 구형 저장탱크의 지름(m)

24 집합공급 설비 용기 수 계산

① 피크 시 평균가스 소비량(kg/h)
=1일 1호당 평균가스 소비량(kg/day)×세대수×피크 시의 평균가스 소비율

② 필요 최저 용기 수
$=\frac{\text{피크 시 평균가스 소비량(kg/h)}}{\text{피크 시 용기 가스발생능력(kg/h)}}$

③ 2일분 용기 수=
$\frac{\text{1일 1호당 평균가스소비량(kg/day)}\times\text{2일}\times\text{세대수}}{\text{용기의 질량(크기)}}$

④ 표준 용기 설치 수
=필요 최저 용기 수+2일분 용기 수

⑤ 2열 합계 용기 수=표준 용기 수×2

25 영업장의 용기 수 계산

용기 수$=\frac{\text{최대소비수량(kg/h)}}{\text{표준가스 발생능력(kg/h)}}$

26 용기 교환주기 계산

교환주기$=\frac{\text{총 가스량}}{\text{1일 가스소비량}}$

$=\frac{\text{용기의 크기(kg)}\times\text{용기 수}}{\text{가스소비량(kg/h)}\times\text{연소기수}\times\text{1일 평균사용시간}}$

27 입상배관에 의한 압력손실

$$H=1.293(S-1)h$$

H : 입상배관에 의한 압력손실(mmH_2O)
S : 가스의 비중 h : 입상높이(m)

※가스비중이 공기보다 작은 경우 "−" 값이 나오면 압력이 상승되는 것이다.

28 저압배관의 유량 결정

$$Q = K\sqrt{\frac{D^5 \cdot H}{S \cdot L}}$$

Q : 가스의 유량(m^3/h)
D : 관 안지름(cm)
H : 압력손실(mmH_2O)
S : 가스의 비중
L : 관의 길이(m)
K : 유량계수(폴의 상수 : 0.707)

29 중·고압배관의 유량 결정

$$Q = K\sqrt{\frac{D^5 \cdot (P_1^2 - P_2^2)}{S \cdot L}}$$

Q : 가스의 유량(m^3/h)
D : 관 안지름(cm)
P_1 : 초압($kgf/cm^2 \cdot a$)
P_2 : 종압($kgf/cm^2 \cdot a$)
S : 가스의 비중 L : 관의 길이(m)
K : 유량계수(코크스의 상수 : 52.31)

30 배관의 스케줄 번호 (schedule number)

$$\text{Sch No} = 10 \times \frac{\text{P}}{\text{S}}$$

P : 사용압력(kgf/cm^2)
S : 재료의 허용응력(kgf/mm^2)
$$\left(S = \frac{\text{인장강도}(kgf/mm^2)}{\text{안전율}(4)}\right)$$

31 배관의 두께 계산

① 바깥지름과 안지름의 비가 1.2 미만인 경우

$$t = \frac{P \cdot D}{2 \cdot \frac{f}{S} - P} + C$$

② 바깥지름과 안지름의 비가 1.2 이상인 경우

$$t = \frac{D}{2}\left\{\sqrt{\frac{\frac{f}{S} + P}{\frac{f}{S} - P}} - 1\right\} + C$$

t : 배관의 두께(mm) P : 상용압력(MPa)
D : 안지름에서 부식여유에 상당하는 부분을 뺀 수치(mm)
f : 재료의 인장강도(N/mm^2) 또는 항복점(N/mm^2)의 1.6배
C : 부식여유치(mm)
S : 안전율

32 열팽창에 의한 신축길이

$$\Delta L = L \cdot \alpha \cdot \Delta t$$

ΔL : 관의 신축길이(mm)
L : 관 길이(mm)
α : 선팽창계수(1.2×10^{-5} /℃)
Δt : 온도차(℃)

33 원형관의 압력손실

① 다르시−바이스바하식

$$h_f = f \times \frac{L}{D} \times \frac{V^2}{2g}$$

② 패닝(Fanning)의 식

$$h_f = 4f \times \frac{L}{D} \times \frac{V^2}{2g}$$

h_f : 손실수두(mH_2O)
f : 관마찰계수
L : 관길이(m) D : 관지름(m)
V : 유체의 속도(m/s)
g : 중력가속도($9.8m/s^2$)

34 노즐에서의 가스 분출량 계산식

$$Q = 0.011K \cdot D^2\sqrt{\frac{P}{d}} = 0.009D^2\sqrt{\frac{P}{d}}$$

Q : 분출가스량(m^3/h)
K : 유출계수(0.8)
D : 노즐의 지름(mm)
d : 가스 비중

P : 노즐 직전의 가스압력(mmH_2O)

35 가스홀더의 활동량(ΔV) 계산

$$\Delta V = V \times \frac{(P_1 - P_2)}{P_0} \times \frac{T_0}{T_1}$$

ΔV : 가스홀더의 활동량(Nm^3)
V : 가스홀더의 내용적(m^3)
P_1 : 가스홀더의 최고사용압력($kgf/cm^2 \cdot a$)
P_2 : 가스홀더의 최저사용압력($kgf/cm^2 \cdot a$)
P_0 : 표준대기압($1.0332kgf/cm^2$)
T_0 : 표준상태의 절대온도(273K)
T_1 : 가동상태의 절대온도(K)

36 가스홀더의 제조 능력

$$M = (S \times a - H) \times \frac{24}{t}$$

M : 1일의 최대 필요 제조 능력
S : 1일의 최대 공급량
a : 17시~22시 공급률
H : 가스홀더 활동량
t : 시간당 공급량이 제조 능력보다도 많은 시간(피크사용시간)

37 도시가스 월사용 예정량 산정식

$$Q = \frac{(A \times 240) + (B \times 90)}{11000}$$

Q : 월사용 예정량(m^3)
A : 공장 등 산업용 연소기 가스소비량 합계(kcal/h)
B : 음식점 등 영업용(산업용 외) 연소기 가스소비량 합계(kcal/h)

38 공기 희석 시 조정 발열량

$$Q_2 = \frac{Q_1}{1+x}$$

Q_2 : 조정된 발열량($kcal/m^3$)
Q_1 : 변경 전 발열량($kcal/m^3$)
x : 희석배수(공기량 : m^3)

39 웨버지수

$$WI = \frac{H_g}{\sqrt{d}}$$

H_g : 도시가스의 총발열량($kcal/m^3$)
d : 도시가스의 비중

40 연소속도 지수

$$Cp = K\frac{1.0H_2 + 0.6(CO + C_mH_n) + 0.3CH_4}{\sqrt{d}}$$

H_2 : 가스중의 수소 함량(vol%)
CO : 가스중의 일산화탄소 함량(vol%)
C_mH_n : 가스중의 탄화수소의 함량(vol%)
d : 가스의 비중
K : 가스중의 산소 함량에 따른 정수

41 연소기의 노즐 조정

$$\frac{D_2}{D_1} = \frac{\sqrt{WI_1\sqrt{P_1}}}{\sqrt{WI_2\sqrt{P_2}}}$$

D_1 : 변경 전 노즐 지름(mm)
D_2 : 변경 후 노즐 지름(mm)
WI_1 : 변경 전 가스의 웨버지수
WI_2 : 변경 후 가스의 웨버지수
P_1 : 변경 전 가스의 압력(mmH_2O)
P_2 : 변경 후 가스의 압력(mmH_2O)

42 왕복동형 압축기 피스톤 압출량

① 이론적 피스톤 압출량

$$V = \frac{\pi}{4} \cdot D^2 \cdot L \cdot n \cdot N \cdot 60$$

② 실제적 피스톤 압출량

$$V' = \frac{\pi}{4} \cdot D^2 \cdot L \cdot n \cdot N \cdot 60 \cdot \eta_v$$

V : 이론적인 피스톤 압출량(m^3/h)
V' : 실제적인 피스톤 압출량(m^3/h)
D : 피스톤 지름(m)
L : 행정거리(m)　　n : 기통수
N : 분당 회전수(rpm)
η_v : 체적효율(%)

43 회전식 압축기 피스톤 압출량

$$V = 60 \times 0.785 \cdot t \cdot N \cdot (D^2 - d^2)$$

V : 피스톤 압출량(m^3/h)
t : 회전 피스톤의 가스 압축부분의 두께(m)
N : 회전 피스톤의 회전수(rpm)
D : 피스톤 기통의 안지름(m)
d : 회전 피스톤의 바깥지름(m)

44 나사식 압축기 토출량

$$Q_{th} = C_v \cdot D^2 \cdot L \cdot N$$

Q_{th} : 이론 토출량(m^3/min)
D : 암 로터의 지름(m)
L : 로터의 길이(m)
N : 숫 로터의 회전수(rpm)
C_v : 로터 모양에서 결정되는 상수

45 압축비

① 1단 압축비　　② 다단 압축비

$$a = \frac{P_2}{P_1} \qquad a^m = \sqrt[n]{\frac{P_2}{P_1}}$$

P_1 : 흡입압력(절대압력)
P_2 : 최종압력(절대압력)
n : 단수

46 압축기 효율

① 체적효율(%)

$$\eta_v = \frac{\text{실제적 피스톤 압출량}}{\text{이론적 피스톤 압출량}} \times 100$$

② 압축효율(%)

$$\eta_c = \frac{\text{이론동력}}{\text{실제소요동력(지시동력)}} \times 100$$

③ 기계효율(%)

$$\eta_m = \frac{\text{실제적 소요동력(지시동력)}}{\text{축동력}} \times 100$$

47 펌프 효율

① 체적효율(%)

$$\eta_v = \frac{\text{실제적 흡출량}}{\text{이론적 흡출량}} \times 100$$

② 수력효율(%)

$$\eta_h = \frac{\text{최종압력 증가량}}{\text{평균 유효압력}} \times 100$$

③ 기계효율(%)

$$\eta_m = \frac{\text{실제적 소요동력(지시동력)}}{\text{축동력}} \times 100$$

④ 펌프의 전효율

$$\eta = \frac{L_W}{L_S} = \eta_v \times \eta_h \times \eta_m$$

η : 펌프의 전효율　L_w : 수동력
L_s : 축동력　η_v : 체적효율
η_h : 수력효율　η_m : 기계효율

48 비교회전도(비속도)

$$N_S = \frac{N\sqrt{Q}}{\left(\frac{H}{n}\right)^{\frac{3}{4}}}$$

N_s : 비교회전도(비속도)(rpm · m^3/min · m)
N : 회전수(rpm)　H : 양정(m)
Q : 풍량(m^3/min)　n : 단수

49 전동기(motor) 회전수

$$N = \frac{120f}{P} \times \left(1 - \frac{s}{100}\right)$$

N : 전동기 회전수(rpm)　f : 주파수(Hz)
P : 극수　s : 미끄럼률

50 압축기 축동력

① PS(미터마력)　② kW

$$\text{PS} = \frac{P \cdot Q}{75\eta} \qquad \text{kW} = \frac{P \cdot Q}{102\eta}$$

P : 토출압력(kgf/m^2)　Q : 유량(m^3/s)
η : 효율

51 펌프의 축동력

① PS(미터마력) ② kW

$$PS = \frac{\gamma \cdot Q \cdot H}{75\eta} \qquad kW = \frac{\gamma \cdot Q \cdot H}{102\eta}$$

γ : 액체의 비중량(kgf/m^3)
Q : 유량(m^3/s) H : 전양정(m)
η : 효율

52 원심펌프 상사법칙

① 유량

$$Q_2 = Q_1 \times \left(\frac{N_2}{N_1}\right) \times \left(\frac{D_2}{D_1}\right)^3$$

② 양정

$$H_2 = H_1 \times \left(\frac{N_2}{N_1}\right)^2 \times \left(\frac{D_2}{D_1}\right)^2$$

③ 동력

$$L_2 = L_1 \times \left(\frac{N_2}{N_1}\right)^3 \times \left(\frac{D_2}{D_1}\right)^5$$

Q_1, Q_2 : 변경 전, 후의 유량
H_1, H_2 : 변경 전, 후의 양정
L_1, L_2 : 변경 전, 후의 동력
N_1, N_2 : 변경 전, 후의 임펠러 회전수
D_1, D_2 : 변경 전, 후의 임펠러 지름

53 응력(stress)

$$\sigma = \frac{W}{A}$$

σ : 응력(kgf/cm^2) W : 하중(kgf)
A : 단면적(cm^2)

① 원주방향 응력 ② 축방향 응력

$$\sigma_A = \frac{PD}{2t} \qquad \sigma_B = \frac{PD}{4t}$$

σ_A : 원주방향 응력(kgf/cm^2)
σ_B : 축방향 응력(kgf/cm^2)
P : 사용압력(kgf/cm^2)
D : 안지름(mm)
t : 두께(mm)

③ 인장하중에 의한 응력

$$\sigma = \frac{\epsilon \times \Delta L}{L}$$

σ : 응력(kgf/cm^2) ϵ : 영률(kgf/cm^2)
ΔL : 늘어난 길이(cm)
L : 길이(cm)
※ 충격하중에 의한 응력은 인장하중에 의한 응력의 2배이다.

54 용기 두께 산출식

① 용접 용기 동판 두께 산출식

$$t = \frac{P \cdot D}{2S \cdot \eta - 1.2P} + C$$

t : 동판의 두께(mm)
P : 최고충전압력(MPa)
D : 안지름(mm) S : 허용응력(N/mm^2)
η : 용접효율 C : 부식여유수치(mm)

② 산소 용기 두께 산출식

$$t = \frac{P \cdot D}{2S \cdot E}$$

t : 두께(mm)
P : 최고충전압력(MPa)
D : 바깥지름(mm)
S : 인장강도(N/mm^2)
E : 안전율

③ 프로판 용기 두께 산출식

$$t = \frac{P \cdot D}{0.5S \cdot \eta - P} + C$$

t : 동판의 두께(mm)
P : 최고충전압력(MPa)
D : 안지름(mm)
S : 인장강도(N/mm^2)
η : 용접효율
C : 부식여유수치(mm)

④ 염소 용기 두께 산출식

$$t = \frac{P \cdot D}{2S}$$

t : 동판의 두께(mm) P : 증기압력(MPa)
D : 바깥지름(mm)
S : 인장강도(N/mm^2)

⑤ 구형 가스홀더 두께 산출식

$$t = \frac{P \cdot D}{4f \cdot \eta - 0.4P} + C$$

t : 동판의 두께(mm)
P : 최고충전압력(MPa)
D : 안지름(mm)
f : 허용응력(N/mm^2)
η : 용접효율
C : 부식여유수치(mm)

55 저장능력 산정식

① 압축가스의 저장탱크 및 용기

$$Q = (10P + 1) \cdot V_1$$

② 액화가스 저장탱크

$$W = 0.9d \cdot V_2$$

③ 액화가스 용기(충전용기, 탱크로리)

$$W = \frac{V_2}{C}$$

Q : 저장능력(m^3)
P : 35℃에서 최고충전압력(MPa)
V_1 : 내용적(m^3)　　W : 저장능력(kg)
V_2 : 내용적(L)　　d : 액화가스의 비중
C : 액화가스 충전상수(C_3H_8 :2.35, C_4H_{10} : 2.05, NH_3 : 1.86)

56 안전공간 계산

$$Q = \frac{V - E}{V} \times 100$$

Q : 안전공간(%)
V : 저장시설의 내용적
E : 액화가스의 부피

57 항구(영구)증가율(%) 계산

$$\text{항구(영구)증가율(\%)} = \frac{\text{항구증가량}}{\text{전증가량}} \times 100$$

58 비수조식 내압시험장치 전증가량 계산

$$\Delta V = (A - B) - \{(A - B) + V\} \times P \times \beta$$

ΔV : 전증가량(cm^3)
V : 용기 내용적(cm^3)
P : 내압시험압력(MPa)
A : 내압시험압력 P에서의 압입수량(수량계의 물 강하량)(cm^3)
B : 내압시험압력 P에서의 수압펌프에서 용기까지의 연결관에 압입된 수량(용기 이외의 압입수량)(cm^3)
β : 내압시험 시 물의 온도에서 압축계수
t : 내압시험 시 물의 온도(℃)

59 온도변화에 의한 액화가스의 액팽창량

$$\Delta V = V \cdot \alpha \cdot \Delta t$$

ΔV : 액팽창량(L)
V : 액화가스의 체적(L)
α : 액팽창계수(℃)
Δt : 온도변화(℃)

60 압력변화에 의한 액변화량

$$\Delta V = V_0 \cdot \beta \cdot \Delta P$$

ΔV : 가압한 물의 체적변화량(L)
V_0 : 내용적+가압한 물의 양(L)
β : 압축계수(atm)
ΔP : 압력변화(atm)

61 초저온 용기의 단열성능시험 (침입열량 계산식)

$$Q = \frac{W \cdot q}{H \cdot \Delta t \cdot V}$$

Q : 침입열량(J/h · ℃ · L)
W : 측정중의 기화가스량(kg)
q : 시험용 액화가스의 기화잠열(J/kg)
H : 측정시간(h)
Δt : 시험용 액화가스의 비점과 외기와의 온도차(℃)
V : 용기 내용적(L)

62 안전밸브 작동압력

$$P = \text{내압시험압력} \times \frac{8}{10} \text{ 이하}$$

내압시험압력=상용압력×1.5배
(단, 설비, 장치, 배관의 경우만 해당)

63 안전밸브 분출면적

$$a = \frac{W}{230P\sqrt{\frac{M}{T}}}$$

a : 분출부 유효면적(cm^2)
W : 시간당 분출가스량(kg/h)
P : 분출압력($kgf/cm^2 \cdot a$)
M : 가스 분자량
T : 분출직전의 가스의 절대온도(K)

64 압력용기 안전밸브 지름

$$d = C\sqrt{\left(\frac{D}{1000}\right) \times \left(\frac{L}{1000}\right)}$$

d : 안전밸브 지름(mm)
C : 가스 정수
D : 압력용기 바깥지름(mm)
L : 압력용기 길이(mm)

65 용기 내장형 가스난방기용 용기밸브 안전밸브 분출량

$$Q = 0.0278P \cdot W$$

Q : 분출량(m^3/min)
P : 작동절대압력(MPa)
W : 용기 내용적(L)

66 충전용기 시험압력

① 최고충전압력(FP)
　㉮ 압축가스 용기 : 35℃ 최고충전압력
　㉯ 아세틸렌용기 : 15℃에서 최고압력
　㉰ 초저온, 저온 용기 : 상용압력 중 최고 압력
　㉱ 액화가스 용기 : TP× $\frac{3}{5}$ 배

② 기밀시험압력(AP)
　㉮ 압축가스 용기 : 최고충전압력(FP)
　㉯ 아세틸렌 용기 : FP×1.8배
　㉰ 초저온, 저온 용기 : FP×1.1배
　㉱ 액화가스 용기 : 최고충전압력(FP)

③ 내압시험압력(TP)
　㉮ 압축가스 용기 : FP× $\frac{5}{3}$ 배
　㉯ 아세틸렌 용기 : FP×3배
　㉰ 재충전 금지 용기 압축가스 : FP× $\frac{5}{4}$ 배
　㉱ 초저온, 저온 용기 : FP× $\frac{5}{3}$ 배
　㉲ 액화가스 용기 : 액화가스 종류별로 규정된 압력

67 연소기 효율

$$\eta(\%) = \frac{\text{유효하게 이용된 열량}}{\text{공급열량}} \times 100$$

$$= \frac{G \cdot C \cdot \Delta t}{G_f \cdot H_l} \times 100$$

η : 연소기 효율(%)　G : 온수량(kg)
C : 온수 비열(kcal/kgf·℃)
Δt : 온도차(℃)
G_f : 연료사용량(kgf)
H_l : 연료의 저위발열량(kcal/kgf)

68 냉동능력 산정식

$$R = \frac{V}{C}$$

R : 1일의 냉동능력(톤)
V : 피스톤 압출량(m^3/h)
C : 냉매에 따른 정수

69 냉동기 성적계수

① 이론 성적계수

$$= \frac{\text{증발 절대온도}}{\text{응축절대온도} - \text{증발절대온도}}$$

$$= \frac{\text{냉동력(kcal/kgf)}}{\text{이론적 소요동력}}$$

$$= \frac{Q_2}{Q_1 - Q_2} = \frac{T_2}{T_1 - T_2}$$

② 실제 성적계수

$$= \frac{\text{증발열량}}{\text{압축열량}} = \frac{\text{냉동력(kcal/kgf)}}{\text{압축기 소요동력} \times 860}$$

= 이론성적계수 × 압축효율 × 기계효율

$$= \epsilon \times \eta_c \times \eta_m$$

70 자연배기식 배기통 높이

$$h = \frac{0.5 + 0.4n + 0.1L}{\left(\frac{1000A_V}{6Q}\right)^2}$$

h : 배기통의 높이(m)
n : 배기통의 굴곡수
L : 역풍방지장치 개구부 하단부로부터 배기통 끝의 개구부까지의 전길이(m)
A_V : 배기통의 유효단면적(cm^2)
Q : 가스소비량(kcal/h)

71 배기통 유효단면적

$$A = \frac{20 \cdot q \cdot Q}{1400\sqrt{H}}$$

A : 배기통 유효단면적(m^2)
q : 연료 1kg당 이론폐가스량(m^3/kg)
Q : 연소기구 가스소비량(kg/h)
H : 배기통의 높이(m)

72 환풍기에 의한 유효환기량

$$Q = 20K \cdot H$$

Q : 유효환기량(m^3/h)
K : 상수
H : 가스소비량(m^3/h)

73 공동 · 반밀폐식 · 강제배기식 연돌의 유효단면적

$$A = Q \times 0.6 \times K \times F + P$$

A : 연돌의 유효단면적(mm^2)
Q : 가스보일러의 가스소비량 합계(kcal/h)
K : 형상계수
F : 가스보일러의 동시 사용률
P : 배기통의 수평투영면적(mm^2)

74 폭발방지장치 후프링 접촉압력

$$P = \frac{0.01\,Wh}{D \times b} \times C$$

P : 접촉압력(MPa)
Wh : 폭발방지제의 중량 + 지지봉의 중량 + 후프링의 자중(N)
D : 동체의 안지름(cm)
b : 후프링의 접촉폭(cm)
C : 안전율 (4)

75 액화천연가스 안전거리

$$L = C \times \sqrt[3]{143000\,W}$$

L : 안전거리(m)
W : 저압 지하식 저장탱크는 저장능력(톤)의 제곱근, 그 밖의 것은 그 시설 안의 액화천연가스 질량(톤)
C : 상수(저압 지하식 저장탱크 : 0.240, 그 밖의 설비 : 0.576)

76 자유 피스톤형 압력계

$$P = \left\{\frac{W + W'}{a}\right\} + P_1$$

P : 압력($kgf/cm^2 \cdot a$)
W : 추의 무게(kg)
W' : 피스톤의 무게(kg)
a : 피스톤의 단면적(cm^2)
P_1 : 대기압(kgf/cm^2)

77 U자형 액주형 압력

$$P_2 = P_1 + \gamma \cdot h$$

P_2 : 측정 절대압력(mmH_2O, kgf/m^2)
P_1 : 대기압(mmH_2O, kgf/m^2)
γ : 액체의 비중량(kgf/m^3)
h : 액주 높이(m)

78 유량 계산

① 체적유량 : $Q=A\cdot V$

② 중량유량 : $G=\gamma\cdot A\cdot V$

③ 질량유량 : $M=\rho\cdot A\cdot V$

Q : 체적유량(m^3/s) G : 중량유량(kgf/s)
M : 질량유량(kg/s) γ : 비중량(kgf/m^3)
ρ : 밀도(kg/m^3) A : 단면적(m^2)
V : 유속(m/s)

79 베르누이 방정식

$$H=h_1+\frac{P_1}{\gamma}+\frac{V_1^2}{2g}=h_2+\frac{P_2}{\gamma}+\frac{V_2^2}{2g}$$

H : 전수두(m) h_1, h_2 : 위치수두
$\frac{P_1}{\gamma}$, $\frac{P_2}{\gamma}$: 압력수두
$\frac{V_1^2}{2g}$, $\frac{V_2^2}{2g}$: 속도수두

80 차압식 유량계 유량 계산

$$Q=CA\sqrt{\frac{2g}{1-m^4}\times\frac{P_1-P_2}{\gamma}}$$

$$=CA\sqrt{\frac{2gh}{1-m^4}\times\frac{\gamma_m-\gamma}{\gamma}}$$

Q : 유량(m^3/s) C : 유량계수
A : 단면적(m^2)
g : 중력가속도($9.8m/s^2$)
m : 교축비$\left(\frac{D_2^2}{D_1^2}\right)$
h : 마노미터(액주계) 높이차(m)
P_1 : 교축기구 입구측 압력(kgf/m^2)
P_2 : 교축기구 출구측 압력(kgf/m^2)
γ_m : 마노미터 액체 비중량(kgf/m^3)
γ : 유체의 비중량(kgf/m^3)

81 피토관 유량계 유량 계산

$$Q=CA\sqrt{2g\times\frac{P_t-P_S}{\gamma}}$$

$$=CA\sqrt{2gh\frac{\gamma_m-\gamma}{\gamma}}$$

Q : 유량(m^3/s) C : 유량계수
A : 단면적(m^2)
g ; 중력가속도($9.8m/s^2$)
P_t : 전압(kgf/m^2) P_s : 정압(kgf/m^2)
h : 마노미터(액주계) 높이 차(m)
γ_m : 마노미터 액체 비중량(kgf/m^3)
γ : 유체의 비중량(kgf/m^3)

82 오차

$$\text{오차율}(\%)=\frac{\text{측정값}-\text{참값}}{\text{측정값(또는 참값)}}\times 100$$

83 기차

$$E=\frac{I-Q}{I}\times 100$$

E : 기차(%) I : 시험용 미터의 지시량
Q : 기준미터의 지시량

84 감도

$$\text{감도}=\frac{\text{지시량 변화}}{\text{측정량 변화}}$$

85 비례대

$$\text{비례대}(\%)=\frac{\text{동작신호폭(측정온도차)}}{\text{조절기 눈금}}\times 100$$

86 정량분석 체적

$$V_0=\frac{V(P-P')\times 273}{760\times(273+t)}$$

V_0 ; 표준상태의 체적
V : 분석 측정시의 가스체적
P : 대기압(mmHg)
P': t℃의 가스봉액의 증기압(mmHg)
t : 분석 측정시의 온도(℃)

87 가스 크로마토그래피 관련식

① 지속용량

$$\text{지속용량} = \frac{\text{유량} \times \text{피크길이}}{\text{기록지 속도}}$$

② 이론단 수

$$N = 16 \times \left\{ \frac{Tr}{W} \right\}^2$$

N : 이론단 수
Tr : 시료 도입점으로부터 피크 최고점까지 길이(mm)
W : 봉우리 폭(mm)

③ 이론단 높이

$$\text{이론단 높이} = \frac{L}{N}$$

L : 분리관 길이(mm) N : 이론단 수

88 폭발범위 계산(Lennard Jones식)

① 폭발범위 하한값

$$x_1 = 0.55\,x_0$$

② 폭발범위 상한값

$$x_2 = 4.8\sqrt{x_0}$$

$$x_0 = \frac{1}{1+\dfrac{n}{0.21}} \times 100 = \frac{0.21}{0.21+n} \times 100$$

n : 완전연소 반응식에서 산소 몰(mol)

89 위험도 계산

$$H = \frac{U-L}{L}$$

H : 위험도
U : 폭발범위 상한 값
L : 폭발범위 하한 값

90 탄화수소의 완전연소 반응식

$$C_mH_n + \left(m + \frac{n}{4}\right)O_2 \rightarrow mCO_2 + \frac{n}{2}H_2O$$

91 고체, 액체 연료의 이론산소량(O_0), 이론공기량(A_0) 계산

$$O_0\,[\text{kg/kg}] = 2.67\text{C} + 8\left(\text{H} - \frac{\text{O}}{8}\right) + 1\text{S}$$

$$O_0\,[\text{Nm}^3/\text{kg}] = 1.867\text{C} + 5.6\left(\text{H} - \frac{\text{O}}{8}\right) + 0.7\text{S}$$

$$A_0\,[\text{kg/kg}] = \frac{O_0}{0.232}$$

$$A_0\,[\text{Nm}^3/\text{kg}] = \frac{O_0}{0.21}$$

C : 탄소함유량 H : 수소함유량
O : 산소함유량 S : 황 함유량

92 공기비 관련 공식

① 공기비(과잉공기계수)

$$m = \frac{A}{A_0} = \frac{A_0 + B}{A_0} = 1 + \frac{B}{A_0}$$

② 과잉공기량(B)

$$B = A - A_0 = (m-1)A_0$$

③ 과잉공기율(%)

$$\% = \frac{B}{A_0} \times 100 = \frac{A - A_0}{A_0} \times 100 = (m-1) \times 100$$

④ 과잉공기비 $= m - 1$

93 배기가스 분석에 의한 공기비 계산

① 완전연소

$$m = \frac{N_2}{N_2 - 3.76\,O_2}$$

② 불완전연소

$$m = \frac{N_2}{N_2 - 3.76(O_2 - 0.5\,CO)}$$

N_2 : 질소함유율(%) O_2 : 산소함유율(%)
CO : 일산화탄소 함유율(%)

94 발열량 계산

① 고위발열량

$$H_h = H_l + 600(9H + W)$$

② 저위발열량

$$H_l = H_h - 600(9H + W)$$

H : 수소 함유량
W : 수분 함유량

95 화염온도

① 이론 연소온도

$$t = \frac{H_l}{G \times C_p}$$

② 실제 연소온도

$$t_2 = \frac{H_l + \text{공기현열} - \text{손실열량}}{G_s \times C_p} + t_1$$

t : 이론 연소온도(℃)
t_2 : 실제 연소온도(℃)
t_1 : 기준온도(℃)
H_l : 연료의 저위발열량(kcal)
G : 이론 연소가스량(Nm^3/kgf)
C_p : 연소가스의 정압비열($kcal/Nm^3 \cdot ℃$)
G_s : 실제 연소가스량(Nm^3/kgf)

96 열기관 효율

$$\eta = \frac{AW}{Q_1} \times 100 = \frac{Q_1 - Q_2}{Q_1} \times 100 = \left(1 - \frac{Q_2}{Q_1}\right) \times 100 = \frac{T_1 - T_2}{T_1} \times 100 = \left(1 - \frac{T_2}{T_1}\right) \times 100$$

η : 열기관 효율(%)
AW : 유효일의 열당량(kcal)
Q_1 : 공급열량(kcal)
Q_2 : 방출열량(kcal)
T_1 : 작동 최고온도(K)
T_2 : 작동 최저온도(K)

97 냉동기 성적계수

$$COP_R = \frac{Q_2}{AW} = \frac{Q_2}{Q_1 - Q_2} = \frac{T_2}{T_1 - T_2}$$

98 히트펌프 성적계수

$$COP_H = \frac{Q_1}{AW} = \frac{Q_1}{Q_1 - Q_2} = \frac{T_1}{T_1 - T_2} = 1 + COP_R$$

99 레이놀즈 수(Reynolds number)

$$Re = \frac{\rho \cdot D \cdot V}{\mu} = \frac{D \cdot V}{\nu} = \frac{4Q}{\pi \cdot D \cdot \nu}$$

ρ : 밀도(kg/m^3)
D : 관지름(m)
V : 유속(m/s)
μ : 점성계수($kg/m \cdot s$)
ν : 동점성계수(m^2/s)
Q : 유량(m^3/s)

100 마하 수

$$M = \frac{V}{C} = \frac{V}{\sqrt{k \cdot g \cdot R \cdot T}}$$

V : 물체의 속도(m/s)
C : 음속(m/s)
k : 비열비
g : 중력가속도($9.8 m/s^2$)
R : 기체상수$\left(\frac{848}{M} kgf \cdot m / kg \cdot K\right)$
T : 절대온도(K)

[SI단위]

$$C = \sqrt{k \cdot R \cdot T}$$

R : 기체상수$\left(\frac{8314}{M} J / kg \cdot K\right)$

가스기사 실기

2022년 2월 25일 1판 1쇄
2023년 2월 25일 1판 2쇄
2024년 1월 25일 2판 1쇄

저자 : 서상희
펴낸이 : 이정일

펴낸곳 : 도서출판 **일진사**
www.iljinsa.com

04317 서울시 용산구 효창원로 64길 6
대표전화 : 704-1616, 팩스 : 715-3536
이메일 : webmaster@iljinsa.com
등록번호 : 제1979-000009호(1979.4.2)

값 46,000원

ISBN : 978-89-429-1918-5